GLAS+ GLAS+ GLAS+ GLAS+
KOHLE KOHLE KOHLE KOHLE

GLAS+ GLAS+ GLAS+ GLAS+
KOHLE KOHLE KOHLE KOHLE

GLAS+ GLAS+ GLAS+ GLAS+
KOHLE KOHLE KOHLE KOHLE

GLAS+ GLAS+ GLAS+ GLAS+
KOHLE KOHLE KOHLE KOHLE

LANDESAUSSTELLUNG 1988

Katalog

Herausgegeben von Paul W. Roth

Bärnbach/Weststeiermark: 30. April bis 31. Oktober 1988

Leykam Verlag

Herausgeber: Paul W. Roth
Redaktion: Paul W. Roth und Peter Cordes
Lektorat: Wilma Elsbeth Schmidt, Alexandra Haring, Stefan
Haring, Helena Kahr, Ursula Leitinger
Bildbeschaffung und Bildredaktion:
Peter Cordes und Paul W. Roth.
Layout und grafische Gestaltung: Madeleine Galsterer und
Peter Cordes
Einbandgestaltung: Madeleine Galsterer
Umschlagfotos: Wolfram Orthacker und Beatrix Schliber

Den Inhalt der einzelnen Beiträge vertritt jeder Autor persönlich.

Inhalt

KATALOG

VI

Zum Geleit!

Glas und Kohle haben etwas Faszinierendes: Kohle, das „Erdgewächs", wie es einmal hieß, weckt als fossiler Energieträger archaische Vorstellungen von versunkenen Welten, von Riesenwäldern am Rande des Pannonischen Meeres, von einer fremden Fauna und Flora, die wir nur aus Versteinerungen kennen.

Glas wiederum gehört zu den ersten intelligenten Produkten des Menschen, zu den „Erfindungen". Es hat auf Grund seiner Eigenschaften schon früh die kreative Schaffenskraft geweckt, besticht einst wie jetzt durch seine Vielfalt. Die „Durchsichtigkeit" des Glases verfremdet die Realität, sein Glanz und die Formbarkeit haben den Gestaltungswillen stets herausgefordert. Sprichwörtlich ist seine Sprödigkeit.

In der diesjährigen steirischen Landesausstellung „Glas und Kohle" wird eindrucksvoll dargestellt, wie diese beiden so unterschiedlichen und gegensätzlichen Stoffe aus ökonomischen Gründen miteinander verbunden waren und sind, wie sich im Verlauf der Zeit die Technologie ihres Abbaues bzw. ihrer Herstellung verändert hat.

Glas und Kohle haben das Leben in ihrem Umfeld, die wirtschaftliche Prosperität, die sozialen, arbeitsrechtlichen und gesellschaftlichen Strukturen in unserer Heimat sowohl regional als auch überregional beeinflußt und prägen sie heute noch.

Glas und Kohle haben Generationen von Menschen in unserer Weststeiermark geformt und unsere Landschaft verändert.

Wie dies geschehen konnte und wie die Entwicklung von den Anfängen bis herauf zur Gegenwart verlaufen ist, wird in dieser Landesausstellung in beispielhafter Weise verständlich gemacht.

Landeshauptmannstellvertreter Prof. Kurt Jungwirth und dem wissenschaftlichen Leiter der Ausstellung, Herrn Univ.-Prof. Dr. Paul W. Roth, der bereits die Ausstellung „Erz und Eisen in der Grünen Mark" in bewundernswerter Weise konzipiert hat, besonders auch dem Architekten Dipl.-Ing. Klaus Kada, der sowohl das Museumsgebäude geplant, als auch die Ausstellung selbst gestaltet hat, sowie allen, die an der Ausstellung oder an diesem Katalog mitgearbeitet haben, danke ich aufrichtig.

Dr. Josef Krainer
Landeshauptmann von Steiermark

Ein Wort zum Anlaß

Vor Jahren lernte ich anläßlich eines Betriebsbesuches die Hütte Oberglas am Rande der jungen weststeirischen Stadt Bärnbach kennen. Fleiß und Geschick der vielen Hände, die dort am Werk waren, beeindruckten mich sehr. Ich mußte aber auch erfahren, daß die Menschen in dem Betrieb mit Sorge in die Zukunft blickten. Die Welt ist heute kleiner geworden, die Schranken zwischen den Staaten niedriger, die Märkte sind näher aneinander gerückt: Österreich ist gefordert, alle seine guten Kräfte – die hat es in Fülle – voll auszuspielen, um gut zu leben. Das fühlte man damals in Oberdorf. Bald lernte ich auch in der ganzen Region einen unbändigen Lebenswillen kennen. Es war ja gar nicht einzusehen, daß steirisches Glas mit seiner großen Vergangenheit nicht wieder zu neuer Blüte kommen sollte. So reifte bald der Entschluß heran, eine Landesausstellung ins weststeirische Industrierevier zu tragen. Zum Glas sollte sich die Kohle als Thema gesellen, die diese Landschaft kräftig mitprägt. Liegt doch in diesem größten Braunkohlenrevier Österreichs auch der größte Kohlentagbau der ganzen Republik. Zur Zeit Erzherzog Johanns begannen die Glashütten, von den Hängen der Koralpe ins Tal, zur Kohle zu wandern. Damals gingen Bergleute und Glasmacher eine Ehe ein, die lange Zeit für viele Tausend Familien Arbeit und Brot brachte, Lebensschicksal in guten und schlechten Tagen wurde.

Eine Landesausstellung zu einem Industriethema hatten wir schon 1984 mit „Erz und Eisen" in Eisenerz erfolgreich in Szene gesetzt. So wurde also der Entschluß gefaßt, für 1988 „Kohle und Glas" zu programmieren. Ein Entschluß, der um so leichter fiel, als sich der wissenschaftliche Leiter der Eisenerzer Ausstellung, Univ.-Prof. Dr. Paul Werner Roth, auch für dieses neue Vorhaben zur Verfügung stellte. Wir haben ihm dafür zu danken, daß er mit seinem wissenschaftlichen Stab die Grundlagen für unsere Ausstellung erarbeitete, ist er doch ein Wirtschaftshistoriker von großem Format, für den Geschichte bis zum heutigen Tag und bis ins Morgen reicht. Mag sein, daß ihm

sein Ja zu dieser neuen Aufgabe leichter fiel, weil er selbst Enkel eines steirischen Glasmachers ist.

Die Vorarbeiten für unser Unternehmen hatten schwierige Hürden zu überwinden. Zum ersten Mal zeigt sich eine Landesausstellung mitten in einem Industriebetrieb. Eine Halle, die als Betriebsgebäude ausgedient hatte, sollte ihre Behausung sein. Da brach aber unter den Schneemassen des Februars 1986 das Dach ein, und guter Rat war teuer. Das Land Steiermark entschloß sich, einen Wettbewerb für einen Neubau auszuschreiben. Den gewann Dipl.-Ing. Klaus Kada, ein exquisiter Repräsentant unserer Grazer Architekturschule. Sein Projekt wurde baureif, der Neubau konnte beginnen. Da platzte die Nachricht herein, daß der Besitzer des Betriebes, eine große österreichische Bank, ihn abzustoßen beabsichtige. Der Wechsel zu einem dynamischen privaten Unternehmer, Dr. Cornelius Grupp, schien uns wieder Turbulenzen zu bescheren. Zum Glück erfaßte der neue Besitzer blitzschnell, was für eine Chance unsere Ausstellung für die Zukunft des Betriebes und damit seiner Arbeiter und Angestellten bedeutet. Aber nochmals wurden Projektierungsarbeiten nötig, weil die Halle versetzt werden mußte. Rasch konnten Finanzierungspartnerschaften mit dem Bundesministerium für öffentliche Wirtschaft und Verkehr geschlossen werden. Die Bauarbeiten wurden in Angriff genommen. Dieses Mal war uns der Wettergott gnädig und bescherte den Männern am Bau einen milden Winter. Und spätestens bei der Gleichenfeier im Jänner 1988 wurde wohl allen Gästen bewußt, daß mit der Landesausstellung „Glas und Kohle" ein Werk für die Zukunft der Weststeiermark, ja der ganzen Steiermark heranreifte.

Inmitten der alten Industrielandschaft mit allen Hallen und Halden, inmitten des grünen Bauernlandes am Fuße des Karmels auf dem Heiligen Berg ist ein neuer Solitär aus Beton und Glas entstanden. In dieser Halle wird auch nach unserer Ausstellung Glas gezeigt und verkauft werden. Der Rundgang durch die Ausstellung, die Schauglashütte, in der man die Kunst der Glasbläser bewundern kann, der eindrucksvolle Kohlentagbau, aber auch die Hundertwasserkirche in Bärnbach und die edlen Pferde im benachbarten Piber, die Attraktionen des reichen Rahmenprogramms und das nahe Schilcherland werden zusammenhelfen, viele interessierte Besucher anzulocken.

Die Partnerschaft zwischen Fremdenverkehr und Kultur, insbesondere mit meinem Regierungskollegen Landesrat Dr. Helmut Heidinger, hat sich wieder hervorragend bewährt. Ich freue mich aber auch über die Verbindung, die in Bärnbach die Welt von Arbeit und Wirtschaft mit der Welt der Kultur so eng eingeht wie wohl nie zuvor in der Steiermark. Eine Symbiose, die beiden Teilen Vorteile bringt. Kultur hebt Wirtschaft, und Österreich wird nur dort gut bestehen, wo es hohe Qualität erzeugt. Und nur wenn Wirtschaft floriert, fließen Mittel für Kultur.

Das Kulturreferat der Steiermärkischen Landesregierung hat gemeinsam mit den Partnern in der Wirtschaft einen internationalen Wettbewerb in Glasdesign ausgeschrieben. Auch er soll neue Produkte für einen Aufbruch steirischen Glases zu neuen Märkten finden helfen.

Diese Ausstellung blickt zurück, aber sie meint die Zukunft.

Ich danke Herrn Landeshauptmann Dr. Josef Krainer für seine kräftige Unterstützung unseres Vorhabens. Ich danke allen schon genannten Partnern und mit ihnen in meinem Büro Dr. Dieter Cwienk, in der Rechtsabteilung 6 mit Hofrat Dr. Hans Dattinger dem ganzen Ausstellungsbüro mit Hannes Lammer und Dr. Peter Cordes, in der Landesbaudirektion Hofrat Dipl.-Ing. Franz Josel, Ing. Alfonsa Galka und ihrem Team in der Fachabteilung IV b, Erich Hotter vom steirischen Fremdenverkehr, Prof. Karl Kalcsics, der dafür sorgt, daß Volksbildner die Idee der Ausstellung in der ganzen Region aktiv mittragen. Den treuen Seelen in unserem Joanneum, die selbstlos diese Ausstellung mit ihren Kräften und ihrem Können, mit Ratschlägen und Exponaten mitgestaltet haben, sei besonders gedankt. Im weststeirischen Land danken wir aus Graz herzlich allen, die mittun. Ich nenne stellvertretend für viele Hans Martin Hittaller vom agilen Verein „Glaskunstzentrum Bärnbach" und Mag. Ernst Lasnik, der ein imponierendes Rahmenprogramm auf die Beine gestellt hat. Noch nie haben so viele Gemeinden und Orte, so viele Personen und Gruppen sich so aktiv in den Jahrlauf rund um eine steirische Landesausstellung eingeschaltet. GKB und ÖDK seien als Leihgeber von Großobjekten vor den Vorhang gerufen. Mit dem Bürgermeister von Bärnbach, Direktor Konrad Bergmann, und seinen Gemeindevertretern verbindet uns die Hoffnung, daß „Glas und Kohle" ihrer jungen Stadt viele Besucher bescheren möge.

Dem Städtedreieck Bärnbach – Köflach – Voitsberg, der Weststeiermark, unserer Steiermark ein frohes Glückauf!

Landeshauptmannstellvertreter Prof. Kurt Jungwirth
Kulturreferent des Landes Steiermark

„Glas und Kohle" – Ein Vorwort

„Glas und Kohle" – Die Zusammenführung dieser Themen in der steirischen Landesausstellung 1988 ist nicht willkürlich, sondern resultiert aus der ehemals engen Verbindung dieser Wirtschaftsbereiche: Die mineralische Kohle als neues Energiepotential zog Industrie und Gewerbe an. In der Weststeiermark war dies seit dem frühen 19. Jahrhundert der Fall. So wanderten die Glashütten, die seit Jahrhunderten ihre Standorte in den tiefen Wäldern der Koralpe, auch des Wechsels und des Bacherngebirges gefunden hatten, ins Tal. Die erste Glashütte der heutigen Steiermark, die sich des neuen Brennstoffs bediente, stand seit 1805 in Oberdorf/Bärnbach, freilich an einem anderen Standort, von welchem sie 1876 zugunsten des Kohlenbergbaues auf ihren heutigen Platz weichen mußte; sie steht wieder auf Kohle. Und befanden sich die Glashütten des 19. Jahrhunderts oft buchstäblich an den Förderschächten bzw. Bauen – im Voitsberg-Köflacher Revier drei im Umkreis von wenigen Kilometern, im Eibiswalder Revier vier –, so ist erst seit wenigen Jahren in unmittelbarer Nachbarschaft der Glashütte Bärnbach von der Graz-Köflacher Eisenbahn- und Bergbau-Gesellschaft der größte Kohlentagebau Österreichs aufgeschlossen und in Betrieb genommen worden. Heute feuern Glashütten nicht mehr mit Kohle. Diese wird aber zu einem erheblichen Teil im Dampfkraftwerk Voitsberg eingesetzt, dessen Anlagen alle Baulichkeiten des umliegenden Bereiches überragen, von überall gesehen werden. Auch von der Oberglas-Hütte Bärnbach aus, mit welcher sicherlich der geeignetste Standort für die Abhaltung der Landesausstellung gefunden wurde; in gesamtregionaler Hinsicht aus folgendem Grund: Noch 1983 war mehr als die Hälfte aller in der Industrie im Bezirk Voitsberg Tätigen im Kohlenbergbau und der Glasindustrie beschäftigt; freilich ist der fortschreitende Verlust an Arbeitsplätzen in diesen Sparten nicht zu übersehen.

Für den Gestalter sind „Glas" und „Kohle" allerdings Themen, denen man sich unterschiedlich nähern muß: Hier ein Bereich, der sich sehr gut „zum Schauen" eignet, dort ein anderer, der primär informieren will. Zwei Ausstellungen in einer. „Komplett" zu sein war daher von vornherein nicht möglich. Deshalb wurden auch große Themenkreise zusammengefaßt, die in abwechselnder Reihenfolge erfreuen, informieren, erleben lassen wollen, vom „Wald, der zur Kohle wurde", bis zu ausgesuchtem Studioglas. Dabei setzt das Material die Grenzen: Erlesenes Glas eignet sich nicht zum Angreifen, die Betrachtung des Arbeiterlebens im 19. Jahrhundert läßt nicht immer Freude aufkommen. Wir hoffen aber, daß durch die Vielfältigkeit für jeden etwas zu finden sein wird. Nicht zuletzt kann den Handglasmachern bei ihrem Werken zugesehen, dann nach nur wenigen Schritten der Tagbau besichtigt werden. So wie es aber seit vielen Jahren bei steirischen Landesausstellungen ein guter Brauch ist, soll auch hier in Bärnbach versucht werden, ein Stück steirischer Identität darzustellen.

Paul W. Roth

Über die Gestaltung der Ausstellung

„Glas und Kohle" ist die erste Landesausstellung, bei der ein umfassendes Architekturkonzept realisiert werden konnte. Nicht vorhersehbare Ereignisse begründeten dieses Konzept aus Um-, Zu- und Neubau.

Die bisherigen Landesausstellungen zeichneten sich durch die Sanierung vorhandener Bausubstanz aus. In diesem Gebäude werden nach der Landesausstellung das Glasmuseum sowie Schauräume der Bärnbacher Glasproduktion und eine Glaskunstgalerie eingerichtet werden. Für die Region entsteht ein kulturelles Zentrum und mit der großen Halle ein Veranstaltungsraum. Die Vielfalt der Funktionen wird durch die Baumassengliederung und Raumfiguration, durch die Lichtführung und Transparenz und durch die Verkehrsführung ablesbar und erlebbar, wobei Glas als Schaustoff exemplarisch und beispielhaft angewendet wird.

Der Neubau im Dreieck, begrenzt von Fluß beziehungsweise Eisenbahn, Straße und Fabriksgebäude, wird zur städtebaulichen Dominante des Ortes Bärnbach.

Das aus dem Jahre 1946 stammende Generatorgebäude fand im Neubau Verwendung und wurde in die Ausstellung miteinbezogen, ein Büro- und Kantinengebäude wurde abgetragen. Drei Baukörper umschlie-

ßen das bestehende Generatorgebäude und erzeugen das Erscheinungsbild der neuen Anlage:

Die großzügige Eingangshalle im Westen als Stahlkonstruktion, der Zubau im Süden und das Anschlußgebäude als verbindendes Element zur Glashütte.

Die Addition der baulichen Elemente und der Anschluß an den Bestand ist durch verglaste Zäsuren lesbar. Sie sind durch ihre Funktion und Konzeption ein wichtiges Element der Gestaltung.

Das bestehende Stahlbetongerüst des Generatorgebäudes bildet zur Halle hin eine „Ausstellungsstellage".

Durch eine genau kalkulierte und wohldurchdachte Abfolge konträr dimensionierter Räume und durch starke Lichtkontraste wird Spannung erzeugt, die die Aufmerksamkeit der Besucher stimuliert. Die Ausstellung wurde chronologisch entlang eines Weges aufgebaut. Die Konzeption lenkt die Aufmerksamkeit unmittelbar auf die Exponate. Sekundäre Interpretationen durch räumliche Installationen wurden sparsam verwendet. Der Ausstellungsweg endet auf der Dachterrasse. Vom Ausstellungscafé bietet sich ein Rundblick auf die Region mit ihren industriellen Einrichtungen und landschaftlichen Reizen.

Architekt Dipl.-Ing. Klaus Kada

Modell des Neubaues mit ehemaligem Generatorgebäude

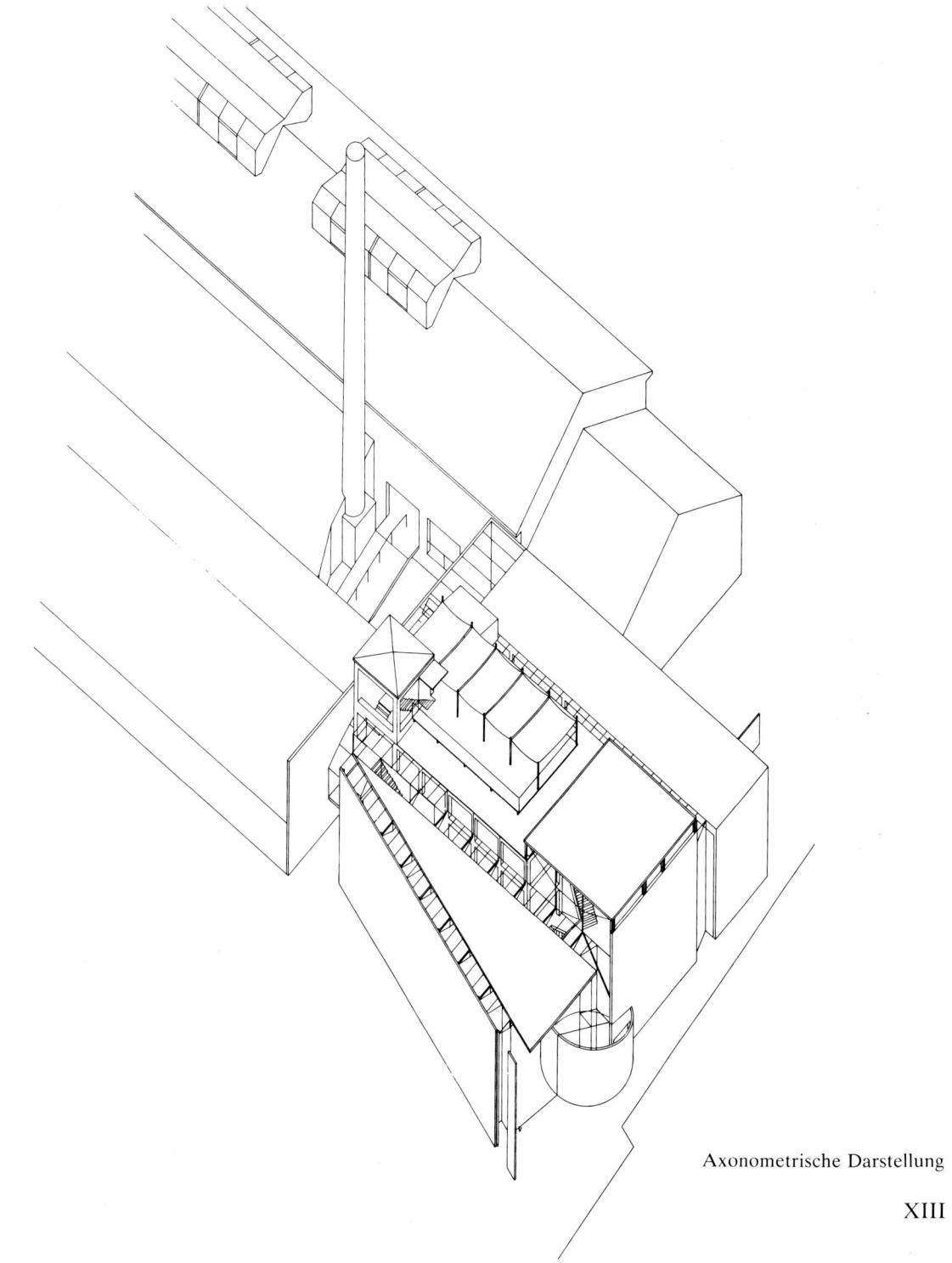

Axonometrische Darstellung

XIII

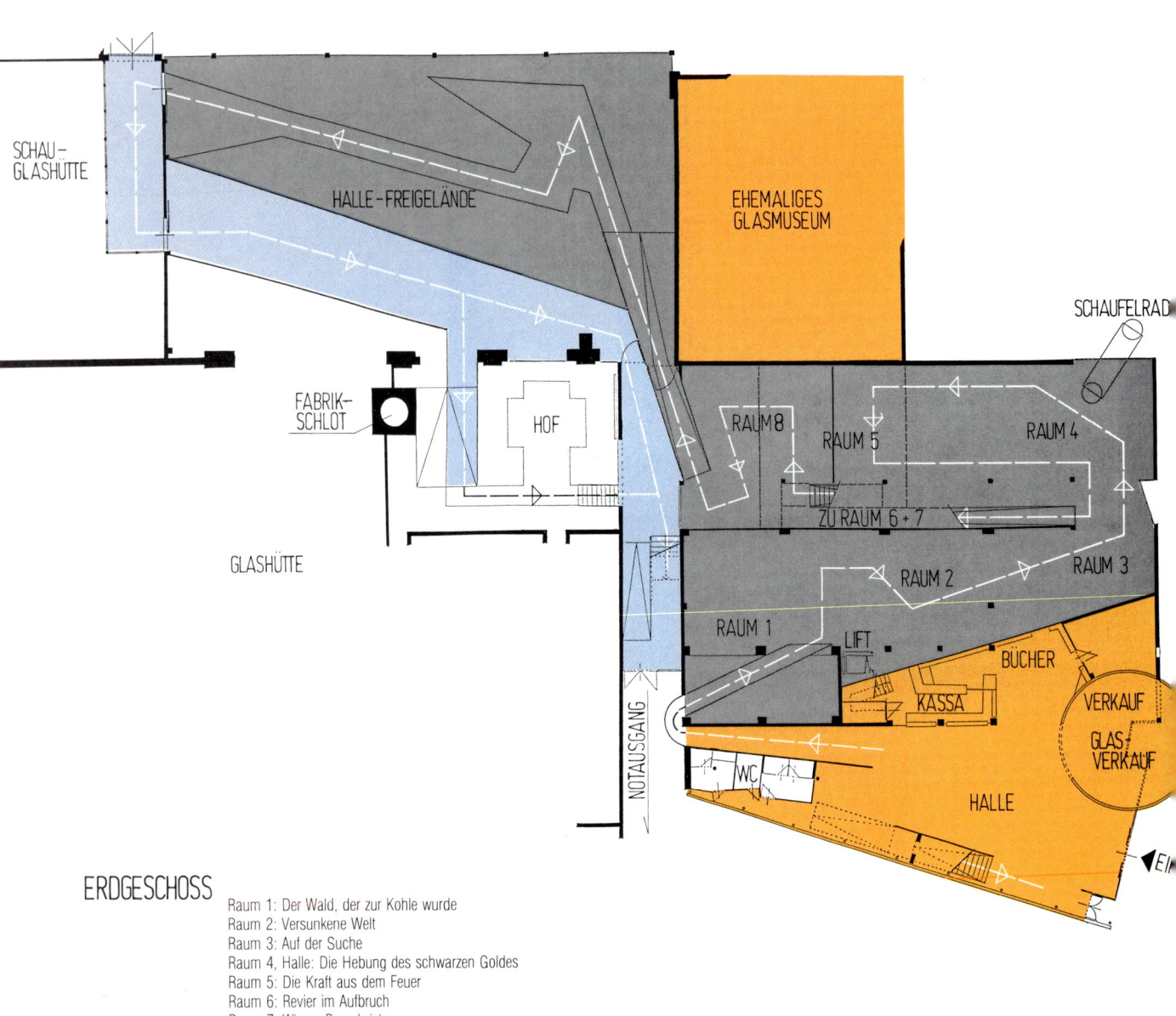

SCHAU-
GLASHÜTTE

HALLE - FREIGELÄNDE

EHEMALIGES
GLASMUSEUM

SCHAUFELRAD

FABRIK-
SCHLOT

HOF

RAUM 8

RAUM 5

RAUM 4

ZU RAUM 6 + 7

GLASHÜTTE

RAUM 2

RAUM 3

RAUM 1

LIFT

BÜCHER

VERKAUF

KASSA

GLAS-
VERKAUF

NOTAUSGANG

WC

HALLE

EI

ERDGESCHOSS

Raum 1: Der Wald, der zur Kohle wurde
Raum 2: Versunkene Welt
Raum 3: Auf der Suche
Raum 4, Halle: Die Hebung des schwarzen Goldes
Raum 5: Die Kraft aus dem Feuer
Raum 6: Revier im Aufbruch
Raum 7: Wie es Brauch ist
Raum 8: Energieprobleme der Gegenwart

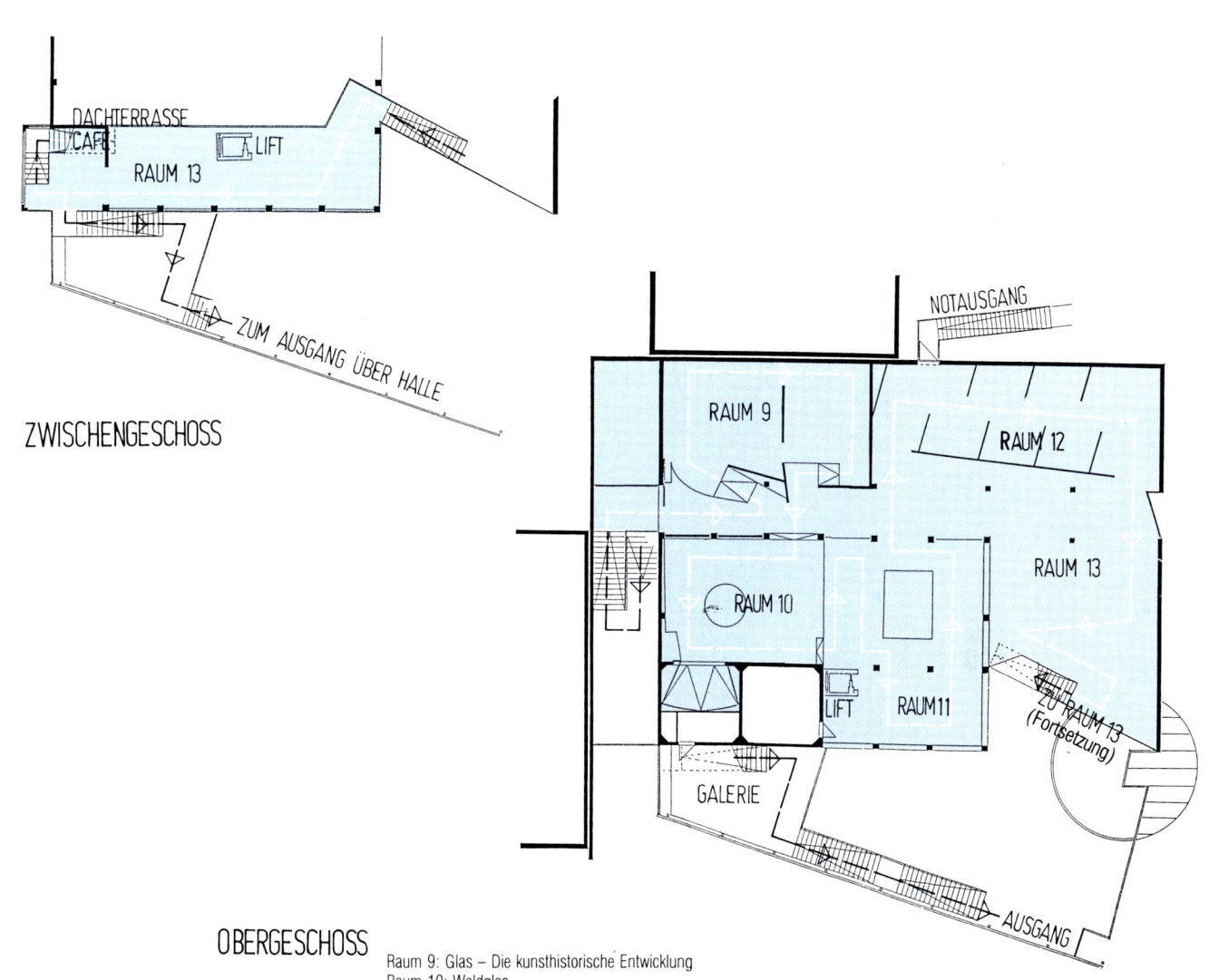

ZWISCHENGESCHOSS

DACHTERRASSE
CAFÉ
RAUM 13
LIFT
ZUM AUSGANG ÜBER HALLE

NOTAUSGANG
RAUM 9
RAUM 12
RAUM 10
RAUM 13
LIFT
RAUM 11
ZU RAUM 13 (Fortsetzung)
GALERIE
AUSGANG

OBERGESCHOSS

Raum 9: Glas – Die kunsthistorische Entwicklung
Raum 10: Waldglas
Raum 11: Das Glas geht zur Kohle
Raum 12: Optisches Glas, technisches Glas, Massenglas
Raum 13: Glaskunst der Gegenwart, Glasdesign

XV

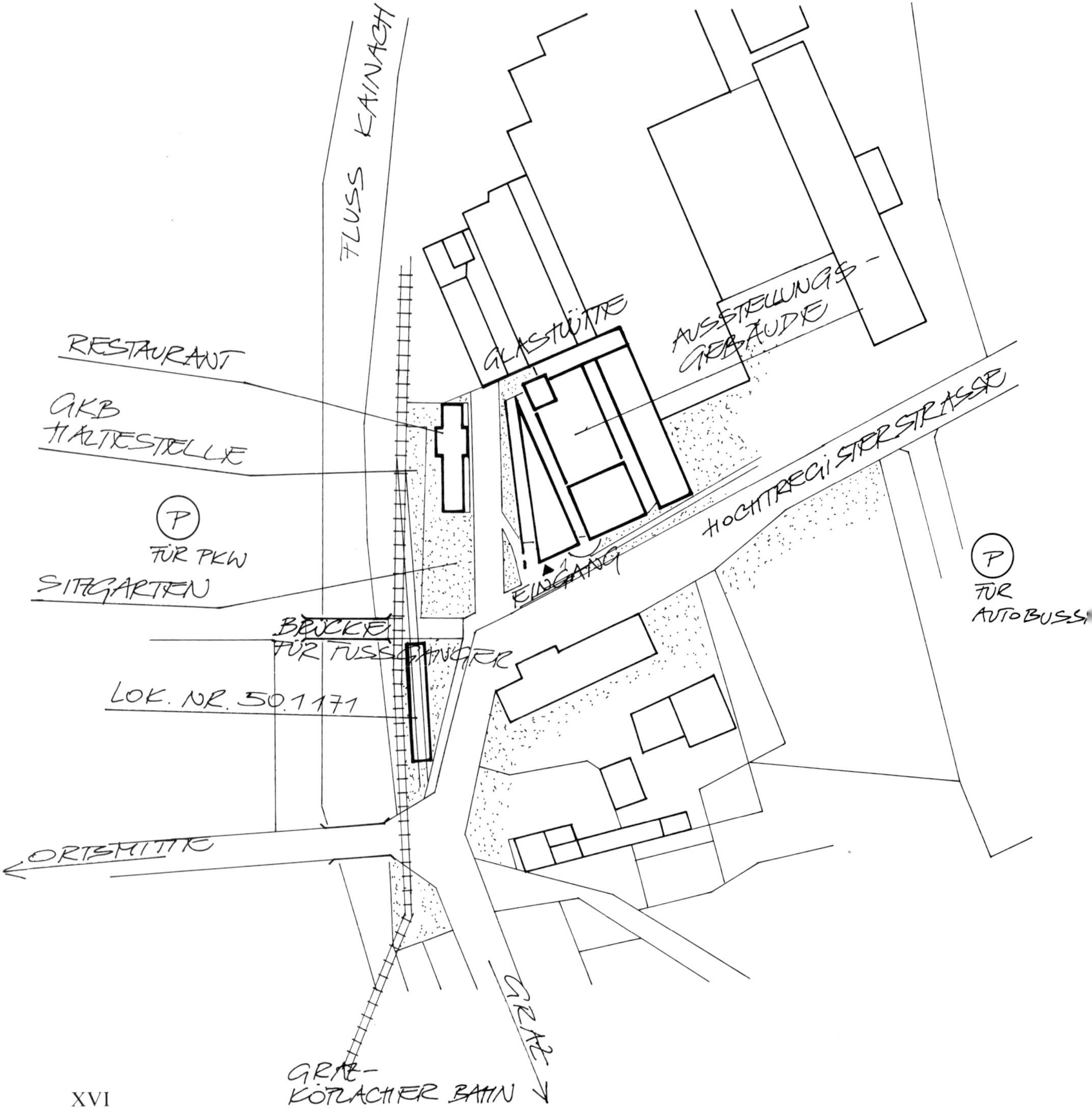

RESTAURANT

GKB
HALTESTELLE

P FÜR PKW

SITZGARTEN

BRÜCKE
FÜR FUSSGÄNGER

LOK. NR. 50.1171

ORTSMITTE

FLUSS KAINACH

GLASHÜTTE

AUSSTELLUNGS-
GEBÄUDE

HOCHTREGISTERSTRASSE

EINGANG

P FÜR AUTOBUSSE

GRAZ

GRAZ-
KÖFLACHER BAHN

XVI

Planung und Durchführung der Ausstellung

Veranstalter:
Kulturreferat der Steiermärkischen Landesregierung,
Landeshauptmannstellvertreter Prof. Kurt Jungwirth
Koordination: Wiss. Oberrat Dr. Dieter Cwienk

Durchführung:
Rechtsabteilung 6, W. Hofrat Dr. Hans Dattinger

Gesamtkonzept und wissenschaftliche Leitung:
Univ.-Prof. Dr. Paul W. Roth

Ausstellungsorganisation/Wissenschaft:
Wiss. Oberrat Dr. Peter Cordes
Mitarbeiter: Beatrice Birkner
                   Ursula Leitinger

Wissenschaftliche Mitarbeiter und Katalogbeiträge:
Mag. Ruth Ellen Bader, Graz
HS-Lehrer Herbert Blatnik, Eibiswald
Obersteiger Ernst Dorfner, Köflach
o. Univ.-Prof. Dr. Günther B. Fettweis, Leoben
Dipl.-Ing. Dr. Eberhard Franz, Graz
Mag. Rainald Franz, Wien
Archivrat Dr. Gerald Gänser, Graz
Univ.-Prof. Kustos 1. Kl. Dr. Walter Gräf, Graz
Komm.-Rat Dir. i. R. Johann Guß, Graz
Univ.-Ass. Dipl.-Ing. Felix Hruschka, Leoben
Kustos 1. Kl. Dr. Erich Hudeczek, Graz
Mag. Dr. Helmut Hundsbichler, Krems/Donau
o. Univ.-Prof. Dipl.-Ing. Dr. Herbert Jericha, Graz
Univ.-Doz. Oberarchivrat Dr. Günther Jontes,
Leoben
Mag. Helena Kahr, Graz
Univ.-Doz. Dr. Stefan Karner, Graz
Dir. i. R. Heinrich Körbitz, Voitsberg
Dr. Helmut Lackner, Linz
Mag. Ernst Lasnik, Bärnbach
Univ.-Ass. Dr. Karin Lienhart-Schmidlechner, Graz
Gernot Matzka, Graz
Mag. Andrea Menguser, Graz

Dr. Bernd Nachbaur, Graz
Dr. Wolfgang Pfeiffer, Oberkochen/BRD
W. Hofrat Univ.-Prof. Dr. Gerhard Pferschy, Graz
Kustos 1. Kl. Dr. Walter Postl, Graz
Harald C. Rath, Wien
Univ.-Prof. Dr. Paul W. Roth, Graz
Mag. Reinhard Sachsenhofer, Leoben
Dipl.-Mus. Marjetica Simoniti, Maribor/Jugoslawien
Univ.-Ass. Dr. Eduard G. Staudinger, Graz
Mag. Angelika Thaller, Graz
Ing. Walter Urbanek, Graz
Oberrat Dr. Leopold Weber, Wien
Min.-Rat Dipl.-Ing. Mag. jur. Alfred Weiß, Wien
Univ.-Prof. Dipl.-Ing. Dr. Günter Zhuber-Okrog,
Graz
Univ.-Prof. Dr. Walter Zsilincsar, Graz

Weiters arbeiteten an der Ausstellung mit:
Hans Gangl, Graz
Ing. Hans Martin Hittaller, Voitsberg
Dir. Franz Hörz, Graz
Univ.-Doz. Dr. Wolfgang Hohenau, Graz
Dipl.-Ing. Hans-Werner Kager, Voitsberg
Oberrat Dipl.-Ing. Gerhard Maresch, Wien
Kustos 1. Kl. Dr. Eva Marko, Graz
Dr. Renate Metlar, Graz
Vorst.-Direktor Mag. Dr. Peter Prochaska, Köflach
Helmut Roth, Graz
Dr. Inge Woisetschläger, Graz
Dipl.-Ing. Stefan Zoltan, Köflach

Ausstellungsgestaltung:
Planung: Arch. Dipl.-Ing. Klaus Kada, Leibnitz

Mitarbeiter bei der Planung:
Dipl.-Ing. Gerhard Mitterberger
Dipl.-Ing. Dieter Feichtinger
Josef Ebner
Johann Reiterer
Anita Reinprecht

Gerd Lorber
Arthur van den Broeck

Mitarbeiter bei der Gestaltung, Inszenierung und Ausführung:

Mag. Heinz Schubert
Hermann Schapek
Mag. Martin Zehetgruber
Dipl.-Ing. Hannes Fiedler
Sylvia Brandl
Carmen Auer

Grafik:

Mag. Heinz Schubert, Graz
Mag. Martin Zehetgruber

Fotografische Betreuung:

Bild- und Tonarchiv am Landesmuseum Joanneum,
Leiter Dr. Armgard Schiffer-Eckart,
Beatrix Schliber, Irmgard Kellner

Fotos und Reproduktionen:

Erich Alteneder, Fohnsdorf
Bundesdenkmalamt Landeskonservatorat f. Stmk.
Bundesdenkmalamt, Wien
Eberhard Franz, Graz
Karl Habenbacher, St. Martin i. Sulmtal
Karl Hecht, Fritzens bei Wattens
Miran Mišo Hochstätter, Kreative Fotografie &
Design, Maribor, Jugoslawien
Institut für Mittelalterliche Realienkunde Krems,
Michael Malina
Fred Kisslinger, Rattenberg
Harald Koren, Köflach
Glasgalerie Kovacek, Wien
Wolfram Orthacker, Graz
Walter Postl, Graz
Paul W. Roth, Graz
Schott Glaswerke, Mainz, BRD
Stadtarchiv, Graz
D. Swarovski & Co, Wattens
Technische Universität Graz, Institut f. Thermische
Turbomaschinen und Maschinendynamik
Thoma, Benediktbeuern, BRD
Walter Urbanek, Graz
Alfred Weiß, Wien

Jürgen Wörndle, Köflach
Zeiss-Werke und Optisches Museum, Oberkochen,
BRD

Ausstellungsorganisation/Administration:

Hannes Lammer

Mitarbeiter: Gottfried Mayerhofer
Johann Pall
Alois Stadler
Alexandra Hiebler

Finanzen:

AR Helmut Erkinger

Presse:

Mag. Dr. Heinz Fischer

Planung des Ausstellungsgebäudes:

Arch. Dipl.-Ing. Klaus Kada
und Mitarbeiter: Dipl.-Ing. Gerhard Mitterberger
Dipl.-Ing. Elisabeth Steiner
Josef Ebner
Johann Reiterer
Günther Gebhardt

Bauausführung:

Landesbaudirektion, Fachabteilung IV b, W. Hofrat
Dipl.-Ing. Franz Josel mit AR Ing. Alfonsa Galka und
Thomas Goldberger

Architektenwettbewerb:

Rechtsabteilung 6 gemeinsam mit Landesbaudirektion, Fachabteilung IV a, W. Hofrat Dipl.-Ing.
Dr. Wolfdieter Dreibholz und RBR Dipl.-Ing. Jörg
Krasser

Fremdenverkehr/Werbung:

Erich Hotter (Landesfremdenverkehrsverband)
und conti-pr Wien–München

Schüler- und Lehrerinformation:

Herausgeber: OStRat Prof. Dr. Harald Sammer und
Mitarbeiter

Rahmenveranstaltungen:

Mag. Ernst R. Lasnik, Bärnbach

Verzeichnis der Leihgeber

AALEN, Bundesrepublik Deutschland
Zeiss Werke

ABSAM
Swarovski Optik AG

ALTNAGELBERG
Neue Stölzle Kristall Ges.m.b.H.

BÄRNBACH
Steirisches Glaskunstzentrum
Glasmuseum Bärnbach
Engelbert Königsberger
Kulturheim Bärnbach
Mag. Ernst Lasnik
Männergesangsverein Morgenröte
Johann und Gerlinde Nußbacher
Oberglas Bärnbach Ges.m.b.H.
Pfarramt Bärnbach
Peter Steinegger

BENEDIKTBEUERN,
Bundesrepublik Deutschland
Photo Thoma

DEUTSCHLANDSBERG
Franz Friedl
Franz Klug

EIBISWALD
Franz und Michael Heusserer
Hans-Kloepfer-Museum und Heimatmuseum
Rudolf Schneebacher
Wolfgang Strohschneider
OSR Hans Wippel

EISENERZ
Voest-Alpine Glas Ges.m.b.H. & Co. KG

FELDBACH
Johann Goldmann Bekleidungsfachgeschäft

FOHNSDORF
Drogerie Alteneder
Rosa Baumgartner

Hans Burgstaller
Dipl.-Ing. Dr. Hans Jörg Köstler
Viktor Maier
Montanmuseum Fohnsdorf
Friedrich Proßegger
Josef Stadlober
Marianne Wachter

FRITZENS BEI WATTENS
Karl Hecht Glaswarenfabrik

GLASHÜTTEN
Pfarramt Glashütten

GOING
Georg Pletzer Technisches Büro

GRAZ
Allgemeine Unfallversicherungsanstalt
    Landesdirektion für Steiermark
Alpenländische Christbaumschmuckfabrik
    Josef Wratschko
Dr. Gerhard Baron
Berghauptmannschaft Graz
Bundesdenkmalamt Landeskonservatorat für
    Steiermark
Gewerke Dipl.-Ing. Dr. Eberhard Franz
Görner OHG Optik
Grall Medizintechnik
Komm.-Rat Dir. i. R. Johann Guß
Univ.-Doz. Dr. Stefan Karner
Ilse Kollegger
Makos & Mudri Uniformschneiderei
Gernot Matzka

Montan- und Werksbahnmuseum/Günther Hunger
Post- und Telegraphendirektion
Univ.-Prof. Dr. Paul Werner Roth
Ing. Erwin Seidl
Stadtarchiv
Stadtmuseum
Steiermärkische Landesbibliothek
Steiermärkisches Landesarchiv
Steiermärkisches Landesmuseum Joanneum
    Abt. Bild- und Tonarchiv
    Abt. f. Geologie und Paläontologie
    Abt. f. Kunstgewerbe
    Abt. f. Mineralogie
    Abt. Neue Galerie
    Abt. f. Volkskunde
    Abt. f. Vor- und Frühgeschichte
Steirische Wasserkraft- und Elektrizitäts AG.
Erzherzog-Johann-Universität Graz
    Inst. f. Thermische Turbomaschinen
    und Maschinendynamik
Josef Tezak
Karl-Franzens-Universität Graz
    Inst. f. Experimentalphysik
    Universitätsbibliothek
Ing. Walter Urbanek
Verein der Steirischen Eisenbahnfreunde

HITZENDORF
Karl Schuster

HÖRMSDORF
Maria Pichler

KALKGRUB
Roman Kriebernegg

KINDBERG
Österreichisches Montanmuseum

KÖFLACH
Obersteiger Ernst Dorfner
Glasformen und Mahlanlagen Ges.m.b.H.
Graz-Köflacher Eisenbahn- und Bergbaugesellschaft
Foto Harald Koren

Museum der Stadt Köflach
Stölzle-Oberglas AG Werk Köflach
Vor- und frühgeschichtliche Privatsammlung
    Walter Mulej
Fotoatelier Jürgen Wörndle

KREMS
Institut für Mittelalterliche Realienkunde

KREMSMÜNSTER
Lutzkyglas Ges.m.b.H.

KUFSTEIN
Claus Josef Riedel Tiroler Glashütte Ges.m.b.H.

LEOBEN
Montanuniversität Leoben
    Inst. f. Bergbaukunde
    Inst. f. Geophysik
    Inst. f. Physikalische Chemie
    Inst. f. Wärmetechnik, Industrieofenbau und
    Energiewirtschaft
    Universitätsbibliothek
Museum der Stadt Leoben

LINZ
Bibliothek des Stadtarchivs

MAINZ, Bundesrepublik Deutschland
Schott Glaswerke

MARIBOR, Jugoslawien
Pokrajinski muzej

MURAU
Schwarzenbergische Archive

MÜRZZUSCHLAG
Helmut Brenner

OBERKOCHEN, Bundesrepublik Deutschland
Zeiss-Werke und Optisches Museum

PÖCHLARN
Vetropack Ges.m.b.H. Glaswerk Pöchlarn

PÖLFING-BRUNN
Gemeinde Pölfing-Brunn

PUCHENAU
Dr. Helmut Lackner

RATTENBERG
Fred Kisslinger OHG

SALLA
Hubert Stiefmann

ST. MARTIN IM SULMTAL
Foto Karl Habenbacher

ST. PAUL IM LAVANTTAL
Benediktinerstift

SCHEINFELD, Bundesrepublik Deutschland
Fürst Schwarzenberg

STALLHOFEN
Dipl.-Ing. Alexander Huber Gut Münichhof

STEYEREGG
Johanna Hofer
Rudolf Kriebernegg
Gerfried Schmidt
Egon Taucher
Ernst Veit

VENEZIA, Italien
Effetre

VOITSBERG
Hans Eck
Ing. Hans Martin Hittaller
Erhard Hohl
Buchdruckerei Kriehuber
Heinrich Körbitz
Österreichische Draukraftwerke AG
Gebrüder Palme Ges.m.b.H. Glasraffinerie und
    Lustererzeugung
Franz Polanšek

WATTENS
D. Swarovski & Co.

WIEN
Bundesdenkmalamt
Kleinbahn – Spielwarenerzeugung
Glasgalerie Michael Kovacek
J. & L. Lobmeyr
Druckschriftensammlung Österreichische
    Nationalbibliothek
Reichert-Jung Optische Werke AG
Schott Austria
Technisches Museum
MR. Dipl.-Ing. Mag. iur. Alfred Weiß
Carl Zeiss

ZELTWEG
Maschinenfabrik Zeltweg der Voest-Alpine AG

ZWIESEL, Bundesrepublik Deutschland
Rimpler Ges.m.b.H.

Modell des Neubaues

BEITRÄGE

Versunkene Welt

Walter Gräf

Der Wald, der zu Kohle wurde

Lassen Sie uns den seit Hunderten von Jahrmillionen abrollenden Film mit dem Titel „Entwicklungsgeschichte der Steiermark" zurückdrehen bis in jene Zeit des Mittleren Tertiärs, als ein feuchtes, subtropisches bis tropisches Klima die berühmte, aus zahlreichen Funden wohl rekonstruierbare „Steirische Braunkohlenlandschaft" erstehen ließ:

Immergrüne Laubwälder mit Palmen und Nußgewächsen, Zimt-, Amber-, Lorbeer-, Myrten- und Feigenbäumen bedecken das Land. Ulme, Ahorn, Edelkastanie und Eiche als Bäume der gemäßigten Zone vervollständigen das Bild. Eine Flora insgesamt von etwa mediterranem Charakter; ein Element allerdings, das der damaligen Landschaft ihren besonderen Charakter verleiht, fehlt den heutigen Mittelmeer-Ländern. Es ist der typische Sumpfwald mit Sequoien, Mammutbäumen und Sumpfzypressen, die längst von dort verschwunden sind und heute den entsprechenden Lebensräumen in Virginia, Louisiana und Florida das Gepräge verleihen. Auf steirischem Boden hinterlassen sie die mächtigen Braunkohlenlager etwa von Wies-Eibiswald, Köflach-Voitsberg, von Seegraben und Fohnsdorf.

Vielseitig wie die Pflanzengemeinschaft ist auch die Tierwelt. Riesige elefantenartige Dickhäuter – Mastodonten und Dinotherien – bewohnen die Sumpfwälder, Nashörner stampfen durch das Dickicht, Wildschweine wühlen im Schlamm, Krokodile und Schildkröten besiedeln die Sumpfniederungen, Biber und Fischotter tummeln sich in den Flüssen. Antilopen und Gazellen, Giraffen, Hirsche, Pferde und Zebras werden die Beute zahlreicher Raubtiere, welche die Wälder und Savannen durchstreifen – Wildkatzen, wolf- und bärenartige Tiere und eine Vielzahl anderer Jäger. Zu den interessantesten Bewohnern der steirischen Braunkohlenwälder gehören jedoch zweifellos gibbonartige Affenformen – echte Menschenaffen! Dieses reizvolle Bild der steirischen Landschaft im

südlichen Zauber immergrüner Laubwälder wird noch verstärkt durch den eindrucksvollen Gegensatz eines von Süden und Osten anbrandenden Meeres. Das Meer greift im Laufe des Tertiärs wechselnd weit über den steirischen Raum hinweg, bewohnt von einer reichen Lebewelt der offenen See und des Strandes.

Rochen, Haie und eine Vielzahl anderer Fische, Wale, Seekühe, Schildkröten, Krabben, Krebse, Seeigel, eine Unzahl von Schnecken und Muscheln, viele den heutigen Arten des Mittelmeeres ähnlich, schwimmen, kriechen und wühlen in ihrem wässerigen oder schlammigen Element, das durch Korallen-Algenriffe im Raum von Wildon–Leibnitz als tropisch-warm gekennzeichnet ist.

Schlagartig ändert sich das Bild: Mächtige Vulkane wachsen aus dem Meer und vernichten mit ihren Glutwolken weithin alles Leben. Dunkle Lavaergüsse breiten sich deckenförmig aus, vulkanische Gase durchschlagen mit ungeheurer Wucht den Untergrund, Kraterseen und Tuffschlote entstehen und vergehen, spießen wie Nadeln aus dem weichen Sand der Umgebung, ganz dazu geschaffen, Jahrmillionen später wehrhafte Burgen zu tragen; mineralbeladene warme Quellen sprudeln bis heute.

Savannen und Sumpfwälder, Korallen und Haie, Vulkanausbrüche und Aschenregen, ein farbiger Reiseprospekt des Tourismus-Zeitalters.

Aber: Was macht uns so sicher, daß dieses eindrucksvolle Bild wirklich stimmt, dieses Bild einer fremdartigen Steiermark, eines von üppig-tropischer Vegetation bedeckten Küstenlandes, von Korallenriffen umgürtet und von den Wogen eines warmen Meeres umspült? Wo sind die Zeugen jener Zeit, ist ihre Sprache auch deutlich genug und wer kann sie verstehen? Zur Antwort eine Fundschilderung, die zugleich zeigt, wie oft Zufall und Glück zusammenspielen müssen, um schlaglichtartig bald da, bald dort das Dunkel der Vergangenheit etwas zu erhellen.

Im Jahre 1956 wird einem Dentisten in Kärnten Kohle geliefert. Sie stammt aus dem Ostfeld des damaligen Braunkohlenbergbaues St. Stefan i. L. Dem Söhnchen des Dentisten fällt ein heller Einschluß in einem Kohlebrocken auf, der an einen menschlichen Zahn denken läßt. Er bringt den Fund seinem Vater, der sofort erkennt, daß es sich um ein fossiles Kieferbruchstück handelt. Er schickt das Kohlestück an das Kärntner Landesmuseum in Klagenfurt und von hier kommt es zur Bearbeitung an das Landesmuseum Joanneum in Graz. Die hier wirkende Paläontologin Dr. M. Mottl ist fasziniert, als sie sieht, daß der Zufall der österreichischen Wissenschaft einen ebenso wertvollen wie seltenen Fund beschert hat: den Rest eines fossilen Menschenaffen *(Dryopithecus fontani carinthiacum),* der vor etwa 13 Millionen Jahren in unserer Braunkohlenlandschaft gelebt hat.

Lediglich von vier weiteren Fundpunkten wurden aus Österreich Menschenaffenreste bekannt. Einer davon liegt in der Steiermark, und auch hier stammen die Funde aus einem Braunkohlevorkommen, dem ehemaligen Bergbau Göriach bei Aflenz am Südsaum des Hochschwabs. Der hier nachgewiesene gibbonartige Menschenaffe *Pliopithecus antiquus* ist nur ein, wenn auch sehr wertvolles Element einer überreichen Wald- und Sumpfwald-Fauna mit Hirsch, Waldpferd und Antilope, Tapir, Nashorn, verschiedenen Rüsseltieren, Wildschwein, Biber und zahlreichen bären-, katzen- und marderartigen Raubtieren.

Doch wie sah dieser Wald aus, der eine so fremdartige Tierwelt beherbergte, eine Tierwelt, wie wir sie heute in vergleichbarer Zusammensetzung in den Urwäldern des indo-malayischen Archipels finden? Auch auf diese Frage geben reiche Funde in den steirischen Kohlelagerstätten sichere Antwort:

Sumpfzypressen und Sumpfeschen, Wasserulmen und Wasserfichten, Sequoien und Mammutbäume beherrschen die breiten Sumpfwaldgürtel an den Küsten; daneben und dahinter breiten sich Platanen und Fächerpalmen, wachsen Feigen-, Zimt-, Tulpen- und Amberbäume, verbreiten Lorbeer- und Myrtengewächse ihren Duft und mischen sich Eschen und Buchen, Pappeln und Linden, Eichen und Kiefern, Birken und Weiden, Nuß- und Haselnußgewächse in die Vielfalt.

Das also war jener Lebensraum, aus dem in einem ebenso komplexen wie langdauernden Prozeß die steirischen Braunkohlelagerstätten entstehen sollten, die gleichsam die Sonnenenergie jener Zeit in ihren Flözen eingefangen und bis heute erhalten haben.

Freilich wandelte sich die Zusammensetzung der Pflanzenverbände und der Tierwelt in Abhängigkeit von Klimaschwankungen und Umweltveränderungen im Verlaufe des Tertiärs, jenes Zeitabschnittes der Erdgeschichte, den wir wegen des auffällig gehäuften Auftretens von Braunkohlelagerstätten auch als Braunkohlezeit bezeichnen. In Zusammenhang damit änderten sich auch die Möglichkeiten, die für die Entstehung von Kohlelagern günstig waren.

Aber immer wieder stellten sich jene spezifischen Bedingungen ein, die als Voraussetzung zur Bildung bedeutender Kohlelager gelten. So auch in der Steiermark. Über eine Zeitspanne von 10 Millionen Jahren hinweg entstanden hier in allen Abschnitten des Tertiärs immer wieder Lagerstätten. Zuerst jene von Wies-Eibiswald, Köflach-Voitsberg, Leoben-Seegraben, Fohnsdorf und Parschlug (Karpat), dann von Göriach, Stiwoll, Rein etc. (Baden), schließlich die Vorkommen der Grazer Bucht, von Oberdorf bei Weiz (Sarmat) und zuletzt die vergleichsweise jungen Kohlen von Ilz (Pannon).

Damit bleibt eine letzte Frage zu beantworten:

Welche Umstände müssen zusammenwirken, damit „der Wald zu Kohle wird", wie es der Titel dieses Aufsatzes ausdrückt?

Franz Unger, Arzt, universeller Naturwissenschaftler und als solcher einer der Väter der Paläobotanik, 1835–1849 Professor der Botanik und Zoologie am Joanneum in Graz, erkannte bei seinen Studien an den steirischen Braunkohlevorkommen bald, daß die fossile Braunkohlenflora ihre Verwandten heute nicht in Europa hat, sondern in Florida, Georgia, Louisiana, Kalifornien und Südchina, das heißt, in geographischen Breiten, die klimabedingt eine ungleich höhere Stoffproduktion aufweisen, als dies unter den derzeit in Mitteleuropa herrschenden Verhältnissen der Fall ist. Der Schluß ist naheliegend: Kohle konnte sich nur im subtropisch-tropischen Klimagürtel bei hinreichender Feuchtigkeit bilden, also unter Bedingungen,

Franz Unger/Josef Kuwasseg, Rekonstruierte Urlandschaft, Entstehung der Braunkohle

die den Pflanzenwuchs in besonderer Weise beschleunigen.

Damit ist die erste Voraussetzung zur Entstehung von Kohlelagern erfüllt: die Bereitstellung gewaltiger Mengen pflanzlichen Materials.

Nun wissen wir jedoch, daß pflanzliche Reste nur unter ganz bestimmten Bedingungen erhaltungsfähig sind; im Regelfall werden sie durch Bakterien, Pilze und viele andere Organismen zersetzt und letztlich wieder in ihre mineralischen, für die Pflanze aufnahmsfähigen Grundstoffe übergeführt.

Welcherart waren also die Bedingungen, um die von der Natur so reichlich bereitgestellte Pflanzensubstanz zu konservieren? Darüber gingen die Ansichten der Wissenschaft zunächst diametral auseinander. Auf der einen Seite forderte die „Swamp-Theorie" die Existenz großer Sumpfmoore, ähnlich den Waldsümpfen Nordamerikas. Ihr Verfechter, H. Potonié, sah in ihnen „lebende Braunkohlewälder", an denen alle Vorgänge der beginnenden Braunkohlebildung zu sehen seien. Und tatsächlich lieferten unsere Braunkohlen zahlreiche Pflanzenreste ähnlich den Sumpfpflanzen der heutigen „Cypress-Swamps" Floridas. So etwa die Sumpfzypresse *(Taxodium distichum)* mit ihren charakteristischen Pneumatophoren, Wurzelauswüchsen, die über die Wasseroberfläche ragen und der Atmung dienen. Sumpfzypressen sollten nach dieser Theorie auch die Hauptbraunkohlenbildner sein.

Dagegen wurde allerdings bald eingewandt, daß an der Zusammensetzung der Braunkohlen nicht nur Sumpfelemente, sondern auch Pflanzen trockener Standorte beteiligt seien, vor allem Sequoien und Mammutbäume. Ihre lebenden Verwandten, das „Redwood" *(Sequoia sempervirens)* und der Mammutbaum *(Sequoiadendron giganteum),* finden sich heute in den nebelig subtropischen Küstengebieten Kaliforniens, nicht jedoch an Sumpfstandorten. Der „Sumpftheorie" wurde daher die „Trockentorftheorie" gegenübergestellt. W. Gothan, einer ihrer eifrigsten Vertreter, nahm an, daß die Pflanzensubstanz, aus der Braunkohle entsteht, nicht im Sumpfmilieu und nicht unter dem Grundwasserspiegel abgelagert worden sei, sondern als „Waldtorf" in feuchten Wäldern.

Auf die Dauer konnte jedoch keine der beiden Theorien voll befriedigen und wie so oft bei der Entwicklung neuen Gedankengutes haben die weiteren Untersuchungen gezeigt, daß beide Auffassungen zu Recht bestehen; man braucht sie nur ihres Ausschließlichkeitsanspruches zu entkleiden!

Tatsächlich lassen sich in unseren Braunkohlen nicht nur Sumpfelemente, sondern auch Trockenelemente nachweisen, und es ergab sich damit klar, daß an der Bildung der Braunkohle sehr unterschiedliche Pflanzenverbände beteiligt waren. „Braunkohlenmoore" bildeten demnach keinen einheitlichen Lebensraum, der von einer einzigen Pflanzengesellschaft charakterisiert wurde, sondern lassen einen Wechsel verschiedener Pflanzenvereine erkennen, deren charakteristische Abfolge von den Veränderungen des Grundwasserspiegels diktiert wird.

Diese Sukzession beginnt mit Riedmooren oder Sümpfen mit offener Wasserfläche, ähnlich den Everglades in Florida, leitet über zu Sumpfwäldern („Ta-

xodien-Swamps") und Bruchwäldern („Myricaceen-Cyrillaceen-Moor"), die schließlich von Sequoienwäldern („Trockenwäldern") abgelöst werden; diese stellen als „Stillstandswälder" das Endstadium dieser Abfolge dar.

Wird ein derartiger Wald durch ein massives Ansteigen des Grundwassers überflutet, so sterben die Bäume ab, aber nur die über den Grundwasserspiegel reichenden Stammteile verfaulen. Die darunter liegenden Anteile bleiben vor der Zersetzung bewahrt. Wir finden sie in manchen Flözbereichen der späteren Braunkohlelager noch als aufrecht wurzelnde Stämme („Stubben-Horizonte"). Tritt die Absenkung zu rasch und massiv ein, so kommt es zur Entstehung offener Wasserflächen, in denen sich Ton- und Schlammablagerungen bilden, die die Kohlenmoorbildung unterbrechen. In den Kohlelagerstätten dokumentieren sich diese Ton-Sandlagen als taube „Zwischenmittel". Geht die Absenkung jedoch allmählich und ruhig vor sich und stabilisiert sich die Senkungstendenz schließlich wieder, so beginnt der Idealzyklus eines Kohlenmoores: Riedmoor – Sumpfwald – Bruchwald – Trocken/Stillstandswald von neuem.

Eine Situationsskizze aus der Grube Fohnsdorf, der ältesten und tiefsten Kohlengrube der Steiermark, möge dieses zunächst etwas theoretische Entwicklungsbild zum Leben erwecken: So erzählen die Säugetierreste aus dem Liegendsandstein der Flöze, aus dem Oberflöz und den Begleitgesteinen: *Dicerorhinus sansaniensis* (schlankbeiniges Doppelnashorn), *Hyotherium soemmeringi* (Sumpfwaldwildschwein), *Dinotherium bavaricum* (kleines hauerzähniges Urrüsseltier), *Mastodon*-Reste (höckerzähniges Urrüsseltier), von einer subtropisch/tropischen Tierwelt, die uns unmittelbar in ihrem zu Kohle gewordenen Lebensraum überliefert wurde. Aber bereits unmittelbar über dem Hauptflöz dokumentiert sich in einer 10–50 cm dicken, weithinziehenden Lumachellenlage, der verfestigten Anhäufung zerbrochener Muschel- und Schneckenschalen, eine völlige Umgestaltung des Lebens- und Ablagerungsraumes. Die Muscheln dieses sogenannten „Fohnsdorfer Muschelkalkes" (v. a. *Congeria,* daneben *Melania*) signalisieren ebenso wie Muschelkrebse *(Ostracoda),* Schildkröten *(Chelydra)* und zahlreiche Fischarten deutlich eine über die Sumpf-

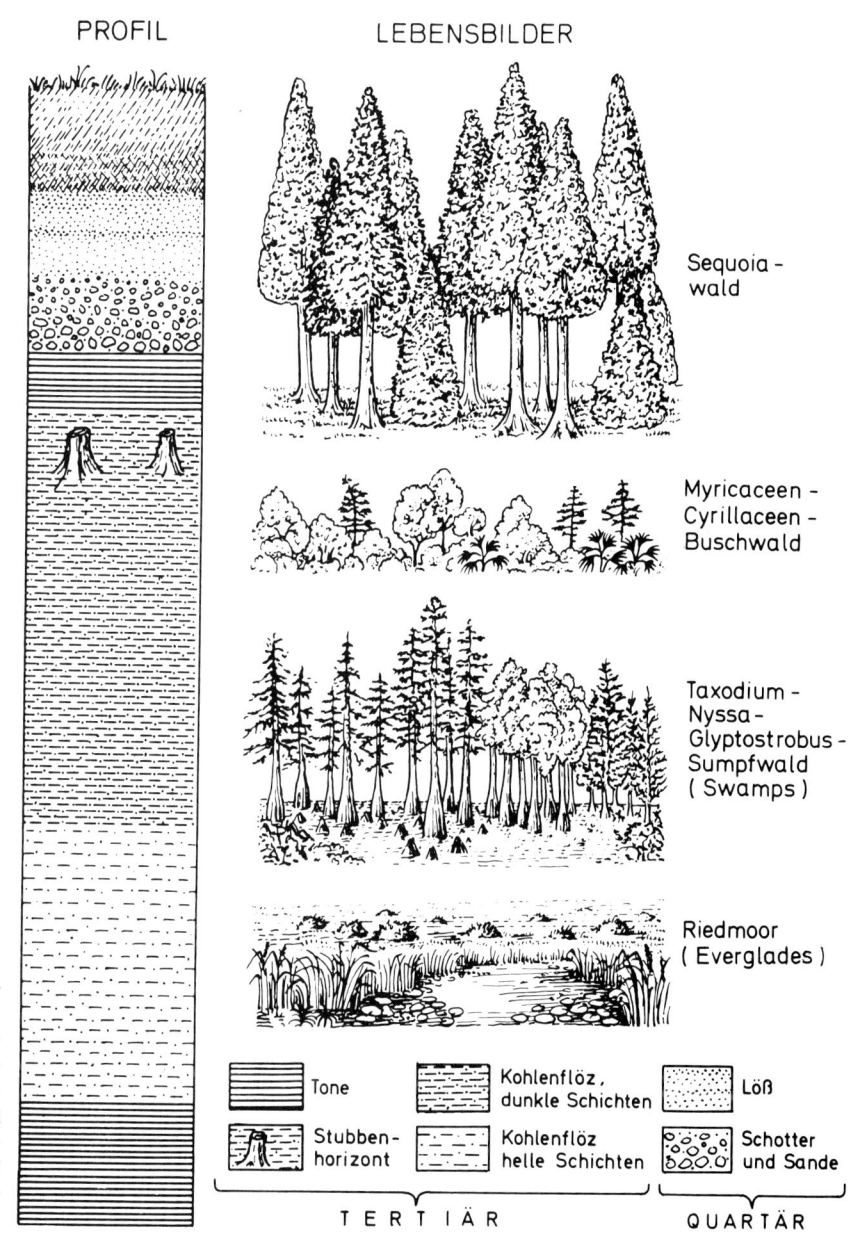

PROFIL   LEBENSBILDER

Sequoia-
wald

Myricaceen -
Cyrillaceen -
Buschwald

Taxodium -
Nyssa -
Glyptostrobus -
Sumpfwald
(Swamps)

Riedmoor
(Everglades)

Schema zur Braunkohlenentstehung.
Links: Profil eines Braunkohlenflözes mit hellen und dunklen Lagen und einem Stubbenhorizont.
Rechts: Die zur Kohlebildung führenden Moorpflanzensukzessionen vom Riedmoor bis zur Verlandung (Sequoia – Trockenwald) (nach Thenius).

Tone	Kohlenflöz, dunkle Schichten	Löß
Stubben-horizont	Kohlenflöz helle Schichten	Schotter und Sande

T E R T I Ä R   Q U A R T Ä R

7

wälder hinweggreifende Überflutung, die die Moore ertrinken ließ. Funde von Haifischzähnen in der damals mit dem Fohnsdorfer Becken zusammenhängenden Leobner Kohlenmulde bezeugen eine zeitweilige Verbindung zum offenen Meer. Und schließlich hat selbst der damals im südsteirischen Raum (Gleichenberg) sehr aktive Vulkanismus die Spuren gewaltiger Ausbrüche, wie in fast allen Kohlengruben der Steiermark, auch im doch recht weit entfernten Fohnsdorfer Becken hinterlassen. Die Tuff- und Aschenlagen, z. T. in „Seifenschiefer" oder Bentonit umgewandelt und den Flözprofilen in mehrfach übereinander, d. h. zeitlich nacheinander folgenden Lagen eingeschaltet, sprechen eine deutliche Sprache!

Damit ist Art, Zusammensetzung und Entwicklung der „Braunkohlewälder" grob skizziert und die Ausgangssituation zur Kohlebildung umrissen. Und schon stellt sich eine weitere Frage: Welche Prozesse müssen wirksam werden, damit die pflanzliche Substanz zu Kohle wird? Wir nennen die Summe dieser Prozesse „Inkohlung" und verstehen darunter einen Vorgang, bei dem unter Sauerstoffabschluß und bei niedrigem pH-Wert Kohlenstoff angereichert, Wasserstoff und Sauerstoff dagegen abgebaut wird. Es bedarf dazu eines komplizierten Ineinandergreifens mikrobiologisch-chemischer Vorgänge, die zunächst zu einer „Vertorfung" führen. An ihrem Ende steht eine abgestorbene, mikrobenfreie Pflanzensubstanz in stark saurem Milieu, die ihre chemische Substanz gegenüber dem Ausgangsmaterial jedoch noch kaum verändert hat.

Nach diesen vorbereitenden Stadien setzt der physikalische Prozeß ein, der zur eigentlichen Inkohlung führt. Die entscheidenden Ursachen für die nun massive Anreicherung von Kohlenstoff sind Druck, Temperatur und Zeit. Alle diese Parameter werden durch

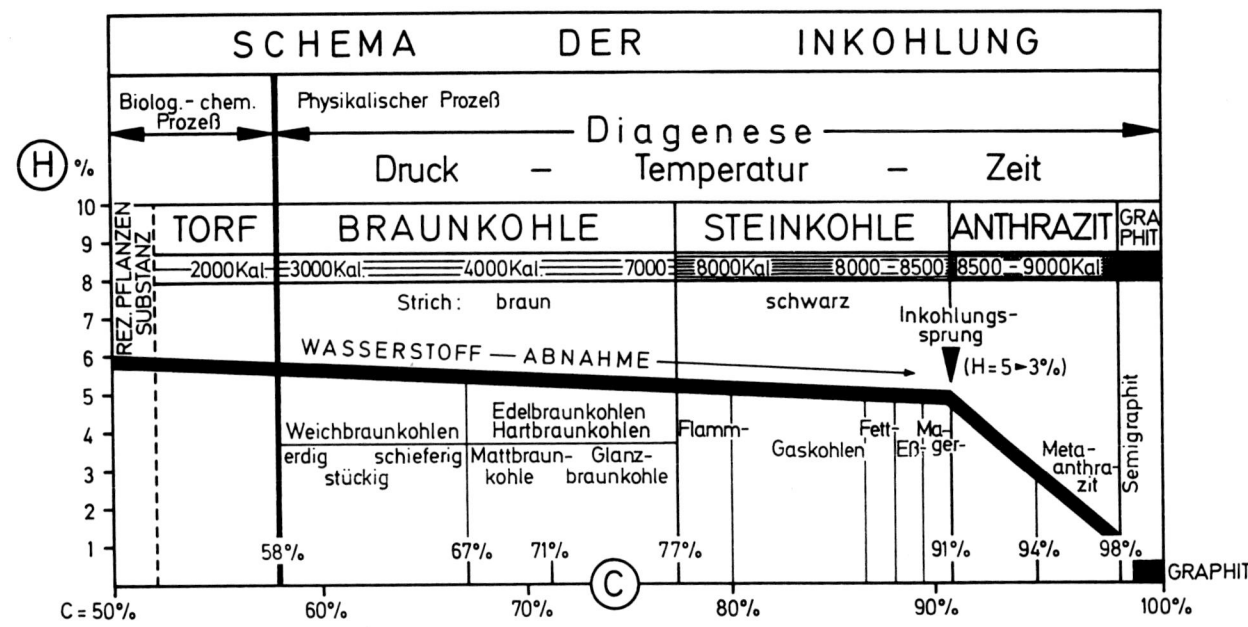

Schema der Inkohlung (nach Klaus).

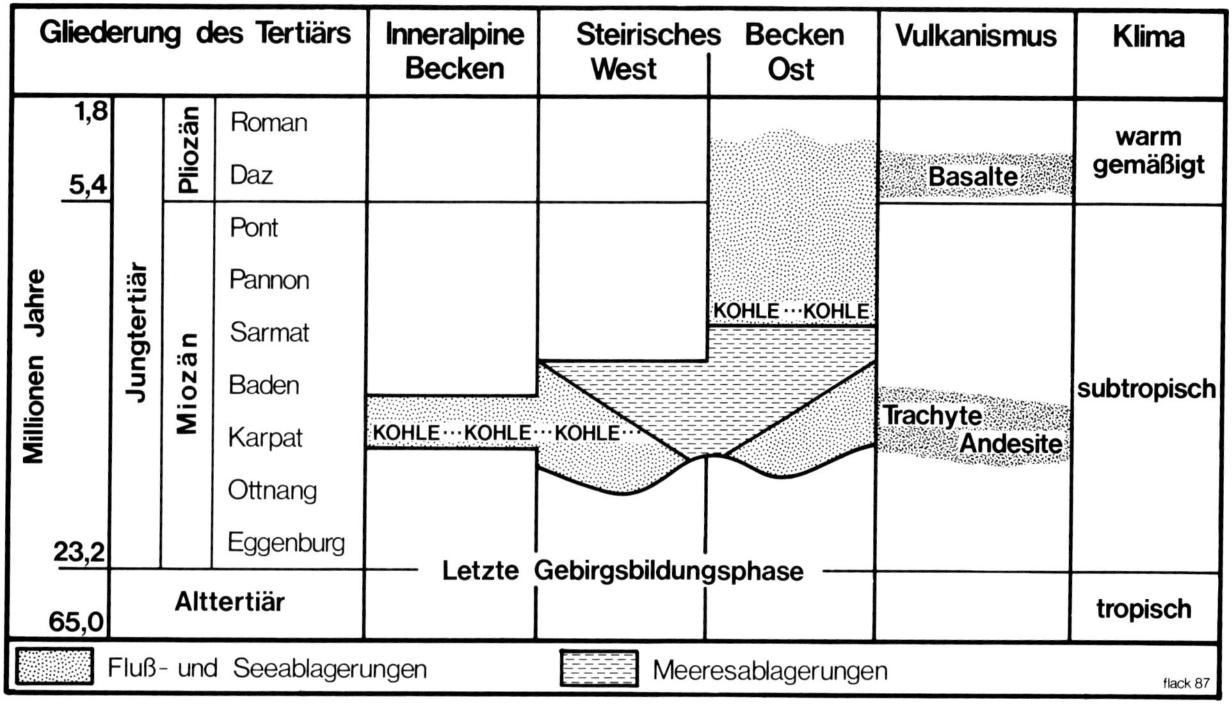

Gliederung des Tertiärs			Inneralpine Becken	Steirisches Becken West	Ost	Vulkanismus	Klima

Braunkohle in der Steiermark. Ihre Entstehung in Zeit und Raum.

geologische Erscheinungen gesteuert. Die Gesteinsüberlagerung im Verlaufe des geologischen Werdeganges eines Kohleflözes erhöht zunächst den Druck und führt auf diese Weise zu einer Abnahme der Porosität und einer Auspressung des Wassers. Zugleich erhöht sich in Abhängigkeit von der geothermischen Tiefenstufe auch die Temperatur. Beide Erscheinungen wirken in Richtung auf eine Anreicherung des Kohlenstoffgehaltes. Daß das Ergebnis letztlich von der Dauer des Einwirkens hoher Drucke und Temperaturen abhängt, unterstreicht die Bedeutung des Zeitfaktors.

Auf dieser Basis führt die „Inkohlungsreihe" von Holz über Torf, Braunkohle und Steinkohle zum Anthrazit und schließlich zum Graphit. Der Kohlenstoffgehalt steigt dabei von rund 50% bei Holz auf 100% bei Graphit, der, so wie der auf gänzlich andere Weise entstandene Diamant, aus reinem Kohlenstoff besteht.

Verbleibt zum Abschluß ein Rück- und Ausblick:

Beobachtungen und Berechnungen zeigen, daß die jährliche Wachstumsrate der Moore der gemäßigten Zone lediglich 1 mm beträgt; selbst aus den subtropischen-tropischen Riedmooren Floridas wird nur über eine Wachstumsrate von etwa 1,3 mm/Jahr berichtet. Vergleicht man damit etwa das 80 m mächtige Flöz, das im Tagbau Karlschacht bei Köflach abgebaut wurde, so wird die immense Zeitdauer deutlich, die die Natur einsetzen mußte, damit Lagerstätten wirtschaftlicher Größenordnungen entstehen konnten.

Und wie ist die Situation in der Steiermark? Hier ist das Köflach-Voitsberger Braunkohlebecken mit seinen vier Flözhorizonten das derzeit einzige produzierende Revier der Steiermark und zugleich das größte

9

in Österreich. Teils im Tagbau, teils im Grubenbau wird hier seit Beginn des 18. Jahrhunderts Kohle abgebaut, und die Vorräte werden noch bis in das erste Viertel des nächsten Jahrhunderts reichen. Dann werden sich voraussichtlich auch die Abbaue von Köflach-Voitsberg in die lange Kolonne jener Lagerstätten einreihen, die heute bereits stillgelegt sind, wie Wies, Eibiswald, Fohnsdorf, Seegraben, Parschlug, Göriach, St. Kathrein, um nur die wichtigsten zu nennen. Dann wird sich auch an den einst so reichen Kohlelagerstätten der Steiermark die Tatsache bestätigt haben, daß der Mensch in wenigen Jahrhunderten oder nur Jahrzehnten das verbraucht, was die Natur in vielen Millionen von Jahren bereitgestellt hat. Von der aktuellen Situation des Waldes ausgehend, könnte man zu der pessimistischen Aussage gelangen, daß es der Mensch nicht nur schafft, den heutigen Wald zu vernichten, sondern auch den, der in Millionen Jahren gewachsen ist – den Wald, der zu Kohle wurde.

Literatur:

Wilhelm *Klaus,* Einführung in die Paläobotanik, 2 Bde., Wien 1986 und 1987.
Maria *Mottl,* Die jungtertiären Säugetierfaunen der Steiermark, Südost-Österreichs. In: Mitteilungen des Museums Bergbau, Geologie und Technik am Landesmuseum Joanneum, 31/1970.
Erich *Thenius,* Niederösterreich zur Braunkohlenzeit, Wissenschaftliche Schriftenreihe Niederösterreich, Bd. 43/44, Wien 1979.
Leopold *Weber* – Alfred *Weiß,* Bergbaugeschichte und Geologie der österreichischen Braunkohlevorkommen. Archiv f. Lagerst. forsch. Geol. B.-A., Bd. 4, Wien 1983.

Walter Postl

Mineralogisches zum Thema Glas und Kohle

Für den ersten Augenblick erscheint es etwas weit hergeholt, wenn man zum Thema „Glas und Kohle" einen mineralogisch orientierten Beitrag liefern soll. Geht man den Dingen aber etwas tiefer auf den Grund, so kann man eine Fülle von Zusammenhängen aufzeigen, die teils von nebensächlicher, teils aber auch von fundamentaler Bedeutung sind.

Glas – lange bevor es der Mensch erfand

Glas, ein Werkstoff mit langer Tradition und immer noch wachsenden Anwendungsmöglichkeiten, kann als „unterkühlte Schmelze" betrachtet werden. Es gehört zu den wenigen anorganischen Verbindungen, die amorph sind, d. h. keinen geordneten Gitterbau aufweisen. Die Tendenz, vom amorphen in einen kristallinen Zustand zu gelangen, ist wohl beim Glas vorhanden, jedoch nur über sehr lange Zeiträume und in sehr bescheidenem Umfang beobachtbar. Durch Aufnahme von Wasser (Hydratation) kann es zur Entglasung kommen, die sich in einer Trübwerdung und geringer werdenden Bruchfestigkeit äußert.

Bereits vor 3500 Jahren haben die Assyrer die Kunst des Glasmachens beherrscht. Aus der Tontafelbibliothek des Assyrerkönigs Assurbanipal (7. Jh. v. Chr.) stammt auch das älteste überlieferte Glasrezept. Nach diesem Rezept – einer Mischung aus 60 Teilen Sand, 180 Teilen Asche aus Meerespflanzen, 5 Teilen Salpeter und 3 Teilen Kreide – wird zwar heute kein Glas mehr gemacht, die Hauptbestandteile Quarz, Pottasche, Soda und Kalk sind zumindest für unser normales Gebrauchsglas dieselben geblieben. Wie man zu diesem Rezept gelangte, rein zufällig oder methodisch, sei dahingestellt. Fest steht, daß der Mensch Glas schon lange vor dessen Erfindung als Werkstoff geschätzt hat. Gemeint sind bestimmte Gesteinsgläser vulkanischen Ursprungs, besser bekannt unter der Bezeichnung Obsidian. Diese meist dunkelgrün bis schwarz gefärbten Gläser sind u. a. im mittelamerikanischen Bereich, aber auch im Mittelmeerraum häufig zu Klingen, Schabern, Pfeilspitzen und Schmuckstücken verarbeitet worden.

Zur Bildung von vulkanischen Gläsern kommt es, wenn saure (SiO_2-reiche) Magmen an die Erdoberfläche dringen und es zur raschen Abkühlung der Lava kommt. Für eine Kristallkeimbildung und ein fortschreitendes Kristallwachstum reicht die Abkühlzeit meist nicht aus. Das erstarrte Ergußgestein besteht aus einer glasigen Grundmasse mit einem geringen Anteil an kristallinen Mineralphasen als Einschlüsse, oder weitestgehend aus Glas. Ohne Rücksicht auf ihre chemische Zusammensetzung unterscheidet man Obsidiane (wasserarm, scharfkantig-splitternd), Pechstein (mit einem Wassergehalt bis 10%), Perlit (mit über-

Tabelle 1:
Durchschnittliche chemische Zusammensetzung (in Gew.-%) von rhyolithischem Obsidian (aus Weiner, 1978) verglichen mit der von Fensterglas und grünem Flaschenglas (aus Hinz, 1963)

	Rhyolith. Obsidian	Fensterglas	Grünes Flaschenglas
SiO_2	72–76	71	70
TiO_2	bis 0,5		
Al_2O_3	10–15	1,5	3
Fe_2O_3	bis 2,6	0,2	2
FeO	1–2		
MnO	bis 0,1		
MgO	bis 0,4	3,3	–
CaO	bis 1,2	8	10
Na_2O	3–5	16	15
K_2O	1–7	–	2,8

wiegend sphärolithischen, d. h. kugelig-strahlig ausgebildeten Kristallaggregaten) und Bimsstein (schaumig-porös). Am häufigsten sind die Obsidiane. Sie entsprechen ihrer chemischen Zusammensetzung nach dem Ergußgestein Rhyolith. (Bei entsprechend langsamer Abkühlung wäre statt eines Obsidians ein Rhyolith entstanden.)

SiO_2-arme Obsidiane dazitischer (67% SiO_2 und 15% Al_2O_3) oder trachytischer (63% SiO_2 und 18% Al_2O_3) Zusammensetzung sind selten, da Magmen mit niedrigen SiO_2-Gehalten eher die Tendenz zeigen, kristallin zu erstarren. Nicht nur aus regionalem Interesse erscheint es in diesem Zusammenhang bemerkenswert, daß im oststeirischen Vulkangebiet Basaltgläser mit SiO_2-Gehalten unter 50% vorkommen. Typische Vertreter vulkanischer Gesteinsgläser verschiedenster Herkunft sind in der Ausstellung vertreten. Derartige Gläser sind aber nicht allein auf unsere Erde beschränkt. Auch auf anderen Himmelskörpern sind vergleichbare Bildungen möglich. So weisen die von den amerikanischen und sowjetischen Mondmissionen mitgebrachten Gesteinsproben sogar große Ähnlichkeit mit unseren irdischen Gesteinen auf.

Obwohl es durch jüngste Untersuchungen als erwiesen gilt, daß kein Zusammenhang zwischen ehemaligen Vulkanausbrüchen auf dem Mond und dem Auftreten der sogenannten Tektite auf unserer Erde besteht, sei an dieser Stelle doch auf diese ganz spezielle Art von Naturgläsern hingewiesen. Es handelt sich um einige Zentimeter große, aerodynamisch geformte Gläser mit einem SiO_2-Gehalt zwischen 60 und 80%. Die meist dunkelgrün gefärbten Gläser werden in ganz bestimmten Regionen unserer Erde gefunden. Von den vier großen Streufeldern befindet sich das bekannteste im asiatisch-australischen Raum, eines in Nordamerika, eines im Bereich der Elfenbeinküste und schließlich das uns nächstliegende in der ČSSR. Letzterer Bereich wird auch Moldavitstreufeld genannt. Dementsprechend gibt es für Tektite verschiedene Lokalbezeichnungen, wie Australite, Indochinite oder eben Moldavite.

Ein Moldavit, der um die Jahrhundertwende in Trog bei Stainz gefunden worden ist, gab jüngst Anlaß für eine Neuuntersuchung durch Koeberl (1986). Die Analysenergebnisse sprechen für das Vorliegen eines

böhmischen Moldavits und gegen Trog bei Stainz als Fundort. Ein Transport von Böhmen in die Steiermark dürfte bereits in vorgeschichtlicher Zeit erfolgt sein. Moldavite bzw. Tektite anderer Fundbereiche haben erwiesenermaßen zur Herstellung von Werkzeugen (Klingen etc.) oder kultischen Gegenständen gedient. Heute wird von den meisten Fachleuten die Auffassung vertreten, daß Tektite anläßlich großer Meteoriteneinschläge auf der Erde entstanden sind. Der für den „Moldavitregen" verantwortliche Meteorit ist vor rund 15 Millionen Jahren im heutigen Bayern niedergegangen und hat den rund 25 km im Durchmesser großen Krater des Nördlinger Ries hinterlassen. Bei diesem Ereignis sind die betroffenen Gesteine teilweise verdampft (ebenso der Meteorit), teils aufgeschmolzen und über weite Bereiche verspritzt worden. Bei rascher Abkühlung entstanden u. a. homogene Gläser (Moldavite). Im Randbereich des Kraters kam es ebenfalls zu drastischen Veränderungen der ursprünglichen Gesteine. Die Bildung von Glas sowie die Entstehung der Hochdruckmodifikationen von Siliciumdioxid, Stishovit und Coesit sind neben anderen typischen Indizien für einen Meteoriteneinschlag hervorzuheben.

Der Vollständigkeit halber sei noch erwähnt, daß es zur Bildung natürlicher Gläser bei der thermischen Beeinflussung von bestimmten Gesteinen kommen kann. So etwa bei Kontakt von sandig-tonigen Sedimenten mit glühender Lava, bei der Frittung von Tonen im Zuge von Flözbränden (Bildung von Cordieritglas) oder beim Einschlag von Gewitterblitzen in Quarzsande. Letztere Bildungen nennt man Blitzröhren oder Fulgurite, das dabei lokal entstehende Kieselglas Lechatelierit.

Mineralogische Besonderheiten aus Quarzvorkommen der Koralpe

Im etwa 40 × 20 km umfassenden Kristallinkomplex der Koralpe wurden bzw. werden sporadisch kleinere Vorkommen von Hämatit, Glimmer und Quarz wirtschaftlich genutzt. Neuerdings steht im Bereich der Weinebene auch ein Lithiumvorkommen (Spodumenpegmatit) im bergbaulichen Probebetrieb. Die längste Tradition hatten bislang die Quarzabbaue, die den wichtigsten Rohstoff für die weststeirischen Waldglashütten lieferten. In derartigen Vorkommen glückten mitunter aber auch Funde mineralogischer Besonderheiten. Der in dieser Hinsicht bekannteste Fundbereich liegt am Herzogberg bei Modriach. Hier hat man besonders im vorigen Jahrhundert hervorragend ausgebildete Kristalle des Titanoxides Rutil, in derbem Quarz eingewachsen, gefunden. Die bis fingerdicken und bis 10 cm langen, metallisch-grau bis rötlich gefärbten Rutilkristalle haben Modriach in mineralogischer Hinsicht weit über die Landesgrenzen hinaus bekannt gemacht, und es fehlt diese Ortsangabe in keinem Lehrbuch der Mineralogie. In den letzten Jahrzehnten erweckte der ehemalige Quarzbruch „Ebenlecker" am Herzogberg durch Funde von diversen, z. T. selteneren Phosphaten (u. a. Apatit, Strengit, Rockbridgeit, Kakoxen, Strunzit und Vivianit) abermals die Aufmerksamkeit der Mineralogen.

Der Name des in der mittleren Koralpe gelegenen kleinen Bergdorfes Glashütten („Maria in der Glashütten") sagt schon alles über die Verbindung mit der Glasmacherei aus. Derber, milchigweißer Quarz wurde in der näheren Umgebung von Glashütten gewonnen, und auch heute stößt man mitunter noch auf meist recht reine Quarzfindlinge. Bisweilen führt derartiger Quarz schwarzen Turmalin („Schörl") oder graue, scharfkantige Stengel des Aluminiumsilikates Disthen. Bei diesen oft mehrere Zentimeter messenden Kristallen handelte es sich ursprünglich um das mit Disthen chemisch idente Mineral Andalusit, das im Zuge einer Regionalmetamorphose in Disthen umgewandelt wurde.

Zuletzt sei auf ein sehr traditionsreiches Quarzvorkommen in der südlichen Koralpe hingewiesen. An der Grenze zwischen Steiermark und Kärnten befinden sich am Gradischkogel, nördlich der Ortschaft Soboth, noch einige verfallene, alte Quarzabbaue. In mehreren Abbauperioden wurde in erster Linie die Glashütte St. Vinzenz mit Quarz beschickt. Zuvor wurde Glas auch in nächster Nähe – nördlich des Gradischkogels – geschmolzen. Die Flurbezeichnung „Obere Glashütten" erinnert noch daran. Nachdem zwischen 1958 und 1959, nach einer über 50 Jahre dauernden Ruheperiode, eine Wiedergewältigung erfolgt war, steht dieses besonders reine Quarzvorkom-

men seit kurzem wieder im Abbau. Der glasig-durchsichtige bis milchig-weiße Quarz tritt in Form von Quarz-Feldspat- bzw. reinen Quarzgängen auf, die sich allesamt im dort weitverbreiteten Eklogitamphibolit befinden. Ein derartiger Gang hat gerade in jüngster Zeit sehr große Kristalle von Albit erbracht. Schon länger bekannt ist das Auftreten von großen Glimmerplatten (Muskovit), Plagioklas (Albit-Oligoklas), Titanit, Rutil, Hornblende, Epidot und Zirkon. Auch kleinere Bergkristalle – ansonsten in den Quarzvorkommen der Koralpe kaum vorhanden – sind hier mitunter gefunden worden. Ansonsten sind Bergkristalle im Koralpengebiet keine Seltenheit. Aus Klüften des aufgelassenen Amphibolitsteinbruchs „Schwemmhoisl" westlich von Deutschlandsberg konnten vor etwas mehr als 10 Jahren Quarzkristalle bis zu einem Gewicht von knapp 100 kg geborgen werden. In letzter Zeit glückten auch im Hebalpenbereich bemerkenswerte Funde von Bergkristall und Rauchquarz.

Kohlenstoff in allen Gassen

Organische Kohlenstoffverbindungen haben für uns fundamentale Bedeutung, bilden sie doch die Grundlage allen menschlichen, tierischen und pflanzlichen Lebens. Eiweiße, Fette und Kohlenhydrate – um nur einige der bekanntesten Vertreter zu erwähnen – gehören zu einer Unzahl von Verbindungen des Kohlenstoffs mit Sauerstoff, Wasserstoff, Stickstoff und Schwefel.

Bekanntlich enthalten auch unsere fossilen Brennstoffe als wesentlichsten Bestandteil Kohlenstoff. Zur Bildung von Kohle- oder Öllagerstätten kommt es, wenn abgestorbene Organismenreste in größerer Menge von Sedimentmaterial bedeckt werden. Während Erdöl aus vorwiegend tierischen Organismenresten entsteht, sind Kohlen pflanzlichen Ursprungs. Letztere sind um so reicher an Kohlenstoff, je älter sie sind (siehe Zusammenstellung in Tabelle 2).

Heute weithin unbekannt ist, daß spezielle bitumenreiche Kohlevarietäten zur Herstellung von kunstgewerblichen Gegenständen und Schmuck gedient haben. Diese für Kohlen ungewöhnliche Nutzung ist in der relativ hohen Härte und Zähigkeit und somit guten Schleif- und Polierbarkeit begründet. Dieses unter den Bezeichnungen „Gagat", „Jet", „Agstein" und „Schwarzer Bernstein" gehandelte Material war vor allem wegen seiner schwarzen Farbe und seines matten Glanzes insbesondere zur Herstellung von Trauerschmuck und Rosenkranzperlen beliebt. Zentren der Gagatproduktion waren ursprünglich in Frankreich und England. Später hat man derartige Vorkommen auch im nördlichen Ostalpenraum – in Kohle führenden Gesteinen der Gosauschichten – bergbaulich genutzt. Freh (1956) gibt folgende Vorkommen an: Gams bei Großreifling an der Enns; Sandl bei Unterlaussa; Spitzengraben bei St. Gallen; Roßleiten bei Windischgarsten; Lafer Wald und Knappenkögerl im Gesäuse.

Die Kohlen können im petrografischen Sinne als Gesteine aufgefaßt werden, zumal sie aus einer Fülle von verschiedenen Kohlenstoffverbindungen mit teils aliphatischem, teils carbocyclischem Charakter aufgebaut werden. Von diesen Verbindungen – jede einzelne könnte als eigene Mineralart angesehen werden – sind die wenigsten genau untersucht und definiert. Ein Grund, weshalb in den letzten 50 Jahren die Gruppe organischer Minerale stark vernachlässigt wurde, ist wohl u. a. auch dem Umstand zuzuschreiben, daß nahezu alle organischen Minerale, im Gegensatz zu den anorganischen, amorph sind. Die meisten, vor allem Ende des vorigen Jahrhunderts beschriebenen organischen Minerale – alles Kohlenstoffverbindungen – wurden nur an Hand ihrer physiko-chemischen Eigenschaften (Farbe, Härte, Bruch, Dichte, Schmelzpunkt, Löslichkeitsverhalten, Chemismus etc.) definiert, ihr Strukturaufbau war überwiegend unbekannt. Erst in den letzten Jahren beginnt man vereinzelt, unterstützt durch neue Untersuchungsmethoden (u. a. Infrarotspektroskopie, Massenspektroskopie, Dünnschichtchromatographie), eine Revision der bislang bekannten organischen Minerale vorzunehmen und eine neue Klassifikation auf strukturchemischer Grundlage durchzuführen (Savkević, 1983). Besonderes Augenmerk wird der Gruppe der fossilen Harze geschenkt, zu der auch der Bernstein (Succinit; 78% C, 10% H_2, 11% O_2) gehört. Mittels der oben erwähnten Untersuchungsmethoden kann man heute die fossilen Harze gut charakterisieren und

eventuell auch auf die Herkunft (Erzeugerpflanze, Fundbereich) schließen (Vávra, 1984). Wegen der guten Unterscheidbarkeit der verschiedenen fossilen Harzarten ist es nicht sinnvoll, für alle Harze den geläufigen Begriff „Bernstein" zu verwenden, da dieser Begriff nur für den Succinit Geltung haben sollte. Aufgrund oft nur geringfügiger Unterschiede in den physiko-chemischen Eigenschaften kam es bei den fossilen Harzen zu zahlreichen Benennungen („Copalit", „Copalin", „Schraufit", „Retinit", „Rosthornit", „Trinkerit", „Ixolyt" etc.). Viele sind nach dem Fundort benannt (z. B. „Rumänit", „Simetit", „Birmit", „Walchowit", „Duxit", „Jaulingit", „Köflachit" etc.). Einige von diesen sind sogar erstmals von österreichischen Vorkommen beschrieben worden, so der „Rosthornit" vom Sonnberg bei Guttaring in Kärnten sowie aus Niederösterreich der „Jaulingit" von St. Veit a. d. Triesting, der „Ixolyt" von Hart bei Gloggnitz und der „Dopplerit" von Zillingdorf. Ein fossiles Harz aus dem weststeirischen Kohlenbecken wurde mit dem Lokalnamen „Köflachit" versehen. Alle bislang bekannten österreichischen Vorkommen sind an Kohlevorkommen unterschiedlichen Alters gebunden. Von den knapp 20 Vorkommen ist nur das im Bereich von Golling in Salzburg mengenmäßig bedeutsam.

Neben den fossilen Harzen sind aber auch Kohlenwasserstoffe, wie Paraffine („Ozokerit") oder der meist in weißen, wachsartigen Kristallen auftretende Hartit, $C_{20}H_{34}$, aus österreichischen Vorkommen beschrieben worden; letzterer erstmals aus der Braunkohle von Hart bei Gloggnitz. Wenig später wurde dieses Mineral auch in der Kohle von Köflach-Voitsberg gefunden.

Salze organischer Säuren kommen bisweilen in Kohlelagerstätten oder bituminösen Sedimenten ebenfalls vor. Von Mellit, einem Aluminiumsalz der Benzolhexacarbonsäure, und von Whewellit, einem Calciumsalz der Oxalsäure, sind sogar größere Kristalle bekannt. Whewellit, $Ca(C_2O_4) \cdot H_2O$, und ein weiteres Oxalat namens Weddellit, $Ca(C_2O_4) \cdot 2H_2O$, spielen überdies in der „Biomineralogie" eine weitere, äußerst zwielichtige Rolle. Sie zählen zu den häufigsten Harnsteinbildungen . . .

Aber auch unter den anorganischen Mineralien spielt der Kohlenstoff eine keineswegs untergeord-

Tabelle 2:
Durchschnittliche Gehalte (in %) an Kohlenstoff (C),
Wasserstoff (H) und Sauerstoff (O) in der Reihe Holz bis
Graphit (aus Machatschky, 1953)

	C	H	O
Holz	50	6	44
Torf	60	5	35
Braunkohle	74	5	21
Steinkohle	85	5	10
Magersteinkohle	90	3	7
Anthrazit	96	2	2
Graphit	100	–	–

nete Rolle. Vielmehr repräsentiert er in elementarer Form – als Diamant – das als Edelstein begehrteste und mit Abstand härteste Mineral. Elementarer Kohlenstoff ist polymorph, d. h., er tritt in mehreren Modifikationen auf: Diamant (kubisch), Lonsdaleit (Hochdruckmodifikation von Diamant, trigonal) und Graphit (mit einer hexagonalen und einer trigonalen Strukturvariante). Die Bildungsbedingungen dieser natürlich vorkommenden Minerale sind stark druck- und temperaturabhängig (Abb. 1).

Wie dem Zustandsdiagramm von Kohlenstoff (Abb. 1) zu entnehmen ist, entsteht der Diamant bei sehr hohen Drucken (mindestens 44 kbar) und hohen Temperaturen.* Dies bedeutet, daß die Bildung im Bereich des Erdmantels zwischen 150 und 200 km Tiefe erfolgt. Nur an wenigen Stellen der Erde sind derartige Magmen an die Erdoberfläche gedrungen und haben die charakteristischen, mit Kimberlit erfüllten, Explosionsröhren („pipes") verursacht; die bekanntesten und ergiebigsten befinden sich in Südafrika. Aber auch in anderen afrikanischen Ländern sowie in Sibirien befinden sich ähnliche primäre Vorkommen. Diamanten findet man nicht nur im Kimberlit, sondern vereinzelt auch in anderen magmatischen Gesteinen (Peridotit, Tholeitbasalt), am häufigsten jedoch auf sekundären Lagerstätten (Flußseifen; marine Brandungskonglomerate). Letztere Vorkommen befinden sich überwiegend in Afrika, weiters in Indien, Südamerika (Venezuela, Brasilien), Indonesien sowie neuerdings auch in Australien. Bis zum 18. Jahrhundert war Indien der einzige Diamantenlieferant. So berühmte Diamanten wie der „Koh-i-Noor", der „Orlow" oder der „Hope" stammen aus Indien. Der „Koh-i-Noor" (Berg des Lichtes), der wohl berühmteste Diamant, wurde bereits 1304 erstmals schriftlich erwähnt, als er sich im Besitz des Raja von Malwa befand. Der „Hope", von intensiv blauer Farbe, gehört zu den schönsten farbigen Diamanten. Schließlich sei noch mit dem „Cullinan" der bislang größte Diamant erwähnt. Er wog, als er 1905 in einer

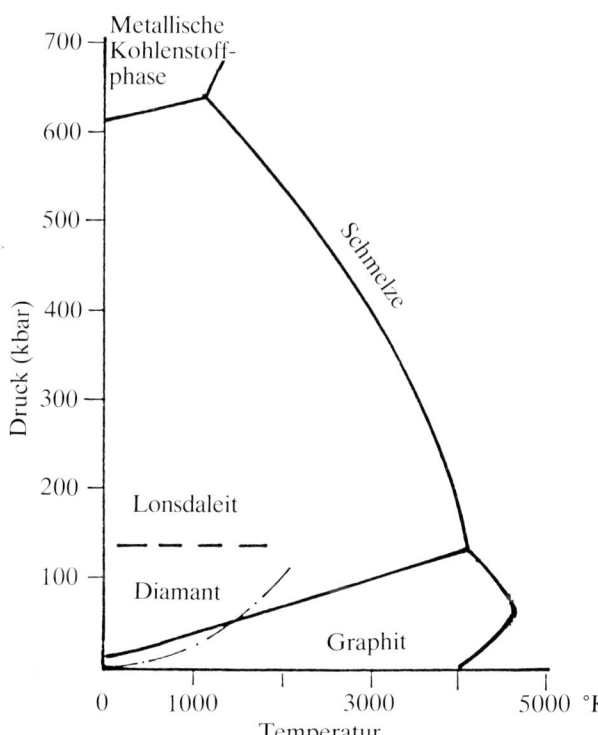

Abb. 1: Zustandsdiagramm von Kohlenstoff nach Bundy (1963), J. Chem. Phys. 38, 631

*) Neuerdings gelingt die Diamantsynthese mittels verschiedener Plasmamethoden auch bei Normaldruck und im Vakuum.

Mine nahe Pretoria gefunden wurde, 3106 Karat (1 ct = 0,2 g). In 105 Stücke geteilt, wiegt der größte von ihnen, der „Cullinan I", immer noch 530 ct. Er befindet sich im britischen Kronschatz.

Jährlich werden zur Zeit knapp unter 50 Millionen Karat Diamanten gefördert, von denen nur 20% schleifwürdig sind. Der größte Anteil (Bort, Grint) wird gemeinsam mit künstlich hergestellten Diamanten für industrielle Zwecke verwendet.

Entscheidend für den Wert eines Diamanten sind das Gewicht (angegeben in ct), die Farbe, die Reinheit und der Schliff. Erst durch einen optimalen Schliff (meist Brillantschliff) kommen die besonderen optischen Qualitäten eines Diamanten – hohe Lichtbrechung und starke Dispersion – durch Glanz und Farbenspiel (Feuer) zum Tragen.

Aber auch schwarze Diamanten (Carbonado), u. a. aus Bahia (Brasilien), werden in letzter Zeit nicht mehr allein industriellen Zwecken zugeführt, sondern erfreuen sich bei entsprechender Größe und Qualität zunehmender Beliebtheit als Edelstein. Carbonado kennt man auch aus Eisenmeteoriten. Die trigonale Hochdruckmodifikation von Diamant, der Lonsdaleit, ist zuerst in Meteoriten, später dann auch auf primären Diamantlagerstätten, allerdings in untergeordneter Menge, festgestellt worden.

Welche Gegensätze in den physikalischen Eigenschaften zwischen den einzelnen Kohlenstoffmodifikationen bestehen, ist besonders am Beispiel Diamant – Graphit zu sehen (Tabelle 3).

Diese großen Unterschiede in den physikalischen Eigenschaften sind strukturell bedingt. Im Diamant bilden die Kohlenstoffatome ein dreidimensional unendlich verknüpftes Gerüst, wobei jedes C-Atom von 4 anderen in Tetraederform umgeben wird (Abb. 2). Das Graphitgitter besteht dagegen aus bienenwabenähnlichen Schichten, die jeweils um einen bestimmten Abstand versetzt, übereinander angeordnet sind. In Abb. 3 ist die Struktur des hexagonalen Graphits wiedergegeben.

Von den natürlichen Kohlenstoffmodifikationen kommt der Graphit mit Abstand am häufigsten vor. Überwiegend hat er seinen Ursprung in organischer Substanz von Sedimenten, die bei Gebirgsbildungsprozessen (unter erhöhten Druck- und Temperatur-

Tabelle 3:

Gegenüberstellung einiger charakteristischer physikalischer Eigenschaften von Diamant und Graphit

	Diamant	Graphit
Ritzhärte (nach MOHS)	10 spröde	1 biegsam
Dichte (g.cm^{-3})	3,5–3,53	1,9–2,3
Spaltbarkeit	vollkommen n. dem Oktaeder	sehr vollkommen nach der Basis
Farbe	farblos-wasserklar farbig bis schwarz	metallisch-grau
Wärmeleitvermögen	schlecht (Isolator)	gut
Elektr. Leitvermögen	schlecht	gut

bedingungen) umgewandelt worden sind. Zu diesem „metamorphen Lagerstättentyp" sind auch unsere Vorkommen im Waldviertel oder das von Kaisersberg bei St. Michael zu zählen. Hochwertigen, grobblättrigen Graphit kennt man von pegmatitischen und kontaktmetamorphen Vorkommen, von denen die Lagerstätte in Sri Lanka (Ceylon) die berühmteste ist. Weiters findet man Graphit feinst verteilt in Graniten, Gabbros und Basalten sowie auch in Meteoriten.

Einen Teil der besonderen Eigenschaften von Graphit (siehe Tabelle 3) haben bereits die Kelten vor mehr als 2000 Jahren zu schätzen gewußt. Dem Ton haben sie Graphit beigemengt, um ihre Keramik wasserdicht zu machen. Die Verwendung von Graphit zur Fertigung von Schmelztiegeln sowie zur Erzeugung von Bleistiftminen hat zwar ebenfalls lange Tradition, steht aber in keinem Verhältnis zur heutigen Vielfalt an Anwendungsmöglichkeiten, etwa als Schmiermittel, Farbpigment oder als Moderator in Kernreaktoren.

Nach der kursorischen Beschreibung der elementaren Kohlenstoffmodifikationen sei noch kurz auf die in der Natur zwar unbedeutende Gruppe der Carbide

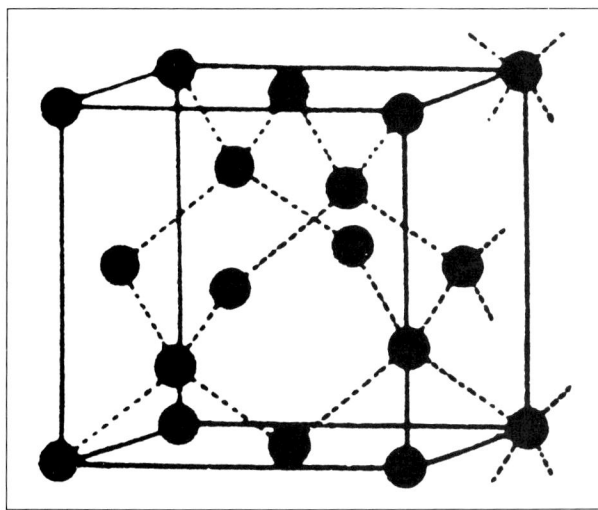

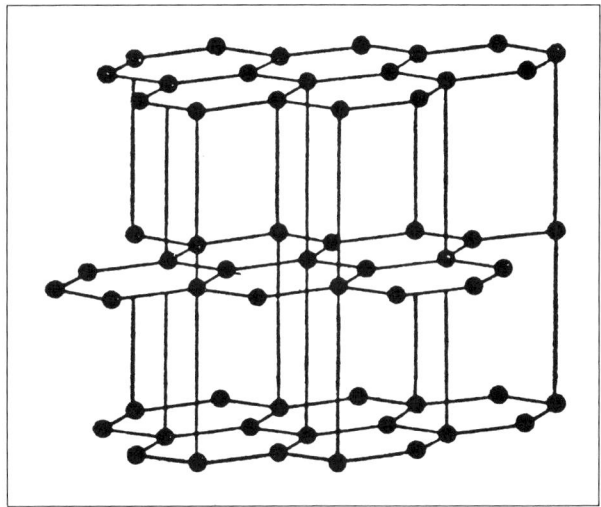

Abb. 2: Elementarzelle von Diamant

Abb. 3: Struktur des hexagonalen Graphit (2H-Graphit)

hingewiesen. Cohenit, Fe_3C, ist als Bestandteil von Meteoreisen und terrestrischem Eisen sowie als Nebengemengteil von ultrabasischen und basischen Magmatiten bekannt. In den Gesteinen des Meteoritenkraters von Cañon Diablo in Arizona tritt das Siliziumcarbid Moissanit, SiC, gemeinsam mit Diamant auf. Dasselbe Mineral konnte auch in diversen magmatischen Gesteinen, u. a. auch in Kimberliten sibirischer Diamantlagerstätten, festgestellt werden. Als Seltenheit ist in Platinseifen auch ein Tantalcarbid nachgewiesen worden. Künstlich hergestellte Carbide von Silizium, Tantal oder Wolfram, um nur einige zu nennen, haben vor allem wegen der außergewöhnlich hohen Härte dieser Verbindungen große technische Bedeutung.

Die mengenmäßig bedeutendste Gruppe anorganischer Kohlenstoffverbindungen stellen jedoch die Carbonate dar. Von den rund 100 in der Natur vorkommenden Salzen der zweibasischen Kohlensäure, H_2CO_3, spielt der Calcit (Kalkspat), $CaCO_3$, eine Hauptrolle. Ganze Gebirgszüge, wie z. B. unsere Kalkalpen, bestehen zu einem Gutteil aus diesem Mineral. Dies ist nicht weiter verwunderlich, wenn

man bedenkt, welch ungeheure Mengen an biogenem Sedimentmaterial, d. h. mineralisierten Hartteilen von Meereslebewesen, am Aufbau dieser Gebirgszüge beteiligt sind. Schalen von Muscheln und Schnecken oder die Stützgerüste von Kalkalgen und Korallen bestanden bereits zu Lebzeiten dieser Organismen aus Calcit (trigonales Calciumcarbonat) oder aus Aragonit (rhombisches Calciumcarbonat). Werden derartige aus Organismenresten aufgebaute Kalke im Zuge einer Regionalmetamorphose in Marmore umgewandelt, kommt es zur Sammelkristallisation des Calcits, und die äußeren Spuren organischer Herkunft werden ausgelöscht.

Welchen Stellenwert Kalk und Marmor in der Bauindustrie einnehmen, braucht nicht extra erwähnt zu werden. Wasserklare Kristalle von Calcit („Isländischer Doppelspat") haben bis vor einigen Jahren große Bedeutung für die Herstellung von optischen Geräten (Prismen, Polarisatoren) gehabt. Als formenreichstes Mineral hat dieses Carbonat bislang auch Generationen von Mineralogen und Kristallographen als Untersuchungsobjekt gedient.

Wirtschaftlich von großem Belang sind vor allem

die Carbonate von Eisen und Magnesium. Der Siderit (Eisenspat), $FeCO_3$, oder der Ankerit, $CaFe(CO_3)_2$, sind auch die Erzminerale am Steirischen Erzberg. In der Produktion und Verarbeitung von Magnesit, $MgCO_3$, hatte Österreich bis zum 2. Weltkrieg weltweit eine Monopolstellung inne. Schließlich sei auch noch der Dolomit, $CaMg(CO_3)_2$, angeführt, der als gesteinsbildendes Mineral, so wie der Calcit, ganze Gebirgszüge (Dolomiten) aufbauen kann.

Wenn man über Carbonate berichtet, sollte man nicht den Aragonit vergessen. In Form der bizarr verästelten Eisenblüten vom Steirischen Erzberg stellt doch dieses rhombische Calciumcarbonat – $CaCO_3$ ist polymorph: Calcit, Aragonit und Vaterit – das mineralogische Wahrzeichen der Steiermark dar.

Bislang wurden Carbonate mit relativ einfacher chemischer Zusammensetzung vorgestellt. Es gibt aber auch Vertreter, die fremde Anionen – etwa Uranylgruppen – und/oder Wasser in ihrer Struktur haben können. Wegen ihrer besonders ausgeprägten grünen bzw. blauen Färbung seien an dieser Stelle als Beispiele die basischen Kupfercarbonate Malachit, $Cu_2(OH)_2CO_3$, und Azurit, $Cu_3(OH)_2(CO_3)_2$ angeführt.

Wie man den kursorischen Ausführungen entnehmen kann, spielt der Kohlenstoff nicht nur in der belebten Natur, sondern auch in der sogenannten unbelebten Natur der Minerale eine tragende Rolle. Nicht umsonst nimmt der Kohlenstoff innerhalb der Erdkruste unter allen auftretenden Elementen mengenmäßig den 13. Platz ein.

Minerale in Kohlen

Bedingt durch meist geringe Abmessungen und unscheinbares Äußeres, schenkt man den in Kohlen auftretenden Mineralien ungleich weniger Beachtung als etwa Mineralbildungen unserer alpinen Zerrklüfte. Dementsprechend findet man relativ wenig Angaben über das Auftreten von Mineralisationen in Kohlevorkommen.

Bislang sind rund 50 verschiedene anorganische und etwa dieselbe Anzahl organischer Minerale (vor allem fossile Harze) in Kohlen beobachtet worden. In Tabelle 4 sind die wichtigsten anorganischen Vertreter, geordnet nach Mineralgruppen und nach Art ihrer Entstehung, aufgelistet (nach Stach et al. 1975). Mit Abstand am häufigsten ist die Gruppe der Tonminerale (u. a. Kaolinit, Illit), gefolgt von der Gruppe der Carbonate.

Einiges über Mineralfunde in steirischen Kohlevorkommen

Die landläufige Meinung, in Kohlenlagerstätten treten (fast) keine Minerale auf, kann in diesem kurzen Beitrag zumindest aus steirischer Sicht widerlegt werden. Im allgemeinen stimmt es, daß die Mineralführung in Kohlen eher bescheiden ist, in manchen Fällen kommt es durch besondere Umstände, etwa einen Grubenbrand, zu ausgesprochen interessanten und mitunter auch zu ästhetisch reizvollen Mineralbildungen. Gerade in dieser Hinsicht kann das weststeirische Kohlenrevier von Köflach-Voitsberg mit mineralogischen Besonderheiten aufwarten.

Kohlenrevier Köflach-Voitsberg

Ohne auf die geologischen Gegebenheiten näher einzugehen – diese werden an anderer Stelle dieses Kataloges ausführlich behandelt – soll versucht werden, einen kleinen Überblick über die wesentlichen Mineralvorkommen dieses großen Bergbaubereiches zu geben.

Die zum Teil recht aschenreiche Kohle ist am ehesten als Lignit zu bezeichnen. Unterschiedliche Gehalte an Schwefel sind durch Beimengungen von Pyrit, FeS_2, zu erklären. Gerät so ein pyritreiches Kohleflöz in Brand – dies ist in der langen Geschichte des weststeirischen Kohlenbergbaues bereits mehrmals geschehen – so wird der im Pyrit enthaltene Schwefel freigesetzt und sublimiert an kühleren Stellen zu mitunter prachtvollen, intensiv gelb gefärbten und stark glänzenden Schwefelkristallen aus. Über Auswirkungen derartiger im Bereich der „Tregitz" (Tregist) erfolgter Flözbrände hat bereits M. J. Anker im Jahre 1810 berichtet (in: Weiss, 1983). Meixner (1930) lieferte die erste fundierte Mineralbeschreibung von Halden der Tregist: Schwefel, Salmiak, Halotrichit, Melanterit und Gips.

Tabelle 4:

Zusammenstellung der wichtigsten anorganischen Minerale in Kohlen nach Stach et al. (1975)

	1. Stadium der Inkohlung		2. Stadium der Inkohlung	
Mineralgruppe	Syngenetische Bildung (= gleichzeitig mit der Kohlenbildung) synsedimentär-frühdiagenetisch (eng verwachsen)		Epigenetische Bildung (= nach Kohlenbildung entstanden)	
	Transportiert durch Wasser oder Wind	Neu gebildet	Abgesetzt in Spalten, Rissen und Hohlräumen (locker verwachsen)	Umwandlung von syngenetisch gebildeten Minera-len (eng verwachsen)
Tonminerale	Kaolinit, Illit, Sericit, Tonminerale mit mixed-layer Struktur Montmorillonit, Tonstein			Illit, Chlorit
Carbonate		Siderit-Ankerit-Konkretionen, Dolomit, Calcit, Ankerit Siderit, Calcit	Ankerit Calcit Dolomit Ankerit in Fusit	
Sulfide		Pyrit-Konkretionen Melnikovit-Pyrit Pyrit (Markasit) Konkretionen von FeS_2-$CuFeS_2$-ZnS Pyrit in Fusit	Pyrit Markasit Zinkblende Bleiglanz Kupferkies	Pyrit aus der Umwandlung von syngenetisch gebil-deten Siderit-Konkretionen
Oxide		Hämatit	Goethit, Lepidokrokit („Nadeleisenerz")	
Quarz	Quarzkörner	Chalcedon und Quarz durch Ver-witterung von Feldspat und Glimmer	Quarz	
Phosphate	Apatit	„Phosphorit", Apatit		
Schwerminerale und akzessorische Minerale	Zirkon, Rutil, Turmalin, Or-thoklas, Biotit		Chloride, Sulfate und Nitrate	

Im Jahre 1979 wurde im Zuge von Aufschließungs-
arbeiten am Muttlkogl (Zangtaler Revier) erneut ein
altes Brandflöz angefahren, das für die örtlich enga-
gierte Sammlergruppe über Jahre zum vielbesuchten
Ziel werden sollte. Von eng benachbarten Aufschlüs-
sen, die bereits durch ihre Rot- und Schwarzfärbung
des gefritteten Sedimentmaterials auffielen, konnte
eine überaus reiche Mineralgesellschaft aufgesammelt
und im Joanneum untersucht werden (Postl, 1981,
1982; Walter – Postl, 1983). Neben verschiedenen
Ausbildungsformen von α-Schwefel (Abb. 4, 5), möglicherweise auch Paramorphosen von α-Schwefel
nach β-Schwefel, gab es eine ganze Reihe von z. T.
seltenen Sulfaten. Zu den häufigeren Bildungen gehören Gips – meist in schönen Kristallansammlungen –
sowie das im frischen Zustand blau gefärbte und glasig-durchsichtige Eisensulfat Melanterit. Weiters wurden Kristallrasen von honigbraunem Ammoniojarosit
(Abb. 6), Alunogen, Halotrichit, Alaunkristalle
(Mischkristalle von Kali- und Ammoniakalaun;
Abb. 7), derber Kalialaun, winzige schwarze Kristalle
von Voltait (Abb. 8), Copiapit sowie zuletzt Roemerit
und Rozenit (Niedermayr et al., 1987) bestimmt.

Andere, für das Köflach-Voitsberger Revier z. T.
charakteristische Mineralbildungen sind im Zuge des
fortschreitenden Inkohlungsprozesses und der darauf
folgenden Metamorphose oder unter dem Einfluß von
zirkulierenden wäßrigen Lösungen entstanden. Er-
stere Bildungen sind vornehmlich organischer Natur
und wurden bereits bei der Besprechung des Kohlenstoffs erwähnt. Die fossilen Harze „Jaulingit", „Retinit" und das erstmals von hier nach der Stadt Köflach
benannte Harz „Köflachit" sind hier anzuführen.
Hierher gehören auch die Kohlenwasserstoffverbin-
dungen Hartit, der in weißen wachsähnlichen Kristallen auftritt, und einige Paraffine.

Eine charakteristische Mineralbildung in der weststeirischen Kohle sind radialstrahlig entwickelte Ag-
gregate von Siderit („Sphärosiderit"). Weiters ist
Quarz in Form kleiner Bergkristalle und Chalcedon
schon lange bekannt. Neuerdings sind aus dem Tagbau
Karlschacht I größere Blöcke aus faserig-stengelig
aufgebautem Aragonit geborgen worden. Hin und
wieder wird auch das Eisenphosphat Vivianit in erdi-
ger Form vor allem im Tegel gefunden. Dieses Mineral

Abb. 4: Flächenarmer Kristall von α-Schwefel mit einigen
Gipsnadeln vom Muttlkogel, Zangtaler Revier; 20fach
(Sammlung F. Arthofer; Aufnahme: W. Postl, LMJ)

Abb. 5: Rasterelektronenmikroskopische Aufnahme von
α-Schwefel, Gips und Halotrichitfasern vom Muttlkogel,
Zangtaler Revier; 150fach (Aufnahme Zentrum für Elektronenmikroskopie Graz)

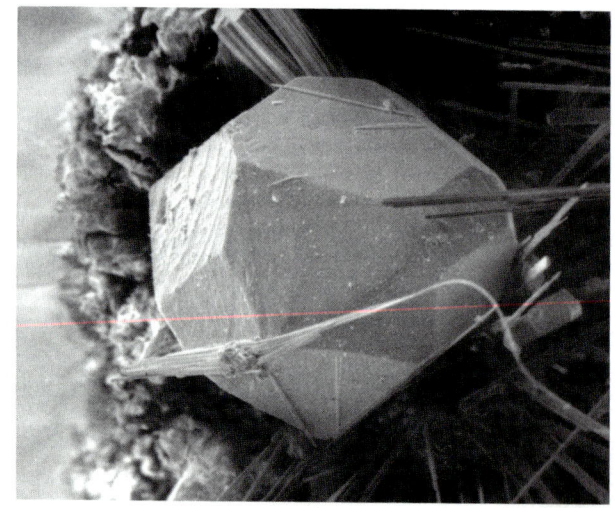

Abb. 6: Gruppe honigbrauner Kristalle von Ammoniojarosit vom Muttlkogel, Zangtaler Revier, Vergrößerung 40fach (Sammlung F. Arthofer; Aufnahme LMJ)

Abb. 7: Alaun (Ammoniakalaun-Kalialaun-Mischkristall) in oktaedrischer und nadeliger Ausbildung gemeinsam mit α-Schwefel vom Muttlkogel, Zangtaler Revier; Vergrößerung 7fach (Sammlung H. Eck; Aufnahme W. Postl, LMJ)

fällt besonders durch seine intensive blaue Farbe auf. In der Literatur wird weiters noch Realgar angegeben. Dieses Arsensulfid konnte zwar in den letzten Jahren in der Kohle von Köflach-Voitsberg nicht beobachtet werden, ist aber von anderen steirischen Kohlenvorkommen, so aus der Grube Fohnsdorf oder in ausgezeichneter Ausbildung von einem kleinen Aufschluß in Graschnitz im Mürztal bekannt (Postl, 1982).

Zuletzt sei auf den einmaligen Nachweis von Steinsalz durch Alker (1978) hingewiesen. In alten Kohleproben mit der Fundortangabe „Köflach-Pendlbau" tritt das Steinsalz längs kleineren Klüften gemeinsam mit organischen Kohlenstoffverbindungen auf. Diese Bildung ist deswegen so ungewöhnlich, weil die weststeirische Kohle als limnisch-fluviatil betrachtet wird.

Um den Rahmen nicht zu sprengen, seien Mineralbildungen von anderen steirischen Kohlevorkommen nur mehr auswahlweise und in Analogie zu den ausgestellten Mineralproben beschrieben.

Aus dem Kohlenrevier Wies-Eibiswald sind ebenfalls Sekundärminerale bei Grubenbränden oder auf brennenden Kohlenhalden entstanden. Besondere Erwähnung verdienen aber Drusen von gelblichem Calcit aus dem Hangenden des Vordersdorfer Kohlenflözes und bis zu 2,5 kg schwere Konkretionen von „Sphärosiderit" aus Steyeregg. Auch fossile Harze wie der „Jaulingit" sind bekannt.

Sekundärmineralbildungen kennt man auch aus der Kohle von Fohnsdorf, Seegraben und Münzenberg bei Leoben, Parschlug und Ilz. Von Seegraben ist sogar einmal γ-Selen beschrieben worden.

Abschließend sei noch einiges über Mineralbildungen aus der Grube Fohnsdorf berichtet: Ähnlich den Calcitdrusen aus der südweststeirischen Kohle, kam Ende des vorigen Jahrhunderts auch aus Fohnsdorf schönes Belegmaterial dieses Carbonates ans Tageslicht. Von Markasit, FeS_2, liegen ebenfalls beachtliche Proben vor.

Die wohl interessantesten Mineralfunde wurden jedoch erst vor rund 10 Jahren, also knapp vor Einstellung des Bergbaubetriebes, gemacht. Der Fund des seltenen Natrium-Aluminium-Carbonates Dawsonit glückte im Jahre 1976 im Abbau 44 des Karl-August-Schachtes in 220 m Seehöhe (Postl, 1977). Bald darauf gelangten hervorragend entwickelte Kristalle des wasserhältigen Magnesium-Sulfates Hexahydrit aus dem Wodzicki-Schacht an das Joanneum. Die letzte mineralogische Besonderheit aus Fohnsdorf, nämlich Baryt, stammte wiederum aus demselben Schacht, aus dem schon der Dawsonit geborgen werden konnte.

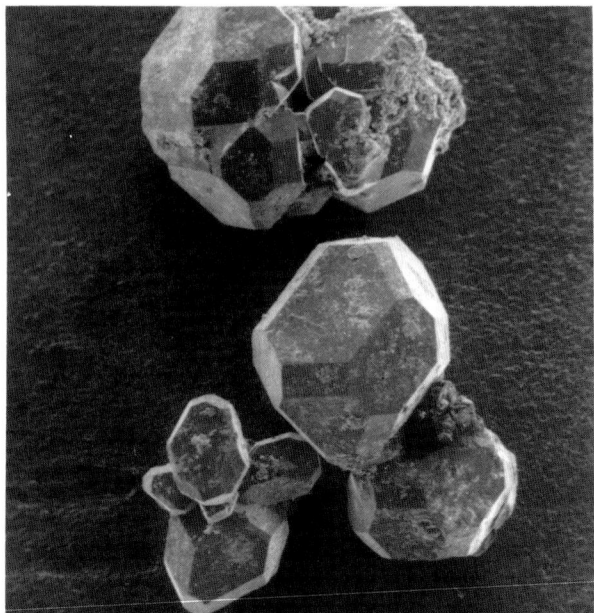

Abb. 8: Rasterelektronenmikroskopische Aufnahme von isolierten Voltaitkristallen vom Muttlkogel, Zangtaler Revier; 50fach (Aufnahme Zentrum für Elektronenmikroskopie Graz)

Ausgewählte Literatur:

Adolf *Alker,* Steinsalz von Köflach (Steiermark). In: Mitt.-Bl. Abt. Miner. Landesmuseum Joanneum, 46, 1978, S. 1–2.

Wilhelm *Freh,* Alte Gagatbergbaue in den nördlichen Ostalpen. In: Mitt.-Bl. Abt. Miner. Landesmuseum Joanneum, 1, 1956, S. 1–14.

Wilhelm *Hinz,* Silikate – Einführung in Theorie und Praxis, 1963.

Christian *Koeberl,* Der Moldavit von Stainz und seine Beziehungen zum Moldavitstreufeld. In: Mitt. Abt. Miner. Landesmuseum Joanneum 54, 1986, S. 3–13.

Felix *Machatschky,* Spezielle Mineralogie auf geochemischer Grundlage, Wien 1953.

Heinz *Meixner,* Neue Mineralfunde in den österreichischen Ostalpen. In: Mitteilungen des Naturwissenschaftlichen Vereins Steiermark, 67, 1930, S. 104–115.

Gerhard *Niedermayr* – Franz *Brandstätter* – Bernd *Moser* – Walter *Postl,* Neue Mineralfunde aus Österreich XXXVI. In: Carinthia II, 177/97, 1987, S. 283–329.

Walter *Postl,* Dawsonit aus dem tertiären Kohlenbecken von Fohnsdorf, Steiermark. In: Jahresbericht 1976 Landesmuseum Joanneum, N. F. 6, 1977, S. 185–194.

Walter *Postl,* Mineralogische Notizen aus der Steiermark. In: Eisenblüte, NF 2/1981, 3, S. 6–13.

Walter *Postl,* Mineralogische Notizen aus der Steiermark. In: Eisenblüte, NF 3/1982, 5, S. 7–9.

Sviatoslav *Savkević,* Organische Mineralogie: Objekte, Aufgaben, Methoden. In: Mitt. Abt. Miner. Landesmuseum Joanneum, 51/1983, S. 3–10.

Erich *Stach* – Marie-Therese *Mackowsky* – Marlies *Teichmüller* – G. H. *Taylor* – D. *Chandra* – Rolf *Teichmüller,* Stach's Textbook of Coal Petrology, Berlin–Stuttgart 1983[2].

Norbert *Vávra:* „Reich an armen Fundstellen": Übersicht über die fossilen Harze Österreichs. – Bernsteinneuigkeiten. In: Stuttgarter Beiträge zur Naturkunde, Serie C, Nr. 18, S. 9–14.

Franz *Walter* – Walter *Postl,* Ammoniojarosit und Voltait vom Muttlkogel, Zangtaler Kohlenrevier bei Voitsberg, Steiermark. In: Mitt. Abt. Miner. Landesmuseum Joanneum, 51/1983, S. 29–32.

Karl Ludwig *Weiner,* Obsidian-Datierung. In: Methoden der Archäologie. München 1978.

Alfred *Weiss,* Drei Reiseberichte Mathias Joseph Ankers aus dem Jahr 1810. In: Mitt. Abt. Miner. Landesmuseum Joanneum, 50/1982, S. 25–32.

Alfred Weiß

Kohlenbergbau in der Steiermark

Bergwesen

Bergrecht

Die bis weit in das 19. Jahrhundert hinein herrschende Unklarheit über die Entstehung und Zusammensetzung der Mineralkohlen führte im 17. und 18. Jahrhundert zu unterschiedlicher bergrechtlicher Behandlung von Kohlenfunden. So wurde die im Jahr 1670 in Dietersdorf bei Fohnsdorf aufgefundene Glanzkohle als „Erdgewächs" bezeichnet und vom damaligen Bergrichter Hans Adam Stampfer nicht in die Reihe der dem Landesfürsten vorbehaltenen Mineralien gestellt.

Der Bergrichter von Steyr, Johann von Weissenberger, trat dafür ein, die Kohle zu den vorbehaltenen Mineralien zu zählen und damit die unmittelbare landesfürstliche Verleihung sicherzustellen. Schließlich wurde mit Hofdekreten in den Jahren 1766 und 1794 der Abbau und Verkauf von „Steinkohle" freigegeben und zugleich verordnet, daß die Belehnung bergordnungsgemäß zu erfolgen habe.

Den Gegebenheiten der Kohlensuche wurde besonders die kaiserliche Entschließung vom 30. Juni 1842 gerecht, sie bestimmte die Zuerkennung von Schurfkreisen von 1000 Klaftern Halbmesser an neugegründete „Steinkohlen-Schürfungskommissionen", an welche auch berggerichtliche Schurfscheine ausgestellt werden konnten.

Das Allgemeine österreichische Berggesetz vom Jahr 1854 rechnete alle Arten von „Schwarz- und Braunkohle" zu den vorbehaltenen Mineralien, die jedermann, der die gesetzlichen Voraussetzungen erfüllte, aufsuchen und gewinnen durfte. Zur Aufsuchung bedurfte es einer von der Bergbehörde zu erteilenden Schurfbewilligung. Durch die Anmeldung eines Freischurfes erwarb der Schürfer das ausschließliche Recht, innerhalb eines horizontalen Kreises von 224 Klaftern (425 m) Durchmesser nach vorbehaltenen Mineralien, zu denen auch die Kohlen zählten, zu schürfen. Der Mittelpunkt des Kreises wurde durch eine an einem Pflock befestigte Freischurftafel gekennzeichnet.

Das Eigentumsrecht auf die innerhalb einer bestimmten Begrenzung vorkommenden vorbehaltenen Mineralien und die Befugnis zur Gewinnung derselben wurde durch die Bergwerks-Verleihung auf Grubenmaße, Überscharen und Tagmaße erworben. Auf einen Aufschlagspunkt konnten auf Stein- und Braunkohle bis zu vier Doppelmaße verliehen werden, wobei ein Maß eine Fläche von 12,544 Quadrat-Klaftern (45.116 m²) umfaßte.

Das Allgemeine österreichische Berggesetz galt über 100 Jahre. Im Jahr 1954 wurde das durch Änderungen, Ergänzungen und Aufhebungen von Bestimmungen unübersichtlich gewordene Gesetz durch das „Bundesgesetz vom 10. März 1954 über das Bergwesen" ersetzt. Dieses hielt weiterhin an den Grundsätzen der Bergbaufreiheit fest. Mit 1. Oktober 1975 trat das vom Nationalrat einstimmig beschlossene „Berggesetz 1975" in Kraft. Es hat die historisch gewesenen Grundlagen des Bergrechts nicht entscheidend verändert, die Begriffe jedoch unter Berücksichtigung der wirtschaftlichen und technischen Entwicklung systematisch gefaßt und klar definiert.

Verwaltung

Im Jahr 1781 erließ Josef II. eine Berggerichtsordnung, die Montanverwaltung der Steiermark erfolgte ab diesem Zeitpunkt durch zwei Berggerichte, in Eisenerz und Vordernberg. In Schladming bestand eine Berggerichtssubstitution. Im Jahr 1785 wurden die beiden Berggerichte im Berggericht Vordernberg, als alleinige steirische Bergbehörde, vereint. Schließlich erfolgte im Jahr 1810 eine Verlegung nach Leoben. Die Schladminger Berggerichtssubstitution wurde 1814 aufgehoben.

Das Allgemeine österreichische Berggesetz von 1854 brachte eine Neuregelung der Bergrechtsangelegenheiten und des Instanzenzugs: Im Jahr 1858 wurde in Leoben eine Berghauptmannschaft für Steiermark eingesetzt, in Voitsberg und Cilli wurden Bergkommissariate errichtet. An die Stelle der Berghauptmannschaft Leoben trat im Jahr 1871 die Berghauptmannschaft Klagenfurt, 1872 wurden für die Steiermark die Revierbergämter Leoben, Graz und Cilli als Bergbehörden erster Instanz vorgesehen, letzteres fiel nach dem Zerfall der Monarchie an Jugoslawien. Seit dem Inkrafttreten des Berggesetzes vom Jahre 1954 tragen die Revierbergämter die Bezeichnung Berghauptmannschaften.

Suche nach Kohlenlagerstätten

Zu Beginn des 17. Jahrhunderts beauftragte die innerösterreichische Regierung den Eisenreißer und Uhrmacher Jonas Camworth aus Guttaring in Kärnten, in der Steiermark nach Kohlenlagerstätten zu suchen. Im Verlauf seiner Prospektion entdeckte er unter anderem die Lagerstätten von Piberstein, Seegraben und Kapfenberg.

Für die im Jahr 1764 gegründete „Agricultursocietät" durchforschten Abbé Andreas Stütz und Abbé Nicolaus Poda die Steiermark nach nutzbaren Kohlenlagerstätten. Die Prospektoren des 18. Jahrhunderts wählten als potentielle Hoffnungsgebiete die flach welligen „Vorgebirge" und Ebenen aus und beobachteten Verfärbungen des Bodens, das Auftreten von Kohlenstücken in Bächen und Hohlwegen und sogenannte Erdbrandgesteine, gerötete und gebrannte Sedimente. Hinsichtlich der Genese der Kohlenflöze oder Kohlenhöffigkeit bestimmter Gesteinsserien wurden von ihnen offenbar noch keine Überlegungen angestellt.

Im Jahr 1816 erschien in Wien ein von Carl Jordan verfaßter Leitfaden „Die erleichterte Steinkohlenaufsuchung nach Grundsätzen der vorangegangenen Entstehungsereignisse nebst dem regulären Bergbaue auf dieselben im Umfange". Dieses nach modernen Grundsätzen zusammengestellte Buch enthielt für die Suche nach Kohlenlagerstätten Wissenswertes, ausgehend von einer Entstehungstheorie für die Braunkohlenlager über die Beschreibung kohlenführender Gesteinsserien und Schurfmethoden bis zu Anleitungen für eine Gewinnung. Bestand ursprünglich die Prospektion auf Braunkohle lediglich in der Suche nach Flözausbissen oder Flözbrandgesteinen, so trat ab den ersten Jahrzehnten des 19. Jahrhunderts auch das Bohren als spezielle Methode hinzu, es fand bei Jordan besondere Berücksichtigung.

Die im Jahr 1842 gegründeten „Steinkohlen-Schürfungskommissionen" bediente sich vorwiegend seichter Handbohrungen zur Untersuchung kohlenhöffiger Bereiche. Zur Erkundung der Lagerstätte Seegraben wurde allerdings ein Bohrloch mit maschineller Kraft auf eine Teufe von rd. 265 m niedergebracht, die Bohrzeit betrug fast drei Jahre.

Einen völligen Umschwung auf dem Gebiet der Prospektion brachten die Erkenntnisse des steirischen Naturforschers Franz Unger, der erstmals auch die Methoden der Paläogeographie bei der Kohlensuche einführte. Über sein Betreiben fanden auch Erkenntnisse der Geologie Eingang in die Prospektion.

Die Ablagerungsbedingungen geben grundsätzliche Hinweise, in welchen Gesteinsschichten Kohlenlagerstätten zu erwarten sind. Höffig sind Schichten, die auf dem Festland gebildet wurden und Anzeichen von feuchtem Klima zur Zeit ihrer Entstehung aufweisen wie See- und Flußablagerungen. Diese Gesteine sind grau oder weiß gefärbte Sande, Tone oder Sandsteine, Mergel, die Land- oder Süßwasserfossilien führen, und Konglomerate. Schichten mit Meeresfossilien können mitunter zwischengelagert sein, dürfen aber nicht überwiegen. In ehemaligen Wüstenablagerungen, wie roten Sandsteinen, sind Kohlen nicht zu finden.

Ein weiterer bedeutender Paläobotaniker war Constantin von Ettingshausen, der die Floren steirischer Kohlenlagerstätten beschrieb.

Ab dem Jahr 1900 gelangten in immer stärkerem Ausmaß Kernbohrungen zur Anwendung. Sie lieferten mit zunehmender Verbesserung der Methode aussagekräftige Informationen über die durchbohrten Schichten hinsichtlich einer allfälligen Kohleführung sowie wichtige Parameter für die Planung eines späteren Abbaues.

Abb. 1: A. Marussig, Grube Zangtal, 1920

Von größter Bedeutung für die Kohlensuche in der Zwischenkriegszeit waren die Arbeiten von Walter und Emil Petrascheck, die an der Montanistischen Hochschule Leoben wirkten und der Kohlengeologie endgültig zum Durchbruch verhalfen.

Die hohen Kosten für die Herstellung von Tiefbohrungen führten zum Einsatz von geophysikalischen und sedimentpetrographischen Methoden zur Auswahl und zur Abgrenzung von Hoffnungsgebieten.

Aus dem Bereich der Geophysik kommt hiebei der

Seismik und Reflexionsseismik besondere Bedeutung zu. Durch künstliche Erschütterungen wie Sprengungen werden Wellen erzeugt und ihre Fortpflanzung und Reflexion an zahlreichen Stellen des jeweiligen Untersuchungsgebietes gemessen. Die Ergebnisse lassen auf die Gestaltung des Untergrundes schließen.

In jüngster Zeit hat die Untersuchung des Schwermineralinhalts von Sedimenten, eine zur Feststellung der für die Kohlenbildung geeigneten Sedimentationszyklen besonders geeignete Methode, in die Kohlenprospektion Eingang gefunden.

Bergtechnik

Mitte des 18. Jahrhunderts trat neben den althergebrachten Erz- und Salzbergbau als neuer Bergbauzweig der Kohlenbergbau. Druckhaftes mitunter sogar plastisches Gebirge, der Abbau und die Ausförderung großer Massen, das Auftreten von unatembaren oder brennbaren Gasen und der Zutritt von Wasser aus den Begleitgesteinen stellte die Kohlenbergleute zunächst vor kaum zu bewältigende Probleme.

Im Jahr 1794 erging von allerhöchster Stelle an Berggerichte und Bergämter die Aufforderung „über den wirtschaftlichen Bau der Steinkohlenflöze einen deutlichen Unterricht zu entwerfen und in Druck legen zu lassen". Bereits im Jahr 1797 lag ein entsprechender Leitfaden vor, dem der Betrieb der Kohlenbergbaue zu Wolfsegg in Oberösterreich und Schladming in der Steiermark zugrunde lag. Diese durchaus brauchbare Anleitung fand allerdings wenig Widerhall. In den steirischen Revieren entwickelten sich in den ersten Jahrzehnten des 19. Jahrhunderts den jeweiligen Gegebenheiten entsprechende Abbauverfahren und Abbaumethoden.

Für den Zuschnitt der technischen Ausstattung der Gruben wurden Erfahrungen vor allem aus den böhmischen Braun- und mährischen Steinkohlenrevieren übernommen. Weite Verbreitung hatten die Lehrbücher von Heinrich Lottner bzw. von Heinrich Lottner und Albert Serlo, die in fast allen Handbibliotheken der großen Kohlenbergbaugesellschaften vorhanden waren.

Von besonderer Bedeutung sowohl für den Erfahrungsaustausch als auch die Verbreitung von Kenntnissen waren schließlich die ab dem Jahr 1858 in unregelmäßigen Abständen stattfindenden „allgemeinen Versammlungen der Berg- und Hüttenmänner" bzw. „Bergmannstage", bei denen auf breiter Basis über den Kohlenbergbau berichtet wurde. Ausschließlich den Problemen des Kohlenbergbaues war der 1897 in Teplitz abgehaltene Bergmannstag gewidmet. Anläßlich des Bergmannstages in Wien, im Jahr 1903, gelangte als Festgabe das lange Zeit als Standardwerk geltende Buch „Die Mineralkohlen Österreichs" zur Verteilung an die Teilnehmer.

In der Zeit zwischen den beiden Weltkriegen stagnierte bei den steirischen Kohlenbergbauen die Investitions- und damit auch die Entwicklungstätigkeit. Erst im Kohlenplan von 1948 war wieder ein Ausbau und eine Modernisierung von Gruben vorgesehen. Die hiezu nötigen Erfahrungen wurden vor allem vom deutschen Steinkohlenbergbau übernommen und entsprechend adaptiert. Im Tagbaubereich fanden erste umwälzende Mechanisierungen durch den Einsatz von Schub- und Laderaupen amerikanischer Provenienz, später durch den Einsatz von Baggern statt, die sowohl aus der BRD als auch aus der DDR bezogen wurden. Von großer Bedeutung für den steirischen Kohlenbergbau sind die in der Maschinenfabrik Zeltweg der VOEST-Alpine AG entwickelten Ausbaueinheiten, Vortriebsmaschinen und Tagbaugeräte.

Ausrichtung

Das Auftreten der steirischen Kohlenlagerstätten im wenig gegliederten Hügelland bzw. das Untertauchen der Flöze weit unter die Talsohlen machte schon früh den Aufschluß durch lange Stollen bzw. durch Schächte erforderlich. Bedeutende Schachtanlagen entstanden ab der Mitte des 19. Jahrhunderts in allen Revieren. Der Antrieb der Fördermaschinen erfolgte bis zum Beginn des 20. Jahrhunderts fast ausschließlich durch Dampfmaschinen. Die erste elektrische Fördermaschine, mit einer Leonhard-Schaltung, wurde im Jahr 1901 beim Franz-Schacht in Piberstein installiert. Mit einer einzigen Ausnahme kamen Flurfördermaschinen zum Einsatz, der im Jahr 1930 in Betrieb gegangene Zahlbruckner-Schacht des Bergbaues Seegraben war mit einer Turmfördermaschine ausgestattet.

Abb. 2: Schachtanlage des Steinkohlenbergbaues „Lauraschacht" in Feisternitz, in Betrieb von 1842 bis 1890

Von den zahlreichen bedeutenden Stollenanlagen soll an dieser Stelle der im Jahr 1863 fertiggestellte Lankowitzer-Revierstollen besonders erwähnt werden. Er führte vom Ende eines unmittelbar beim Köflacher Bahnhof gegen Südwesten angelegten Einschnittes, 1:300 ansteigend in die Lankowitzer Mulde und endete nach 1300 m in einem Tagbau. Lockeres

Gebirge, wie es im Bereich seines Mundloches auftrat, wurde durch doppelte Gewölbe abgesichert, brüchige Kohle durch Holzzimmerung. Der Stollen verband die verkehrsungünstig gelegenen Gruben dieses Revierteils mit der im Jahr 1859 provisorisch eröffneten Graz-Köflacher Eisenbahn.

Große Bedeutung hatte vom Anfang an die tagbau-

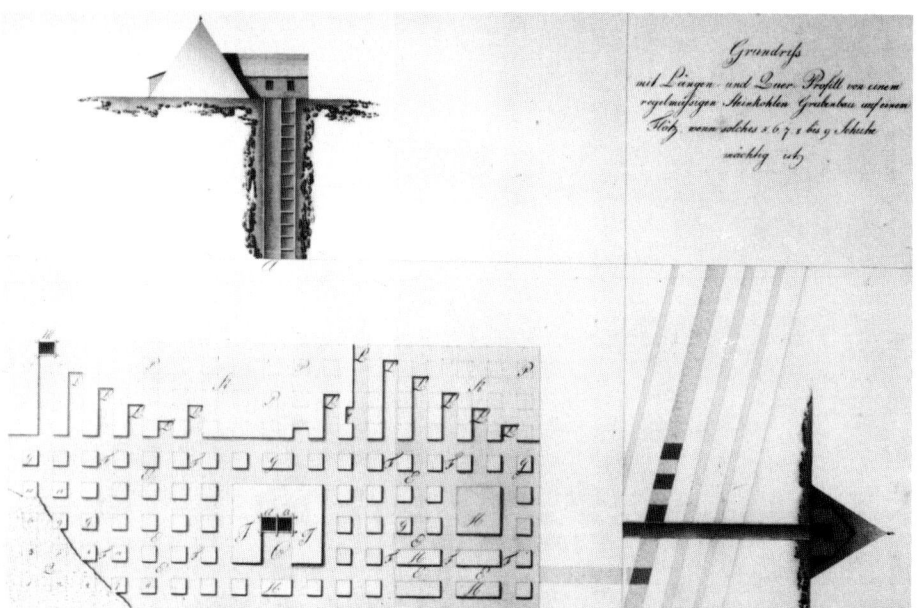

mäßige Erschließung der Lagerstätten. Die Entwicklung der Kohlenpreise in den letzten Jahren und die Perfektionierung der Tagbaubetriebe führte dazu, daß in Zukunft der Tagbau für die steirischen Braunkohlenlagerstätten als einzige Gewinnungsform wirtschaftlich tragbar scheint.

Vorrichtung

Brandgefahr und gebräches Gebirge erschwerten die Bauhafthaltung der Vorrichtungsstrecken. Die Förderstrecken, die meist auch der Unterteilung der Lagerstätten dienten, wurden in das Liegende bzw. an die Liegendgrenze verlegt. Die Verbindung zu den Abbauen erfolgte durch Sturzschächte und Rollen. In steil stehenden mächtigen Flözen, wie in Seegraben, wurden auch in der Kohle selbst Schrägschächte-Bremsberge hergestellt, die mit Gestellförderung und Bremshaspeln ausgestattet waren. In Fohnsdorf erfolgte die Vorrichtung durch Querschläge und Blindschächte, über welche die Abförderung der Kohle erfolgte.

Abbau

Bis in die ersten Jahrzehnte des 19. Jahrhunderts wurde Kohle meist in kleinen Tagbauen oder auch durch den Vortrieb von Stollen in den Lagerstättenbereich gewonnen. Der mit der Industrialisierung steigende Kohlenbedarf machte die Einführung geregelter Abbauverfahren erforderlich.

In der bereits erwähnten, aus dem Jahr 1797 stammenden Anleitung zum Betrieb von Kohlengruben wird als Verfahren ein Örterpfeilerbau mit Bergfesten für den Abbau söhliger Flöze vorgeschlagen. Die Lagerstätte sollte hiebei durch senkrecht aufeinander stehende Strecken unterteilt werden, wobei die anschließende Gewinnung der verbleibenden Bergfesten diagonal erfolgen sollte.

In den ersten Jahrzehnten des 19. Jahrhunderts wurde im Köflach-Voitsberger Revier der sogenannte Stellstreckenabbau, ein Örterbau, entwickelt. In den mächtigen Flözen wurde ein System von acht bis zehn, in Einzelfällen dreißig Meter hohen Strecken mit dreieckigem Querschnitt aufgefahren. Die Widerstands-

Abb. 4: Durch Stellstrecken
ausgerichtetes Grubenfeld;
„Franz Fusch'scher Bergbau
in Rosenthal" (um 1850)

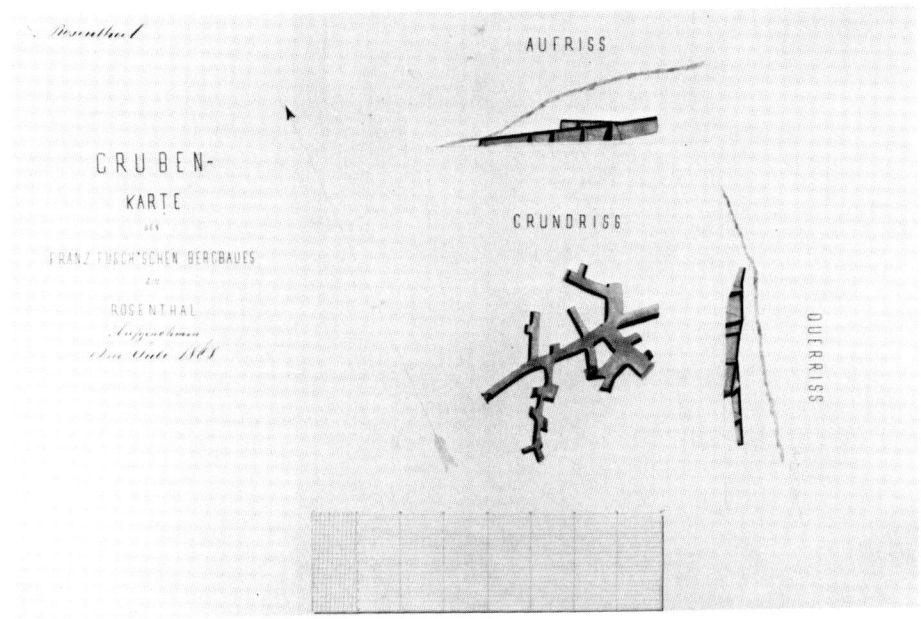

fähigkeit dieser in der zähen Kohle aufgefahrenen Grubenbaue war enorm. Da bei diesem Verfahren nahezu die Hälfte der Substanz aus Sicherheitsgründen in den Kohlefesten belassen werden mußte, ist es als Raubbau zu bezeichnen.

Ein schließlich in allen steirischen Revieren in vielen Varianten zur Anwendung gelangendes und bis 1940 vorherrschendes Verfahren war ein pfeilerartiges Abbauverfahren. Es wurde als Bruchbau und dort, wo es galt, die Oberfläche zu schonen oder Grubenbrände zu vermeiden, mit Versatz geführt.

Eine besondere Form dieses Abbauverfahrens war der beim Abbau des Sebastianiflözes in Maria Lankowitz in den Jahren 1958 bis 1968 angewandte Streifenbau. Er machte es möglich, im Hangenden des Flözes auftretende geringmächtige Kohlenbänke im Rückbau mit hereinzugewinnen.

Eine spezielle Art des Streifenbaues wird zur Zeit auf den Gruben Karlschacht und Zangtal zur Gewinnung von Flözpartien, die nicht in der herkömmlichen Weise im Strebbau gewonnen werden können, angewendet. Der Abbau erfolgt hiebei unter Einsatz von Streckenvortriebsmaschinen. Zunächst wird hiebei eine Abbaustrecke feldwärts bis zur Abbaugrenze vorgetrieben. Von dieser Strecke aus wird unter einem Winkel von etwa 45° – um das Einfahren der Maschine zu ermöglichen – der Abbaustreifen in einer Breite und einer Höhe von je vier Metern aufgefahren, wobei der Alte Mann des vorhergehenden Streifens den einen Ulm bildet. Der Ausbau der 50 bis 60 Meter langen Streifen erfolgt in Holz. Nach dem Abwerfen eines ausgekohlten Streifens wird in gleicher Weise ein neuer angesetzt.

Das seit dem Jahr 1940 vorherrschende untertägige Abbauverfahren ist der Strebabbau. Beim Bergbau Fohnsdorf wurde um 1935 zunächst aus dem Pfeilerbau der Langfrontabbau entwickelt. Der Ausbau erfolgte anfänglich in Holz, seit dem Jahr 1942 in zunehmendem Maße in Stahl. Der Stahlausbau war auch die Voraussetzung für die im Jahr 1955 eingeführte stem-

Abb. 5: Bremsbandstempel in einem Abbau des Glanzkohlenbergbaues Pölfing-Bergla (um 1955)

pelfreie Front, die eine Mechanisierung möglich machte. Von größter Bedeutung für die Einführung des Strebbaues war die Entwicklung entsprechender Ausbaueinheiten und Abbaumaschinen.

Für den 1951 in Betrieb genommenen Glanzkohlenbergbau Pölfing-Bergla wurde von der Maschinenfabrik Zeltweg ein den schwierigen Gebirgsverhältnissen angepaßter Strebausbau, Bremsbandstempel mit Stahlkappen entwickelt. Zu erwähnen ist auch der für die gleiche Grube 1971 von der Maschinenfabrik Zeltweg eigens entwickelte hydraulische Ausbau mit Vierstempelböcken, eine Konstruktion, durch welche

die Voraussetzungen für den Einsatz eines Walzenschrämladers als Gewinnungsmaschine geschaffen wurde.

Im Köflach-Voitsberger Revier wurde erstmals im Jahr 1955 beim Bergbau Zangtal ein Strebbau mit Holzausbau eingerichtet, 1961 ging man zum Stahlausbau mit Bremsbandstempeln in Verbindung mit x-versteiften Kappen über, 1966 erfolgte der Einsatz von hydraulischen Einzelstempeln mit Gelenkkappen.

Beim Bergbau Oberdorf wurde der bis dahin in Anwendung gestandene Kleinpfeilerbruchbau im Jahr 1964 durch den Strebbau mit Bremsbandstempeln und x-versteiften Kappen abgelöst. Bereits 1965 wurde der Streb mit hydraulischen Wanheim-Einzelstempeln in Verbindung mit Vanwersch-Kappen ausgebaut. Anläßlich der 1967 erfolgten Vollmechanisierung kamen schließlich 6-Stempelböcke zum Einsatz, die 1973 durch Ausbaurahmen ersetzt wurden. Jede der neuen Ausbaueinheiten bestand aus dem Grundrahmen mit vier Stempeln, einer Gelenkkappe und einem Vorpfändteil.

Im Bereich des Zangtaler Unterflözes wurde ein Strebbau in mehreren söhligen Scheiben geführt unter Einsatz eines hydraulischen VOEST-Alpine-Schreitausbaues und eines Doppelwalzenschrämladers.

Nahe der Tagoberfläche liegende Kohlenpartien wurden bereits von Beginn des Kohlenbergbaues an tagbaumäßig gewonnen. In der Mitte des 19. Jahrhunderts bestanden in Fohnsdorf bereits bedeutende Tagbaue. Der Abraum wurde mit Menschenkraft bewältigt.

Im Köflach-Voitsberger Revier entstand um 1905 im Bereich der Schafloser Mulde der erste Tagbau mit Maschineneinsatz.

Fortschritte in der Tagbautechnik führten zu dem Plan, das gesamte Flözpaket im Bereich der Rosentaler Mulde tagbaumäßig zu gewinnen. Im Jahr 1943 begannen die Abraumarbeiten mit Dampflöffelbaggern. Nach Kriegsende wurde der Abraum forciert, es gelangten bis zu neun Löffel- und Greifbagger zum Einsatz. Ab dem Jahr 1950 erfolgte eine völlige Umstellung des Abraumbetriebes nach der Anschaffung von zwei LMG-Eimerkettenschwenkbaggern der Lü-

Abb. 6: Kaiser Franz Joseph beobachtet eine Sprengung im Tagbau Lankowitz (1883)

becker Maschinenfabrik und die Umstellung auf Bandförderung, 1966 erfolgte der erste Einsatz eines Schaufelradbaggers der Firma DEMAG-Lauchhammer, letzterer wurde auch beim Bergbau Karlschacht II verwendet. Im Jahr 1969 wurde in diesem Tagbau ein Schaufelradbagger der Maschinenfabrik Lauchhammer in Betrieb genommen. Der Bagger war der erste dieser Type mit elektrischem Antrieb, weshalb verschiedene Anlaufschwierigkeiten zu überwinden waren.

Im ursprünglich mit einem Löffelbagger und einem Eimerkettenbagger betriebenen Tagbau Zangtal wurden in den Jahren 1945/46 erstmals Raupenfahrzeuge bei den Abraumarbeiten verwendet.

In Oberdorf wurde nach Entdeckung bedeutender Kohlenreserven im Bereich des bis dahin unbekannten Unterflözes 1980 mit der Anlage eines Großtagbaues begonnen. Sowohl beim Abraum als auch bei der Gewinnung standen zunächst zwei Schaufelradbagger der Maschinenfabrik Lauchhammer in Verwendung, diese wurden 1986 durch einen Schaufel-radbagger der VOEST-Alpine Zeltweg und eine Gruppe von Hydraulikbaggern ersetzt.

Gewinnung

Aus dem Bestreben heraus, die Kohle in möglichst großen Stücken zu erhalten, erfolgte die Gewinnung zunächst durch Schrämen und Abkeilen. Mit der Verbesserung der Feuerungstechnik ab der Mitte des 19. Jahrhunderts, es konnten nunmehr auch Feinsorten verwendet werden, fand die Schießarbeit auch bei der Kohlegewinnung im zunehmenden Maße Eingang. Die Bohrlöcher wurden mit Hilfe von Knebelbohrern und Leierbohrern hergestellt. Wegen seiner treibenden Wirkung wurde Schwarzpulver verwendet, dem mitunter, um den Sortenfall zu regulieren, auch Sägespäne beigemengt wurden.

Ab dem Ende des 19. Jahrhunderts kamen auch Dynamit und in den Schlagwettergruben Fohnsdorf und Seegraben auch Wettersprengstoffe zur Anwendung. Die Zündung erfolgte anfänglich durch Perkussionszünder, die über Drahtleitungen angerissen wurden. Ab dem Beginn des 20. Jahrhunderts wurden bei der Schießarbeit auch schlagwettersichere elektrische Zünder eingesetzt.

Die ersten Versuche einer schneidenden Kohlengewinnung erfolgten um 1934 in Fohnsdorf mit einer DEMAG-Schrämmaschine bzw. durch den Einsatz von Kettensägen der Firma Flottmann, sie erbrachten wohl günstige Resultate, aber keinen durchschlagenden Erfolg.

Beim Bergbau Pölfing-Bergla wurden ab dem Jahr 1951 Kettenschrämmaschinen eingesetzt. Da durch einen einzigen Schram die gewünschte Auflockerung der Kohle nicht herbeigeführt werden konnte, kamen später, erstmalig in einem Braunkohlenbergbau, doppelarmige Kettenschrämmaschinen mit Pilz zwischen dem oberen und unteren Ausleger zum Einsatz. Die über dem Schram verbleibende ca. 0,7 m mächtige Kohlenbank konnte mittels Abbauhämmern leicht gewonnen werden. Im Bergbau Fohnsdorf erfolgte 1955 erstmals der Einsatz einer Schrämmaschine der Type Eickhoff SL IV mit zwei Schrämarmen, Rekordkette mit Schrämpilz am unteren und allenfalls auch am oberen Arm.

Im Jahr 1965 wurde ausschließlich beim Bergbau Fohnsdorf ein Walzenschrämlader von Eickhoff mit einer Schnittiefe von 0,8 m eingesetzt. Die notwendigen Zusatzeinrichtungen lieferte die Maschinenfabrik Zeltweg.

Im Köflach-Voitsberger Revier erfolgte erstmals im Jahr 1967 beim Bergbau Oberdorf die Gewinnung unter Verwendung eines Walzenschrämladers.

Versuche zur Kohlengewinnung mit Reißhakenhobelanlagen wurden 1964 beim Bergbau Oberdorf und 1969 beim Bergbau Pölfing-Bergla durchgeführt.

Beim sogenannten Streifenbau erfolgt die Gewinnung unter Einsatz von Streckenvortriebsmaschinen der Type Alpine Miner AM 50.

Streckenvortrieb

Die ursprüngliche Methode des Vortriebs von Strecken in weichem Gestein und Kohle war das Schrämen mittels Keilhauen und in hartem Gestein die Schießarbeit, die ab der Jahrhundertwende fast ausschließlich zur Anwendung kam. Beim Bergbau Franzschacht wurde in der Zeit nach dem Ersten Weltkrieg der Streckenvortrieb durch Schlitzen mit einer Beien'schen Maschine mechanisiert. Hiebei wurden beide Streckenulme auf 1,8 m Tiefe geschlitzt, der verbleibende Kohlenstock mit einer Drehbohrmaschine abgebohrt und auf einmal herausgeschossen. Die so vorgetriebenen Strecken standen ohne Ausbau.

Bereits im Jahr 1877 gelangte beim Bergbau Seegraben, in der Grube der Innerberger Hauptgewerkschaft, bei Vortrieben in Kohle eine Schrämmaschine von Stannek & Reska zum Einsatz.

Im Jahr 1958 wurde beim Bergbau Zangtal erstmals eine Rundschrämmaschine verwendet.

Im Jahr 1965 wurden für den Bergbau Pölfing-Bergla zwei Streckenvortriebsmaschinen der Type F6-A der Maschinenfabrik Zeltweg angeschafft. Diese Art des Vortriebes hat sich nun allgemein durchgesetzt.

Ladearbeit

Das Laden der hereingewonnenen Kohle erfolgte urspünglich von Hand, große Stücke wurden auf die Wagen gestapelt, feinere Sorten geschaufelt. Womög-

Abb. 7: Schaufelradbagger beim Tagbau Oberdorf (1987)

Abb. 8: Braunkohlenbergbau Piberstein; Seilbahn vom Franz-Schacht zur Sortierung (um 1910)

Abb. 9: Seilbahn beim Bergbau Franz-Schacht (um 1950)

lich wurde die Kohle mit Kratzen direkt in die Hunde oder das Fördermittel gezogen.

In Streckenvortrieben wurden in Fohnsdorf ab dem Jahr 1951 Schaufellader eingesetzt, ebenso in Gesteinsstreben des Bergbaues Karlschacht.

Von der Maschinenfabrik Zeltweg wurde für die Abbaue ein „Streblader" entwickelt, der 1964 beim Bergbau Zangtal erstmals zum Einsatz gelangte.

Als Ladegerät wurden auch Reißhakenhobelanlagen der Westfalia Lünen bei den Bergbauen Oberdorf und Zangtal verwendet. Die Kohle wurde durch Schießarbeit gelockert und anschließend durch den Hobel gelöst bzw. geräumt.

Im Tagbaubereich erfolgte die Ladearbeit ursprünglich von Hand. Im Bereich des Victoriaschachtes in der Schafloser Mulde kam um 1905 beim Abraum ein dampfgetriebener Eimerkettenbagger zum Einsatz. 1943 wurden im Bereich des Bergbaues

Karlschacht-Tagbau erstmals Dampfbagger verwendet.

Heute dienen zur Ladearbeit im Tagbaubereich Radlader unterschiedlicher Typen.

Förderung

Die Notwendigkeit, große Hauwerksmengen zu befördern, führte beim Kohlenbergbau schon früh zum Verlegen entsprechender Grubenbahnen, die meist bis vor Ort führten, und zum Einsatz von Schienenhunden. Bei einigen Gruben wurden ab der Mitte des 19. Jahrhunderts Pferde zum Ziehen von Zügen eingesetzt.

In der Zeit nach dem Ersten Weltkrieg kamen zur Streckenförderung Benzinlokomotiven, später Diesellokomotiven auf. Beim Bergbau Fohnsdorf standen Akkumulatoren-Lokomotiven, in der Wetterausziehstrecke Preßluftlokomotiven im Einsatz. Beim Berg-

Abb. 10: Drahtseil-
bahn Winkelsta-
tion, Glanzkohlen-
bergbau Seegraben
bei Leoben
(um 1920)

bau Oberdorf erfolgte die Streckenförderung unter Verwendung von Fahrdrahtlokomotiven.

Bei den Bergbauen Pölfing-Bergla und Franz-schacht bestanden zur Streckenförderung Seilbahnen, die Hunde wurden hiebei von einem endlos umlaufen-den Seil, das Gabeln einrastete, gezogen.

Die Einrichtung von Langfrontabbauen und Stre-ben machte schließlich die Einführung von konti-nuierlichen Fördermitteln wie Schüttelrutschen, Dop-pelkettenförderern und Bandanlagen erforderlich.

Zur Obertagförderung dienten verschiedentlich Hängeseilbahnen. Die bedeutendste verband den Bergbau Ratten mit der 15 km entfernt liegenden Bahnstation Hönigsberg im Mürztal. Eine weitere bemerkenswerte Seilbahn führte vom Bergbau Tol-linggraben zum Bahnhof Leoben, die bei der Brem-sung der Wagen frei werdende Energie wurde dort zur Stromerzeugung benutzt.

Im Köflach-Voitsberger-Revier wurden die Gru-ben Oberdorf, Zangtal und Marienschacht im Jahr 1954 mit der neu errichteten Zentralsortierung ver-bunden.

In den großen Tagbauen des Köflach-Voitsberger Reviers war bis zum Jahr 1950 Gleisbetrieb unter Einsatz von Dampflokomotiven üblich. Mit der Inbe-triebnahme von zwei Eimerkettenbaggern beim Tag-bau Karlschacht wurde die Abraumförderung auf Bandförderung umgestellt. Zur Kohleförderung wur-den MAK-Diesellastkraftwagen eingesetzt, welche die Kohle zu Sturzschächten transportierten, diese führten zu den Bandanlagen der Grube.

1957 wurde die Bandförderung auch für Kohle ein-geführt. Die Bagger gaben auf Bänder auf, welche die Kohle über Durchlaufbrecher den Sturzschächten zu-führten. Heute ist die Bandförderung sowohl für Abraum als auch Kohle allgemein üblich.

Abb. 11: Bandanlage, Bergbau Oberdorf (1987)

Gase und Wetterführung im Kohlenbergbau

Mit dem Übergang vom Tagbau zum Stollen- bzw. Tiefbau bildeten die im Zusammenhang mit den Kohlenlagerstätten auftretenden Gase neue Erschwernisse und Gefahren für die Bergleute. Die in den Kohlengruben auftretenden Gase sind einerseits das an die Kohle gebundene Methan oder Grubengas, welches mit Luft explosive Gemenge gibt, die sogenannten „schlagenden Wetter". Im Gefolge von Bränden treten vor allem das hochgiftige Kohlenmonoxyd sowie das unatembare Kohlendioxyd auf. Eine weitere Gefahr stellte der bei der Gewinnung anfallende Kohlenstaub dar, der gemeinsam mit dem Methan und Luft explosive Gemenge bildete. Zu seiner Bekämpfung wurde in Fohnsdorf das Stoßtränken, die Berieselung der Kohlenstöße mit Wasser vor dem Schießen sowie das Ausstreuen von Gesteinsstaub angewendet.

Grubengas trat vor allem in den Obersteirischen Glanzkohlenlagerstätten von Fohnsdorf und Seegraben und untergeordnet auch im Wies-Eibiswalder Revier sowie Köflach-Voitsberger Revier auf.

Bereits um 1850 ergriff man in den Bergbauen Seegraben und Fohnsdorf die ersten Schutzmaßnahmen gegen Methangasexplosionen. Um die Zündung am Geleuchte zu vermeiden, wurden Sicherheitslampen eingeführt. Um die Schlagwetter rechtzeitig zu erkennen und durch Bewetterungsmaßnahmen beseitigen zu können, begann man bereits sehr früh mit Wetteruntersuchungen. Fast hundert Jahre lang war das zu diesem Zweck vorwiegend verwendete Gerät die Sicherheitslampe von Davy in den verschiedensten Ausführungen, der jedoch stets der Fehler anhaftete, nur Auskunft über die Zusammensetzung der Wetter zum Zeitpunkt der Messung zu geben. An der Montanistischen Hochschule Leoben entwickelte Hans Fleißner eine tönende Grubenlampe, die in die Gruppe der Schlagwetter-Warngeräte einzuordnen ist.

Um das Weitergreifen von Explosionen zu verhindern, wurden in den Ausziehstrecken Gesteinsstaubsperren eingerichtet. Eine spezielle, in Fohnsdorf entwickelte Art der Explosionssperre waren die Wassertrogsperren.

In Fohnsdorf verstärkte sich mit dem Vordringen des Abbaues in die Teufe auch die Ausgasung, die schließlich bis zu 30 m³ Reinmethan je Tonne verwertbare Kohle betrug. Im Jahr 1955 liefen Versuche zu einer Gasabsaugung an, die schließlich zur Anwendung der Methode der Diagonalbohrlöcher führte. Hiebei wurden 30 bis 50 m lange Löcher mit 95 mm ∅ von den Kopfstrecken der Strebe in das Hangende geführt, über sie erfolgte die Absaugung des Gases. Dieses wurde ursprünglich in die Ausziehstrecken geblasen, ab dem Jahr 1960 erfolgte eine Nutzung im werkseigenen Kesselhaus, wo jährlich 2,2–3,6 Mio. N m³ Reinmethan eingesetzt wurden.

Brandbekämpfung

Die Kohlen der steirischen Lagerstätten neigen allgemein zur Selbstentzündung. Einer Brandgefahr versuchte man seit Beginn des Kohlenbergbaues durch die verschiedensten Maßnahmen wie besondere Abbauführung, Versatz, Abdämmung abgeworfener Felder, Wetterführung usw. zu begegnen.

In brandgefährdeten Gruben wie Oberdorf oder Ratten wurde die Ausrichtung in das Liegende der Lagerstätte verlegt, des weiteren wurden aufwendige Einrichtungen zur Bewetterung und Abfuhr von allenfalls auftretenden Brandgasen getroffen.

Zur Abdämmung von Brandfeldern kommt das Verschlämmen mit Flugasche zur Anwendung. Durch Brandfelder führende Strecken wurden bisweilen mit einer 30 bis 50 cm starken Flugaschenschicht, die hinter dem Verzug eingestampft wurde, gemantelt.

Zur Brandbekämpfung werden in den Gruben Spritzwasser- und Schlämmleitungen verlegt.

Bereits um 1900 wurden Grubenwehren eingerichtet und mit entsprechenden Atemschutzgeräten ausgerüstet. Beim Bergbau Karlschacht-Grube befindet sich heute die Hauptstelle für das Grubenrettungswesen.

Aufbereitung und Veredelung

Aufbereitung

Ursprünglich wurde die Kohle bereits vor Ort vom Tauben geschieden und als verkaufsfähiges Produkt nach Obertag befördert.

Die steigende Gewinnung und der gemeinsame Anfall von Kohle und Taubmaterial machten schließlich eine Aufbereitung bzw. Klassierung der Rohkohle zu einem verkaufsfähigen Gut erforderlich. Die ersten obertägigen Aufbereitungsanlagen entstanden bereits gegen Ende des 19. Jahrhunderts in Fohnsdorf und Seegraben und zu Beginn des 20. Jahrhunderts bei der Grube Franzschacht. Es handelte sich hiebei um Naßaufbereitungen auch nach dem Prinzip der Setzwäsche. Die Fohnsdorfer Setzwäsche wurde im Jahr 1928 durch eine Rinnenwäsche (System Rheo) ersetzt, im Jahr 1962 erfolgte der Einbau eines Schweretrübetrommelscheiders, wodurch die Trennschärfe

verbessert wurde. Weit verbreitet bis in die letzte Zeit waren auch Klaubbänder, an denen meist Frauen Taubmaterial auslasen.

Veredelung

Schwefelkiesreiche Kohlen und Kohlenschiefer aus steirischen Lagerstätten wurden ab dem letzten Jahrzehnt des 18. Jahrhunderts zur Alaunerzeugung benützt. Alaun fand Verwendung in der Färberei, Gerberei und Zeugdruckerei, bei der Herstellung von Lacken, als Klärungsmittel, beim Leimen von Papier und in vielen anderen Gewerbezweigen.

In der Steiermark entstanden Alaunwerke im Raum Fohnsdorf bei Sillweg und Dietersdorf, in Parschlug, Wartberg, Steiregg, Ilz und Sinnersdorf. Anfänglich wurde vorwiegend Kalialaun, später auch Ammoniakalaun in einem mehrstufigen Brenn- und Kristallisationsverfahren hergestellt.

Zahlreich sind die Versuche, aus steirischen Braunkohlen Koks zu erzeugen. Es bestanden zahlreiche Pläne, sowohl Kohle von der Lagerstätte Fohnsdorf, als auch aus dem Raum Köflach-Voitsberg für Hochofenzwecke zu verkoken. Die erzielten Produkte wiesen jedoch nicht die für den Einsatz im Hochofen erforderliche Druckfestigkeit auf.

Die Aufnahme des Bergbaues bei Leoben und in der Umgebung von Köflach und Voitsberg war von Versuchen begleitet, aus den „Steinkohlen" für Schmiedezwecke brauchbaren Koks herzustellen. Den ersten Verkokungsofen ließ um 1740 der Gewerke Franz Salesius Gasteiger errichten. Rohkohle aus einer Grube im Bereich der Glanzkohlenlagerstätte Seegraben wurde über den aus Eisenstangen gebildeten Rost eines einfachen Schachtofens aufgeschichtet und durch ein Holzfeuer entzündet. Die Kohle wurde mehrere Stunden geglüht, dann in das Heizgewölbe des Ofens abgezogen und abgelöscht. Mit dem Endprodukt „Gebrannte Kohle" wurde teure Holzkohle für Schmiedezwecke substituiert.

Vergasung und Brikettierung

Ein besonderes Problem stellte die Verwertung der bei den Bergbauen reichlich anfallenden Feinkohle dar. Neben der Vergasung bot sich zunächst auch die Möglichkeit der Brikettierung an.

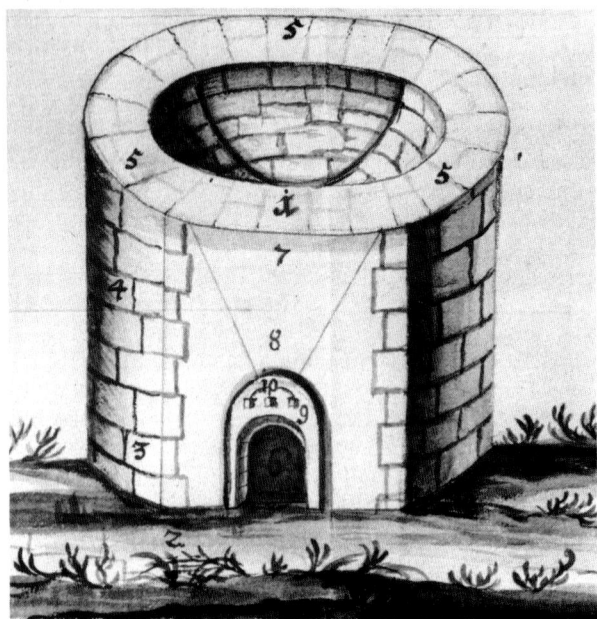

Abb. 12: „Steinkohlenrectificationsofen", Leoben (um 1740)

Die erste Vergasungsanlage entstand um 1840 beim Gußwerk St. Stefan. Beim Walzwerk Lanau bei Neuberg wurde in den Jahren 1846/47 eine Anlage mit zwei Generatoren errichtet, neben luftgetrockneter Kohle vom Bergbau Wartberg wurde auch Kohle vom Bergbau Urgental bei Bruck an der Mur einer Vergasung unterzogen.

Die Gasgeneratoren wurden ab dem Jahr 1850 durch Treppenrostfeuerungen abgelöst, die wesentlich billiger in der Anschaffung und einfacher in der Wartung waren. Sie ermöglichten die Verfeuerung jeglicher Art von fein zerkleinertem Brennstoff. Ihr Betrieb war weit weniger störungsanfällig als jener der komplizierten Generatoren.

Im Jahr 1883 wurde beim Bergbau Judendorf des Heinrich Ritter von Drasche, am Ausgang des Seegrabens, eine Brikettfabrik errichtet. Der Betrieb der Anlage erwies sich jedoch als sehr kostspielig, der

Preis für das als Bindemittel verwendete Pech lag sehr hoch. Die Fabrik wurde im Jahr 1900 stillgelegt.

Versuche, die stückige Weichbraunkohle des Köflach-Voitsberger Reviers zu brikettieren, schlugen fehl, da in der Kohle enthaltene Xylite nach dem Verpressen allmählich wieder ihre ursprüngliche Form annahmen und dabei das Gefüge der Briketts zerstörten.

Trocknung

Zahlreich sind die Versuche, die wasserhältigen stückigen Weichbraunkohlen des Köflach-Voitsberger Reviers zu trocknen. Im Stahlwerk Pichling unterzog man um 1860 die zur Beheizung der Puddel- und Stahlöfen verwendete Kohle in Kammern einer Lufttrocknung. Beim Puddlings- und Walzwerk Krems bestanden Kohlenbarren zur Lufttrocknung. In Vordernberg wurde um 1875 Köflacher Kohle für den Einsatz im Hochofen in Eisentrommeln einer Trocknung unterzogen.

Beim Bergbau Karlschacht in Köflach wurde um 1920 eine im Gleichstromprinzip arbeitende Kohletrocknungsanlage errichtet. Eine Schwelanlage beim Bergbau Oberdorf wurde in den Jahren 1927 bis 1929 ebenfalls zur Kohlentrocknung verwendet.

Bei der Anwendung herkömmlicher Verfahren und zur Trocknung stückiger Weichbraunkohle zerfielen die Stücke in einem Maße, daß an einen Verkauf nicht mehr zu denken war; eine Brikettierung der Kohle nach dem Vorbild mitteldeutscher oder rheinischer Gruben scheiterte aus den eingangs erwähnten Gründen. Der in den Jahren nach dem Ersten Weltkrieg auftretende Mangel an hochwertiger Kohle führte schließlich zur Entwicklung des „Fleißner Verfahrens". Hans Fleißner, Professor an der Montanistischen Hochschule Leoben, unternahm eine Reihe von Versuchen, die darauf hinzielten, Kohle unter Wahrung ihrer Stückigkeit zu trocknen. Zu diesem Zweck erwärmte er das Gut in wasserdampfgesättigter Luft, um es anschließend zur Trocknung zu belüften. Sowohl dieses Verfahren als auch die Erwärmung mit Hilfe von Sattdampf führten nicht zum gewünschten Erfolg. Erst die Anwendung von gespanntem Dampf brachte brauchbare Ergebnisse, die auf eine Trocknung von innen nach außen zurückgeführt wurden.

Nachdem die ersten Trocknungsversuche mit Hilfe von gespanntem Dampf unter der Verwendung eines kleinen Autoklaven erfolgreich verlaufen waren, ließ die Österreichisch-Alpine Montangesellschaft bei ihrem Bergbau Karlschacht in Köflach eine aus zwei Autoklaven bestehende Versuchsanlage aufbauen.

Die erfolgreich verlaufenen Versuche führten im Jahr 1927 zum Bau einer Trocknungsanlage beim Bergbau Karlschacht, die zunächst mit 12 „Dämpfern" von je 20 m³ Nutzinhalt, von denen jeweils zwei zu einem System zusammengeschlossen waren, ausgerüstet wurde.

Die Anlage beim Bergbau Karlschacht wurde in den folgenden Jahren auf 16 Dämpfer erweitert, zu ihrer Versorgung mußte die Förderung des Bergbaues auf das Vierfache gesteigert werden. Die Trockenkohle fand guten Absatz. Sie wurde zur Vergasung in Generatoren, zur Beheizung von Siemens-Martinöfen und Magnesitbrennöfen sowie zur Herstellung von Wasser- und Doppelgas verwendet. Zu Beginn des Zweiten Weltkrieges wurde die Wärmeausnutzung der Trocknungsanlage durch Zusammenschluß von jeweils zwei Dämpfern zu einer Gruppe verbessert.

Die Trocknungsanlage beim Karlschacht stand auf kohleführendem Terrain und mußte daher 1952 dem fortschreitenden Abbau weichen. Eine neue, in den Jahren 1953–1955 nächst der Zentralsortierung Bärnbach errichtete Anlage war mit 16 Dämpfern eines Rauminhaltes von je 45 m³ ausgestattet, dies entsprach einem Fassungsvermögen von je 25 t Rohkohle. Der vorgesehene Betriebsdruck lag bei 16 at. Den benötigten Dampf lieferte das Kraftwerk Voitsberg als Heißdampf, der in drei Dampfspeichern zu Sattdampf umgewandelt wurde. 1976 wurde der Betrieb der Trocknungsanlage Bärnbach eingestellt.

Kohlentrocknungsanlagen nach dem System Fleißner wurden von der Maschinenfabrik Zeltweg der VOEST-Alpine AG in vielen europäischen und außereuropäischen Braunkohlenrevieren errichtet, so auch in der VR Jugoslawien, im Kombinat Kosovo. Diese bisher größte Anlage ist für einen Jahresdurchsatz von 1 Mio. t Braunkohle mit einem durchschnittlichen Wassergehalt von 50% ausgelegt. Das Ausbringen an Trockenkohle mit einem Restwassergehalt von 19% liegt bei 0,6 Mio. t.

Abb. 13: Kohlentrocknungsanlage „System Fleißner", Bärnbach

Weiterweisende Literatur (Auswahl):

Die Mineralkohlen Österreichs, hg. K.k. Ackerbau Ministerium, Wien 1870.

Die Mineralkohlen Österreichs, hg. K.k. Ackerbau Ministerium, Wien 1878.

Der Bergbau Österreichs, Teplitz 1904–1907, hg. Centralverband der Bergbau-Betriebsleiter Österreichs.

Max *Desoye*, Einführung der stempelfreien Front- und Schrämarbeit in Fohnsdorf. In: Berg- und Hüttenmännische Monatshefte 101/1956, S. 81–93.

Günter B. *Fettweis*, Bergtechnische Entwicklungen und Probleme im österreichischen Bergbau. In: Erzmetall 20/1967, S. 547–561.

Günter B. *Fettweis*, Bemerkungen zur Kohlesituation in Österreich und in der Welt. In: Berg- und Hüttenmännische Monatshefte 126/1981, S. 203–221.

Günter B. *Fettweis*, Bergmännische Überlegungen zur Exploration im allgemeinen und zum Stand der Kohlenexploration in Österreich im besonderen. In: Berg- und Hüttenmännische Monatshefte 126/1983, S. 93–106.

Hans *Feyferlik*, Die Grubengasabsaugung beim Strebbrück-bau in Fohnsdorf. In: Berg- und Hüttenmännische Monatshefte 103/1958, S. 41–51.

Franz *Gössler*, Der Einsatz von Schaufelradbaggern und Bandwagen im Tagbau Oberdorf – Erfahrungen und Probleme. In: Berg- und Hüttenmännische Monatshefte 126/1981, S. 221–228.

Franz *Gössler*, Planung und Entwicklung des Tagbaues Oberdorf. In: Grundlagen der Rohstoffversorgung 6/1982, S. 27–47.

Theodor *Hippmann*, Bemerkungen über die Erdbohrung bei Leoben. In: Jahrbuch für den Berg- und Hüttenmann des österreichischen Kaiserstaates 2/1849, S. 22–30.

Carl *Jordan*, Die erfolgreiche Steinkohlenaufsuchung nach Grundsätzen der vorgegangenen Entstehungsereignisse, Wien 1816.

Heinz *Koestler*, Neueinrichtungen im Kohlenbergbau Fohnsdorf. In: Berg- und Hüttenmännische Monatshefte 111/1966, S. 596–602.

Die Mineralkohlen Österreichs, hg. Komitee des allgemeinen Bergmanntages, Wien 1903.

Fritz *Kornberger*, Planung, Aufschluß und Betrieb des Bergbaues Zangtal-Unterflöz. In: Berg- und Hüttenmännische Monatshefte 121/1976, S. 91–96.

Walter *Kuckenberger*, Planung und Aufschluß des Tagbaues Karlschacht 2 im Köflacher Revier. In: Montan-Rundschau 17/1969, S. 129–137.

Helmut *Lackner*, Die Anwendung der steirischen Kohle bis 1842. In: Blätter für Heimatkunde 53/1979, S. 81–90.

Helmut *Lackner*, Die wirtschaftliche und technische Entwicklung des Kohlenbergbaues. In: Fohnsdorf, hg. Gemeinde Fohnsdorf, Interdisziplinäre Studien der Projektgruppe Fohnsdorf Aichfeld-Murboden 1, Graz 1982, S. 127–147.

Helmut *Lackner*, Kohlenbergbau in Österreich. In: Der Anschnitt 35/1983, S. 68–76.

Claus *Lukasczyk*, Der weststeirische Kohlenbergbau in Rückblick und Vorschau. In: Berg- und Hüttenmännische Monatshefte 127/1982, S. 176–184.

Claus *Lukasczyk*, Streifenabbau mit Alpine-Miner AM 50 in den Randzonen des weststeirischen Grubenrevieres. In: Berg- und Hüttenmännische Monatshefte 129/1984, S. 114–122.

Albert Miller *Hauenfels*, Die steiermärkischen Bergbaue als Grundlage provinziellen Wohlstandes, Wien 1859.

Friedrich *Pacher*, Die Bekämpfung des Grubengases. In: Montan-Rundschau 14/1966, S. 43–51.

Wilhelm *Petrascheck*, Kohlengeologie der österreichischen Teilstaaten, Wien–Kattowitz 1922/1925 und 1926/1929.

Othmar *Pickl*, Die Anfänge des steirischen Kohlenbergbaues. In: Beiträge zur Geschichte der Industrialisierung des Südostalpenraumes im 19. Jahrhundert = Forschungen zur geschichtlichen Landeskunde der Steiermark 24, hg. Othmar Pickl, Graz 1970, S. 47–58.

Robert *Pohl*, Die Kohlenbergbaue der Österreichisch-Alpinen Montangesellschaft. In: Die Österreichisch-Alpine Montangesellschaft 1881–1931, Bd. 2, Die Geschichte der Betriebe der Österreichisch-Alpinen Montangesellschaft, Wien 1931, S. 5–70.

Fritz *Popelka*, Die Entdeckung der steirischen Kohlenlager. In: Grazer Volksblatt, 16. November 1920.

Hans *Rath*, Neueinrichtungen und Entwicklungstendenzen im Köflacher Revier. In: Berg- und Hüttenmännische Monatshefte 113/1968, S. 497–501.

Josef *Rossiwall*, Die Eisen-Industrie des Herzogthums Steiermark im Jahr 1857 = Mittheilungen aus dem Gebiete der Statistik 8, Wien 1860.

Franz *Trojan*, Der Zahlbrucknerschacht des Bergbaues Seegraben–Münzenberg der Oe.A.M.G. In: Zeitschrift für Berg-, Hütten- und Salinenwesen im Deutschen Reich 85/1937, S. 297–302.

Franz *Unger*, Steiermark zur Zeit der Braunkohlenbildung, Wien 1866.

Leopold *Weber*, Alfred *Weiß*, Bergbaugeschichte und Geologie der österreichischen Braunkohlenvorkommen = Archiv für Lagerstättenforschung der Geologischen Bundesanstalt 4, Wien 1983.

Alfred *Weiß*, Die steirischen Alaunwerke des 19. Jahrhunderts. In: Montan-Rundschau 18/1970, S. 107–112.

Alfred *Weiß*, Zur Geschichte des Lankowitzer Revierstollens. In: Zeitschrift des Historischen Vereins Steiermark 67/1976. S. 177–191.

Alfred *Weiß*, Zur Geschichte der Veredelung und Verwendung steirischer Braunkohlen. In: Blätter für Technikgeschichte 39/40/1980, S. 27–46.

Alfred *Weiß*, Hans Fleißner als Erfinder eines Schlagwetteranzeigers und eines Kohletrocknungsverfahrens. In: Ferrum 55/1984, S. 14–17.

Reinhard Sachsenhofer

Steinkohlenvorkommen in der Steiermark

Das kohlenreiche Land Steiermark ist arm an Steinkohlen. Abgesehen von den Anthraziten der Turrach und kohligen Schmitzen in der Kainacher Gosau westlich von Graz, erwiesen sich lediglich die Lunzer Schichten nördlich des Salzatales als steinkohlenführend.

Kohlenführende triadische Lunzer Schichten (Alter ca. 225 Mio. Jahre) sind in den östlichen Kalkvoralpen weit verbreitet. In ihnen gingen im 19. und der ersten Hälfte des 20. Jahrhunderts zwischen dem Alpenostrand und Molln in Oberösterreich mehr als 50 Kohlenbergbaue um. Ermutigt durch zum Teil rei-

che Kohlenführung in den Lunzer Schichten Niederösterreichs und Funde von Kohlenausbissen im Saggraben südwestlich Palfau wurden in den Jahren nach dem Ersten Weltkrieg die Lunzer Schichten zwischen Großreifling und Palfau mit drei Schurfbauten untersucht. Obgleich die Aufschlüsse relativ günstig verliefen, im Saggraben wurde ein 75 cm mächtiges reines Flöz angefahren, wurden die Bergbaue bald wieder heimgesagt.

Die Qualität der Lunzer Kohlen variiert in ihrem Verbreitungsgebiet außerordentlich stark. Im steirischen Anteil der Lunzer Schichten liegen die Kohlen

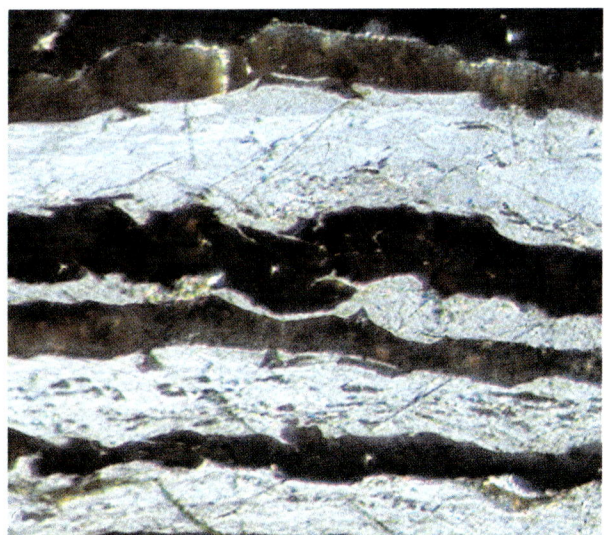 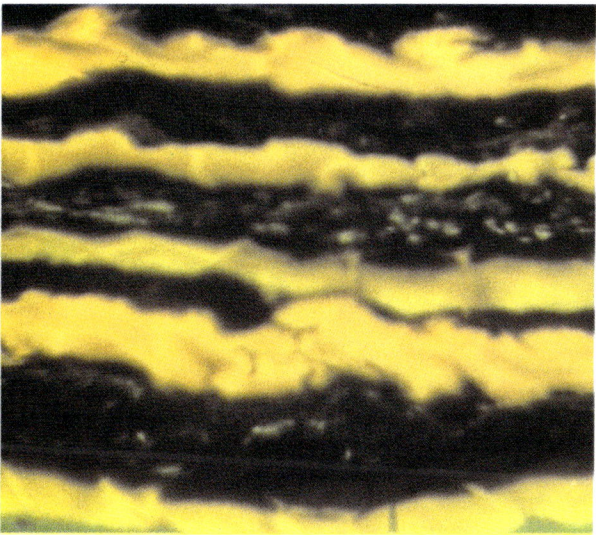

Anschliffbilder einer Lunzer Kohle aus dem Bergbau Tiefengraben. Die Kohle zeichnet sich durch Reichtum an fossilen Blatthäuten aus. Die im normalen Auflicht (linkes Bild) dunkel erscheinenden Blatthäute umschließen helles Blattgewebe. Unter UV-Beleuchtung (rechtes Bild) fluoreszieren die Blatthäute kräftig orange, das Blattgewebe fluoresziert nicht. Fluoreszierende Partikel im Blattgewebe sind fossile Blattharze bzw. Blattöle

Schurfstollen am westlichen Gehänge des Saggrabens.

als Flamm- und Gasflammkohlen vor. Die Kohle des Saggrabens liefert einen ausgezeichnet geblähten und gebackenen Koks. Nachteilig für eine etwaige künftige Nutzung wirkt sich aber der hohe Aschen- und Schwefelgehalt der Kohlen aus.

Heute erinnern noch der Schurfstollen im Saggraben und Bergbauhalden bei Großreifling an die kurze Zeit steirischen Steinkohlenbergbaus.

Reinhard Sachsenhofer

Gagat in den Ostalpen

Der Kohlenbergbau gilt als relativ junger Zweig des alpinen Bergwesens. Tatsächlich wurde aber in den Ostalpen schon im 15. und 16. Jahrhundert nach Gagat, einer besonderen Kohlenvarietät, geschürft.

Gagat oder Jet, auch Agtstein oder Augstein genannt, ist eine harte, zähe, schleif- und polierfähige Kohle, die sich geschliffen durch einen eigentümlichen tiefen Farbton und matten Glanz auszeichnet. Der Name Gagat leitet sich vom Fluß Gages in Lykien ab, wo sich in der Antike die Kohle als Geschiebe gefunden hatte.

Gagat bildet sich im Gegensatz zu „normaler" Kohle aus Trifthölzern, die subaquatisch abgelagert und im sauerstoff-freien Faulschlammilieu mit Bitumen getränkt wurden. Mikroskopisch unterscheidet sich Gagat von „normaler" Kohle der gleichen Inkohlungsstufe im Reflexionsvermögen. Das fossile Holzgewebe des Gagates erscheint infolge des hohen Bitumengehaltes unter dem Auflichtmikroskop deutlich dunkler als jenes der in Torfmooren abgelagerten „normalen" Kohle.

Im Bereich der Ostalpen tritt Gagat in den als Gosauschichten bezeichneten Oberkreidesedimenten der Nördlichen Kalkalpen auf. Er steckt in schmächtigen Flözchen oder als Linsen und Scherben in bituminösen Mergeln und Kalken. Das Alter der kohlenführenden Schichten ist 80–90 Mio. Jahre. Die geringfügig jüngeren Gosaukohlen des einst bedeutenden Bergbaus bei Grünbach wurden in einem küstennahen Moor gebildet und enthalten daher übrigens keinen Gagat.

Gagat war, wie Grabbeigaben belegen, bereits den Kelten, Griechen und Römern bekannt. Besondere Verbreitung genoß er aber im ausgehenden Mittelalter und in der beginnenden Neuzeit. Bedeutung besaß Gagat insbesondere für die Herstellung von Kultgegenständen wie Rosenkränzen und als Trauerschmuck. Gagat spielte aber auch in der Volksmedizin

als „Edler Drachenblutstein" eine gewichtige Rolle. Unter anderem soll er Hysterischen Linderung gewährt und Menstruationsbeschwerden gelöst haben. In Wein gekocht heilte er Zahnweh, mit Wachs vermischt aber Kröpfe. Getragen bot er Schutz gegen Blitzschlag, Vergiftung und Dämonen, innerlich verwendet auch gegen Schlangenbisse und Behexung.

Zentren der Gagatverarbeitung lagen in Frankreich, England und Süddeutschland (Schwäbisch-Gmünd; Eßlingen). In Zeiten besonders hohen Materialbedarfs wurden die der heimischen Bevölkerung vermutlich schon lange bekannten Gagatvorkommen der Kalkalpen von schwäbischen Gagatschleifern ausgebeutet. Der Gagatbergbau lag daher weitgehend in den Händen von Landesfremden. Nach und nach versuchten sich heimische Schürfer gegen die Vormacht der Schwaben zu behaupten. Diese waren andererseits bestrebt, ihre Monopolstellung zu festigen. Die resultierenden Streitigkeiten führten so weit, daß sich Kaiser Friedrich III. 1478 bewogen sah, den Dechanten des Stiftes Spital am Pyhrn zu beauftragen, einen heimischen Schürfer, den „getrewen Windischgerstner", der bei Roßleithen schon längere Zeit Gagat gewonnen hatte, in Schutz zu nehmen.

Der geschichtlich am besten bekannte Gagatbergbau der Ostalpen befand sich in der Gemeinde Gams bei Hieflau, wo noch heute die Spuren der mittelalterlichen Bergbautätigkeit im Gelände zu bemerken sind. Die erste urkundliche Erwähnung scheint im Jahre 1414 auf, wahrscheinlich reicht der Bergbau aber wesentlich weiter in die Vergangenheit zurück. Der geförderte Gagat wurde in Plachen und Säcke verpackt über Großreifling und den Buchauer Sattel zum Stift Admont, das die Berghoheit in Gams besaß, transportiert. Dort wurde ca. ein Siebentel der geförderten Menge als Bergfron und Zehent einbehalten. Eingestellt wurde der Bergbau im Jahre 1559, vielleicht infolge von Absatzschwierigkeiten nach der

Gagatschmuck, Brosche und Ohrgehänge um 1830

Ischl betrieben. Im Gebiet des Spitzenbachgrabens blieb die Erinnerung erhalten, daß vor langer Zeit „Deutsche" Kohle gewonnen und daraus „allerlei Zeug" gemacht hätten. Bei Bad Ischl wurde im Zuge einer Wildbachverbauung ein Stollen, der gagatführenden Schichten folgt, angefahren.

Nachdem sich die Schwaben um die Mitte des 16. Jahrhunderts aus den Ostalpen zurückgezogen hatten, wurde von Einheimischen in den verlassenen Bauen weiterhin nach Gagat gegraben. Noch in einem 1727 in Braunschweig erschienenen Bergbuch wird der „Edle Drachenblutstein" unter den in der Steiermark vorkommenden Mineralen angeführt. Kurz darauf scheint die Gagatgewinnung aber in Vergessenheit geraten zu sein, da sie in zeitgenössischen Reiseberichten keine Erwähnung mehr findet.

Um die Mitte des 19. Jahrhunderts fanden die kohlenführenden Gosauschichten erneut das Interesse des Bergmannes. Nun wurde die Kohle (Glanzbraunkohle) als Energieträger aufgesucht. Innerhalb der Grenzen der Steiermark zeugen Stollen östlich von Gams und im Spitzenbachgraben von der Schurftätigkeit unseres Jahrhunderts. Heute gehören auch diese Bemühungen schon längst wieder der Vergangenheit an.

Reformation, die den Gebrauch von Rosenkränzen und anderen Kultgegenständen ablehnte.

Auf admontischem Besitz lag auch jener Bergbau, der wenige Kilometer östlich von Admont, nördlich des Gesäuseeinganges situiert war. Das Gebiet um den Bergbau Unterlaussa war zunächst ebenfalls admontischer Besitz. Man ersieht daraus die Bedeutung des auch sonst als Förderer des obersteirischen Bergbaus auftretenden Stiftes für die Gagatgewinnung.

Wahrscheinlich wurde Gagatbergbau auch im Spitzenbachgraben westlich St. Gallen und nördlich Bad

Literatur:

Wilhelm *Freh:* Ein weiterer Gagatbergbau auf oberösterreichischem Boden. In: Jahrbuch des Oberösterreichischen Musealvereins, 99/1954, S. 185–188.

Wilhelm *Freh:* Alte Gagatbergbaue in den nordöstlichen Ostalpen. In: Mineralogische Mitteilungen des Joanneums, Jg. 1956, S. 1–14.

Wilhelm *Freh:* Krafft und Tugend des edlen Drachen-Blut-Steins / der dem Menschen für vielerley Leibeskranckheiten gut ist zu gebrauchen. In: Der Anschnitt, 9/1957, S. 34.

Wilhelm *Freh* – Erich *Haberfelner:* Ein alter Gagatbergbau in Oberösterreich. In: Jahrbuch des Oberösterreichischen Musealvereins, 95/1950, S. 337–350.

Adalbert P. *Krause:* Ein alter Gagatbergbau in Gams bei Hieflau. In: Der Anschnitt, 17/1965, S. 23–27.

Die Kraft aus dem Feuer

Helmut Lackner

Kohlennutzung und Kohlenbergbau bis um 1850

Holzkohlenmangel als angebliche Krisenerscheinung

Wenn man den allgemeinen Übergang vom Holz zur Kohle als Brennstoff im Zeitraum vom 17. Jahrhundert bis in das beginnende 19. Jahrhundert zu erklären versucht, stößt man sowohl in der zeitgenössischen als auch in der neueren Literatur durchwegs auf die These der „Holzkrise", die gegen Ende des 18. Jahrhunderts ihren Höhepunkt erreichte und eben zum Übergang auf die Braun- und Steinkohle zwang. Diese Krisentheorie wurde im wesentlichen von Werner Sombart, der damit sogar universalgeschichtlich das „drohende Ende des Kapitalismus" verknüpfte, in der zweiten, 1916 erschienenen Auflage seines Werkes „Der moderne Kapitalismus" entwickelt[1] und in den letzten Jahren, wiederum unter dem Vorzeichen einer Energiekrise und eines neuen ökologischen Problembewußtseins, erneut von mehreren Autoren aufgenommen. Auf Grund der über Jahrhunderte reichenden Klagen über den Holzmangel, der kontinuierlichen Eingriffe des Landesfürsten mittels Waldordnungen, der reichen pseudotechnisch-wissenschaftlichen Sparliteratur und der schließlichen Verlagerung auf die Kohle wird mit einer Krise der Zentralressource Holz als entscheidender Ursache dafür argumentiert[2]. Eine aus dieser Sicht erwachsene ökologische Interpretation der Entwicklung von Energiesystemen sieht nun einen Weg zur Nutzung immer konzentrierterer (Holz, Kohle, Erdöl, Erdgas, Uran) und höherwertiger (Holz, Holzkohle, Kohle, Heizöl, Kraftstoffe, Strom) Energieformen und zur Energieerzeugung in immer größeren Einheiten (Feuerstelle, Meiler, Brikettfabrik, Raffinerie, Wasserkraftwerk, Atomkraftwerk)[3]. An und für sich wird dagegen kaum etwas einzuwenden sein. Interessant wird die Entwicklung erst, wenn sie sich der Frage nach den Ursachen der Übergänge zwischen den Energiesystemen zuwendet, also etwa nach dem Wechsel vom Holz zur Kohle.

Der Vorrang der Holzkohle im 17. und 18. Jahrhundert

Gegen die wohl zu einfache und vorschnelle These von der „Holzkrise" als auslösendem Moment für den Übergang zur Kohlennutzung hat zuletzt Joachim Radkau eindeutig Stellung genommen. Wenn es Holzverknappung gegeben hat, dann nicht als technisches Problem, das mit Beginn des Kohlenbergbaues gelöst war, sondern als politischen und sozialen Konflikt zwischen herrschaftlicher, bäuerlicher und industriell-gewerblicher Nutzung des Waldes[4]. In der Steiermark konzentrierten sich die Probleme um die Holznutzung speziell auf die Ansprüche des Eisenwesens, in den Randbereichen des Salzkammergutes auf jene des Salzwesens und in der West- und Oststeiermark auch auf jene der privaten Glashütten. Entscheidend war aber auf jeden Fall das Eisenwesen, das im Vorderberger Bereich lockerer und im Innerberger Bereich, vor allem seit 1625, strafferer landesfürstlicher Lenkung unterworfen war. Die vom Erzberg ausgehende und um ihn konzentrierte Eisenerzeugung blieb über Jahrhunderte eine der wichtigsten Einnahmequellen des Staates und forderte daher dessen besondere Fürsorge, zu der als eine zentrale Maßnahme die kontinuierliche Sicherstellung der benötigten Holzkohle zählte. Diese über das Waldregal obrigkeitlich geregelte Holzkohlenversorgung konzentrierte sich auf das augenscheinlich wichtigste Glied des Eisenwesens, auf die Stuck- und später Floßöfen, die das Roheisen erzeugten. 19 Öfen in Innerberg (Eisenerz) und 14 in Vordernberg sollten auf gesicherter Holzbasis die jährlich vorgeschriebene Roheisenmenge als Ausgangsmaterial für die Hammer- und Sensenwerke erschmelzen können. Aus Rücksicht darauf mußten bereits gegen Ende des 16. Jahrhunderts alle Hammerwerke zwischen Vordernberg, Mautern, St. Michael, Leoben und Kapfenberg abwandern[5]. An dieser Priorität der Qualität des Holzkohlenroheisens wurde auch gegen die Konkurrenz des Koksroheisens bis ins letzte Viertel des 19. Jahrhunderts festgehalten[6].

Mit den seit Maximilian I. bis in das 18. Jahrhundert immer wieder erlassenen Waldordnungen wurde dieser Anspruch festgeschrieben. Die praktischen Maßnahmen betrafen den Bau von großen Holzrechenanlagen bei Leoben, Hieflau und Großreifling und die Anlage von Zentralköhlereien im Murboden für den Vordernberger und in Hieflau und Großreifling für den Innerberger Bereich[7].

Die vielfältigen technischen Änderungen bei der Roheisenerzeugung sind insgesamt wohl mit dem Streben nach Produktionssteigerungen zu interpretieren; die Tageserzeugung konnte ja von 3 t im 18. Jahrhundert auf rund 50 t bis gegen 1900 erhöht werden. Damit lassen sich aber auch alle spezifischen Einsparungsbemühungen des gesteigerten Holzkohlenverbrauches eher als ein Reagieren auf diesen Mehrverbrauch, als auf eine allgemeine „Holzkrise" interpretieren. Vom 17. Jahrhundert bis um 1880 konnte man immerhin den Holzkohleneinsatz von 250% auf 80% des Erzgewichtes einschränken, trotzdem stieg der Bedarf der steirischen Eisenindustrie an Holzkohle insgesamt von wenigen 100.000 m^3 im 18. Jahrhundert auf über 1,1 Mio. m^3 bis 1857[8]. Als entscheidendste Maßnahme in diesem Prozeß ist die zwischen 1751 und 1762 erfolgte Umstellung von den „kohlrauberischen Stuck in Hochöfen [Floßöfen, H. L.]"[9] in Inner- und Vordernberg zu werten[10].

Nach diesen Überlegungen wird auch einsichtig, warum der Kohlenbergbau in seinen Anfängen der Privatinitiative überlassen blieb. Ein typisches Beispiel dafür ist die Entdeckung und erste Nutzung der Kohlenlagerstätte in Fohnsdorf durch Johann Adolf I. Fürst Schwarzenberg 1670. Nur auf Grund seines Einflusses am Wiener Hof gelang es ihm nach mehreren Jahren, sich gegen den Widerstand der unwissenden Bergbehörde in Vordernberg, die mit dem „neuen Erdtgewächs" offensichtlich nichts anzufangen wußte, durchzusetzen und 1675 mit dem „Steinkohlen"-Bergbau belehnt zu werden. Für die Bergbehörde und die Radgewerken war die neuaufgefundene Kohle noch kein Thema, sie verließen sich lieber auf den sichtbaren und daher konkreteren und sicheren „Schaz an Schennen Schwarz Wäldern"[11]. In der Folge

scheiterte Schwarzenberg aber an den technischen Problemen des Kohlengebrauches in seinen eigenen Hammerwerken, die auch ein aus den Niederlanden geholter Experte nicht lösen konnte, und am Widerstand der Arbeiter[12].

Das zentrale Problem blieb bis ins 19. Jahrhundert der hohe Schwefelgehalt der steirischen Braun- und Glanzkohle, der ihre Verwendungsmöglichkeiten gegenüber etwa der böhmischen Steinkohle entscheidend einschränkte. Seit den Versuchen Johann Adolfs I. konzentrierte man sich immer wieder auf die mögliche Nutzung dieser Kohle in den Hammerwerken. Diese Hammerwerke (= Frischhütten) lagen im Mur- und Mürztal und im steirischen und oberösterreichischen Ennstal zwar prinzipiell in waldreichen Gegenden, waren jedoch als insgesamt größte Holzkohlenverbraucher – 1851 etwa 426.000 m^3 gegenüber 312.000 m^3 in den Hochöfen und 61.000 m^3 in den Sensenwerken[13] – aus ökonomischen Gründen zu kontinuierlichen Rationalisierungen im Energiebereich gezwungen. Ein erstes Experiment, die „Steinkohlen von dem mit sich führenden arsenical- und sulphuralischen wilden Gerüchen" zu reinigen und damit für die „Rad- und Hammerwerke" brauchbar zu machen, kennen wir vom Hammergewerken Franz Salesius Gasteiger in Thörl. Er glaubte, die „Steinkohle" in einem etwa 1,8 m hohen gemauerten Ofen entschwefeln bzw. verkoken zu können[14]. Gasteigers „Steinkohlenverkokung" wurde zwar noch 1748 in der Maria-Theresianischen Hammerordnung erwähnt und zur Nachahmung empfohlen (Art. 36), doch waren die technischen Probleme wohl zu groß. Ein gewisser P. Spreitzer verwies darauf 1752/53 in einer Denkschrift wiederum auf die Fortschritte im Ausland, namentlich in den Niederlanden und um Köln[15], aber erst zehn Jahre darauf begann sich der Staat im Sinne des Merkantilismus auf breiterer Basis für die Bodenschätze zu interessieren und den Kohlenbergbau ab 1761 durch die Anstellung eigener Beamter (1761 Anton Weydinger, 1769 Ignatz Mitlöhner, 1772 Johann Nepomuk Heipl) zu fördern[16]. Auf unterster administrativer Ebene hatten sich seit der Waldordnung des Jahres 1767 – zugeteilt den zwei Waldämtern Innerberg und Vordernberg – zwölf Waldförster nicht nur um die forstliche Pflege des Waldes, sondern auch

Der Römis. Kays.
auch zu Hispanien / Hungarn
und Böheim 2c. Königl. Majestät / 2c. 2c.

Herrn / Herrn

CAROLI

Deß Sechsten /

Ertz-Hertzogens zu Oesterreich / 2c. Unsers
Allergnädigsten Herrn und Erb-Lands-Fürsten / 2c.

Erfrischte /

Und in etwas erleutherte

Wald = Ordnung /

Im Erb = Hertzogthumb

Steyer.

Wienn den   26.ten Martij
Anno   1721.

Gedruckt zu Grätz / bey denen Widmanstätterischen Erben.

Titelblatt der Waldordnung
Kaiser Karls VI. für die Steiermark vom 26. März 1721

um die Hammerwerke und deren sparsamen Holzkohlenverbrauch, unter anderem durch den möglichsten Ersatz durch Kohle, zu kümmern:

„Hat der Waldforster auch auf occassione seiner Wald und Gebürges Gänge entdekende manigfältige Ärzt Anbrüche, auch Steinkohlen und Torf Spuhren, ein sorgfältiges Aug zu tragen und davon an das Amt Vordernberg Anzeige jedes mal zu machen"[17].

In der Waldordnung 1767 werden folgende zwölf Waldförster mit ihren Standorten angeführt:

Joseph Mitlöhner (Feistritz), Joseph Zetler (Bruck/Mur), Mathes Plick (Kindberg), Mathes Rath (Mürzzuschlag), Joseph Paumgartner (Vordernberg), Ignaz von Pebal (Mautern), Anton Wällner (Knittelfeld), Bernhard Rettenbacher (Murau), Lorenz Hopfenstock (Schladming), Joseph von Pebal (Liezen), Sebastian Schwarzmann (Eisenerz) und Georg Hofer (Mariazell).

Die ab 1767 von diesen Waldförstern unter den „Feyer Arbeithern" (Schmieden und Schlossern) veranstalteten Umfragen über den „Steinkohlengebrauch" lieferten wie vor hundert Jahren dieselben Bedenken auf Grund des „unleitentlichen Geruch und Verderbung der Augen"[18]. Als daher im Jahre 1768 der Preuße Johann Friedrich von Pfeiffer (1718–1787)[19] anbot, mit seiner „Steinkohlen-Rectifications-Societät" die steirischen Kohlen in gemauerten Öfen – ähnlich wie Gasteiger – abzuschwefeln[20], erhielt er ein Privilegium auf 12 Jahre[21]. Im Sommer 1768 besichtigte Pfeiffer noch zusammen mit Anton Weydinger die Bergbaue in Voitsberg, Lankowitz, Fohnsdorf und Seegraben und verhandelte über den Ankauf[22], doch man war einem Schwindler und Hochstapler auf den Leim gegangen, der im Jahr darauf unter Zurücklassung erheblicher Schulden das Weite suchte[23]. Mit diesem Fiasko endete dann ziemlich abrupt für mehrere Jahrzehnte das staatliche Interesse am Kohlenbergbau: „Nun wie besorget hat endlichen auf einmal die schon durch einige Jahre mit viellem Nachdruck, Mühe und Kosten einzuführende allergnädigst anbefohlene Stainkohlen Manipulation ihr wurkliches Ende[24]." Die noch in der Hoffnung einer raschen Problemlösung 1795 und nochmals 1810 erlassenen Dekrete, neue Fabriksbewilligungen mit einer Verpflichtung zum Kohlengebrauch zu verknüpfen, konnten daher vorerst keine konkrete Wirkung haben[25]. Die Nutzung der Kohle verlagerte sich auf die Gewinnung von Öl und Teer als Nebenprodukte des Verkokungsverfahrens und schließlich ab 1790 für das nächste halbe Jahrhundert bis 1840 auf die Erzeugung von Alaun. Dafür wurde die Kohle ebenfalls in großen Haufen „geröstet" und aus der Kohlenasche in einem komplizierten Sudprozeß nach der Zugabe von Harn, Seifensiedelauge oder Pottasche das Alaunsalz gewonnen. Die bedeutenderen Alaunsudhütten standen in Fohnsdorf, in Parschlug und in Steyeregg[26].

Der Vormarsch der Kohle

Mit dem allmählichen Bekanntwerden der Kohlennutzung im Ausland, vor allem beim Puddelprozeß, mit der Etablierung forstwissenschaftlicher Grundsätze bei der Waldnutzung[27] und angesichts der gleichzeitigen offensichtlichen Verschwendung der Kohle bei der Alaunerzeugung (für eine Tonne Alaun verbrannte man 130 bis 140 Tonnen Kohle), erhoben sich seit der Jahrhundertwende zunehmend kritische Stimmen. Joseph Rohrer warf etwa deswegen 1804 den Steirern ganz generell eine mangelnde „industriöse" Gesinnung vor[28]:

„Die Steiermärker nähret in Rücksicht der Steinkohlen eine Menge Vorurtheile, welche nothwendig schwinden müßten, wenn er sich zu Reisen in das Ausland, und zur Lesung von Büchern entschlöße, welche in sein Gewerbsfach einschlagen. Sollte hieraus nicht die Schlußfolge abgezogen werden, daß die Bewohner Steiermarks weniger industriöse Leute (man verzeihe den Ausdruck um der Güte der Sache wegen) als die Bewohner Schlesiens sind!"

Zu solchen journalistischen Vorwürfen kamen in der Folge vermehrt sachliche Kritiken von einschlägigen Technikern. Pantz und Atzl wunderten sich in ihrer Beschreibung der steirischen Berg- und Hüttenwerke 1814, daß die „Steinkohlen (es ist erstaunlich!) aus Mangel an Absatz bisher in großen Haufen zusammengebrannt wurden"[29]. Eine regelrechte Kampagne für die Kohlenutzung, wohl unter der Protektion Erzherzog Johanns, der sich dann 1815/16 in England über die neuesten Fortschritte informierte[30], begann seit 1812 in dem in Graz erscheinenden „Aufmerksa-

Der
Aufmerksame.

Donnerstag den ——— 85. ——— 17 July 1817.

Jahre flieh'n, und es strömt sein Einfluß,
Wie der Beginn sich ergoß.
Da ist das Werk.

Klopstock.

Wunsch
eines
exmontanistischen Patrioten
zu
mehrerer Verbreitung des Steinkohlen-Gebrauches.

Es ist etwas über 20 Jahre, daß sowohl von Leoben als von der Voitsberger Gegend Steinkohlen nach Gräz kommen. Eigentliche Steinkohlen sind nur die Leobenschen, und die andern sind Erdholzkohlen, aber von beynahe gleicher Wirkung.

Anton Wendinger gab sich damahls ausserordentliche Mühe, die zu Oberdorf nächst Voitsberg gefundenen, und jetzt vom Herrn Geyer bearbeiteten Erdholzkohlen (oder nach der schon angenommenen Terminologie) genannte Steinkohlen empor zu bringen. Er brannte mit denselben, und zwar mit bestem Erfolg, Kalk und Ziegel, diese viel grösser und dicker, als die gewöhnliche Form ist. Er wollte endlich solche auch bey kleinen Hämmern und sogenannten Faustschmieden in Gebrauch bringen. Allein theils aus Vorurtheil, theils aus Bequemlichkeit, beym lieben Alten zu bleiben, und vorzüglich aus gewöhnlicher Widerspenstigkeit der untergeordneten Arbeiter hatte der gute Mann des Verdruß, nirgends Eingang zu finden.

Er wurde wenig angehört, oft noch verlacht, lebte kümmerlich in seinem zu Oberdorf aufgebauten kleinen Häuschen, und starb verkannt, ohne die Früchte seiner rastlosen Bemühungen einzuerndten, welches nur seinem Nachfolger mit desto grösserem Nutzen vorbehalten blieb. Indessen gebührt ihm immerhin der Ruhm, der Erste gewesen zu seyn, der Andere für die dortige Gegend aufmerksam gemacht, und gleichsam aufgeweckt hat, die so häufig herum vorfindigen Steinkohlen aufzusuchen, und ihren Gebrauch zu verbreiten. Wo stünden wir jetzt mit dem Preise des Brennholzes, wenn nicht von diesem so guten Surrogat jährlich von der Voitsberger Gegend allein (ohne jene von Leoben mit einzurechnen) mehrere tausend Centner nach Gräz geliefert würden! Und doch ist man noch weit zurück, und verwendet sie noch nicht in dem Maaße, als sie wirklich und zwar mit gutem Erfolg gebraucht werden könnten.

Die vom Herrn Vinzenz Herzog, Eisenhändler auf dem Gries, nur ein einzigesmahl, nemlich am 20. Jäner d. J. zur Grätzer Zeitung Nr. 11 beygelegte rothgedruckte Ankündigung seiner vortreflichen Steinkohlen veranlasset mich, den schon lang im Herzen herumgetragenen Wunsch in aufrichtigst wohlgemeinter Absicht, ohne jemanden zu nahe treten zu wollen, hiermit laut auszusprechen, und nach meinem lang überdachten Urtheil zu behaupten, daß uns

1tens: Die Nothwendigkeit,

2tens: Die Anwendbarkeit, und

Aufforderung zur Verbreitung des Steinkohlengebrauchs in der Grazer Zeitschrift „Der Aufmerksame" vom 17. Juli 1817

men" und – technisch fundierter und erfolgreicher – seit 1839 im „Innerösterreichischen Industrie- und Gewerbeblatt", sowie im „Fabriksbilderatlas der österreichischen Monarchie"[31]. Wie für viele andere Bereiche des innerösterreichischen Montanwesens lieferte Peter Tunner, der erste Leiter der 1840 gegründeten Vordernberger Montanlehranstalt (heute Montanuniversität Leoben), die wohl wichtigsten Beiträge[32].

Auf Grund seiner neuen Erfahrungen nach einer längeren Studienreise durch Westeuropa und England 1836/37 propagierte Tunner erfolglos seit 1838 mit Unterstützung des Präsidenten der Hofkammer in Münz- und Bergwesen August Longin Fürst von Lobkowitz ein großes Puddel- und Walzwerk, ein „zweites Prävali"[33], in der Nähe des Fohnsdorfer Kohlenbergbaues, welchen zu diesem Zweck im Jahre 1840 das k.k. Montanärar erwarb[34]. Zusätzlich zu den finanziellen Schwierigkeiten waren aber die technischen Probleme der Braunkohlenverwendung im Puddelofen noch immer nicht restlos geklärt.

Mit staatlicher Unterstützung erfolgten daher 1842/43 unter der Leitung des Direktors des Oberbergamtes und Berggerichtes Leoben, Karl von Scheuchenstuel, die entscheidenden Versuche zur Anwendung des steirischen Braunkohlenkleins, das im Gegensatz zur teureren Stückkohle ein besonders Problem war[35]. Erst danach war die Durchsetzung der jahrzehntealten Aufforderung zur Kohlennutzung an die zahlreichen Privatgewerken zum Schutz des Waldes als Holzkohlenlieferant für die Radwerke praktisch möglich. Sobald die technischen Voraussetzungen aber gegeben waren, lag der Übergang vom Holz zur Kohle auch im finanziellen Interesse der Gewerken: „Holzkohle ist teuer und keine zu bekommen, da alles an die Hochöfen geht[36]."

Zu den steirischen Pionieren, die ab 1838 eine Konzession für ein Puddel- und Stahlwerk mit Beschränkung auf die „Steinkohlenfeuerung" erhielten, zählten dann Franz Mayr in Donawitz und Joseph Seßler in Krieglach[37]. In der Konzessionsurkunde für Mayr wurde zum Beispiel verlangt, „daß sämmtliche diese Feuer [2 Stahlpuddelöfen, 4 Gärbfeuer, 8 Gußstahlöfen, H. L.] bey sonstiger Verluste der Concessionen mit Ausnahme des nöthigen Untergrundholzes aus-

schließlich mit mineralischer Kohle beheizt werden"[38]. Gestützt auf diesen neuen Markt der Puddel- und Walzwerke wurde von den Kohlenbergbaubesitzern bis um 1840 die Alaunerzeugung kontinuierlich aufgegeben. Im Jahre 1845 verbrauchte die steirische Eisenindustrie etwa 36% und im Jahre 1857, also nach der allgemeinen Akzeptanz der neuen Techniken, mit 142.000 Tonnen bereits über die Hälfte der geförderten Kohle.

Der ärarische Kohlenbergbau in Fohnsdorf belieferte – nach den gescheiterten Plänen eines eigenen Stahlwerkes – in den vierziger Jahren die Hütten in Rottenmann, Neuberg und Frantschach. Zum größten Abnehmer wurde 1849/50 kurzfristig das Puddel- und Walzwerk des Karl Mayr an der Mur bei Judenburg mit 840 Tonnen pro Monat, bis Hugo Henckel von Donnersmarck in Zeltweg auf grüner Wiese 1850/52 ein noch größeres Werk erbaute. Schon 1857 konsumierte Zeltweg knapp 40.000 Tonnen Kohle, was praktisch der ganzen Jahresförderung von Fohnsdorf entsprach. Mayr und Henckel von Donnersmarck betrieben seit 1850/55 auch eigene Kohlenbergbaue in Sillweg bei Fohnsdorf. Eine vergleichbare Monopolstellung erreichte nur noch Franz Mayr in Donawitz beim Kohlenbergbau Seegraben.

Im Gegensatz zur raschen Innovation des Puddelverfahrens und damit der Kohlenanwendung im Prozeß der Stahlerzeugung erfolgte die allgemeine Anwendung der kohlengefeuerten Dampfmaschine als Antriebsenergie nur langsam. Bezeichnend dafür ist die Gründungsgeschichte des an sich modernen Werkes in Zeltweg, das ja primär wegen des Standortfaktors Kohle in Fohnsdorf in dessen Nähe angesiedelt wurde. Kaum minder wichtig war für Henckel von Donnersmarck aber gleichzeitig der Erwerb von Wasserrechten an der Pöls zum Betrieb seines Walzwerkes[39]:

„Nachdem Herr Graf Henckel von Donnersmarck in der Gemeinde Zeltweg ein Industriewerk, getrieben von Wasserwerk anzulegen gedenket und es demselben daran gelegen ist, in der Benützung des Pöls Flusses durch Niemanden beirrt zu werden."

Als Henckel von Donnersmarck aber durch seinen Konkurrenten Karl Mayr in Judenburg schließlich bis zur Mündung der Pöls in die Mur abgedrängt wurde, mußte er praktisch auf die billige Wasserenergie in größerem Umfang verzichten und unter diesem Druck auf Dampfbetrieb umstellen[40]. Damit hatte Zeltweg von Beginn an einen technischen Vorsprung und eine der Voraussetzungen für seine spätere Vorrangstellung etwa auf dem Gebiet der Schienenwalzung geschaffen, denn im allgemeinen Vergleich dominierte eindeutig die Wasserkraft. Im Jahre 1853 wurden etwa von den insgesamt 19.300 PS der k.k. Montanwerke der österreichischen Reichshälfte 88% durch 1667 Wasserräder und nur 12% durch 52 Dampfmaschinen erzeugt[41].

Bis um 1845/50 hatte man also mit staatlicher Unterstützung die Kohlenanwendung in den neuen Puddelwerken gelöst und damit innerhalb des Eisenwesens die größten Holzkohlenverbraucher sozusagen aus dem Wald verbannt. Praktisch gleichzeitig entstand allerdings mit dem Eisenbahnbau bereits ein neuer Konkurrent am Brennstoffmarkt. Um also einerseits das Monopol der Hochofenwerke auf die Holzkohle zu wahren und um andererseits bei der zu erwartenden Brennstoffversorgung für den Lokomotivbetrieb „nicht der Willkür von Privat Speculanten" ausgeliefert zu sein[42], gründete die Hofkammer im Jahre 1842 für die nördlichen (Kaiser Ferdinand-Nordbahn 1839) und die südlichen (Südbahn 1844 bis Graz) Eisenbahnlinien „Steinkohlen Schürfungskommissionen"[43], was praktisch einer Verstaatlichung gleichkam. In den vierziger Jahren hatten aber bereits zahlreiche „Privatgewerken", die sich nun vom Montanärar betrogen fühlten, in den Kohlenbergbau investiert. In einem zehn Seiten langen Brief an die Hofkammer protestierten sie noch 1842 höflich aber bestimmt gegen die einseitige Bevorzugung der Schürfungskommission[44]. Abgesehen von einigen Prospektionserfolgen blieb das kurze staatliche Engagement unabhängig davon sowieso recht glücklos. Schon 1849 mußten die Vorrechte der „Staatsschürfungen" zurückgenommen werden, und auch in der Praxis konnte der angestrebte Zweck in diesen wenigen Jahren nicht erreicht werden, denn im Jahre 1848 fuhren die meisten Lokomotiven der Südbahn noch mit Holz[45]. Zwei Jahre später bedurfte es noch eines Gutachtens, um die Eignung der böhmischen Kohle für den Lokomotivbetrieb festzustellen[46], und nach dem

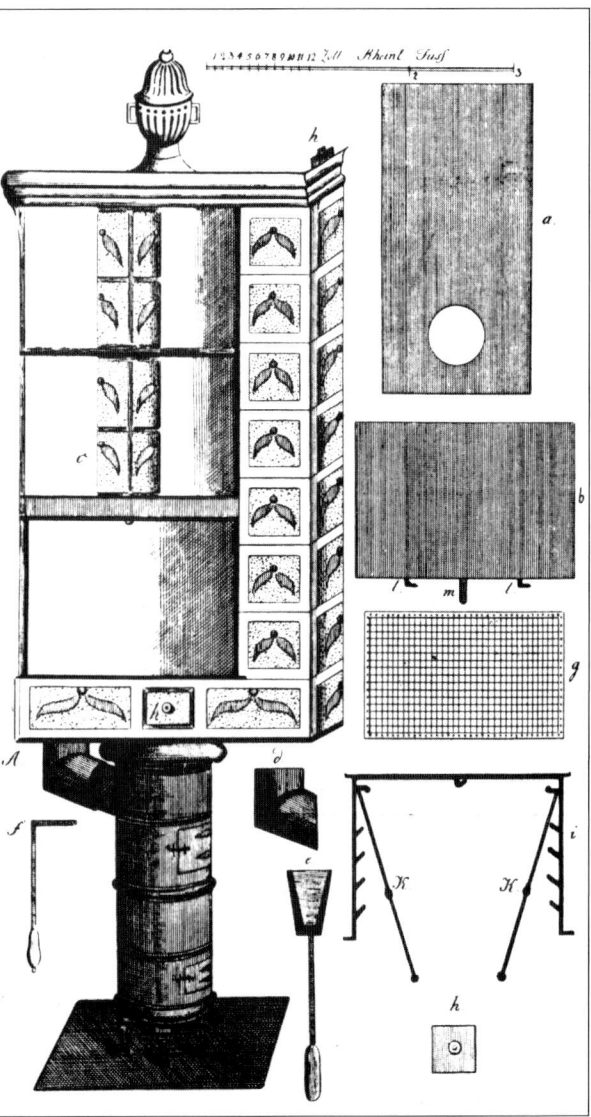

Ein Kanonenofen für Braunkohlen- und Torffeuerung, 1801

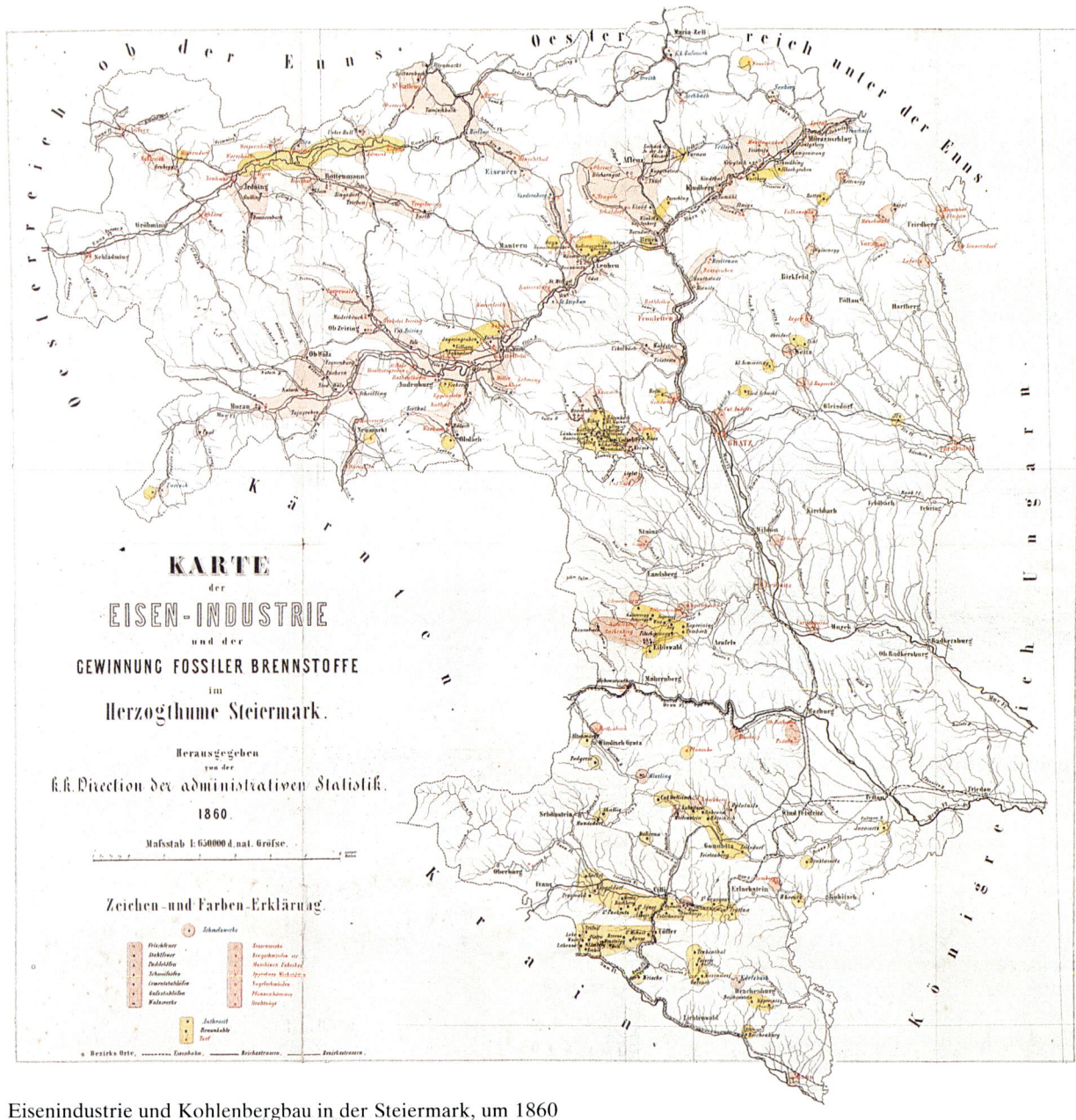

Eisenindustrie und Kohlenbergbau in der Steiermark, um 1860

Betriebsplan der Südbahn aus dem Jahre 1851 sollten die Lokomotiven der Lastzüge bereits ausschließlich, aber jene der Personenzüge nur zu zwei Drittel mit Kohle befeuert werden[47]. Es gab also noch immer gewisse Vorurteile.

Politisch hatten sich bis um 1850 also die „Privatgewerken" durchgesetzt. Die Kohle fiel zwar gemäß Berggesetz des Jahres 1854 als landesfürstliches Hoheitsrecht unter das Bergregal, doch der Betrieb eines Kohlenbergbaues blieb in den nächsten hundert Jahren vornehmlich der Initiative einzelner Unternehmer oder Kapitalgesellschaften überlassen. Eine vereinzelte, aber gewichtige Ausnahme als ärarischer Kohlenbergbau blieb vorerst Fohnsdorf. Im Jahre 1869 wurde es dann, um die Staatskassen nach dem verlorenen Krieg gegen Preußen aufzufüllen, privatisiert und an Henckel von Donnersmarck verkauft, der seinen Betrieb kurz danach in die neugegründete Steirische Eisenindustrie Gesellschaft einbrachte.

Wenn wir also abschließend die Brennstoffversorgung im Sinne Otto Ulrichs[48] als großtechnologisches Projekt betrachten, das im wesentlichen von den politischen Durchsetzungsmöglichkeiten der Subsysteme Staat, Wirtschaft (Kapital) und Wissenschaft (Technik) determiniert ist, dann kann im Falle der steirischen Entwicklung vom 17. bis zum 19. Jahrhundert in einer ersten Phase von einer Dominanz des staatlichen Einflusses gesprochen werden. Als es um 1765/80 darum geht, die Kohlenanwendung zum Schutz der weiteren Holzkohlenversorgung für die Radwerke in breiteren Kreisen zu propagieren, beteiligt sich sehr schnell an diesem anscheinend lukrativen, da staatlich geförderten Projekt auch die Wissenschaft. Zum großen Geschäft für alle drei beteiligten Interessengruppen wird der Kohlenbergbau aber erst nach einer Phase der Innovation im Ausland. Seit 1840/50 bleibt dann die Verwendungsfähigkeit der steirischen Braun- und Glanzkohle eine ständige Herausforderung an die Wissenschaft – etwa bis zur Kohlentrocknung von Hans Fleißner 1927 –, ihr Abbau wird daher für das Privatkapital zu einem im hohen Grad risikolosen, gewinnträchtigen Unternehmen, an dem letztendlich über die Steuereinnahmen auch der Staat mitverdienen und über die Gesetzgebung (Berggesetz 1854) den Rahmen abstecken kann. Die einst-malige große Bedeutung der Frage der Qualität des Holzkohlenroheisens mußte einer Priorität der Quantitäten weichen, und insofern hat es so etwas wie eine „Holzbremse" für die Entwicklung der steirischen Eisenindustrie auf Grund einer natürlichen Obergrenze der Holzkohlenerzeugung gegeben. Die These einer „Holzkrise" ist also auf Grund der steirischen Entwicklung in der behaupteten zwingenden Form nicht zu halten.

Anmerkungen:

[1] Werner *Sombart,* Der moderne Kapitalismus. Bd. 2: Das europäische Wirtschaftsleben im Zeitalter des Frühkapitalismus, München–Leipzig 1916 (Neudruck 1987), S. 1137–1155.

[2] Rolf-Jürgen *Gleitsmann,* Rohstoffmangel und Lösungsstrategien: Das Problem vorindustrieller Holzknappheit. In: Technologie und Politik, 16/1980, S. 104–154; Ders., Aspekte der Ressourcenproblematik in historischer Sicht. In: Scripta Mercaturae, 15/1981, H. 2, S. 33–89; Rolf Peter *Sieferle,* Der unterirdische Wald. Energiekrise und Industrielle Revolution, München 1982; Ders., Vom Holz zur Kohle. Die Energiekrise im 18. Jahrhundert und ihre Lösung. In: Der Anschnitt, 36/1984, H. 4, S. 124–135; Rolf-Jürgen *Gleitsmann,* Erfinderprivilegien auf holzsparende Technologien im 16. und 17. Jahrhundert. In: Technikgeschichte, 52/1985, S. 217–232. Ähnlich argumentiert konkret für österreichische Verhältnisse auch Roman *Sandgruber,* Die Energieversorgung Österreichs vom 18. Jahrhundert bis zur Gegenwart. In: Beiträge zur historischen Sozialkunde, 3/1982, S. 101 f.

[3] Klaus-Michael *Meyer-Abich* – Bertram *Schefold,* Die Grenzen der Atomwirtschaft. Die Zukunft von Energie, Wirtschaft und Gesellschaft = Die Sozialverträglichkeit von Energiesystemen 8, München 1986, S. 47.

[4] Joachim *Radkau,* Holzverknappung und Krisenbewußtsein im 18. Jahrhundert. In: Geschichte und Gesellschaft, 9/1983, S. 513–543; und Ders., Eine Energiekrise im 18. Jahrhundert? Revisionistische Betrachtungen zur vorindustriellen Holzmangel-Problematik. In: Energie in der Geschichte. Düsseldorf 1984, S. 51–62.

[5] Hans *Pirchegger* – Rolf *Töpfner,* Eisen immerdar. Steirisches Eisen in Vergangenheit und Gegenwart, Graz–Wien–München 1951, S. 16.

[6] Carl *Hartmann,* Practische Eisenhüttenkunde, 3/1843, S. 28: „Die Beschaffenheit der Erze und ein wohlerworbener guter Ruf der Producte einerseits, sowie der Mangel an

Steinkohlen andererseits, haben Veranlassung gegeben, dass man in manchen Provinzen in der Verfahrungsart bei der Darstellung des Eisens, besonders des Stahls, keine wesentlichen Veränderungen vorgenommen hatte, und daß die Größe der jährlichen Eisenerzeugung eine gewisse, durch die Leistungen der Wälder bestimmte, Gränze nicht sehr bedeutend mehr überschreiten konnte."

[7] Helmut *Lackner*, Die Brennstoffversorgung des steirischen Eisenwesens. In: Erz und Eisen in der Grünen Mark. Beiträge zum steirischen Eisenwesen. Hg. von Paul W. Roth. Graz 1984, S. 189–205 mit weiterführender Literatur.

[8] *Lackner*, Brennstoffversorgung, 1984, S. 194.

[9] StLA, BA Vordernberg, V-10-A, Nr. 4, 27. April 1761. Vgl. Egbert *Apfelknab*, Die Umstellung des steirischen Eisenhüttenwesens vom Stuck- auf den Floßofenbetrieb um 1760, ungedr. Manuskr.

[10] Hans Jörg *Köstler*, Das steirische Eisenhüttenwesen von den Anfängen des Floßofenbetriebes im 16. Jahrhundert bis zur Gegenwart. In: Erz und Eisen in der Grünen Mark. Beiträge zum steirischen Eisenwesen. Hg. von Paul W. Roth. Graz 1984, S. 110 f.

[11] StLA, Oberbergamt und Berggericht Leoben, Faszikel XVIII, Nr. 50/58, Bergamt Vordernberg an Hofkammer, 7. Dezember 1674.

[12] Helmut *Lackner*, Die Entdeckung der Fohnsdorfer Kohlenlagerstätte. In: Blau-Weiße Blätter, 29/1981, H. 1, S. 20–22.

[13] StLA, RVB Leoben, Industrial Hauptausweis, 1851.

[14] StLA, BA Vordernberg, V-11-A, Nr. 38, 40/41; Mürztaler Hammerwerksgenossenschaft, Schuber 9 und Innerberger Hauptgewerkschaft, Ältere Direktionsakten, CIV, Faszikel 3674. Vgl. Alfred *Weiß*, Franz Salesius Gasteigers Verfahren zur Entschwefelung der Münzenberger „Steinkohle". In: Der Leobener Strauß, 5/1977, S. 165–168 und Ders., Zur Geschichte der Veredelung und Verwendung steirischer Braunkohlen. In: Blätter für Technikgeschichte, 39/40/1977/78, S. 28–30.

[15] StLA, BA Vordernberg, V-11-A, Nr. 59: „Promemoria die Stein Kohlen und deren Gebrauch."

[16] Zum folgenden Helmut *Lackner*, Kohlenbergbau und Technik. Die technische Entwicklung des österreichischen Kohlenbergbaues am Beispiel des Glanzkohlenbergbaues Fohnsdorf in der Steiermark vom 17. bis zum 20. Jahrhundert, phil. Diss., Graz 1980, S. 10 f.

[17] Universitätsbibliothek Leoben, HS 421: „Instruction des Wald Forster in der Station Mürzzuschlag."

[18] StLA, BA Vordernberg, V-11-A und Nachlaß Kupelwieser, Schuber 3. Vgl. Helmut *Lackner*, Die Anwendung der steirischen Kohle bis 1842. In: Blätter für Heimatkunde, 53/1979, S. 82 f.

[19] Franz Michael *Ress*, Geschichte der Kokereitechnik, Essen 1957, S. 190 f. Pfeiffer publizierte selbst eine Geschichte der Steinkohlen und des Torfs, Mannheim 1775.

[20] Pfeiffer beschreibt sein Verfahren in: Entdecktes allgemein brauchbares Verbesserungsmittel der Steinkohlen und des Torfs, Mannheim 1777. Auf dieser Grundlage berichtete nochmals Jean Francois *Demachy*, Laborant im Großen, Leipzig 1784, Bd. 2, S. 382–396, darüber.

[21] StLA, HS 195: Johann Georg *Megerle von Mühlfeld*, Was that die Staatsverwaltung für die Entdeckung und Benützung der Steinkohlen in dem Herzogthume Steyermark? Wien 1820, fol. 31–34. Vgl. Franz *Friese*, Über die ersten Vercokungsversuche in Österreich. In: Vereins Mittheilungen. Beilage zur österreichischen Zeitschrift für Berg- und Hüttenwesen, 2/1883, Nr. 5, S. 53–55 und Nr. 6, S. 64 f.

[22] Schloßarchiv Hainfeld, Fasz. „Untersuchung des Landgerichtes Feldbach", 1769: Relation des Pfeiffer vom 8. Juni 1768.

[23] *Triewald*, Geschichte der Steinkohlen und des Torfes, 1775, S. 15 – die ebenfalls wie die Werke Pfeiffers in Mannheim erschien und deshalb über dessen mißglückte Versuche informiert war – erkannte schon damals deren Undurchführbarkeit.

[24] StLA, BA Vordernberg, V-11-A, Brief von Mitlöhner an das Bergamt, 25. Mai 1770.

[25] StLA, OBA Vordernberg, V-29-B, Nr. 9.

[26] Alfred *Weiß*, Die steirischen Alaunwerke des 19. Jahrhunderts. In: Montan Rundschau, 18/1970, S. 107–112 und *Lackner*, Kohlenbergbau, S. 41–51.

[27] Darstellung der Verfassung des Forstwesens in der Steyermark, Grätz 1812, und Franz Joseph *Schopf*, Die Forstverfassung, das Forstrecht und die Forstpolizei, Wien 1835, Bd. 1–3.

[28] Joseph *Rohrer*, Versuch über die deutschen Bewohner der österreichischen Monarchie, Wien 1804, S. 74 f.

[29] Ignatz *Pantz* – Josef *Atzl*, Versuch einer Beschreibung der vorzüglichsten Berg- und Hüttenwerke des Herzogthums Steyermark, Wien 1814, S. 269.

[30] Paul Werner *Roth*, Industriespionage im Zeitalter der Industriellen Revolution. In: Blätter für Technikgeschichte, 38/1976, S. 40–54, und Helmut *Lackner*, Erzherzog Johann und die technische Entwicklung in seiner Zeit. In: Zeitschrift des historischen Vereins für Steiermark. 73/1982, S. 5–43.

[31] *Lackner*, Anwendung, 87 f.

[32] Z. B.: Peter *Tunner*, Die Steinkohle und ihre Anwendbarkeit im innerösterreichischen Eisenwesen. In: Innerösterreichisches Industrie- und Gewerbeblatt, 2/1840, Nr. 2, S. 5 f und Nr. 3, S. 8–10.

[33] Peter *Tunner,* Kurze Übersicht über die neueren Erfahrungen, Fortschritte und Verbesserungen in der Technik des innerösterreichischen Eisenwesens. In: Die steiermärkisch ständische montanistische Lehranstalt . . ., 2/1842, S. 170. In Prävali stand seit 1830 nach Witkowitz das zweite Puddelstahlwerk der Monarchie.

[34] StLA, OBA Leoben, 1838, Fasz. I. Vgl. Helmut *Lackner,* Ein geplantes Puddelwerk bei Judenburg (1838–1842). In: Berichte des Museumsvereines Judenburg, 12/1979, S. 25–27.

[35] *Köstler,* Eisenhüttenwesen, S. 120–122 und Ders., Das ehemalige Eisenwerk in St. Stefan ob Leoben. In: Der Leobner Strauß, 10/1982, S. 353–376.

[36] StLA, OBA Leoben, Präs. 1807–1845, Nr. 64: Gesuch der Gewerken um Judenburg an die Hofkammer vom 14. Dezember 1847.

[37] StLA, OBA Leoben, L-III-1838, 28. Mai 1838.

[38] StLA, OBA Leoben, L-II-1844, 22. Juni 1838. Ähnliche Konzessionsurkunden sind in den Akten des Oberbergamtes noch von Mathias Jandl in Gmeingrube (1844) und für die Sensengewerken Joseph Ebner in St. Peter ob Judenburg (1847) und Elise Weinmeister in Singsdorf bei Rottenmann (1847) erhalten.

[39] Archiv der VOEST-ALPINE AG., Werksdirektion Zeltweg, Particular Extract, 24. Juni 1850.

[40] Berghauptmannschaft Leoben, Bauplan des Werkes Zeltweg, 19. September 1850.

[41] Franz *Friese,* Übersicht über die bei den k.k. österreichischen Montanwerken bestehenden Maschinen. In: Österreichische Zeitschrift für Berg- und Hüttenwesen, 2/1854, S. 89 und 97.

[42] StLA, OBA Leoben, Präs. 1807–1845, Gutachten des Karl von Scheuchenstuel vom 14. Jänner 1844.

[43] Othmar *Pickl,* Die Anfänge des steirischen Kohlenbergbaues. In: Beiträge zur Geschichte der Industrialisierung des Südostalpenraumes im 19. Jahrhundert = Forschungen zur geschichtlichen Landeskunde der Steiermark XXIV, Graz 1970, S. 47–58.

[44] StLA, OBA Leoben, L-V-1842, ohne Datum.

[45] StLA, OBA Leoben, 1838, Fasz. I, Brief des Alois Miesbach an das Oberbergamt vom 3. Oktober 1848. Vgl.: Ferdinand *Rittler,* Über die Beheizung der Locomotive mit Holz- und Steinkohlen. In: Innerösterreichisches Industrie- und Gewerbeblatt, 5/1843, Nr. 53, S. 215 f.

[46] Gutachten der Commission zur Erforschung über die Brauchbarkeit der mineralischen, in Böhmen vorfindigen Kohlengattungen zur Locomotivheizung, Wien 1850. Vgl.: J. C. *Pittioni,* Bericht über die auf der südlichen Staatseisenbahn mit mehreren steiermärkischen Steinkohlensorten vorgenommenen Versuche zur Locomotiv-Heizung. In: Zweiter Bericht des geognostisch-montanistischen Vereines für Steiermark, 1853, S. 49–66.

[47] Joseph *Wessely,* Die oesterreichischen Alpenlaender und ihre Forste, Wien 1853, Teil 2, S. 45.

[48] Otto *Ulrich,* Technik und Herrschaft. Vom Hand-werk zur verdinglichten Blockstruktur industrieller Produktion, Frankfurt/Main 1977, S. 320–349.

Paul W. Roth

Die Dampfmaschine

Nicht zu Unrecht gilt die Dampfmaschine als Symbol der Industriellen Revolution. Die Dampfkraft sollte nämlich in der Lage sein, menschliche und tierische, schließlich auch die Wasserkraft zu ersetzen. Die Entwicklung, die 1782 zu James Watts doppelt wirkender Dampfniederdruckmaschine mit Drehbewegung führen sollte, war lang. Darauf soll aber hier nicht eingegangen werden, nur soviel: Nachdem Thomas Savery (1650–1715) sich eine Pumpe zur Wasserförderung in Bergwerken hatte patentieren lassen, gelang es Thomas Newcomen (1663–1729), „die Kraft aus dem Nichts" endgültig zu bändigen. 1712 baute er die erste atmosphärische Dampfmaschine, die er an eine Pumpe anschloß. Diese Dampfmaschine wurde erstmals in der Gegend von Wolverhampton und Walsall eingesetzt. Die atmosphärische Dampfmaschine verbreitete sich rasch.

In den 60er Jahren sollte der Mechaniker James Watt in Glasgow ein Modell einer Newcomen-Dampfmaschine reparieren. Er fügte einen Kondensator und eine Dampfpumpe hinzu und verwandelte die mit Luftdruck arbeitende, atmosphärische Maschine in eine echte Dampfmaschine, indem er den Dampf direkt auf den Kolben wirken ließ. Auch diese erste Maschine Watts wurde fast ausschließlich zum Antrieb von Pumpen eingesetzt. Sie war allerdings dreimal schneller als die Newcomen-Maschine. James Watt tat sich mit Matthew Boulton zusammen und begründete in Soho, Birmingham, die erste Dampfmaschinenfabrik der Welt. Hier wurden mehr als 200 Dampfpumpen und mehr als 300 Dampfmaschinen gebaut. Die Dampfkraft fand auch in der Baumwollspinnerei Eingang. Als das Patent Watts 1800 erlosch, traten auch andere Dampfmaschinen-Ingenieure auf den Plan[1].

Von Großbritannien ausgehend verbreitete sich die Dampfmaschine auch über den Kontinent. Englandreisende versuchten, Kenntnisse über die Dampfmaschine oder gar Dampfmaschinen selbst auf den Kontinent zu bringen. So orderte beispielsweise Erzherzog Johann bei seinem Besuch in der Firma Boulton & Watt, am 6. Jänner 1816, ein Exemplar davon, welches auch tatsächlich 1819 im Joanneum in Graz eintraf. Über das weitere Schicksal dieser Dampfmaschine ist leider nichts bekannt[2].

Die erste Watt'sche Dampfmaschine in der österreichisch-ungarischen Monarchie war allerdings bereits 1803 von Johann Dietrich Langenreiter (1774–1812), einem deutschen Mechaniker, der in England gearbeitet hatte, in den Parkanlagen des Miklós Esterházy aufgestellt worden. Sie diente als Wasserpumpe[3].

Früh wurden Dampfmaschinen auch in den Baumwollfabriken der Monarchie eingesetzt[4].

Nachdem in den Fabriken Kettenhof und Fischamend in Niederösterreich bereits 1808 Dampfkessel in Verwendung standen, wurden für 1826 solche bekannt, die mechanische Maschinen betrieben.

Der erste für die Steiermark ausgewiesene Kessel – er befand sich 1828 im Schloß Welsdorf (Fürstenfeld) – diente zur Spirituserzeugung und nicht zum Antrieb von Maschinen. Die erste echte Dampfmaschine im Herzogtum Steiermark wurde nämlich erst 1833 in der k. k. privilegierten Zuckerraffinerie in Graz-Geidorf aufgestellt. Sie kam von der Firma Stothhard aus Bath/London und diente allgemein dem Fabriksbetriebe. Erst in den Jahren 1844/45 kam es zur Aufstellung weiterer Dampfmaschinen in der Steiermark. Darunter befand sich eine von Sukopf in Graz erzeugte Maschine, die Adolf Friedrich de Canal in seinem Kohlenbergbau in Tregist bei Voitsberg 1845 zur Förderung, als Wasserheber und als Luftpumpe einsetzte. Weitere Dampfmaschinen folgten in der Gasbeleuchtungsanstalt Graz, in Papierfabriken, und zwei wurden 1845/46 bezeichnenderweise abermals in der Zuckerraffinerie in Graz eingesetzt.

Seit den frühen 50er Jahren gelangten Dampfma-

Modell der am „Ferdinandschacht" im weststeirischen Kohlenrevier zwischen 1894 und 1924 eingesetzten Dampfmaschine

schinen zum Antrieb der Walzwerke und Dampfhämmer, schließlich auch in den Eisenhütten zur Aufstellung, so 1851 in Donawitz, 1852 in Store bei Cilli und in Neuberg und Zeltweg, schließlich 1853 auch im Radwerk III in Vordernberg[5].

Da 1844 die Südbahn zwischen Mürzzuschlag und Graz eröffnet wurde, kann man für die Steiermark sagen, daß sich hier seit dieser Zeit die Dampfmaschine durchsetzte. 1888 befanden sich in der Steiermark 858 Dampfmaschinen (Dampfkessel) im Einsatz, welche eine Leistung von 17.240 PS erbrachten. 35,16% standen der Eisen- und Stahlfabrikation, 22,48% der Kohleförderung und 10,27% der Papierfabrikation zur Verfügung[6].

Erst die Einführung von Verbrennungs- und Elektromotoren sollte den Siegeszug der Dampfmaschine hemmen, welche für viele Jahrzehnte die wichtigste Kraftmaschine gewesen ist. Im Eisenwesen blieb sie noch lange in Verwendung. So gelangte 1910 mit dem „Consul" in Kapfenberg ein Dampfhammer mit einem Bärgewicht von 20 Tonnen zur Aufstellung[7].

Bis 1978 stand eine Dampfmaschine zur Förderung in Fohnsdorf im Einsatz.

Und erst 1984 kam es zur Stillegung der wahrscheinlich letzten industriell genutzten Dampfmaschine der Steiermark im Sägewerk Bruck/Lafnitz.

Anmerkungen:

[1] Vgl. etwa Sigvard *Strandh*, Die Maschine. Geschichte, Elemente, Funktion. Ein enzyklopädisches Fachbuch, Basel–Wien 1980, S. 113–125; W. O. *Henderson*, Industrielle Revolution, Europa 1780–1914, Wien–München–Zürich 1969, S. 37–40.
[2] Paul W. *Roth,* Die Dampfmaschinenfabrik Boulton & Watt in Soho, Birmingham, im Jahre 1816. In: Festschrift Othmar Pickl zum 60. Geburtstag, Graz 1987, S. 533–541.
[3] Vgl. Helmut *Janetschek,* The first Watt engine in the Austro-Hungarian Monarchy: Prince Esterhazy's steam engine in Kismarton (ung.). In: Technica törteneti Szemle, 15/1985, S. 41–50.
[4] Zum folgenden vgl. Paul W. *Roth,* Zur frühen Nutzung der Dampfkraft in der Steiermark. In: Zeitschrift des Historischen Vereines für Steiermark, 64/1973, S. 243–252.
[5] Vgl. Wolfgang *Haid,* Die erste Dampfmaschine in Vordernberg. In: Der Anschnitt, 16. Jg., H. 1, 1964, S. 16–18.
[6] Vgl. Franz *Hlawatschek,* Ueber die Dampfmaschinen Steiermarks. In: Culturbilder aus Steiermark, Graz 1890, S. 75–86.
[7] Abgebildet bei Paul W. *Roth,* Kapfenberg in Postkarten, VEW-Kalender 1986.

Eberhard Franz

Kohle und Eisenbahn

Kohle und Eisenbahn gehören zusammen. Einerseits ist Kohle ein bedeutendes Frachtgut der Eisenbahn, andererseits dient sie als Treibstoff für den Antrieb von Eisenbahnfahrzeugen. Damit hat die Kohle in zweifacher Hinsicht entscheidend zum Entstehen des Eisenbahnwesens beigetragen. Die Suche nach einer leistungsfähigen Verfrachtungsmöglichkeit für Kohle führte zum Bau der ersten Überlandbahnen. Die kohlegefeuerte Dampflokomotive bot die erforderliche Antriebskraft und ersetzte das anfangs auch auf Schienenbahnen als Zugtier verwendete Pferd. So entstand das erste maschinengetriebene Verkehrsmittel, erfolgte die Wende zum neuzeitlichen Verkehrswesen – mitveranlaßt und mitermöglicht durch die ·Kohle.

Kohle als Frachtgut der Eisenbahn

Kohle war das erste bedeutende Frachtgut der Eisenbahn und zählt auch heute zu den in erheblichem Umfange mit der Bahn beförderten Gütern. Als Bergbauprodukt gehört Kohle zu jenen Massengütern, für welche die Schienenbahnen ursprünglich entwickelt worden sind. Erst später trat die Beförderung von Personen und von Stückgütern als Aufgabe der Eisenbahn hinzu.

Zunächst waren es Erze, für deren leichtere Förderung aus den Bergwerksstollen man spurgeführte Hunte verwendete, die auf Bohlenbahnen liefen. Solche Bahnen gab es seit dem Anfang des 16. Jahrhunderts in elsässischen und Tiroler Bergwerken. Der Kohlenverfrachtung dienten die ersten englischen Bohlenbahnen, welche ab dem 17. Jahrhundert entstanden. Diese führten von Bergwerken zu Fluß- und Seehäfen und waren damit die ersten Überlandbahnen. Sie wurden mit Pferden betrieben und dienten als Zubringer für die Binnen- und Küstenschiffahrt. Die weitere Verfrachtung der Kohle zu den Städten und den damaligen Industriegebieten, vor allem Eisenwerken, erfolgte auf dem Wasserwege. In England gab es zu dieser Zeit bereits ein ausgedehntes Netz von Binnenwasserstraßen, das durch Kanalbauten ständig ausgeweitet wurde.

Nach der Erfindung der Dampfmaschine und des mechanischen Webstuhles ergriff die Industrialisierung in England im letzten Drittel des 18. Jahrhunderts rasch große Landstriche auch abseits von Wasserstraßen. Der Kohlebedarf der entstehenden Industriegebiete mit ihren Dampfmaschinen veranlaßte den Bau weiterer Bahnen und den Übergang von Holzbohlengleisen zu Eisenschienen – so entstand die „Eisen-Bahn".

Neben Kohle kamen bald andere Frachtgüter, Erzeugnisse der Industrie wie der Landwirtschaft, zum Bahnversand. Außerdem wurde im Jahre 1801 in England erstmals die Personenbeförderung auf Eisenbahnen vorgeschlagen und diese ab 1807 verwirklicht.

Das Übergreifen der Industrialisierung auf das europäische Festland und auf Nordamerika brachte den davon ergriffenen Ländern bald deren erste Eisenbahnen. Wie in England waren hierbei wiederum häufig Bergbauprodukte ausschlaggebend dafür, daß man sich zur Anlage von Eisenbahnen entschloß. So waren es in den österreichischen Ländern Salz und Eisenerz, die zum Bau der ersten Überlandbahnen führten. Die von Franz Josef Ritter von Gerstner bereits im Jahre 1807 vorgeschlagene, ab 1825 erbaute und auf einer Teilstrecke am 7. September 1827 probeweise erstmals befahrene Pferdebahn von Linz nach Budweis entstand vor allem für die Verfrachtung von Salz aus dem Salzkammergut nach Böhmen. Im Gebiete des steirischen Erzberges, auf dem es bereits seit 1810 eine Grubenbahn gab, wurde ab 1831 mit der Erzförderbahn nach Vordernberg die erste, allerdings nicht dem öffentlichen Verkehr dienende Bahnstrecke der Steiermark erbaut.

Abb. 1: Waggonkippanlage zur Kohlenentladung auf dem Köflacher Bahnhof in Graz

Vorzugsweise für die Kohleverfrachtung wurde die Graz-Köflacher Bahn geschaffen. Sie entstand 1857 bis 1860 als zweite öffentliche Eisenbahn der Steiermark, nachdem zuvor zwischen 1843 und 1849 der steirische Abschnitt der Südbahn Wien–Triest erbaut worden war. Die Geschichte der Graz-Köflacher Bahn wird im dritten Teil dieser Abhandlung dargestellt.

Welche Bedeutung die Kohle als Frachtgut der Eisenbahn in der Blütezeit der Schwerindustrie zu Beginn unseres Jahrhunderts hatte, veranschaulichen die nachstehenden Zahlen aus der Zeit kurz vor Ausbruch des Ersten Weltkrieges:

Im Jahre 1912 beförderten die
k. k. österreichischen Staatsbahnen 84,2 Mio. t Güter
davon 29,9 Mio. t Kohle
Kohleanteil an der Gütertonnage rund 35%
Eisenbahnen im Deutschen Reiche
473,9 Mio. t Güter
davon 189,0 Mio. t Kohle
Kohleanteil an der Gütertonnage rund 40%
Eisenbahnen in Großbritannien 520,3 Mio. t Güter
davon 401,6 Mio. t Kohle
Kohleanteil an der Gütertonnage rund 77%

Für das Jahr 1911 lauten die Zahlen der Bahnen der Vereinigten Staaten von Amerika 967,2 Mio. t Güter
davon 370,1 Mio. t Kohle
Kohleanteil an der Gütertonnage rund 38%

Die Prozentsätze der Tonnenkilometer für Kohle weichen nur geringfügig von den genannten Gütertonnage-Anteilen ab.

Nach Höchstwerten des Kohlenverbrauches und der Kohlenfracht in den Wiederaufbaujahren nach dem Zweiten Weltkrieg führten die nachfolgende Schrumpfung der Schwerindustrie und das Vordringen von Erdöl, Erdgas und Kernenergie als Energieträger in den Industrieländern zu einem Rückgang des Kohlebedarfes. Damit sank die Kohleverfrachtung auf den Eisenbahnen dieser Länder. Doch auch andere Entwicklungen richteten sich gegen die Kohlenbeförderung mittels der Bahn. So wird ein immer größerer Anteil der gewonnenen Kohle unmittelbar am

Bei der Planung der ersten Lokomotiveisenbahn der österreichisch-ungarischen Monarchie, der von Wien nach Mähren und Galizien führenden und ab 1837 abschnittweise eröffneten Kaiser-Ferdinands-Nordbahn, wurde neben Salz und landwirtschaftlichen Erzeugnissen auch Kohle als mögliches Frachtgut in Betracht gezogen. Bald wurde Kohle aus dem Ostrauer Revier und aus Oberschlesien zum wichtigsten Frachtgut dieser Bahn und zugleich die Nordbahn zum größten Kohlefrächter der Monarchie.

Die erste ausschließliche Kohlenbahn in Österreich war die 1847 bis 1849 erbaute Pferdebahn Thomasroith–Attnang in Oberösterreich. Sie diente der Kohlenbeförderung aus Bergbauen im Hausruckgebiet bis zur Poststraße Wien–Salzburg. Später entwickelte sich am Hausruck ein größeres Netz von Kohlenbahnen mit Lokomotivbetrieb, auf denen es zeitweise auch öffentlichen Personenverkehr gab.

Abb. 2: Bekohlungskran für die Lokomotivbekohlung auf dem Köflacher Bahnhof in Graz mit Lokomotive, Baureihe 152

Grubenstandort in Dampfkraftwerken verfeuert. Statt die Kohle zu verfrachten, wird die in ihr enthaltene Energie sodann in Form elektrischen Stromes über Leitungen abgeführt.

Die Vergasung von Kohle in ihrer Lagerstätte und die Abfuhr des Gases über Rohrleitungen ist eine weitere Möglichkeit, den Energiegehalt der Kohle ohne Verwendung der Eisenbahn fortzuschaffen. Rohrleitungen können aber auch zur Beförderung feinkörniger Kohle verwendet werden. Feingemahlene Kohle wird mit Wasser in schlammigen Zustand versetzt und mittels Pumpen durch Rohre gedrückt. Weltweit gibt es mehrere derartige Kohle-Rohrleitungen, deren erste 1957 in den Vereinigten Staaten von Amerika angelegt wurde und deren längste über 400 km lang ist.

Die Binnenschiffahrt ist seit jeher ein vorzügliches Beförderungsmittel für Kohle. Sie steht hierbei oft in scharfem Wettbewerb mit der Eisenbahn. Dem Be-

triebskostenvorteil der Wasserfracht entgegengestellt sind die geringe Fahrgeschwindigkeit und das beschränkte Vorhandensein von Wasserwegen. In Österreich ist die Donau die einzige bedeutende Wasserstraße. Auf ihr vollzieht sich heute ein gewisser Teil der österreichischen Kohleneinfuhr. Nach der bevorstehenden Eröffnung des Rhein-Main-Donau-Kanals ist die Einfuhr von überseeischer Kohle über Rotterdam und diesen Kanal zu erwarten.

Kohle wird dennoch auch in Zukunft für die Eisenbahn ein wichtiges Frachtgut bleiben. In Europa führt der steigende Strombedarf bei gleichzeitigen Bestrebungen, den Verbrauch von Erdöl, Erdgas und Kernenergie einzuschränken oder ganz zu vermeiden, neuerdings wieder verstärkt zum Bau von kohlegefeuerten Kraftwerken. Osteuropäische Länder, die über ausgedehnte Kohlelagerstätten verfügen, decken ihre Zahlungsverpflichtungen im zwischenstaatlichen Handel teilweise durch Kohlelieferungen ab. Überseeische Länder können Kohle reichlich und preisgünstig anbieten. So wird es zwischen Bergwerken, Häfen und Kraftwerken auch künftig einen regen Kohleverkehr auf der Eisenbahn geben. Dieser wickelt sich in der Regel mit Ganzzügen ab, das sind Züge, die ausschließlich der Kohlebeförderung dienen und als Ganzes von einem Belade- zu einem Verbrauchsort geführt werden. Neben Kraftwerkskohle wird auch die von Haushalten und Industrie benötigte Kohle weiterhin überwiegend mit der Eisenbahn zu den Verbrauchsschwerpunkten geführt werden.

Im Jahre 1985 wurden auf den österreichischen Eisenbahnen insgesamt 64,7 Mio. t Güter befördert. Davon waren 6,4 Mio. t Kohle, also knapp 10%. Für die Graz-Köflacher Bahn machte im selben Jahr bei einer Gesamtfracht von 1,119.000 t die Kohle mit 701.000 t immerhin noch rund 63% des Frachtgewichtes aus.

Kohle als Treibstoff der Eisenbahn

Mit der Erfindung der Dampflokomotive wurde die Kohle zum Treibstoff der Eisenbahn. Zuvor mußte man sich menschlicher oder tierischer Kraft bedienen, um Wagen fortzubewegen – auf den ersten Bohlen- und Schienenbahnen nicht anders als auf Straßen und Wegen. Doch bald, nachdem der Schotte James Watt im Jahre 1765 die Kolbendampfmaschine erfunden hatte, folgten Überlegungen und Versuche, diese für den Antrieb von Fahrzeugen zu verwenden.

Erst zog man den Dampfantrieb von Straßenfahrzeugen in Betracht. Doch das hohe Gewicht der Dampfmaschinen und der zu jener Zeit schlechte Zustand der Straßen ließ die ersten derartigen Versuche scheitern. Der französische Offizier Nicolas Cugnot baute in den Jahren 1769 und 1771 zwei Straßendampfwagen. Diese waren als Artillerie-Schleppfahrzeuge gedacht, erwiesen sich jedoch als unbrauchbar. Auch eine von dem Engländer Richard Trevithick 1802 erbaute Dampfkutsche kam über Probefahrten nicht hinaus.

Bald danach wurde Trevithick jedoch zum Schöpfer der ersten Dampflokomotive. Er baute diese im Winter 1803/04 auf Grund einer Wette mit einem Eisenwerksbesitzer in Südwales. Bei ihrer Fahrt am 21. Februar 1804 auf der Grubenbahn von Penydarren erreichte die Lokomotive die gewettete Leistung: Sie zog einen Zug von fünf Wagen, die mit 10 Tonnen Eisen beladen waren und auf die sich an die 70 Neugierige gesetzt hatten, über eine Strecke von 9¾ Meilen, also fast 16 Kilometer. Mit einer Höchstgeschwindigkeit von etwas über sechs Stundenkilometern wurde die Strecke in vier Stunden und fünf Minuten zurückgelegt, wobei die Lokomotive zwei hundredweights, also kaum mehr als 100 Kilogramm einer wohl sehr hochwertigen Kohle verbrauchte. Damit hatte die Verwendung mineralischer Kohle als Energiequelle für den Eisenbahnbetrieb ihren Anfang genommen. Kohle blieb der weitaus wichtigste Brennstoff für Dampflokomotiven, wenn auch mitunter Holz, Torf und später Öl zur Lokomotivfeuerung verwendet wurden.

Der Schritt zur dampfbetriebenen Eisenbahn geschah jedoch nicht ausschließlich durch die Schöpfung der Dampflokomotive. Anfangs bot sich die ortsfeste Dampfmaschine als das einfachere Antriebsmittel für Schienenbahnen an und sie wurde dafür auch fallweise angewandt. Man legte geneigte Strecken an, auf denen die Wagen mittels dampfgetriebenen Seilzuges aufwärts befördert wurden. Abwärts rollten die Wagen von selbst und mußten nur gebremst werden. Die erste öffentliche Eisenbahn mit Lokomotivbetrieb, die Stockton-Darlington-Eisenbahn in Nordengland, wies beispielsweise anfangs einen Streckenabschnitt mit einem derartigen Seilzug auf.

Die Seilzugstrecken mit ihrer umständlichen Betriebsweise verschwanden bald wieder und wurden durch weniger geneigt angelegte Lokomotivstrecken ersetzt, nachdem sich die Dampflokomotive rasch zu einem betriebstauglichen und leistungsfähigen Antriebsmittel entwickelt hatte. Für Schrägaufzüge, vor allem im Bergbau, und für kurze Bergbahnstrecken kam der Seilzug jedoch weiterhin zur Anwendung, später meist mit elektrischem Antrieb. Als Beispiel sei die im Jahre 1894 eröffnete Grazer Schloßbergbahn genannt, welche bis 1899 von einer Dampfmaschine angetrieben wurde. Der Dampfkessel stand in der Talstation. Eine Rohrleitung führte den Dampf zu der auf dem Schloßberg stehenden Dampfmaschine. 1900 erfolgte der Umbau auf Elektroantrieb.

Die Dampflokomotive erschien zunächst auf bestehenden Pferdebahnen und verdrängte auf diesen nur allmählich die Zugpferde. Auch die bereits erwähnte Stockton-Darlington-Eisenbahn, welche als erste Eisenbahn für den öffentlichen Personen- und Güterverkehr erbaut und im Jahre 1825 in Betrieb genommen wurde, hatte anfangs ein Nebeneinander von Lokomotiv- und Pferdebetrieb, zu dem überdies noch eine Seilzugstrecke kam.

Die erste reine Lokomotiveisenbahn war jene von Liverpool nach Manchester. Sie wurde unter der Leitung des berühmten englischen Lokomotiv- und Eisenbahnbauers George Stephenson erbaut und im Jahre 1830 eröffnet. Bereits im Oktober 1829 fanden auf einer Teilstrecke dieser Bahn bei Rainhill Wettbewerbsfahrten von vier Lokomotiven verschiedener Hersteller statt. Stephensons Lokomotive „Rocket", welche eine für die damalige Zeit erstaunliche Geschwindigkeit von über 50 Stundenkilometern erreichte, ging aus dem Wettbewerb als Siegerin hervor. Ihr grundsätzlicher Aufbau und ihre wesentlichen Merkmale wurden zum Vorbild für den gesamten weiteren Lokomotivbau. Nun konnte die Dampflokomotive ihren großen Siegeszug beginnen, der sie bald in fast alle Länder der Erde führte und weltweit tiefgreifende Veränderungen des wirtschaftlichen und gesellschaftlichen Lebens bewirkte.

Die Dampflokomotive besteht im wesentlichen aus vier Teilen – dem Kessel, dem Rahmen, dem Laufwerk und dem Triebwerk. Letzteres ist eine unmittelbar auf Räder des Laufwerkes wirkende Kolbendampfmaschine. Der Kessel ist seit Stephenson dreiteilig. Er umfaßt den Stehkessel, den Langkessel und die Rauchkammer. In den zuhinterst liegenden Stehkessel ist die kastenförmige Feuerbüchse eingesetzt. In dieser befindet sich ein Rost, auf dem Kohle oder sonstiger fester Brennstoff verbrannt wird. Die Beschickung des Rostes erfolgt durch die in der Stehkesselrückwand liegende Feuertür. Die Rauchgase ziehen durch ein Bündel von Rauchrohren, welche durch den trommelförmigen Langkessel geführt sind, nach vorne zur Rauchkammer ab. Der durch den Schornstein auspuffende Abdampf der Dampfmaschine reißt sodann die Rauchgase mit und facht dadurch auch das Feuer an. Feuerbüchse und Rauchrohre sind vom

Abb. 3: Lokomotivführer Johann Höfer auf der Lokomotive 50.1171 der Graz-Köflacher Bahn

Kesselwasser umgeben, das zur Verdampfung gebracht wird. Der Betriebsdruck in Lokomotivkesseln beträgt 12 bis 16 atü.

Für den Lokomotivbetrieb wird sowohl Steinkohle als auch Braunkohle oder eine Mischung aus beiden Kohlearten verwendet. Die Größe und Ausbildung des Rostes hängt von der zur Verwendung vorgesehenen Kohle ab. Kohle geringeren Heizwertes verlangt größere Roste und damit größere Feuerbüchsen. Die Rostfläche von Dampflokomotiven liegt zwischen 2 und 5 Quadratmetern. Braunkohle benötigt mehr Verbrennungsluft als Steinkohle und daher breitere Luftspalten zwischen den Roststäben.

Die von den Lokomotiven benötigte Kohle wird entweder auf der Lokomotive selbst oder auf einem eigenen Kohlen- und Wasserwagen, dem Tender, mitgeführt. Im ersten Falle spricht man von einer Tenderlokomotive, im zweiten von einer Schlepptenderlokomotive. Neben Kohle müssen Dampflokomotiven auch erhebliche Mengen an Kesselspeisewasser mitführen.

Für die Bekohlung der Lokomotiven beziehungsweise Tender finden sich bei den Lokomotivheizhäusern stets Bekohlungsanlagen mit Kohleaufzügen, Kränen oder Förderbändern und mit reichlichem Kohlelagerraum. Wasserkräne zum Befüllen der Tender mit Kesselspeisewasser stehen sowohl bei den Heizhäusern als auch an verschiedenen, nach betrieblichen Gesichtspunkten gewählten Stellen im Bahnhofsbereich.

Der Kohleverbrauch einer neuzeitlichen Dampflokomotive mit Steinkohlenfeuerung beträgt bei Schnellzugslokomotiven etwa 12 bis 16 Tonnen je 1000 Kilometer, bei Güterzugslokomotiven etwa 15 bis 22 Tonnen je 1000 Kilometer. Ein Heizer kann stündlich höchstens 2 bis 2,5 Tonnen Kohle zur Verfeuerung bringen. Eine höhere Kohlezufuhr zum Kessel ist nur bei mechanischer Rostbeschickung möglich, welche bei großen nordamerikanischen Lokomotiven angewandt wurde.

Mit Kohlestaub oder Öl befeuerte Dampflokomotiven sind in ihrem Kesselaufbau nicht anders als solche mit Stückkohlenfeuerung. Lediglich der Rost entfällt. Dafür sind in die Feuerbüchse Brenner eingeführt. Mit diesen wird zu Staub gemahlene Braunkohle oder Heizöl zusammen mit Verbrennungsluft in die Feuerbüchse eingeblasen. Kohlenstaub oder Öl werden in einem geschlossenen Tender mitgeführt. Lokomotiven für diese Brennstoffe hat es in Österreich nicht gegeben, jedoch vereinzelt Kohlelokomotiven mit Öl-Zusatzfeuerung.

Dampflokomotiven und die für ihren Betrieb erforderlichen Anlagen zur Bekohlung und zum Wasserfassen sind in vielen Ländern heute bereits Geschichte. In Österreich gibt es nur mehr musealen Dampflokomotivbetrieb sowie drei dampfbetriebene, im Winter nicht verkehrende Zahnradbahnen auf den Schneeberg, den Schafberg und zum Achensee. Doch in Ost- und Südosteuropa, der Türkei, im südlichen Afrika und vor allem in China findet sich noch heute regelmäßiger Dampflokomotivbetrieb. In der Volksrepublik China werden gegenwärtig in der Lokomotivfabrik von Datong die letzten Dampflokomotiven für Vollbahnen gebaut. Mit diesen wird in absehbarer Zeit das rund zweihundertjährige Zeitalter der Dampflokomotive zu Ende gehen.

Kohle wird aber auch danach in gewissem Umfange als Energieträger für den Bahnbetrieb herangezogen werden. Dies geschieht über die Stromerzeugung für elektrifizierte Bahnen. Deren Fahrstrombedarf wird teils aus bahneigenen Kraftwerken, teils über Umformerwerke aus dem öffentlichen Stromversorgungsnetz gedeckt. Während der Bahnstrom in den Alpenländern und in Skandinavien überwiegend aus Wasserkraftwerken kommt, wird er in anderen Ländern meist in Kohlekraftwerken erzeugt. Die Österreichischen Bundesbahnen beziehen einigen Fahrstrom über die Umformerwerke Auhof in Wien und St. Michael in der Steiermark aus dem öffentlichen Netz. Da in dieses vor allem im Winter auch Wärmekraftwerke einspeisen, stammt gegenwärtig der Fahrstrom der Österreichischen Bundesbahnen in den Wintermonaten bis zu etwa einem Achtel aus Kohlekraftwerken.

Schließlich sei daran erinnert, daß ein anderes wichtiges Verkehrsmittel ebenfalls mit Kohle betrieben wurde – das Dampfschiff. Wie die Eisenbahn zu Lande, hat das Dampfschiff auf den Meeren den jähen Aufschwung des Weltverkehrs bewirkt, den dieser im vorigen Jahrhundert genommen hat. Auch in der Steiermark hat es Dampfschiffe gegeben. Auf dem Grundlsee gab es seit 1879 ein Personendampfboot, später drei Personendampfer. In Graz wurde im Jahre 1889 der Versuch unternommen, mit zwei kleinen Personendampfern eine Murschiffahrt zu betreiben.

Abb. 4: Lokomotive 671 der Graz-Köflacher Bahn auf der Kainach-Brücke bei Krottendorf

Nach dem tragischen Unfall eines Dampfers wurde das Unternehmen wieder aufgegeben.

Das Dampfschiffzeitalter begann und endete etwas früher als jenes der Dampflokomotive. Es war jedoch ebenso bedeutsam für die Menschheitsgeschichte, und es war gleichfalls nur dank der Kohle möglich.

Die Graz-Köflacher Bahn

Graz-Köflacher Bahn – so lautet die übliche Kurzbezeichnung für das größte Verkehrsunternehmen der Weststeiermark. Benannt sind damit die Verkehrsbetriebe der Graz-Köflacher Eisenbahn- und Bergbau-Gesellschaft, eines Unternehmens, das sich seit seiner Gründung im Jahre 1856 sowohl mit Bergbau als auch mit öffentlichem Verkehr befaßt hat. Entstanden ist es aus der Einsicht seiner Gründer, daß eine wirtschaftliche Nutzung der Kohlelagerstätten um Voitsberg und Köflach nur möglich ist, wenn auch eine leistungsfähige Verfrachtungsmöglichkeit für die Kohle geschaffen wird.

Nach dem damaligen Stande der Technik konnte nur zwischen einem Schiffahrtskanal und einer Eisenbahn gewählt werden, wobei ersterer aus Kosten- und Geländegründen nicht in Frage kam. Daher fiel die Entscheidung für einen Bahnbau. Als Zielort bot sich die steirische Landeshauptstadt Graz an. Sie versprach nicht nur mit ihren damals etwa 60.000 Einwohnern einen Absatzmarkt für Kohle, sondern ermöglichte auch den Anschluß an eine weiterführende Bahnlinie. Graz war mit der Eröffnung der Strecke nach Mürzzuschlag am 21. Oktober 1844 zu einer Eisenbahnstadt geworden. Seit 1854 gab es einen durchgehenden Bahnverkehr von Wien über den Semmering und Graz nach Laibach, der 1857 bis Triest ausgedehnt wurde. Damit eröffnete sich die Möglichkeit, weststeirische Kohle in das obersteirische Eisenverarbeitungsgebiet und nach Wien zu liefern. Auch der Bedarf der Südbahn an Lokomotivkohle ergab eine Absatzmöglichkeit.

Nachdem sich die Kohlegewerken von Voitsberg, Köflach und Lankowitz am 26. Dezember 1854 zum Zwecke des gemeinschaftlichen Betriebes ihrer Gruben vertraglich zusammengeschlossen hatten, bewarben sie sich am 20. Jänner 1855 um eine Eisenbahnkonzession. Diese wurde von vornherein für den Personen- und Gütertransport beantragt, obwohl die Bahn zunächst vor allem für den Kohleverkehr benötigt wurde. Am 26. August 1855 wurde die Urkunde über die Konzession für eine „Locomotiv-Eisenbahn von Köflach bis nach Gratz" ausgestellt.

Bald darauf wandelte sich die Kohlegewerkschaft in eine Aktiengesellschaft um. Damit sollte die Geldbeschaffung für den Bahnbau erleichtert werden. Die Gründungsversammlung der Aktiengesellschaft fand am 16. Jänner 1856 in Wien statt. Im April 1857 begann der Bahnbau. Dieser ging nur zögernd voran, da sich die Geldbeschaffung als schwierig erwies. Doch als im Frühsommer 1859 bei der Südbahn ein dringender Bedarf an größeren Mengen von Lokomotivkohle auftrat, konnte die Strecke von Köflach bis Graz rasch befahrbar gemacht werden. Ausgelöst war der Kohlebedarf durch die Kriegsereignisse in Oberitalien worden, welche zu größeren Truppentransporten auf der Südbahn zwangen. So wurde am 22. Juni 1859 mit Lokomotiven und Wagen der Südbahn ein vorläufiger Betrieb aufgenommen, der nur der Kohlenfracht diente und bis Dezember 1859 andauerte.

Nach Fertigstellung aller Nebenanlagen und behördlicher Betriebsbewilligung wurde am 3. April 1860 ohne jede Feierlichkeit der regelmäßige Betrieb der Graz-Köflacher Bahn aufgenommen. An eigenen Fahrzeugen besaß die Bahn zu diesem Zeitpunkt nur

vier Personen- und 15 Kohlewagen, während zunächst drei Lokomotiven und eine größere Anzahl Wagen von der Südbahn gemietet waren.

Um auch die südliche Weststeiermark zu erschließen, in der sich ebenfalls Kohlelagerstätten finden, bewarb sich die Graz-Köflacher Bahn um die Konzession für eine Bahnstrecke von Lieboch nach Wies. Sie erhielt diese Konzession am 8. September 1871 und konnte die Strecke am 9. April 1873 feierlich eröffnen.

Mit Wirkung ab 1. September 1878 wurde die Führung des Bahnbetriebes der Graz-Köflacher Bahn auf Grund eines Vertrages an die Südbahn-Gesellschaft übergeben. Diese Betriebsführung dauerte bis zur Auflösung der Südbahn-Gesellschaft zum Jahresende 1923. Vom 1. Jänner bis zum 30. Juni 1924 führten die Österreichischen Bundesbahnen den Betrieb der Graz-Köflacher Bahn. Dann übernahm diese wieder selbst die Betriebsführung und hat sie seither bis heute inne.

Die Bahnstrecke von Graz nach Köflach ist 41 km lang. In dem von Graz 16 km entfernten Bahnhof Lieboch zweigt die 51 km lange Strecke nach Wies–Eibiswald ab. Beide Bahnstrecken sind eingleisige Normalspurstrecken. Auf der Strecke nach Köflach befindet sich bei Krems ein 103 m langer Tunnel. Ein zweiter Tunnel von 241 m Länge bei Rosental wurde 1952 anläßlich einer Streckenumlegung erbaut, welche ebenso wie eine frühere Streckenumlegung im Jahre 1935 notwendig geworden war, um dem fortschreitenden Kohletagbau auszuweichen.

Neben den beiden genannten Hauptstrecken der Graz-Köflacher Bahn entstanden mehrere Anschlußbahnen, die nur für die Kohleabfuhr oder die Bedienung von Industriebetrieben bestimmt waren und heute großteils nicht mehr bestehen. Zur Zeit ihrer größten Ausdehnung hatten diese Anschlußbahnen, die im Raume Voitsberg-Köflach und zwischen Bergla und Wies gelegen waren, eine Gesamtlänge von über 16 km. Deren längste war die 3 km lange Kohlenbahn von Wies nach Steyeregg. Außerdem führte ab 1916 ein Gleis der Grazer Straßenbahn in den Köflacher Bahnhof in Graz. Über dieses wurde Kohle in eigenen Straßenbahn-Kohlewagen zu einigen Verbrauchern in der Stadt geführt, vor allem zum Landes-

Abb. 5: Lokomotiven 30.109, 56.3256 und 415 der Graz-Köflacher Bahn am Köflacher Bahnhof in Graz (1961)

krankenhaus. 1968 wurde dieses Gleis wieder stillgelegt.

In Pölfing-Brunn an der Wieser Strecke schloß sich die von einer eigenen Gesellschaft erbaute, 25 km lange und am 13. Oktober 1907 eröffnete Sulmtalbahn nach Leibnitz an. Am 1. April 1930 übernahm die Graz-Köflacher Bahn die Betriebsführung der Sulmtalbahn. Am 27. Mai 1967 wurde diese Bahn mit Ausnahme des als Anschlußbahn verbliebenen Abschnittes nach Gleinstätten wieder eingestellt.

Vom Bahnhof Preding-Wieselsdorf an der Wieser Strecke führte die 11 km lange schmalspurige Stainzerbahn nach Stainz. Sie wurde von den Steiermärkischen Landesbahnen erbaut und am 27. November 1892 eröffnet. Auf ihr konnten normalspurige Güterwagen auf Rollböcken nach Stainz geführt werden. Nach der Einstellung des öffentlichen Verkehrs der Stainzerbahn wurde deren Einführung in den Bahnhof Preding-Wieselsdorf 1980 abgebaut. Auf der verbliebenen Strecke gibt es seither einen regen Museumsbahnbetrieb.

Die auf der Graz-Köflacher Bahn verwendeten

Abb. 6: Lokomotive 671 in Graz, Köflacher Bahnhof (1958)

Dampflokomotiven stammten großteils aus dem Fahrpark der k. k. südlichen Staatsbahn beziehungsweise der Südbahn-Gesellschaft. Zwischen 1862 und 1873 wurden einige Lokomotiven eigens für die Graz-Köflacher Bahn entworfen und gebaut. Ab 1931 erwarb die Graz-Köflacher Bahn von den Österreichischen Bundesbahnen Lokomotiven der ehemaligen k. k. Staatsbahn und ab 1968 solche aus Baureihen der Deutschen Reichsbahn. Die Dampflokomotiven wurden stets mit Kohle aus gesellschaftseigenen Bergbauen befeuert.

Eine Pionierleistung vollbrachte die Graz-Köflacher Bahn mit der im Jahre 1953 begonnenen Umstellung des Personenverkehrs auf Dieselbetrieb. Es wurden zweiachsige Schienenbusse mit gleichartigen Beiwagen angeschafft. Die aus ihnen gebildeten Züge wurden rasch als „Roter Blitz" bekannt und beliebt.

Ab 1981 folgten sechsachsige Doppeltriebwagen zur weiteren Verbesserung des Personenverkehrs.

Im Jahre 1963 erhielt die Graz-Köflacher Bahn die erste Diesellokomotive. Von da an wurden die Dampflokomotiven allmählich sowohl im Streckendienst als auch im Verschub von Diesellokomotiven verdrängt. Diese Umstellung war im Jahre 1978 abgeschlossen. Der letzte Dampflokomotiveinsatz im Regelbetrieb fand mit der ehemaligen Reichsbahn-Lokomotive 50.1171 im Jänner 1979 statt. Der Personenzug 8522 von Wies–Eibiswald nach Graz Hauptbahnhof am Morgen des 18. Jänner 1979, geführt von Lokomotivführer Rudolf Lagger und mit den Lokomotiv-Beimännern Alfred Kager und Hans Tudor war der letzte dampfgeförderte Personenzug im Planbetrieb auf einer Normalspurstrecke in Österreich.

Abb. 7: Lokomotive 50.1171 in Graz, Köflacher Bahnhof

So fortschrittlich die Graz-Köflacher Bahn bei der Einführung des Dieselbetriebes gewesen ist, so sehr war sie bis dahin ein lebendes Dampflokomotivmuseum. Sie hatte von der Südbahn zwar recht alte, aber unverwüstliche und für ihre betrieblichen Erfordernisse bestens geeignete Lokomotiven übernommen. Die eigene Kohle veranlaßte die Graz-Köflacher Bahn, die Dampflokomotiven bis an die Grenze ihrer Lebensdauer auszufahren. Ermöglicht wurde dies auch durch deren stets sorgfältige Instandhaltung in der eigenen Werkstätte in Graz. Daher ist es kein Zufall, daß sich eine bemerkenswerte Anzahl von ehemals auf der Graz-Köflacher Bahn verwendeten Dampflokomotiven bis heute erhalten hat.

Als nach großen Ausmusterungs- und Verschrottungswellen bei allen europäischen Bahnen die Dampflokomotiven fast völlig verschwunden waren, kam der Gedanke auf, die letzten dieser Maschinen der Nachwelt zu erhalten. Da fanden sich auf der Graz-Köflacher Bahn noch einige Lokomotiven von geschichtlichem Wert, die daraufhin vor der Verschrottung bewahrt wurden. Sechzehn Dampflokomotiven, die einst auf der Graz-Köflacher Bahn im Einsatz waren und die neun verschiedenen Baureihen angehören, sind heute noch vorhanden. Deren älteste ist die im Wiener Technischen Museum stehende „Steinbrück", die 1848 für die südliche Staatsbahn erbaut wurde und von 1860 bis 1880 unter dem Namen „Söding" auf der Graz-Köflacher Bahn fuhr.

Drei Dampflokomotiven aus verschiedenen Epochen des Lokomotivbaues besitzt die Graz-Köflacher Bahn heute noch selbst und in betriebsfähigem Zustand: Die 671, erbaut 1860 für die k. k. priv. Südbahn-Gesellschaft, die 56.3115 der k. k. Staatsbahn von 1914 und die 50.1171 der Deutschen Reichsbahn von 1942. Weitere zwölf Lokomotiven sind in Museen oder zu Museumsbahnen im In- und Ausland gekommen und sind teilweise ebenfalls noch betriebsfähig. Sie werden auch in Zukunft davon künden, daß die Kraft aus Kohle eine der großen treibenden Kräfte in der Geschichte des Verkehrswesens gewesen ist.

Eine Darstellung der Graz-Köflacher Bahn muß auch deren heute recht beachtlichen Straßenverkehrsbetrieb einbeziehen. Dieser nahm im Jahre 1935 seinen Anfang und überzog bald die ganze Weststeiermark mit einem Autobus-Liniennetz. So mancher Gebirgsort im Koralpen- und Stubalpengebiet verdankt seinen Aufschwung den Autobussen der Graz-Köflacher Bahn. Diese betreibt aber auch Straßengüterverkehr, und schließlich gibt es seit 1975 in Graz ein Reisebüro der Graz-Köflacher Bahn. So zeigt sie sich heute als zeitgemäßes und vielseitiges Verkehrsunternehmen, das seinen festen Platz im Wirtschaftsleben der Steiermark hat.

Literatur:

Hermann *Strach*, Geschichte der Eisenbahnen der österreichisch-ungarischen Monarchie, Wien 1898–1908.

Victor *Frh. v. Röll,* Enzyklopädie des Eisenbahnwesens, Wien–Berlin 1912–1923.

Karl-Heinz *Schriever*–Frieder *Schuh,* Enzyklopädie Naturwissenschaft und Technik, München–Landsberg 1979–1981.

Leopold *Niederstraßer,* Leitfaden für den Dampflokomotivendienst, Leipzig 1938.

Johann *Deisinger,* Jubiläumsschrift anläßlich des hundertjährigen Bestehens der Graz-Köflacher Eisenbahn, Graz 1960.

Hansjürg *Anlanger*–Rainer *Krafft-Ebing,* 125 Jahre Eisenbahnlinie Graz–Köflach, Graz 1985.

Jack *Simmons,* Rail 150 – The Stockton & Darlington Railway and what followed, London 1975.

C. Hamilton *Ellis,* The Lore of Steam, London 1984.

Stefan Karner

Elektrizität und Kohle

Schon im letzten Viertel des vorigen Jahrhunderts hatte man in der Steiermark die Bedeutung der Energieversorgung durch elektrischen Strom erkannt. Seit 1891, als erstmals in der Steiermark, in Aussee, eine elektrische Ortsversorgung aufgenommen wurde, schossen die kleinen elektrischen Kraftzentralen zur Licht- und Kraftversorgung an den zahlreichen Flüssen und Bächen des Landes wie Pilze aus dem Boden. Die Voitsberger Glasfabrik setzte erstmals in der steirischen Glasindustrie schon um 1908 Elektromotoren ein. Dampfkessel bildeten bereits einen fixen Bestandteil der Energieversorgung von Betrieben.

Bis zum Ersten Weltkrieg gab es in der Steiermark schon über hundert kleiner und kleinster Kraftwerke. Sie waren zumeist nur als Stromlieferanten für Sägewerke, Fabriken oder zur Beleuchtung von Ortskernen bestimmt. Der Bau dieser Kleinkraftwerke blieb gänzlich der Eigeninitiative von Gemeinden und Privaten überlassen. Um auch im Winter, wenn die Flüsse gefroren waren und mehr Strom als sonst gebraucht wurde, liefern zu können, hatten sich viele von ihnen als Ausgleichsreserve zur Wasserturbine noch eine Dampfturbine montieren lassen.

An eine überregionale Stromversorgung – eine Verbundwirtschaft als eine Verbindung zweier Kraftwerke zur gegenseitigen Aushilfe – dachte man erst in den ersten Jahren unseres Jahrhunderts. Bei den ersten Maßnahmen zum Aufbau einer überregionalen steirischen Landesstromversorgung kam es zu einem Wettstreit, der oft in einen regelrechten Kampf ausartete: zwischen der Wasserkraft – der „weißen" Kohle – und den Vertretern der Kohlewirtschaft.

Planung und Aufbau einer steirischen Verbundwirtschaft

Die Idee, den erzeugten Strom über einen weiteren Bereich zu leiten, also über die unmittelbare Ortsver-

sorgung hinauszugehen, führte noch vor dem Ersten Weltkrieg zum Bau von zwei größeren Wasserkraftwerken an der Mur: 1903 wurde Lebring, 1908 Peggau von privaten Gesellschaften errichtet. Beide Wasserkraftwerke schlossen rasch Stromlieferverträge mit den umliegenden Gemeinden und Betrieben ab, hatten aber – und das ist ja überhaupt ein Zentralproblem jeder großräumigeren Stromversorgung – keine ausreichende Kraftreserve. Daher schlossen sie sich 1909 mit einer 20-kV-Leitung zusammen und vereinigten sich schließlich 1910 zu einer neuen Stromliefer- und Erzeugungsgesellschaft, der STEG, mit dem Sitz in Graz.

Dieser Kraftwerkszusammenschluß war es, der in der Steiermark den Durchbruch der Verbundwirtschaft signalisierte. Beide Kraftwerke hatten sich zusammengeschlossen, vor allem, um den Spitzenbedarf in den Morgen- und Abendstunden und im Winter abdecken zu können.

Den nächsten Schritt hin zu einer Landes-Sammelschiene machte die STEG unter ihrem Schweizer Direktor Ing. Josef Rohshaendler noch vor Ausbruch des Ersten Weltkrieges. 1913 begann die Gesellschaft im untersteirischen Faal/Fala an der Drau mit dem Bau eines Großkraftwerkes. Seine Leistung mit rund 50.000 PS sollte fünfmal größer sein als die des damals größten Kraftwerkes, nämlich in Peggau. Den Strom aus dieser Drauzentrale wollte man über Lebring nach Graz, in den mittelsteirischen Raum, das obersteirische Industriegebiet, ja sogar bis in das Konsumzentrum Wien leiten. Die Bauarbeiten in Faal/Fala gingen auch während des Ersten Weltkrieges weiter. Ja, die STEG begann zu Kriegsende sogar mit den Planungen zu einem weiteren, ebenfalls 50.000-PS-Draukraftwerk in Marburg/Maribor und übernahm damit die Ideen der Graz-Marburger Drauwerke-Gesellschaft, die ihre partnerschaftlichen Pläne lediglich wegen Geldmangels nicht hatte realisieren können.

Nach dem Ende des Ersten Weltkrieges und der neuen Grenzziehung mußte die Untersteiermark an den neugeschaffenen SHS-Staat abgetreten werden. Damit verlor die STEG auch ihr Faaler Kraftwerk, was sie am noch jungen Strom-Markt ganz entscheidend schwächte. Für die Steiermark war der Verlust der Faaler Zentrale zunächst überhaupt nicht zu ersetzen. Nicht nur, daß man nicht wußte, wo man den notwendigen Strom hernehmen könnte: Dieser Verlust bedeutete vor allem auch die Notwendigkeit, das eben erst erarbeitete Energiekonzept, in dem Faal/Fala eine Schlüsselposition zukam, neu zu planen und die Kapazitäten neu aufzubauen, und dies zu einem schon ziemlich späten Zeitpunkt. Zu einem Zeitpunkt nämlich, als andere Bundesländer bereits den zweiten Schritt zur Installierung einer einheitlichen Landes-Sammelschiene gemacht hatten.

Die Diskussion über die Neuanlage eines gesamtsteirischen Energiekonzeptes – neben dem Strom gab es ja auch einen eklatanten Kohlenmangel – setzte daher sofort nach dem Kriege ein. Die entscheidenden Planungen gingen dabei von Landes-Oberbaurat Ing. Richard Hofbauer, STEG-Direktor Josef Rohshaendler und dem Weizer Strom-Pionier Franz Pichler aus. Am Ende einer langen Auseinandersetzung setzte sich Hofbauer durch. Der spätere Direktor der STEWEAG teilte die Steiermark in fünf Versorgungskreise ein (vgl. Karte 1).

Nach 1921 trat auch der neue Präsident der Graz-Köflacher Eisenbahn- und Bergwerks AG (GKB), Dr. Viktor Wutte, in die Elektrifizierungsdebatte ein. Wutte, als Exponent der steirischen Kohle, wurde der eigentliche Gegenpol zu Hofbauer. Sein Ziel war klar: Er wollte die GKB-Kohle zumindest gleichberechtigt neben die Wasserkraft stellen. Dadurch hätte er zumindest zwei Fliegen mit einem Schlag erledigt; nämlich die gewinnbringende Verwertung seiner Abfallkohle und die Schwächung der STEWEAG und zugleich eine starke Verankerung der GKB auf diesem neuen Hoffnungsgebiet.

Die Positionen waren also klar bezogen. Doch es bedurfte auch einer konkreten, richtungsweisenden Maßnahme. Diese Aktion setzte die Wasserwirtschaft. Das Land Steiermark, die Stadt Graz, verschiedene Industrie- und landwirtschaftliche Korporatio-

nen gründeten am 30. März 1921 in Graz die Steirische Wasserkraft- und Elektrizitäts-AG (STEWEAG) und machten Richard Hofbauer zum ersten Direktor.

Das Dampfkraftwerk Bärnbach der GKB

Genau ein Jahr zuvor, im März 1920, hatte die GKB – damals noch unter Führung des steirischen Landeshauptmannes Dr. Anton Rintelen – mit dem Bau eines kalorischen Kraftwerkes in Bärnbach begonnen. Die Genehmigung dazu erhielt die GKB vom Staatsamt für Handel, Gewerbe, Industrie und Bauten am 23. August 1920 ausschließlich zur Bedarfsdeckung ihrer eigenen Bergbaue Rosental, Oberdorf und Zangtal.

Diese Baugenehmigung schien zunächst keinen Einfluß auf die Planungen rund um das steirische Wasserkraftprogramm zu haben und blieb anfänglich von den maßgebenden Stellen auch völlig unbeachtet. Erst nachdem 1921 Dr. Viktor Wutte nach Landeshauptmann Anton Rintelen neuer Präsident der GKB geworden war, änderten sich die Intentionen der GKB und die Situation schlagartig. Wutte versuchte nämlich vom ersten Augenblick an, die GKB in die Planungen des gesamtsteirischen Elektrifizierungsprogrammes einzubeziehen.

Nach raschem Baufortschritt ging die GKB-Anlage bereits am 1. Juli 1922 in Betrieb; die Kommissionierung folgte im Juli. Die Bärnbacher Dampfzentrale verfügte über eine 2000-PS-Dampfturbine mit 1500 kW Drehstromleistung. Sofort nach der Kommissionierung trat Wutte mit seinen Absichten an die Öffentlichkeit und gab mit seinen Eingaben vom 10. März und 4. April 1923 an die Landesregierung schlicht und einfach bekannt, daß er – gegen die ursprünglichen Abmachungen – gedenke, in Hinkunft den Bärnbacher Strom auch gewerbsmäßig zu verkaufen, und ersuchte die Landesregierung, ihm dazu die Bewilligung zu erteilen. Ja noch mehr: Da die bewilligten 1500 kW sicher nicht ausreichen würden, wollte er das DKW Bärnbach auch zu diesem Zwecke weiter ausbauen, und zwar auf insgesamt 13.500 kW, was mehr war, als das Arnsteiner STEWEAG-Werk bei seiner Eröffnung, 1925, vorzuweisen hatte.

Dieser Vorstoß der GKB mußte naturgemäß auf

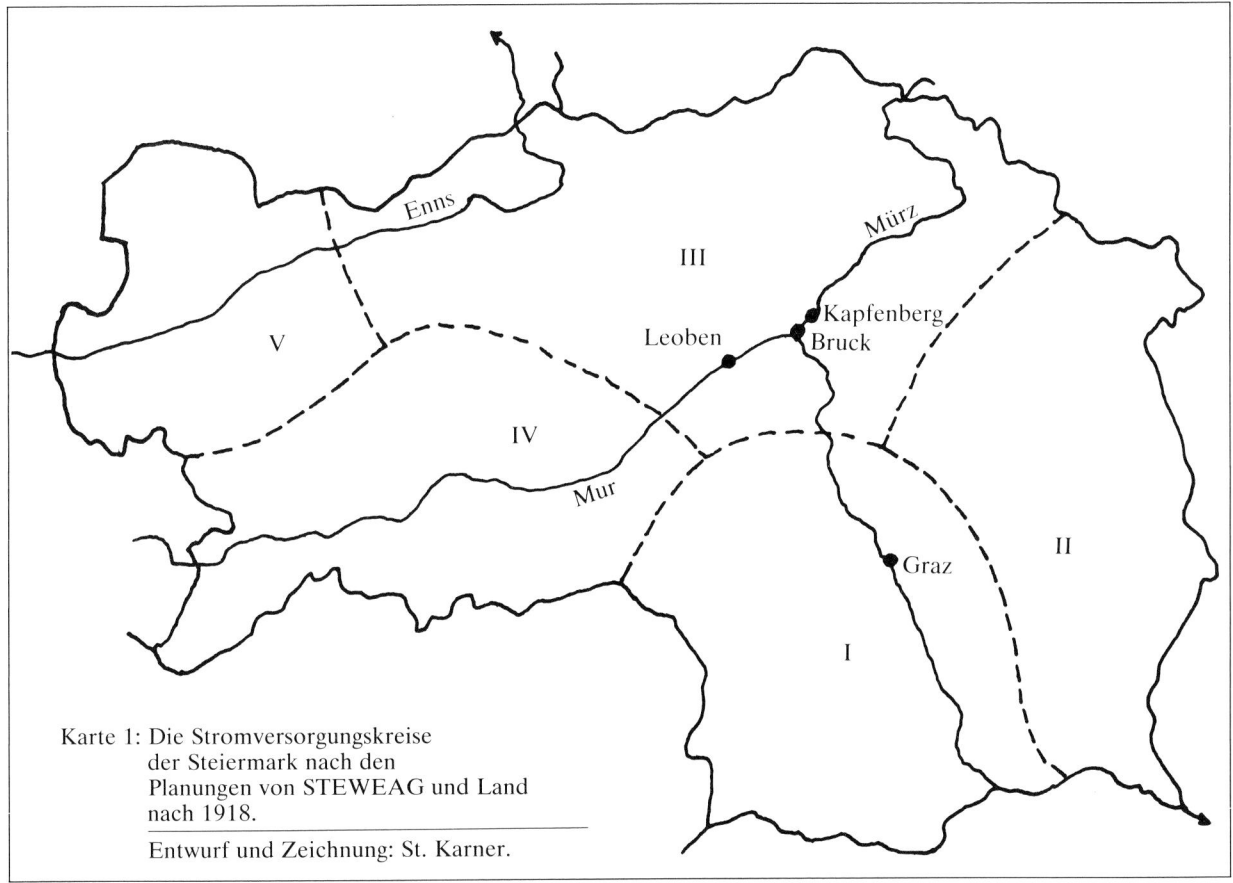

Karte 1: Die Stromversorgungskreise
der Steiermark nach den
Planungen von STEWEAG und Land
nach 1918.

Entwurf und Zeichnung: St. Karner.

heftigste Reaktionen seitens der STEWEAG als der
alleinigen Landesgesellschaft stoßen. Dazu kam noch,
daß die GKB auch ihre sehr präzisen Vorstellungen
über den Vertrieb des kalorischen Stromes artiku-
lierte. So sollte ihr Strom über Graz und Bruck bis
nach Kapfenberg geleitet werden, also in jene Regionen, die als die großen Hoffnungsgebiete der STE-
WEAG galten. Damit war jedenfalls der Kampf um
die Vorherrschaft der „weißen" oder schwarzen Kohle
in der gesamtsteirischen Stromversorgung entfacht.

Der Kampf zwischen „weißer" und schwarzer Kohle

Entscheidend für die weitere Entwicklung war nun
die Position der steirischen Landesregierung unter
Landeshauptmann Rintelen. Sie war zwar Mitbegrün-
der der STEWEAG als der Wasserkraft-Gesellschaft
des Landes, doch wog auch der Einfluß von Wutte als
ehemaliger Wirtschaftskommissär in den ersten
Nachkriegsjahren und der GKB insgesamt schwer.

Die Landesregierung war jedenfalls bestrebt, einen Kompromiß zu erreichen. Noch im April erwirkte sie eine Reduktion der GKB-Forderung von 13.500 auf 7500 kW auszubauender Leistung. Doch der STEWEAG war auch das noch zuviel. Sie winkte kurz ab. Als Hauptgrund führte dabei die STEWEAG die möglichste Ausschaltung jeder Konkurrenz für die Arnsteiner Anlage ins Treffen und meinte:

„Soll dieses Werk gelingen, dann müssen eben privatwirtschaftliche Interessen, wie sie z. B. durch die Bestrebungen der GKB zur Geltung gelangen, zurücktreten. Es ist damit zu rechnen, daß in den ersten Jahren durch entsprechend geschickte Aquisition und Reklametätigkeit sich auch das Dampfkraftwerk ein Absatzgebiet erobert und dadurch die rationelle Einleitung der Energiewirtschaft unterbunden und der Geldmarkt für die Wasserkraftwerke ungünstig beeinflußt wird."

Und dann noch ganz massiv und deutlich:

„Es ist für den ausländischen Kapitalisten gewiß kein besonderer Ansporn, Geld für ein mittelsteirisches Kraftwerk anzulegen, wenn nebstdem ein kalorisches Kraftwerk entsteht."

Nach dieser abschlägigen Antwort ihres Vermittlungsversuches verhandelte die Landesregierung schon sieben Tage später, am 27. April 1923, erneut mit der GKB und hatte abermals Erfolg. Die GKB reduzierte ihre Pläne wieder und unterbreitete einen neuen Kompromiß, und zwar sollte zwischen der GKB und der STEWEAG ein gegenseitiger Stromliefervertrag abgeschlossen werden. Während die GKB ihren kalorischen Strom in das STEWEAG-Netz einspeiste, sollte die STEWEAG in die Domänen der GKB im Deutschlandsberger Bereich eindringen und die bald zu eröffnende neue Kohlengrube in Bergla mit Strom versorgen. Und weiter hieß es in der Besprechungsniederschrift:

„Der Plan . . . ist darauf gegründet, daß durch entsprechende Übereinkommen ein volles Übereinkommen mit der steiermärkischen Elektr.-Gesellschaft ermöglicht wird." Außerdem verzichtete die GKB auf den Stromabsatz im Grazer Stadtgebiet.

Doch auch auf diese Vorschläge reagierte die STEWEAG mit einem kategorischen Nein. Doch die Landesregierung gab nicht auf.

Am 20. Juli verhandelten erstmals auch politische Vertreter des Landes, angeführt von Landesrat Prof. Hans Paul, mit den Spitzen der GKB. Diesmal nahmen jedoch die Vertreter des Landes schon eine deutliche Pro-STEWEAG-Haltung ein und versuchten, von der GKB die Zustimmung zur Annahme einer genau markierten Aufteilung der Versorgungsgebiete zwischen STEWEAG und GKB zu bekommen. Für die Kohle sollten lediglich die Bezirke Murau, Judenburg und das Gebiet westlich der Linie St. Michael–Kainachquelle–Kainachlauf und Mur bis zur Landesgrenze bei Spielfeld dienen. Der Strombedarf in diesen Landesteilen war noch relativ gering, und sofern er durch die Alpine-Betriebe und die Gußstahlwerke überhaupt gegeben war, wollte die Alpine ihn durch die Eigenanlagen selber decken. Dazu kam die Notwendigkeit der Errichtung eines langen Verteilungsnetzes. Diese Vorschläge waren für die GKB unannehmbar und wurden auch glatt abgelehnt.

Jetzt griff man von seiten des Landes auf eine alte Rohshaendler-Forderung zurück und schlug die Bildung einer Verteilungsgemeinschaft vor, deren Gründer sowohl die STEWEAG als auch die GKB sein sollten. In weiterer Folge sollten in dieses Syndikat auch andere stromerzeugende und stromliefernde Unternehmen einbezogen werden. In erster Linie dachte man dabei an die STEG, die Alpine und den Verbund steirischer E-Werke. Um das notwendige ausländische Kapital leichter aufbringen zu können, sollte der Sitz der Gesellschaft im Ausland sein.

Mit diesem Vorschlag sah die GKB ihre Chancen steigen, beriet kurz und formulierte einen Antrag über das weitere Vorgehen dieser Verteilungsgesellschaft:

– Die allfälligen Mitglieder sollten danach Strom nur an die Verteilungsgesellschaft liefern dürfen.
– Der STEWEAG würde die Stromversorgung von Graz und zusätzlich die Abgabe von jährlich 5 Mio. kWh, der GKB die Bereitstellung von 25 Mio. kWh zukommen.
– Sollte der Strombedarf steigen, wovon man nicht ganz überzeugt war, dann würden die GKB und die STEWEAG die Mehrlieferungen unter sich aufteilen.
– Neue Gesellschaftsmitglieder könnten mit ihren Werken nur beliefern, was dann noch übrig bliebe.

Schließlich begab man sich (für damalige Vorstellungen) ins Utopische und legte fest: Sollte auch dann noch ein Bedarf gegeben sein, würde die GKB ihre 6000-kW-Reserve aktivieren, bzw. würde in einer weiteren Etappe die STEWEAG ihr projektiertes Werk Bruck/Mixnitz ausbauen. Und diesen Ausbau – so die GKB-Vertreter – würde die Bergbaugesellschaft auch finanziell, was damals ganz besonders wichtig war, unterstützen. Ein, wie sich bald zeigen sollte, nur theoretisches Angebot, denn unter der Leitung Wuttes wirtschaftete die GKB total ab und stand vor dem Konkurs, so daß sie 1928 von der Alpine Montan übernommen werden mußte.

Die GKB setzte schließlich als Frist für eine Entscheidung über ihren Antrag den 7. Juli 1923, also gut 14 Tage, fest. Ad hoc hatten sich nämlich die Vertreter des Landes durchwegs positiv zu dem Vorschlag der Gründung einer Landeslieferungsgenossenschaft geäußert und sich bereit erklärt, den Antrag dem Landhaus zur Annahme zu empfehlen. Zwei Tage vor Ablauf der Frist beriet schließlich die Landesregierung und entschloß sich, der GKB die Konzession zum Betrieb der 1500-kW- und 6000-kW-Dampfturbine zu erteilen.

Allerdings ließ sie die Frage des Stromverkaufes, also die ganzen Leitungs-Angelegenheiten, völlig außer acht. Im übrigen war jedoch zu diesem Zeitpunkt das Ansehen Wuttes bereits stark erschüttert. Dieser hatte unbezahlte GKB-Aktien dazu verwendet, seinen Verbindlichkeiten bei der Zentralbank nachzukommen. Der Regierungsbeschluß vom 5. Juli 1923 galt daher zunächst nur als rein intern und sollte über Antrag von Landesrat Machold erst nach der Regelung der Aktienfrage rechtskräftig werden, was am 7. September 1923 auch geschah.

Das Fazit dieses Bescheides: Beide Kontrahenten fochten die Entscheidung der Landesregierung an. Erst der Bundesminister für Handel und Verkehr, Dr. Hans Schürff, erteilte nach Rekursen von beiden Parteien der GKB am 30. 11. 1923 die Konzession zur Verteilung des kalorischen Stromes in den Bezirken Voitsberg, Graz-Umgebung und Bruck. Allerdings mit der Auflage, daß die kalorische Energie erst dann verkauft werden dürfe, wenn in diesen Bezirken die Stromlieferungen aus dem Arnsteiner Werk der STE-

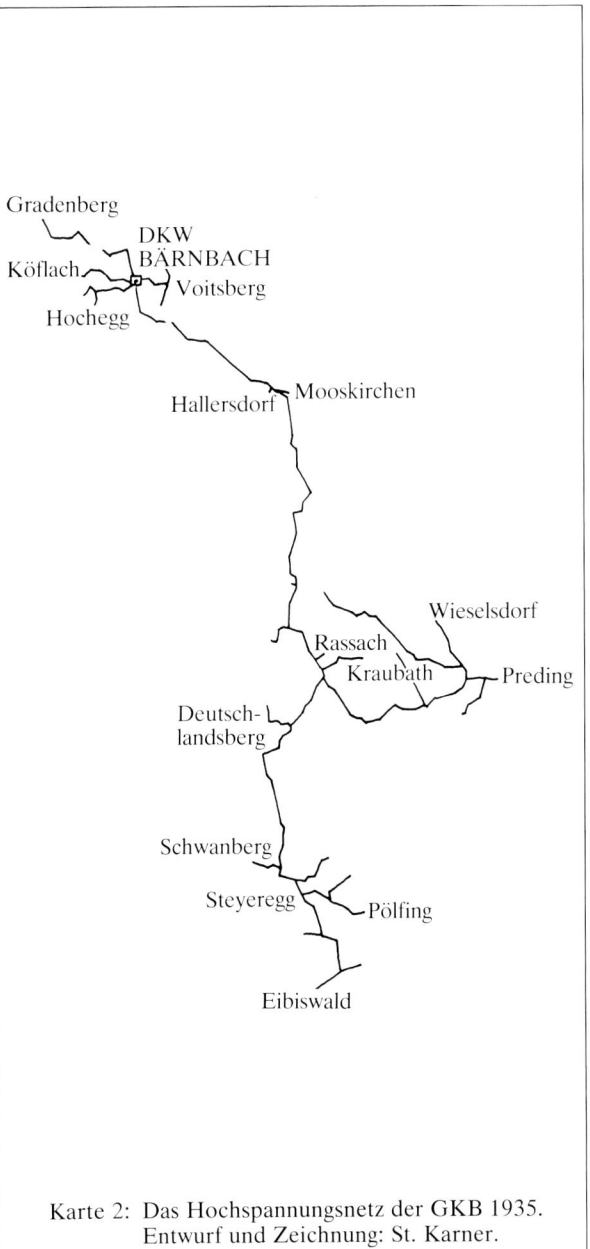

Karte 2: Das Hochspannungsnetz der GKB 1935. Entwurf und Zeichnung: St. Karner.

WEAG, also der Wasserkraft, nicht ausreichen sollten.

Damit war die steirische Kohle im Wettlauf mit der Wasserkraft um den Aufbau einer gesamtsteirischen Elektrizitätswirtschaft unterlegen.

Nach dem Sieg der „weißen" Kohle: Vom DKW Bärnbach bis zum DKW Voitsberg 1941

Das DKW Bärnbach, das ja mit minderwertiger Köflacher Kohle betrieben wurde, lieferte in den folgenden Jahren seinen Strom vor allem in das Deutschlandsberger Gebiet (vgl. Karte 2). Im Bezirk Deutschlandsberg entstand die „Südweststeirische Elektrizitätsversorgung", welche das Leitungsnetz südlich von Neurath bei Stainz betrieb. Die örtlichen Versorgungsnetze wurden meist von „Lichtinteressentenschaften" oder „Lichtbaugemeinschaften" erbaut. Deren Leitungsnetze wurden dann in das Leitungsnetz der Südweststeirischen Elektrizitätsversorgung übergeführt. Aus dieser ist dann der Betriebsbezirk Deutschlandsberg der STEWEAG hervorgegangen.

Die Betriebsleitung der Südweststeirischen Elektrizitätsversorgung befand sich im Hause Deutschlandsberg 33 – heute Grazer Straße 1 (Fleischerei Erber). Dieses Haus gehörte von 1869 bis 1968 der Familie Franz, welche seit 1903 das Elektrizitätswerk Gösting in Graz-Gösting betreibt.

Vom 1. Jänner 1932 bis zum 31. Dezember 1936 führte das Elektrizitätswerk Gösting den Betrieb des „südwestlichen Leitungsnetzes" der GKB und baute dieses Netz im Bezirk Deutschlandsberg aus. Betriebsleiter war Ing. Erich Franz.

Die allgemeine wirtschaftliche Lage zwang das Elektrizitätswerk Gösting, diese Betriebsführung nach 1936 nicht mehr fortzusetzen (Archiv Franz).

Der STEWEAG gelang es relativ rasch, sich innerhalb der österreichischen Verbundwirtschaft zu etablieren. Nach Arnstein, 1925, konnte das junge Unternehmen 1927 das Murkraftwerk Pernegg und 1931 den Fernspeicher Packsee sowie das Murkraftwerk Mixnitz samt den Fernleitungen in Betrieb nehmen. Die Graphik 1 zeigt die Relation in der Stromerzeu-

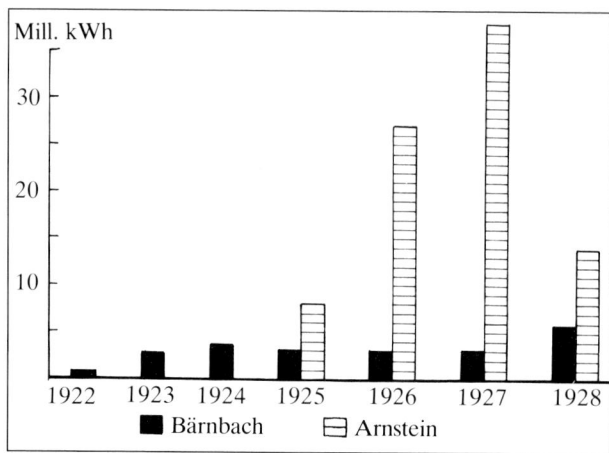

Graphik 1: Die Stromerzeugung in Arnstein und Bärnbach

gung aller Wasserkraftwerke der STEWEAG und des Kohle-Kraftwerkes Bärnbach von 1922 bis 1928.

1931 gelang der STEWEAG noch ein weiterer großer Wurf. Sie konnte einen Stromliefervertrag mit der Bundeshauptstadt Wien abschließen, der ihr den jährlichen Verkauf von 100 Millionen kWh garantierte, so daß die Landesgesellschaft nun plötzlich vor einer ganz neuen Situation stand. Hatte sie bisher stets mehr Strom erzeugt, als verkauft werden konnte, so trat nun das Gegenteil ein. Die STEWEAG mußte selbst Strom einkaufen, um die zahlreichen Kunden noch beliefern zu können. In dieser Situation entsann sich die Landesgesellschaft ihres alten Kontrahenten, des Dampfkraftwerkes der GKB, die nunmehr schon zur Alpine-Montan gehörte. Was noch vor zehn Jahren unmöglich war, nämlich eine laufende Lieferung von kalorischer Energie in das Leitungsnetz der STEWEAG, das war nun höchst willkommen. Zum „beiderseitigen Nutzen" wurde schließlich am 1. Juli 1937 zwischen der GKB und der STEWEAG ein wechselseitiges Energielieferungsübereinkommen abgeschlossen. Danach verpflichtete sich die GKB, für die STEWEAG dauernd eine Kraftwerksleistung von 3000 kWh zur Verfügung zu halten, wofür die STEWEAG sich bereit erklärte, jährlich 3,5 Millionen kWh aus dieser Leistung abzunehmen.

Die wirtschaftliche Gleichschaltung Österreichs mit dem wirtschaftlich stark expandierenden Deutschen Reich und die Produktionssteigerungen der heimischen Rüstungsbetriebe stellten auch an die Elektrizitätswirtschaft der Steiermark höchste Anforderungen. Eine ausreichende Versorgung der Rüstungsbetriebe mit elektrischem Strom wurde zum wesentlichen Faktor der deutschen Rüstungs- und Kriegsplanung. „Denn es war gerade der Engpaß Strom", so Albert Speer, „der, zusammen mit den mangelnden Arbeitskräften, die deutsche Rüstungsleistung nach oben begrenzte." Allein in der Steiermark betrug im Winter 1940/41 der ungedeckte Strombedarf 9000 kW elektrischer Leistung, so daß Schotterwerke, Mühlen und Sägewerke überhaupt abgeschaltet, Webereien und Lederfabriken nur zur Hälfte und Bergwerke lediglich mit 20 Prozent ihres sonstigen Bedarfs beliefert wurden.

Zur Verbesserung der Energielage wurde daher schon 1938 die STEWEAG – inzwischen im Besitz der reichseigenen Alpenelektrowerke Wien – beauftragt, in Voitsberg ein Dampfkraftwerk zu errichten. Schon 1941 konnte das DKW Voitsberg mit einer Leistung von 40.000 kW in Betrieb gehen.

Dabei verpflichtete sich die STEWEAG, die zum Betrieb des DKW Voitsberg nötige Kohle (aus Abfallkohle hergestellte Staubkohle), jährlich mindestens 25.000 Tonnen, ausschließlich aus den Bergbauen der GKB zu beziehen, wofür die STEWEAG der GKB den benötigten Strom im Austauschverfahren lieferte. Weiters übergab die GKB dem „Gauversorgungsunternehmen" STEWEAG einen Großteil ihrer Leitungs- und Transformatorenanlagen sowie das gesamte Stromversorgungsgebiet zum Preis von 410.000 RM.

Erst nachdem sich die STEWEAG bereit erklärt hatte, die GKB-Betriebe ausreichend mit Strom zu versorgen, legte die GKB 1942 ihr inzwischen – wie es schien – überflüssig gewordenes DKW Bärnbach still. Die letzte Inbetriebsetzung der Anlage erfolgte vom 28. August bis zum 4. September 1943. Insgesamt hatte das DKW Bärnbach in 20 Jahren 135,371.210 kWh Strom erzeugt, wovon 65,813.321 kWh, das sind 48,1 Prozent, an betriebsfremde Abnehmer abgegeben wurden.

Sprengung des Dampfkraftwerkes Bärnbach 1943

Mit der Demontage des DKW Bärnbach und der Inbetriebnahme des neuen DKW Voitsberg hatte sich nun der Streit zwischen schwarzer und „weißer" Kohle um die Nutzungspriorität in der Steiermark, wie in allen anderen Bundesländern auch, erübrigt. Die unter chronischem Energiemangel leidende deutsche und heimische Kriegs- und Rüstungswirtschaft fragte nicht, welche „Farbe" die „kriegsentscheidende" Energie hatte.

Nach dem Zweiten Weltkrieg

Insgesamt stieg die kalorische Ausbauleistung der österreichischen Elektrizitätswerke von 431 MW im Jahre 1937 auf 572 MW im Jahre 1946, was mehr als einem Viertel der Gesamtausbauleistung aller österreichischen Kraftwerke entsprach. Noch deutlicher zeigt die tatsächlich erzeugte Strommenge die zunehmende Bedeutung der Wärmekraft: Während der Anteil der Wasserkraft an der Gesamt-Stromerzeugung von 1937 bis 1945 auf 73,1 Prozent zurückging, stieg der Anteil der Wärmekraft auf 26,9 Prozent an!

Nach Ende des Zweiten Weltkrieges mußte die österreichische und damit auch die steirische Stromwirtschaft auf die neuen Bedingungen umgestellt werden: Kleinraumwirtschaft und ein hohes Maß an verbliebenem deutschen Eigentum in der österreichischen Elektrizitätswirtschaft. Dazu kamen Kriegszerstörungen und Demontagen, denkt man nur an das eben erst fertiggestellte Laufkraftwerk Dionysen bei Bruck/Mur. Es waren vor allem zwei Maßnahmen, die für die Weiterentwicklung der heimischen Elektrizitätswirtschaft grundlegend wurden:

Die Einrichtung eines Bundeslastverteilers zur Sicherung und Regelung der österreichischen Stromversorgung im Jahre 1946. Er kann, neben den Planungen im Rahmen der Alpen-Elektrowerke, als Vorstufe einer gesamtösterreichischen Verbundwirtschaft bezeichnet werden.

Das zweite Verstaatlichungsgesetz 1947, das die österreichische Elektrizitätswirtschaft auf eine neue organisatorische Basis stellte.

Demnach gab es seit 1947 in einer horizontalen Ebene vier Arten von Stromversorgungsunternehmen: die verstaatlichten Versorgungswerke, die privaten (meist kleineren) Versorgungsunternehmen, die industriellen Eigenversorgungswerke und die Kraftwerke der ÖBB. In einer vertikalen Gliederung wurden die verstaatlichten Versorgungsunternehmen in der Österreichischen Elektrizitätswirtschafts-AG (Verbundgesellschaft) zusammengeschlossen, der neben der überregionalen Planung auch der Bau und der Betrieb von großen Verteileranlagen und dazugehörigen Leitungen zugesprochen wurde. Die Errichtung von Kraftwerken und die Stromerzeugung für die öffentliche Versorgung übernahmen seither acht Sondergesellschaften (zu mehr als 50 Prozent im Eigentum des Bundes) sowie neun Landesgesellschaften. Daneben verblieben vor allem noch die städtischen Stromversorgungsbetriebe in den Landeshauptstädten, wie in Graz.

Die STEWEAG mußte nach dem zweiten Verstaatlichungsgesetz u. a. das Dampfkraftwerk Voitsberg an die neue Sondergesellschaft „Österreichische Draukraftwerke" (ÖDK) ebenso abtreten wie die 110-kV-Leitung Hessenberg–Bruck–Ternitz, das Umspannwerk Mürzzuschlag und die Schaltstelle Bruck/Mur an die Verbundgesellschaft. Dem zweiten Verstaatlichungsgesetz wurde in der Steiermark allerdings nicht in jenem entscheidenden Ausmaß Rechnung getragen, wie dies in anderen Bundesländern geschah. Die STEWEAG sicherte aus eigenen Mitteln die ausreichende Strombelieferung der Bevölkerung der Steiermark und des südlichen Burgenlandes. Die zu leistenden Entschädigungen hätten der STEWEAG Mittel entzogen, die sie selbst dringend für den Ausbau von Kraftwerken benötigt hatte.

Die erzwungene Abtretung des Dampfkraftwerkes Voitsberg an die ÖDK hatte im Energieaufkommen der STEWEAG besonders im Winter eine große Lücke hinterlassen. Darum beschloß die STEWEAG 1956 den Bau eines Dampfkraftwerkes in Pernegg. Wegen Schwierigkeiten, das DKW ausreichend mit steirischer Kohle zu beliefern, entschloß man sich, das Werk mit Heizöl zu versorgen, so daß 1958 das erste Ölkraftwerk Österreichs in Pernegg in Betrieb gesetzt wurde. 1962 montierte man in Pernegg sogar noch einen zweiten Maschinensatz, der in den beiden folgenden strengen Wintern auch voll eingesetzt wurde. 1963 wurde zur Linderung der Absatzkrise des steirischen Kohlenbergbaus das Grazer Fernheizkraftwerk erbaut, 1966 mit der Planung und dem anschließenden Bau eines großen Dampfkraftwerkes in Neudorf/Werndorf begonnen. Am 12. Oktober 1968 speiste der 120-MW-Turbosatz des Dampfkraftwerkes zum ersten Mal bereits Strom in die neue, schwere 110-kV-Leitung von Neudorf nach Graz-Süd ein. Damit erzeugten die kalorischen Kraftwerke bereits 1969 mehr als 40 Prozent der Gesamtstromerzeugung der Landesgesellschaft STEWEAG. Es folgten Erweiterungen der Kapazitäten in Werndorf sowie der Bau des benachbarten DKW in Mellach, das die Emission von Schadstoffen in die Luft auf ein europaweit beachtliches Maß reduzieren konnte. Das Engagement der STEWEAG bei der Errichtung von österreichischen Kernkraftwerken und ihre zehnprozentige Beteiligung an der Gemeinschafts-Kernkraftwerk Tullnerfeld GmbH im Jahre 1970 entsprach der damals weitum verbreiteten positiven Grundstimmung zur friedlichen Nutzung der Kernenergie.

Die in den Jahren 1975 und 1976 mit Kostenbeteiligung der ÖDK in Oberdorf bei Voitsberg durchgeführten Bodenerkundungen ergaben ein förderbares Braunkohlevorkommen von mehr als 31 Millionen Tonnen. Der geringe Heizwert führte aber zur Erkenntnis, daß diese Kohle nur in einer Großkraftanlage in wirtschaftlicher und umweltschonender Weise genutzt werden kann. Die Folgerungen daraus waren nicht nur von entscheidender Bedeutung für das Weiterbestehen des Kohlebergbaues in der Weststeiermark, sondern ergaben auch die eigentlichen Voraussetzungen für die Errichtung des Dampfkraftwerkes Voitsberg 3.

Der Aufsichtsrat der Österreichischen Draukraftwerke AG faßte daher als Projektträger im Juli 1977 den Beschluß zum Bau des Dampfkraftwerkes Voitsberg 3.

Der im Revier Oberdorf nachgewiesene Braunkohlevorrat reicht aus, um die Versorgung des neuen 330-MW-Blockes während seiner wirtschaftlichen Lebensdauer sicherzustellen.

Nachdem die notwendige Verlegung des Bachbettes der Kainach bis zum Jahresende 1977 abgeschlossen war, konnte in der weiteren Folge durch Begradigung eine Geländevergrößerung herbeigeführt werden, so daß genügend große Flächen für alle Kraftwerkskomponenten zur Verfügung standen. Durch die Aufschüttung des Areals wurde überdies die für die gesamte Blockanlage notwendige Hochwassersicherheit geschaffen.

Die folgenden Bau- und Montagearbeiten an den südlich der Altanlagen gelegenen neuen Objekten waren im wesentlichen bis zum Jahresende 1982 abgeschlossen.

Im Zuge der Inbetriebnahme des Dampfkraftwerkes Voitsberg 3 wurde das über 40 Jahre alte Dampfkraftwerk Voitsberg 1 stillgelegt, und das seit 1956 in Betrieb befindliche Werk Voitsberg 2 übernimmt in zunehmendem Maße eine Reservefunktion.

Für die Kohlebevorratung der Anlagen steht auf der Ostseite ein Kohlelagerplatz mit über 1 Million Tonnen Fassungsvermögen zur Verfügung.

Das Dampfkraftwerk Voitsberg 3, ausgelegt für rund 4000 Vollaststunden p. a., besitzt eine Reihe umwelttechnischer Einrichtungen, u. a. liegt auch ein Anlagenkonzept zur Entstickung des Rauchgases vor.

Das Elektrostaubfilter erreicht einen Abscheidegrad von 99,9%, womit der Ascheanteil im Rauchgas fast zur Gänze ausgeschieden wird.

Die wichtigste Komponente im Rahmen des Umweltschutzes stellt jedoch die bei der zweiten Ausbau-

phase errichtete Entschwefelungsanlage dar, mit der eine Verminderung der SO_2-Anteile im Rauchgas um 90% erreicht wird.

Der 180 m hohe Schornstein bewirkt eine weitere Verringerung der Immissionen. Die Abgabe von Heizdampf an das Fernwärmenetz der STEWEAG substituiert darüber hinaus wesentliche Anteile des Hausbrandes. Diese Fernwärme wird über zwei Anzapfungen am Niederdruckteil der Turbine mit einer maximalen Heizleistung von 37.500 kW$_{therm}$ ausgekoppelt und im Versorgungsbereich Voitsberg, Rosental und ab Jahresende 1986 auch Köflach dem Verbrauch zugeführt.

Durch Schalldämpfungsmaßnahmen am Kühlturmbecken und durch die unterirdische Abförderung der anfallenden Asche ist u. a. die Lärm- und Staubbelästigung für die Umgebung praktisch ohne Belang.

Die Inbetriebsetzung des Blockkraftwerkes Voitsberg 3 war, inklusive der ersten Stufe der Rauchgasentschwefelung (Kalk-Additivverfahren REA 1), im Frühjahr 1983 im wesentlichen abgeschlossen.

Die Novellierung des Dampfkesselemissionsgesetzes, die neuerlich eine erhebliche Reduzierung der Emissionsgrenzwerte vorschreibt, erforderte aber die Anwendung einer Technologie, die bisher noch in keinem Braunkohlekraftwerk angewendet wurde.

Um die geänderten Forderungen erfüllen zu können, wurde in einer zweiten Ausbaustufe die Rauchgasentschwefelungsanlage REA 2 verwirklicht. Hiebei kommt ein Naßverfahren zur Anwendung, bei dem 100% des Rauchgases in zwei Straßen erfaßt und ein Entschwefelungsgrad von 90% sichergestellt wird.

Die neue Anlage steht ab der Betriebsperiode 1986/87 für den Vollasteinsatz uneingeschränkt zur Verfügung. Das Dampfkraftwerk Voitsberg 3 ist somit in Europa die erste Großfeuerungsanlage auf Braunkohlebasis, die in diesem Ausmaß entschwefelt wird.

Die Investitionen für diese umwelttechnischen Maßnahmen betrugen allein dafür nahezu 1,2 Milliarden Schilling. An der Lieferung und Montage der Anlage waren zur Gänze nur Firmen aus Österreichs Industrie und Gewerbe beteiligt.

Hatte man vor 50 und 60 Jahren noch um die „Farbe" des steirischen Stromes gerungen, so stehen derzeit viel weitreichendere Überlegungen im Vordergrund. Nachdem die Möglichkeit eines bedeutenderen Umstieges auf die Kernenergie durch Volksentscheid auf Sicht nicht mehr gegeben ist, gilt es, dem nach wie vor steigenden Gesamtenergieverbrauch nicht auch eine stärkere Auslandsabhängigkeit in der Energiebereitstellung folgen zu lassen. Heimische, erneuerbare Energieträger sollen verstärkt eingesetzt werden.

Analysiert man den Energieendverbrauch nach Energieträgern, so entfallen in der Steiermark derzeit etwa 24 Prozent auf feste Brennstoffe ohne Holz, 43 Prozent auf Ölprodukte, 15 Prozent auf Gas, 13 Prozent auf Strom und der Rest auf Fernwärme und Holz. Dabei decken steirische Energiequellen immer weniger den tatsächlichen Bedarf. Eine Hinwendung zu Effizienzsteigerungen bei der Energieversorgung und beim Energieverbrauch sowie der Übergang auf erneuerbare Energieträger scheint daher besonders notwendig.

Obwohl der Anteil des Stromes am Gesamtenergieaufkommen mit einem Siebentel relativ niedrig ist, soll abschließend gerade in der Steiermark doch auch auf die Bedeutung der rund 50 privaten Elektrizitätswerke für die Stromversorgung des Landes hingewiesen werden. Mit 1.712,55 GWh bringen die steirischen privaten EVU derzeit rund 68 Prozent des österreichischen Wertes auf. Sie beschäftigen dafür rund 1050 Mitarbeiter.

Weiterführende Literatur:

Johann *Deisinger*, Jubiläumsschrift anläßlich des hundertjährigen Bestehens der Graz-Köflacher Eisenbahn, Graz 1960.

50 Jahre STEWEAG, Festschrift, Graz 1971.

Ingrid *Fritz*, Die Bergbaue der Graz-Köflacher-Bergwerks-AG von den Anfängen bis zum II. Weltkrieg. In: Aspekte zur Energiewirtschaft und Energiepolitik in Österreich seit 1918. = Schriftenreihe der Arbeitsgemeinschaft für Wirtschafts- und Sozialgeschichte. Hg. Gerald Schöpfer, H. 4/5, Graz 1984.

Franz *Hochstrasser*, Ingenieur Richard A. Hofbauer. In: Aspekte zur Energiewirtschaft und Energiepolitik in Österreich seit 1918. = Schriftenreihe der Arbeitsgemeinschaft für Wirtschafts- und Sozialgeschichte. Hg. Gerald Schöpfer, H. 4/5, Graz 1984.

Richard *Hofbauer*, Der Ausbau der steirischen Großwasserkräfte – ein Teil des österreichischen Sanierungswerkes, Graz 1923.

Richard *Hofbauer*, Das steirische Großkraftwerksunternehmen, Graz 1921.

Richard *Hofbauer*, Die Energieversorgung Mittelsteiermarks, Graz 1922.

Stefan *Karner*, Der Kampf zwischen „weißer" und schwarzer Kohle. Zu den Anfängen einer gesamtsteirischen Elektrizitätswirtschaft. In: Blätter für Heimatkunde 4/1977.

Stefan *Karner*, Die Steiermark im Dritten Reich 1938–1945. Aspekte ihrer politischen, wirtschaftlich-sozialen und kulturellen Entwicklung, Graz 1986[2].

Stefan *Karner*, Die Kohle und die Anfänge der steirischen Stromversorgung. Referat bei der 4. ordentlichen Generalversammlung des Montanhistorischen Vereins für Österreich am 13. 6. 1980 in Leoben. Publiziert in: Mitteilungen des Montanhistorischen Vereins für Österreich 2/1980. (Der Beitrag stützt sich wesentlich auf dieses Referat.)

Lichtjahre. 100 Jahre Strom in Österreich, Wien 1986.

Fritz *Posch*, Franz Pichler, der Pionier der steirischen Elektroindustrie. In: Zeitschrift des Historischen Vereines für Steiermark, Sonderband 9/1965.

Regionalstatistik Steiermark 1986, Graz 1987.

Josef *Rohshaendler*, Erhöhung der Güterproduktion, Ausgestaltung des Elektrizitätswesens und Ausbau der heimischen Großwasserkräfte. In: Die Wasserwirtschaft, Wien 1916.

Norbert *Schausberger*, Geschichte der österreichischen Elektrizitätswirtschaft. In: ÖGL 2/1970.

Ernst *Simson*, Die wirtschaftliche Lage der Steiermark Ende des Jahres 1921, Graz 1921.

Mitteilungen von Herrn Ing. Franz Pichler, Weiz, vom 17. 4. 1987, für die ich herzlich zu danken habe.

Österreichische Draukraftwerke Aktiengesellschaft. Dampfkraftwerk Voitsberg 3, Klagenfurt 1987.

Günther Zhuber-Okrog

Turbinenforschung am Institut für Thermische Turbomaschinen der Technischen Universität Graz

Ein Großteil des Weltbedarfs an elektrischer Energie wird in fossil beheizten kalorischen Kraftwerken erzeugt. Durch die Verbrennung eines Brennstoffes wird dessen chemische Energie als Wärme freigesetzt, in einer Turbine in mechanische Energie umgewandelt und zum Antrieb des elektrischen Generators benutzt. Die in solchen Kraftwerken verwendeten Dampf- bzw. Gasturbinen stellen somit einen der wichtigsten Energiewandler dar. Die Bedeutung dieser Thermischen Turbomaschinen wird in der nächsten Zukunft keineswegs abnehmen, da der Verbrauch an elektrischer Energie weiterhin ansteigt. Die hohe Turbinenleistung und die in diesen Maschinen zu bewältigenden hohen Materialbeanspruchungen, Drücke und Temperaturen macht ihre Entwicklung zu einem äußerst schwierigen und anspruchsvollen Gebiet des Maschinenbaus[1].

Sowohl die allmähliche Verknappung und Verteuerung fossiler Brennstoffe als auch die Verringerung der Umweltbelastung erfordern die Entwicklung von Kraftwerken höchsten Wirkungsgrades nicht nur zur Sicherung der Energieerzeugung, sondern auch als Ersatz für veraltete und ineffizient arbeitende Anlagen. Es ist daher ein Forschungsschwerpunkt des genannten Instituts, den Wirkungsgrad thermischer Turbomaschinen zu verbessern und damit ihren Brennstoffbedarf zu vermindern.

Wie S. Carnot bereits 1824 nachwies, ist der thermische Wirkungsgrad, der als das Verhältnis der gewinnbaren Arbeit zur zugeführten Wärmemenge definiert wird[2], dann am günstigsten, wenn die Wärme bei möglichst gleichbleibenden Temperaturen zu- und abgeführt wird. Dabei wird der Wirkungsgrad um so höher, je größer das Verhältnis dieser beiden Temperaturen wird. Da die Temperatur der Wärmeabfuhr durch die Temperatur der Umgebung festliegt[3], ist eine Steigerung des thermischen Wirkungsgrades nur durch Verbesserung der Wirkungsgrade der Einzelkomponenten und durch Erhöhung der mittleren Temperatur der Wärmezufuhr möglich.

In konventionellen Kraftwerken läßt sich eine Steigerung der mittleren Eintrittstemperatur nur durch Erhöhung des Frischdampfdruckes und mehrfache Zwischenüberhitzung erzielen. Die dadurch bedingte Grenze hinsichtlich Materialbeanspruchung, Aufwand und Betriebssicherheit beschränkt die mit diesen Kraftwerken erreichbaren Wirkungsgrade auf 40–45%.

Eine weitere Steigerung der Eintrittstemperatur erlaubt der kombinierte Gas-Dampf-Prozeß, bei dem ein Gasturbinenprozeß, bestehend aus Verdichter, Brennkammer und Turbine, einem Dampfprozeß, der die Abwärme des Gasturbinenprozesses in einem Abhitzekessel ausnützt, vorgeschaltet wird. Diese Idee aus Österreich von F. Pauker[4] wurde auch hier im Jahre 1960 erstmalig in der Anlage Korneuburg A in einem Großkraftwerk für die öffentliche Energieversorgung verwirklicht. Das 1982 in Betrieb gegangene Kraftwerk Korneuburg B erreichte, bedingt durch die gute Qualität des als Brennstoff verwendeten Erdgases, den Rekordwirkungsgrad von 47%[5].

Die höchste Temperatur tritt dabei am Eintritt in die Gasturbine auf, sie kann daher nur so hoch gewählt werden, als es das Material der hochbeanspruchten Turbinenlaufschaufeln zusammen mit geeigneten Kühlmaßnahmen zuläßt. H. Jericha, Vorstand des Instituts, schlägt daher einen kombinierten Gas-Dampf-Prozeß vor, der mit technisch beherrschten Turbineneintrittstemperaturen und Konstruktionen einen thermischen Wirkungsgrad von ca. 60% zu erreichen verspricht[6]. Dieser Prozeß zeichnet sich neben einer Zwischenüberhitzung auf der Gasseite insbesondere durch einen nachgeschalteten neuartigen Dampfprozeß aus, dessen Prinzip in der Ausstellung auf zwei Schautafeln erläutert wird. Eingehende Untersuchungen zeigen, daß bereits mit dem Höchstwirkungsgrad-Dampfprozeß allein ein thermischer Wirkungsgrad von 50% erreicht werden kann[7]. Er kann nicht nur zur Verfeuerung von Kohle verwendet werden, sondern auch zur Verbrennung von Wasserstoff dienen, da in Zukunft mit der Verknappung von fossilen Brennstoffen gerechnet werden muß, so daß Kohle ein zu wertvoller Grundstoff sein wird, um einfach nur verbrannt zu werden. Die Verwendung von Wasserstoff als Speichermedium hohen Energiegehalts böte dabei die Möglichkeit, zukünftig ein thermisches Kraftwerk zu verwirklichen, das, wenn man seine Abwärme außerdem für Heizungszwecke benützt, die Umwelt überhaupt nicht belasten würde[8].

Am Institut für Thermische Turbomaschinen und Maschinendynamik wird daher an der Verwirklichung dieses neuartigen Dampfprozesses und der Lösung von Teilproblemen, wie z. B. dem Entwurf der Hochtemperatur-Dampfturbine und der Entwicklung einer entsprechenden Wärmeisolation, intensiv gearbeitet. Diese Untersuchungen werden durch den Fonds zur Förderung der wissenschaftlichen Forschung gefördert. Sie sollen in Zusammenarbeit mit der österreichischen Industrie, die für diese Entwicklung Mittel des Fonds zur Förderung der gewerblichen Wirtschaft erhält, in einer Pilotanlage praktisch erprobt werden.

Anlagen höchsten Wirkungsgrades erfordern den Einsatz und daher die Entwicklung möglichst hochwertiger Turbomaschinen mit geringsten Verlusten durch sorgfältige Gestaltung des Strömungsweges und insbesondere ihrer Beschaufelung. Die theoretische und experimentelle Untersuchung der überaus komplexen Strömung durch die Schaufelkanäle ist daher stets Gegenstand der Turbomaschinenforschung. Zur Berechnung dieser Strömung wird am Institut ein Rechenverfahren entwickelt, das auf der Methode der finiten Elemente beruht und auf dreidimensionale Strömungen ausgedehnt wird[9]. Um die damit gewonnenen numerischen Ergebnisse in wirkliche Strömungen zu verifizieren, sind eingehende experimentelle Untersuchungen der Strömung sowohl durch Schau-

felgitter als auch durch Versuchsturbinen in Zukunft erforderlich.

Schaufeln müssen nicht nur strömungsmäßig optimiert werden, sie müssen auch den im Betrieb herrschenden enormen Belastungen standhalten. Es ist daher nicht nur zu überprüfen, ob die Schaufeln nicht zu unzulässig starken Schwingungen angeregt werden, sondern auch, ob ihre Festigkeit und die ihrer Verbindung mit dem Rotor den großen Beanspruchungen infolge Fliehkräften und hohen Temperaturen gewachsen ist. Die im Schaufelfuß auftretenden Kräfte werden dabei rechnerisch und mit dem Hilfsmittel der Spannungsoptik auch experimentell untersucht[10]. Hiezu wird ein transparentes Modell aus einem geeigneten Material durchleuchtet. Das enststehende Linienmuster entspricht – wie es ein Farbbild in der Ausstellung veranschaulicht – den im Modell herrschenden Beanspruchungen.

Eine weitere Möglichkeit, den Wirkungsgrad von Gasturbinenanlagen zu steigern, wäre der Einsatz der pulsierenden Verbrennung, bei welcher einzelne Verpuffungen in rascher Folge periodisch aufeinanderfolgen, in der Gasturbinenbrennkammer. Statt des sonst unvermeidlichen Druckverlustes erhält man damit in der Brennkammer eine Druckerhöhung[11]. Mit Vorteil lassen sich mit pulsierender Verbrennung überaus schadstoffarme Heizgeräte entwickeln, die überdies keinen Kamin zur Erzeugung eines Abgaszuges benötigen. Bisher wurde dieses Prinzip zur Entwicklung einfacher und billiger Strahlantriebe für Flugkörper und Segelflugzeuge – ein solches Triebwerk ist ausgestellt – verwendet, deren Hauptnachteil die extrem hohe Lärmentwicklung ist. Der Mechanismus der pulsierenden Verbrennung sowie der durch sie ausgelösten Druckwellen wurde eingehend untersucht. Damit kann man die Wirkungsweise derartiger Geräte erklären und Bedingungen angeben, die für den Betrieb erforderlich sind[12], um sie als Gasturbinenbrennkammer einsetzen zu können.

Es war seit jeher das Bestreben des Ingenieurs, die Wirkungsgrade von Maschinen zu verbessern, um damit Energie bzw. Brennstoffe einzusparen. Die angeführten Forschungsarbeiten wollen nicht nur zu dieser Zielsetzung beitragen, sie kommen auch der österreichischen Industrie zugute, mit der das Institut eng zusammenarbeitet, und können daher mithelfen, deren Konkurrenzfähigkeit im In- und Ausland zu verbessern.

Anmerkungen:

[1] Herbert *Jericha,* Entwicklung und Forschung im Großdampfturbinenbau der Elin-Union. In: Elin-Zeitschrift 18/1966, H. 3/4.
[2] Es ist zu beachten, daß der thermische Wirkungsgrad auf die zugeführte Energie bezogen wird. Er ist völlig anders als der z. B. von Wasserkraftwerken definiert und kann daher mit diesem nicht verglichen werden.
[3] Im Weltraum besteht diese Beschränkung nicht.
[4] Julius *Kruschik,* Die bahnbrechende Idee von Dipl.-Ing. Franz Pauker: Kombination von Gas-Dampf-Prozeß . . ., Entwicklung, Konstruktion und Forschung im Turbomaschinenbau, Vortragsreihe am Institut für Thermische Turbomaschinen und Maschinendynamik der TU Graz. 16./17. 4. 1986.
[5] Herbert *Jericha,* The Combined Cycle (Kombinierter Gas-Dampf-Prozeß nach Dipl.-Ing. Franz Pauker); weltweite Anwendung, Vortragsreihe siehe Anmerkung 4.
[6] Herbert *Jericha,* A New Combined Gas Steam Cycle Promising up to 60% Thermal Efficiency, 15th International Congress on Combustion Engines, CIMAC, Paris 1983.
[7] Helmut *Wilplinger,* Neuer Dampfkreislauf – Thermodynamische Optimierung, Diss. TU Graz 1986.
[8] Herbert *Jericha,* Verwendung von Wasserstoff in thermischen Kraftwerken. In: Teilbericht zur Wasserstoffkonferenz in Wien 1986, Österreichische Ingenieur- und Architekten-Zeitschrift 132/1987, S. 126–127.
[9] Klaus *Ziegler,* Finite Elemente-Lösungen zur Strömung durch Schaufelgitter thermischer Turbomaschinen. Diplomarbeit, Institut für Thermische Turbomaschinen und Maschinendynamik der TU Graz 1982.
[10] Hermann Peter *Pirker,* Verfahren zur günstigen Lastverteilung bei Tannenbaumfüßen und anderen Turbomaschinenschaufelbefestigungen unter Berücksichtigung der plastischen Verformung und Hochtemperaturbeanspruchung. Diss. TU Graz 1984.
[11] Günther *Zhuber-Okrog,* Pulsating Combustion Applied to Gas Turbines. D.I.C.-Diss., Imperial College London 1957.
[12] Günther *Zhuber-Okrog,* Über die Vorgänge in Strahlrohren mit pulsierender Verbrennung. In: Fortschr. Berichte d. VDI-Zeitschriften, Reihe 6, Nr. 47/1976.

Isochromatenverteilung im Schaufelfuß und Läuferzahn einer Gasturbine – Spannungsoptische Untersuchungen

Felix Hruschka

Zur Zukunft des österreichischen Kohlebergbaus

Einleitung

Der Energieverbrauch Österreichs im Jahre 1986 betrug, umgerechnet in Steinkohleneinheiten (SKE: 1 SKE = 7000 kcal = 29.307 kJ, entspricht etwa einem kg Steinkohle; t SKE entspricht somit einer Tonne Steinkohle):

Feste Brennstoffe: 6,117.000 t SKE
Erdölprodukte: 12,039.000 t SKE
Naturgas: 6,022.000 t SKE
Wasserkraft: 4,686.000 t SKE

Der Anteil heimischer Kohle belief sich auf 1,277.000 t SKE, das entspricht einer Fördermenge von 2,969.000 t Braunkohle[1].

Nach den Jahren des Wiederaufbaus kennzeichneten lebhafte Energiediskussionen die beiden letzten Jahrzehnte. Maßgeblich hierfür waren die Erdölkrisen der Jahre 1973 und 1979, der 1973 erschienene Bericht des Club of Rome über „Die Grenzen des Wachstums"[2] sowie auf Österreich bezogen die Diskussionen um Zwentendorf und Hainburg.

Die damit in Zusammenhang stehenden Fragen: „Wie hoch sind die tatsächlichen Reserven fossiler Brennstoffe Österreichs?" und „Für wie lange reichen diese Vorräte noch?" sollen im folgenden für Kohle behandelt werden. Dabei sei vorausgeschickt, daß sich definitive Zahlenangaben nicht treffen lassen. Die Gründe dafür werden erläutert.

Die Wirtschaftlichkeit von Kohlebergbauen

Vorkommen von Kohle

Kohle wurde im Laufe der geologischen Entwicklung in der festen Erdkruste gebildet und ist heute im allgemeinen von mehr oder minder mächtigen Gebirgsschichten überlagert.

Infolge der Überdeckung sind Kohlevorkommen von der Erdoberfläche aus meist nicht ersichtlich und damit nur teilweise bekannt.

Die einzelnen Kohlevorkommen unterscheiden sich sowohl hinsichtlich ihrer geologischen Gegebenheiten wie Qualität, Bonität und Quantität, als auch hinsichtlich der Standort- und Marktbedingungen in beträchtlichem Maße voneinander.

Aufsuchen und Untersuchen von Kohlevorkommen

Ziel des Aufsuchens ist es, noch unbekannte Vorkommen und Vorkommensteile zu finden. Diese müssen anschließend zur Feststellung der oben erwähnten geologischen Gegebenheiten weiter untersucht werden. Aufsuchen und Untersuchen werden auch als „Prospektion" und „Exploration" bezeichnet.

Das Ergebnis von Prospektions- und Explorationsarbeiten in einem bestimmten Gebiet kann lauten:
- es wurde keine Kohle gefunden,
- es wurde Kohle gefunden, die jedoch keinen wirtschaftlichen Abbau erlaubt, oder
- es wurde Kohle gefunden, deren Abbau wirtschaftlich erfolgen kann.

Gewinnung der Kohle

Die Gewinnung der Kohle erfolgt in Bergwerken. Dies verursacht entsprechende Kosten (Personalkosten, Sachkosten, Kapitalkosten etc.).

Die Kosten für die Gewinnung der Kohle in einzelnen Revieren, ja sogar in einzelnen Bergwerken eines Revieres können beträchtliche Unterschiede aufweisen. Maßgeblich dafür sind in erster Linie Unterschiede der geologischen Bonität der betreffenden Vorkommen, also all jener Faktoren, die auf die Kosten der Gewinnung Einfluß nehmen (z. B.: Teufe, Mächtigkeit, Standfestigkeit des Gebirges, Gebirgsdruck, Wasserzufluß, Oxidationsneigung der Kohle, Gebirgswärme, etc.). Des weiteren werden die Gewinnungskosten beeinflußt von der Lagerstättenquantität, d. h. von der Größe der Lagerstätte (Großbetriebe arbeiten im allgemeinen kostengünstiger), sowie von den Standortbedingungen (z. B. Lohnniveau, Infrastruktur, etc.).

Vermarktung der Kohle

Aus dem Verkauf der gewonnenen Kohle werden Erlöse erzielt. Diese sind in erster Linie von der Qualität der Kohle abhängig (z. B. Steinkohle, Braunkohle, Heizwert, Schwefelgehalt, Aschegehalt, etc.).

Die Erlöse richten sich danach, wieviel ein Verbraucher für Kohle bestimmter Qualität zu zahlen bereit ist. Diese Bereitschaft wird mitbestimmt durch das Angebot von Kohle aus konkurrierenden Bergbauen und das Angebot anderer Energieformen wie Erdöl und Erdgas sowie deren Preise.

Neben diesen Marktbedingungen sind noch Standortbedingungen (z. B.: Transportentfernung bis zum nächsten Kraftwerk, etc.) für die erzielbaren Erlöse mitbestimmend.

Der wirtschaftliche Erfolg von Bergwerken

Der wirtschaftliche Erfolg von Bergwerken, ausgedrückt als Gewinn oder Verlust, ergibt sich aus den Erlösen abzüglich sämtlicher Kosten, Steuern und Abgaben. Bergwerke als Teil der Wirtschaft sind, wie jedes andere Unternehmen auch, nur „lebensfähig", wenn Gewinne – oder zumindest keine Verluste – erzielt werden.

Mögliche Veränderungen der Wirtschaftlichkeit

Sowohl Kosten wie Erlöse von Bergwerken sind keine feststehenden Größen, sondern Veränderungen im Laufe der Zeit unterworfen. Diese können in positive oder negative Richtung zielen.

Die Kosten beispielsweise können durch technische Entwicklungen und Rationalisierungsmaßnahmen gesenkt werden, wie dies in den letzten Jahrzehnten in starkem Maße geschehen ist. Durch innere oder äußere Einflüsse sind jedoch auch Kostensteigerungen möglich.

Die Erlöse werden beeinflußt durch steigende oder fallende Preise konkurrierender Energieformen (insbes. Erdöl und Erdgas) sowie konkurrierende Anbieter von Kohle (z. B. Importe).

Bauwürdigkeit und Verfügbarkeit von Kohlevorkommen

Bauwürdigkeit

Unter Bauwürdigkeit von Vorkommen wird die technisch-wirtschaftliche Möglichkeit verstanden, ein Vorkommen mit wirtschaftlichem Erfolg abzubauen.

Kohlevorkommen, die zum gegenwärtigen Zeitpunkt einen wirtschaftlichen Abbau gestatten, werden als „bauwürdig" bezeichnet.

Kohlevorkommen, die in absehbarer Zeit Bauwürdigkeit erlangen können, werden als „bedingt bauwürdig" angesprochen.

Als „unbauwürdig" werden jene Kohlevorkommen verstanden, deren wirtschaftliche Gewinnung auch in absehbarer Zukunft nicht möglich sein wird.

Verfügbarkeit

Unter Verfügbarkeit wird die prinzipielle Möglichkeit verstanden, vorhandene Kohlevorkommen durch Bergbautätigkeit Verbrauchern zur Verfügung zu stellen. Der Begriff der Verfügbarkeit ist entsprechend weiter gezogen als der Begriff der Bauwürdigkeit.

Neben der technischen, geologischen und der technisch-wirtschaftlichen (entspricht der Bauwürdigkeit) Verfügbarkeit gehen noch ökologische und politische Aspekte in die Betrachtung ein.

Vorratsklassifizierung und Angabe von Vorräten

Die ursprünglich in einem bestimmten Teil der Erdkruste vorhandene Menge Kohle ist begrenzt und durch die Geologie dieses Gebietes genau festgelegt. Durch ihre „Verborgenheit" ist es jedoch nicht möglich, sie exakt anzugeben; lediglich mehr oder minder genaue Schätzungen sind möglich.

Die durch Prospektion und Exploration ermittelten Kohlemengen unterscheiden sich folglich hinsichtlich ihrer „geologischen Gewißheit" und ihrer „wirtschaftlichen Bedeutung". Vollständige Vorratsangaben werden daher in Matrixform, geordnet nach dem Grad der geologischen Gewißheit (zuverlässige, vorläufige und versuchsweise Schätzungen) und nach dem Grad der wirtschaftlichen Bedeutung (bauwürdige und bedingt bauwürdige Vorräte sowie übrige Vorkommen) angegeben, wie dies in der Abb. 1 für die Kohlevorkommen in Österreich zum Stichtag 30. Juni 1982, erfaßt vom Institut für Bergbaukunde, zum Ausdruck kommt[3].

Entsprechend den Veränderungen der Wirtschaftlichkeit sowie des geologischen Kenntnisstandes unterliegen derartige Vorratsangaben zeitlichen Veränderungen. Die Angabe von Vorräten, sei es nun für ein Bergwerk, ein Bergbaurevier oder auch für die gesamte Welt, ist in gewisser Weise einer Inventur vergleichbar.

Bei vereinfachten Vorratsangaben (z. B.: Vorräte 20 Mio. t) sind üblicherweise nur die sicher verfügbaren Vorräte ausgewiesen. Hochrechnungen über den Zeitpunkt der Reservenerschöpfung lassen sich daraus nicht ableiten. Sie hätten die gleiche Bedeutung wie die Frage: „Im Automobilwerk A lagern 20.000 Reifen – wann schließt das Unternehmen?" Auf die

Zahlen in Mio t			Klassen der Gewißheit						
			Zuverlässige Schätzungen 1				Vorläufige Schätzungen 2	Versuchsweise Schätzungen 3	Σ 1 + 3
			1A	1B	1C	Σ 1A+1C			
Vorkommen	Wirtschaftsgeologische Vorkommen	Vorräte	Bauwürdige Vorräte r - -E	46	9		55			55
			Bedingt bauwürdige Vorräte r - -S (Marginal r - -SM / Submarginal r - -SS)	11	53	4	68			68
			Bergbaulich nicht bewertete Vorräte r/R- -N		16	9 - 16	25 - 32			25 - 32
			Σ Vorräte r/R-	57	78	13 - 20	148 - 155			148 - 155
		Unbauwürdige Vorkommen O- -U	31	12	9	52	14	35 - 55	101 - 121
		Bergwirtschaftl. nicht beurteilte wirtschaftsgeol. Vorkommen O- -N	3 - 5	13	25 - 26	41 - 44	8	247 - 403	296 - 455
		Σ Wirtschaftsgeol. Vorkommen O- -X	91 - 93	103	47 - 55	241 - 251	22	282 - 458	545 - 731
	Vorkommen rein naturwissenschaftl. Bedeutung O- -Y						7	7
	Wirtschaftsgeol. unzureichend untersuchte Vorkommen O- -Z					24 - 31	79 - 100	103 - 131
	Σ Vorkommen O-	91 - 93	103	47 - 55	241 - 251	46 - 53	368 - 565	655 - 869

Abb 1: Erhobene Kohlenvorkommen in Österreich zum 30. Juni 1983 (2)

grundsätzliche Begrenztheit der Vorräte sei jedoch nochmals hingewiesen.

Vorratssituation des österreichischen Kohlebergbaus

Den letztgenannten Zusammenhang illustriert die Abb. 2. Darin ist, abgeleitet aus den Vorrats- und Fördermengen[1] [(1987)] für die Jahre 1971 bis 1986, die jeweilige Lebensdauer der ausgewiesenen Vorräte als Balken aufgetragen. Es ist ersichtlich, daß in den letzten Jahren die Menge der verbrauchten (d. h. abgebauten) Vorräte geringer war als die Menge der neu aufgefundenen und für bauwürdig erachteten Vorräte. Bemerkenswert ist ferner die Tatsache, daß die beiden eingangs erwähnten Erdölkrisen der Jahre 1973 und 1979 eine Besinnung auf die Kohle als wichtigen heimischen Energieträger und im Gefolge verstärkter Prospektions- und Explorationstätigkeit eine beträchtliche Steigerung der Kohlereserven mit sich brachten.

Eine Neubewertung der Kohlevorräte zum 1. 1. 1987, die infolge des gesunkenen Ölpreises eine Reduktion der sicheren, bauwürdigen Vorräte auf 50,7 Mio. t ergab (in Abb. 2 der äußerst rechte Balken in der Reihe der Vorratsangaben), zeigt in besonderer Deutlichkeit die untrennbare Verknüpfung von Vorratsangaben mit dem aktuellen Preis alternativer Energieträger.

Schlußbetrachtung

Der Anteil heimischer Kohle am Energieaufbringen Österreichs beträgt zwar nur etwa 4,7%. Die Reaktionen im Gefolge der Erdölkrisen zeigen jedoch, welche Bedeutung einer krisensicheren Eigenversorgung beigemessen wird. Auch der augenblicklich niedrige Erdölpreis darf in dieser Hinsicht nicht Anlaß zu kurzfristigen Spekulationen sein.

Aus der Abb. 2 ist ersichtlich, daß die zum heutigen Zeitpunkt als sicher und bauwürdig erkannten Kohlevorräte einen Bergbau bis in das nächste Jahrtausend gewährleisten und daß, bei Fortführung der Prospektions- und Explorationstätigkeit, eine Erschöpfung der österreichischen Kohlevorkommen in absehbarer Zukunft nicht bevorsteht.

Im Bewußtsein bleiben soll jedoch die prinzipielle Tatsache, daß die Vorräte fossiler Brennstoffe begrenzt sind und einen „Bodenschatz" im wahrsten Sinne des Wortes darstellen.

Zitierte Literatur:

[1] Montan-Handbuch, Hg. Bundesministerium für wirtschaftliche Angelegenheiten (vormals Bundesministerium für Handel, Gewerbe und Industrie), Jg. 45/1971 – 61/1987.
[2] Dennis L. *Meadows,* u. a. Die Grenzen des Wachstums. Bericht des Club of Rome zur Lage der Menschheit. Reinbek bei Hamburg: 1973. TB. Nr. 6825.
[3] Günter B. *Fettweis,* Bergmännische Überlegungen zur Exploration im allgemeinen und zum Stand der Kohlenexploration in Österreich im besonderen. Berg- und Hüttenmännische Monatshefte. 128/1983, S. 93–106.
[4] Energy in Profile 1986, Hg. Shell International Petroleum Company Ltd.; Shell Briefing Service. 1987, Heft 4, S. 4.

Weiterführende Schriften des Instituts für Bergbaukunde (chronologisch)

Günter B. *Fettweis* – Erich M. *Lechner,* Energiepolitische Perspektiven für Österreich 1975–1980–1985, Bd. 2: Kohle, Leoben 1973.
Günter B. *Fettweis,* Weltkohlenvorräte. Eine vergleichende Analyse ihrer Erfassung und Bewertung. Schriften Bergbau, Rohstoffe und Energie, Bd. 12, Essen 1976.
Günter B. *Fettweis,* Warum unterscheiden sich Vorratsangaben? Beiträge zur angewandten Lagerstättenforschung. In: Berg- und Hüttenmännische Monatshefte 122/1977, S. 24–30.
Günter B. *Fettweis,* Wann sind Bodenschätze abbauwürdig? In: Österreichischer Kalender für Berg, Hütte und Energie 1980, S. 73–81.
Günter B. *Fettweis,* Über die Verfügbarkeit von festen mineralischen Energierohstoffen. In: Radex-Rundschau, 3/1979, S. 1042–1060.
Günter B. *Fettweis,* Die internationale Einordnung von Mineralvorräten „The international classification of mineral resources" der Vereinten Nationen – Entstehung und Struktur. In: Erzmetall, 34/1981, S. 400–406 und S. 465–469.

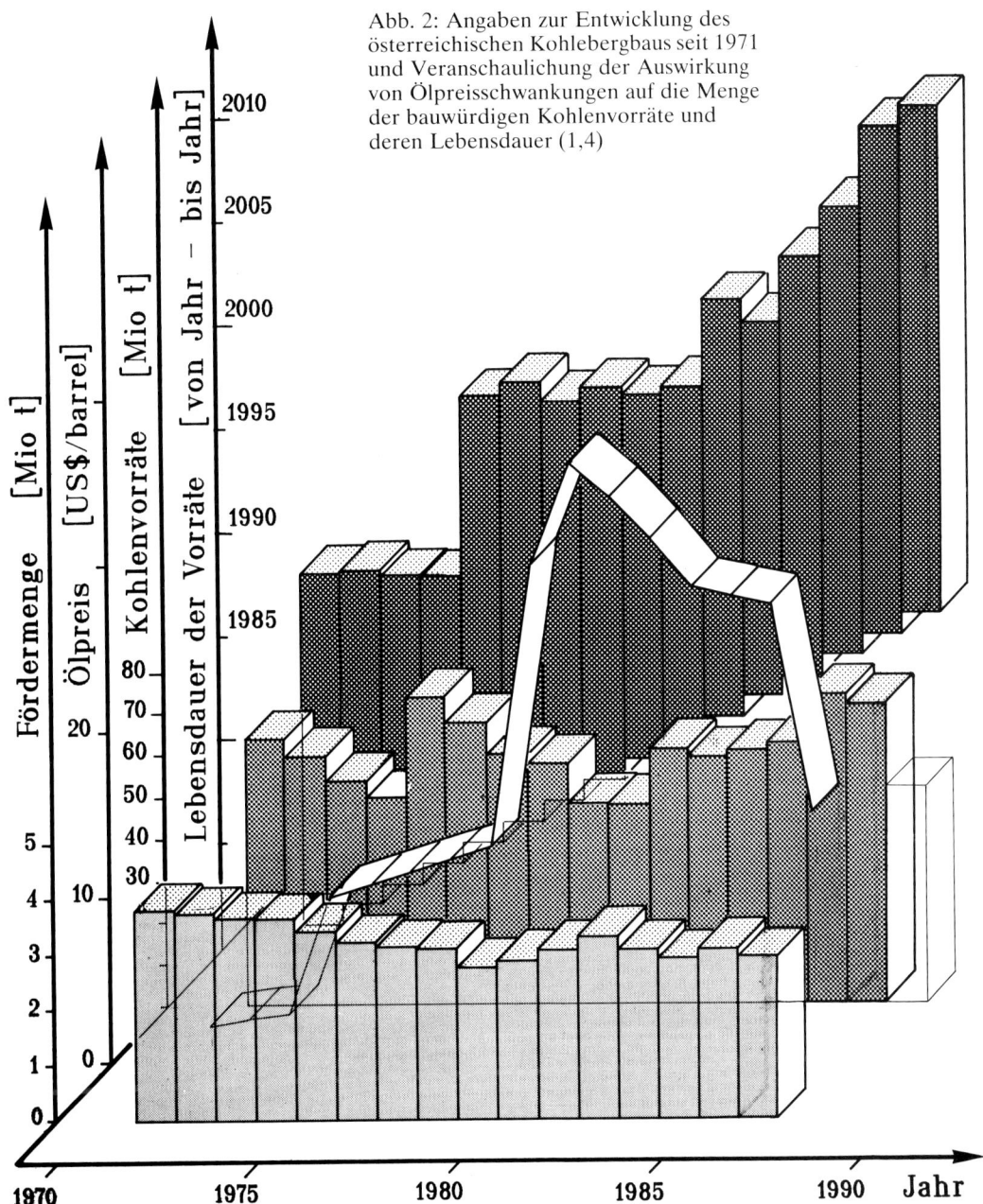

Abb. 2: Angaben zur Entwicklung des
österreichischen Kohlebergbaus seit 1971
und Veranschaulichung der Auswirkung
von Ölpreisschwankungen auf die Menge
der bauwürdigen Kohlenvorräte und
deren Lebensdauer (1,4)

Günter B. *Fettweis,* Bauwürdigkeit und Verfügbarkeit von Steinkohlenvorkommen in der Welt – Zusammenhänge und Entwicklungen. In: Glückauf, 117/1981, S. 1019–1031.

Günter B. *Fettweis,* Kohlesituation im Inland und Ausland, Öl- und Gasressourcen. In: Österreichische Zeitschrift für Elektrizitätswirtschaft, 34/1981, S. 141–157.

Günter B. *Fettweis,* Bemerkungen zur Kohlesituation in Österreich und in der Welt. In: Energierohstoffe im Alpen-Adria-Raum. Hg. Amt der Steiermärkischen Landesregierung, Graz 1982, S. 58–122.

Günter B. *Fettweis,* Zusammenhänge und technische Entwicklungen bei der Verfügbarkeit mineralischer Rohstoffe. In: Sitzungsberichte der österreichischen Akademie der Wissenschaften, Mathematisch-naturwissenschaftliche Abteilung I, Bd. 192, H. 5–10. Wien, 1983, S. 141–166.

Günter B. *Fettweis,* Die Vorteile der Erfassung von Mineralvorräten nach den Empfehlungen der Vereinten Nationen und Vorschlag zu deren Weiterentwicklung. In: XII. Weltbergbaukongreß, Neu Delhi 1984 Kalkutta 1984, TS-3/1.01., S. 1–19.

Glanz aus der Asche

Werkstoff Glas*

Was ist Glas?

Glas ist, als Material betrachtet, Sammelbegriff für eine kaum überschaubare Zahl von Stoffen verschiedenster Zusammensetzung, die sich in glasigem Zustand befinden. Auch in der Natur werden vereinzelt glasige Stoffe gefunden. So ist z. B. Obsidian ein Mineral, das in seiner Zusammensetzung dem von Menschen geschaffenen Glas ähnlich ist und nicht selten in vulkanischen Gebieten vorkommt. Es besteht aus den Reaktionsprodukten von Sand, Natrium- und Calciumverbindungen und wurde in der Vorzeit zu Messern, Pfeilen, Speerspitzen und anderen Waffen verarbeitet. Natürliches Glas in Gestalt von Obsidian benutzten vor allem die Völker im östlichen Mittelmeerraum. Lange war er dort ein begehrtes Handelsobjekt. Aber auch die Azteken in Mexiko kannten Obsidian und fertigten daraus Kult- und Gebrauchsgegenstände.

Bei großen Meteoriteneinschlägen wurde durch die freiwerdende Energie Erdgestein in schmelzflüssigem Zustand in die Atmosphäre hochgeschleudert. Als Glasklümpchen, sogenannte „Tektite", fiel das Gestein auf die Erde zurück. Tektite sind flaschengrüne bis schwarzbraune nuß- bis faustgroße Glaskörper mit glänzender oder genarbter Oberfläche.

Schlägt der Blitz in Sand ein, können Blitzröhren (Fulgurite) entstehen, die ca. 0,5–2 mm Wandstärke, Durchmesser von ca. 10–30 mm und Längen bis zu mehreren Metern aufweisen.

Die Fähigkeit zur Glasbildung besitzen verschiedene chemische Stoffe, unter den anorganischen hauptsächlich die Sauerstoffverbindungen (Oxide) von Silizium (Si), Bor (B), Germanium (Ge), Phosphor (P) und Arsen (As). Läßt man sie nach dem Schmelzen erkalten, so erstarren sie im wesentlichen ohne Kristallisation. Es entsteht Glas.

Dieses Verhalten zeigen die genannten Glasbildner auch bei Zumischung anderer Metallverbindungen innerhalb bestimmter vom System abhängiger Zusammensetzungsbereiche. Durch den Einbau solcher „glaswandelnder" Komponenten entstehen veränderte Bindungsverhältnisse und Gruppierungen in der Netzwerkstruktur, die entsprechende Änderungen der physikalischen und chemischen Eigenschaften der Gläser zur Folge haben. Der glasige Zustand ist jedoch nicht auf Oxide beschränkt; er entsteht bei rascher Abkühlung auch bei einigen Schwefel- und Selen-Verbindungen und unter extremen Bedingungen selbst bei gewissen oxidfreien Metallegierungen. Auch manche organische Flüssigkeiten können bei niedrigen Temperaturen in den Glaszustand übergehen (z. B. Glyzerin bei –90° C).

Bis ins 18. Jahrhundert verwendete man für die Glaserzeugung im Prinzip nur Sand, Soda, Pottasche und Kalk. Gelegentlich wurden auch Stoffe mit färbenden Metalloxiden beigemischt. Heute werden etwa 60% der rund 90 auf der Erde vorkommenden Elemente vom Wasserstoff bis hin zum Uran bei der Herstellung von Glas eingesetzt. Es gibt Glasarten, beispielsweise für optische Zwecke, für die nahezu zwanzig verschiedene Stoffe erforderlich sind. Die Anwendungsmöglichkeiten von Glas in Technik und Wissenschaft sind dementsprechend weit gefächert.

Auf die Frage: „Was ist Glas?" haben die Wissenschaftler mehrere Antworten. Eine der bekanntesten lautet: „Glas ist ein anorganisches Schmelzprodukt, das, ohne Kristallisation abgekühlt, einen erstarrten Zustand annimmt." Oder: „Eine eingefrorene unterkühlte Flüssigkeit wird als Glas bezeichnet."

Tatsächlich verhält sich Glas wie eine äußerst zähe Flüssigkeit, die sich bei normaler Temperatur durch äußere Kräfte nur sehr langsam verformen läßt. Zwar

---

* Leicht modifiziert übernommen aus Schott-Glaslexikon von Heinz G. *Pfaender*, überarbeitet und ergänzt von Hubert *Schröder*, 3. erg. und akt. Aufl. mvg Moderne Verlags GmbH, München 1986

kann man das nicht mit bloßem Auge erkennen, doch läßt sich die Deformation mit wissenschaftlichen Verfahren errechnen und messen.

Präziser ist schließlich folgende Definition: „Glas sind alle Stoffe, die strukturmäßig einer Flüssigkeit ähneln, deren Zähigkeit bei normalen Umgebungstemperaturen aber so hoch ist, daß sie als fester Körper anzusprechen sind. Im engeren Sinne wird der Begriff ‚Glas‘ für alle anorganischen Verbindungen angewendet, die diese Grundeigenschaften besitzen." Damit ist zugleich eine Abgrenzung gegenüber den Kunststoffen erfolgt. Sie sind organischen Ursprungs und sollten niemals als „Glas" bezeichnet werden, auch wenn sie durchsichtig sind.

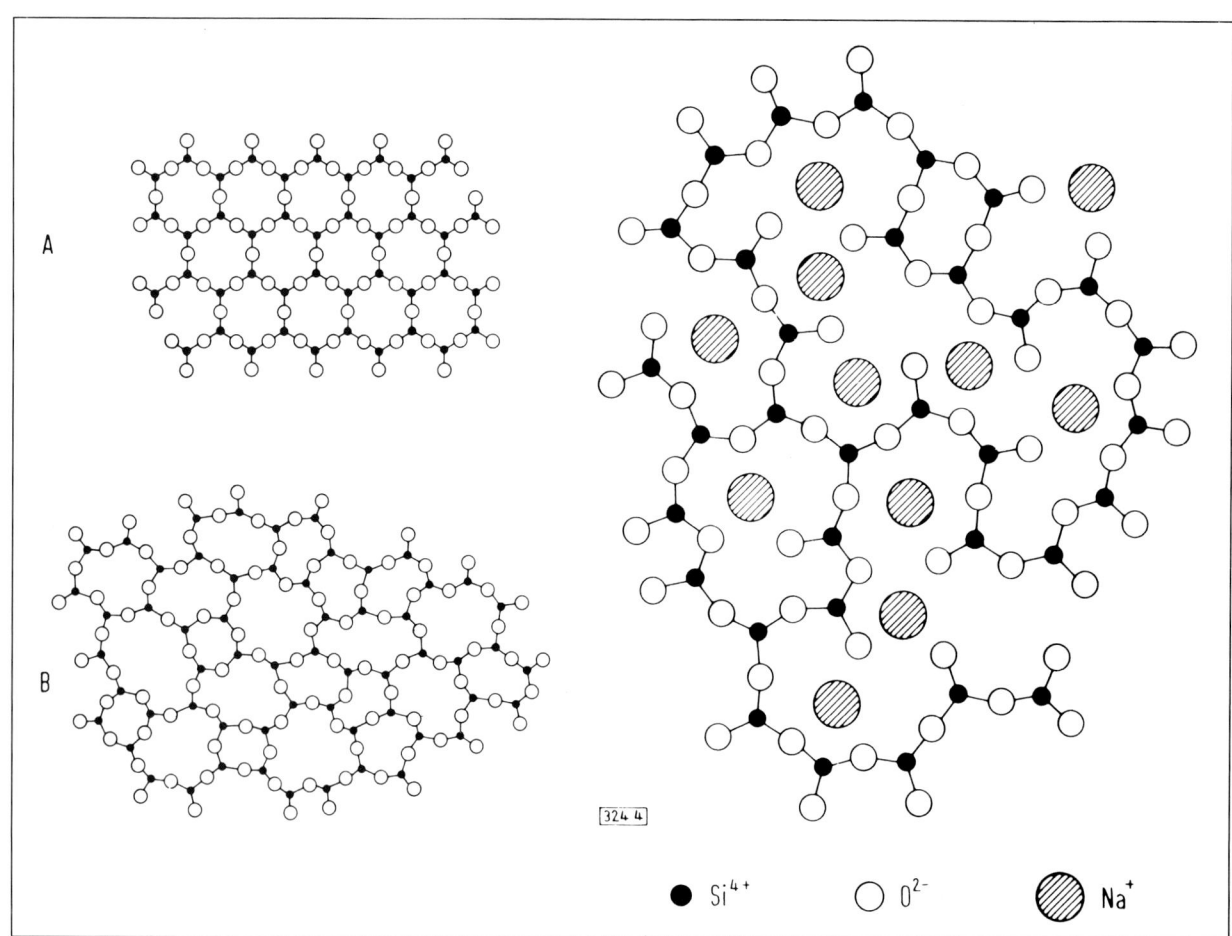

Abb. 1: Netzwerk von SiO$_4$-Tetraedern a) im Kristall; b) im Kieselglas; c) in Natriumsilicatglas (zweidimensionale Darstellung, 4. Sauerstoff-Ecke der Tetraeder ist senkrecht zur Bildebene zu denken)

Allgemeine Charakteristik des Glaszustands

Physikalisch betrachtet sind alle Gläser gegenüber einem Kristall gleicher Zusammensetzung instabil. Grundsätzlich sollte bei Abkühlung der Schmelze unter den Schmelzpunkt T_s einer Substanz Kristallisation einsetzen. Daß sie bei Glasschmelzen ausbleibt, liegt im wesentlichen daran, daß die molekularen Bausteine (im Silicatglas SiO_4-Tetraeder, Abb. 1) räumlich untereinander vernetzt sind; um Kristalle zu bilden, müssen erst die Bindungen aufgebrochen werden, so daß sich Kristallkeime formieren können. Dies ist aber erst bei tieferen Temperaturen möglich, wo jedoch die Zähigkeit der Schmelze die Umlagerungen der Baugruppen und damit das Kristallwachstum erschwert. Die Neigung zur Kristallisation (der Glasfachmann spricht von „Entglasung") nimmt im allgemeinen mit der Abkühlgeschwindigkeit im kritischen Temperaturbereich unterhalb T_s und mit der Zahl der Stoffkomponenten ab; sie läßt sich daher auch durch die Zusammensetzung beeinflussen. Erwünscht ist die Entglasung nur bei den Glaskeramiken.

Der Unterschied zwischen einem System (1), das bei Unterschreitung des Schmelzpunktes kristallisiert, und einem gleichen System (2), das infolge Behinderung der Kristallisation, z. B. durch rasche Abkühlung, glasig erstarrt, wird besonders deutlich, wenn man den Verlauf des Raumbedarfs, d. h. des auf 1 Gramm bezogenen Volumens, mit sinkender Temperatur verfolgt. Das Ergebnis zeigt schematisch Abb. 2; nach rechts ist die Temperatur (T), nach oben das Volumen (V) aufgetragen. Sobald die Temperatur auf den Schmelzpunkt T_s abgesunken ist, macht das System 1 einen Sprung von A nach B, wo es als kristalline Masse ankommt. Das System 2 verdichtet sich dagegen als unterkühlte Flüssigkeit weiter bis zum Punkt C, und wenn die Abkühlung hier genügend langsam erfolgt, bis D. Hier biegt die V-Kurve zu einem flacheren Abfall nach E bzw. F ab, bleibt aber stets oberhalb der V-Linie B–G von 1; das System erreicht also auch bei Raumtemperatur (T_R) nicht die Packungsdichte des kristallisierten Systems.

Im Temperaturbereich der Punkte C bis D, der als Einfrier- oder Transformationstemperatur T_g be-

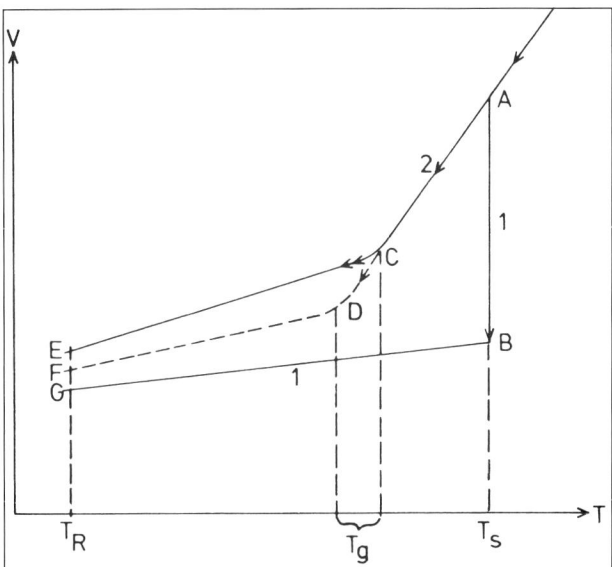

Abb. 2: Volumenänderung einer Schmelze im Verlauf der Abkühlung (1) bei Kristallisation, (2) bei Glasbildung

zeichnet wird, geht die unterkühlte Glasschmelze vom plastischen in den für Glas typischen spröden Zustand über. Die Beweglichkeit der Strukturelemente ist hier nur mehr äußerst gering, was auch durch die hohe Zähigkeit (= „Viskosität") des Glases in diesem Zustand zum Ausdruck kommt (man kann ihre Größe z. B. aus der Geschwindigkeit bestimmen, mit der sich ein an den Enden aufliegender waagerechter Glasstab unter einer in der Mitte angelegten Last durchbiegt). Dabei zeigt sich, daß nicht nur sämtliche anorganischen Gläser, sondern alle Substanzen, die das in Abb. 2 dargestellte Verhalten des Systems 2 aufweisen, bei der Temperatur T_g den Zähigkeitswert $\eta \approx 10^{13}$ Poise (P) haben (in den neuen SI-Einheiten ist die Einheit Poise ersetzt durch dPas [= deci-Pascalsekunde] $= 0,1$ N.s/m² [Krafteinheit N (= Newton), entspricht dem Gewicht von 102 g]. In der Glasliteratur findet man häufig noch die alte Einheit P). Zum Vergleich: Bei 20° C hat Wasser eine Zähigkeit von 0,01 P, Olivenöl ca. 10^2 P, Honig ca. 10^4 P.

97

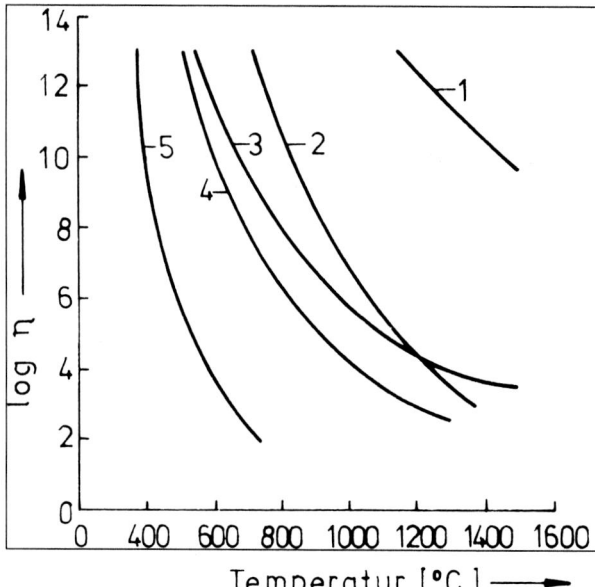

Abb. 3: Temperaturabhängigkeit der Viskosität (η) einiger technischer Gläser. 1: Kieselglas, 2: Alumo-Silicatglas 8409, 3: Borosilicatglas „Duran", 4: Natronkalkglas, 5: Bleiborat-Lötglas

10^4 P: Verarbeitungs-Temperatur (V_A)
(engl. Bezeichnung: working point)

$10^{7,6}$ P: Erweichungs-Temperatur (E_W)
(engl. Bezeichnung: softening point)
(das Glas verformt sich durch sein Eigengewicht)

10^{13} P: Obere Kühltemperatur
(annealing point)

$10^{14,5}$ P: Untere Kühltemperatur
(strain point)

im T_g-Bereich

Zwischen der oberen und unteren Kühltemperatur vollzieht sich der schon erwähnte Übergang vom plastischen zum spröden Zustand, gleichzeitig werden mechanische Spannungen, die etwa durch zu rasche Abkühlung bei der Verarbeitung entstanden sind, wieder abgebaut. Dazu genügen bei 10^{13} P schon ca. 15 Minuten, bei $10^{14,5}$ P dauert der Spannungsabbau u. U. viele Stunden. Spannungen im Glas sind durch die optische Doppelbrechung, die sie bewirken, lokalisierbar und in der Stärke meßbar.

Eigentümlichkeiten besonderer Art zeigen sich ferner bei den mechanischen Eigenschaften der Gläser. Da die chemischen Bindungen im Glasnetzwerk und die zu ihrer Spaltung nötige Energie bekannt sind, kann man die daraus folgende theoretische Zugfestigkeit berechnen. Dabei kommt man auf Werte in der Größenordnung von $10^4 N/mm^2$. Die technische Festigkeit ist jedoch einige hundertmal niedriger und stark vom Oberflächenzustand des Glases abhängig. Für Glasteile werden daher in der Konstruktion als zulässige Dauerzugbelastung nur max. 7 N/mm^2 zugrunde gelegt. Sorgt man durch geeignete Oberflächenbehandlung (Feuerpolitur, Schutzschichten, Druckvorspannung) dafür, daß Verletzungen und Mikrorisse vermieden werden, so erreicht man Festigkeitswerte bis zu etwa $5 \cdot 10^2 N/mm^2$, also immer noch weit unter dem theoretischen Wert. Dies liegt daran, daß beim Erstarren der Schmelze stets auch im Inneren Fehl- und Störstellen eingefroren werden, die festigkeitsmindernd wirken. Bei dünnen, frisch gezogenen Glasfasern ist die Zahl der Fehlstellen weit geringer, daher die Festigkeit beträchtlich größer.

Aus den Erfahrungen mit Gebrauchsgläsern ist allgemein bekannt, daß Glas bei schroffem Temperatur-

Der Verlauf der Zähigkeit des Glases mit der Temperatur (Abb. 3) ist für die gesamte Glastechnik von grundlegender Bedeutung. Um eine homogene Schmelze zu erzielen, muß sie auf eine Temperatur gebracht werden, bei der $\eta \approx 10^2$ P ist. Die Heißverarbeitung wird je nach Verfahren bei 10^3 bis 10^8 P vorgenommen. Ist der Temperaturunterschied zwischen den Zähigkeitswerten 10^4 und 10^8 P groß, spricht man von „langem Glas", ist er klein, von „kurzem Glas". Für die Verarbeitung sind diese Unterschiede wegen der verfügbaren Verformungszeit sehr wesentlich.

Um das Viskositätsverhalten der verschiedenen Glasarten zu kennzeichnen, hat man einige „Fixpunkte" festgelegt, welche die Temperaturen für die Zähigkeitswerte in folgender Tabelle angeben.

wechsel, vor allem von heiß nach kalt, leicht zu Bruch gehen kann. Zu diesem Verhalten tragen mehrere Eigenschaften bei: Das schlechte Wärmeleitvermögen, die relativ hohe Wärmedehnung alkalireicher Gläser und die begrenzte Zugfestigkeit. Beim Abschrecken eines Glases, das auf eine Temperatur unterhalb T_g erhitzt wurde, wird anfangs nur die Außenschicht gekühlt, die dabei ihr Volumen zu verkleinern sucht, durch den noch heißen Kern aber gedehnt wird und daher hohe Zugspannungen erhält. Wird dabei die durch Kerbstellen in der Oberfläche verminderte Zugfestigkeit überschritten, so setzt hier der Bruch ein, der sich meist mit großer Geschwindigkeit nach dem Innern fortpflanzt. Schnelles Aufheizen ist dagegen weniger gefährlich, weil in diesem Fall die Außenschicht unter Druckspannung gerät und die Druckfestigkeit der Gläser mindestens das 10fache der Zugfestigkeit beträgt.

Ganz andere Bedingungen liegen vor, wenn das Abschrecken oberhalb der Transformationstemperatur T_g erfolgt; dabei entstehen Druckspannungen in der Glasoberfläche, die eine Erhöhung der Zugfestigkeit bewirken.

Grobeinteilung der Glasarten

Es gibt eine große Anzahl von Glasarten, die sich nach verschiedenen Gesichtspunkten einteilen lassen. Unterscheidungsmerkmale sind beispielsweise die chemische Zusammensetzung, die Produktion von Glaserzeugnissen oder ihr Verhalten bei der Verarbeitung.

Am meisten verbreitet ist die Einteilung nach dem chemischen Aufbau. Auf diese Weise kommt man zu den drei Hauptgruppen Kalknatronglas, Bleiglas und Borosilicatglas. Sie machen zusammen wenigstens 95% des insgesamt erschmolzenen Glases aus. Die restlichen 5% entfallen auf Spezialgläser, die zum Teil in geringen Mengen hergestellt werden. Tausende verschiedene spezielle Glasarten sind bislang entwickelt worden und sehr viele davon finden auf bestimmten Gebieten Anwendung. Von ganz wenigen Ausnahmen abgesehen, handelt es sich bei allen Glasprodukten um Silicatgläser, in denen Siliziumdioxid (SiO_2) die Hauptkomponente darstellt.

Kalknatrongläser

Die weitaus größte Menge aller industriell hergestellten Gläser gehört einer sehr ähnlich zusammengesetzten Gruppe von Glasarten an, die als Kalknatrongläser bezeichnet werden. Wie aus dem Namen hervorgeht, spielen dabei neben Sand hauptsächlich Natron und Kalk als Bestandteile eine Rolle.

Ein typisches Kalknatronglas besteht zu 71 bis 75% aus Sand (SiO_2), 12 bis 16% aus Natron (Natriumoxid, als Rohstoff Soda oder Natriumcarbonat), 10 bis 15% aus Kalk (Calciumoxid aus dem Rohstoff Kalk oder Calciumcarbonat) und einigen Prozenten an anderen Stoffen, etwa zum Färben. Manchmal wird ein Teil des im Kalk enthaltenen Calciums durch Magnesium oder des in der Soda vorkommenden Natriums durch Kalium ersetzt. Dennoch können auch auf diese Weise zustandegekommene Glasarten wegen ihrer weitgehenden Ähnlichkeit den Kalknatrongläsern zugerechnet werden.

In der Praxis tritt Kalknatronglas namentlich in Gestalt von Getränkeflaschen, Konservenglas, einfachen Trinkgläsern und Flachglas auf.

Die chemischen und physikalischen Eigenschaften von Kalknatronglas schaffen die Voraussetzungen für seine weite Verbreitung. Zu den wichtigsten gehört die Lichtdurchlässigkeit, vor allem bei Verwendung als Flachglas zur Verglasung von Fenstern. Vorteilhaft ist ferner die glatte, porenfreie Oberfläche, so daß daraus gefertigte Flaschen und andere Verpackungsgläser leicht gereinigt werden können. An Getränke und Lebensmittel, die in Gefäße aus Kalknatronglas abgefüllt sind, werden keinerlei gesundheitsschädliche oder den Geschmack verändernde Stoffe abgegeben. Die Wasserbeständigkeit reicht aus, damit auch bei wiederholtem Kochen (Konservengläser) keine negative Veränderung der Oberfläche eintritt.

Der relativ hohe Alkaligehalt des Glases erniedrigt zwar die Schmelztemperatur gegenüber reinem SiO_2-Glas, bewirkt aber andererseits auch einen Anstieg des Wärmedehnungskoeffizienten (α) auf das rund 20fache, nämlich von $\sim 0,5 \cdot 10^{-6}$ auf $9 \cdot 10^{-6}$/K (K Kelvin entspricht als Temperaturdifferenz der alten Einheit °C).

Man hat im Hinblick auf die Bedeutung des Wertes

von α sämtliche Gläser in 2 Klassen eingeteilt: Gläser mit α-Werten unter $6 \cdot 10^{-6}$/K bezeichnet man als „Hartgläser", solche mit α-Werten darüber als „Weichgläser".

Wegen der hohen Wärmedehnung ist die Widerstandsfähigkeit von Kalknatronglas gegen Temperaturwechsel gering. Deshalb ist vorsichtiges Hantieren erforderlich, wenn beispielsweise heiße Flüssigkeiten eingefüllt werden sollen.

Bleigläser

Wird anstelle von Calcium in größerem Umfang Blei als Oxid in das Gemenge eingeführt, erhält man einen Glastyp, der als Bleikristall am bekanntesten ist. Ein solches Glas kann sich z. B. aus 54 bis 65% SiO_2, 18 bis 38% Bleioxid (PbO), 13 bis 15% Alkalioxiden (Soda, Na_2O, und Pottasche, K_2O) und einigen weiteren Oxiden zusammensetzen. Weniger bleihaltige Gläser (PbO < 18%) heißen Kristallglas. Zu ihrer Schmelze werden in unterschiedlichem Umfang und bei teilweisem Ersatz von Bleioxid auch die Oxide von Barium, Zink und Kalium herangezogen. Zum Schutz des Verbrauchers vor irreführenden Bezeichnungen hat der Gesetzgeber 1971 Vorschriften über die Zulässigkeit der Begriffe Bleikristall, Kristallglas u. a. erlassen, die sich auf Glaswaren zur Verwendung bei Tisch und im Haushalt beziehen.

Bleihaltige Gläser weisen eine hohe Lichtbrechung auf und eignen sich besonders gut für die Verzierung durch Schliff. Ihr Raumgewicht liegt höher als bei Kalknatronglas. Im täglichen Leben begegnen sie uns zumeist als Trinkgläser, Vasen, Schalen, Ascher oder als Ziergegenstände.

Borosilicatgläser

Borsäurehaltige Silicatgläser werden zur dritten Gruppe zusammengefaßt, dem Borosilicatglas. Es weist einen höheren Anteil von SiO_2 auf als die beiden vorhergehenden Glastypen, nämlich 70 bis 80%. 7 bis 13% entfallen auf Bortrioxid (B_2O_3), 4 bis 8% auf Na_2O und K_2O sowie 2 bis 7% auf Aluminiumoxid (Al_2O_3).

Gläser mit solcher Zusammensetzung besitzen eine hohe Beständigkeit gegen chemische Einwirkungen und Temperaturunterschiede. Daher finden sie vornehmlich für Produktionsanlagen aus Glas in der chemischen Industrie, in Laboratorien, als Ampullen und Fläschchen, in der pharmazeutischen Industrie zur Verpackung von Injektionsmitteln oder als hochbelastbare Glühlampengläser Verwendung. Aber auch im Haushalt kommt Borosilicatglas vor: Back- und Auflaufformen sowie anderes „feuerfestes" Geschirr sind daraus gefertigt.

Die Familie der Borosilicatgläser ist außerordentlich umfangreich, je nachdem, wie die für die Glasschmelze geeigneten Borverbindungen mit den anderen Metallverbindungen kombiniert sind. Die meisten dieser Gläser sind deshalb bereits den Spezialgläsern zuzurechnen.

Spezialgläser

Die für besondere technische und wissenschaftliche Zwecke bestimmten Gläser bilden eine gemischte Gruppe. Ihre Zusammensetzung ist sehr unterschiedlich und umfaßt zahlreiche chemische Elemente. Hierher gehören unter anderem die optischen Gläser, ferner Gläser für Elektrotechnik und Elektronik sowie die Glaskeramiken.

Rohstoffe für die Glasherstellung

Sand ist der wichtigste Rohstoff für Glas. Fast die Hälfte der festen Erdoberfläche besteht aus Siliziumdioxid (SiO_2), dem Hauptbestandteil der Sande und Gesteine. Die meisten Sande besitzen jedoch nicht die für die Glasherstellung erforderliche Reinheit, da sie größere Anteile von Verunreinigungen färbender Oxide, insbesondere an Eisenoxid, enthalten. Bereits Gehalte ab etwa 0,1% Fe_2O_3 machen den Sand für anspruchsvollere Zwecke, etwa für die Herstellung von Tafelglas, unbrauchbar, da dadurch das Glas eine deutliche Grünfärbung erhält. So sind Vorkommen von Sanden mit 0,01–0,03% Fe_2O_3, die zur Herstellung technischer Spezialgläser eingesetzt werden, bereits relativ selten.

Noch problematischer wird es für den zur Schmelze optischer Gläser erforderlichen Quarzsand, dessen

„Glasmachen" in Bärnbach

Gehalt an Eisenoxid kleiner sein muß als 0,001%, zum Teil sogar nur einen Bruchteil davon – man drückt diese niedrigen Gehalte in p.p.m. aus, d. h. „parts per million", wobei 1 ppm = 10^{-4}%. Die Gehalte an anderen färbenden Oxiden, wie denjenigen von Chrom, Kupfer, Nickel, Cobalt und anderen störenden Verunreinigungen, müssen für optische Quarzsande noch wesentlich niedriger sein. Man findet, über die gesamte Erdoberfläche verstreut, nur ganz wenige Vorkommen, die diesen Anforderungen genügen. Für diese höchsten Ansprüche unterzieht man das gebrochene Material einer zusätzlichen chemischen Reinigung, etwa mit geeigneten Säuren durch Einwirkung bei erhöhter Temperatur. Die Korngröße des Sands soll zweckmäßig zwischen 0,1 und 0,4 mm liegen.

Um die hohe Schmelztemperatur von Sand ($\geq$ 1700° C) herabzusetzen und geeignete Schmelzgefäße verwenden zu können, benötigt man Flußmittel, insbesondere Natriumoxid. Dieses wird meist als Carbonat (Soda), teilweise auch als Nitrat oder Sulfat eingelegt. In dieser Form kommt das Alkali in der Natur jedoch nur selten vor. In praktisch unbegrenzten Massen findet man die Alkalimetalle dagegen an Halogen gebunden vor, meist als Natriumchlorid (Kochsalz). So konnte eine Glasherstellung in industriellem Umfang erst beginnen, als man gelernt hatte, das Alkalihalogenid großtechnisch umzuwandeln in oxidisch gebundenes Natrium, zuerst durch das Le-Blanc- und später durch das Solvay-Verfahren zur Sodagewinnung.

Soda

oder Natriumcarbonat (Na_2CO_3) wird als kalzinierte Soda (ein wasserfreies, weißes Pulver) dem Glasgemenge zugesetzt. Das Natron der Soda geht während der Schmelze in das Glas ein, die Kohlensäure wird frei und verflüchtigt sich durch den Schornstein.

Glaubersalz

oder Natriumsulfat (Na_2SO_4) (im 17. Jahrhundert von dem Arzt und Chemiker Johann Rudolph Glauber als Medikament entdeckt) kann, in wasserfreier Form mit zerkleinerter Kohle vermischt, dem Gemenge beigegeben, anstelle von Soda verwendet werden. Die schweflige Säure wird frei, und das Natron geht wie bei der Soda in die Schmelze ein.

Pottasche

oder Kaliumcarbonat (K_2CO_3) ist ein körniges, weißes Pulver, das früher durch Auslaugen von Holzasche (meistens von Buchen und Eichen) in großen Gefäßen (Pötten) gewonnen wurde. Heute erfolgt die industrielle Herstellung aus Kaliumsulfat. In der Glasschmelze zerfällt die Pottasche in Kalium, das als Oxid in das Glas eingeht, und Kohlensäure, die durch den Schornstein entweicht. Pottasche ergibt ein reines, farbloses Glas, wenn färbende Metalle fehlen.

Stabilisatoren zur Erhöhung der Beständigkeit, Festigkeit und Härte

Eine Reihe von Oxiden mehrwertiger Metalle verleihen als Zusatz zur Glasschmelze dem fertigen Glas physikalische und chemische Eigenschaften, die für seine Verwendbarkeit entscheidend wichtig sind. Für die Verfestigung des Netzwerkes, die sich in einer Verbesserung der chemischen Beständigkeit und der mechanischen Eigenschaften auswirkt, spielen die Oxide des Calciums (CaO), Magnesiums (MgO), Aluminiums (Al_2O_3) und Zinks (ZnO) sowie insbesondere das Bortrioxid (B_2O_3) eine wesentliche Rolle. Auch ein Zusatz von K_2O anstelle von Na_2O macht die Gläser meist chemisch resistenter.

Kalk

oder Calciumcarbonat ($CaCO_3$) kommt in der Natur als Kalkstein, Kalkspat, Marmor oder Kreide vor. Bei einer Temperatur von etwa 1000° C entweicht dem Kalk die Kohlensäure. Übrig bleibt Calciumoxid, sogenannter gebrannter Kalk, der in das Glas eingeht. Kalk wird beigemengt, um die Härte und chemische Beständigkeit (Resistenz) des Glases zu verbessern. Im Flachglas wird der Kalk zum Teil durch Magnesiumoxid ersetzt, das im Rohstoff Dolomit ($CaCO_3$ + $MgCO_3$) mit Kalk verbunden ist und die Schmelztemperatur erniedrigt.

Tonerde

(Aluminiumoxid, Al_2O_3) wird meist in Form der weit verbreiteten alkalihaltigen Feldspate (z. B. als

$NaAlSi_3O_8$) in das Gemenge eingeführt. Das 3wertige Aluminium bildet in der Glasschmelze AlO_4-Gruppierungen, die sich unter Einschluß eines Alkaliions in das Netzwerk der SiO_4-Tetraeder eingliedern und dabei Trennstellen beseitigen. Dies führt neben verbesserter chemischer Resistenz auch zu einer erhöhten Zähigkeit in tieferen Temperaturbereichen.

Bleioxide

Zur Einführung von Blei in Glas werden hauptsächlich die Oxide PbO (Bleiglätte) und Pb_3O_4 (Mennige) verwendet, im Glas liegt es jedoch stets im zweiwertigen Zustand als Pb^{2+} vor. Mäßige Zusätze von PbO im Glas erhöhen die Beständigkeit, höherer Bleigehalt erniedrigt die Schmelztemperatur und führt zu geringerer Härte, aber höherer Lichtbrechzahl des Glases, die in der „Brillanz" zur Geltung kommt.

Bariumoxid

wird als $BaCO_3$ (Witherit) hauptsächlich in optischen Gläsern und in Kristallglas anstelle von Kalk bzw. Mennige eingesetzt. Bariumhaltiges Glas ist nicht ganz so schwer wie Bleikristall, erreicht jedoch wegen der erhöhten Brechzahl annähernd dessen Glanz.

Borverbindungen

Das für Spezialgläser besonders wichtige Bortrioxid (B_2O_3, das Anhydrid der Borsäure H_3BO_3) kommt in der Natur nur an sehr wenigen Stellen vor, häufiger dagegen Natrium- und Calciumborat. Im allgemeinen müssen daher diese Verbindungen erst chemisch zur reinen Borsäure aufbereitet werden, insbesondere für optisches Glas.

Färbungsmittel

Als Ausgangsstoffe zur Färbung von Glas werden nur reine Chemikalien verwendet. Verschiedenartige Färbungen erzielt man durch Zusatz von Verbindungen der sogenannten „Nebengruppenelemente" (Kupfer, Chrom, Mangan, Eisen, Kobalt, Nickel, Vanadium, Titan) oder von Seltenen Erden (hauptsächlich Neodym und Praseodym) zu geeigneten Grundglasschmelzen. Die färbenden Metallionen ergeben die Farbtöne, die in untenstehender Tabelle aufgeführt sind.

Intensiv gelbe, orange und rote Färbungen werden durch Ausscheidung von Edelmetallkolloiden sowie von Selen, Cadmiumsulfid und -selenid beim Abkühlen der Schmelze oder durch nachträgliche Wärmebehandlung erzeugt („Anlaufgläser", am bekanntesten die Goldrubin-Gläser). Mittels Kombination der Oxide von Mn, Fe, Ni und Co erhält man braune und graue Färbungen, die bei hohen Konzentrationen in schwarz übergehen. Unerwünschte Farbstiche lassen sich notfalls durch sauerstoffabgebende Substanzen (z. B. Läutermittel) beseitigen.

Nachträglich können auch farblose Gläser an der Oberfläche bei 400–600° C durch Farbbeizen, besonders Silberbeizen, gelb bis rotbraun gefärbt werden.

Kupfer	(Cu^{2+}):	schwach blau
Chrom	(Cr^{3+}):	grün; (Cr^{6+}): gelb
Mangan	(Mn^{3+}):	violett
Eisen	(Fe^{3+}):	gelb-braun; s. auch „Kohlegelb"-Färbung
	(Fe^{2+}):	blau-grün
Kobalt	(Co^{2+}):	intensiv blau, in Boratgläsern rosa; (Co^{3+}): grün
Nickel	(Ni^{2+}):	je nach Glasmatrix grau-braun, gelb, grün, blau bis violett
Vanadium	(V^{3+}):	in Silikatglas grün, in Boratglas braun
Titan	(Ti^{3+}):	violett (reduzierend geschmolzen)
Neodym	(Nd^{3+}):	rot-violett
Praseodym	(Pr^{3+}):	schwach grün

Trübungsmittel

Bei Zumischung von fluorhaltigen Stoffen, wie z. B. Flußspat (CaF_2), heute vorzugsweise in Phosphaten, setzen sich in der Glasmasse feinste kristalline Teilchen ab, die das Glas trüben und undurchsichtig machen. Solche Gläser spielen als Opal-Wirtschaftsglas sowie als Opak- oder Milchglas im Bauwesen und als Opalüberfangglas in der Leuchtenbranche eine Rolle.

Glasscherben

Obwohl Glasscherben streng genommen kein Rohstoff sind, dürfen sie als Zuschlag bei der Schmelze nicht fehlen. Jede Glashütte sammelt ihre Scherben, die etwa beim Zuschneiden von Flachglas, als Ausschuß oder Bruch beim Hohlglas anfallen. Reicht ein Scherbenvorrat nicht aus, werden unter Umständen Scherben „produziert" oder zugekauft. Glasscherben wirken wie Flußmittel und beschleunigen das Flüssigwerden des Sandes. Dadurch werden Heizenergie und Rohstoffe eingespart. Unter dem Eindruck der Verteuerung von Energie und des gestiegenen Umweltbewußtseins kommt dem Wiedereinsatz von Scherben, dem Recycling, wachsende Bedeutung zu. Beträgt der Scherbenanteil beispielsweise bei der Herstellung von Verpackungsglas 25%, werden 5% weniger Heizenergie gebraucht. Bei farbigem Verpackungsglas macht der Altglasanteil schon über 50% aus. In manchen Fällen können Fremdscherben ohne negative Rückwirkungen auf die Glasqualität verarbeitet werden.

Die Schmelze ist die zentrale Phase der Glaserzeugung. Unter hohen Temperaturen vereinigen sich die einzelnen Rohstoffe zu flüssigem Glas. Die Beschaffenheit des verwendeten Schmelzaggregats, die Art der Heizenergie und der Verlauf des Schmelzprozesses sind auf die jeweilige Glasart und das Produkt, das daraus werden soll, abgestimmt. Die Entnahme des geschmolzenen Glases aus dem Ofen zur Verarbeitung und die Kühlung des fertigen Erzeugnisses sind Etappen, die sich an den Schmelzvorgang anschließen.

Das Gemenge

Das Rezept, nach dem die einzelnen Rohstoffe in bestimmten Mengen für die verlangte Glasart zusammengestellt werden, heißt Glassatz. Ist der Glassatz in allen Einzelheiten sorgfältig zusammengestellt, gut vermischt und zur Schmelze vorbereitet, spricht man von Gemenge.

Alle Rohstoffe werden in den Glaswerken einer eingehenden analytischen Kontrolle unterzogen. Aufgrund der Ergebnisse werden sodann im Gemengehaus Korrekturfaktoren errechnet, so daß Schwankungen in der Zusammensetzung der Rohstoffe durch entsprechende Einwaagen ausgeglichen werden. Mit Hilfe elektronischer Programmierung ist die Gemengezusammenstellung in modernen Betrieben voll automatisiert. Um einer Entmischung bis zum Gebrauch bei der Schmelze vorzubeugen, hat das Gemenge einen Feuchtigkeitsgehalt von 2 bis 4%.

Erich Hudeczek

Antikes Glas

Die ältesten uns bekannten Glasgefäße wurden ungefähr 1500 Jahre v. Chr. in Ägypten erzeugt. Die Methode ihrer Herstellung (in der sogenannten „Sandkerntechnik") war noch verhältnismäßig kompliziert, die Gefäße waren daher sicher auch entsprechend kostspielig: Etwa eineinhalb Jahrtausende lang

Römerzeitlicher Kelch mit Schlangenfadendekor (Götzendorf)

blieben Glasgefäße ein fast unerschwinglicher Luxusartikel. Noch im 1. Jh. v. Chr., als aus dem östlichen Mittelmeerraum einwandernde Glaskünstler in Campanien in Italien Fuß faßten und hier eine Glasproduktion begannen, galt Glas noch als eine besondere Rarität. Erst mit der Erfindung der Glasmacherpfeife (wahrscheinlich durch die Phoeniker) in der zweiten Hälfte des 1. Jhs. v. Chr., die eine schnellere und billigere Herstellung von Glasgefäßen ermöglichte, konnte Glas zu dem Gebrauchsartikel werden, als den wir es heute noch kennen. Schon vor Christi Geburt, in der Regierungszeit des Kaisers Augustus, gab es Glaswerkstätten in Rom, kurze Zeit später auch in Oberitalien, von wo unter anderem auch nach Noricum, in das Gebiet des heutigen Österreich, exportiert wurde.

Die ältesten solcher in Österreich gefundenen Glasgefäße stammen von der Siedlung auf dem Magdalensberg in Kärnten, die als wahrscheinliche Hauptstadt des Königreiches Noricum schon früh intensive Handelsbeziehungen mit dem Mittelmeerraum pflegte, die vor allem über Aquileia liefen. Und gerade Aquileia hatte sich zu einem Glasproduktionszentrum mit leistungsfähigen Betrieben entwickelt, wie wir unter anderem durch zwei Glasflaschen mit Erzeugermarken wissen, die in Linz gefunden wurden. Sie stammen aus der Fabrik einer Sentia Secunda in Aquileia. Und da auch für das Gebiet der heutigen Steiermark alle wesentlichen Beziehungen zu Italien über Aquileia liefen, ist anzunehmen, daß die frühesten Glasgefäße in der Steiermark im 1. Jh. n. Chr. auf diesem Weg hierher gelangten.

Um die durch den gesunkenen Preis und durch die Zerbrechlichkeit des Materials ständig steigende Nachfrage zu befriedigen, wurde aber bereits spätestens im 2. Jh. n. Chr. in allen Provinzen des Römischen Reiches Glas erzeugt. Und waren im 1. Jh. n. Chr. sämtliche in Noricum verwendeten Gläser

Römerzeitliches Glas

noch Import aus Italien oder gar Alexandrien in Ägypten (von hier kamen die seltenen und luxuriösen Mosaik- und Millefiorigläser), so wurde der Bedarf im 2. Jh. zum Teil sicher schon von einheimischen Werkstätten gedeckt.

Natürlich übernahmen die einheimischen Erzeuger nicht nur das notwendige technische Wissen aus dem Süden, sondern sie orientierten sich auch bezüglich der Gefäßformen an italischen Vorbildern. Wir können daher im allgemeinen noch nicht im einzelnen sagen, welche der zahlreichen Gläser ab dem 2. Jh. sicher einheimisches Erzeugnis sind, bzw. welche aus Norditalien oder anderen Nachbarprovinzen eingeführt wurden. Manche der Formen waren im ganzen Römischen Reich verbreitet. In Gebrauch standen neben zahlreichen Balsamarien (Salböl- und Parfumfläschchen, manchmal fälschlich als Tränenfläschchen bezeichnet) vor allem Flaschen und Kannen, kleine Teller, Schalen und Becher, also Trink- und Dessertgeschirr. Für sicher aufwendigere Bestattungen verwendete man kugelige oder manchmal auch kantige Glasgefäße als Urnen, die speziell für diesen Zweck gefertigt wurden. Immer war es jedenfalls einfache Gebrauchsware, die bei uns hergestellt wurde, „farbloses", meist grünlich verunreinigtes Glas.

Sichere Beweise für römerzeitliche Glaserzeugung und Glasverarbeitung in der Steiermark erbrachten die Ausgrabungen in Flavia Solva (Gemeinde Wagna), wo 1970 erstmals eine kleine Werkstätte entdeckt wurde, deren Bestimmung auf Grund zahlreicher

noch unverarbeiteter grünlicher Rohglasbrocken und durch Arbeitsabfälle in Form von Glastropfen usw. klar erkennbar war. In einem Raum fanden sich die Überreste zweier Öfen, die klar als Schmelz- oder Tiegelofen und als Kühlofen gedeutet werden konnten. Bruchstücke von Schmelztiegeln, Glasfritte, Rohglasbrocken und verschiedene Arbeitsabfälle sowie glasverschmolzene Bruchstücke von Ofenwandungen, die seither bei verschiedenen Grabungen in Flavia Solva in Schuttschichten zerstörter Häuser gefunden wurden, zeigen, daß es in der Stadt zahlreiche solcher Werkstätten gegeben haben muß. Und mit größter Wahrscheinlichkeit arbeiteten sie nicht nur für die Deckung des Bedarfs der Stadtbevölkerung, sondern ebenso für den Landbezirk, in dem vor allem in Gräbern immer wieder Glasgefäße als Beigaben oder Urnen gefunden werden. Als im 3. und 4. Jh. auf Grund der großteils durch Selbstversorgung geschwundenen Absatzmärkte für Aquileia die Glasproduktion dieser Stadt quantitäts- und qualitätsmäßig stark zurückging, geriet unser Gebiet wahrscheinlich mehr in den Einflußbereich westlicher und rheinländischer Erzeugungszentren, die gerade jetzt einen enormen Aufschwung erlebten. Gefäße aus dieser Zeit, die in der Steiermark gefunden wurden und für die es in anderen Fundgebieten keine genauen Entsprechungen gibt, zeigen uns aber, daß sich auch die Werkstätten von Flavia Solva zu einer gewissen künstlerischen Selbständigkeit entwickelten. Sie kopierten nicht mehr nur Bekanntes, sondern waren durchaus in der Lage, eigene Formideen zu gestalten.

Im 5. Jh. allerdings wird diesem florierenden Handwerk durch die beginnende Völkerwanderung für längere Zeit ein plötzliches Ende gesetzt. Es gibt zumindest bisher keine Nachweise dafür, und es ist auch unwahrscheinlich, daß die antike Glaserzeugung in der Steiermark ähnlich wie im Rheinland den Untergang des Römischen Reiches überlebt hätte und so wie dort durch die Franken von den in die Steiermark eingedrungenen Völkern weitergeführt worden wäre.

Literatur:

Erich *Hudeczek*, Flavia Solva. In: Aufstieg und Niedergang der Römischen Welt, hrsg. von Hildegard Temporini und Wolfgang Haase, T. II, Bd. 6, Berlin/New York 1977, S. 414–471. Hier weiterführende Literaturangaben!

Rainald Franz

Die Entwicklung des Kunstglases

Das Glas ist ein Werkstoff, dessen Entwicklung sich über eine Zeitspanne von fast dreitausend Jahren zurückverfolgen läßt. Die Ursprünge der Glaserzeugung liegen in Ägypten. Erste datierbare Gefäße, die man dort bei Ausgrabungen freilegte, tragen das Siegel des Pharaos Tutmosis II. aus der 18. Dynastie (um 1500 v. Chr.).

Die Ägypter formten das Glas noch über einem gebrannten Tonkern als zähflüssige Masse, ohne dabei die Farbigkeit des Glasflusses kontrollieren zu können. Die Etrusker, die Griechen und die Römer importierten das ägyptische Glas als Luxusartikel. Die typische Form der ägyptischen Glasproduktion ist das kleine zylindrische Salbölgefäß (Balsamarium), das im Erzeugerland eine der üblichen Grabbeigaben darstellte.

Erst den Römern gelang es, eigene Glashütten zu errichten. In den römischen Produktionsstätten erfuhr das Glas auch seine entscheidenden Verfeinerungen in der Bearbeitung. Um Christi Geburt entwickelten römische Glashandwerker die Technik des Glasblasens auf der „Pfeife", dem dünnen, hohlen Metallrohr. Gleichzeitig wurde durch die Entwicklung von sogenannten „Glasmacherseifen" die Farbigkeit des Glases erstmals bestimmbar. Praktisch alle in der Neuzeit gebräuchlichen Techniken der Verzierung und Formung des Glases wurden schon in der römischen Antike entwickelt. Die Römer errichteten auch in den transalpinen Provinzen ihres Reiches Glashütten. Gallien, Britannien und die Rheinlande entwickelten sich schnell zu den Zentren. Den italienischen Hütten kam dabei immer eine Vorbildfunktion zu. Diese enge Bindung an die Produktion des römischen Mutterlandes erwies sich als verhängnisvoll, als im fünften nachchristlichen Jahrhundert das Imperium Romanum endgültig auseinanderbrach. Die Glashütten der Provinzen führten zwar ihre Produktion fort, jedoch setzte bezüglich des Formenrepertoires und der kunstvollen Bearbeitungstechniken ein Degenerationsprozeß ein.

Das Glas der römischen Antike hatte sich in seinen Meisterwerken durch besonders dünne Wandung, kunstvolle Farbgebung und phantasievolle Formung ausgezeichnet. Das Glas des fünften bis achten Jahrhunderts unserer Zeitrechnung, das merowingische und fränkische Glas, das vornehmlich in Hütten Galliens und der Rheinlande entstand, heben sich dagegen durch schwerfällige Formen ab. Der einzige Schmuck der Glaserzeugnisse dieser Periode besteht in dem Glasobjekt aufgeschmolzenen Ornamenten.

Die Karolinger schränkten die regressive Glasproduktion ein, indem sie der Sitte der Grabbeigaben, im Sinne des Christentums, ein Ende bereiteten. Glasobjekte hatten zuvor zu den üblichen Gaben an den Toten für das Jenseits gezählt. Einzig als Objekte der kirchlichen Liturgie sind im achten Jahrhundert Meßkelche aus Glas erhalten, ansonsten fehlen Belegobjekte. Im neunten Jahrhundert verbot die Kirche schließlich auch diese Glasobjekte wegen ihrer Zerbrechlichkeit.

Die Zeitspanne vom neunten bis zum vierzehnten Jahrhundert ist eine „dunkle" Epoche der Geschichte der Glaserzeugung. Kein sicher zu datierendes Objekt hat sich aus dieser Zeit erhalten. Im Gegensatz zur Hohlglaserzeugung florierte die Produktion von Scheiben für Glasfenster. Einzig durch Schriftquellen werden wir über den Fortbestand der Hohlglaserzeugung informiert. Das wichtigste Zeugnis stellt in diesem Zusammenhang die um 1100 entstandene „Schedula diversarium artium" eines westfälischen Mönches namens Theophilus dar. Das Werk, das für alle Zweige des damals üblichen Kunstgewerbes Rezepte liefert, widmet auch der Glaserzeugung ein ganzes Buch. Vier Kapitel davon sind, neben der Herstellung von Fensterglasscheiben, einzig der Erzeugung von Hohlglas gewidmet. Theophilus erwähnt die Glasbläserei. In seinen technischen Rezepten wird die Abhängigkeit von der fränkischen Art der Glasbearbeitung deutlich.

Während also im Westen die Glaskunst während dem Mittelalter stagnierte oder zurückging, wirkte im Orient die Tradition antiker Glaserzeugung ungebrochen fort. So nimmt es nicht Wunder, daß Europa seinen Bedarf an kunstvollem Hohlglas in dieser Periode durch Importe aus dem Orient deckte. Byzanz, Syrien und Mesopotamien waren bis ins vierzehnte Jahrhundert die Hauptlieferanten. Auch in Ägypten wurde die uralte Handwerkstradition fortgeführt. Neben dem Handel wurden vor allem die Kreuzzüge zu einem wichtigen Weg der Vermittlung orientalischer Glasmacherkunst. Als Beute der Kreuzfahrer gelangten kostbare Glasobjekte in kirchliche Schatzkammern.

Besonders fruchtbar wirkten sich die Einflüsse aus dem Orient auf die venezianische Glaserzeugung aus. Schon im elften Jahrhundert ist die Erzeugung von Hohlglas in der Lagunenstadt urkundlich zu belegen. Die Glaserzeugung wurde in Venedig dem Staatsmonopol unterstellt, die Rezepte und Techniken der Hersteller unterlagen strengster Geheimhaltung. Ab dem dreizehnten Jahrhundert wurde venezianisches Glas in den deutschen Sprachraum exportiert. Die Blütezeit des venezianischen Kunstglases liegt im fünfzehnten und sechzehnten Jahrhundert.

Im deutschen Sprachraum lassen sich erst im vierzehnten Jahrhundert wieder Glashütten zur Hohlglaserzeugung urkundlich und durch Objekte belegen. Die Zentren liegen jetzt in Böhmen und seinen angrenzenden Ländern, in Hessen, Thüringen und Sachsen. Anfangs erzeugten die Hütten nur das sogenannte „Waldglas" grüner Färbung, die Formen blieben plump. Typische Formen dieser Zeit sind große Trinkgefäße, so etwa der „Krautstrunk" mit aufgeschmolzenen Glaskugeln am Fuß, und die „Paßgläser" mit horizontal um den Schaft gelegten Glasstreifen, die als Trinkmarkierung dienten. Im sechzehnten Jahrhundert entstand die noch heute geläufige Form des Bierkruges, „Willkomm" oder „Luntz" genannt. Schon im fünfzehnten Jahrhundert wurde der „Römer" in den Rheinlanden entwickelt. Das typische Weißweinglas zeichnet sich durch einen aus Glasstreifen gebildeten Fuß aus, der der Kuppa angeschmolzen wird. Bis ins achtzehnte

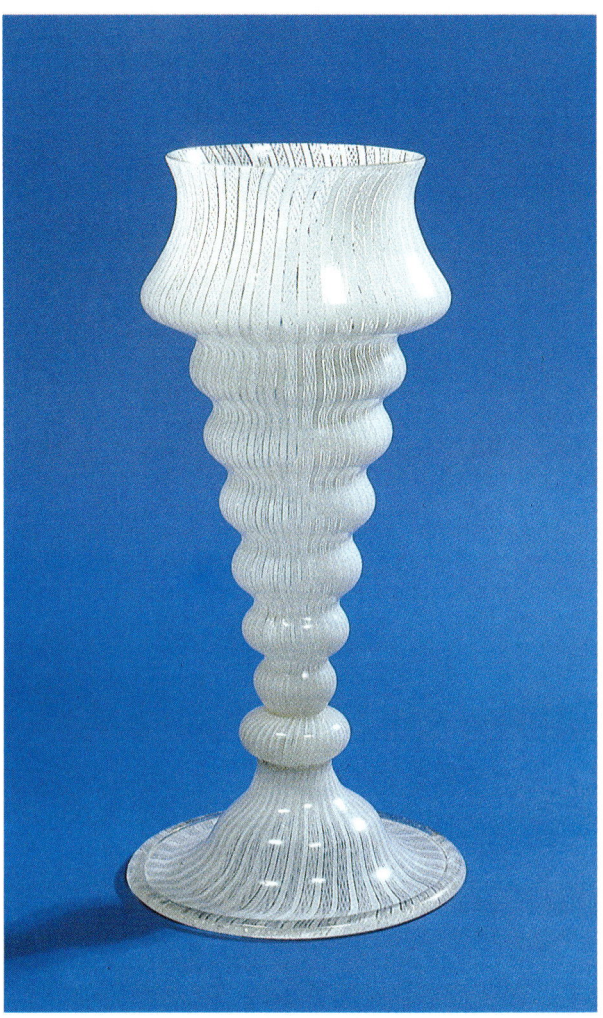

Abb. 1: Fadenglaspokal, Venedig 16./17. Jahrhundert

Jahrhundert blieben die „Wappenbecher" beliebt, hohe zylindrische Gefäße, deren Wandung mit Reichswappen verziert wurde, wozu Emailfarben dienten. In gleicher Weise wurden die „Reichsadlerhumpen" verziert.

Abb. 2: Deckelpokal, Nordböhmen, um 1720

Abb. 3: Konfektschale, Schlesisch, um 1730/40

Eine kuriose Form des Trinkgefäßes stellt der „Kuttrolf" dar, ebenfalls eine beliebte Form des sechzehnten Jahrhunderts. Die Flüssigkeit gelangt aus dem bauchigen Gefäßkörper über mehrere dünne Hohlröhren in eine erweiterte Mundschale. Auch „Scherz-gefäße" waren auf den Tafeln des sechzehnten Jahrhunderts beliebt. Den Flaschen wurden vom Glasbläser die Formen von Tieren oder Dingen des täglichen Gebrauchs, wie Stiefeln und Musikinstrumenten, gegeben.

Noch im sechzehnten Jahrhundert ahmten viele Hütten in Europa das venezianische Glas nach, das als Kunstglas ungeteiltes Ansehen genoß. So gründeten geflohene venezianische Glasbläser Hütten in Oberitalien, Tirol und den Niederlanden, wo sie ihr Wissen weitergaben.

Anfang des siebzehnten Jahrhunderts kam es in Mitteleuropa zu einem Umschwung des Geschmacks. In den böhmischen Hütten hatte man sich vom Vorbild Venedigs unabhängig gemacht und das sogenannte „Kristallglas" entwickelt. Durch Zusatz von Kalk zur Glasschmelze erreichte man eine Klarheit des transluziden Glases, die der des Minerals vergleichbar ist, welches der Glassorte den Namen gab. Fortan beherrschten dickwandige Glasgefäße aus transparentem Glas den Markt, die vor allem durch Glasschliff, Gravierung und Reliefschnitt verziert wurden. Auch die Technik des „Zwischengolddekors" wurde gepflegt, wobei gravierte Goldfolien zwischen die Wandung zweier Gläser geklebt werden, die paßgenau ineinander gesteckt werden. Die übliche Form waren Pokale mit und ohne Schaft. Ein Meister dieser Technik war der aus Niederösterreich stammende Johann Mildner (1764–1808).

Nach der letzten reichen Periode der Glaskunst im Rokoko, in der vor allem die Kunst des Glasschnittes in Böhmen und Schlesien auf hohem Niveau geübt wurde, setzt mit dem Beginn des neunzehnten Jahrhunderts eine bewußte Reduktion von Form und Dekor ein. Die Glaskünstler des Biedermeier preferierten die einfache Becherform mit und ohne Schaft. Eine typische Form der Zeit ist auch der sogenannte „Ranftbecher", der sich durch einen Wulst an der Bodenplatte auszeichnet. Die Bemalung mit Email- und Ölfarben und das „Beizen" mit Farbtinkturen sind die geläufigen Dekorationsarten. Auch das „Überfangen" des Gefäßes mit andersfarbigem Glasfluß ist eine vielgeübte Technik der Verzierung. Am Ende der Biedermeierepoche wird Glas erstmals in Manufakturen in großer Stückzahl hergestellt. Typisch für den Geschmack der Zeit sind die bemalten Becher des Wieners Anton Kothgasser.

Ab der zweiten Hälfte des neunzehnten Jahrhunderts bestimmt der „Historismus" die Glasgestaltung. Die Wiederaufnahme fast vergessener Techniken der

Abb. 4: Fläschchen mit Stöpsel, J. und L. Lobmeyr, Wien um 1878

Glasgestaltung und die Belebung der handwerklichen Glaserzeugung sind die Hauptanliegen der Epoche. Man wendet sich bewußt gegen die Manufakturfertigung des Glases, die zu einem Verfall des handwerklichen Könnens geführt hat. Um diesem Mißstand

Abb. 5: „Loetz"-Vase, Klostermühle, um 1900

Abb. 6: Vase mit Emailmalerei, Steinschönau 1913

Abhilfe zu schaffen, entstehen in ganz Europa Muster-sammlungen, wo altes Glas gesammelt und Bearbei-tungstechniken vergangener Jahrhunderte an die zu-künftigen Glashandwerker weitervermittelt wurden. Die Folge dieser Bemühungen war ein freies Experi-mentieren mit den Stilen vergangener Jahrhunderte, was selbst zum Stilmerkmal der Epoche wurde. Von römischem Glas bis zum Rokokoglas wurden alle Stile nachgeahmt oder frei nachempfunden.

Der große handwerkliche Aufschwung im Historismus bildete die Grundlage für die Ausbildung von „Art Nouveau" in Frankreich und dem „Jugendstil" in Europa und Amerika gegen Ende des neunzehnten Jahrhunderts. Erklärtes Ziel beider Bewegungen war es, dem Zeitgefühl in einem adäquaten Stil Ausdruck zu verleihen. Man befreite sich von an der Vergangenheit orientierter Nachschöpfung und entwickelte, auf der Handwerkstradition fußend, neue Formen und Dekors. Künstler wie Emile Gallé (1840–1904) und Louis Comfort Tiffany (1849–1933) bestimmten den Geschmack. Ihre in größeren Stückzahlen erzeugten Gefäße waren das Ergebnis langer Versuchsreihen in den Labors und Glashütten. Der künstlerische Ausdruck stand gegenüber dem Gebrauchswert im Vordergrund. Beliebte Dekorationsmethoden waren die „Lüstrierung" – das Aufschmelzen von Metalloxyden in Pulverform, um ein changierendes Leuchten auf dem Gefäßkörper unter Lichteinfall zu erwirken – sowie verschiedene Einschmelz- und Überfangverfahren, wobei verschiedenfarbiges Glas gegeneinandergesetzt oder verschmolzen wurde. Das Formenrepertoire wurde von organischen, vor allem floralen Formen bestimmt.

Gegen diese sehr artifizielle Form der Glasgestaltung wendete sich zu Anfang unseres Jahrhunderts der strenge Stil der 1903 gegründeten „Wiener Werkstätten". Die Glasobjekte der Künstler dieser Vereinigung zeichnen sich durch die gelungene Verbindung von Gebrauchsfähigkeit und künstlerischer Gestaltung aus. So zeigen die Entwürfe Kolo Mosers (1868–1918) einfache geometrische Formen. Das von ihm verwendete Glas ist rein transluzid, der Dekor besteht in Schwarzlotmalerei, etwa Rautenmustern. Daneben entwarf man Objekte aus opakem Milchglas, denen geometrische Ornamente in reinen Farben aufgeschmolzen waren, und Gefäße in Metallfassung (meist Silber).

Die zwanziger und dreißiger Jahre unseres Jahrhunderts bestimmte der Stil des „Art deco", der von klassischen Formen gekennzeichnet wird. René Lalique (1860–1945) entwarf als bedeutender Künstler dieser Epoche vor allem im Gußverfahren produzierte Objekte und Schmuck.

Die Glaskunst, die seit dem zweiten Weltkrieg bis heute gepflegt wird, zeichnet sich durch eine Trennung von Glasdesigner und Glaskünstler aus, wobei der letztere Glas als Material plastischer Gestaltung jenseits eines Gebrauchszweckes versteht. Die moderne Glasgestaltung findet ihre angemessenen Formen im organischen und geometrischen Bereich. Dekor wird nur sparsam verwendet, reine Farben dominieren.

Das Kunstglas ist nicht umsonst eines der beliebtesten Sammelobjekte des Kunstgewerbes. Egal, ob man altes oder modernes Glas betrachtet: Wenn man sich Zeit nimmt, um das Glasobjekt in Form und Dekor zu betrachten und nach den Intentionen des Glaskünstlers zu fragen, wird man mit Sicherheit eine große ästhetische Bereicherung erfahren. Der Zauber, den Glas über Jahrtausende auf Künstler und Betrachter ausgeübt hat, wird auch in Zukunft seine Wirkung nicht verlieren.

Ausgewählte Literatur:

Helga *Hilschenz,* Das Glas des Jugendstils, München 1973.
Helga *Hilschenz-Mlynek,* Helmut *Ricke,* Glas, Historismus, Jugendstil, Art deco, München 1985.
Hugh *McKean,* Louis Comfort Tiffany, Weingarten 1981.
Waltraud *Neuwirth,* Das Glas des Jugendstils, Wien 1973.
Waltraud *Neuwirth,* Orientalisierende Gläser, Bd. 1, Wien 1981.
Rainer *Rückert,* Die Glassammlung des Bayerischen Nationalmuseums München, Katalog, 2 Bde., München 1982.
Clementine *Schack,* Die Glaskunst, München 1976.
Walter *Spiegl,* Glas des Historismus, Braunschweig 1980.

Helmut Hundsbichler

„Gebrauchsglas" im Mittelalter

Glas hat in der modernen Welt die mannigfaltigsten häuslichen wie technischen Verwendungsmöglichkeiten: Sie reichen vom Trinkgefäß bis hin zur Elektronenröhre, vom Fensterglas bis zur optischen Apparatur, vom Schmuck bis zur zukunftsweisenden Faser- und Leitertechnik. Für das Mittelalter (ca. 500 bis ca. 1500) ist diese Bandbreite natürlich noch nicht gegeben. Doch genießt Glas aus einer Reihe von anderen Gründen ebenfalls außergewöhnliche Wertschätzung[1].

Von den Materialeigenschaften her ist Glas langhin der einzige feste Werkstoff, der durchsichtig ist und zugleich jedes andere Material spiegeln kann: Noch im frühen 19. Jahrhundert wird Glas nicht im modernen naturwissenschaftlichen Sinn, sondern zuallererst als „ein jeder glänzender Körper" definiert[2]. Weiters kann Glas verschiedene Farben annehmen. Vom farbigen Glanz hat es seinen Namen. Seine Gestaltbarkeit ist unerschöpflich, seine chemische Resistenz hervorragend. Mit all diesen Eigenschaften „überwindet" Glas sozusagen die Materie. Es steht außerdem ganz im Ruf eines kostbaren, edlen Materials: Eine stattliche Reihe begehrter Schmucksteine – z. B. Amethyst, Rosenquarz, Bergkristall, Achat, Obsidian, Tektite – ist nichts anderes als „natürliches" Glas. Zwar ist also Glas eine menschliche Erfindung, aber im Grunde eine Kopie nach der Natur. Die im römischen Weltreich hochentwickelte Glasmacherkunst überdauerte im östlichen Mittelmeerraum und im Nahen Osten bis ins Mittelalter und nahm über die Handelsbeziehungen auch entscheidenden Einfluß auf die Glaserzeugung im Abendland. Hauptschaltstelle und Hauptnutznießer dieses Technologietransfers war die Handelsmetropole Venedig. Detailreiche glastechnologische Aufschlüsse verdanken wir einer Art kunsthandwerklicher Enzyklopädie des späten 10. Jahrhunderts, der sogenannten „Diversarum artium schedula" des Mönches Theophilus.

Die künstliche Imitation eines edlen, geheimnisvollen Naturproduktes steht für die damalige Zeit im Range dessen, was man heute vergleichsweise etwa als „high technology" bezeichnen würde. Und wie heute hatte derartiges auch damals seinen Preis – und damit seine Statusfunktion. Die Statusfunktion von Glas besteht nicht nur für den Besitzer, sondern auch für den Erzeuger: In Venedig gelten Ehen der Töchter von Glasbläsern mit Patriziersöhnen als durchaus standesgemäß. König Karl IV. von Frankreich erhebt 1399 die Glasbläser zu „vornehmen Personen" (gentilhommes). Vereinzelt können bürgerliche Glasmachergeschlechter – etwa das Haus Siegwart von St. Blasien – sogar ein Familienwappen führen[3].

Aus den materialmäßigen Besonderheiten resultiert auch eine Sonderstellung von Glas im christlichen Gedankengut: „Glas heißt es, weil es durch seine Klarheit Einblicke freigibt", schreibt zur Zeit Karls des Großen der Theologe Hrabanus Maurus. Nach dem Buch der Offenbarung (21, 18 ff.) hat das Glasgefäß symbolhafte Bedeutung für den reinen Glauben. Im Glase erscheine jedes Ding so, wie es ist, zugleich verschlossen und doch offenbar. „Denn was draußen erscheint, das ist auch drinnen, so wie es keinen falschen Schein und nichts Undurchschaubares an den Heiligen der Kirche gibt." Besonders bei Monstranzen und Reliquienbehältern kommt diese Anschauung zum Tragen[4].

Diese einleitenden Feststellungen zeigen, daß Glas im Mittelalter ideell einen ganz anderen Stellenwert besessen hat als heute. Wir müssen uns also hüten, die mittelalterliche Glasgeschichte zu sehr mit modernen Vorstellungen anzugehen. Wenn wir aber besser bei der historischen Überlieferung ansetzen, drängt sich die zentrale Frage auf: Wie kommt man überhaupt an Glas aus dem Mittelalter heran? Um es vorwegzunehmen: Damit ist ein heikler Punkt der Glasgeschichte angesprochen.

Reliquiengefäß, Hochmittelalter (Katalog 10/1)

Vom 5. bis 7. Jahrhundert sind wir über mundgeblasene Glasgefäße hoher Qualität und Varietät aus Grabfunden gut unterrichtet. In karolingischer Zeit hören aber Gläser als Grabbeigaben weitgehend auf, weil im Zuge der fortschreitenden Christianisierung Europas ein entsprechendes kirchliches Verbot erlassen worden ist. In weiterer Folge legte die Kirche die einschlägigen Bibelstellen bewußt restriktiv aus, um die profane Verwendung von Glas möglichst zu unterbinden. Die Forschung ist dadurch auf spärliche Zufallsfunde angewiesen. Freilich leistete die Kirche in Einzelfällen auch wieder kleine Beiträge zur Überlieferung unversehrter Glasgefäße[5]: Eine ganze Reihe mittelalterlicher Gläser ist nur deswegen erhalten, weil sie in sekundärer Verwendung als Reliquienbehälter in Altarmensen eingemauert waren. Erst kürzlich ist in einer niederösterreichischen Burgkapelle ein sehr beachtlicher Glasfund dieser Art zum Vorschein gekommen (Kat.-Nr. 10/1).

Die Anwendung archäologischer Methoden ist unter Umständen durch die chemische Zusammensetzung von Glas erschwert: Während im Mittelmeerbereich Soda als Alkali-Komponente zur Verfügung stand, enthalten Gläser aus dem übrigen Europa – also auch aus unserem Raum – in großem Umfang Pottasche. Der Pottaschezusatz läßt solche Gläser verhältnismäßig schnell zu einer dunkelbraunen oder schwarzen, stark bröseligen Masse korrodieren, die zuweilen schon bei der ersten Berührung der Scherben zerfällt[6].

Pottaschegläser, die man wegen der Lage ihrer Produktionsstätten schon im Mittelalter auch unter dem Begriff „Waldglas" zusammenfaßt[7], sind je nach ihren mineralischen Komponenten schwächer oder stärker grünlich, gelblich, bräunlich oder bläulich getönt. Nur die Soda-Komponente ergibt vollkommen farbloses Glas. Filigranität, Ästhetik und Farblosigkeit galten früher als zuverlässige Erkennungsmerkmale für mittelalterliches Glas aus Venedig (Kat.-Nr. 10/2). Heute wird dies in zweierlei Hinsicht relativiert. Es gibt nämlich mittlerweile Anzeichen sowohl dafür, daß in den Waldglasgebieten die dekorative Farbigkeit der Alltagsgläser beliebter war, als auch dafür, daß zumindest im 15. Jahrhundert auch bereits nördlich der Alpen Glasproduktion mit venezianischem Know-how erfolgte: Charakteristische diesbezügliche Hinweise gibt eine Wiener Urkunde, derzufolge der Glasmacher Niclas Walch 1486 in der sogenannten Venediger Au (der heutigen Leopoldstadt) eine Glashütte errichten wollte, um hier „allerley glasswerch als zu Venedi gearbait wirdt" zu erzeugen[8].

Große Tragweite hat die Wiederverwertbarkeit von Glas: Allen überlieferten Rezepten zufolge wird die Glasmasse beim Schmelzen um so besser und klarer, je mehr Altglas man ihr zusetzt. „Aus Venedig wissen wir, daß die Republik ganze Schiffsladungen von Glasbruch aus dem Orient einführte. Gläser, die mißlangen oder zu Bruch gingen, wanderten nicht auf den Schutthaufen neben der Glashütte, sondern in die Schmelze zurück." Während also beispielsweise die Schutthalden der Töpfereien den Archäologen die wichtigsten Aufschlüsse für die Keramik bringen, ist mit Funden von Glasresten normalerweise nicht am Ort ihrer Herstellung, sondern nur in den Abfallgruben der Endverbraucher zu rechnen. Anders als etwa in England oder in den Niederlanden steht die Bearbeitung solcher Glasfunde im deutschsprachigen Raum noch ziemlich am Anfang. Wichtiges Vergleichsmaterial hierfür stammt aus Grabungen in der Tschechoslowakei und in Ungarn[9].

Die spärliche „direkte" Überlieferung von gläsernen Originalen aus dem Mittelalter scheint dem zeitgleichen Abbildungsmaterial (Tafelmalerei, Buchmalerei, Fresken, Holzschnitte und Kupferstiche) einen um so höheren Erkenntniswert zu verschaffen. Ganz so einfach liegen die Dinge jedoch nicht: Bildlich überlieferte Gläser haben ihre Vorzüge, aber auch ihre Tücken. Ihre Bedeutung für die allgemeine Geschichte des Glases ist evident. „Wir gewinnen durch sie Informationen über Formenschatz, Verwendungsmöglichkeit und – was vielleicht am wichtigsten ist – Datierungsstützen"[10]. Allerdings sind gemalte Darstellungen von Gläsern im wesentlichen nur für die französische Buchmalerei des 14. Jahrhunderts und für die böhmische Malerei des Mittelalters gesammelt. Für die deutsche und niederländische Kunst steht ein systematischer Überblick betreffend die Glasformen noch aus[11]. Das bisher archivierte spätmittelalterliche Bildmaterial aus dem österreichischen Raum ändert an dieser grundsätzlichen Situation wenig, weil seine Erfassung bei weitem noch nicht abgeschlossen ist[12] und eine glasgeschichtliche Auswertung daher ebenfalls fehlt. Es ist aber für die Zwecke dieser Ausstellung die nächstliegende Materialbasis und soll hier zugleich Ausgangsbasis für weiterführende Anregungen und grundsätzliche Überlegungen sein. Da frühestens erst seit dem 14. Jahrhundert eine akzeptable Überlieferungsdichte des Abbildungsmaterials besteht, wäre es beispielsweise an der Zeit, bildlich überlieferte Gläser des späten Mittelalters im Sinne einer seriösen Periodisierung nicht länger als schlechthin „mittelalterlich" zu pauschalieren[13]. Besonders bedenklich erscheint es, solche Gläser gleich a priori als verbindliches Anschauungsmaterial oder als „zweidimensionalen" Ersatz für fehlende Originale einzustufen[14]. Folgende drei Einwände sollen diesen Vorbehalt untermauern[15].

Erstens steht die spätgotische Malerei weitgehend im Dienste der religiösen Belehrung des leseunkundigen Volkes. Sie bildet zwar Szenen und Gegenstände ziemlich realistisch ab, unterlegt ihnen aber bei aller Realitätstreue andererseits ein hohes Maß an christlicher Symbolik. Daher ist es immer wieder zu

Venezianisches Glas, Waldglas, verglaste Fenster, Hängespiegel, 1490/1500 (Katalog 10/2)

beobachten, daß etwa ein gemalter spätmittelalterlicher Glasgegenstand sowohl Abbild als auch Sinnbild sein kann.

Eine Verkündigung an Maria von 1514 aus Tartsch (Südtirol) ist ein signifikantes Beispiel hierfür (Kat.-Nr. 10/3): Im Hintergrund des Bildes befinden sich auf einem Wandregal ein bemerkenswerter Becher aus nahezu farblosem Glas, darüber ein Kandelaber mit einem gläsernen Reflektor und zuoberst zwei grüne Flaschen. Das Becherglas für sich allein genommen ist vordergründig zweifellos ein prächtiger Einzelbeleg, der das handwerkliche Bemühen um die Nähe zum venezianischen Vorbild deutlich spüren läßt[16]. Aber erst die religionsgeschichtliche Interpretation liefert hierzu die erklärenden Hintergrundinformationen: Maria gilt im theologischen Denken des Mittelalters als „reines, glänzendes Gefäß der Tugend", als „heiteres Glas". Wie die Sonne durch das Glas dringt, ohne es zu verletzen, so wurde Maria Mutter und blieb doch Jungfrau[17]. Ähnlich ist der

Religiöse Glassymbolik: Becher, Reflektor, Flaschen, 1514
(Katalog 10/3)

gläserne Reflektor nicht einfach der Kerze als Raumbeleuchtung zugeordnet, sondern der Kerze als Christussymbol, nämlich als „Licht der Welt". Er spiegelt ja bezeichnenderweise nicht irgendetwas wider, sondern genau Jesus beim Gebet auf dem Ölberg! Die Auffassung „Maria ist der Spiegel, Christus das Bild"[18] wird hier quasi buchstabengetreu zur bildlichen Metapher umgestaltet.

Zweitens verwenden die mittelalterlichen Maler Vorlagen und lernen bzw. arbeiten auf der Wanderschaft. Daher ist einerseits ihr Motivvorrat mitunter veraltet und andererseits die Wahrscheinlichkeit eher gering, daß die abgebildeten Objekte für den spezifischen Entstehungsort eines Bildes typisch wären. Ein analoger Unsicherheitsfaktor für die allfällige lokale Zuordnung ist die starke Mobilität der Glaserzeuger selbst[19]. Das „steirische" Material, das im Zuge dieser Ausstellung legitimerweise einen Schwerpunkt bildet, vermittelt also keineswegs etwa eine spezifisch „steirische" Realität, und aus dem gleichen Grunde ist es berechtigt und ratsam, unsere Materialbasis keinesfalls auf die steirische Überlieferung zu beschränken.

Drittens schließlich ist jede Malerei, die sich an die Öffentlichkeit wendet, von ihrem Auftraggeber her auch ein eminentes Mittel der Repräsentation. Aufgrund der eingangs erläuterten Wertschätzung gehören Gegenstände aus Glas mit zu den hierfür prädestinierten Signalobjekten. Gerade als solche zeigen sie aber nicht sosehr das Übliche, allgemein Zugängliche, Alltägliche an, sondern vielmehr das Außergewöhnliche, Exklusive, Nicht-Alltägliche. Repräsentation mit derartigen Signalobjekten ist in Form der Malerei nicht nur wesentlich billiger, sondern in letzter Konsequenz nicht einmal an den tatsächlichen Besitz der betreffenden Gegenstände gebunden.

Ein charakteristisches Signalobjekt der beschriebenen Art ist die Brille[20], eine der kulturgeschichtlich bedeutsamsten Erfindungen des Mittelalters. In Venedig gelangt sie um 1280 erstmals zur Verwendung. Sie besteht anfänglich aus zwei deckungsgleichen, über dem Nasenrücken gelenkig miteinander verbundenen und auf die Nase geklemmten Hälften. Als Symbol von Gelehrsamkeit begegnet sie im 15. Jahrhundert sowohl bei christlichen Heiligen als auch bei den negativ charakterisierten jüdischen „Schriftgelehrten" oder nicht-christlichen „Philosophen" (Kat.-Nr. 10/4). Ursprünglich sind als Linsen nicht Gläser, sondern geschliffene Kristalle eingesetzt, und tatsächlich ist das Wort Brille von „Beryll" herzuleiten. Genau genommen ist die mittelalterliche Brille zunächst also gar kein gläsernes Objekt. Nach dem Wittenberger Heiligtumbuch trägt beispielsweise ein dortiges Reliquiar noch 1509 „ein prillen glas": Damit ist keine Brille gemeint, aber auch kein Glas, sondern ein durchsichtiger Einsatz aus optisch geschliffenem Beryll. Wegen des kostspieligen Schleifvorganges ist die Brille im Mittelalter erst für wenige erschwinglich – und nur deswegen konnte sie ja überhaupt zu einem Standesabzeichen werden.

Aber sind denn Gläser, die der Repräsentation dienen, als Gebrauchsgläser anzusprechen? Wenn man „Gebrauchsgläser" herkömmlicherweise als „Gläser des Alltags" versteht[21], ist das eine unbequeme Frage: Sie gibt zu bedenken, daß bildlich überlieferte Gläser des Mittelalters durchaus nicht-alltäglich sein können. Gerade das Alltägliche ist ja in letzter Zeit als das Nicht-Darstellungswürdige erkannt worden[22]. Infolgedessen ist religiöses Bildmaterial bei weitem nicht der verheißungsvolle Zugang zum alltäglichen Gebrauchsglas des Mittelalters, für den es gern gehalten wird. Ebenso ist von der Annahme abzuraten, das religiöse Bild – d. h. ein Medium mit ganz anderer Zielsetzung – würde ein weitgehend vollständiges Paradigma von gläsernen Gebrauchsgegenständen erschließen. „Gebrauchsglas" verstanden als „Glas in alltäglicher Verwendung" scheint sich als sprechender Fachausdruck wohl besser für die moderne Auffassung von Glas zu eignen als für die angedeuteten Verhältnisse im Mittelalter. Deshalb eingangs die Anführungszeichen.

Somit erweist sich mittelalterliches Gebrauchsglas aus dem österreichischen Raum bis auf weiteres noch als denkbar schwer zugänglich: Eine hinlängliche Anzahl und Vielfalt von Glas-Belegen ist bei uns vorerst weder archäologisch, museal oder archivalisch, sondern ausgerechnet in Form der bildlichen Überlieferung aus dem späten Mittelalter greifbar. Mit anderen Worten, es verbleibt nur der Zugriff auf einen Teilbereich des Mittelalters und auf den quellenkritisch problematischsten Typus der Überlieferung.

Arzneiflaschen, 1469–1480 (Katalog 10/7)

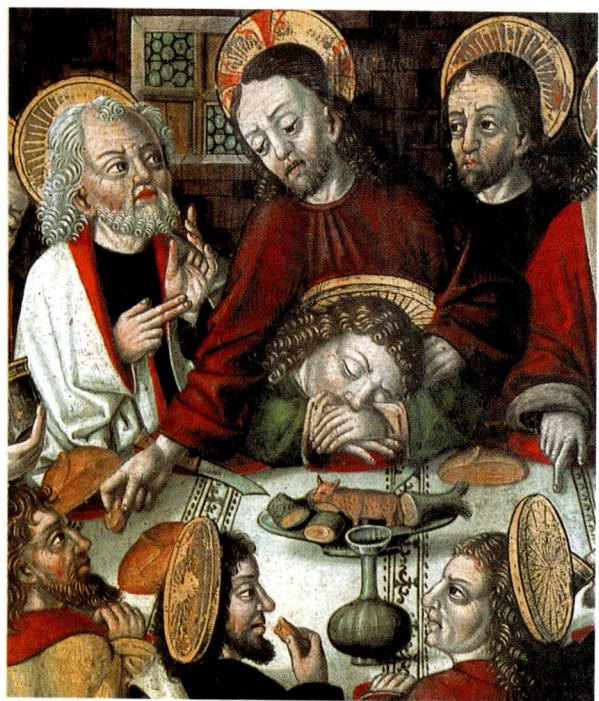

Eßszene mit Enghalsflasche, teilweise verglaste Fenster, 1485–1490 (Katalog 10/11)

schließlich alltäglichen Verwendung vor. Vielmehr bringen Uringlas, Sanduhr, Tintenfaß und die schon weiter vorne kommentierte Brille in der Sprache der spätmittelalterlichen Bilder medizinische Schulung, Kenntnis der Zeitmessung sowie Schreib- und Lesekundigkeit zum Ausdruck, also durchaus exklusives Bildungsgut des Mittelalters – und hauptsächlich diesem Umstand verdanken wir ihre bildliche Überlieferung.

Ärztliche Arzneifläschchen sind relativ klein und galten – nach älteren Bodenfunden in Köln, Mainz und Wien zu schließen – möglicherweise als Einwegflaschen, also „Verbrauchsglas"[24]. Auf einem Wiener Tafelbild von 1469/80 mit dem Thema „Marientod" sind in einer Wandnische vier Flaschen aus fast farblosem Glas abgebildet, die trotz ihrer ansehnlichen Größe an ihren Etiketten eindeutig als Arzneiflaschen identifizierbar sind: Unter anderem sind die Aufschriften „Rosenwa(sser)" und „Malve" zu lesen (Kat.-Nr. 10/7).

Solche Flaschen, die nicht mehr primär im beruflichen Gebrauch des Arztes oder Apothekers stehen, leiten nun abschließend zum „Glas im häuslichen Gebrauch" über[25].

Ganz deutlich tritt die Mehrzahl „häuslicher" Arzneiflaschen in offensichtlicher Bindung an ein eingeschränktes Repertoire von Bildthemen auf: Abgesehen vom gerade besprochenen Tod Mariens sind an Rahmenthemen die Verkündigung an Maria, die Geburt Mariens, weiters die Krankenpflege als Werk der christlichen Nächstenliebe sowie Wunderheilungen auszumachen (Kat.-Nr. 10/3 sowie 8–10). Kugelförmige Flaschen mit hohem Hals, die entweder mit einem breiten, trichterförmigen Mundsaum oder mit einem Standring ausgestattet sind, ergänzen diese Typologie, stammen aber aus Abendmahlsdarstellungen und zählen offenbar zum Tischgeschirr (Kat.-Nr. 10/11 und 12). Sie sind wohl als einfache Formen des sogenannten Angsters anzusprechen.

Aus den genannten Themenkreisen sind überraschend wenige Belege, aber erstaunlich vielfältige Formen von Flaschen nachzuweisen. Diese Vielfalt ist wohl damit zu erklären, daß die Flasche zu den genuinsten mundgeblasenen Glasformen und zu den vorherrschenden Gefäßen des Mittelalters für die Aufbewah-

Die Liste der auffindbaren Belege läßt sich grob in drei große Gruppen unterteilen. Hiervon gehört „Glas als künstlerisches Medium" zweifellos nicht zum Gebrauchsglas, so daß die farbige Fensterverglasung, die gläserne Imitation von Edelsteinen, die Emailkunst oder das Mosaik hier außer Betracht bleiben können. Die nächste Gruppe könnte heißen: „Glas im Gebrauch der Wissenschaft" (= Alchimisten, Apotheker, Ärzte und sonstige Gelehrte).

Aus diesem potentiellen Anwendungsbereich von Glas sind im verfügbaren Abbildungsmaterial nur Uringlas, Arzneiflasche, Sanduhr, Tintenfaß und Brille vertreten (Kat.-Nr. 10/2, 5 und 6)[23]. Diese Aufzählung erscheint auf den ersten Blick höchst „profan". Dennoch liegt im konkreten Zusammenhang keineswegs nur Gebrauchsglas im Sinne der aus-

Trinkgläser nach venezianischer Art, 1526 (Katalog 10/14–17)

rung von Flüssigkeiten zählt[26]. Die Formenvielfalt ist deswegen von Interesse, weil gläserne Flaschen in der Steiermark als mittelalterliche Originalgegenstände so gut wie gänzlich fehlen. Andererseits verdeutlicht die ikonographisch vorgegebene Einengung neuerlich, wie stark unsere Kenntnis der mittelalterlichen Glasobjekte durch Zufall und Absicht der religiösen Bildüberlieferung selektiert ist: Uns werden damit nur Ausschnitte der einstigen Realität vermittelt, die wir in profaner Umschreibung den Lebensbereichen Krankheit, Schwangerschaft, Geburt und Tod bzw. Fest zuordnen können. Das sind zweifellos einschneidende, um so weniger aber alltägliche oder repräsentative Belange des häuslichen Lebens. Umgekehrt:

Gerade diese Diskrepanz veranschaulicht die Sonderstellung von Glas im mittelalterlichen Alltag gar nicht so schlecht.

Die ikonographisch bedingte Vorselektion ist möglicherweise durch Erweiterung des Quellenspektrums abzuschwächen: Schon der minimale Schritt in die steirischen Bestände an Buchmalerei bereichert nämlich die bildlich belegbare Flaschen-Typologie – mit einem Beleg in einem juridischen Codex aus Seckau (vor 1350) – um eine durchsichtige Tüllenflasche (Kat.-Nr. 10/13).

Der vorhin erwähnte Angster gilt seit dem Mittelalter in Deutschland als relativ populäres Hohlglas: In Venedig hießen die für den deutschen Markt be-

119

stimmten Produkte dieser Art ganz spezifisch „inghistere todesche". Und so verwundert weder die geringe Anzahl von Belegen im erhabenen Milieu der Abendmahlsdarstellungen noch die Nachweisbarkeit dieser Flaschenform in einem bescheidenen Dorf des Kärntner Gitschtales (1485)[27].

Sehr kreativ und beziehungsreich ist ein Angster-Beleg auf einem Freskenzyklus von 1526 in Bruneck (Südtirol) gestaltet: Ein bemerkenswerter Pokal aus Glas ist auf der Kuppa mit einem waagrecht umlaufenden Band von geleerten Angstern dekoriert. Aus demselben Zyklus sind noch einige weitere Formen von Pokalen und Fußgläsern als echte Raritäten für die glasgeschichtliche Forschung anzusprechen – nicht zuletzt deswegen, weil hier keine religiöse, sondern profane Malerei vorliegt (Kat.-Nr. 10/14–17).

Während solche Gläser vergleichsweise seltene Luxusgegenstände typisch venezianischer Provenienz sind, gibt es auch aus dem Bereich des Waldglases einen typischen, aber sozusagen „massenhaften" Repräsentanten: den variantenreichen Nuppenbecher (Kat.-Nr. 10/18), so benannt nach seinem Dekor aus aufgeschmolzenen Glastropfen rund um die gesamte Becherwand, der orientalischen Ursprungs ist[28]. Mitunter trägt der hl. Benedikt als Heiligenattribut einen Nuppenbecher. Weiters gehört ein Großteil der in unserem Raum als Reliquienbehälter überkommenen Gläser in die Großfamilie des Nuppenbechers (der sog. Krautstrunk, Kat.-Nr. 10/19). Möglicherweise ist es ein Hinweis auf seine Alltäglichkeit, daß er auf Eßszenen im hier betrachteten Bildmaterial um die Wende zur Neuzeit nur in sehr wenigen Belegen (aus Südtirol, Kärnten, der Steiermark und Niederösterreich) bildlich belegbar ist.

Schon weiter vorne ist darauf hingewiesen worden, daß becherförmige Gläser jeder Art bei Mariendarstellungen spezifischen symbolkundlichen Wert besitzen. Es ist daher nicht verwunderlich, daß gerade Szenen aus dem Marienleben gleichsam eine Fundgrube für gläserne Becher sind – darunter allerdings nur ein einziger (Wiener) Beleg für völlig entfärbtes, also „venezianisches" Glas. Ebenfalls aus Wien stammt der in Österreich bisher einzige bildliche Nachweis für die andere in Venedig/Murano vorherrschende Geschmacksrichtung[29]: ein durchgefärbtes

Luxusglas in tiefem Blau, montiert auf einem filigranen Fuß aus Edelmetall. Aus dem Kreis der Waldglas-Becher verdient ein wieder aus Wien überlieferter Bildbeleg für einen oktogonalen, also in die Form geblasenen Becher mit Schrägstrich-Dekor besondere Erwähnung. In Oberösterreich findet sich schließlich die Wiedergabe eines grünlichen gläsernen Kragenbechers, dessen Nuppen- und Rippendekor offenbar gemalt ist (Kat.-Nr. 10/20–23). Allerdings läßt die Erstreckung des Dekors auf den Kragen und das sichtlich verunglückte Profil des Bechers – der Boden ist breiter als der Kragenansatz[30] – an der Vertrauenswürdigkeit der künstlerischen Wiedergabe zweifeln. Auch auf diesen Faktor wird man also bei der Arbeit mit bildlichen Quellen grundsätzlich achten müssen.

Gläser des Mittelalters, an die man in dieser Funktion heute fast nicht mehr denken würde, sind die Öllampen[31]. Sie verdanken ihre Verbreitung vor allem der Notwendigkeit, Kirchenräume zu beleuchten. Für ihre allfällige Verwendung im privaten Bereich des Wohnens besteht ein sicher stark einschränkendes Moment darin, daß Lichtöl im Mittelalter auf Dauer nur für Wohlhabende erschwinglich ist. Mit Abstand am häufigsten überliefert ist die – übrigens schon seit der Spätantike nachweisbare – trichterförmig abgestufte Lichtschale aus Glas. Von ihrer Form her ist sie eine typische Hängelampe, mit allen Zwischenstufen von der Einzelaufhängung bis zum zusammengesetzten Kron- und Radleuchter (Kat.-Nr. 10/24). Daß sie in der Spätgotik am häufigsten als Einzellampe abgebildet erscheint[32], beruht z. T. wohl auf der an Einzelfiguren gebundenen Symbolik der religiösen Bilder: Beispielsweise geben die Klugen Jungfrauen mit den brennenden Lichtern zu erkennen, daß sie sich für das ewige Seelenheil (das Reich Gottes) bereithalten (Kat.-Nr. 10/25)[33]. Noch häufiger ist bei uns die Öllampe als Attribut des hl. Veit verbreitet.

Im Widerspruch zur Ausnahmestellung von farblosem Glas scheinen durchsichtig verglaste Laternen mit den teuren Wachskerzen zu stehen, wenn sie im ärmlichen Milieu der Geburt Christi oder des Einsiedlers in Christophorus-Darstellungen begegnen. Hier sind die kostbaren Materialien aber neuerlich mit der symbolhaften Deutung Christi als „Licht der Welt" zu erklären (Kat.-Nr. 10/26).

Ebenfalls nur über das religiöse Symbol kommen wir hin und wieder an bildliche Belege für den Spiegel heran: In negativer Hinsicht symbolisiert er Eitelkeit und Putzsucht als hoffärtiges Teufelswerk. Als positives Zeichen wurde er schon weiter vorne angesprochen, nämlich als Sinnbild für die heilige Maria[34]: Maria ist der Spiegel, ja sie ist reiner als der Spiegel. Die Parallele des religiösen Symbols zur Glastechnologie ist frappierend: Unter den raren Flachgläsern ist das Spiegelglas ursprünglich allein das hochwertige Glas, seine herstellungsbedingten Unebenheiten wurden in einem aufwendigen Schleif- und Polierprozeß beseitigt[35]. Aus den religiösen Abbildungen können wir wohl Hinweise zur Gestaltung von mittelalterlichen Spiegeln gewinnen (Kat.-Nr. 10/2 und 27), nicht aber Einblicke zu seiner Stellung im Alltagsleben.

Der andere Repräsentant für Flachglas ist die Fensterverglasung. Speziell die farbige Fensterverglasung ist wegen der Bewunderung und der religiösen Überhöhung von Glas fast das ganze Mittelalter hindurch exklusives Gestaltungsmittel für Sakralräume[36]. Demgegenüber dominiert bei profanen Fenstergläsern bis ins 19. Jahrhundert einfärbiges, schwach grünliches Waldglas[37]. Im Vergleich zu herkömmlichen Fensterverkleidungen des Mittelalters – geölte Leinwand, dünn gegerbte Häute, Pergament, Tierblasen, auch Marienglas – ist an Lichtzutritt, Durchsichtigkeit und Dichtigkeit sicherlich Glas vorzuziehen. Über die Herstellung von mittelalterlichem Fensterglas unterrichtet am genauesten die „Schedula" des Theophilus (10. Jh.). Da kreisrunde oder rhombische Glasplättchen erst mittels Stegen aus Blei und Zinn zu größeren Glasflächen verbunden werden mußten (Butzen- bzw. Rautenscheiben, Kat.-Nr. 10/28), ist jede derartige Fensterverglasung vom Material- und vom Arbeitsaufwand her teuer. Ungeachtet relativ früher archäologischer Nachweise in England oder Nennungen in der österreichischen Dichtung des 13. Jahrhunderts[38] sind deshalb profane Fenstergläser noch im 15. Jahrhundert ausgesprochene Raritäten: Verglast sind nicht einmal bei Repräsentationsbauten – z. B. Burgen, Rathäuser – sämtliche Fenster, sondern im allgemeinen nur die Fenster der „besseren" Räume oder auch nur Teile von Fenstern (Kat.-Nr. 10/2, 11 und 20)[39].

Gerade weil der Besitz von Glas im Mittelalter sichtlich von der Finanzkraft abhängt, korreliert die Verbreitung von Glas mit der Intensität des Geldumlaufes und damit auch mit der Entwicklung des Städtewesens. Der städtische Markt hat ein ungleich größeres Volumen, als es zuvor mit der alleinigen Nachfrage des Adels gegeben war. Die jüngsten Stadtkern-Grabungen in Mitteleuropa lassen denn auch nicht daran zweifeln, daß an der Wende zur Neuzeit, also in einer Blütezeit des Städtewesens, ein regelrechter Glas-Boom herrschte, wie wir ihn allein aufgrund der Bildzeugnisse nie für möglich halten würden: So produzierten die Glashütten in Hessen Mitte des 16. Jahrhunderts allein 30 t Fensterglas jährlich[40]. Solche Aufschlüsse zeigen, daß die Glasgeschichte des Mittelalters dringend neuer Fundamente bedarf – und sicher wird sie damit beizeiten neu zu schreiben sein.

Anmerkungen:

[1] Dies und das Folgende nach Franz *Rademacher*, Die deutschen Gläser des Mittelalters, Berlin 1963[2], S. 9–21; Hans *Jebsen-Marwedel*, Glas in Kultur und Technik. Ein Werkstoff, seine Entwicklung und Gegenwart, Selb 1976, S. 27 ff. und 49; Heinz-Peter *Mielke*, Glasmuseum Wertheim. Ein Führer durch seine Bestände, verbunden mit einer Einführung in die Geschichte des Glases und seiner Technologie = Schriften des Glasmuseums Wertheim 1, Wertheim 1977, S. 8–32.

[2] Erst an dritter Stelle und „in der engsten Bedeutung" ist Glas „ein aus Sand oder Kieseln mit einem Alkali und Salz zusammen geschmelzter durchsichtiger Körper, welcher im gemeinen Leben zu mancherley Bedürfnissen gebraucht wird": vgl. Johann Christoph *Adelung*, Grammatisch-kritisches Wörterbuch der Hochdeutschen Mundart etc., Bd. 2, Wien 1808, S. 695.

[3] *Jebsen-Marwedel*, wie Anm. 1, S. 46.

[4] *Mielke*, wie Anm. 1, S. 28 f.

[5] Ebd., S. 26 ff. und 29; Rainer *Kahsnitz*, Formen mittelalterlicher Gläser. In: Aus dem Wirtshaus zum Wilden Mann. Funde aus dem mittelalterlichen Nürnberg. Ausstellungs-Katalog, Hg. Rainer *Kahsnitz* – Rainer *Brandl*, Nürnberg 1984, S. 40.

[6] Ebd., S. 38.

[7] Hierzu s. *Mielke*, wie Anm. 1, S. 34 f.

[8] *Kahsnitz*, wie Anm. 5, S. 38 ff.; zum Folgenden vgl. ebd.

⁹ Vgl. die Literaturzitate ebd., S. 53 sowie Imre *Holl*, Glasfunde des 15.–16. Jahrhunderts aus dem Hause eines Patriziers in Sopron (Ungarn). In: Zeitschrift für Archäologie des Mittelalters, 6/1978, S. 95–103.

¹⁰ *Mielke,* wie Anm. 1, S. 73; vgl. auch *Kahsnitz,* wie Anm. 5, S. 38.

¹¹ Alles nach *Kahsnitz,* wie Anm. 5, S. 38.

¹² Der vorliegende Beitrag und der Katalogteil stützen sich auf den Gesamtbestand an Tafelmalerei und auf Teilbestände an Wandmalerei im heutigen Bundesstaat Österreich sowie in Slowenien und Südtirol. Katalogmäßige Vollständigkeit ist nicht beabsichtigt.

¹³ Vgl. stellvertretend für andere Donald Benjamin *Harden,* Table Glass in the Middle Ages. In: Rotterdam Papers, 2/1975, S. 35.

¹⁴ „From the 13th century onwards there are so many pictures telling a consistent story that we normally can accept their testimony without question" (ebd.); ähnlich vorbehaltlos schon *Rademacher,* wie Anm. 1, S. 21.

¹⁵ Vgl. zum Folgenden Elisabeth *Vavra,* Kunstwerke als Quellenmaterial der Sachkulturforschung. In: Europäische Sachkultur des Mittelalters = Veröffentlichungen des Instituts für mittelalterliche Realienkunde Österreichs 4 = Sb. Ak. Wien, phil.-hist. Kl. 374, Wien 1980, S. 195–232; Harry *Kühnel,* Abbild und Sinnbild in der Malerei des Spätmittelalters, ebd., S. 83–100.

¹⁶ Vgl. Kat.-Nr. 10/2.

¹⁷ Anselm *Salzer,* Die Sinnbilder und Beiworte Mariens in der deutschen Literatur und lateinischen Hymnenpoesie des Mittelalters = Separatabdrücke aus den Programmen des k. k. Ober-Gymnasiums zu Seitenstetten von 1886 bis 1894, Linz 1893, S. 71–74 und 314.

¹⁸ Ebd., S. 76 f.

¹⁹ Hierzu s. Thomas *Dexel,* Gebrauchsglas. Gläser des Alltags vom Spätmittelalter bis zum beginnenden 20. Jahrhundert, München 1983², S. 16 f.

²⁰ Hierzu *Mielke,* wie Anm. 1, S. 29 und 86; *Jebsen-Marwedel,* wie Anm. 1, S. 65 f.; W. *Pfeiffer,* Art. Brille. In: Lexikon des Mittelalters, Bd. 2, München–Zürich 1983, Sp. 690 ff.

²¹ *Dexel,* wie Anm. 19, S. 2 f. versteht darunter „das tatsächlich verwandte Gerät . . ., nicht das für besondere, hauptsächlich repräsentative Zwecke . . . gearbeitete".

²² Vgl. etwa Gerhard *Jaritz,* Verdeckte Spuren. Bemerkungen zum Alltag im österreichischen Hochmittelalter. In: 800 Jahre Georgenberger Handfeste. Lebensformen im Mittelalter = Mitteilungen des Museumsvereines Lauriacum Enns, NF Bd. 24, Enns 1986, S. 90.

²³ Vgl. z. T. bei *Rademacher,* wie Anm. 1, S. 37 ff. und 51–56.

²⁴ Ebd., S. 54.

²⁵ Allgemein zu spätmittelalterlichen Flaschen s. ebd., S. 70 ff.; *Kahsnitz,* wie Anm. 5, S. 49 ff.; *Mielke,* wie Anm. 1, S. 46–50.

²⁶ *Dexel,* wie Anm. 19, S. 19 f.

²⁷ *Rademacher,* wie Anm. 1, S. 60–70; *Kahsnitz,* wie Anm. 5, S. 41 und 50; *Jebsen-Marwedel,* wie Anm. 1, S. 89; *Harden,* wie Anm. 13, S. 35 f.; Helmut *Hundsbichler,* Art. Angster. In: Lexikon des Mittelalters, Bd. 1, München–Zürich 1980, Sp. 640; ders., Reise, Gastlichkeit und Nahrung im Spiegel der Reisetagebücher des Paolo Santonino, phil. Diss., Wien 1979, S. 261.

²⁸ Vgl. *Rademacher,* wie Anm. 1, S. 105–115; *Kahsnitz,* wie Anm. 5, S. 43–49; *Dexel,* wie Anm. 19, S. 42–45.

²⁹ Ebd., S. 63.

³⁰ Vgl. die typologische Charakteristik der Becherformen ebd., S. 18.

³¹ *Rademacher,* wie Anm. 1, S. 75–90.

³² Ebd., S. 86.

³³ Lexikon der christlichen Ikonographie, Bd. 2, Rom–Freiburg–Basel–Wien 1970, Sp. 458–463.

³⁴ Vgl. bei Anm. 18.

³⁵ G. F. *Hartlaub,* Zauber des Spiegels. Geschichte und Bedeutung des Spiegels in der Kunst, München 1951, S. 147–158; *Salzer,* wie Anm. 17, S. 76 f., 337 ff., 449 und 549; *Jebsen-Marwedel,* wie Anm. 1, S. 160–166.

³⁶ Vgl. Eva *Frodl-Kraft,* Die Glasmalerei. Entwicklung, Technik, Eigenart, Wien–München 1970; G. *Mahr,* Spätmittelalterliche Glasmalerei, Konstanz 1976.

³⁷ *Adelung,* wie Anm. 2, S. 697, kennzeichnet den Farbton Glasgrün als „dem gemeinen grünlichen Fensterglase gleich".

³⁸ Donald Benjamin *Harden,* Domestic Window Glass: Roman, Saxon and Medieval. In: Studies in Building History, E. M. Jope (ed.), London 1961, S. 52 ff. bzw. im „Kleinen Lucidarius" des sog. Seifried Helbling, I/1293 und 1355. (Den Hinweis hierauf verdanke ich meiner Kollegin Dr. Gertrud Blaschitz, Krems.)

³⁹ *Kahsnitz,* wie Anm. 5, S. 40; *Jebsen-Marwedel,* wie Anm. 1, S. 150; *Mielke,* wie Anm. 1, S. 92–99; *Harden,* wie Anm. 38, S. 54–58; Helmut *Hundsbichler,* Wohnen. In: Alltag im Spätmittelalter, Hg. Harry Kühnel, Graz–Wien–Köln, 1986³, S. 263.

⁴⁰ *Dexel,* wie Anm. 19, S. 30 f., 36 und 41.

Paul W. Roth

Waldglashütten

Nicht weniger als 2400 kg Holz waren nötig, um 1 kg Glas herzustellen – 97% davon in Form von Pottasche! Nur 3% des verwendeten Holzes wurden dabei für die eigentliche Wärmeerzeugung verbraucht, was immerhin noch 72 kg pro Kilogramm Glas bedeutete. Das heißt, daß der Wärmebedarf bei direkter Holzfeuerung etwa 21.000 Kilokalorien pro Kilogramm Glas betrug. Nur mit trockenem Holz wurde in den Waldhütten gefeuert, und auch die Pottasche wurde von den Aschenbrennern direkt aus Holz gebrannt. Angesichts ihres enormen Bedarfs an Pottasche galten die Glashütten als „eine Holz fressende Sache"[1].

Es ist verständlich, daß sich aus diesen Gründen die Glashütten in der Zeit, bevor man sich dem „unterirdischen Wald" zuwendete, in waldreichen Gegenden niederließen. Das war in der Steiermark nicht anders[2].

Hiebei konnten die mittelalterlichen Hütten noch durchaus in Talnähe angesiedelt sein. Da geschlossene Waldungen seit dem 16. Jahrhundert in Tallagen aber kaum mehr vorhanden waren, wurden die Glashütten seither in mittleren Höhen errichtet. Die steirischen Waldglashütten seit dem 16. Jahrhundert befanden sich ohne Ausnahme in einer Höhenlage von ca. 1000 bis 1200 m Seehöhe. Die Betriebsdauer der Waldglashütten seit dieser Zeit in der heutigen Steiermark sei tabellarisch hier ausgewiesen.

Westliche Steiermark

Glashütten I	1621–1664 (?)
Salla I u. II	1660–1677
Glashütten II	1664–1683, ?–1738
Soboth I	1730–1764
Salla III	1769–1796
Soboth II	1797–1821, 1835–1858

Östliche Steiermark

Neuberg	1580–1602
Teichalpe I	1690–1740
Feistritztal	1692–1717
Thalberg I	1714–1740
Teichalpe II	1749–1767
Thalberg II	1763–1852

Die Durchschnittsbetriebsdauer der Waldglashütten ist hieraus mit 20–30 Jahren zu erkennen. Von Holznöten der einzelnen Hütten hören wir immer wieder! Wie ersichtlich, befanden sich die Waldglashütten an den Hängen der Koralpe, aber auch im oststeirischen Hügelland.

Bis ins frühe 20. Jahrhundert herein hielten sich aber holzfeuernde Glashütten des Bacherngebirges.

Die Hütte im Feistritztal, 1692

Eine Zusammenstellung dieser Hütten zeigt dies deutlich[3].

Weitenstein/Vitanje, etwa 1750–1791

Maria Rast/Ruše, an der Lobnitzmündung, 1749–1754

Mißlingbach am Kreuzgraben/Mislinje, um 1784

Bösenwinkel bei Reifnigg/Hudi kot, ältere Hütte, 1749–1780

Maria Rast/Ruše, Hütte oberhalb des Hirschensprunges, 1749–1790

Oberlembach/Limbus, 1749/1772–1889

Rakonitz bei Weitenstein/Rakovez, 1781–1871

St. Lorenzen am Bachern/Sveti Lovrenz na Pohorju, Hütte am Krätzenbach, 1794 bis etwa 1808

St. Lorenzen am Bachern, Hütte Langerswald, 1804–1864

Alt-Benediktental/Lamprechtov, Hütte im Lamprechter Wald, 1825–1838

Josefstal im Bösenwinkel/Josipdol, 1799–1909

St. Lorenzen in der Wüste/Sveti Lovrenz, 1833–1888

Neu-Benediktental an der Lobnitz/Vori Bendiktov Dol, 1834–1892

Was die Produktion der Glashütten anbelangt, kann mit Sicherheit gesagt werden, daß die steirischen Glashütten seit jeher alle Sorten von Hohl- und Tafelglas erzeugten. Aus der älteren Zeit haben sich leider kaum Originalgläser erhalten. Nach den schriftlichen Aufzeichnungen der Glashütte Glashütten aus der Zeit zwischen 1724 und 1737 erfahren wir, daß neben gemeinem Glas auch Kreideglas erzeugt wurde. An Tafelglas finden wir neben Tafeln sämtliche Größen von rundgeschnittenem Fensterglas. Alle Formen von Glas wurden natürlich auch in den Waldglashütten des 19. Jahrhunderts hergestellt.

Aus einer Urkunde von 1396 ersehen wir, daß in der Glashütte im Rabenwald zwei Glasmacher mit einem Gehilfen arbeiteten, zwei Männer den Vertrieb der Ware besorgten. Auch von einem Aschenbrenner hören wir. Nicht angeführt in der Hüttenverwandtschaft sind die Kinder der Hüttenleute, die als Einträger beschäftigt gewesen sind, die Holzfäller und die Frauen, die Einbindearbeiten leisteten. Für die späteren Hütten sind neben dem Meister bis zu sieben Gesellen zu finden. Für die Hütte in Glashütten kann man mit den Kraxenträgern 28 Hüttenbeschäftigte ausweisen, davon zwei Schürer, einen Holzhacker und 10 Kraxner. Alles in allem dürfte das Personal aber auf drei Dutzend Personen angewachsen sein.

Obwohl wir keinerlei Quelle über die Öfen in den steirischen Waldglashütten besitzen, können wir annehmen, daß hier holzgefeuerte Glasschmelzöfen einfacher Bauart verwendet wurden. Diese Öfen konnten relativ leicht errichtet werden. In einer Sohle brannte das Feuer, in höherer Lage standen im Kreis etwa sechs bis acht Häfen mit der Glasschmelze. Der Ofen war oben geschlossen und durch kleine seitliche Fenster für die Pfeife des Glasmachers zugänglich. Zum Einschmelzen der Rohstoffe kann ein eigener Ofen vorhanden gewesen sein. Auf jeden Fall gab es einen eigenen Ofen zum langsamen Abkühlen der erzeugten Produkte.

Das wichtigste Werkzeug zur Glaserzeugung war die bereits genannte „Glasmacherpfeife". Sie wurde dazu benutzt, einen aufgenommenen Glastropfen zu einem länglichen oder runden Hohlkörper aufzublasen. Dieser Hohlkörper wurde bei der Hohlglaserzeugung in eine Form aus Holz eingesenkt. Das rohe Stück konnte noch heiß mit verschiedenen Werkzeugen, wie etwa Nabeleisen, Bindeisen und Zwickeisen, Auftreibschere und Walkholz, bearbeitet und zuletzt mit der Abschneidschere von der Pfeife geschnitten werden. War das Glas abgekühlt, konnte eventuell ein Schleifer das Glas weiter verzieren. Zu einer Glashütte gehörten aber neben den Glasmachern auch andere Fachleute wie z. B. die Ofenschürer, die Hafenmacher, weiters die Modelmacher und die Schmelzer. Glasmeister oder, falls vorhanden, der Hüttenschreiber trugen die Verantwortung.

Der Vertrieb der Ware, der durch Kraxenträger in Form des Wanderhandels durchgeführt wurde, war lokal beschränkt, weil der Transport durch Träger die einfachen Glaswaren nach einer gewissen Distanz unrentabel verteuerte. Daher mußten die Waren innerhalb eines bestimmten Raumes abgesetzt werden. Dieser Raum war offensichtlich derartig dimensioniert, daß beiderseits der Mur in der mittleren Steiermark nur jeweils für eine Glashütte Platz gewesen ist. So vertrieb die Glashütte in Glashütten ihre Waren bis Judenburg, Mureck und Graz. Die Glashütte in der

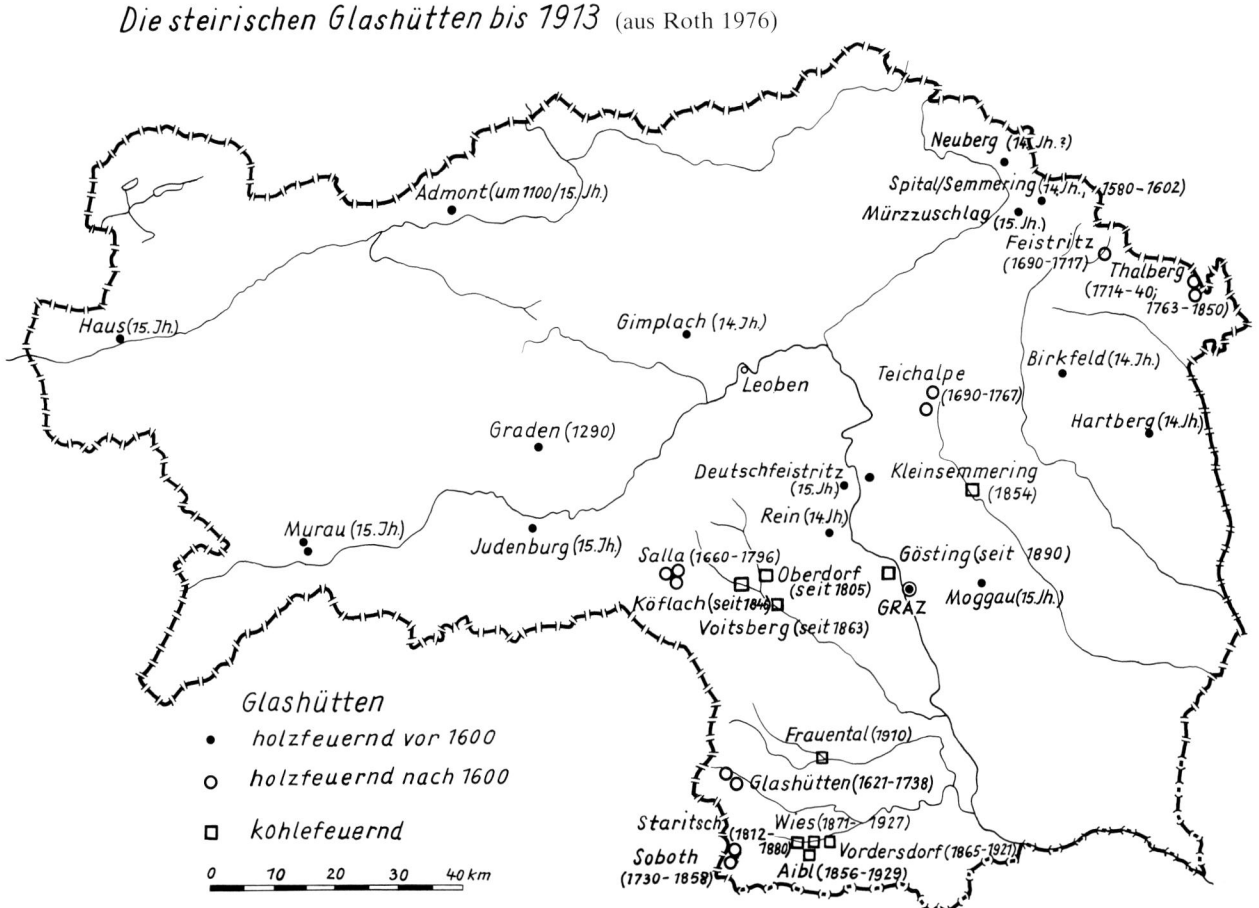

Die steirischen Glashütten bis 1913 (aus Roth 1976)

Neuberg (14.Jh.?)
Spital/Semmering (14.Jh., 1580–1602)
Mürzzuschlag (15.Jh.)
Feistritz (1690–1717)
Thalberg (1714–40; 1763–1850)
Admont (um 1100/15.Jh.)
Birkfeld (14.Jh.)
Haus (15.Jh.)
Gimplach (14.Jh.)
Leoben
Teichalpe (1690–1767)
Hartberg (14.Jh.)
Graden (1290)
Deutschfeistritz (15.Jh.)
Kleinsemmering (1854)
Murau (15.Jh.)
Rein (14.Jh.)
Judenburg (15.Jh.)
Salla (1660–1796)
Gösting (seit 1890)
Oberdorf (seit 1805)
Köflach (seit 1849)
GRAZ
Moggau (15.Jh.)
Voitsberg (seit 1863)

Glashütten
• holzfeuernd vor 1600
○ holzfeuernd nach 1600
□ kohlefeuernd

0   10   20   30   40 km

Frauental (1910)
Glashütten (1621–1738)
Staritsch (1812–1880)
Wies (1871–1927)
Vordersdorf (1865–1921)
Soboth (1730–1858)
Aibl (1856–1929)

Soboth deckte etwa um 1751 mit ihren Produkten denselben Bereich ab.

Selbstverständlich gab es auch Glasimporte, denn das allerfeinste Glas mußte – manchmal auch aus Venedig – importiert werden. Das erfahren wir aus einem Nachlaßinventar eines Eibiswalder Glasträgers, der im Jahre 1563 in Murau verstorben war. Bei den hinterlassenen, im einzelnen aufgezählten Waren handelte es sich durchwegs um hochwertige Erzeugnisse.

Es werden u. a. weiße Deckelgläser, gestreifte, geschnittene und gemalte Pokale, andere Gläser, insgesamt fast 100 Stück, davon zur Hälfte Kelchgläser genannt[4].

Es ist wahrscheinlich, daß Laibach die Erzeugungsstätte dieser Gläser gewesen ist.

Ohne Zweifel gehörten und gehören viel Kunst und Geschicklichkeit zur Ausübung des Glasmacherhandwerkes. Und das brachte es wohl auch mit sich, daß der

125

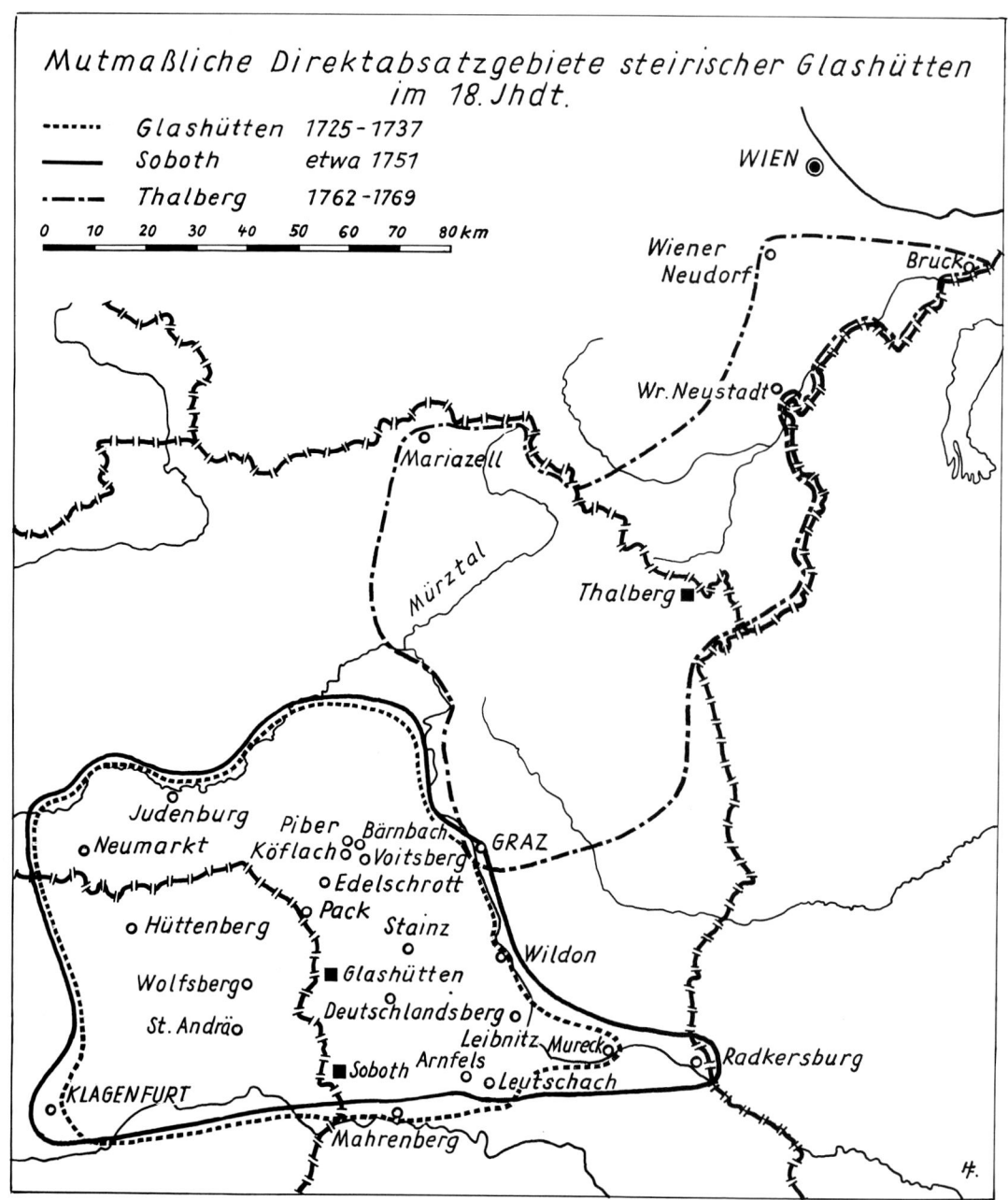

Mutmaßliche Direktabsatzgebiete steirischer Glashütten im 18. Jhdt.

Glashütten 1725-1737
Soboth etwa 1751
Thalberg 1762-1769

0 10 20 30 40 50 60 70 80 km

WIEN

Wiener Neudorf   Bruck

Wr. Neustadt

Mariazell

Mürztal

Thalberg

Judenburg   Piber   Bärnbach
Neumarkt   Köflach Voitsberg   GRAZ
            Edelschrott
   Hüttenberg   Pack   Stainz
                               Wildon
   Wolfsberg   Glashütten
   St. Andrä   Deutschlandsberg
                     Leibnitz   Mureck
              Arnfels   Radkersburg
KLAGENFURT   Soboth   Leutschach

Mahrenberg

H.

126

Glasmacher, der weitab von den Menschen seiner Arbeit nachging, trotz der Kargheit des Lebens, der diese Hinterwäldler ausgesetzt waren, als Künstler eingestuft wurde. Dies sollte sich erst mit der Abwanderung der Hütten ins Tal ändern, wodurch der Glasmacher eine andere Einschätzung erhielt, zum Glasarbeiter wurde.

Anmerkungen

[1] Angaben nach Rolf Jürgen *Gleitsmann.* In: Rolf Peter Sieferle, Der unterirdische Wald. Energiekrise und Industrielle Revolution. = Beck'sche Schwarze Reihe, Bd. 266, München 1982, S. 84.

[2] Dazu vgl. zusammenfassend: Paul W. *Roth,* Die Glaserzeugung in der Steiermark von den Anfängen bis 1913. = Forschungen zur geschichtlichen Landeskunde der Steiermark, Bd. 29, Graz 1976.

[3] Dazu vgl. Hans *Guß,* Die Glashütten der ehemaligen Untersteiermark bis zum Zerfall der Monarchie 1918. In: Zeitschrift des Historischen Vereines für Steiermark, 69/1978, S. 125–156; hier auch die ältere Literatur. Vgl. auch Hans *Guß,* Österreichs Glashütten. Vergangenheit, Gegenwart, Graz 1978, 207 Seiten (als Manuskript veröffentlicht). – Bei Guß sind selbstverständlich auch die Hütten des Cillier Kreises behandelt, die in diesem Rahmen nicht angesprochen werden, da in der Ausstellung von den vormals untersteirischen Hütten nur Gläser aus dem Bereich des Bachergebirges gezeigt werden.

[4] Vgl. Alois *Kieslinger,* Der Nachlaß eines Eibiswalder Glasträgers, 1563. In: Der Motzer, H. 27, 1959, S. 16–21.

„Glasmachermadonna"
aus Glashütten

128

Marjetica Simoniti

Glas vom Pohorje/Bacherngebirge

Die Forschungen über das aus den Glashütten von Pohorje stammende Glas kann man noch lange nicht als abgeschlossenes Kapitel im geschichtlichen Überblick des Kunstgewerbes betrachten, obwohl uns F. Minařiks Hauptwerk „Pohorsko steklo"[1] zur Verfügung steht und zahlreiche Glasarbeiten dieser Glashütten erhalten geblieben sind.

Den Mitgliedern des Museumsvereins Maribor und deren Einsatz gilt der Dank, daß eine große Zahl von Glasgegenständen nach der Schließung der letzten Glashütte am Pohorje – aus Josipdol (Josefstal) – in das Regionalmuseum in Maribor kam. Diese dokumentierten Stücke bilden den Kern der heutigen Sammlung, nebst vielen anderen, die aufgrund mündlicher Überlieferung aus dieser oder jener Glashütte vom Pohorje stammen. Zahlreich sind aber auch solche, deren genauere Provenienz nicht feststellbar ist. Neben dem Regionalmuseum in Maribor verwahren Glas vom Pohorje noch das Nationalmuseum in Ljubljana und das Regionalmuseum in Celje.

Das Glasgewerbe erlebte seinen großen, ganz außerordentlichen Aufschwung besonders im 19. Jh., obwohl die Glashütten bereits im 16., 17. und 18. Jh. bekannt waren. Urkundlich sind eine Glashütte in Ljubljana im 16. Jh., im 17. und 18. Jh. eine Glashütte im Kloster Žiče (Seiz) und einige am Pohorje belegt. Glasschmuck und eine große Zahl erhaltener Glaswaren aus der älteren Eisenzeit und von der Antike beweisen das Bestehen von Glaswerkstätten, die dieses Gebiet mit ihren Erzeugnissen versorgten. In der ersten Hälfte des vorigen Jahrhunderts wuchs die Zahl der Glashütten gewaltig. Die allgemein bekannten Bedingungen des Aufblühens und Niederganges der Glashütten sollen hier nicht erwähnt werden, da sie für alle Glashütten des Herzogtums Steiermark die gleichen waren. In diesem Beitrag wollen wir uns auf das Pohorje-Gebiet beschränken, auf die Glashütten, die, geographisch gesehen, den übrigen Glasfabriken in

der Steiermark am nächsten lagen und aus denen auch die dokumentierten Exemplare des Regionalmuseums Maribor stammen.

Für die Glashütten in der slowenischen Steiermark ist es kennzeichnend, daß sie in der ersten Hälfte des 19. Jh.s vor allem auf Export eingestellt waren (Italien, Länder des Nahen Ostens). Es ist bekannt, daß 7/8 der ganzen Vivat-Produktion ins Ausland gingen. Vor allem wurden merkantile Waren und Geschirr für den täglichen Gebrauch exportiert. Um den besonderen Ansprüchen des Orients zu folgen, erzeugte man auch besondere Arten von Glaswaren. So wurden z. B. in der Glashütte bei Areh (St. Heinrich) Schalen für süßes Obst (sorbet) gemacht, Schalen für Moscheélampen, Flaschen für Wasserpfeifen, in Josipdol wurden Gefäße mit besonderen Inschriften und Bezeichnungen für orientalische Maße ausgearbeitet, in Ruše (Maria Rast) wurden neben gemeinen auch besonders schöne Flaschen aus goldrubinrotem Glas hergestellt. Triest spielte im Handel mit dem Nahen Osten eine erfolgreiche Vermittlerrolle. Mit der Erbauung der Südbahn und der Kärntnerbahn boten sich zwar neue Möglichkeiten für einen besseren Transport auf fremde Märkte, die aber wegen veralteter Produktionsweise nicht ausgenützt werden konnten. Man kann deswegen in den 60er Jahren des vorigen Jahrhunderts eine Anlehnung an den heimischen Markt feststellen, wo man aber mit der Zeit auch den Konkurrenzkampf mit dem böhmischen Glas verlieren mußte. Die Pohorje-Glashütten waren technisch gesehen nur bescheiden ausgestattet und konnten anspruchsvolleren Formungs- und Verzierungswünschen nicht nachkommen. Sie waren im Grunde genommen echte Nachfolger der vom Mittelalter bis zum 17. Jh. üblichen Waldglashütten.

F. Minařik hat mit außerordentlicher Akribie Angaben über Rohstoffe, ihre Zubereitung und Anwendung in der Glasherstellung, sowie über das Leben der

Bierkrug, Mitte 19. Jahrhundert. Aus der Hütte Neu-Bene-diktental/Lobnica (Ruse) mit der Inschrift: Maria Rast

Glashüttenarbeiter gesammelt und entwarf eine Be-schreibung des Umfanges und Wirkens der 15 Po-horje-Glashütten mit ihrer zeitlichen und räumlichen Eingliederung. Sehr bedeutend sind die als Beilage herausgegebenen Inventare der Glashütten Žiče aus dem Jahre 1730 und Hudi kot (1772) sowie das No-tizbuch des Glasmeisters Augustin Zinke mit Rezep-ten für die Vorbereitung des Glases und der Glasfar-ben aus dem Jahre 1865. Minařik konnte vor 1677 (die Glashütte im Kloster Žiče wird erstmals erwähnt) auf dem Pohorje-Gebiet keiner älteren Glashütte auf die Spur kommen. Der Annahme von A. Kieslinger nach sollten sie bereits um das Jahr 1560 hier gestanden sein[2]. Die ältesten bekannten Berichte beziehen sich jedoch gerade auf die Glashütte Žiče. Das Inventar-verzeichnis aus dem Jahre 1699, das die damaligen Niederlagen aufzählt (in dem bauchige und schlankere Flaschen mit geraden Hälsen, bauchige Flaschen mit spiralgewundenen Hälsen – Ängster, Gläser, grüne Sauerbrunnflaschen, Branntweingläser, Flaschen mit Schraubenverschluß, runde und viereckige Fenster-scheiben, Gefäße für Zucker und eingekochtes Obst und Lampen erwähnt sind) bietet zusammen mit dem Verzeichnis aus dem Jahre 1730 sowie dem Inventar-verzeichnis aus Hudi kot (1772) einen Einblick in das Sortiment der älteren Glashütten von Pohorje in ihrer frühen Periode.

Im Vergleich mit diesen Angaben haben die Glas-hütten des 19. Jh.s, vor allem die mit besserer Ausstat-tung – z. B. Vivats Glashütte bei Lobnica, Glashütten aus Josipdol und in Rakovec bei Vitanje (Weitenstein) – ihre Produktion dann erheblich erweitert und konn-ten sich auch mit der Herstellung des anspruchsvolle-ren Dekorglases befassen. Da die Fachleute in unseren Hütten meistens böhmische Einwanderer oder deren Nachfolger waren, waren ihre Glasarbeiten der Tech-nik und Ausführung nach mit den böhmischen fast ident. Sie beherrschten alle Techniken der Glasbear-beitung und hatten auch eigene Graviermeister, Glas-schneider und Glasmaler angestellt. Unverziertes Glas wurde aber auch zur weiteren Bearbeitung ins Ausland geschickt. So hatten z. B. die Glashütten Oplotnica und Josipdol ihre Lagerhäuser in Wien, wo die Pro-dukte an die dortigen Werkstätten zum Schleifen, Gravieren und Ätzen weitergegeben wurden. Der erste Glaser wird Mitte des 18. Jh.s in der Glashütte Ruše erwähnt. Als im 19. Jh. das Farbglas modern wurde, begann man mit dessen Herstellung auch in den Hütten am Pohorje. Im Jahre 1860 werden je zwei Glasmaler und Vergolder in den Glashütten Josipdol und Ruše erwähnt, später auch in der Glashütte Areh. Oft hört man von Josef Dinebur (1816–1879), dem Glasmaler aus Ruše. Auch der Ruf des Glasschleifers Anton Rankel (1847–1882) reichte weit über die Grenzen seines Heimatortes Lovrenz na Pohorju. Einige seiner Arbeiten blieben uns erhalten. Der

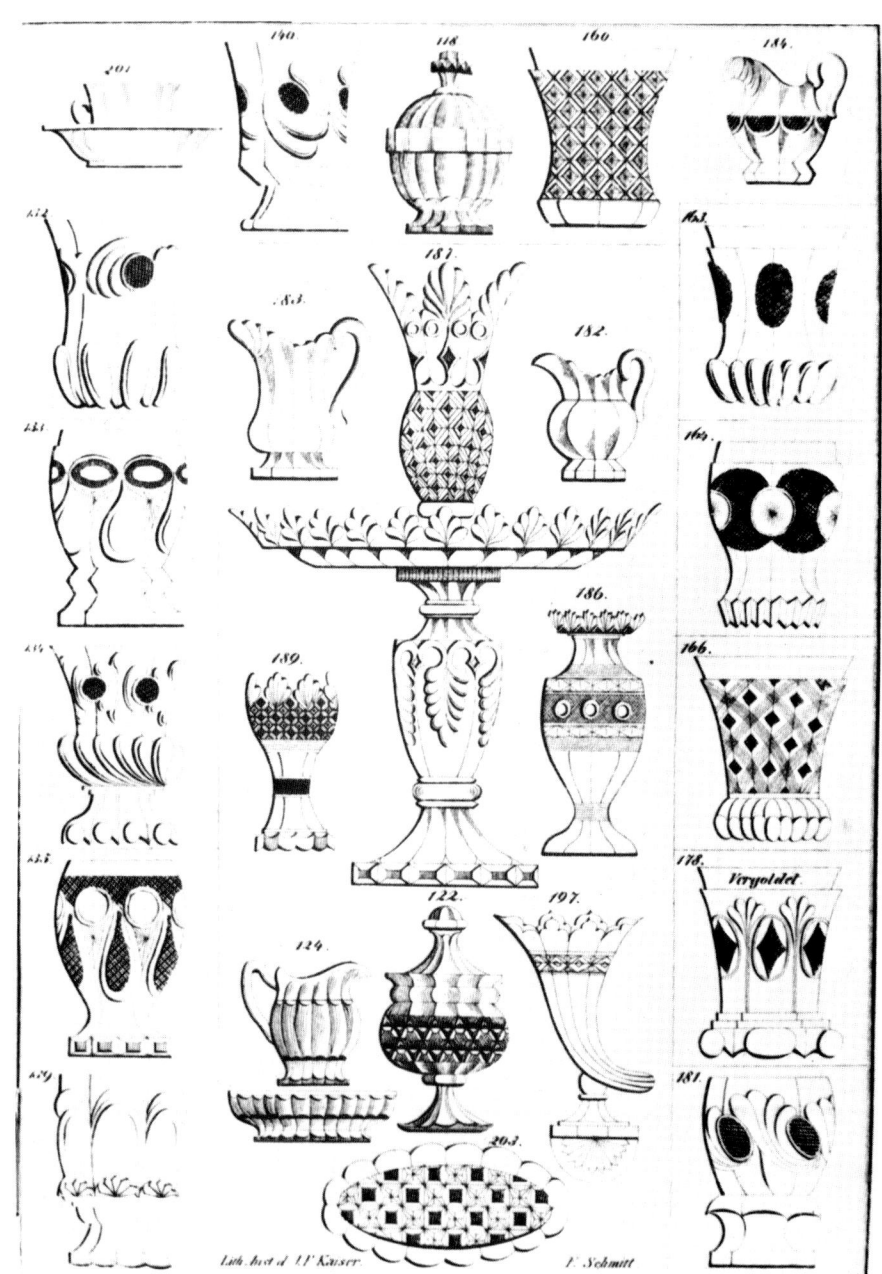

Aus dem Produktionsprogramm
von Neu-Benediktental

131

Becher aus Neu-Benediktental mit Fabriksetikette

Nachfrage nach anderen Arten des Glases kamen die Glashütten von Pohorje mit Pokalen und Flaschen für Kaffee, Tee und Milch entgegen. Diese Gegenstände finden am Beginn des 19. Jh.s allgemeine Verwendung. Nach der Erfindung der Petroleumlampe (1837 und B. Silliman 1855) wird die Arbeit an Lampensockeln, dazugehörigen Zylindern und Schirmen ganz besonders gewinnbringend. Die Glashütte in Rakovec hat schon 1839 auf der Industrie-Ausstellung in Klagenfurt Petroleumlampen in verschiedenen Farben angeboten. Selbstverständlich wurde feineres Glas nicht gleichzeitig in allen Hütten hergestellt. In Rakovec konnte man erst um die Mitte des 19. Jh.s die Qualität der Produkte so weit verbessern, daß neben einfachem Glas auch feinere Glassorten erzeugt werden konnten: facettiertes, geschliffenes Kreideglas . . ., was inzwischen in der Glashütte Vivat schon längst keine Neuigkeit war. Zweifellos können die Erzeugnisse der Vivathütte als der Gipfel der gesam-

ten Glasproduktion am Pohorje betrachtet werden. Wir finden es deswegen angebracht, B. Vivat näher vorzustellen.

Die Glashütte Benedikt Vivats (1786–1867) am Bach Lobnica bei Ruše, 1834 gegründet (Beginn der Arbeit 1838), ist die zweite unter seinen drei Glashütten (1827 kaufte er die Glashütte Langerswald, die von 1808 bis 1864 in Betrieb war, 1833 noch die Hütte am Lamprechtsbach unter Klopni vrh, die von 1826 bis 1837 in Betrieb war). Technisch gesehen war sie verhältnismäßig fortschrittlich eingerichtet und hatte ein breites Produktionsprogramm. Bereits in der Glashütte Langerswald waren mindestens 200 Leute angestellt, unter ihnen als Fachkräfte die böhmischen Einwanderer. Wie in den böhmischen Glasfabriken wurden bei Vivat alle Glasarten hergestellt, auch Milchglas, Farbglas, rubinrotes, geschliffenes, geätztes, gepreßtes, bemaltes und vergoldetes Glas. Gewöhnliches weißes Glas stellte ca. 80% der ganzen Produktion dar (Mitte des 19. Jh.s von 1,25 Millionen Stück ca. 1 Million). Ungefähr 13% der Jahresproduktion entfiel auf das geschliffene Kristallglas (jährlich ca. 165.000 Stück).

Mitte des Jahrhunderts betrug seine Jahresproduktion 16.830 Schock gewöhnlichen Glases, 2750 Schock geschliffenen Glases, 1000 Schock Farbglases, 150 Schock Milchglases und 60 Schock rubinroten Glases, was zusammen 20.780 Schock jährlich ausmacht, das heißt, 57 Schock täglich, bzw. 3400 Stück. Vivat hatte seine Lagerhäuser in Graz, Wien, Triest und Odessa. Wie schon erwähnt, gingen 7/8 seiner Produktion ins Ausland, die Hälfte über Triest in die Levante, nach Griechenland und Amerika, je 1/8 nach Neapel, an den Vatikan und in die Lombardei. Nur 1/8 der Ware wurde für den heimischen steirischen Markt und für das damalige Illyrien bestimmt. Auf die Industrie-Ausstellungen (Klagenfurt 1838, Wien 1839, Graz 1841, Ljubljana 1844, Wien 1845, Maribor 1865) schickte Vivat vor allem Glasarbeiten besserer Qualität, die mit bronzenen und silbernen Medaillen ausgezeichnet wurden. Dies wurde 1841 seitens des Staates als ein besonderes Verdienst mit dem Privileg geehrt, das den Gebrauch des kaiserlichen Wappens am Emblem der Firma gestattete. Die Musterzeichnungen als Beilage zum Allgemeinen historisch-statistisch-topographischen Fabriksbilderatlas[3], redigiert von Carl von Frankenstein, in Graz 1842 herausgegeben, zeigen Vivats beste Glasexemplare, die sich der Qualität nach zweifellos mit böhmischem Glas messen konnten, was, wie schon erwähnt, viele erhaltene Ehrungen und Medaillen bezeugen. Obwohl man bei Vivat den Einfluß der böhmischen Muster nicht übersehen kann, dienten als Vorlagen auch französische und englische Muster.

Nach Benedikt Vivats Tode (1867) und dem seines Sohnes Edward (1872) kaufte Baron Peter Kettenburg, der Besitzer des Schlosses Fala (Faal), die Glasfabrik Ruše, und nach ihm, im Jahre 1875, Graf Giovanni Zabeo. Trotz der neuen Holzgasfeuerung (Regeneratorsystem) konnte man die Glasfabrik vor dem Niedergang nicht retten. Sie wurde 1892 geschlossen. Diese Glasfabrik kann dem Erfolg nach mit der Glashütte von Josipdol (1799–1909) verglichen werden, die im Besitz der Familie Gasteiger aus Maribor ihren Aufschwung erlebte und sich besonders zwischen 1870 und 1905 zu einem blühenden Unternehmen entwickelte: Im Jahre 1876 betrug der Export den Wert von 40.000 fl. In der letzten Periode wurde Glas für den Apothekengebrauch und geschliffenes Tafelglas in großen Mengen produziert. Die Glasniederlagen waren noch mehrere Jahre nach dem Ende der Hütte vollgefüllt wegen der schwer verkäuflichen orientalischen Formen und Maße. Das Archivmaterial über die Glashütten Josipdol und Ruše um die Jahrhundertwende ermöglicht den Einblick in die Verhältnisse beider Hütten (bis 1909 und 1892). Sollte die Preisliste der Fabrik Ruše aus dem Jahr 1876, die Minařík noch zur Verfügung stand, das einzige erhaltene Dokument dieser Art, wiedergefunden werden, so könnte man einige Glasarbeiten aus Ruše identifizieren. Diese Preisliste enthält 772 Gegenstände, veranschaulicht durch 72 Bilder.

Von anderen Glashütten waren im 18. Jahrhundert folgende in Betrieb:
Kloster Žiče (1677–1782)
ältere Glashütte Vitanje (1700–1762?)
Hütte bei der Mündung des Baches Lobnica in Ruše (1749–ca. 1760)
zwei ältere Glashütten in Hudi kot (um Mitte des 18. Jahrhunderts)

Becher aus der Hütte Areh/Oberlembach mit Emailmalerei

alte Glashütte Smolnik beim Wasserfall Šumik (1760–1793)
Pocks Glashütte auf Recenjak bei Lovrenz na Pohorju (1790–1804)

Einige Glashütten, die noch im 19. Jahrhundert bestanden:
Glashütte Limbuš oder die obere Glashütte bei Areh (um 1760–1889)
Andres Glashütte in Lovrenz na Pohorju (1833–1887)
Glashütte Oplotnica (1871–1894)[4].

In der Sammlung des Regionalmuseums Maribor befinden sich einige dokumentierte Stücke der Glashütten Josipdol, Ruše, Areh und aus Lovrenz na Pohorju. Es geht vor allem um Glas für den alltäglichen Gebrauch. Die Herkunft einzelner Glasobjekte ist meistens äußerst schwer genau zu bestimmen, da fast alle Glashütten am Pohorje das gleiche Programm und die gleiche Herstellungstechnik hatten. Letzteres ist

Becher, Flasche, Kelch und Sektglas aus der oberen Glashütte Areh/Oberlembach

auch aus dem bildlichen Teil des Katalogs der Ausstellung in Eibiswald (Altes steirisches Glas, 1978)[5] ersichtlich. Vielleicht wird man mit moderneren technischen Methoden (Untersuchung mit ultraviolettem Licht – UV) mehr Klarheit über die Entstehungsorte einzelner Stücke schaffen können[6].

In Zusammenhang mit dem steirischen Glas stellen sich noch folgende Fragen: Wieweit waren die steirischen Glashütten in Hinsicht auf die Fluktuation der Fachmeister miteinander verbunden? Waren sie ihrem Programm nach voneinander abhängig? Wo und wie unterscheiden sich ihre Glaserzeugnisse? Es ist fraglich, wieweit die eigene Kreativität der Glasmeister, die von Tag zu Tag zur Herstellung immer gleicher, kommerziell erfolgreicher Formen gezwungen waren, überhaupt zum Ausdruck kommen konnte. In welchem Ausmaß wurden die Glashütten auf Pohorje von führenden österreichischen Glasfabriken, z. B. Lobmeyr in Wien u. a., beeinflußt?

Eine aufschlußreiche Antwort auf diese Fragen würde sich erst durch Vergleich der Glaserzeugnisse

sowie des Archivmaterials aus einzelnen steirischen Glasfabriken ergeben.

Anmerkungen:

[1] Franc *Minařik*, Pohorske steklarne, Maribor 1966.
[2] Alois *Kieslinger*, Die alten Glashütten der Koralpe. In: Altes steirisches Glas, Katalog der Ausstellung, Eibiswald 1978, S. 28.
[3] Allgemeiner historisch-statistisch-topographischer Fabriksbilderatlas, red. von Carl v. Frankenstein, Graz 1842.
[4] Teils andere Datierungen ergaben jüngere Forschungen von Hans *Guß*, vgl. etwa: Die Glashütten der ehemaligen Untersteiermark bis zum Zerfall der Monarchie 1918. In: Zeitschrift des Historischen Vereines für Steiermark, 69/ 1978, S. 125–156.
[5] Altes steirisches Glas, Eibiswald 1978.
[6] Glas des Historismus, bearbeitet von Inge *Woisetschläger*, Aus den Beständen der Abteilung für Kunstgewerbe am Landesmuseum Joanneum, Heft 5, S. 5.

Johann Guß

Glasmacherwanderungen

Glasmacher waren seit jeher ein wanderlustiges Völkchen. Entlegen und über halb Europa verstreut befanden sich die Hütten, und die Glasmacherkunst ging über seit jeher vom Vater auf den Sohn. So bildeten sich große Glasmacherfamilien heraus, deren Ursprung oft im bayrisch-böhmischen Wald zu finden war. Folgen wir daher den Spuren einiger dieser Familien.

Der Glasmachermeister Pangratz Piebl, der 1688 erstmals auf der Hütte Duschelberg im Bayerwald aufscheint, war auch auf der Schlägler Glashütte in Oberösterreich und auf der Winterberger Glashütte der Herrschaft Krumau tätig. Piebl werkte dann auch auf der erzbischöflich-salzburgischen Glashütte Inder-Eich, als ihn der Ruf nach Oberrohitsch erreichte; später wieder auf der alten Oberplanerhütte in Böhmen. Pangratz Piebl verehlichte sich mit einer Tochter der zweiten Ehefrau des Michael Müller, welcher als Vater des weißen Kreideglases gilt; er war Herr auf der Helmbachhütte im Böhmerwald. Seine erste Frau hatte er sich aus der böhmischen Glasmeistersippe der Pock (auch Bockh) gewählt. Der Sohn des Pangratz Piebl wechselte ins Steirische und heiratete am 26. Juli 1740 in der Alten Schaueregger Glashütte am Wechsel.

Familienmitglieder der böhmischen Glasmacherfamilie Pock finden wir oft, so z. B. 1793, als Josef Pock um Erlaubnis zur Errichtung einer Glashütte in Puchenstein im Cillier Kreis bittet. Zuvor waren die Pock im Böhmerwald, im Fichtelgebirge und im Bayerischen Wald nachgewiesen. Wir finden sie als Gründer der Hütte in Schau300eregg, später in den steirischen Hütten in Köflach, Oberdorf, Voitsberg, Wies, Vordersdorf, auf der Soboth, auch in Graz-Gösting. In der Untersteiermark sind Mitglieder der Familien Pock in den Hütten Trifail, Maria Rast, Reifnigg, St. Lorenzen, Rakovitz, Oplotnitz, Seiz tätig, weitere in Oberösterreich, in Ungarn und in Siebenbürgen.

Wenden wir uns der Sippe Voith zu. Die Voith gehörten zu den ältesten Glasmachergeschlechtern Böhmens, lassen sich bald aber im Grenzgebiet des bayrisch-böhmischen Waldes nieder. 1711 findet sich ein Karl Voigth „aus Böhmen" auf der Hütte Brod/Kulpa im Karst, 1737 Johann Karl Voith als Glasmacher auf der Hütte St. Vinzenz auf der Koralpe, ebenso 1757 ein Franz Karl Voith. 1751 wird Johann Zacharias Voit auf der Hütte Herzogau im Bayerwald geadelt mit dem Prädikat „von Voithenberg". Aber bereits 1619 war ein Voith als Glasmacher auf der Liebenauer Hütte im oberösterreichischen Grenzgebiet, dann am Nebelstein in Niederösterreich aufgeschienen. 1716 ist ein Karl Voith Glasmacher auf der Hütte Schöneben bei Liebenau, 1728 wird ein Tafelmacher auf der Hütte Glashütten auf der Koralm in der Weststeiermark gemeldet. Gegen Ende des 18. Jahrhunderts sind die Voiths wiederholt in den Pfarrmatriken zu Salla vermerkt, auch in den Büchern von Talberg, ja auf fast allen steirischen Hütten, dann in Kärnten; fünfmal in der Hütte Schlaining im Burgenland. Der bedeutendste Voith aus der steirischen Familie war ohne Zweifel Dr. Thomas Voith gewesen. Als Nachfahre von Johann Karl und Franz Karl Voith war er schließlich Besitzer der St. Vinzenzer Hütte und der Spiegelfabrik Viehofen bei St. Pölten in Niederösterreich. Er gründete vor 1808 die Hütte Neu-Soboth auf der Koralpe, die später fast 700 Menschen beschäftigen sollte. Zusätzlich bemühte er sich darum, einen Ersatz für die teure Pottasche zu finden.

Weit verbreitet war auch die Glasmacherfamilie Launecker – Langecker – Lanegger. Wahrscheinlich kommt sie aus Böhmen, wo es einen Ort Langegg bei Deutsch-Beneschau gibt. Auf fast allen Hütten Österreichs fanden sich Lanegger und natürlich auch in der Steiermark. Die Reiselust trieb sie bis nach Pahsebace am Bosporus (Istanbul), wo wir im übrigen im auslaufenden 19. Jahrhundert fast ausschließlich steirische

Glasfabrik Wies, um 1890

Glasmacher treffen! Auf der Hütte Oberlembach hatte angeblich ein Lanegger in einem Kampf einen Bären besiegt, er starb hochbetagt (93 Jahre alt) auf der Hütte Oplotnitz im Jahre 1883.

Viele Familien tragen traditionelle Glasmachernamen, so die Kieslinger, Aschenbrenner und Pucher/Puchinger. Ein Zweig der Kieslinger wurde übrigens 1790 geadelt.

Wenden wir uns abschließend der Glasmacherfamilie Guß zu. Sie tritt uns 1638 erstmals mit den „kühnischen Freibauern" im Gebiet von Stachau im Böhmerwald entgegen. Es waren arme, aber angesehene Leute, die Richter stellten, also eine Art Bürgermeister. Sie zogen auf ihrer Wanderschaft südwärts entlang des Böhmerwaldes, sind bald auf der Hütte Schöneben bei Liebenau anzutreffen, wo die Matriken zwischen 1782 und 1788 dreimal den Namen Guß bringen. Schließlich tauchen sie im niederösterreichischen Waldviertel um Harmanschlag auf, zu Schönbach, zu Arbesbach und zu Groß-Pertholz. In Ober-

österreich sind Guß zu Frankenburg und Freudenthal (dort gleich 23mal!) anzutreffen. Schneegattern und St. Michael im Lungau sind weitere Hütten, wo die Guß leben und werken. Von da an ging es über die Stubalpe zu den steirischen Hütten. Die vorletzte Generation geht ins Waldviertel zurück und findet sich schließlich erneut in Köflach, dann in Graz-Gösting, endlich wiederum in Niederösterreich, in Pöchlarn. Zweige dieser Familie gab es aber auch in Tirol (im Kelchsautal und in Kramsach). Die Verwandtschaft verbindet sie mit vielen anderen Glasmacherfamilien.

Vieles ließe sich noch berichten aus den alten Matriken und Aufzeichnungen, und wieviel Leben, wie viele Schicksale bleiben verborgen! Und welche Gedanken beschäftigten die Glasmacher auf ihren langen Wanderungen von Hütte zu Hütte? Wir wissen es nicht!

Quelle: Graz, Steiermärkisches Landesarchiv, Sonderarchiv Guß.

Paul W. Roth

Das Glas geht zur Kohle

Die Entdeckung der mineralischen Kohle und ihre Nutzung als Brennstoff stellt auch für die Glaserzeugung ein einschneidendes Faktum dar!

Überall, wo mineralische Kohle gefunden wurde, siedelten sich Glashütten hinzu, wanderten buchstäblich aus den Wäldern ins Tal, dort früher, dort später. In Niedersachsen war dies beispielsweise bereits in der ersten Hälfte des 18. Jahrhunderts der Fall.

In der heutigen Steiermark ist die Glashütte Bärnbach, vormals Oberdorf, dafür beispielhaft; und hier wurde auch seit 1805 – erstmals in der heutigen Steiermark – mit Kohle gefeuert. Diese Glashütte in Oberdorf sollte direkt Nachfolgerin der aufgelassenen Hütten in Salla sein, wo sich nach Auskunft der damaligen Bezirksobrigkeit Piber noch zur Glaserzeugung verwertbare Materialien befunden hatten. Die Glashütte Oberdorf, die sich damals noch auf einem anderen Standort befand, lag auf jeden Fall in unmittelbarer Nachbarschaft der reichhaltigen Kohlenlager des Gewerken Johann Michael Geyer, der übrigens die vormaligen Besitzer der Glashütte durch Hinaufsetzen der Kohlenpreise quasi zum Verkauf zwang! 1876 wurde die Oberdorfer Glashütte schließlich an ihren heutigen Standort verlegt, da sich unter der Hütte abbauwürdige Kohlenflöze befanden. Die zweite kohlenfeuernde Glashütte der Steiermark entstand 1812 in Staritsch bei Eibiswald und wurde von Ignaz Ernst Purgay errichtet, der seit 1792 Glanzkohlenbaue im Eibiswalder Becken besessen hatte. Er erhielt die Bewilligung für die Errichtung der Glashütte auch unter der Auflage, nur „Steinkohle" zu verfeuern. Der Glasmacher Johann Voith begab sich übrigens 1812 nach Liboje bei Cilli, um die dortige Hütte zu besichtigen, die bereits seit 1797 mit Kohle gefeuert hatte.

Auch weitere Glashüttengründungen wie Köflach (1846), Aibl (1856), Voitsberg (1859/63), aber auch Vordersdorf (1865) und Wies (1871) sollten in den Kohlenrevieren der Weststeiermark erfolgen. Die Glasfabrik in Vordersdorf wurde dabei direkt an einen auf 70 m Tiefe abgeteuften Kohlenschacht hingesetzt. Die Glashütte verbrauchte auch den größten Teil der geförderten Kohle selbst.

Hatte bereits Karl Pollay, der den Bau der Graz-Köflacher Eisenbahn durchführte, den Bahnhof von Voitsberg direkt zu seiner Glashütte verlegt, so wurde mit der Gründung der Glasfabrik Gösting am Bahnstrang der Südbahn vom Prinzip, Glashütten an den Brennstoff zu setzen, Abstand genommen. Hiemit wurde erstmals eine Glashütte an eine Verkehrsader, schließlich aber auch an die Hauptverbraucher, die Bierbrauereien, welche Flaschen benötigten, herangesetzt.

Mit der Einstellung des Abbaues im Eibiswalder Revier war auch das Ende für die dortigen Glashütten gekommen. In der Weststeiermark, wo eine Glashütte in Frauental ein kurzes Zwischenspiel gegeben hatte, erhielten sich aber innerhalb von wenigen Kilometern Umkreis Glashütten in Köflach, Bärnbach und Voitsberg bis zur Gegenwart an ihren alten Standorten.

Die Produktion der steirischen Hütten bestand zum überwiegenden Teil aus Gebrauchsglas, zu geringeren Anteilen auch aus Kreideglas. Dieses wurde auch zu schönem, geschliffenem Glas verarbeitet. Wenngleich es eine Spezialisierung der einzelnen Hütten gegeben hat, so kann doch gesagt werden, daß der Schwerpunkt der steirischen Produktion auf ordinärem und mittelfeinem Hohlglas gelegen war, Tafelglas, gepreßtes Hohlglas, künstlich gefärbtes und Kristallglas wurden nur in kleineren Mengen produziert. Der Anteil des grünen, des halbweißen und geblasenen Hohlglases betrug beispielsweise in den späten 50er Jahren des 19. Jahrhunderts bis zu 80% der Gesamtproduktion. Seit 1860 vergrößerte sich der Anteil des Bouteillenglases, seit den 70er Jahren verschob sich die Produktion mehr und mehr zu den gewöhnlichen Sorten hin.

Glasbläser in der Hütte Bärnbach um 1930

Es waren dies Glasgefäße zum täglichen Gebrauch, dann ganz besonders Wein-, Bier- und Sauerbrunnflaschen, Medizinal- und Apothekerglas und Lampenzylinder. Mit dem ausgehenden 19. Jahrhundert wurde erhöhter Wert auf Verpackungsglas in Form von Flaschen und auf Beleuchtungsglas gelegt. Es ist aber auch in diesem Zusammenhang erwähnenswert, daß die steirischen Glasmacher in ihrer Freizeit Glaswaren von guter Qualität erzeugten, das sogenannte geschundene oder gebatzelte Glas, um es selbst zu verkaufen. Der Anteil der Steiermark an der Hohlglasproduktion der Monarchie betrug 1856 etwa 10%.

Aus der Lampenschirmproduktion der Fa. Reich in Voitsberg

Der Anteil der Exporte lag nur bei 10% der steirischen Gesamtproduktion, womit gesagt ist, daß das Gros der Waren seinen Absatz im Inland gefunden haben muß.

Nach den Verkaufskatalogen der weststeirischen Glasfabriken verfügten die Firmen auch noch in unserem Jahrhundert über eine breite Produktionspalette. Über das Zeitalter der Massenfabrikation soll aber der folgende Beitrag berichten.

Literatur:

Paul W. *Roth*, Die Glaserzeugung in der Steiermark von den Anfängen bis 1913, Graz 1976.

Glasfabrik Ratten, noch 1921 an die Kohle gesetzt

Massenglas
Technisches Glas
Studioglas

Glasbläser in Bärnbach, 1987

Heinrich Körbitz

Vom „Gebrauchs"- zum „Verbrauchs"-Glas
Die Entwicklung der steirischen Glasindustrie 1900–1980

Das Leben der Menschheit hat sich im ablaufenden 20. Jahrhundert verändert wie in keiner Periode zuvor. Wissenschaft und Technik machten ungeahnte Fortschritte. Neben den großen Hauptindustrien (Eisen und Maschinen, Chemie, Papier usw.) entwickelte sich auch die bislang fast handwerklich klein arbeitende „Glasmacherei" zu einer „Glasfabrikation".

Das Glasschmelzen – ein uraltes Kulturwissen der Menschen – wurde Mitte des 19. Jahrhunderts durch zwei epochale Erfindungen verbessert:

1860 den Siemens-Regenerativofen (Wärmerückgewinnung!),

1863 die Solvay-Sodasynthese (nach Leblancs Vorarbeit 1790).

Das hieß: Statt bisher zum Teil noch holzbeheizten Hafenöfen mit rund 1000 kg Tagesschmelze gab es nun mit Kohlengas beheizte Wannenöfen mit vielfachen Tagesleistungen.

Die bisher teure Natursoda oder Pottasche wird nun ersetzt durch die billig werdende reine Ammoniaksoda.

Hinzu kamen die Kraftmaschinen (Dampf- oder Elektromotoren) und diverse Hilfsmaschinen für die industriellen Abläufe und Fertigungen.

Die Steiermark besaß schon seit 300 Jahren Glashütten in den Urgestein-Wäldern südwestlich von Graz. Man machte sich die neuen Techniken sofort nutzbar: Die neuen Hütten an den Braunkohlengruben der Weststeiermark entstanden, Soda aus Ebensee (seit 1885) wurde herantransportiert, und die erfahrenen Glasmacherfamilien zogen aus dem Gebirge ins Tal, zur neuen „Hütte" an der Eisenbahn . . .

Der Hohlglasmarkt von 1900 bis 1950

Glas war damals infolge der relativ kleinen Erzeugung und des doch hohen Preises (1 kg kostete rund einen Stundenlohn) noch immer ein besonderer Werkstoff. Man verwendete es im Haushalt, im Gastgewerbe, als Lagerbehälter für Flüssigkeiten und Getränke im Handel, in der Pharmazie und Parfumerie, für Tinte und Putzmittel. Größere Flaschen und Gläser wurden immer gereinigt und wiederverwendet; sie gehörten zum Hausinventar wie Keramik oder Kochgefäße.

Der tägliche Lebensmittelbedarf wurde soweit als möglich frisch und offen beim Kaufmann oder am Bauernmarkt geholt. Eine Bevorratung für den Winter in Gläsern gab es bei Marmeladen, Sauergemüse, Eiern (in „Wasserglas" konserviert). Das „Einkochen" von Kompott und Gemüse in vakuumverschlossenen Gläsern mit Gummiring und Glasdeckel (Patent Weck 1895) kam etwa 1910 in Gebrauch.

Die Hauptmenge der Glaserzeugung entfiel auf Getränkeflaschen, wie auch heute noch. Diese meist dunkelgrünen Bier-, Wein- und Mineralwasserflaschen waren selbstverständlich Pfandflaschen und wurden immer wieder zur Neubefüllung zurückgegeben. Nur wenige spezielle Flaschen für Markengetränke (Liköre) oder Putz- und Pharmazieartikel (Sidol, Odol, Diana-Franzbranntwein), auch Tinten, Tuschen und Klebstoffe, waren „Einweg"-Flaschen.

Diese Verbrauchsgewohnheiten haben im Prinzip bis nach 1950 bestanden. Der Hohlglas-Verbrauch Österreichs blieb – von Konjunktureinbrüchen in Kriegs- und Krisenzeiten abgesehen – ziemlich konstant mit rund 1–2 kg je Einwohner und Jahr.

Im folgenden wird die Entwicklung und Produktion der um 1900 bestehenden „Glashütten" beschrieben:

Die „Landesbefugte Glasfabrik Oberdorf Alois Scholz", Bärnbach bei Voitsberg; gegründet 1806.

Die Glasfabrik Köflach der „Steiermärkischen Glashüttenwerke Parlow & Hart"; gegründet 1846.

Die Glasfabrik Voitsberg der „S. Reich & Co. k. & k. privilegierte Glasfabrikanten" in Wien, gegründet 1860.

Die „Grazer Glasfabrik Hanisch, Hildebrand & Co" in Graz-Gösting; gegründet 1890.

Nur erwähnt werden die drei kleineren Glashütten im Bezirk Eibiswald: Aibl bei Eibiswald, Vordersdorf und Wies.

Tabellarische Erfassung der vier größeren Glasfabriken

Graz-Gösting

hatte 3–4 Wannenöfen; Handarbeit (mit „Pfeife"), vor 1914 bis zu 500 Arbeiter; Jahreserzeugung 4000–8000 t, oder 9 bis 16 Mill. Flaschen. Wurde 1910 vom F. Siemens-AG-Konzern in Dresden erworben. – Erhielt 1929 einen großen amerikanischen „Owens"-Flaschenautomaten mit 10 Formen, Tagesleistung über 50.000 Stück. Dieser ersetzte etwa 10 in drei Schichten arbeitende Glasmacherwerkstellen! 1940 waren nur noch 240 Arbeiter nötig, wo 1914 500 Leute schwitzten. 1944 wurde die Glasfabrik durch Bomben zerstört, konnte aber schon Mitte 1946 wieder produzieren.

Zahlen für	1900	1914	1930	1940
Tonnen rund	4000	8000	4000	6700
Beschäftigte	300	500	300	230

Köflach

gehörte bis 1922 Parlow & Hart und den Erben; bis 1928 als Bankbesitz „Alpglas AG"; dann zum Konzern „C. Stölzle AG. für Glasfabrikation" gehörend. Hatte bis 1930 jeweils 2–3 große Hafenöfen; erzeugte weiße Getränkeflaschen, speziell aber ein breites Sortiment hochwertiger Parfum- und Pharmaflakons. – 1930 erster Wannenofen; im Zuge der Rationalisierungs-Vorschriften im Krieg 1939 wurde Köflach mit fünf modernen Wannen und Vollautomaten „Roirant" für

weiße und braune Flaschen und Flakons sowie einer Weithalslinie samt Deckelpresse ausgestattet.

Zahlen für	1900	1914	1930	1940
Tonnen rund	1000	1500	1400	3500
Beschäftigte	150	200	220	270

Oberdorf bei Voitsberg

gehörte bis 1938 Alois Scholz und seit 1926 den (stillen) Halbpartnern Wilhelm Abels Erben, Hrastnigg. Wurde 1939 mit der zugekauften Hütte Voitsberg fusioniert zur „Oberglas"-Firma: Oberdorf-Voitsberg Adolf Körbitz. Hatte 1900 ein bis zwei Hafenöfen, 1905 den ersten Wannenofen. Erzeugte bis 1930 ein „ordinäres" = gewöhnliches Programm mit Flaschen, Haushaltsgläsern aller Art, etwas Preßglas; aber eben ohne Schliff- oder Malerei-Dekoration. Nach 1930 ein etwas verbessertes Programm mit schön verwärmtem Preßglas, Vasen etc.

Die Hütte war seit 1926 technisch modern geworden: Drehrost-Gasgeneratoren, moderne Wannen, Gebläse und Hilfsmaschinen; ferner gut geschulte Formenmacher, Ziseleure.

Zahlen für	1900	1914	1930	1940
Tonnen rund	1500	2000	2600	5500
Beschäftigte	150	320	390	470

Voitsberg

war seit 1876 zum Konzern „S. Reich & Comp., Glasfabrikanten, Wien" als deren 10. Fabrik gehörig. Wurde speziell für leichtes Schleif-, Preß- und Zylinderglas für den Orient-Export eingerichtet (kurze Fracht nach Triest!). Blütezeit bis 1914, mit über 50% Exportanteil. – Nach 1918 sehr schwierige Lage durch die Abtrennung von den mährischen Stammbetrieben; Anpassung an den kleinen österreichischen Binnenmarkt, Wiederanknüpfen der Exporte; dazu noch der Verfall der Stammfirma in der ČSSR: dies führte zur Stagnation, Stillstandsjahren, einem Sanierungs-

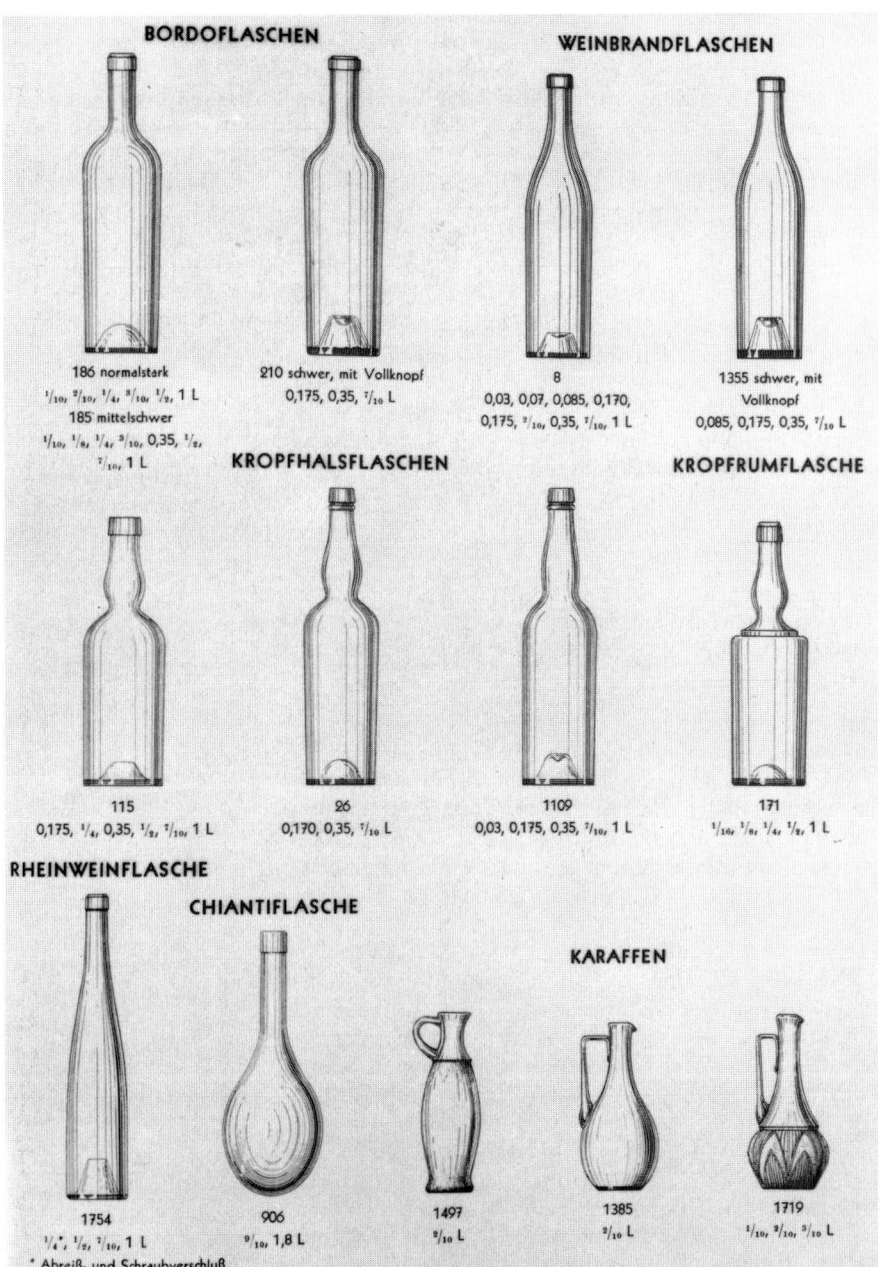

BORDOFLASCHEN

186 normalstark
$^1/_{10}$, $^2/_{10}$, $^1/_4$, $^3/_{10}$, $^1/_2$, 1 L

185 mittelschwer
$^1/_{10}$, $^1/_8$, $^1/_4$, $^3/_{10}$, 0,35, $^1/_2$,
$^7/_{10}$, 1 L

210 schwer, mit Vollknopf
0,175, 0,35, $^7/_{10}$ L

WEINBRANDFLASCHEN

8
0,03, 0,07, 0,085, 0,170,
0,175, $^3/_{10}$, 0,35, $^7/_{10}$, 1 L

1355 schwer, mit
Vollknopf
0,085, 0,175, 0,35, $^7/_{10}$ L

KROPFHALSFLASCHEN

115
0,175, $^1/_4$, 0,35, $^1/_2$, $^7/_{10}$, 1 L

26
0,170, 0,35, $^7/_{10}$ L

1109
0,03, 0,175, 0,35, $^7/_{10}$, 1 L

KROPFRUMFLASCHE

171
$^1/_{10}$, $^1/_8$, $^1/_4$, $^1/_2$, 1 L

RHEINWEINFLASCHE

1754
$^1/_4$*, $^1/_2$, $^7/_{10}$, 1 L
* Abreiß- und Schraubverschluß

CHIANTIFLASCHE

906
$^9/_{10}$, 1,8 L

KARAFFEN

1497
$^3/_{10}$ L

1385
$^3/_{10}$ L

1719
$^1/_{10}$, $^2/_{10}$, $^3/_{10}$ L

Produkte aus dem Katalog „Hohlglas" der Glasfabriken Oberdorf-Voitsberg/Adolf Körbitz, 1938

versuch der Banken als „Futurit-Werke" im Jahr 1935. – Schließlich die Fusion mit Oberdorf 1939. Die darauf erfolgende Umrüstung auf Weithals-Automaten „Pöting", 8-Stationen, und Pressen dazu, brachte neuen Auftrieb.

Zahlen für	1900	1914	1930	1940
Tonnen rund	3000	3500	2200	3300
Beschäftigte	400	550	390	450

Die drei Hütten im Wieser Revier Aibl, Vordersdorf und Wies, beschäftigten vor 1914 zusammen rund 200 Leute und erzeugten pro Jahr etwa 600–700 Tonnen, hauptsächlich leichte, kleine Fläschchen für diverse Verpackungen und etwas gewöhnliches Haushalts- und Wirteglas. Sie konnten nicht mehr ertragreich geführt werden und stellten der Reihe nach unauffällig ein.

Große Änderung der Verbrauchergewohnheiten von 1950 bis 1980:

Zwischen 1945 und etwa 1955 waren die Europäer mit dem „Wiederaufbau" – der Schadensbeseitigung nach dem 6jährigen „totalen Krieg" – voll beschäftigt. Dann begann sich die Wirtschaft zu erholen, und die Menschen konnten sich mit steigendem Einkommen mehr leisten, besser leben, „konsumieren". Weil „Essen und Trinken" wohl der wichtigste Drang der Menschen ist, setzte die große Konsumwelle zuerst bei Lebens- und Genußmitteln ein.

Die wohl auffälligste Änderung für die Befriedigung des täglichen Konsums stellt der Einkauf im „Supermarkt", dem Selbstbedienungssystem, mit langen Stellagen, breit ausgestellten Waren in buntwerbender Packung, dar. Alle Waren in dauerhafter, konservierender Verpackung: Man konnte sich nun für Tage oder Wochen mit Waren eindecken. Nur eine kleine Ecke blieb erhalten für „Frischwaren": Milch, Gemüse, Obst, Fleisch und Tiefkühlartikel.

Die Glasindustrie bekam den Bedarf an neu entwickelten Glasverpackungen sogleich zu spüren. Die

„Selbstbedienung" nützte alle natürlichen Vorteile von gläsernen Behältern voll aus: Durchsichtigkeit, chemisch indifferent und aromasicher, durch präzise Verschlüsse beliebig verschließbar, wiederverwendbar, werbewirksam; den einzigen Nachteil von Glas, die Zerbrechlichkeit und das höhere Gewicht – verglichen mit Blech-, Papier- oder Kunststoffdosen – hatte man glastechnisch zum Teil wesentlich vermindern können (Leichtpackungen mit hoher Stoßfestigkeit durch vergütete Oberfläche).

3 Beispiele von leicht gewordenen Standardgläsern:

	1939	1960	1980/ extra leicht
0,5-l-Bierflaschen	50 dag	35 dag	25 dag
0,7-l-Saftflaschen	55 dag	38 dag	28 dag
½-kg-Industrie-Glaskonserven	24 dag	21 dag	18 dag

Massenproduktion von „Einweg-" oder „Wegwerfpackungen":

Der Hauptgrund für „Supermarkt" und „Einwegartikel" ist wohl die Veränderung der menschlichen Zivilisation in den westlichen Industriestaaten. Millionen Menschen wohnen in Großstädten und Industriegebieten; der Weg vom Agrarland zum Verbraucher wird lang. Zweitens können auch Produkte aus fernen Gegenden durch Konservierung in diese Ballungszentren gebracht werden.

Daß die „Einweg"-Verpackungen, aber auch sonstige Gebrauchsartikel, ganz riesige Probleme mit der Müllabfuhr brachten, ist uns allen geläufig. Zwei Zahlenreihen zeigen Größenordnungen auf, um die es hier geht:

Glasbehälter – Verbrauch je Einwohner pro Jahr:

	1940	1960	1970	1980
Österreich	etwa 3	15	48	75
Deutschland	–	60	120	130
USA	40	130	180	220

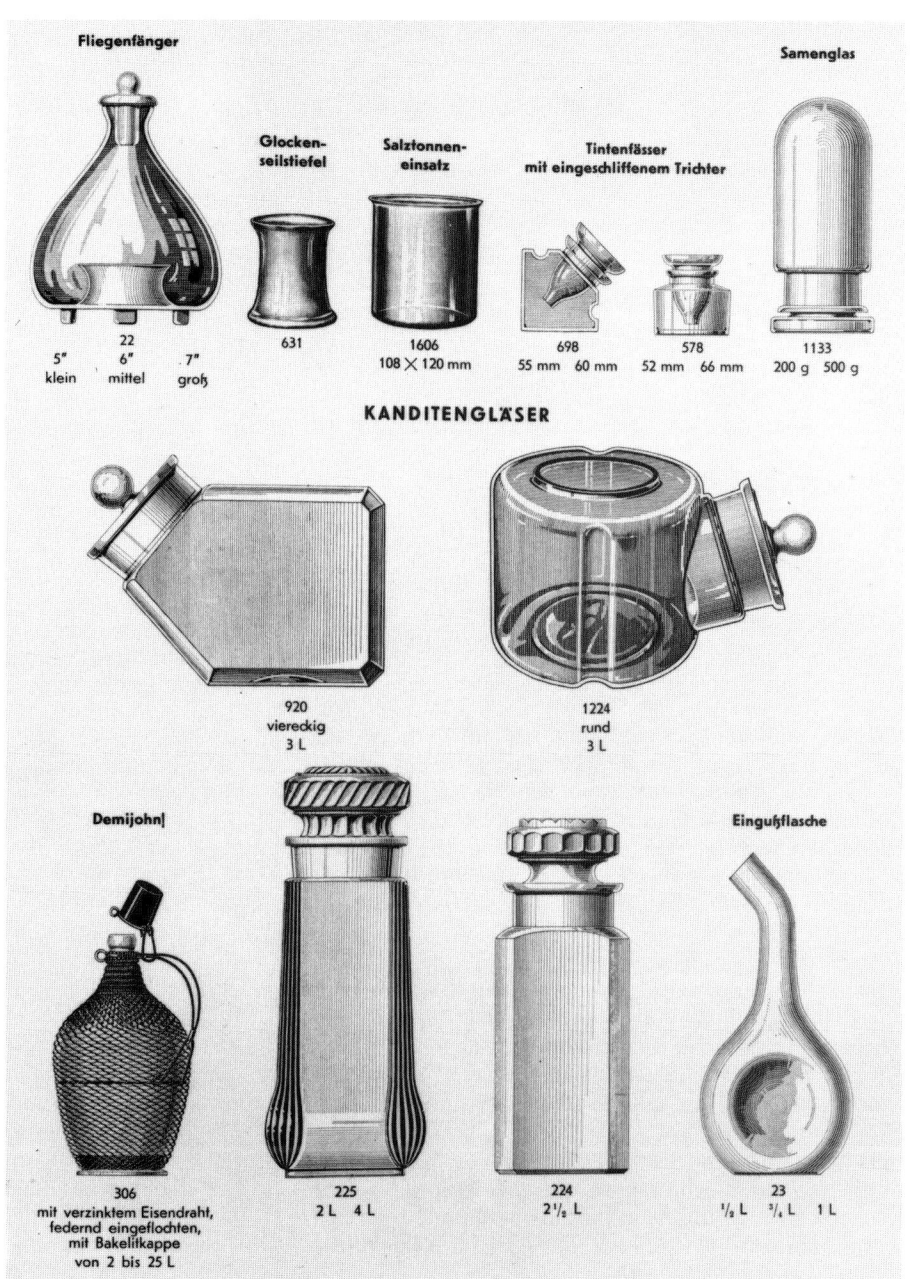

Fliegenfänger

Glocken-
seilstiefel

Salztonnen-
einsatz

Tintenfässer
mit eingeschliffenem Trichter

Samenglas

22	631	1606	698	578	1133
5″ 6″ 7″		108 × 120 mm	55 mm 60 mm	52 mm 66 mm	200 g 500 g
klein mittel groß					

KANDITENGLÄSER

920
viereckig
3 L

1224
rund
3 L

Demijohn

Eingußflasche

306
mit verzinktem Eisendraht,
federnd eingeflochten,
mit Bakelitkappe
von 2 bis 25 L

225
2 L   4 L

224
2½ L

23
½ L   ¾ L   1 L

Aus dem „Hohlglas"-Katalog
der Glasfabriken Oberdorf-
Voitsberg, 1938

147

Österreichischer Inlandsumsatz Weithals-Konservengläser/Mill. Stück

	1960	1970	1980
diverse Industrie-konserven	6,4	26,8	66,0
Babyfood/Kindernahrung	0,2	10,5	18,0
Pulverkaffee	–	3,6	6,0
Haushaltskonserven ("REX")* rund	2,1	⌀ 3,0 bis 4,0	1,5

* (Das „Ein-REXen" wurde in Kriegs- und Notzeiten sehr gepflegt; es nahm mit steigendem Wohlstand, Bequemlichkeit und besonders der Tiefkühltruhe stark ab!)

Die steirischen Glasfabriken: Technik 1950–1980

Die 4 steirischen Glasfabriken bewahrten durch große Investitionen die Konkurrenzfähigkeit; die 3 Vollautomaten-Hütten für Verpackungsglas hielten mit dem hohen europäischen Qualitätsstandard Schritt. 1978 erfolgte die lange geplante Fusion der Firmen „Stölzle AG" und „Oberglas AG", um Rationalisierungen, insbesondere der Transportkosten (Standortnachteile!) gemeinsam lösen zu können. Die Gesamterzeugung stieg von 28.000 t auf über 160.000 t; der Personalstand fiel dagegen von 2000 auf unter 1900 Beschäftigte im Jahr 1980.

Graz-Gösting:

1955: 3 Wannen mit 3 „Owens"-10-stat. Maschinen, ab 1960 Umstellung auf Tropfen-Speiser-Maschinen; zusätzlich wurden 5 französische Roirant „R-7" und 3 Reihenmaschinen „IS" und französische „IT" auf 3–4 Wannen beschäftigt. Dadurch waren nun leichtere Flaschengewichte möglich.

1967 erwarb die CA-BV die Grazer Fabrik und übertrug sie als Tochter-GmbH dem Stölzle-Konzern. Im Zuge der Lösung von Standortproblemen kam es dann 1980 zur Einstellung der Grazer Glasfabrik (Verlegung nach Pöchlarn).

Kennzahlen für	1950	1960	1970	1979 (letztes Jahr)
Produktion in Tonnen	12.500	26.000	51.200	57.100
Stück Flaschen in Millionen	18	47	74	138
Beschäftigte	295	370	380	310

Köflach

spezialisierte sich auf Kleinflaschen (Parfum/Pharmazie) neben dem besseren weißen Flaschenprogramm. Die Roirant-Saugmaschinen A/6 wurden ab Mitte der 60er Jahre durch Roirant „R-7", dann aber durch Hartford „IS"-Reihenmaschinen mit 6 und 8 Stationen ersetzt. Zum Schluß arbeitete man mit 8 Linien, die Mehrzahl mit Zwillings-Formen. 2 Maschinen für Kleinstflaschen mit Triplex-Formen (bis über 400.000 Stück/Tag!), 3 Wannen für weißes und braunes Glas.

Bis etwa 1970 lief daneben eine vielfältige Hand- und Halbautomatenproduktion, besonders Beleuchtungs- und etwas Haushaltsglas.

Kennzahlen für	1950	1960	1970	1980
Produktion Tonnen	7600	11.800	28.100	43.000
Stück Verpackung/ Mill.	–	–	–	–
Beschäftigte	670	870	780	510

Voitsberg

1951 wurde die kleine Hand-/Halbautomatenerzeugung ins Schwesterwerk Oberdorf verlegt und nur noch Weithals-Konservenglas sowie später auch ein allgemeines Flaschenprogramm (Weiß- und Halbweißglas, von Oberdorf ab 1961 übernommen) gefertigt. Die wenig leistungsfähigen und ungenau arbeitenden Pöting-Maschinen aus der Kriegszeit wurden ab 1961 durch „IS"-Maschinen mit 4, 5, 6 und 8 Stationen ersetzt.

Hohlglas-Produktion der 4 steirischen Hütten:

Graz – Köflach – Oberdorf – Voitsberg

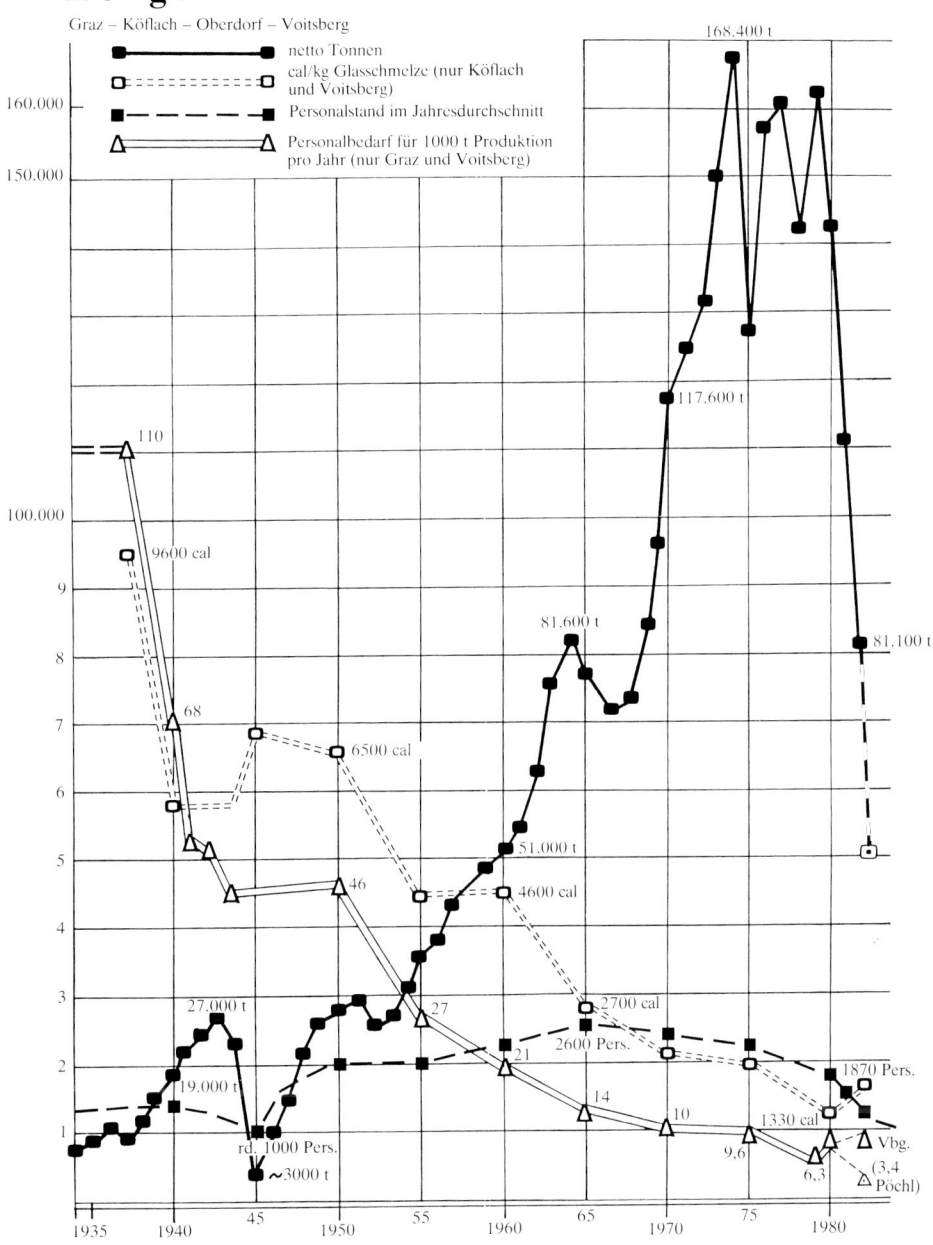

Legend:
- ●——● netto Tonnen
- □----□ cal/kg Glasschmelze (nur Köflach und Voitsberg)
- ■----■ Personalstand im Jahresdurchschnitt
- △——△ Personalbedarf für 1000 t Produktion pro Jahr (nur Graz und Voitsberg)

Data labels on chart: 110, 9600 cal, 68, 6500 cal, 46, 4600 cal, 2700 cal, 1330 cal, 27, 21, 14, 10, 9,6, 6,3, 168.400 t, 160.000, 150.000, 117.600 t, 100.000, 81.600 t, 81.100 t, 51.000 t, 27.000 t, 19.000 t, ~3000 t, rd. 1000 Pers., 2600 Pers., 1870 Pers., Vbg., (3,4 Pöchl)

Y-axis: 160.000, 150.000, 100.000, 9, 8, 7, 6, 5, 4, 3, 2, 1

X-axis: 1935, 1940, 45, 1950, 55, 1960, 65, 1970, 75, 1980

149

Jahresproduktionen 1920–1983
(in 1000 Tonnen, zum Teil angenäherte Werte, insbesondere bis 1938)

Jahr	ODF	VBG	KÖFL.	GRAZ	zus. Tonnen	Personal rd.
1920		1,6				
21		2,4		2,5		
22	0,4	2,–	0,5	3,5	6.400	
23	0,4	1,4	0,5	1,7	4.000	
24	0,8	1,1	0,6	2,2	4.700	
1925	2,–	2,–	0,6	2,2	6.800	900
26	2,–	2,2	–	2,8	7.000	
27	2,6	2,4	–	–	5.000	
28	2,9	2,7	–	2,–	7.600	
29	2,7	2,8	0,5	5,7	11.700	
1930	2,6	2,2	1,4	4,6	10.800	1300
31	2,1	2,–	1,5	5,–	10.600	
32	1,6	2,–	1,2	3,3	8.100	
33	1,8	1,2	2,–	2,2	7.200	
34	2,1	1,8	2,–	2,7	8.600	1200
1935	2,6	1,2	1,8	3,9	9.500	
36	2,5	1,7	1,8	4,6	10.600	
37	2,4	1,8	1,8	4,–	10.000	
38	3,1	1,1	2,4	5,3	11.900	990
39	3,8	3,2	3,–	5,6	15.600	1300
1940	5,4	3,3	3,5	6,7	18.900	1395
41	5,5	5,7	4,3	7,3	22.800	1350
42	5,–	5,1	4,–	10,6	24.700	1185
43	5,2	5,4	5,4	11,–	27.000	1050
44	5,3	5,1	5,–	8,–	23.400	980
1945	1,1	0,5	2,5	–	4.100	
46	2,–	3,1	3,4	2,–	10.500	1170
47	2,5	3,8	3,7	5,3	15.300	1430
48	4,2	4,7	6,1	6,6	21.600	1645
49	5,4	4,6	7,–	9,9	26.900	1930
1950	4,7	2,9	7,6	12,5	27.700	1990
51	6,–	3,2	7,3	11,8	28.300	2200

Jahr	ODF	VBG	KÖFL.	GRAZ	zus. Tonnen	Personal rd.
52	5,3	2,5	5,4	12,1	25.300	1890
53	5,9	3,–	6,4	11,2	26.500	1985
54	6,4	3,6	7,1	12,5	29.600	2085
1955	6,9	4,4	8,2	16,2	35.300	2190
56	6,8	3,7	7,9	17,9	36.300	2180
57	7,5	4,1	7,3	22,–	40.900	2225
58	7,9	4,5	11,2	22,8	46.400	2270
59	7,8	6,2	12,4	22,7	49.100	2340
1960	6,8	7,1	11,8	26,–	51.700	2360
61	6,8	10,7	11,–	26,–	54.500	2355
62	6,5	11,5	13,7	30,3	62.000	2430
63	6,8	16,2	16,3	36,9	76.000	2435
64	6,4	17,4	14,2	43,6	81.600	2575
1965	6,6	15,8	14,1	41,3	77.800	2625
66	6,7	17,2	13,8	34,6	72.400	2455
67	6,3	19,5	15,1	32,8	73.700	2350
68	7,1	21,9	18,8	37,1	84.900	2375
69	8,4	24,3	21,8	40,8	95.300	2400
1970	8,6	29,6	28,1	51,2	117.500	2465
71	8,1	31,3	32,2	53,4	125.000	2555
72	8,2	36,7	34,2	52,1	131.200	2650
73	8,7	41,7	34,8	64,9	150.100	2695
74	9,5	44,8	36,9	77,2	168.400	2595
1975	7,9	43,8	27,9	48,2	127.800	2445
76	8,9	45,4	34,3	69,4	158.100	2210
77	9,8	48,1	41,1	62,5	161.500	2090
78	8,4	46,3	38,–	50,7	143.400	1900
79	8,6	55,9	41,4	57,2	163.100	1905
1980	8,6	63,7	43,–	27,8	143.100	1870
81	6,7	63,5	40,7	–	110.900	1450
82	1,–	45,4	34,6	–	81.000	1235
83	1,–	10,9	~40,–	–	~51.000	–

2 große Wannen ergaben schließlich bis 80 bzw.
130 t/Tag; 6–7 IS-Maschinen, davon meist 2 mit
„Doppel-Tropfen". Ab 1974 wurde ein von Oberdorf
entwickeltes Wirteglasprogramm auf IS-Maschinen
gefahren (Bierkannen bis zum bayrischen Maßkrug,
Becher, Vasen) – zwar etwas grob und billig wirkend,
aber im Export viele Jahre gut absetzbar. (Die Hütte
wurde Ende 1983 stillgelegt.)

Kennzahlen für	1950	1960	1970	1980
Produktion Tonnen	3000	7100	29.000	63.000
Stück Verpackung/ Mill.	8	23,5	93,7	203,5
(davon Export			11,–	50,5)
Beschäftigte	420	320	380	410

Oberdorf

mußte ab 1950 laufend die gewöhnlichen Flaschen-
sorten an die Automatenhütten abgeben. Im Verband
der eigenen Firma „Oberglas" blieb Oberdorf die
Wirtschafts- und Beleuchtungsglashütte. Ständige
Anpassung an die jeweiligen Marktwünsche erforderte immerfort bewegliche Glasmacher, neue Techniken und Weiterbearbeitungen (mit Schleifen, Gravieren, Malen, Siebdruck, Ätzung).

Trotzdem wurden die schönsten und originellsten
Kreationen oft binnen Monaten von den billigen Ost-
ländern (mit halben Lohnkosten!) imitiert. Daher war
die Hüttenrechnung ab etwa 1970 nicht mehr aktiv zu
gestalten.

Kennzahlen für	1950	1960	1970	1980
Tonnen Produktion	4700	6800	8500	8600
Beschäftigte	620	800	880	650

Mineralwasserflasche „Emma-Quelle" um 1910 aus der
Hütte Aibl

Wolfgang Pfeiffer

Meilensteine des Sehens und Erkennens*

Zur Einführung

Brille und Fernglas sind längst zu alltäglichen optischen Hilfsmitteln geworden. Darüber hinaus spielt die Optik eine Schlüsselrolle für viele Gebiete der Naturwissenschaften. Ohne Linsen, Spiegel und Prismen wären viele Erkenntnisse nicht gewonnen worden und viele moderne Techniken nie entstanden. Die Bakteriologie bedarf des Mikroskops, die Astronomie des Teleskops. Selbst die Halbleitertechnik wäre ohne optische Methoden nicht zu verwirklichen.

Die Optik im üblichen Sinne befaßt sich mit elektromagnetischen Wellen in den Spektralgebieten vom Ultraviolett über das sichtbare Licht bis zum nahen Infrarot. In der Elektronenoptik hat man es dagegen mit schnellen Elektronen zu tun, die auch als Materiewellen von außerordentlich kurzer Wellenlänge beschrieben werden können.

Die Entwicklung der Optik setzte im Altertum sehr zögernd ein. Man kannte Spiegel und Brennglas sowie die vergrößernde Wirkung eines wassergefüllten kugelförmigen Glases. Die alten Ägypter und Griechen wußten schon das Reflexionsgesetz anzuwenden, während das Brechungsgesetz erst um 1600 formuliert wird. Im 13. Jahrhundert wird die Brille erfunden – ein kulturhistorisch außerordentlich bedeutsamer Schritt, der die produktive Lebensphase von geistig und künstlerisch tätigen Menschen zum Teil um Jahrzehnte verlängert. Um 1600 folgen Mikroskop und Fernrohr. Im 19. und 20. Jahrhundert entstehen schließlich in rascher Folge zahlreiche Instrumente, von der photographischen Kamera bis zum Elektronenmikroskop.

Aus der Fülle des hier angedeuteten Stoffes wurden für die folgenden Seiten Meilensteine aus der Entwicklungsgeschichte der Brille, des Fernrohrs und des Mikroskops ausgewählt.

* Aus einer Broschüre der Dresdner Bank, Frankfurt 1981.

Die Brille im Wandel der Zeit

Das Auge, unser wertvollstes Sinnesorgan, vermittelt uns die meisten Erkenntnisse. Doch etwa 70% der Menschen sind fehlsichtig. Die Brille ist also ein außerordentlich wichtiges Instrument.

Griechische und arabische Denker, Praktiker in Klosterzellen, Optiker, Ärzte und Physiker prägten die Geschichte der Brille.

Der in Alexandrien wirkende Grieche Claudius Ptolemäus (ca. 100–178) befaßte sich mit der Lichtbrechung und kannte die vergrößernde Wirkung einer wassergefüllten Glaskugel. Der Araber Ibn al Heitham (Alhazen) beschreibt bereits den Lesestein, ein gläsernes Kugelsegment, als mögliche Sehhilfe.

Der Lesestein wurde wohl erst nach 1240 in europäischen Klöstern als Lesehilfe für alterssichtige Mönche realisiert. Er wurde direkt auf die Schrift aufgelegt.

Ende des 13. Jahrhunderts wurde in Norditalien die eigentliche Brille erfunden. Das Wort „Brille" ist von „Beryll" abgeleitet, einem Halbedelstein, der neben Glas und Quarz als Material für Lesesteine diente.

Als Brillengläser wurden zunächst nur Sammellinsen für alterssichtige und übersichtige Augen geschliffen. Spätestens seit 1517 gibt es auch Zerstreuungslinsen für kurzsichtige Augen.

Schon 1686 läßt sich die Idee eines Mehrstärkenbrillenglases (allerdings für eine Probierbrille) nachweisen. 1784 fertigt Benjamin Franklin die erste Bifokalbrille an.

Die wissenschaftliche Behandlung brillenoptischer Fragen beginnt im 17. Jahrhundert. Doch erst das Punktal-Glas, das Moritz von Rohr im Zeiss-Werk entwickelte, brachte den Durchbruch zum Brillenglas mit mathematisch-optisch berechneter Form.

Die Brillenfassungen wurden zunächst aus Holz, dann aus Leder, Horn oder Fischbein, später aus Me-

Optikerwerkstätte um 1780, venezianischer Kupferstich

tall (z. B. Draht) und schließlich aus Azetat, Zelluloid oder Kunststoffen hergestellt.

Die Brillen wurden zuerst einfach von Hand gehalten, dann lange Zeit auf die Nase geklemmt, gelegentlich sogar an Stirnreifen oder speziellen Mützen aufgehängt. Die ab 1580 in Spanien nachgewiesene Fadenbrille, die mit Fadenschlingen an den Ohren befestigt wurde, verbreitete sich bis nach China. Ohrenbügel, wie sie heute üblich sind, kamen erst im 19. Jahrhundert auf.

Vom Lesestein zur Lupenbrille

11. Jh.	Der Araber Ibn al Heitham (ca. 965–1039) beschreibt die vergrößernde Wirkung eines gläsernen Kugelsegmentes
Nach 1240	Erste Lesesteine in Klöstern *(Sammellinsen für Alterssichtige)*
Vor 1300	Nietbrille in Norditalien erfunden
14. Jh.	Gestieltes Einglas (wie die Nietbrille für Alterssichtige gedacht)
Ca. 15. Jh.	Lederbrille

Ca. 15. Jh.	Bügelbrille: Ein starrer Bügel verbindet die Brillenteile
Um 1500	Klemmbrille mit elastischem Nasenbügel
1517	*Zerstreuungslinse* für *Kurzsichtige*
Um 1580	Fadenbrille in Spanien
17. Jh.	Drahtbrille aus geplättetem Draht
1686	Mehrstärkenprobierbrille: Pater Johannes Zahn, OPraem
1727	Monokel
Um 1728	Schläfenbrille, mit seitlichen Bügeln an die Schläfen geklemmt
Um 1750	Scherenbrille
1752	Brille mit ausklappbaren Doppelbügeln
1783	Doppelbrille (zwei gelenkig verbundene Brillen): A. Smith
1784	Bifokalbrille mit getrennten, halbkreisförmigen Nah- und Fernteilen: Benjamin Franklin (1706–1790)
Vor 1789	Lorgnette
1797	Brille mit ausklappbaren Lichtschutzgläsern: J. Richardson
1804	Meniskusförmige Gläser mit besserer Abbildung der Randstrahlen: William Hyde Wollaston (1766–1828)
Anf. 19. Jh.	Ohrenbrille
1825	Dreistärkenbrille: J. I. Hawkins
1827	Torisches Brillenglas für astigmatische Augen: George Bidell Airy (1801–1892)
Um 1828	Springlorgnette
1836	Aus einem Stück geschliffenes Bifokalglas: I. Schnaitman
1879	Diaphragma-Brille ohne störende Randreflexe: G. Rodenstock
Um 1897	Verschmolzenes Bifokalglas: John L. Borsch
1907	Progressives Brillenglas mit nach unten allmählich abnehmender Brennweite: O. Aves
1908	Punktuell abbildendes Glas mit korrigiertem Astigmatismus schiefer Bündel: Moritz von Rohr (1868–1940)
1908/09	Asphärisches Glas für Staroperierte: Allvar Gullstrand (1862–1930, Nobelpreis 1911) und Moritz von Rohr
1910	Fernrohrbrille: Moritz von Rohr
1911	Lupenbrille: Moritz von Rohr
Um 1932	Zeiss Perivist-Brille mit unbehinderter Seitensicht sowie anatomisch geformten Ohrenbügeln und bequemen Seitenstegen
1933	Rodenstock Bifokalgläser mit unsichtbarer Trennungslinie
1953	Brauchbare progressive Brillengläser in Serie: Bernard Maitenaz
Um 1962	Phototrope Gläser, deren Absorption sich automatisch der Beleuchtung anpaßt: Alvin J. Cohen, Herbert L. Smith, W. H. Armistead und S. D. Stookey
1978	Bildsprungfreie verschmolzene Bifokalgläser: Erwin Daniels und Siegfried Korn
1983	Zeiss Gradal HS, Gleitsichtglas mit Horizontalsymmetrie: Bernd Kratzer, Gerd Fürter.

Fernrohre überbrücken Weiten auf der Erde und im All

Im Jahre 1608 beantragte der holländische Brillenmacher Hans Lipperhey ein Patent für ein Fernrohr. Schon 1609 baute auch Galileo Galilei ein Fernrohr nach diesem Vorbild und bewies dem Dogen von Venedig, daß er mit diesem Hilfsmittel feindliche Schiffe viel früher als mit bloßem Auge erkennen könne. 1613 realisierte Christoph Scheiner (1575–1650) ein Fernrohr nach einem Prinzip von Johannes Kepler, der 1611 zweierlei Konstruktionen angegeben hatte. Und schon 1616 baute Nicolaus Zucchius das erste Spiegelfernrohr. In acht Jahren wurden also vier Fernrohrtypen erfunden. Die Idee war jedoch mehr als 300 Jahre älter: Schon 1267 schrieb der englische Franziskaner Roger Bacon (um 1214–1294), daß man aus Linsen ein Fernrohr bauen könne. Eine Konstruktion hat er nicht angegeben.

Besser als das Galileische bzw. Holländische Fernrohr mit einer Zerstreuungslinse als Okular bewährte sich das Keplersche astronomische Fernrohr mit einer Sammellinse als Okular. Es erlaubt höhere Vergrößerungen, hat ein scharf begrenztes Bild und ist auch als Meßfernrohr geeignet. Deshalb wurde es zur Grundlage vieler Konstruktionen.

Spiegel sind frei von Farbfehlern und lassen sich in größeren Durchmessern herstellen als Linsen. 1663 entwarf James Gregory ein brauchbares Spiegelteleskopsystem. Der Ruhm, als erster ein praktisch verwendbares Spiegelteleskop nicht nur erdacht, sondern auch selbst gebaut zu haben, gebührt jedoch Isaac Newton (1668). 1672 setzte G. Cassegrain ein Objektiv aus einem konkaven parabolischen Hauptspiegel und einem konvexen hyperbolischen Fangspiegel zusammen und schuf damit ein noch heute selbst bei Großteleskopen angewandtes Bauprinzip.

Das Galileische Fernrohr dominierte lange Zeit als Handfernglas und ist als Theaterglas geeignet. Das überlegene Keplersche Fernrohr liefert ein umgekehrtes Bild; und Keplers terrestrisches Fernrohr ist durch seine Umkehrlinse unhandlich lang. Eine schöpferische Idee vereinigte optische Qualität und kompakte Bauweise: 1854 fügte Ignaz Porro zwischen Objektiv und Okular eines Keplerfernrohres zwei Umkehrprismen ein. Ernst Abbe, der Gründer der Carl-Zeiss-Stiftung, erhielt 1894 ein Patent für das binokulare Prismenfernrohr mit erweitertem Objektivabstand.

Dieses Bauprinzip ergibt eine verbesserte räumliche Wahrnehmung. Bei Zeiss entstanden zwei weitere Meilensteine: das Fernglas mit aufgespaltenem Achromat-Teleobjektiv (1954), eine optisch anspruchsvolle und besonders kompakte Bauweise, und das 8×30 B mit Brillenträgerokular (1958).

Fernrohre für Handgebrauch und Himmelskunde

1608	Holländisches Fernrohr: Hans Lipperhey (um 1570–1619)
1609	Galilei (1564–1642) baut nach diesem Vorbild ein Fernrohr und entdeckt die Jupitermonde usw.
1611	Astronomisches Fernrohr mit umgekehrtem Bild: Johannes Kepler (1571–1630)
1611	Terrestrisches Fernrohr mit bildaufrichtender Linse: J. Kepler
1616	Spiegelfernrohr: Nicolaus Zucchius S. J. (1586–1670)
Um 1618	Parallaktische Montierung: Pater Grienberger S. J.
1640	Fernrohr mit Fadenkreuz: W. Gascoigne
1663	Spiegelfernrohr: James Gregory (1638–1675)
1668	Spiegelfernrohr: Isaac Newton (1643–1727)
1672	Spiegelfernrohr: G. Cassegrain (Prinzip vieler moderner Großteleskope)
1757	Achromatisches Fernrohrobjektiv: John Dollond (1706–1761)
1854	Monokulares Prismenfernglas: Ignaz Porro (1801–1875)
1887	Astrophotographie: Max Wolf (1863–1932)

1894	Prismen-Doppelfernglas mit erweitertem Objektivabstand: Ernst Abbe (1840–1905)
1897	Ferngläser mit Dachkantprismen: Moritz Carl Hensoldt (1821–1903)
1898	Objektive besserer Farbkorrektion durch neue Gläser von Otto Schott (1851–1935)
1912	Zusammenklappbares Kleinfernglas Stenor: Allvar Gullstrand (1862–1930)
1917	Weitwinkelokular: Heinrich Erfle (1884–1923)
1923	Theorie des Fernrohrs mit asphärischen Spiegeln: George W. Ritchey (1864–1945), Henri Chrétien (1879–1956)
1932	Spiegel für komafreie Abbildung großflächiger Astrophotos: Bernhard Schmidt (1879–1935)
1935	Reflexvermindernde Beschichtung (Zeiss T-Belag): Alexander Smakula
1948	5-m-Spiegelteleskop auf dem Mount Palomar vollendet
1958	8×30 B mit Brillenträger-Okular: H. Köhler
1960	Fernglas von Leitz mit Innenfokussierung
1964	Geradsicht-Prisma nach Hans Schmidt (1899) bei Hensoldt technisch realisiert
1969	Kleinferngläser mit einem Gewicht von nur 135 Gramm: Roland Leinhos
1973	Schott gießt 3,5-m-Spiegel aus Glaskeramik
1976	Mikroskop-Basis Stereo ermöglicht stereomikroskopische Beobachtung mit Kleinferngläsern: Reinhold Liebmann
1982	Werksabnahme des Zeiss 3,5-Teleskops, des größten deutschen Teleskops

Fenster zum Mikrokosmos

Vor bald 400 Jahren – um 1590 – öffneten die ersten Mikroskope holländischer Brillenmacher das Tor zu einer Wunderwelt. Man erkannte nun, daß es selbst in einem Wassertropfen noch eine Fülle winziger Lebewesen gibt. Schon 1683 entdeckte Antony van Leeuwenhoek die Bakterien. Man baute „einfache" Mikroskope mit einer einzigen kleinen Linse und „zusammengesetzte" Mikroskope mit Objektiv und Okular. Bei beiden Typen störten Abbildungsfehler die Beobachtungen. Die achromatischen Mikroskope von Hermann van Deijl und anderen Instrumentenbauern waren ein erster Schritt zu den großen mikroskopischen Entdeckungen des 19. und 20. Jahrhunderts. Den Durchbruch brachte dann die Theorie der mikrosko-

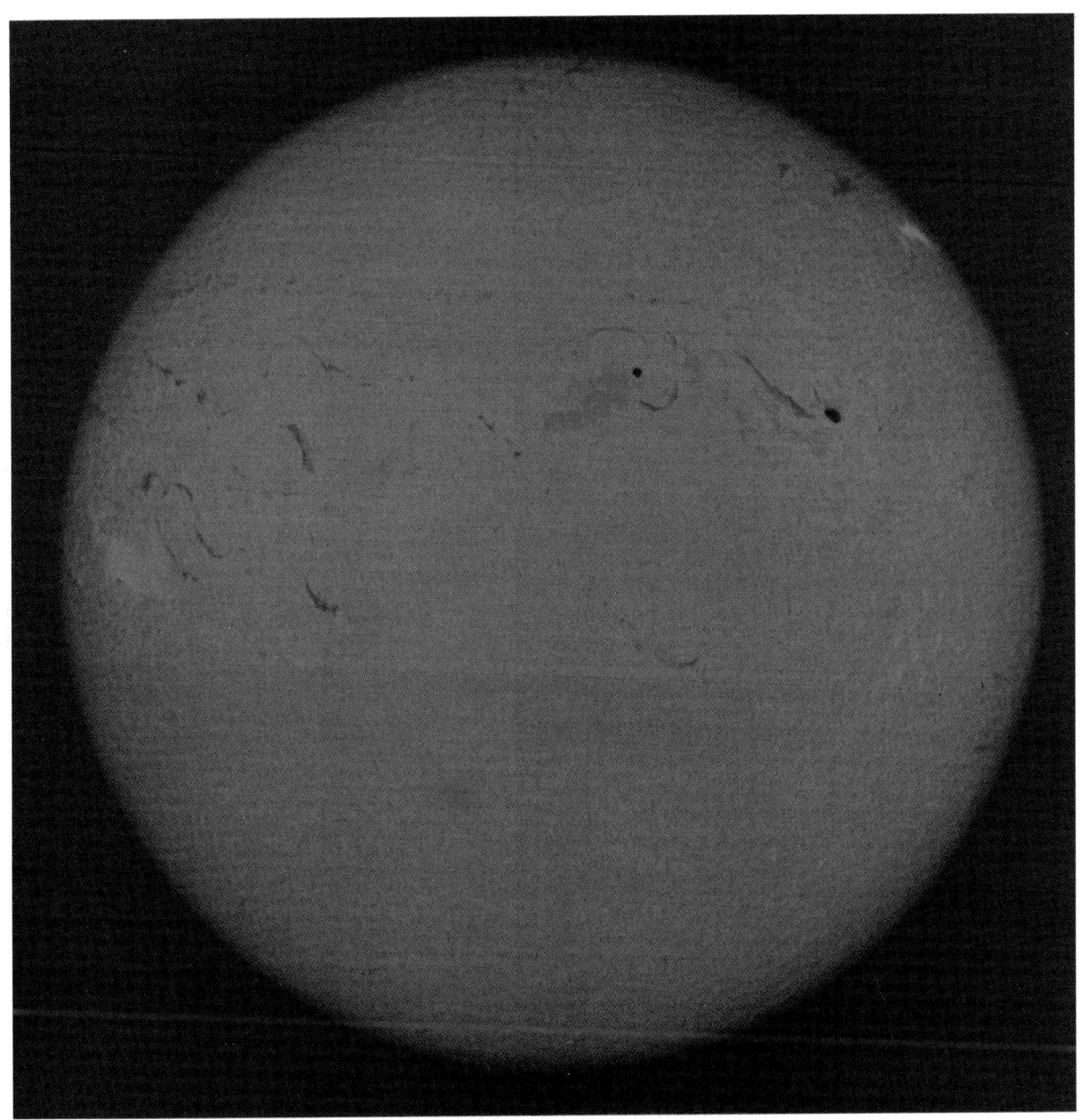

Aufnahme der Sonne vom Wendelsteinobservatorium, Bayrischzell

pischen Abbildung, die Ernst Abbe schuf. Es war das Verdienst von Carl Zeiss, die Bedeutung eines soliden theoretischen Fundaments erkannt und die Abbeschen Untersuchungen angeregt und finanziert zu haben. Abbes Arbeiten erwiesen sich immer wieder als Schlüssel zum Fortschritt: Er entwickelte die ersten Ölimmersionsobjektive und Apochromate, und seine Auflösungsformel wies der Mikroskopie kurzer Wellenlängen (Ultraviolettmikroskopie) den Weg. Abbes Theorie spielt auch eine zentrale Rolle beim modernen Phasenkontrastverfahren nach Frits Zernike, das ebenso wie die schon 1834 eingeführte Polarisationsmikroskopie durch kontrasterhöhende Eingriffe in den Strahlengang charakterisiert ist. Das erste Fluoreszenzmikroskop stellte Reichert 1911 vor.

Bei Zeiss entstand 1896 das Stereomikroskop nach Greenough. Leitz löste 1913 das Problem des Binokularmikroskops.

Zur Dokumentation mikroskopischer Beobachtungen dienten zunächst nur Zeichnungen. 1840 entstand die erste Mikrophotographie, 115 Jahre später das automatische Zeiss-Photomikroskop. Mikrokinematographische Geräte erlauben es sogar, Bewegungsabläufe zu filmen. Beobachtung und Dokumentation wurden schon vor der Jahrhundertwende durch Messungen ergänzt. Zur quantitativen Mikroskopie werden Mikroskope heute mit Photometern und Fernsehbildanalysatoren ausgerüstet.

Die in den letzten 120 Jahren konstruierten Mikroskope haben die Lebensbedingungen der Menschheit verändert. Ohne diese Instrumente wäre der erfolgreiche Kampf gegen die Infektionskrankheiten nicht möglich gewesen, die Metallkunde hätte ihren heutigen Stand nie erreicht, und die Halbleitertechnik würde vielleicht gar nicht existieren.

Vom Flohglas zum Forschungsmikroskop

Um 1590	Holländische Brillenmacher erfinden das Mikroskop (Janssen als Erfinder zweifelhaft)
1665	Grob- und Feinfokussierung, Mikroskopleuchte: Robert Hooke (1635–1703)
Ab 1665	Antony van Leeuwenhoek (1632–1723) baut zahlreiche Mikroskope und wird einer der bedeutendsten frühen Mikroskopiker
Um 1678	Binokulares Mikroskop: Chérubin d'Orléans
1712	Beleuchtungsspiegel: Chr. G. Hertel
1807	Achromatisches Mikroskop-Objektiv: Hermann van Deijl
1834	Polarisationsmikroskop: Henry Fox Talbot (1800–1877)
1834	Universalmikroskop, auch als umgekehrtes Mikroskop verwendbar: Charles Chevalier
1840	Mikrophotographie: A. Donné
1841	Mikroskop mit Hufeisenfuß, eine stabile und praktische Konstruktion: J. G. A. Chevallier
1849	Orthoskopisches Okular mit besserer Abbildung, insbesondere besserer Farbkorrektion: Carl Kellner (1826–1855)
1850	Wasserimmersions-Objektiv: Giovanni Battista Amici (1786–1863)
1854	Wahrscheinlich erstes funktionstüchtiges Stereomikroskop: Camille Sébastien Nachet (1799–1881)
1872	Die im Auftrag von Carl Zeiss (1816–1888) entwickelte Mikroskoptheorie erreicht die Praxisreife: Ernst Abbe (1840–1905)
1872	Beleuchtungsapparat mit fokussierbarem Kondensor: Ernst Abbe
1877	Homogene Immersion: Ernst Abbe, auf Anregung von J. W. Stephenson
1883	Mikrospektrometer: Theodor Wilhelm Engelmann (1843–1909)
1884	Zusammenarbeit von Zeiss, Abbe und Schott. Optische Gläser von Otto Schott (1851–1935) ermöglichen besser korrigierte Mikro-Optik
1886	Apochromate (Objektive höchster Farbtreue): Ernst Abbe
1888	Leistungsfähige mikrophotographische Einrichtung: Roderich Zeiss (1850–1919)
1893	Beleuchtungseinrichtung mit getrennter Regelung von Leuchtfeld und Kondensorapertur: August Köhler (1866–1948)
1895	Stereomikroskop nach Horatio S. Greenough
1903	Ultramikroskop macht winzige Teilchen sichtbar: Henry Siedentopf und Richard Zsigmondy (1865–1929, Nobelpreis 1925)
1904	Ultraviolett-Mikroskop: August Köhler und Moritz von Rohr
1908	Versuchsaufbau zur Fluoreszenzmikroskopie in Wien vorgeführt: A. Köhler, H. Seidentopf
1911	Fluoreszenzmikroskop: O. Heimstädt
1913	Binokularmikroskop mit Strahlenteilung durch Teilerspiegel: Felix Jentzsch (1882–1946)

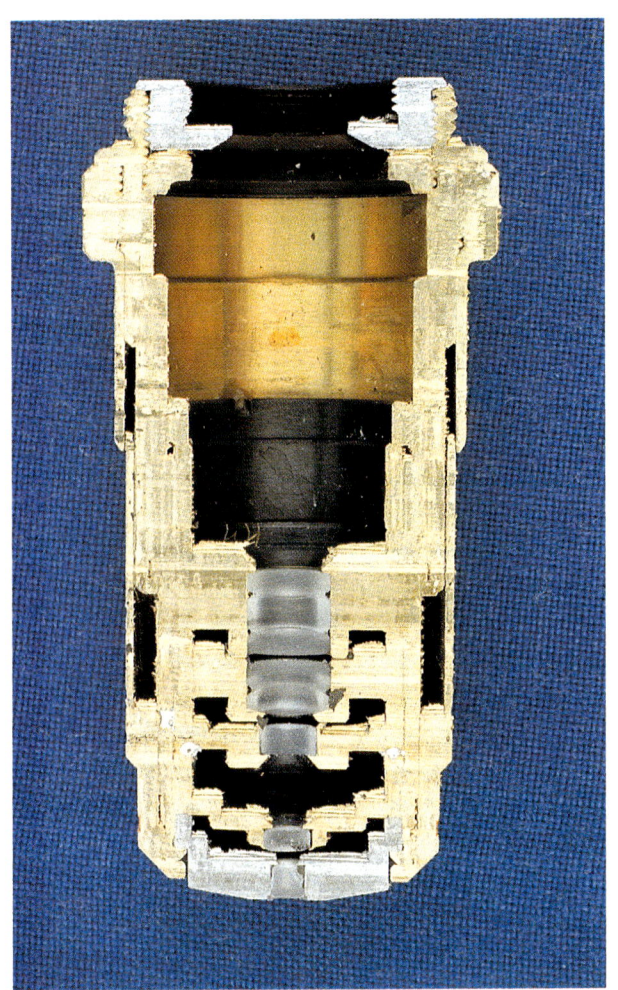

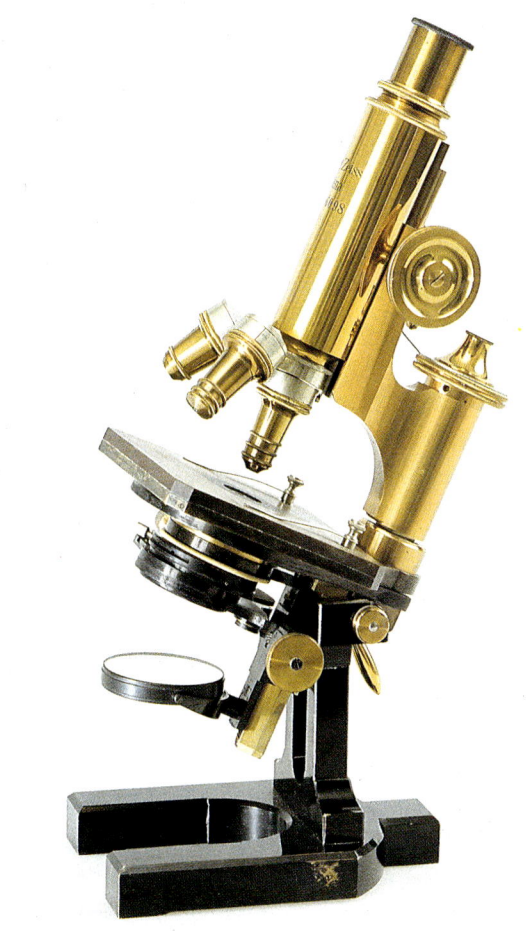

Mikroskop-Objektiv – Schnittmodell   Zeiss-Mikroskop 1889

1933	Mikrointerferometer, Grundlage des Interferenz-Mikroskops: W. Linnik
1936	Mikroskop-Photometer für die quantitative Mikroskopie: Torbjörn Caspersson
1936	Erste Versuchsausführung eines Phasenkontrast-Mikroskops entsteht bei Zeiss auf Anregung von Frits Zernike (1888–1966, Nobelpreis 1953)
1938	Plan-Objektive mit ebenem Bildfeld für die Mikrophotographie: Hans Boegehold
1944	Zeiss baut das erste Stereomikroskop mit Vergrößerungsschnellwechsler
1953	Das Operationsmikroskop erleichtert Operationen z. B. am Auge und im Mittelohr. Die neue Disziplin der Mikrochirurgie entsteht: Hans Littmann
1955	Photomikroskop mit vollautomatischer Belichtungssteuerung: Kurt Michel
1956	Differential-Interferenzkontrast-Einrichtung: Georges Nomarski
1959	Ultrafluar Objektive für sichtbares und ultraviolettes Licht korrigiert: Ewald Habermann (1906–1979) und Rudolf Conradi
1968	Mikroskop mit Fernsehbildanalyse von Metals Research
1973	Axiomat, ein extrem stabiles Baustein-Zoom-Mikroskop höchster Bildleistung: Kurt Michel
1982	Zeiss Laser-Scan-Mikroskop: Volker Wilke et al.

Harald Rath

Glaskunst der Gegenwart in Österreich

Wenn man – mit voller Berechtigung – die böhmische Glasproduktion miteinbezieht, kann Österreich auf eine sehenswerte Tradition in diesem schönen Material, dem Glas, verweisen. Von Venedig ausgehend, verbreitete sich die Glaserzeugung des Mittelalters über Hall in Tirol in zwei wesentliche Richtungen: zum einen über das Rheinland nach Belgien, Frankreich, England, zum anderen über Böhmen nach Schlesien und in späterer Folge in den skandinavischen Raum.

Das böhmische Glas war stets stark von österreichischen Auftraggebern geprägt, konnte sich vor allem durch die besonderen Gegebenheiten – Quarzsand, Holz als Heizmaterial, geschickte und fleißige Menschen zur Genüge vorhanden – im Barock bis ins Biedermeier, nach einer Schwächeperiode wieder in der Zeit des Historismus und der Weltausstellungen bis in die dreißiger Jahre des 20. Jahrhunderts zur europäischen Spitze zählen. Neben den sehenswerten Leistungen der Glashütten prägten – von den Fachschulen angeregt – kleine Werkstätten ein sehr individuelles und vielseitiges Programm bemalter, geschliffener und gravierter Unikate, die vielfach in Zusammenarbeit mit den Künstlern der Wiener Kunstgewerbeschule (heute Hochschule für angewandte Kunst) entstanden.

Nach dem Zweiten Weltkrieg wurden in Österreich (neben den Traditionsbetrieben Stölzle und Oberglas in Nagelberg bzw. im Steirischen) einige Glashütten neu aufgebaut, in Kufstein (jetzt Familie Riedel), in Salzburg (leider vor ca. vier Jahren stillgelegt), zuletzt Inn-Kristall in Braunau, die sich trotz besonders harter Konkurrenz auf dem Weltmarkt bestens behaupten. So hat Österreich bis heute eine sehr erfolgreiche Hüttentradition und -produktion nachzuweisen. Wenn bis vor ca. 10 Jahren die individuelle Glasgestaltung nicht die gleiche Bedeutung hatte, so liegt das zweifellos am Fehlen entsprechender Werkstätten.

Vor allem in den USA war die Situation in Glas eine völlig andere; hier fehlte die Glasindustrie fast völlig, wenn man von Spezialhütten, wie Tiffany im Jugendstil, sowie einigen oft auf Preßglas spezialisierten Produktionsstätten absieht. So entwickelte sich ab den späten 60er Jahren eine völlig neue Bewegung der Glasgestaltung an ganz kleinen Schmelzöfen, die maßgeblich von den beiden Pionieren der amerikanischen Studioglasbewegung – Harvey Littleton und Dominik Labino – in mühsamer Kleinarbeit aufgebaut wurde. Diesen beiden gelang es unter anfänglich primitivsten Bedingungen, Glas in sehr freier Gestaltung – die schwache Glasqualität wurde durch den künstlerischen Ausdruck reichlich wettgemacht – zu produzieren und mit diesen Gläsern einige aufgeschlossene Galerien und Museen im Lande zu interessieren.

Gleichzeitig widmeten sich die beiden intensiv der Weitergabe ihres Wissens an jüngere, an unzähligen Hochschulen im ganzen Land wurden Werkstätten eingerichtet und Lehrkurse abgehalten, so daß Anfang der 70er Jahre etwa 100 Kunsthandwerker und Künstler, im Land verteilt, völlig neue Wege im Glas beschritten. Zur zweiten Generation dieser Bewegung zählen Dale Chihuly, Joel Philip Myers, Fritz Dreisbach und andere, die ebenso durch Lehrtätigkeit neue Entwicklungen vermittelten.

Zusammen mit seinem Freund und Mitstreiter Erwin Eisch war es Harvey Littleton, der die Initiative für Studioglas in Österreich setzte. Der Boden war nicht ganz unvorbereitet: Marianne Maderna experimentierte in „Pate de verre“-Technik an einem selbst gebauten Schmelzofen, Isolde Joham arbeitete mit venezianischen Werkstätten an relativ farbigen Unikaten (die 1969 erstmals bei Lobmeyr gezeigt wurden), in den kalten Techniken Schliff und Gravierung fanden Kurt Bloeb und Zdenek Stahlavsky erste Interessenten für ihre Gläser in klarem Glas.

1973/74 gelang es Heinrich Beranek – der mittler-

Jack Ink, Landschaft 1985

weile ein eigenes Studio in Bad Tatzmannsdorf betreibt – unter finanzieller Unterstützung der Firma Lobmeyr und besonders mutiger Förderung durch Dir. Josef Hausner an der Keramikschule in Stoob einen ersten kleinen Glasschmelzofen zu betreiben. Eine erste Präsentation der von Stahlavsky und Beranek gestalteten Produkte gelang 1974 auf Schloß Kobersdorf und zeigte den Beginn einer seither sehr erfreulichen Entwicklung zeitgenössischen Glasschaffens in Österreich auf.

Jack Ink kam 1974 – von Littleton zum Erlernen von Gravieren zu Lobmeyr empfohlen – nach Wien und stürzte sich gleich in sein eigenes Metier, das Glasblasen. Eine erste Ausstellung in der Wiener

Kärntnerstraße „Landschaften in Glas" dokumentiert sein großes Können in Beherrschung von Material und Farbe. Mittlerweile hatte sich auch eine sehr kleine, aber recht versierte Gruppe von Sammlern zu bilden begonnen, die wesentlich zur weiteren Entwicklung des künstlerischen Glasschaffens in Österreich beigetragen hat.

Ein Zufall will es, daß in dem Moment, da ein Weiterarbeiten in Stoob aus räumlicher Beschränkung nicht mehr möglich war, der Badener Bürgermeister, Hofrat Wallner, das leerstehende „Franzensbad" mit neuem Leben aktivieren möchte. Wieder nimmt Lobmeyr diese Chance war, unter ziemlich großem Aufwand und unter technischer Leitung von Jack Ink eines der allerersten komplett eingerichteten Glasstudios Europas aufzubauen, mit Schmelzöfen, Schleif- und Gravurwerkzeugen, allgemeinen Werkstättenräumen und einem Ausstellungsraum.

In kürzester Zeit haben bedeutende Glaskünstler aus den USA und Europa in diesem Studio sehr erfolgreich gearbeitet und ihre Gläser bei Lobmeyr wie auch ausländischen Galerien präsentiert. Der wohl wichtigste Effekt dieser Arbeitsphase ist, daß österreichische Studenten diesen Könnern als Assistenten zur Seite gestanden und aus dieser Zusammenarbeit ungemein viel gelernt haben, vielfach ihre heutige Materialbeherrschung auf diese Arbeitsphase begründen. Zu dieser jüngeren Generation gehören Harald Barnstedt, Martin Brunhuemer, Richard Budischowsky, Alina Görny, Johannes Holländer, Erich Pummer, die sich alle mittlerweile recht erfolgreich in Einzel- und Gruppen-Ausstellungen im In- und Ausland präsentiert haben.

Seit der Eröffnung des Badener Glasstudios „Franzensbad" haben unter vielen anderen folgende Glaskünstler auf eine Arbeitsphase Ausstellungen folgen lassen: Jack Ink – als „artist in residence" der ersten Jahre – mit stets recht unterschiedlichen Landschaftsthemen 1976, 1977, 1979, 1980, 1983 und 1984 bereits aus seinem eigenen Studio in Tribuswinkel bei Lobmeyr, zuletzt 1986 in der Galerie Klute in Wien.

1976 waren Karin Stöckle/BRD (fantasievolle Gravuren) und Zdenek Stahlavsky (Schliff-Objekte) zu sehen, 1977 Joel Philip Myers („Badener Weingärten") und Bruce Bortin aus USA sowie der Engländer

Stephen Procter (diamantgestippte Objekte) im Badener Studio zu Gast.

1978 präsentierte David Huchthausen, USA, geblasene Überfanggläser („Alpenländische Phantasien"), aus den USA kamen weiters David White und Robert Coleman („Variationen der Kugel"), erstmals stellen die Österreicher Alina Görny und Erich Pummer sich vor.

Bereits 1979 (nochmals 1981) kam der Amerikaner Dale Chihuly nach Baden, dessen Besuche sich ebenso wie Ink's Tätigkeit nachhaltig auf das Können der jungen Österreicher auswirkten.

1980 wurde in Wien-Oberlaa der Weltkongreß des World Crafts Council von Hochschule und Museum für angewandte Kunst unter Leitung von Peter Rath organisiert, die österreichischen Glaskünstler richteten die sehr erfolgreich operierenden Werkstätten ein.

Helmut Hundstorfer hatte sich mittlerweile völlig selbständig im oberösterreichischen Riedau einen Schmelzofen mit Werkstätte eingerichtet und stellte 1981 erstmals bei Lobmeyr aus. Im selben Jahr zeigte Alina Görny ihre bereits sehr verfeinerten Überfanggläser in sorgfältig abgestimmten Farben. Paulus Auer – mit selbstgemalten und gravierten fantastischen Figurendarstellungen – sowie Erich Pummer mit geblasenen und gravierten Gefäßen folgen 1982.

1983 wird dem glasinteressierten Publikum eine ganze Serie verschiedenartigster Ausstellungen vermittelt. Erstmals stellt Johannes Holländer seine „aufgebrochenen" Objekte vor, aus der ČSSR werden figurale Objekte von Jiri Suhajek und sehr zarte Gebilde von Dalibor Tichy gezeigt. Strenge, geschliffene Gläser von Willi Pistor werden den fantasiegeladenen Arbeiten der ebenfalls bundesdeutschen Künstler Pavel Molnar und Karin Stöckle gegenübergestellt.

1984 wird in einer gesonderten Schau „Glaskunst von Frauen" (aus Österreich Olivia Charlton, Ingrid Swossil-Lissow, Lore Heuermann, Sigrid Kurz, Alina Görny, aus der ČSSR Vera Liskova mit lampengeblasenem Glas, sowie aus Deutschland Isgard Moje und Ulrike Oelzner) gezeigt. Neben Skulpturgläsern der Ungarn Maria Lugossy und Zoltan Bohus fallen die Objekte des Jugoslawen Raoul Goldoni, die „Köpfe" des Hank Adams, USA, und neueste Arbeiten von Erich Pummer in Einzelausstellungen auf.

Helmut Hundstorfer, Objekt, freigeblasen, 1986

Im folgenden Jahr gilt es, Gemeinschaftsausstellungen zu präsentieren. Die „North Carolina Glass 84"-Schau zeigt die grenzenlose Vielfalt des amerikanischen Glasschaffens auf, als Gegenpol wirkt die Ausstellung der ostdeutschen Glaskünstler durch die Materialbeherrschung vor allem der vor der Lampe Blasenden (Hubert Koch, Günther Knye, Walter Bäz-Dölle, Renate und Volkhart Precht, u. a.). Zusammen mit der Amerikanerin Elly Sherman präsentieren sich erstmals Harald Barnstedt und Martin Brunhuemer mit sehr sauberen und farbigen Gefäßen.

1986 sind neben den ungemein witzig gestippten Arbeiten des Venezianers Paolo Martinuzzi und den raffiniert über Drahtgeflechten geblasenen Objekten

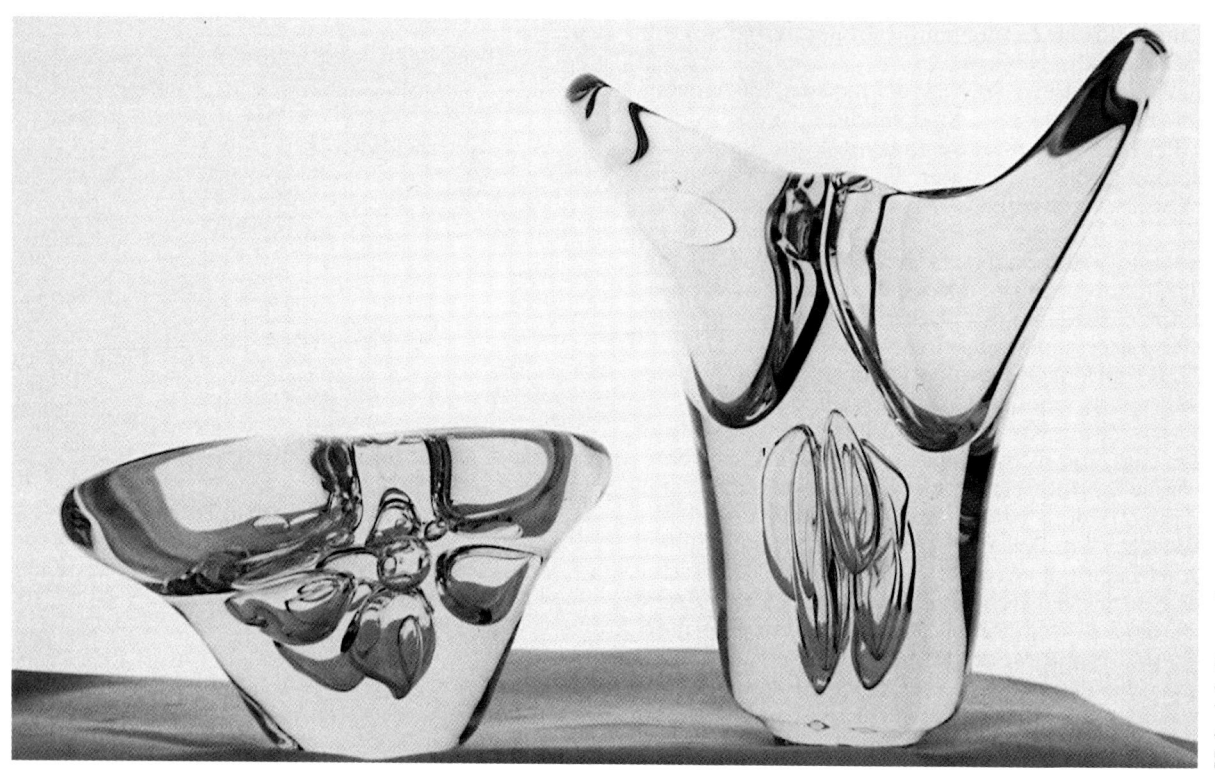

Heinrich Beranek

von Jörg Zimmermann (BRD) wieder eine große Vielfalt von Gläsern aus Frauenhand – aus ganz Europa – zu sehen, im Rahmen der „British Weeks" Arbeiten der Londoner „Glasshouse"-Gruppe.

Wenn ich mich in diesem kurzen Abriß der Aktivitäten der zeitgenössischen Glasbewegungen auf den österreichischen Raum beschränkt habe, sind einige Galerien besonders für ihre dankenswerte Arbeit hervorzuheben, wie die Galerie am Graben (Frau Inge Asenbaum), Galerie Klute – beide in Wien –, Galerie Figl in Linz und Galerie „Kunstformen jetzt" (Frau Suse Wassibauer) in Salzburg.

Die mit Kunstgewerbe oder auch Kunst befaßten österreichischen Museen haben – wenn man von einigen erfreulichen Ankäufen absieht – sich noch zu wenig für das zeitgenössische Glas engagiert. Eine besonders erfreuliche Initiative setzte im September 1986 das Grazer Landesmuseum Joanneum mit der Ausstellung „Studio-Glas aus Österreich". Noch in Schwebe ist die Übernahme einer Schenkung aus der Sammlung Lobmeyr durch das Museum für angewandte Kunst in Wien. Sinn dieser Aktivität soll sein, einen guten Querschnitt über das Glasschaffen der letzten 15 Jahre einem breiteren Publikum zu zeigen sowie den Studenten der angeschlossenen Hochschule Studienobjekte zur Verfügung zu stellen.

Da sich die österreichischen Glaskünstler – wie zu hören ist – in großer Zahl bereit erklärt haben, an der Ausstellung „Glas und Kohle" teilzunehmen, wird der neueste Stand bestens einzusehen sein. Der Ausstellungsleitung ist im höchsten Maße zu danken, daß auch freigestaltetes Glas neben den großen Stärken der heimischen Glaserzeugung – Erzeugnisse aus vergangenen Perioden sowie die jetzige industrielle Produktion – seinen Platz in der großen Landesausstellung findet.

Revier im Aufbruch

Karin Maria Schmidlechner

Arbeits- und Lebensbedingungen der steirischen Industriearbeiterschaft im vorigen Jahrhundert

Die Arbeitszeit

Bezüglich der Länge der Arbeitszeit waren in der Industrie die größtmöglichen Unterschiede festzustellen. Die in der Großindustrie beschäftigten Arbeitskräfte hatten in der Regel täglich 10–12 Stunden, inklusive 2 Stunden Pause, zu arbeiten. Bei den Hüttenarbeitern betrug die Länge einer Schicht 12 Stunden (inkl. 1 Stunde Pause), in manchen Fällen aber auch nur 10 Stunden.

Bei Hüttenwerken, deren Produktion einen durchgehenden Betrieb erforderlich machte, wurde auch an Sonntagen gearbeitet.

Bei den Bergarbeitern dauerte eine Schicht meistens 12 Stunden. Im Unterschied dazu war für die Arbeiter im Kleingewerbe, also vor allem in Handwerksbetrieben, eine Arbeitszeit zwischen 14 und 16 Stunden pro Tag sowie Sonntagsarbeit durchaus nicht außergewöhnlich.

Auch für die am Ofen arbeitenden Arbeiter in der Glasindustrie wich die Arbeitszeit von der Norm ab, da sich die Dauer ihrer Arbeit nach der „Schmelz" richtete. Diese war von der Größe des Hafeneinsatzes und der Gattung der Ware abhängig. Die Arbeiter mußten so lange beim Ofen bleiben, bis die eingesetzte Masse aufgearbeitet war, was zwischen 18 und 24 Stunden dauern konnte. Pro Woche hatten sie 4$\frac{1}{2}$ Schichten zu absolvieren.

Die im Akkord arbeitenden Einbinderinnen waren gewöhnlich von 5 Uhr früh bis 8 oder 9 Uhr abends, allerdings nicht alle Tage der Woche hindurch, beschäftigt.

Bezüglich der Einhaltung der Arbeitszeit konstatierte der Gewerbeinspektor, daß die Einhaltung der gesetzlichen Vorschriften in der Großindustrie weitaus häufiger erfolgte als dies im Kleingewerbe der Fall war, wo noch immer Arbeitszeiten bis zu 14 Stunden

täglich vorkamen, während bei der Großindustrie eine 10- oder 11stündige Arbeitszeit die Regel war.

Überschreitungen der Bestimmung, daß Kinder unter 14 Jahren täglich nicht länger als 10 Stunden und vierzehn- bis sechzehnjährige Kinder nicht länger als 12 Stunden pro Tag beschäftigt werden durften, kamen, wie auch die Beschäftigung von Kindern unter 12 Jahren, am häufigsten in der Glasindustrie vor.

Bei der Eisen-, Papier-, Glas- und Textilindustrie, in Gießereien sowie in Hammer- und Walzwerken wurden noch sehr oft jugendliche Hilfsarbeiter zur Nachtarbeit herangezogen. Nicht immer in vorgeschriebenem Ausmaße oder nicht genau eingehalten wurden die gesetzlich vorgeschriebenen Ruhepausen. Besonders die vormittägliche Pause entfiel in vielen Betrieben oder erfolgte nicht in der erforderlichen Länge. Ebenso war auch die Mittagspause manchmal zu kurz. Diese Unkorrektheiten verteilten sich auf Groß- und Kleinindustrie in gleichem Ausmaß.

Entlohnung

Die Löhne wurden fast ausnahmslos in Form von Geld ausbezahlt. Bei Arbeitern, die im Haus des Arbeitgebers Kost einnahmen und Quartier hatten, wurden die Kosten dafür vom Lohn abgezogen, beziehungsweise dies durch einen entsprechend niedrigen Lohn schon von vornherein berücksichtigt, wobei es allerdings auch vorkommen konnte, daß der Arbeitgeber mehr für Kost und Quartier berechnete, als er selbst dafür tatsächlich ausgegeben hatte, wozu meist überdies noch kam, daß das Gebotene auch für geringste Bedürfnisse nicht mehr zumutbar war.

Bezüglich der Art des Lohnes gab es zwei Möglichkeiten, den Zeitlohn und den Akkordlohn. Während im Kleingewerbe die Entlohnung nach Zeit vorherrschte und Akkordlohn nur selten üblich war, ging man bei der Großindustrie immer mehr zum Akkordlohn über, vorausgesetzt, daß seine Anwendung möglich war.

Die fortschreitende Ausbreitung des Akkordlohnes in den späten achtziger Jahren des 19. Jahrhunderts war seitens der Arbeiter oft Gegenstand zahlreicher Beschwerden und Angriffe.

Die Abneigung der Arbeiter gegen das Akkordsystem war sehr oft auf ganz konkrete Verhaltensweisen einzelner Betriebsinhaber zurückzuführen. So konnte es vorkommen, daß ein Akkordsatz sofort niedriger gestellt wurde, wenn sich herausstellte, daß die Arbeiter mit dem bestehenden gute Verdienste erzielt hatten. In einzelnen Betrieben wurden die Akkordsätze für eine Arbeit im Laufe eines Jahres drei- bis viermal zum Nachteil der Arbeiter geändert. Nicht selten kam es auch vor, daß in den Werken nur alle 4 bis 5 Wochen abgerechnet wurde und die Arbeiter in der Zwischenzeit a-conto-Zahlungen erhielten. Bei der Endabrechnung stellte sich dann heraus, daß die Arbeiter bereits dem Betrieb Geld schuldeten, für die nächste Zeit daher ohne Lohn auskommen mußten. Eine weitere Quelle des Unmuts war die Tatsache, daß viele Arbeitgeber den Arbeitern zusätzlich zur eigentlichen Akkordarbeit noch Aufträge erteilten, deren Erledigung durch die dafür aufzuwendende Zeit die eigentliche Arbeit beeinträchtigte und damit auch den Verdienst verschlechterte.

Zusätzlich zum eigentlichen Lohn erhielten die Arbeiter bei manchen Betrieben auch Prämien ausbezahlt. Dabei handelte es sich entweder um Fleiß- oder um Ersparnisprämien. Für Materialeinsparungen wurden in einer Glashütte Prämien an die Heizer und Schmelzer ausbezahlt.

Die Auszahlung des Lohnes erfolgte sehr uneinheitlich. Die Abstände konnten 8, 14 Tage, 1 Monat, 1 Vierteljahr, manchmal sogar 1 Jahr betragen, wobei die achttägigen und monatlichen Auszahlungen am häufigsten, die viertel- und ganzjährlichen am seltensten waren.

Monatlich bezahlte man die Arbeiter in Hütten- und Hammerwerken, Sensenfabriken, in den Glashütten, in einzelnen Zementfabriken und in den meisten Mühlen und Brauhäusern.

Die Auszahlung wurde entweder vom Besitzer selbst oder seiner Frau oder einem Stellvertreter, bei größeren Betrieben von einem eigens dafür vorhandenen Beamten, meistens im Direktionsbüro besorgt.

Bei Gruppenakkord erhielten die Arbeiter ihren Lohnanteil direkt in den Werkstätten aus der Hand des Partieführers ausbezahlt. Auf ähnliche Weise erfolgte der Lohnempfang auch bei den Glashütten. Hiebei erhielt zunächst der Glasmacher seinen Lohn und bezahlte davon dann seine Helfer.

Ernährungsmöglichkeiten für die Arbeiter am Arbeitsplatz

In den Klein- und Mittelbetrieben war es noch sehr verbreitet, daß die Arbeiter ihre Verpflegung vom Dienstgeber erhielten, wofür ihnen eine bestimmte – meistens zu hohe – Summe vom Lohn abgezogen wurde.

Für Arbeiter, die in der Großindustrie oder im Bergbau beschäftigt waren, herrschte, vor allem, wenn sich die Arbeitsstätten auf dem Land befanden, jedoch oft ein gravierender Mangel an Verpflegungsmöglichkeiten. Diesem Mangel wurde bei manchen Betrieben durch die Schaffung eigener Einrichtungen für die Verpflegung abgeholfen.

Dabei konnte man unterscheiden:
1. Anstalten zur Erleichterung der eigenen Verpflegung
2. Anstalten zur Verabreichung von fertigen Speisen und auch Getränken
3. Einkaufsmöglichkeiten

Ad 1. Hiebei war von seiten der Unternehmungen die geringste Aktivität festzustellen. Lediglich in der Eisenbranche kam es vereinzelt vor, daß eigene Küchen mit Herden, Tischen, Kästen, Bänken und freiem Brennmaterial, in denen die Arbeiter ihre Speisen selbst zubereiten und einnehmen konnten, zur Verfügung gestellt wurden.

Ad 2. Dazu gehörten die Fabriksküchen und „Werkstraiterien", wobei die ersteren kaum, die zweiten stark verbreitet waren. Meistens stellte dabei das Unternehmen die Räumlichkeiten und deren Einrichtungen einem Pächter, der das Gasthaus dann mit einer Werkskonzession betrieb, zur Verfügung.

Ad 3. Dabei gab es drei verschiedene Vorgangsweisen:

a) Die Arbeiter selbst bestellten gewisse Waren in größeren Quantitäten bei den Produzenten oder Großhandelsgeschäften, die dann unter die Arbeiter, die vorher einen Bedarf angegeben hatten, verteilt wurden. Dieses System war besonders bei den Arbeitern des Eisenwerkes der ÖAMG in Eibiswald sehr beliebt.

b) Die Waren wurden entweder vom Werk aus bestellt, auf Lager gehalten und zum Selbstkostenpreis an die Arbeiter abgegeben (Consumanstalt oder Fassung), oder das Werk betrieb mit einem speziellen Gewerbeschein die Abgabe von Lebensmitteln ohne Beschränkung auf die Werksarbeiter sowie ohne diesen besondere Begünstigungen zu gewähren. Allerdings war es den Arbeitern möglich, die Bezahlung der Ware in Raten durch Abzüge vom Lohn vorzunehmen. Besonders in der Glasindustrie war dieser Modus sehr verbreitet. Dabei kam es allerdings häufig zu Mißständen, da die Arbeiter von einzelnen Fabrikanten entweder durch die Androhung der Entlassung oder durch die Tatsache, daß keine andere Möglichkeit vorhanden war, oft förmlich gezwungen wurden, ihre Einkäufe bei ihm, meistens zu stark erhöhten Preisen, zu tätigen. Sehr oft führte dies zu vollkommener Verschuldung der Arbeiter, die dadurch dem Besitzer durch die Tatsache, daß er ihnen Kredit gewährt und nun Anspruch auf Abzahlung hatte, auf Gedeih und Verderb ausgeliefert waren.

c) Die Arbeiter schritten zur Selbsthilfe und gründeten sogenannte „Consumvereine", die in den meisten Fällen auch allein von ihnen verwaltet wurden.

Bestehende Fassungsanstalten stellten für die im jeweiligen Ort ansässigen Handelsleute natürlich eine große Konkurrenz dar und waren demgemäß heftigen Angriffen von dieser Seite her ausgesetzt.

Von allen eben erwähnten Einrichtungen wurde von der Arbeiterschaft intensiv Gebrauch gemacht, selbst in größeren Industrieorten, wo auch andere Möglichkeiten bestanden hätten. Immer wieder kam es dort jedoch vor, daß die Arbeiter von den Geschäftsleuten nur schlecht bedient wurden.

Vor Ort 1910

Behandlung am Arbeitsplatz

Eine 1884 über die Lage der Fabriksarbeiterschaft in Österreich durchgeführte Untersuchung brachte das Ergebnis, daß,

a) in den meisten Fabriken ungeheure Mißstände herrschten und

b) diese hauptsächlich auf die Habgier und Rücksichtslosigkeit der Unternehmer zurückzuführen waren.

Außer dieser Untersuchung und einigen behördlichen Berichten über Arbeiter, die streikten, um will-

169

kürlich nicht ausbezahlte Löhne zu erhalten, ist die Quellensituation im Hinblick auf die Frage, wie die Arbeiter von den Arbeitgebern behandelt wurden, für die Zeit bis 1890 eine nicht gerade günstige.

Dies änderte sich jedoch ab 1890, als die neugegründete Zeitung der steirischen Sozialdemokraten, der „Arbeiterwille", die Arbeiter aufforderte, über ihre Behandlung am Arbeitsplatz zu berichten. In der Folge folgten relativ viele Arbeiter dieser Aufforderung. Bei der Bewertung dieser Berichte, meistens handelte es sich natürlich um Beschwerden, als Quellen muß man freilich berücksichtigen, daß ihre Verfasser einer Minderheit angehörten, weil sie

1. Sozialisten waren und damit ihren Arbeitgebern wesentlich kritischer gegenüberstanden als die nichtsozialistischen Arbeiter, denen der Gedanke, sich über ihre Arbeitgeber zu beschweren, als völlig absurd erschien und
2. in der Lage waren, Briefe zu schreiben, wozu ein Großteil der Arbeiter sicherlich nicht in der Lage war.

Trotz dieser Einschränkung geben die im „Arbeiterwillen" veröffentlichten Berichte ein recht gutes Bild über die Behandlung am Arbeitsplatz. Daß nichtsozialistische Arbeiter besser behandelt wurden, ist kaum anzunehmen, eher dürfte die Vermutung berechtigt sein, daß jemand, der als Sozialist bekannt bzw. deklariert war, mit einer noch schlechteren Behandlung am Arbeitsplatz rechnen mußte.

Neben Klagen über zu lange Arbeitszeiten und zu niedrige Löhne bezogen sich die häufigsten Beschwerden vor allem auf die Art und Weise, wie die Arbeitgeber ihre Untergebenen behandelten. Ungerechtfertigte Strafen, Beschimpfungen, ja sogar Ohrfeigen waren nichts Ungewöhnliches.

Während in den Klein- und Mittelbetrieben in der Regel der Meister bzw. Betriebsinhaber selbst der unmittelbare Vorgesetzte war, wurde diese Funktion in der Großindustrie meistens von höher gestellten Angestellten ausgeübt. Diese schienen gegenüber der Arbeiterschaft besonders rücksichtslos vorzugehen, da sich die Arbeiter über sie besonders häufig beschwerten.

Das gravierendste Übel überhaupt war die Rechtlosigkeit der Arbeiter gegenüber den Arbeitgebern. Wohl bestand für Fabriken die Vorschrift einer sogenannten „Arbeits- oder Fabriksordnung", in der die Beziehung zwischen Arbeitnehmern und Arbeitgebern festgelegt sein solle, doch hielten sich nur wenige Unternehmer an diese.

Die Arbeiter wurden von den Unternehmern nicht als gleich-, sondern als minderwertige Menschen betrachtet. Aus diesem Grund wurde es auch nicht als ein Vergehen empfunden, wenn sie schlecht behandelt wurden. Natürlich gab es auch Betriebe, in denen man die Arbeiter nicht schlecht behandelte. Es gab auch Unternehmer, die sich um das Wohlergehen ihrer Arbeiter kümmerten und versuchten, ihre Lage durch Wohlfahrtseinrichtungen zu verbessern. So richtete die Besitzerin des Kohlenbergbaues im Zangtal/Voitsberg, Frau Ludovika Zang, im Jahre 1890 für die Kinder der Arbeiter einen Kindergarten ein. Die Kosten dafür betrugen 2274 fl. Außerdem stiftete sie am 18. August 1890 unter dem Namen „18. August Knappen Sparbüchse" einen Fonds zur Unterstützung verunglückter oder erkrankter Werksarbeiter und von deren Angehörigen, zur Anschaffung von Schulrequisiten und Beschuhung für die Kinder der Arbeiter, sowie zur Abhaltung von Festlichkeiten. Bei den Kohlenbauen der Wieser Bergbau- und Handelsgesellschaft und beim Braunkohlenbergbau der k.k. privilegierten Graz-Köflacher Eisenbahn- und Bergbaugesellschaft zu Steyeregg wurden jeweils zu Weihnachten an die Kinder der Arbeiter Kleidung und Eßwaren verteilt.

Allerdings bedeutete dies nicht, daß sie die Arbeiter als gleichwertige Menschen anerkannt hätten. Ihr Verhältnis zu den Arbeitern glich vielmehr einer Vater-Kind-Beziehung. Verhielten sich die Arbeiter einmal nicht so, wie es den Wünschen des Unternehmers entsprach, konnte er ihnen sofort sein Wohlwollen und damit auch die ihnen gewährten Begünstigungen entziehen, auf die ja keinerlei rechtliche Ansprüche bestanden.

Die meisten Arbeiter störte die Rechtlosigkeit jedoch gar nicht, schließlich waren sie ja gar nichts anderes gewohnt. Daß sich das im Laufe der Zeit änderte, ist zum größten Teil auf die sozialistische Pro-

ERINNERUNG .18 96.

Belegschaft der Brunner Gruben 1896

paganda zurückzuführen, die die Arbeiter aufforderte, um ihre Rechte zu kämpfen. Es ist daher nicht verwunderlich, daß die Unternehmerschaft dem Sozialismus mit größter Abneigung gegenüberstand und mit allen Mitteln versuchte, seine Verbreitung zu verhindern. Sozialistische Arbeiter und solche, die mit dem Sozialismus sympathisierten, wurden in der Regel entlassen bzw. erst gar nicht eingestellt. Aus den vorhandenen Quellen geht allerdings eindeutig hervor, daß Arbeiter, die gut behandelt wurden, weniger und später zum Sozialismus tendierten als die anderen.

Die Löhne

Zur damaligen Zeit bestanden bei den Löhnen große regionale Differenzen, und zwar nicht nur zwischen den einzelnen Kronländern der Monarchie, sondern auch innerhalb der einzelnen Kronländer. Das heißt, daß die Löhne in der Obersteiermark anders waren als die in der Mittelsteiermark, und diese sich wiederum von denen in der Untersteiermark beträchtlich unterschieden. Dabei war ein deutliches Nord-Süd-Gefälle feststellbar: Die niedrigsten Löhne wurden in der Untersteiermark, die höchsten, jedenfalls in den meisten Fällen, in der Obersteiermark bezahlt.

Diese Lohndifferenzen bestanden natürlich auch innerhalb der verschiedenen Branchen, aber, und das ist für heutige Verhältnisse doch eher ungewöhnlich, auch innerhalb der gleichen Branche. Allen Berufsgruppen gemeinsam war die Tatsache, daß am besten jeweils die Facharbeiter, am schlechtesten die Taglöhner, Frauen und Kinder entlohnt wurden. Hier sei auch vermerkt, daß sich die Gruppe der qualifizierten Arbeiter nicht nur hinsichtlich der Bezahlung sehr deutlich von den unqualifizierten Arbeitern abhob. Diese trug sicherlich nicht unwesentlich dazu bei, daß die Identitätsfindung der Arbeiterschaft als Klasse verzögert stattfand.

Um 1890 lagen die niedrigsten Stundenlöhne in der Steiermark bei 3 kr (Jahreslohn 108–180 fl) für Frauen, Kinder, Jugendliche, Taglöhner, die höchsten bei mehr als 40 kr (Jahreslohn mehr als 1440 fl) für Hammerschmiede und in Eisenwerken.

Die Wohnverhältnisse

Hinsichtlich der Unterkünfte für die Arbeiter und ihre Familien war ein erheblicher Unterschied zwischen den Verhältnissen auf dem Land und denen in den Städten zu konstatieren.

Vor allem in Städten und Orten mit Industriebetrieben gestaltete sich die Wohnungssuche für die Arbeiter zu einem schwerwiegenden Problem. Es herrschte nämlich großer Mangel an Wohnungen, und gerade an den begehrten Kleinwohnungen fehlte es am meisten. Folge dieses Mangels waren hohe Mieten, so daß es nur wenigen Arbeitern möglich war, sich eine ordentliche Wohnung zu leisten. Der Großteil der Arbeiter, die in der Stadt lebten, mußte unter nicht nur für unsere heutigen Vorstellungen unzumutbaren Bedingungen wohnen.

Die Miete für nur einen Raum in einer größeren Stadt betrug pro Monat bis zu 15 fl, für eine vollständige Wohnung natürlich noch weit mehr. Wer sich das nicht leisten konnte – und bei Durchsicht der oben angeführten Löhne kann man leicht erkennen, daß

davon der Großteil der Arbeiter betroffen war –, dem blieb eben nichts anderes übrig, als in die ungesunden, in dumpfen Hofräumen, im Keller oder auf dem Dachboden gelegenen Zimmer oder Wohnungen zu ziehen, die noch dazu meistens völlig überbelegt waren. Oft stand einer Person lediglich 1 Quadratmeter Platz zur Verfügung.

Auf dem Land unterschied sich die Situation von der in der Stadt insofern, als die einheimischen Arbeitskräfte meistens in eigenen Katen oder Bauernhäusern wohnten, während den Zuwanderern, für die keine Wohnmöglichkeit vorhanden war, von den Unternehmen selbst Unterkünfte zur Verfügung gestellt wurden. Dies war notwendig, weil die Unternehmen sonst kaum ausreichend Arbeitskräfte erhalten hätten. In weiterer Folge diente es dann dazu, die Arbeiter an den Betrieb zu binden. Bei Verlust seines Arbeitsplatzes hatte ein Arbeiter nämlich sofort die Wohnung zu räumen und mußte auch den Ort verlassen.

Man kann sich vorstellen, daß die Arbeiter daher um so mehr bestrebt waren, ihren Arbeitsplatz zu behalten und sich kaum an Aktionen beteiligten, die diesen gefährden konnten (wie etwa die Zugehörigkeit zur sozialistischen Bewegung).

Bei diesen Unterkünften handelte es sich entweder um Wohnhäuser mit Unterkünften für mehrere Familien oder um zusammenhängende Kolonien aus Kleinhäusern, zu denen sehr oft auch Gärten gehörten. Die Gärten waren sehr wichtig. Sie ermöglichten trotz niedriger Löhne, die finanzielle Situation etwas zu entspannen. Ihnen verdankten es viele Arbeiterfamilien, daß sie in Krisenzeiten nicht verhungerten. Den Unternehmern war es nur recht, wenn die Arbeiter sich in ihrer Freizeit als Gärtner betätigten, weil sie dadurch vom Wirtshaus und der politischen Betätigung ferngehalten wurden.

Für die Arbeiter war außer der Möglichkeit zum landwirtschaftlichen Nebenerwerb sicherlich auch noch vorteilhaft, daß diese Wohnungen so nahe bei ihren Arbeitsstätten lagen, sie also keine langen Arbeitswege zurückzulegen hatten.

Bei genauer Betrachtung drängt sich für diese Arbeiterkolonien aber doch sehr nachhaltig die Bezeichnung „Ghetto" auf. Dieser Vergleich ist tatsächlich nicht unbedingt von der Hand zu weisen, schließlich waren die Arbeiter ebenfalls vollkommen von der übrigen Bevölkerung isoliert und verfügten über keinerlei soziale und kulturelle Institutionen.

Sehr oft entsprachen die Unternehmerquartiere nicht einmal den bescheidensten Anforderungen an Platz und Hygiene und waren in einem unzumutbaren Zustand – mit feuchten Wänden, ohne Heizgelegenheiten, schlecht schließende Türen usw. Diese Mißstände waren bei Unterkünften der Klein- und Großindustrie anzutreffen, überwogen jedoch nach Meinung des Gewerbeinspektors bei der Kleinindustrie ganz deutlich.

Bei den Wohnungen in werkseigenen Gebäuden war die Regelung bezüglich der Miete nicht einheitlich. Meistens hatten die Arbeiter für die ihnen zur Verfügung gestellte Wohnung eine Miete zu bezahlen, die etwas unter dem ortsüblichen Durchschnitt lag. Es gab aber auch Betriebe, meistens ältere von mittlerer Größe, in denen die Wohnungen unentgeltlich zur Verfügung gestellt wurden.

Die Ernährung

Neben der Frage, wo die Arbeiter sich mit Lebensmitteln versorgten und wo sie ihre Verpflegung einnahmen, ist vor allem relevant, wie sie sich ernährten und in welchem Verhältnis zu ihrem Einkommen sich die Ausgaben für die Nahrung verhielten. War es überhaupt möglich, mit den ihnen zur Verfügung stehenden finanziellen Mitteln für eine qualitativ und quantitativ ausreichende Ernährung zu sorgen?

Wie die Preise für die übrigen Lebensbedürfnisse, zeigten sich auch die Lebensmittelpreise starken regionalen Schwankungen unterworfen. Fleisch, Brot, Kartoffeln, Gemüse, Milch, Butter, Eier, Schmalz kamen im Kleinverkauf den Arbeitern auf dem Land nicht nur wesentlich billiger als den städtischen, sondern waren meistens auch von besserer Qualität; gerade umgekehrt verhielt es sich mit Gewürzen, Kaffee, Petroleum, Zucker, Sirup, Essig, feineren Mehlsorten, Salz, Tabak und Kerzen. Diese bezogen die Arbeiter auf dem Land teurer und auch von schlechterer Qualität als die in der Stadt.

Wegen ihres schlechten Verdienstes waren die meisten Arbeiter nicht in der Lage, Lebensmittel in größeren Mengen auf einmal einzukaufen, sondern gezwungen, ihre Einkäufe in möglichst kleinen Quantitäten zu tätigen, wodurch diese sich durchschnittlich um 10–20% verteuerten.

Im Jahre 1878 benötigte ein einzelner Arbeiter bei ausreichender Ernährung auf dem Land insgesamt 250 fl, in einer Industriestadt 290–340 fl und in Graz 350–400 fl. Eine Familie mit drei Kindern mußte im gleichen Jahr auf dem Land über ein Einkommen von 440 fl, in einer Industriestadt über ein Einkommen von 552 fl und in Graz über ein Einkommen von 780 fl verfügen.

Beim Vergleich dazu mit den Löhnen ist festzustellen, daß ungefähr 70% der Arbeiter weniger verdienten als sie verdienen sollten, um diese Ernährungsanforderungen erfüllen zu können. Diese Arbeiter mußten also bei irgendeinem der Ausgabenposten Einsparungen vornehmen. Es ist legitim anzunehmen, daß diese Einsparungen hauptsächlich bei den Ausgaben für Nahrungsmittel vorgenommen wurden, weil sie bei den feststehenden Kosten wie Miete usw. kaum möglich waren.

Arbeitsaufwand eines Taglöhners bei einem Mindestlohn von 3 kr/Stunde – im Jahr 1890 für:

1 kg Rindfleisch	30h 36 min.
1 kg Schaffleisch	30h 36 min.
1 kg Kalbfleisch	29h 39 min.
1 kg Schweinefleisch	22h 19 min.
1 kg Fisch	20h
1 kg Schweineschmalz	21h 40 min.
1 kg Butter	36h 40 min.
1 l Speiseöl	33h 20 min.

Die Ernährung einer Arbeiterfamilie mit durchschnittlichem Einkommen (400 fl bis 500 fl pro Jahr) bestand aus Kaffee und Brot zum Frühstück, Kartoffeln oder Hülsenfrüchten, Suppe und Fleisch nur ganz selten (einmal pro Woche in der Regel, höchstens zweimal) oder Mehlspeisen zum Mittagessen, Kaffee und Brot oder Kartoffeln, ganz selten Wurst und Bier zum Abendessen.

Bei den noch Ärmeren traten, da Einsparungen am ehesten bei der Nahrung möglich waren, an die Stelle von Fleisch und Brot eben noch mehr Kartoffeln. Es war durchaus keine Seltenheit, daß ein Taglöhner anstatt der als für eine gesunde Ernährung notwendig erachteten 70 kg Fleisch pro Jahr lediglich 4–5 kg verzehrte, 120 kg bis 150 kg Brot anstatt 320 kg, dafür aber bis zu 350 kg Kartoffeln. Folgen dieser Ernährung waren Unterernährung und eine erhöhte Anfälligkeit für Krankheiten. Die Tuberkulose wurde damals aus gutem Grund auch „Proletarierkrankheit" genannt. Die niedrigen Löhne waren neben der Forderung nach Arbeitszeitverkürzung auch die Ursache für den ersten großen Bergarbeiterstreik in der Steiermark, der 1889 stattfand.

Unter den behördlichen Ansichten darüber gibt es auch einige, die diese Streikbewegung tatsächlich auf die schlechte wirtschaftliche Lage der Arbeiter und nicht auf agitatorische Einflüsse von außen zurückführten und sogar Verständnis dafür zeigten.

„Es ist ein Glück, daß die politische Behörde vorsorglicher und humaner war, als die Leiter der Actiengesellschaften. Wäre nach dem Plane der Alpinen oder der Graz-Köflacher-Gesellschaft wirklich der Versuch unternommen worden, die streikenden Arbeiter aus ihren Wohnungen zu delogieren und aus dem Bezirk abzuschieben, so würde es zu den bedauerlichsten Zwischenfällen gekommen sein ... Die Forderung nach einer Lohnerhöhung war übrigens gerade bei den Knappen dieser Gesellschaften eine begreifliche. Der bei diesen beiden Gesellschaften gewährte Durchschnittslohn belief sich bisher, hoch gerechnet, auf 1 fl für den Tag, also auf etwa 25 fl im Monat. Von diesen 100 kr täglich kamen jedoch von vornherein etwa 15 kr für die Bruderlade sowie für Öl und Sprengmaterial, das der Häuer bei der Arbeit braucht, in Abzug. Bleiben 85 kr für eine zehnstündige, lebensgefährliche Arbeit unter der Erde – eine Arbeit, die auch den stärksten Mann im 40., längstens 50. Lebensjahre ‚bergfertig' macht. Dazu kommt noch die Institution der ‚Fassung'. Der Arbeiter glaubt sich verpflichtet, seinen Bedarf an Lebensmitteln im Consumverein zu decken und erhält daher am Tage der Auszahlung Marken anstatt des baren Geldes. Das sind schon die besseren Arbeiter, denen nach den empfindlichen Abzügen und der ‚Fassung' noch monatlich vier oder fünf Gulden bar bleiben. Hat der Mann Familie, so genügt dies kaum, die Milch für die Kinder zu zahlen. Es gibt aber sehr viele Leute, deren monatliche Barbezüge sich auf einige Zwanziger beschränken."

Bekleidung

Wie die Ernährung und die übrigen Lebensbedürfnisse der Arbeiter war natürlich auch ihre Kleidung in erster Linie vom ökonomischen Faktor abhängig. Je mehr ein Arbeiter verdiente, desto größer war auch der Anteil seines Lohnes, den er für Kleidung verwenden konnte. Wie aber schon aus den behandelten Lebenshaltungskosten hervorgeht, waren die meisten Arbeiter zum damaligen Zeitpunkt nicht in der Lage, viel Geld für ihre Kleidung auszugeben. In der Regel bedeutete dies, daß man ein Kleidungsstück besaß und dieses so lange trug, bis es nicht mehr tragbar war. Nur besser situierte Arbeiter besaßen darüber hinaus noch ein „Sonntagsgewand", welches nur zu besonderen Gelegenheiten getragen wurde. Die Alltagskleidung der Arbeiter war also meistens eher armselig und schäbig, vielfach auch – bedingt durch die Arbeit – noch schmutzig.

Eine eigentliche Berufskleidung war damals nur bei wenigen Branchen – Müllern, Bäckern, etc. – üblich, ansonsten waren Berufs- und Freizeitkleidung identisch.

Die Tatsache, daß die Arbeiter sich in ihrem äußeren Erscheinungsbild so drastisch vom Bürgertum unterschieden, welches doch auf solche Dinge wie modische und ordentliche Kleidung besonderen Wert legte, war mit ein wesentlicher Faktor dafür, daß es zu keiner Integration der Arbeiterschaft in die Gesellschaft kommen konnte. Die Bürgerlichen lehnten jede Berührungsmöglichkeit mit den teilweise auch nicht immer sauberen Arbeitern im wahrsten Sinne des Wortes ab. So gab es z. B. tatsächlich ernste Bestrebungen, den Arbeitern die Benützung des „Bürgersteiges" gesetzlich zu untersagen, wenn sie auf dem Weg zur oder von der Arbeit waren, damit sie die Bürger bei etwaigen Berührungen nicht beschmutzen konnten. Dieses Vorhaben wurde zwar nicht realisiert, sagt aber trotzdem viel über das Verhältnis des Bürgertums zur Arbeiterschaft aus.

Bergleute vom Brunner Hauptschacht um 1870

Privatleben

Ehe, Familie, Sexualität

Prinzipiell wäre dazu festzustellen, daß die bürgerlichen Vorstellungen von Ehe und Familie von den Arbeitern zur damaligen Zeit akzeptiert und übernommen wurden, sofern die Umstände es erlaubten. Für die Realisierung dieser Vorstellung war neben der ökonomischen Situation – je weniger ein Arbeiter verdiente, desto geringer war für ihn die Möglichkeit, eine Familie zu gründen – vor allem die berufliche Stellung ausschlaggebend. So war nämlich für Handwerksgesellen an eine Familiengründung erst dann zu denken, wenn sie sich entweder selbständig gemacht hatten oder eine relativ gesicherte Dauerstellung innehatten. Solange eine dieser beiden Möglichkeiten nicht der Fall war, mußten sie häufig den Arbeitsplatz und damit verbunden auch den Arbeitsort wechseln und wohnten während dieser meistens nur kurzen Beschäftigungszeit häufig beim jeweiligen Meister. Daß im Rahmen dieser Konstellation an eine eigene Familie kaum gedacht werden konnte, liegt wohl klar auf der Hand.

Wesentlich günstiger gestaltete sich die Situation hingegen für Arbeiter, die in einer Fabrik beschäftigt waren, weil diese Tätigkeit – sofern es sich nicht um eine nur kurzfristige handelte – doch das Gefühl einer länger andauernden Sicherung der Existenz vermittelte. Fabriksarbeiter entschlossen sich daher meistens früh dazu, eine Familie zu gründen, wobei die Möglichkeit, auch Ehefrau und Kinder als Arbeitskräfte in der Fabrik unterbringen zu können, was bei den niedrigen Löhnen von größter Wichtigkeit sein konnte, eine zusätzliche Entscheidungshilfe – im positiven Sinne – darstellte.

Sobald aber die Mitarbeit der Ehefrau aus finanziellen Gründen – weil eben der Verdienst des Mannes ausreichend war – nicht mehr notwendig war, war es üblich, daß sie ihre Arbeit aufgab und sich – wie im bürgerlichen Milieu – ausschließlich dem Haushalt und der Erziehung der Kinder widmete.

Das Freizeitverhalten

Bezüglich der Freizeit sei hier betont, daß sie in enger Verbindung zu den Arbeitszeiten gesehen werden muß. Diese waren, wie an anderer Stelle ausführlich behandelt wurde, wesentlich zu lang und verringerten damit die den Arbeitern verbleibende Freizeit, wenn man die Zeit, die zwischen 12- und 14stündiger Arbeit und dem Schlafen blieb, als Freizeit betrachten kann. Diesbezüglich erhebt sich nun die Frage, was die Arbeiter in dieser Freizeit taten. Vorangestellt muß dieser Frage die Tatsache werden, daß die Arbeiter ja zum größten Teil Außenseiter der Gesellschaft waren, nicht in diese und daher auch nicht in deren Freizeitgestaltung integriert, ausgenommen in Dorfgemeinschaften, wenn sie dort geboren wurden, zunächst der Verachtung ausgesetzt, später bemitleidet, spät erst akzeptiert.

Leider ist sehr wenig über das Freizeitverhalten der Arbeiter bekannt. Über diejenigen, die in den verschiedenen Arbeitervereinen organisiert waren, erhalten wir noch am meisten Aufschlüsse und Informationen, und zwar durch die vorhandenen Vereinsberichte. Aus diesen geht hervor, daß die Arbeiter in den Vereinen lern- und wißbegierig waren, stets bereit, sich neue Kenntnisse und Fertigkeiten anzueignen, verschiedene Kurse und Vorträge besuchten, auch regelmäßig die Bibliotheken benützten und mit Begeisterung an den im Rahmen der Vereine abgehaltenen Festen und Ausflügen teilnahmen. Diese Arbeiter machten aber nur einen kleinen Teil der Gesamtarbeiterschaft aus. Was taten die anderen, die nicht Mitglieder irgendwelcher Arbeitervereine waren? Über diese gibt es leider nur sehr wenig Informationen. Eine der häufigsten Freizeitbeschäftigungen, allerdings hauptsächlich für die Arbeiter, die auf dem Land wohnten, dürfte die Gartenarbeit gewesen sein. Diese wurde damals jedoch kaum als Tätigkeit zum Zeitvertreib angesehen, sondern als einzige Möglichkeit, bei dem geringen Lohn nicht zu verhungern. Die Unternehmer stellten daher auch lieber Grundstücke dafür zur Verfügung als mehr Lohn zu bezahlen; schließlich hatten im Garten arbeitende Arbeiter auch kaum Zeit, sich mit Politik zu beschäftigen.

Inwieweit das Lesen auch Freizeitbeschäftigung von Arbeitern war, die nicht Mitglieder eines Arbeitervereines waren, ist nicht abzuschätzen und daher auch nicht vollkommen auszuschließen. Immerhin wurde das Interesse für Bücher manchmal auch von der Unternehmerseite gefördert. So bestand bei den Kohlenbauen der Wieser Bergbau- und Handelsgesellschaft eine von den Unternehmern eingerichtete Bibliothek für die Arbeiter.

Auch den Arbeitern der Glasfabrik Reich in Voitsberg stand seit dem Jahre 1886 eine Bibliothek zur Verfügung, die auf Grund einer namhaften Spende des Fabriksherrn ein Jahr später bereits einen Bestand von 524 Bänden aufwies. Die Bibliothek war in zwei Abteilungen, eine für Erwachsene und eine für Kinder, gegliedert und erfreute sich reger Benützung. Pro Bibliotheksstunde wurden durchschnittlich 67 Bücher entlehnt.

Beim Kohlenbergbau der Frau Ludovika Zang im Zangtal/Voitsberg wurde im Jahre 1890 eine Arbeiterfortbildungsschule eingerichtet.

Bewohner der Steyeregger Bergarbeiter-Kolonie 1926.
Das Bild zeigt von links nach rechts folgende Personen (in Klammer heutiger Wohnort bzw. verstorben): Seewald Maria, verh. Toppler (Köflach), Seewald Maria (†), Seewald Johann (Mörs, BRD), Seewald Josefa, verh. Marchel (St. Peter i. S.), Strametz Dora, verh. Kriegl (St. Peter i. S.), Strametz Aurelia (†), Strametz Aurelia (Graz), Schuster Karl (Hitzendorf), Schuster Maria (†), Schuster Franz (Frauenthal), Schuster Vinzenz (†), Silli Johann (†), Silli Josefa (†).

Diese Ansätze einer konstruktiven Freizeitbeschäftigung der Arbeiter dürfen jedoch nicht darüber hinwegtäuschen, daß der Großteil der Arbeiter seine freie Zeit in erster Linie im Gasthaus verbrachte.

Die Gründe dafür liegen auf der Hand: Die tristen Lebensverhältnisse der Arbeiter ließen viele eben Trost und Vergessen im Alkohol suchen. Je schlechter die soziale Situation, desto stärker war der Drang zum Alkohol.

Sehr oft waren es aber auch die Arbeitsbedingungen, durch die die Arbeiter zum Alkoholgenuß veranlaßt wurden, auf den sie dann in weiterer Folge nicht mehr verzichten konnten. Hier sei vor allem auf Betriebe verwiesen, in denen starke Hitze herrschte, wie Hüttenwerke, Brauereien, Siedereien und Kochereien, weiters auf Betriebe, in denen viel Staub entwickelt wurde, wie Mühlen, Zementwerke, Steinmetzbetriebe, und schließlich auch auf Betriebe mit giftigen Gasen oder sonstigen schlechten Gerüchen. Die Hitze, der Staub oder die schlechten Gerüche verursachten bei den Arbeitern Durst, den sie nicht nur, aber doch hauptsächlich mit alkoholischen Getränken löschten, und dies in nicht geringen Mengen, so daß viele Arbeiter dann auch in ihrer Freizeit nicht mehr auf den Alkohol verzichten konnten. Alkoholische Getränke galten aber auch als ein gutes Mittel, sich zu erwärmen, wurden also von jenen Arbeitern, die bei Wind und Wetter im Freien arbeiten mußten, sehr geschätzt. Dazu kam noch eine große Zahl von Arbeitern, die tranken, um die Öde und Stumpfsinnigkeit ihrer Arbeit zu vergessen.

Allerdings war der Alkoholismus unter der Arbeiterschaft nicht gleichmäßig verbreitet, so daß, abhängig von den einzelnen Branchen, Differenzierungen vorzunehmen sind. Der Beruf war nicht immer ausschlaggebender, aber doch in erheblichem Maße mitbestimmender Faktor für die Höhe des Alkoholverbrauches.

Das Problem des Alkoholismus bei der Arbeiterschaft war auch den Behörden bewußt. Sie hatten allerdings nur wenige Möglichkeiten, dagegen Abhilfe zu schaffen. Einen diesbezüglichen Versuch stellte die Verordnung vom Jahre 1885 dar, in der den Unternehmern verboten wurde, die Löhne in Gasthäusern auszuzahlen. Damit wollte man verhindern, daß der Lohn im Gasthaus, das meistens dem Betriebsinhaber gehörte, gleich wieder in Alkohol umgesetzt wurde, was diesem natürlich nicht gerade unangenehm war.

Literatur:

Karin Maria *Schmidlechner,* Die steirischen Arbeiter im 19. Jahrhundert. – Materialien zur Arbeiterbewegung, Bd. 30, Wien 1983.

Ruth Ellen Bader

Die Frau im Revier

Im Bergbau werden 95 Prozent aller Tätigkeiten von Männern ausgeführt[1]; jener stellt somit ein spezifisches Arbeitsgebiet für Männer dar. Wollte man sich ausschließlich auf diese Behauptung und auf den Bergmannsglauben „Frauen brächten im Berg Unglück" beziehen, scheint es überaus schwierig, spezielle Tätigkeitsbereiche der Frauen im Bergbau angeben zu können oder womöglich namentlich genannte vorzufinden.

Folgt man dagegen diversen anderen Zeichen, wie zum Beispiel Stollennamen (Annenstollen, Elisabethstollen), einem Straßennamen (Ludovicagasse), Pfarrmatrikeln, Bildmaterialien und Anzeigen in Zeitungen, so kann man deutlich erkennen: Das Tätigwerden der „Frau im Revier", im gegenständlichen Fall im Weststeirischen Kohlenbergbau und seinem Umfeld, war möglich; einige Frauen haben als Gewerkinnen, d. h. als Besitzerinnen von Bergwerksanteilen, große Wertschätzung erfahren. Bereits an dieser Stelle sei als Prototyp eine Unternehmerin des Köflach-Voitsberger-Kohlenreviers genannt: „Frau Gewerke" Ludovica Zang[2].

Die Mehrheit der Frauen leistete Hilfsarbeiten über Tage[3], war mit Klaubarbeit, Handsiebung, Abräumen oder auch als „Bergarbeiterin ober Tage" beschäftigt – leider aber namentlich selten genannt[4]. Im Gebiet der Österreichisch-Ungarischen Monarchie kann Frauenarbeit unter Tage in Stollen und Strecken nur für Kärnten und hier für die zweite Hälfte des 19. Jahrhunderts durch Quellen belegt werden[5]. Frauenarbeit im Weststeirischen Kohlenbergbau, die im folgenden exemplarisch behandelt werden soll, stellt im österreichischen und europäischen Bereich weder für das Mittelalter, noch für die frühe Neuzeit und ebensowenig für das 18. und 19. Jahrhundert eine Ausnahme dar. Es kann davon gesprochen werden, daß es notwendigerweise Frauenerwerbstätigkeit im Bergbaubereich mit örtlichen und zeitlichen Differenzie-

rungen bis in die erste Hälfte des 20. Jahrhunderts immer wieder gegeben hat.

„Revier" – eine Begriffserläuterung

Konkrete Tätigkeitsbereiche im Bergbau können durch folgende Definition angesprochen werden: „Revier" in der Bedeutung der vorliegenden Ausführungen meint ein „Abbaugebiet im Bergbau"[6], die Gesamtheit aller zum Aufsuchen, Erschließen, Gewinnen, Fördern und Aufbereiten von Braunkohle erforderlichen Tätigkeiten[7].

Örtlicher und zeitlicher Rahmen der Darstellung

Das Weststeirische Kohlenrevier umfaßt das Köflach-Voitsberger Revier und das Wieser Revier. Es kann nicht Aufgabe der vorliegenden Betrachtungen sein, alle im Weststeirischen Kohlenbergbau und seinem Umkreis beschäftigten und am Bergbau beteiligten Frauen im aufzählenden Verfahren zu nennen. Unser Augenmerk soll – von einigen Seitenblicken in andere Abbaugebiete abgesehen – auf das Köflach-Voitsberger Revier gerichtet sein; anhand der in diesem Bergbaugebiet erwerbstätigen Frauen sollen beispielhaft die Tätigkeitsbereiche der „Frau im Revier" besprochen werden.

Der Zeitraum, innerhalb dessen diese Thematik näher untersucht werden kann, grenzt sich durch folgende Komponenten selbst ab: Zum einen dadurch, daß die ersten Kohlenlagerstätten dieses Reviers (Piberstein/Maria Lankowitz), obgleich 1606 erstmals erwähnt, aus verschiedenen Gründen während des 17. Jahrhunderts noch nicht weiter untersucht wurden. Erst die Jahre 1716, 1761 und 1766 bildeten markante Jahre des Weststeirischen Kohlenbergbaues. Zwar wurde 1770 der Betrieb in Piberstein/

Maria Lankowitz kurzzeitig eingestellt, doch gegen Ende des 18., Anfang des 19. Jahrhunderts begann der erfolgreiche Abbau der qualitätsmäßig als hervorragend zu beurteilenden Kohle[8]. Es darf darauf verwiesen werden, daß der Gewerke Franz Fuchsbichler[9] bereits 1830 mit dem Militär-Ärar einen Vertrag auf Lieferung von 9000 Zentnern „Steinkohle"[10] zur Waisenhauskaserne in Graz abgeschlossen hatte[11]. Die Bedeutung der Kohle des Weststeirischen Reviers war erkannt worden; der Vertrag wertete den Kohlenbergbau auf, ebenso den sozialen Status des Gewerken. Durch die Eröffnung der Eisenbahnlinie Graz–Köflach gewann das Köflach-Voitsberger Kohlenrevier weiter an Ansehen[12].

Im Wieser Revier wurde ab 1800 verstärkt Kohle abgebaut, von einer Blüte der Eisen- und Kohlenindustrie wird erst für die Zeit nach der Eröffnung der Eisenbahnlinie Lieboch–Wies im Jahre 1873 gesprochen[13].

Der oben ausgeführte Aspekt, weiters die Sozial- und Berggesetzgebung der Jahre 1854, 1884 und 1954[14] und ihre Auswirkungen begrenzen den zeitlichen Rahmen, so daß im speziellen das 19. Jahrhundert näher behandelt und ein Ausblick in das 20. Jahrhundert erfolgen wird.

Darüber hinaus ist die Quellenlage ein bestimmender Faktor für das Referieren über die „Frau im Bergbaurevier". Frauen, die als Arbeiterinnen im Bergbau tätig waren, sind vielfach namentlich nicht registriert worden, beziehungsweise ihr Arbeitsgebiet wurde nicht angegeben, ebenso die Höhe ihrer Entlohnung und ihre Arbeitszeit. In unserem Fall geben oft nur die Rubrik „Todesursache" der Pfarrmatrikel und/oder mündliche Tradierungen nähere Auskünfte über die Tätigkeitsbereiche der Frau[15].

Gegensätzliches prägt die Stellung der „Frau im Revier"

Einerseits kann man Argumente nennen, die für ein Nichttätigwerden der Frau im Revier sprechen; andererseits können Faktoren angeführt werden, die ein differenziertes Bild über die Frau im Revier erkennen lassen. Vorerst zu den Gründen, die eine weibliche Erwerbstätigkeit im Bergbaurevier kaum wahrscheinlich werden lassen: Dazu können traditionelle Gründe ebenso wie jüngst pointiert behandelte Thesen wiedergegeben werden. Der Großteil der Literatur nennt als Gründe für das Nichttätigwerden der Frau im Bergbau folgende, althergebrachte Gründe:

An erster Stelle sei hier der Aberglaube, daß Frauen im Bergbau „unter Tage" ebenso wie Männer, die pfeifen, fluchen und lästern, Unglück bringen[16], rezipiert; daraus resultierend, eine Scheu, Frauen im Bergbau einzusetzen[17]; ja man geht so weit, von einer Tabuisierung der Frauenarbeit im Berg zu sprechen; Frauen im Berg sind heute wie einst nicht gerne gesehen[18], erst im Bergkittel und Grubenanzug ist eine Frau würdig für das Befahren des Bergwerks[19]. Als Begründung für dieses „Nicht-gerne-gesehen-Werden" der Frau in der Grube, darf auch eine durchaus bemerkenswerte angeführt werden, die im Zusammenhang mit der Argumentation um die Berggesetzgebung in der zweiten Hälfte des 19. Jahrhunderts angegeben wird, nämlich „die mögliche Demoralisation der Bergleute durch die Arbeit der Frau im Bergbau"[20]. Außerdem könne die Frau unter Tage keinem regelmäßigen Bergbaubetrieb nachgehen; Bezugspunkt ist in diesem Fall die auch heute oft zitierte Doppelbelastung der Frau – Haushalt und Beruf.

Eine andere Deutung des Bergmannglaubens bietet sich außerdem an: Die Berufung auf das Unglück, das Frauen im Berg brächten, reicht für die Rollenverteilung im Arbeitsprozeß im Bergbau weit zurück und dürfte eine nachträgliche Erklärung einer Arbeitsteilung zwischen Männern und Frauen sein; jene entstammte einer Gesellschaft, die Frauenarbeit nicht als selbstverständlich betrachtete; Frauenarbeit am Berg beziehungsweise unter Tage erscheint als Zeichen bergbaulichen Niedergangs und großer Not der Bergarbeiter, die Frauen und Kinder mitarbeiten lassen mußten[21].

Die folgenden Fakten sollen eine Differenzierung des Bildes der „Frau im Revier" ermöglichen. Vorerst soll betont werden, daß die heilige Barbara als Patronin der Bergleute eine Frau ist; daß viele Schächte, Stollen und Feldmaße nach Frauen benannt wurden, nicht nur nach heiliggesprochenen Frauen, sondern nach Ehegattinnen von Gewerken oder Gewerkinnen selbst: Der Lankowitzer Revierstollen wurde 1863 bei

12 Bergleute und 2 Frauen vor Ort im Pendl-Tagbau, Maria Lankowitz, 1908

seiner Einweihung nach Anna Polley[22] (der Gattin des Gewerken und Glasfabrikanten Carl Polla[e]y) „Annenstollen" benannt, ein Schacht in Hasendorf 1850 nach Elisabeth Loiggi, Gattin des ersten Erwerbers Caspar Loiggi, „Elisabeth-Schacht"[23].

Daß die im Berg unglückbringende Frau nicht immer der beherrschende Glaube war, zeigen Schilderungen von Damen – Ausnahmeerscheinungen ihrer Zeit –, die Gruben befahren haben: 1681 war einer Steirerin, Maria Elisabeth Stampfer, erlaubt worden,

den Kupferbergbau ihres Mannes in Walchen/Öblarn zu befahren. In ihrem Tagebuch lautet die wesentliche Passage: „Bin auch selbst in den neuen Stollen eingefahren und hab lauter schönes Erz gesehen (. . .)[24]". 105 Jahre später, 1786, befuhr die damals 16jährige Dorothea Schlözer, die erste deutsche Doktorin der Philosophie, auf ihren und den Wunsch ihres Vaters die Grube Samson im Harzer Bergbau[25].

Man kennt im österreichischen und europäischen Bereich über das Unternehmertum hinausgehend einige Betätigungsfelder der Frau innerhalb des Montanbereichs. Zu nennen wären Transportarbeiten[26], die in England bereits im 13. Jahrhundert Frauen und Kinder im Kohlenbergbau, in Österreich die Hallstätter „Kerntragerweiber" bis 1925 versehen haben[27]; Frauen bei der Erzschwemme in unterschiedlichen Tätigkeiten, als Erzwäscherinnen[28]; „Wischweiber" in Weißblechwerken; die Zusammenarbeit von Lehnhäuern „mit Weib und Kind" in den Gruben(!) des Quecksilberbergwerks in Idria (Österreichisch-Ungarische Monarchie)[29]. Für das Jahr 1882 sah man sich im Zuge neuer gesetzlicher Bestimmungen gezwungen, detaillierte Zahlen der Arbeiterschaft im Bergbau anzugeben.

Die Gesetzeslage

Konkrete Verweise auf Frauenarbeit im Berggesetz, d. h. Verbote und Gebote, ebenso wie ein Nichterwähnen der Frau im Gesetz erlauben es, Schlußfolgerungen zu ziehen.

Bis zum Inkrafttreten des Allgemeinen Berggesetzes[30] im Jahr 1854 regelten die Maximilianische Bergwerkordnung aus dem Jahre 1517[31] und die Ferdinandeische Bergwerkordnung aus dem Jahre 1553[32] den Bergwerksbetrieb. In beiden Ordnungen war auf im Berg arbeitende Frauen nicht eingegangen worden, sondern allein auf die Stellung der Frau als Unternehmerin; auf das Recht der Erzherzoginnen von Österreich und Gräfinnen von Tirol auf ein sogenanntes „Neuntel"[33] und darauf, daß Frauen von Bergwerksbeamten ebenso wie diese selbst keine Erlaubnis hatten, Bergwerke oder Bergwerksanteile zu besitzen[34].

Mit dem kaiserlichen Erlaß vom 23. Mai 1854 wurde für den gesamten Umfang der Habsburgermonarchie ein Allgemeines Berggesetz erlassen, das neben der Einführung gesetzlich fundierter Versorgungsvereine (Bruderladen) als weiterer Bestandteil des Gesetzes den Verwendungsschutz, das bedeutet den Schutz besonders schutzbedürftiger Personen, vorsah. So zum Beispiel war laut § 200 des Allgemeinen Berggesetzes bei jedem Werk eine (...) Dienstordnung zu verfassen u. a. „Über die veschiedenen Classen der Arbeiter und Aufseher, (...), sowie über die örtlichen verschiedenen Bestimmungen der Ver-

Frauen im Tagbau Karlschacht 1919 (Ausschnitt)

Tagbau Karlschacht 1919 (Ausschnitt)

Am Klaubband in Fohnsdorf 1940

Am Stückkohlenklaubband in Seegraben 1940

wendung von Weibern und Kindern am Bergbau, mit Rücksicht auf die physischen Kräfte und die gesetzliche Unterrichtstheilnahme bei Letzteren[35]."

Erst das Gesetz vom 21. Juni 1884, RGBl. Nr. 115, regelte eindeutig neben der täglichen Arbeitsdauer und Sonntagsruhe auch die „Beschäftigung von jugendlichen Arbeitern und Frauenspersonen im Bergbau". Im folgenden seien wesentliche Abschnitte und Bestimmungen die „Frau im Revier" betreffend aufgelistet:

§ 1. Frauen und Mädchen jeden Alters dürfen nur über Tags, Wöchnerinnen erst sechs Wochen nach ihrer Niederkunft und nur auf Grund ärztlicher Constatirung ihrer Arbeitsfähigkeit schon vier Wochen nach ihrer Niederkunft, zur Arbeit verwendet werden.

§ 2. Personen männlichen Geschlechts, welche das 16., und Frauenspersonen, welche das 18. Lebensjahr noch nicht überschritten haben, dürfen beim Bergbau nur in einer Weise beschäftigt werden, welche ihrer körperlichen Entwicklung nicht nachtheilig ist.

§ 7. Die Verwendung von Frauen und Mädchen in der Grube kann von der Bergbehörde während der ersten fünf Jahre der Wirksamkeit dieses Gesetzes in solchen Fällen gestattet werden, wo eine derartige Verwendung bisher gebräuchlich war[36].

Diese Bestimmungen des Gesetzes, denen Bergwerksprüfungen im Jahre 1882 vorangegangen waren, zeigen deutlich, daß man sich seitens der Behörde mit der Frau im Bergbau beschäftigt hatte. Unser besonderes Interesse gilt der Bestimmung des § 7.; sie weist eindeutig darauf hin, daß es Frauenarbeit unter Tage gegeben hat. Untermauert werden kann diese Aussage durch die Bergwerksüberprüfung 1882, die für Kärnten 180 bis 200 unter Tage arbeitende Frauen angab[37].

Arbeitsbereiche und Position der Frau im Weststeirischen Revier

Frauenarbeit unter Tage kann für das Köflach-Voitsberger Kohlenrevier nicht nachgewiesen werden; die Palette der Tätigkeitsbereiche der weiblichen Berufstätigkeit ist dennoch breit gefächert. Sie umfaßt die Taglöhnerin, die Obertag zu arbeitskräfteintensiven Hilfsarbeiten herangezogen wurde. Namentlich zu nennen wäre hier Agnes Vogernik, eine ledige Taglöhnerin, die 1866 in einer Kohlengrube in Niedertregist durch eine Erdabrutschung verschüttet wurde und erstickte[38]. Frauen waren weiters auch im Bereich der Aufbereitung, der Sortieranlagen, der Weiterverarbeitung und des Weiter- und Abtransportes beschäftigt, u. a. als Abräumerinnen, als Separationsarbeiterinnen, wie zum Beispiel Ende des 19. Jahrhunderts eine Elisabeth Rausch[39] und die von 1932 bis 1935 als Separationsarbeiterin im Wieser Revier beschäftigte Elfriede Wiedner[40].

Für die Jahre 1908, 1910 und 1919 ist durch Bildquellen[41] von den Bergbauen „Tagbau Pendl", „Tagbau Pollay" und „Tagbau Karlschacht" das Arbeiten der Frau ober Tage als Bergbauarbeiterin belegt. Die oben angeführten Bildquellen zeigen „Frauen vor Ort"; ihre Kleidung ist keine bergbauspezifische Arbeitskleidung, sondern besteht neben dem Alltagsgewand aus Schürze und Kopftuch als Schutz vor dem Kohlenstaub. Diese Frauen scheinen in den Lohnlisten und Listen über die Anzahl der Arbeiter als sogenannte „Weiber" auf[42].

Darüber hinaus kannte das Weststeirische Kohlenrevier nicht nur die direkt im Bergbau arbeitenden Frauen, sondern vor allem die am Bergbau beteiligten Frauen, die Gewerkinnen. Als eine der ersten Schürfer im späteren Kohlenbergbau Zangtal waren Eleonore Schiller[43] und ihr Ehemann Michael genannt worden. Zum Zeitpunkt der Eröffnung der Eisenbahnlinie Graz–Köflach 1860 besaß Caroline Mitsch (Ehefrau des Heinrich Mitsch in Salla) große Grubenfelder in der Lankowitzer Mulde[44].

Einige Damen unter den Bergbauunternehmerinnen waren neben ihrer Tätigkeit als Gewerkin in der Weststeirischen Glasindustrie als Fabrikantin tätig. Besitzerin der Glasfabrik Oberdorf, gleichzeitig auch Gewerkin in Tregist bei Voitsberg, war im 19. Jahrhundert Maria Geyer. Nach dem Tod ihres ersten Mannes Alois Geyer 1855 und ihres einzigen Sohnes 1857, war 1858 der Bergbau vollends auf sie übergegangen; außerdem leitete sie in den folgenden drei Jahren selbständig die Hütte. 1861 heiratete Maria Geyer den aus Deutschland stammenden GKB-Beamten Josef Scholz, den späteren Mitbesitzer der Glashütte Oberdorf[45].

Gewerkin in Köflach, nach dem Tod ihres Mannes Florian Jandl, und Besitzerin der Glasfabrik Köflach, war wiederum eine Frau: Regina Jandl[46]. 1879 mußte sie allerdings wegen Zahlungsschwierigkeiten ihre Hütte an August Zang veräußern[47].

Zang, 1848 bis 1867 Herausgeber der Zeitschrift „Die Presse", war in zweiter Ehe mit dem dalmatinischen Edelfräulein Ludovica von Kreglianovich vermählt[48]. 1871 hatten August und Ludovica Zang in Tregist Gruben erworben, die die Grundlage des Werkes „Zangtal" bildeten. Auf Wunsch von Ludovica Zang hatte die Landschaft um die Kohlengruben in Tregist den Namen „Zangtal" erhalten[49]. An ihre Tätigkeit als selbständige Gewerkin und Fabrikantin in Köflach (nach dem Tod ihres Mannes 1888) sowie Verwaltungsratspräsidentin der Lankowitzer Kohlencompagnie[50] erinnern außer ihrem „Arbeitsstuhl" eine Barbarafahne mit ihren Gesichtszügen[51] und ein Straßenname in Voitsberg, die „Ludovicagasse"[52].

Zahl der Arbeiterschaft

1882 waren von allen Bergarbeitern Österreich-Ungarns 5933 Frauen, das waren 6,6 Prozent, wovon nur in Kärnten 180 bis 200 Frauen unter Tage in Stollen und Strecken ihre Arbeit verrichtet haben[53]. Für Fohnsdorf ist 1885 ein Verhältnis von 96 Männern zu 8 Frauen (8,3 Prozent) bekannt[54]. Im Köflach-Voitsberger Kohlenrevier waren 1875 1455 Arbeiter im Bergbau beschäftigt, davon zirka 8,6 Prozent Frauen, in konkreten Zahlen ausgedrückt: 125[55].

Gründe der außerhäuslichen Erwerbstätigkeit der Frau – die Entlohnungsfrage

Für die Berufstätigkeit der Frau im Bergbau während des 19. und in der ersten Hälfte des 20. Jahrhunderts können – wie auch in anderen Berufssparten – vor allem ökonomische Beweggründe angegeben werden. Frauenarbeit war einerseits durch die „damaligen Hungerlöhne" bedingt[56]; andererseits ermöglichte erst Frauen- und Kinderarbeit in der Vielzahl der Arbeitsbereiche eine erfolgreiche Produktion[57]. Frauen und

Kohlensucher auf dem sogenannten Almhaufen (Abraumhalde) von Steyeregg am Gelände des heutigen Sportplatzes in den zwanziger Jahren

Kinder waren für arbeitskräfteintensive Hilfsarbeiten eingesetzt worden.

Hinsichtlich der Entlohnung waren Frauen in die niedrigste Entlohnungsstufe eingegliedert. Während zum Beispiel ein Häuer 1878 bei der Graz-Köflacher Eisenbahn- und Bergbaugesellschaft im Werk Rosental pro Schicht 1,30 Gulden, ein Förderer 0,90 bis 1 Gulden verdiente, erhielten die „Weiber" 50 bis 80 Kreuzer[58].

Die Frauenerwerbstätigkeit im Weststeirischen Kohlenrevier bildete im österreichischen und europäischen Vergleich keine Ausnahme. Bis zu neun Prozent der im Bergbau Beschäftigten waren Frauen, die als Taglöhnerinnen, Abräumerinnen, Klauberinnen, Separationsarbeiterinnen und „Bergarbeiterinnen ober Tage" eine Vielzahl von Hilfsarbeiten, Abräum- und Transportarbeiten durchgeführt haben. Bereits in den Jahren vor 1884 (Berggesetz RGBl. Nr. 115) konnte in der Weststeiermark im Gegensatz zu Kärnten keine „Bergarbeiterin unter Tage" durch Quellen belegt werden. Ursache dafür dürfte, wie ausgeführt, nicht ausschließlich ein Bergmannsaberglaube sein.

In unserem Jahrhundert noch bekannt, im vorigen hatten sie hohes Ansehen genossen: die Gewerkinnen Maria Scholz-Geyer, Regina Jandl und Ludovica Zang.

Literatur:

[1] Michael *Mitterauer*, Wie groß ist der „kleine Unterschied"? Zu den Bedingungen geschlechtsspezifischen Verhaltens aus historischer Sicht. In: Beiträge zur historischen Sozialkunde 13/1983, H. 3, S. 77.

[2] Sophie *Khuenberg*, Die „Frau Gewerke" Zang. Eine Grazer Erinnerung, masch. Skript., KnVS II Voitsberg o. J.

[3] Christina *Vanja*, Bergarbeiterinnen. Zur Geschichte der Frauenarbeit im Bergbau, Hütten- und Salinenwesen seit dem späten Mittelalter. Teil I: Spätes Mittelalter und frühe Neuzeit. In: Der Anschnitt, 39/1987, S. 11.

[4] Harald *Gundacker*, Die soziale Frage im steirischen Bergbau des 19. Jahrhunderts. Graz 1967, S. 20 f.; Ernst *Dorfner*, Erfassung der tödlich verunglückten Mitarbeiter im weststeirischen Kohlenrevier, masch. Skript. GKB-Bergdirektion Köflach, 1987.

[5] Kurt *Ebert*, Die Anfänge des modernen Arbeitnehmerschutzes beim Bergbau in Österreich. Die Genesis des Bergarbeitergesetzes vom 21. Juni 1884. In: Festschrift Hermann Baltl, Hg. Kurt Ebert – Forschungen zur Rechts- und Kulturgeschichte XI, Hg. Nikolaus Grass, Innsbruck, 1978, S. 169 f.

[6] Das Neue Duden Lexikon VIII, Mannheim/Wien/Zürich 1984, s. Revier S. 3184.

[7] Duden I, s. Bergbau S. 376; Brockhaus Enzyklopädie in zwanzig Bänden III, Mannheim ¹⁹1987, s. Bergbau S. 113.

[8] Alfred *Weiss*, Zur Geschichte des Lankowitzer Revierstollens. In: Zeitschrift des historischen Vereins für Steiermark 67/1976, S. 177 f.

[9] Franz Fuchsbichler war Besitzer des Baurechtes Nr. 125 auf einem Flöz in Pichling. Nach Ludwig *Stampfer*, Geschichte der Pfarre Köflach I, handschriftliche Chronik im Pfarramt Köflach, Köflach 1920, S. 616.

[10] Fälschlicherweise erhielt am Anfang des 19. Jahrhunderts auch „Braunkohle" die Bezeichnung „Steinkohle".

[11] *Stampfer*, Köflach I, S. 616.

[12] 75 Jahre Graz-Köflacher Eisenbahn zur 75. Wiederkehr der Betriebseröffnung auf der Strecke Graz–Köflach am 3. April 1860. In: GKB-Zeitung für Eisenbahn und Bergbau 6, 29. März 1935, S. 34.

[13] Wilhelm *Frey*, Der Bergbau im Köflacher Kohlenrevier vor 80 Jahren. In: GKB-Zeitung für Eisenbahn und Bergbau 5, 25. Juni 1934, S. 87 f.

[14] Das allgemeine Berggesetz vom 23. Mai 1854 samt der Vollzugsvorschrift und allen darauf Bezug nehmenden Nachträgen, Verordnungen und Erläuterungen – Taschenbuchausgabe der österreichischen Gesetze VII; Helmut *Lackner*, Kohlenbergbau und Technik. Die technische Entwicklung des österreichischen Kohlenbergbaues, dargestellt am Beispiel des Glanzkohlenbergbaues Fohnsdorf in der Steiermark vom 17. bis zum 20. Jahrhundert I, Phil. Diss., Graz 1980, S. 193.

[15] *Dorfner*, Erfassung.

[16] Bergbau und Bergmann in der deutschsprachigen Sagenüberlieferung Mitteleuropas, Hg. Gerhard Heilfurth – Veröffentlichungen des Instituts für mitteleuropäische Volksforschung an der Philipps-Universität Marburg, Allg. Reihe 1, Hg. Gerhard Heilfurth, Ingeborg Weber-Kellermann, Marburg 1967, S. 548.

[17] Gerhard *Pferschy*, Zur Sozialgeschichte des steirischen Bergwesens. In: Der Anschnitt, 23/1971, H. 3, S. 3.

[18] Ebenda.

[19] Georg *Mutschenlechner*, Frauen als Bergbauunternehmer im ehemaligen Berggericht Sterzing. In: Der Schlern 37/1963, S. 348.

[20] *Ebert*, Arbeitnehmerschutz, S. 141.

[21] *Vanja*, Bergarbeiterinnen, S. 2.

[22] *Weiss*, Lankowitzer Revierstollen, S. 187.

[23] Karl *Eisner*, Der Traditionskreis der Bergleute im Kohlenrevier der nördlichen Weststeiermark, Graz 1969, S. 28.

[24] *Vanja*, Bergarbeiterinnen, S. 11, 13; – Das Hausbüchl der Stampferin, Hg. Gustav Hackl, Graz 1988, S. 57.

[25] Anneliese *Vasel*, Ein junges Mädchen des 18. Jahrhunderts „verliebt sich in das Bergwesen". In: Allgemeiner Harz-Berg-Kalender für das Jahr 1985, S. 56–59.

[26] Vgl. *Vanja*, Bergarbeiterinnen, S. 7; Manfred *Fend*, Vom Bergmann zum Bergarbeiter. Zur Lage der Ruhrbergleute und ihrer Organisation in der zweiten Hälfte des 19. Jahrhunderts, Teil 1. In: Der Anschnitt, 33/1981, H. 4, S. 136.

[27] Friedrich *Morton*, Die Hallstätter „Kerntragerweiber". In: Der Anschnitt, 14/1962, H. 5–6, S. 50.

[28] *Vanja*, Bergarbeiterinnen, S. 6 f.

[29] *Vanja*, Bergarbeiterinnen, S. 3.

[30] Berggesetz 1854.

[31] *Gundacker*, Soziale Frage, S. 1.

[32] Ebenda.

[33] Darunter versteht man (für Tirol) das Mitbaurecht des Landesfürsten und seiner Gemahlin an einer neuen Grube in der Größe eines Neuntel-Anteiles. Nach: *Mutschenlechner*, Frauen, S. 348.

[34] Max Joseph *Gritzner,* Commentar der Ferdinandeischen Bergordnung vom Jahre 1553 nebst den dieselbe erläuternden späteren Gesetzen und Verordnungen mit dem Urtexte des Gesetzes im Anhange, Wien 1842, S. 256.

[35] *Ebert,* Arbeitnehmerschutz, S. 138.

[36] Berggesetz 1854, S. 139f., *Ebert,* Arbeitnehmerschutz, S. 190f.

[37] *Ebert,* Arbeitnehmerschutz, S. 169f.

[38] *Dorfner,* Erfassung.

[39] Ebenda.

[40] GKB-Zeitung für Eisenbahn und Bergbau 6, 24. Juli 1935, S. 112.

[41] Schwarz-Weiß-Abzüge, Fotoplatte.

[42] *Stampfer,* Köflach I, S. 620.

[43] Franz *Kirnbauer,* Montanistischer Wegweiser durch die Steyermark aus dem Jahr 1835. In: Leobener Grüne Hefte 160/1975, S. 33; eine Aufzählung der Gewerken und Gewerkinnen des Weststeirischen Kohlenreviers bietet auch *Miller,* Albert Ritter von *Hauenfels,* Die steiermärkischen Bergbaue, als Grundlage des provinziellen Wohlstandes, in historischer, technischer und statistischer Beziehung, Wien 1859, S. 57–69.

[44] Ernst *Dorfner,* GKB-Chronik, masch. Skript., GKB-Bergdirektion Köflach, 1987.

[45] Paul W. *Roth,* Die Glaserzeugung in der Steiermark von den Anfängen bis 1913. – Forschungen zur geschichtlichen Landeskunde der Steiermark XXIX, Graz 1976, S. 102; Alfred *Seebacher-Mesaritsch, Bärnbach.* Das Werden einer Stadt, Graz 1978, S. 66, 69.

[46] *Kirnbauer,* Wegweiser, S. 33.

[47] *Stampfer,* Köflach I, S. 602.

[48] Rudolf *Granichstaedten-Cerva* – Josef *Mentschl* – Gustav *Otruba,* Altösterreichische Unternehmer, Wien 1969, S. 139.

[49] Walter *Stipperger,* Almanach des steirischen Berg- und Hüttenwesens. – Mitteilungen des Museums für Bergbau, Geologie und Technik am Landesmuseum Joanneum XXIX, Graz 1968, S. 76.

[50] *Dorfner,* Chronik.

[51] Mündliche Information von Herrn Univ.-Prof. Dr. Paul W. Roth.

[52] Ernst *Lasnik,* Rund um den Heiligen Berg. Graz 1982, S. 150.

[53] *Ebert,* Arbeitnehmerschutz, S. 169f.

[54] *Lackner,* Fohnsdorf I, S. 79; vgl. auch Karin Maria *Schmidlechner,* Die Steirische Industriearbeiterschaft zwischen 1875 und 1890, Phil. Diss., Graz 1979.

[55] *Stampfer,* Köflach I, S. 620.

[56] *Morton,* Hallstätter „Kerntragerweiber", S. 50.

[57] *Vanja,* Bergarbeiterinnen, S. 2.

[58] *Stampfer,* Köflach I, S. 620.

Gerhard Pferschy und Gerald Gänser

Sozialrechtliche Entwicklungen bei den Glasmachern und Bergknappen

Die Entwicklung der sozialrechtlichen Lage der Glasmacher

Um zu einer rechten Antwort auf die Frage nach dem sozialen Schutz bei den älteren Glasmachern zu gelangen, ist es notwendig, sich über ihre jeweilige Stellung im älteren Sozialgefüge der Steiermark klar zu werden. Daraus kann sich ergeben, wie weit oder wie eng die stets in irgendeiner Form vorhanden gewesenen sozialen Fangnetze für sie geknüpft waren.

Die Glasmacherei in der Steiermark und wohl auch im gesamten innerösterreichischen Geschichts- und Wirtschaftsraum entzieht sich von Anfang an der naheliegenden Einordnung in das zünftisch bestimmte Ordnungssystem der Gewerbe. Vielmehr betrachtete man das Glasmachen als eine Kunst und die hier tätigen spätmittelalterlichen Glasmacher eher als Künstler, wozu beitrug, daß die Übergänge zu den Glasmalern manchmal fließend gewesen sein dürften.

Diese Glasmacherkunst konnte man freilich nur ausüben, wenn man in der Lage war, dazu erstens das in großem Umfange nötige Brennholz und den Quarzsand und zweitens die Nahrungsmittelversorgung für das Personal sicherzustellen. Insofern war eine Einbindung in die agrarisch bestimmte Wirtschaftsordnung notwendig. Eben deshalb finden wir die ältesten Glasmacher mit ihren Glashütten nicht im städtischen Bereich, sondern entweder auf von Grundherrschaften gepachteten einschichtig gelegenen Gründen mit Waldnutzungsrechten, Schwaigen und mitbetriebenen Bauernhuben, oder aber in der Hand von unternehmerisch gesinnten größeren Bauern.

Es ist jedoch nicht ganz zutreffend, von Glasbauern in dem Sinne zu sprechen, wie man von Eisenbauern spricht. Das soll heißen, nicht die Bauern machten das Glas, sondern sie eröffneten eine Glashütte oder verpachteten dazu Gründe an Glasmacher. Die Glasmacherei setzte viel größere Fachkenntnis voraus, als unseren Bauern verfügbar war. Die auf die Glaserzeugung hinweisenden Hof- und Vulgarnamen können uns daher meist nur berichten, wo einst eine Glashütte gestanden hat, der ein Bauernhof oft nur zur Versorgung zugeordnet war. Insgesamt ähneln die Zusammenhänge eher denen, wie sie in unseren Märkten und Landstädten bestanden, wo die bürgerlichen Handwerker neben ihrem Gewerbe auch Ackerbau, Weinbau und Viehzucht betrieben, um in der Versorgung gesichert bzw. vom Markt weniger abhängig zu sein.

Auch eine kleine Glashütte konnte nicht als Einmannbetrieb geführt werden, schon gar nicht durch einen Bauern als Nebenbeschäftigung. Zu einer solchen Hütte gehörten neben zwei bis drei Glasmachern, wovon wenigstens einer den Ofenbau gut beherrschen mußte, oft Schleifer, dann mehrere Säumer oder Kraxentrager für den Vertrieb, schließlich Holzknechte und Fuhrleute für die Holz- und Materialzubringung.

Der Rechtsstellung nach waren die Glaser persönlich frei. Sie waren entweder wie die herrschaftlichen Hofhandwerker und Hofkünstler dem grundherrschaftlichen Personal zugeordnet und mit ihren Pachtgründen am ehesten den Dominikalisten an die Seite zu stellen, oder sie waren selbständige Unternehmer, die in Verträgen die Errichtung und den Betrieb einer Hütte samt dem nötigen Zubehör, wie Waldnutzung, Schwaigen oder Huben, vereinbarten. Für die Nutzung der Rechte der Herrschaft an Grund und Boden zahlten sie dem Grundherrn Pacht. Sie trugen das Risiko und hatten – oft – daher den Gewinn. Wirtschafteten sie ab, so erfolgte häufig eine Neuvergabe durch die Herrschaft zu verschärften Bedingungen. Es kam auch vor, daß Bürger oder andere unternehmerisch gesinnte Leute solche Verträge abschlossen und

„Eintragen" in den Kühlofen, um 1910

dann ihrerseits die Fachleute – Glasmeister, Glasmacher und Gesellen – aufnahmen, wie das auch bei den Hammerwerken geschah, oder aber, wie das ebenfalls bei den Hammerwerken, besonders ab dem 17. Jahrhundert, vorkam, es traten die Grundherren selbst als Unternehmer auf und ließen Glashütten durch Verwalter und einen technischen Leiter, meist Glasmeister oder Obergeselle genannt, betreiben.

In diesem Falle übernahm die Herrschaft auch öfter den sozialen Schutz, so etwa die Versorgung von Witwen und Waisen, oder sie beließ Alte und Kranke in den bei den Hütten errichteten Behausungen. Andernfalls traf das gesamte soziale Risiko den Unternehmer und sein Personal. Hier wurde die Verbindung mit Huben und Schwaigen zum Fangnetz, wenn das Unternehmen scheiterte oder zurückging. Die Hütte verfiel, der agrarische Bereich lebte fort. Entstand so eine Hütte im Waldland, kam es zu Rodungen, und es wuchs eine Rodungsinsel. So gingen aus einer Glashütte manchmal sogar neue bäuerliche Siedlungen hervor, wie sie sich ähnlich auch aus der

Köhlerei entwickelt haben. Die Erinnerung an die ursprüngliche Bestimmung lebt öfter in Gegend-, Hof- und Flurnamen fort.

Der Unterschied zur zünftischen Organisation zeigt sich auch im Ausbildungsgang. Das Anlernen erfolgte ähnlich dem Eisenwesen im Betrieb, in dem es ein langsames Vorrücken und Aufsteigen gab. Man begann als jugendlicher Gehilfe und konnte zum Gesellen, auch Glasmacher genannt, aufsteigen und es bis zum Betriebsleiter bringen, für den die Bezeichnung Glasmeister oder Obergeselle begegnet. Das zeigt uns schon, daß die Meisterschaft für die Betriebsleitung keine Voraussetzung bildete, sondern der Unternehmer freie Hand hatte, wem er die technische Leitung seiner Hütte anvertrauen wollte. So kamen auch weniger geeignete, schlecht ausgebildete Gesellen durch Gunst zu Leitungsfunktionen, oder diese wurden vererbt, was alles dazu führte, daß das steirische Glas qualitativ manchmal nicht mithalten konnte und fallweise nur billige Massenware erzeugt wurde.

Der Nachwuchs kam aus dem bäuerlichen und märktischen Bereich, wohin es auch Übertritte gab, überdurchschnittlich oft jedoch aus den Glasmacherfamilien, wodurch auch ein gewisser sozialer Schutz innerhalb der Familien wirksam werden konnte, der an die Stelle des Schutzes durch die Zunft trat. Ein richtiges Gesellenwandern war eher selten. Man wechselte vorwiegend zu nahegelegenen Betrieben. Arbeitslose Glasmacher waren in der Steiermark selten, eher lassen sich Zuwanderungen aus Böhmen, Sachsen und Thüringen nachweisen.

Während etwa im 16. Jahrhundert das Interesse des Staates an der inländischen Glaserzeugung so gering war, daß 1572 Hans Khisl von Kaltenbrunn für seine Glashütte in Laibach ein Privileg erwirken konnte, wonach in Innerösterreich weitere Glashütten nur mit seiner Zustimmung errichtet werden durften, was das Aufkommen der steirischen Hütten nicht unwesentlich verzögerte, entdeckte die merkantilistische Wirtschaftspolitik in Österreich in der zweiten Hälfte des 18. Jahrhunderts die Bedeutung der inländischen Glaserzeugung. Nun begann der Staat sie nicht nur zu regeln, sondern auch kräftig zu fördern. Die Glasmacher wurden ab 1. August 1767 unter die Commerzgewerbe eingereiht und erhielten damit eine klare gewerberechtliche freie Stellung.

Nun regelte das Glasmacherreglement vom 5. Oktober 1767 die Ausbildung der Glasmacher genau, um die Qualität der Erzeugnisse zu heben und den starken Import zurückzudrängen. Da Lehrlinge billiger kamen als Gesellen, war es eingerissen, die Anlernzeiten willkürlich lang hinauszuziehen; nun wurden die Lehrjahre genau vorgeschrieben. Es galten für die Erzeuger von Kreidenglas 5 Lehrjahre, von Tafelglas und Bouteillen 4 Lehrjahre und von Großspiegeltafelglas und Judenmaßspiegeln 3 Lehrjahre. Diese Regelungen gingen von den Verhältnissen in Böhmen aus, hatten aber auch für unser Gebiet Gültigkeit. Bei sehr gutem Ausbildungserfolg war die Einrechnung des Probejahres und die frühere Freisprechung zulässig. Für Glasmachersöhne sollten die gleichen Vorschriften gelten. Um die Qualität der Ausbildung zu gewährleisten, durfte nur noch ein Lehrjunge auf 10 Hafen aufgenommen werden. Neu geregelt wurden auch die Aufding- und Aufkündungstermine sowie ein Wanderrecht.

Auch dem herkömmlichen Pfennwerthandel wurde zu Leibe gerückt: Erstmals wird ausdrücklich festgehalten, daß die Glasmacher nicht gezwungen werden dürfen, Lebensmittel und Kleidung beim Unternehmer zu kaufen. 1786 wurde es ausdrücklich verboten, den Gesellen statt der Löhnung verschiedene Waren aufzudrängen. Oft banden Schulden den Gesellen an den Betrieb. Nun wird die Übernahme von Gesellenschulden durch den neuen Betrieb gestattet, was die Mobilität, aber auch die Abwerbung erleichterte und die Möglichkeiten der Gesellen, sich zu verbessern, steigerte.

Auch die Erlangung der Meisterschaft wurde geregelt. Als Meisterstück wurde 1783 ein Fenster mit viereckigen und nicht mit Blei durchgezogenen Tafeln nach dem allenfalls bestellten Maß vorgeschrieben.

Ferner wurde die Abwerbung in das Ausland und deren Begünstigung durch die Eltern unter strenge Strafe gestellt.

Alle diese Maßnahmen bezwecken die Förderung der Glaserzeugung im Inland und die Hebung der Qualität der heimischen Produkte. Als Ergebnis führ-

Glaseinbinden in Stroh, um 1910

ten sie jedoch zu erheblichen sozialen Schutzmaßnahmen. Die strengen Ausbildungsregelungen wirkten gegen die Betriebsführung durch unqualifizierte Kräfte und eröffneten so den voll ausgebildeten Glasmachern bessere Möglichkeiten, selbständig zu werden, das heißt, sozial aufzusteigen. Den Lehrlingen brachte die Regelung der Lehrjahre den Anspruch auf die Freisprechung, die bisher oft willkürlich hinausgeschoben worden war. Für die Gesellen brachte das Verbot des Warenkaufzwanges das Recht auf den baren Lohn, alles Errungenschaften, die in den Industriebetrieben des 19. Jahrhunderts wiederholt neu durchgesetzt werden mußten. So ist, wie bei so vielen Maßnahmen Maria Theresias und Josephs II., auch hier dem Arbeiter ein Anspruch auf rechtliche Behandlung zuerkannt und die Kontrolle über deren Beachtung den Landesstellen und den Kreisämtern aufgetragen worden. Ein erster Schritt war getan. Die Durchsetzung allerdings war erst in vielen Auseinandersetzungen möglich.

Infolge des Überganges zur Verwendung von

Braunkohle für die Glaserzeugung kam es im 19. Jahrhundert zu wesentlichen Veränderungen der sozialen Lage der Glasmacher. Die Entwicklung von der Hütte zum Industriebetrieb machte ihrer Sonderstellung ein Ende und glich sie den übrigen Industriearbeitern an. Das hatte zur Folge, daß jene Mißstände und Fortschritte, die wir aus der Industriegeschichte kennen, auch hier eintraten, wie etwa im Sozialversicherungswesen. Daneben gab es jedoch vier Bereiche, die mit den besonderen Produktionsverhältnissen in der Glaserzeugung zusammenhängen und deshalb unsere besondere Beachtung verdienen.

1. Glasfabriken des 19. Jahrhunderts lagen sämtliche in unmittelbarer Nähe zu Kohlengruben oder in günstiger Verkehrsverbindungslage zu diesen. Das heißt, sie wurden meist auf grünem Wasen neu errichtet. Das hatte zur Folge, daß, um sie funktionsfähig zu machen, neben den Fabriken eine gewisse Infrastruktur für die Arbeiterschaft geschaffen werden mußte. Es mußten Wohnungen errichtet werden, die wie bei den alten Glashütten kostenlos oder doch relativ billig den Arbeitern zur Verfügung gestellt wurden. Wenn das Arbeitsverhältnis erlosch, so war diese Wohnung sofort kündbar und der Arbeiter lag mit seiner Familie auf der Straße. Das band die Arbeiterschaft sehr stark an den Betrieb, verhinderte ihre Mobilität und erklärt mit ihre Zurückhaltung bei allgemeinen Arbeitskämpfen.

2. Es mußte die Versorgung mit Lebensmitteln und Gütern des täglichen Bedarfes sichergestellt werden. Dazu errichteten die Unternehmer Geschäfte und Gasthäuser, an denen gut verdient werden konnte. Die alte Problematik des Pfennwerthandels lebte wieder auf, wenn der Unternehmer, und das geschah häufig, versuchte, einen Einkaufs- und Konsumationszwang in seinen Läden durchzudrücken. Besonders verheerend für die Ausbreitung der Trunksucht wirkte sich der Zwang zur Abnahme von alkoholischen Getränken aus. Auch wurde erfolgreich versucht, die Verrechnung von Naturallieferungen und Warenbezügen im Lohnabzugswege zu erreichen, was unweigerlich zu Schulden und damit in totale Abhängigkeit führte. Erst die Gewerbegesetznovelle 1885 nahm die bereits 1767/86 erstmals getroffenen Regelungen wieder auf, verbot den Kaufzwang und setzte das Recht auf bare Entlohnung neuerlich fest.

3. Aus der Natur der Arbeitsprozesse ergab sich schließlich eine überaus lange Arbeitszeit. Schichten von 12 bis 17 Stunden waren nötig, bis eine Häfenpartie aufgearbeitet war. Dazwischen gab es, wie vor dem Hochofen, längere Warte- und Arbeitspausen. Dafür wurde oft nur drei- bis viermal pro Woche gearbeitet. Das heißt, in den Glashütten war die Arbeitszeit von der Dauer der Feuer, der sogenannten Hitze, abhängig. Deshalb mußte für die Glasmacher mit 27. Mai 1885 amtlich eine Sonderregelung getroffen werden, welche die Arbeitszeit der Schmelzer und Glasmacher samt deren Hilfspersonal nur auf 12 Stunden im Schnitt eingrenzte. Da die Glasmacher anderseits schon immer im Akkord bezahlt wurden, konnten sie die Intensität der Arbeit bzw. der Ruhepausen selbst mitentscheiden, was häufig auf Kosten der Gesundheit ging.

4. Ferner war in den Glashütten die Verwendung von Kindern zum Eintragen üblich, wozu schon Sieben- bis Achtjährige herangezogen wurden. Schon im 18. Jahrhundert hatte es Verbote der Kinderarbeit gegeben. Die Gewerbeordnung von 1859 verbot die Arbeit von Kindern unter 10 Jahren und schränkte jene zwischen zehn und zwölf Jahren ein. Auch verbot sie die Nachtarbeit für Kinder unter 14 Jahren überhaupt. Erst 1872 jedoch kümmerte sich das Handelsministerium intensiver um die Einhaltung dieser Bestimmungen. Schließlich verbot die Gewerbeordnungsnovelle 1885 die Kinderarbeit ausdrücklich. Neben den bekannten Nachteilen für die Kinder ist nicht zuletzt auf das Fernbleiben von der Schule zu verweisen, das ihnen einen Aufstieg in höhere Berufe unmöglich machte. Doch die Eltern und die Betriebsleitungen führten einen hinhaltenden Kampf um die Kinderarbeit gegen diese Bestimmungen zum gemeinsamen finanziellen Nutzen. Die Beanstandungen durch das Gewerbeinspektorat blieben lange erfolglos. Erst kurz vor dem Ende der Monarchie konnte die Kinderarbeit in den Glasfabriken entscheidend eingedämmt werden.

G. P.

Vom Sozialrecht im steirischen Kohlenbergbau

Nach den Bestimmungen des allgemeinen Berggesetzes vom 23. 5. 1854 wurde das Unterstützungswesen der Bergarbeiter auf eine neue Basis gestellt. Jeder Bergwerksbesitzer wurde verpflichtet, entweder bei seinem Werk oder zusammen mit anderen Bergwerksbesitzern, letzteres erforderte die Genehmigung der Bergbehörde, eine Bruderlade zu errichten. Soweit solche Institutionen schon bestanden, war die Bergbehörde zur Prüfung berechtigt. Die Statuten der Bruderladen waren prüfungs- und genehmigungspflichtig. Bis zur Errichtung von Bruderladen – bei Bergwerken, wo eine solche nicht bestand – war der Werksbesitzer verpflichtet, seinen erkrankten oder verunglückten Arbeitern zumindest die laut allgemeiner Gesetzeslage vorgeschriebene Hilfe angedeihen zu lassen. Beitritts- und Beitragspflicht bestand für die Aufseher und die Bergarbeiter. Doch die unklaren und lückenhaften Bestimmungen des Berggesetzes führten zu schweren Mängeln in der Verwaltung und der wirtschaftlichen Funktionsfähigkeit der Bruderladen, so daß ab 1868 Ansätze zu Reformen gesucht wurden. Aber erst im Jahre 1887 zwangen die ruinösen Bilanzen der Bruderladen die Regierung zum Handeln. Nach Änderungen der Regierungsvorlage durch den Gewerbeausschuß, der vor allem die stärkere Heranziehung der Werksbesitzer zur Finanzierung der Bruderladen durchsetzte, wurde das Bruderladengesetz am 28. 7. 1889 publiziert. Die immer noch vorhandenen gesetzlichen Lücken, vor allem die Frage der Sanierung der passiven Bruderladen, erforderten bis 1892 drei Novellen, die auch die Angleichung der Mindesteinlagen an die der Krankenkassen brachten.

Die Regelung der Unfallversicherung ließ jedoch bis 1914 auf sich warten. Bis zu diesem Zeitpunkt machten die Bruderladengesetze keinen Unterschied zwischen Betriebsunfällen und sonstiger Invalidität, und die Bemessung der sogenannten Provision, die nur bei gänzlicher Erwerbsunfähigkeit zur Auszahlung gelangte, richtete sich nach der zurückgelegten Dienstzeit. Somit wurden von Bergarbeitern die 60% des letzten Arbeitsverdienstes, wie sie den Versicher-ten der allgemeinen Arbeiterunfallversicherung zustanden, nur in den seltensten Fällen erreicht. Teilweise Invalidität, die unfallversicherten Arbeitern Renten bis zu 50% des letzten Jahresverdienstes sicherte, wurde von den Bruderladen bis 1914 nicht berücksichtigt. Im Gegensatz zu dieser offensichtlichen Benachteiligung bei der Unfallversicherung genossen die Bergarbeiter bei der Alters-, Witwen- und Waisenversicherung durch das Provisionskassensystem gegenüber der übrigen Arbeiterschaft nicht zu leugnende Vorteile. Die Nachteile der Bergarbeiterversicherung wurden indes dadurch bis 1914 nicht wettgemacht. Noch 1905 monierte das Österreichische Staatswörterbuch die gesetzliche Situation. Da einem so gearteten Werk kaum Parteienstellung nachgesagt werden kann, soll hier die Wertung dieses Handbuches wiedergegeben werden: Eine Gesetzgebung, welche sich unter drückender Belastung der Arbeiterschaft diesen Erwägungen (d. i. die Gleichstellung mit der Allgemeinen Arbeiterversicherung, Anm. d. Verf.) verschloß, konnte unmöglich dem Verdachte entgehen, daß sie unter dem übermächtigen Einflusse der Werksbesitzer zustande gekommen sei.

Um 1900 forderte ein beträchtlicher Teil der unzufriedenen Knappen die Aufhebung der Bruderladen, obwohl sich die finanzielle Lage und damit die Leistungsfähigkeit der Kassen gebessert hatte. Von Unternehmerseite, die für die Bedeckung der Abgänge zumindest die Hälfte des Passivbetrages aufzubringen hatte, wurden Klagen über die durch die Versicherungspflicht herabgeminderte Konkurrenzfähigkeit gegenüber Ländern ohne diese soziale Einrichtung, namentlich Ungarn, laut. Besonders die Allgemeine Unfallversicherung, deren Beiträge zu 90% dem Unternehmer zur Last fielen, wurde als schwere Beeinträchtigung der österreichischen Industrie empfunden, doch zeigte sich die legistische Tendenz zur gänzlichen Abschaffung des Arbeitnehmerbeitrages. Mit dem Gesetz 363/1917 wurde der Unternehmerbeitrag auf 100% erhöht und somit der Unfallversicherung der Bergarbeiter angeglichen, die seit ihrer Installierung im Jahre 1914 allein von den Unternehmern finanziert wurde. Freilich mag auch die zwischen 1888, dem Jahr der Einführung der Allgemeinen Arbeiterunfallversicherung, und 1914 (Bergarbeiterunfallversicherung) bestehende Ungleichheit der Belastungen der Unternehmer innerhalb der österreichischen Reichshälfte zu durchaus berechtigter Kritik geführt haben, noch dazu, wo in Bergwerksbetrieben die Unfallgefahr und -häufigkeit mit den gefährlichsten Arbeiten in Industrie und Gewerbe jederzeit Schritt hielt. Zum Vergleich soll hier nur auf die Einstufung der Arbeiter im Bereich Steine und Erden verwiesen werden: Die Arbeit in Steinbrüchen und anderen nicht auf vorbehaltene Mineralien und Fossilien spezialisierten „Bergwerken" war in der zwölfteiligen Gefahrenskala mit Gefahrenklasse IX im oberen Bereich der gefährlichen Berufe angesiedelt. Als noch gefährlicher wurden nur Dachdeckerarbeiten, Blitzableiterbau und schließlich Sprengmittelerzeugung eingestuft. Demgegenüber wurde die Arbeit in den Glashütten mit der Einstufung in die Gefahrenklassen III bis IV als relativ gefahrlos angesehen. Somit hatte der Betreiber einer Glashütte ca. 0,7 Gulden für je 100 Gulden anrechenbare Lohnsumme als Beitrag zur Unfallversicherung zu entrichten, ein Bergwerksunternehmer hätte jedoch rund drei Gulden von 100 zu zahlen gehabt, was wohl eines der Haupthindernisse für eine gesetzliche Regelung darstellte.

Nicht nur im Bereich der Unfallversicherung, sondern auch durch die Bruderladengesetzgebung erwuchsen den Bergarbeitern Nachteile, die erst in der Ersten Republik beseitigt wurden. So erlosch die Krankenversicherung der Bergarbeiter mit dem Austritt aus dem Betrieb, während die nach dem Krankenversicherungsgesetz versicherten Arbeiter noch mindestens vier Wochen nach der Auflösung des Dienstverhältnisses Anspruch auf Kassenleistungen hatten. Besonders drückend wurden jedoch die Sanierungsmaßregeln empfunden, die den Versicherten neben einer empfindlichen Beitragserhöhung gleichzeitig einschneidende Kürzungen der Ansprüche brachten, während sich die Belastung der Werksbesitzer in erträglichen Grenzen hielt.

Vor dem Bruderladengesetz von 1889 war die Versicherung der Bergarbeiter, trotz Fixierung im allgemeinen Berggesetz von 1854, mangelhaft und uneinheitlich. Der Vorteil der im Bruderladengesetz verankerten Trennung von Kranken- und Provisionskassen

gegenüber der allgemeinen Arbeiterkrankenversicherung ist im Berggesetz nur sehr allgemein grundgelegt, wenngleich das tatsächlich vorhandene Provisionswesen – so die Versorgung der Invaliden, Alten, Witwen und Waisen – auf jede legistische Entwicklung Einfluß hatte. Richtungweisend, wenn auch nur sehr zögernd nachvollzogen, war die Errichtung der Allgemeinen Bruderlade der Vordernberger Radmeisterkommunität im Jahre 1839, als durch den Einfluß Ehg. Johanns die Partikularinteressen der Gewerken überwunden und die Grundlagen moderner Sozialgesetzgebung geschaffen werden konnten. Ähnliches zu leisten blieb Johann im Voitsberg-Köflacher Kohlenrevier versagt. Im Eisenwesen fußte die Versorgung der Knappen jedoch auf älterer Tradition als im Bereich des wesentlich jüngeren Kohlenbergbaues. Eine besondere Rolle spielte bei der Kohle auch das sich erst langsam entwickelnde Verständnis für ihre Brauchbarkeit auf Gebieten des Eisenhüttenwesens und verwandter Sparten. Die Erschürfung der Kohle unterlag zwar dem Bergregal, und die damit beschäftigten Arbeiter unterlagen somit dem Berggesetz, doch konnte das Selbstverständnis weder der Werksbesitzer noch der Arbeiter mit der sprunghaft durch moderne Technologien wachsenden Bedeutung der Kohle Schritt halten. Die starke Aufsplitterung der Flöze in relativ kleine Grubenmaße tat das ihre. An eine Einigung wie bei den Eisengewerken war somit nur bei entsprechender gesetzlicher Regelung zu denken, die aber, wie oben dargestellt, erst 1889 erfolgte.

Im speziellen und auf die Steiermark bezogen stellt sich die Lage der Bergleute in den Kohlenbergwerken wie folgt dar:

Die beim Montan-Aerar beschäftigten Kohlenarbeiter genossen durchaus die vom Vordernberger Beispiel vorgegebenen sozialen Vorteile, während die in Privatbetrieben beschäftigten Arbeiter oft noch Jahre nach dem allgemeinen Berggesetz der Absicherung durch eine Versicherung entbehren mußten. Bezeichnenderweise waren die Knappen der Kohlenbergbaue im Umkreis der alten Eisenindustrien bevorzugt. Innovationsfreudige Unternehmer, wie v. Mayr und Drasche in Seegraben, unterhielten eigene Werksärzte und Werksspitäler, die sie bei ungenügender Bedeckung aus Eigenmitteln finanzierten. Provisio-

Reichsgesetzblatt

für die

im Reichsrathe vertretenen Königreiche und Länder.

XLVII. Stück. — Ausgegeben und versendet am 14. August 1889.

127.

Gesetz vom 28. Juli 1889,

betreffend die Regelung der Verhältnisse der nach dem allgemeinen Berggesetze errichteten oder noch zu errichtenden Bruderladen.

Mit Zustimmung beider Häuser des Reichsrathes finde Ich anzuordnen, wie folgt:

I. Aufgaben der Bruderladen.

§. 1.

Die Unterstützungen, welche die nach den Bestimmungen des X. Hauptstückes (§§. 210—214) des allgemeinen Berggesetzes vom 23. Mai 1854 (R.G.Bl. Nr. 146) errichteten oder noch zu errichtenden Bruderladen ihren hilfsbedürftigen Mitgliedern, beziehungsweise deren hinterbliebenen Angehörigen zu gewähren haben, werden durch dieses Gesetz geregelt.

Hienach haben die Bruderladen zu gewähren:

1. Krankenunterstützungen, beziehungsweise Begräbnisgelder;

2. Provisionen für Invaliden, beziehungsweise Witwen und Waisen.

§. 2.

Für die im §. 1, Z. 1 und 2 bezeichneten Unterstützungs- (Versicherungs-) Zwecke hat bei jeder Bruderlade je eine besondere Verwaltungsabtheilung (Krankenkasse, Provisionskasse) zu bestehen und sind die für diese Zwecke erforderlichen Einnahmen und Ausgaben von den übrigen getrennt festzustellen und zu verrechnen.

§. 3.

Die Krankenkasse der Bruderlade ist verpflichtet, Krankenunterstützungen, beziehungsweise Begräbnisgelder mindestens in dem Umfange zu gewähren, als solche nach Dauer, Art und Höhe durch die §§. 6—8 des Gesetzes vom 30. März

1888, R. G. Bl. Nr. 33, betreffend die Krankenversicherung der Arbeiter, bestimmt sind.

§. 4.

Die Provisionskasse der Bruderlade ist verpflichtet, einem infolge Krankheit oder Alters oder Betriebsunfalles dauernd erwerbsunfähig gewordenen Mitgliede eine Rente (Provision) zu gewähren, welche in einem, entweder für alle Mitglieder gleichen oder mit der Dauer der Mitgliedschaft steigenden Ausmaße festzusetzen ist, und mindestens 100 fl. ö. W. für männliche und 50 fl. ö. W. für weibliche Arbeiter jährlich zu betragen hat.

§. 5.

Die Provisionskasse ist weiters verpflichtet, für den Todesfall eines Mitgliedes oder Provisionisten den Hinterbliebenen nachstehende Unterstützungen zu gewähren:

1. der Witwe auf Lebenszeit, beziehungsweise bis zur etwaigen Wiederverheiratung eine Rente (Witwenprovision) im Mindestbetrage eines Drittels der dem verstorbenen Ehegatten nach §. 4 zukommenden Rente (Provision);

2. den ehelichen Kindern bis zum zurückgelegten 14. Lebensjahre Renten (Waisenprovisionen), und zwar jedem vaterlosen Kinde im Mindestbetrage eines Sechstels, jedem vater- und mutterlosen im Mindestbetrage eines Drittels der dem verstorbenen Vater nach §. 4 gebürenden Provision.

Die Summe der Witwenprovision und der Waisenprovisionen darf jedoch drei Viertel der dem Verstorbenen nach §. 4 zukommenden Provision nicht übersteigen; ergibt sich ein höherer Betrag, so ist jede einzelne Rente gleichmäßig zu kürzen.

Hat der Verstorbene die Ehe erst nach seiner Provisionirung geschlossen, so steht der Witwe und den Waisen kein Rentenanspruch zu.

§. 6.

Mitgliedern, welche sich die Erwerbsunfähigkeit durch eine vorsätzliche Handlung zugezogen haben,

nen hingegen waren als Gnadengaben der Werksbesitzer eingestuft. Im Voitsberger Revier fehlten die Bruderladen noch lange nach dem allgemeinen Berggesetz, was vor allem auf die starke Aufsplitterung in kleine Baue zurückzuführen ist. Bei Beschäftigtenzahlen zwischen 2 und 92 pro Betrieb noch um 1860 und 36 Gewerken oder gewerkschaftlichen Zusammenschlüssen ergab sich ein übergeordnetes Element erst durch die selbst schürfende Graz-Köflacher-Eisenbahngesellschaft, der verschiedene Gewerken aus Interesse am Eisenbahnbau – vor allem zur Verbesserung der eigenen Absatzmöglichkeiten – beitraten. Für die Bergarbeiter jedoch war erst der Übergang der Bergbaue ins Montan-Aerar und die daraus resultierende Betriebszusammenfassung der Beginn einer gesetzeskonformen Absicherung.

Neben der versicherungstechnischen Absicherung der im Bergbau beschäftigten Arbeiter bildete die Regelung der Arbeitszeit ein bedeutendes sozialpolitisches Faktum. Durch das allgemeine Berggesetz von 1854 wurde die Arbeitszeit keiner prinzipiellen Regelung unterworfen. Maßgeblich erschien die örtliche Gewohnheit, und dies nicht nur bei der Dauer der Schichten, sondern auch bei der Beschäftigung von Frauen und Kindern. Die diesbezüglichen Bestimmungen unterlagen den innerbetrieblichen, gesetzlich vorgeschriebenen Dienstordnungen, die der Überprüfung und Genehmigung der jeweils zuständigen Bergbehörde unterlagen. Die Bergarbeiterstreiks des ausgehenden 19. Jahrhunderts richteten sich vor allem gegen unzulängliche Arbeitszeitregelungen, gegen mangelhafte Versicherung und schließlich gegen die als unzureichend empfundene Entlohnung. Andere bei Streiks vorgebrachte Forderungen sind in dieser Zeit als sozialutopische Verbrämungen, wenn nicht als Verschleierungsmaßnahmen der Streikenden zu werten.

Im Rahmen der Arbeitszeitregelung von 1884 wurde die Schichtdauer der in der Grube beim Kohlenbergbau Beschäftigten mit neun Stunden täglich festgelegt, wobei Ausnahmeregelungen eine bis zu zwölfstündige Schichtdauer erlaubten. Die effektive Arbeitszeit war jedoch mit zehn Stunden limitiert. Besonderen Bestimmungen unterlagen von Jahreszeit oder Witterung abhängige Bergwerke in den Alpen, was sich jedoch die heimische Kohlenbergwerksbesitzer kaum zunutze machen konnten. Bei Gefahr im Verzug waren auch die Kohlenkumpel wie andere Bergarbeiter zu längerer Dienstzeit verpflichtet. Die Beschränkung auf die 48-Stunden-Woche wurde für die Bergarbeiter erst 1919 gesetzlich wirksam, wiewohl im Bereich des Montan-Aerars schon zu Ende des 19. Jahrhunderts mit der neunstündigen Schicht samt Ein- und Ausfahrt grundgelegt. Die Maximalarbeitszeit wurde 1919 gesetzlich mit 56 Wochenstunden festgelegt. Die Sonntagsarbeit war schon seit 1884 nicht mehr gestattet.

In Anbetracht der Bergarbeiterstreiks des Jahres 1889 in Deutschland und Böhmen entschloß sich die Generaldirektion der Alpine-Montangesellschaft zu Sofortmaßnahmen auf dem Lohn- und Arbeitszeitsektor. Mit Wirksamkeit vom 1. Juli 1889 wurden die Löhne um fünf bis zehn Prozent angehoben und auch eine entsprechende Angleichung der Gedinglöhne zugesichert.

Gleichzeitig wurde die achtstündige Arbeitszeit vor Ort bei den gesellschaftlichen Bergbauen für den 1. Jänner 1891 in Aussicht gestellt. Die Einführung der achtstündigen Schicht erforderte nämlich verschiedene Vorbereitungen technischer Natur in den Gruben und Taggebäuden sowie die Bereitstellung von Wohnraum für die neu aufzunehmenden Arbeiter der dritten Schicht. Diese Zusagen konnten allerdings nur für die obersteirischen Bergwerke gegeben werden. Für das Köflacher Revier konnte ein genauer Zeitpunkt der Verwirklichung des achtstündigen Dreischichtenbetriebes noch nicht festgesetzt werden.

Auch hier zeigt sich wie bei den Bruderladen das Nachhinken des weststeirischen Kohlenbergbaues gegenüber den traditionsreicheren obersteirischen Industriegebieten. In puncto Lohnauszahlung in barem Geld waren die Bergarbeiter weiterhin auf die jeweilige Dienstordnung verwiesen und somit von den örtlichen Ablöhnungsverhältnissen abhängig, die vielfach noch Naturalleistungen vorsahen. 1896 wurde die monatliche Abrechnung der Unternehmer mit Aufsichts- und Arbeitspersonal gesetzlich fixiert, die Verpflichtung zur Entlohnung in Bargeld wurde aber erst 1912 Gesetz.

Zuletzt soll noch auf die gesetzlich nicht geregelten, aber zum sozialen Bereich gehörenden Wohnverhältnisse der Bergarbeiter im Kohlenbergbau eingegangen werden. Bei fast allen Bergwerken wurden die Arbeiter in werkseigenen Quartieren entweder kostenlos oder gegen geringen Zins untergebracht. In Urgental bei Bruck und in Eibiswald reichten die vorhandenen Werkswohnungen jedoch nicht aus, so daß die Bergarbeiter zum Teil in Privatquartieren auf Kosten des Unternehmens untergebracht werden mußten. Zwischen den Betrieben des Montan-Aerars und den Bergbauen Privater bestanden nur unbedeutende Unterschiede. Die unverheirateten Bergarbeiter wohnten zumeist in Gemeinschaftsunterkünften oder aber privat, verheirateten Arbeitern wurden Werkswohnungen zugewiesen, häufig auch kleinere Wohnhäuser mit Grundstücken zur Bewirtschaftung für den Eigenbedarf. Die Benutzung der Werkswohnungen war nur Angehörigen des jeweiligen Bergwerksbetriebes erlaubt, das Benutzungsrecht erlosch mit dem Tod des Bergarbeiters, seinem freiwillig oder aufgrund eines Disziplinarverfahrens erfolgten Ausscheidens aus dem Betrieb. In Hrastnig/Untersteiermark, wo die verheirateten Knappen zumeist eigene Wohnhäuser auf gewerkschaftlichem Grund erbauten, wurde in solchen Fällen dem Besitzer oder seinen Erben der Schätzwert des Objektes ausbezahlt. Eine Ausnahme von dieser Vorgangsweise wurde dann gemacht, wenn im Falle des Ablebens des Besitzers ein Sohn bereits im Bergwerk beschäftigt war oder aber in Kürze das Alter erreichte, das ihn zur Aufnahme in die Bergarbeit befähigte.

Die Versorgung mit Heizmaterial war obligat, die Ledigenunterkünfte waren zumeist vollständig eingerichtet, und auch die Bettwäsche wurde dort vom Unternehmen gestellt.

Im Voitsberger Revier wurde den Arbeiterunterkünften erst nach der Übernahme des Bergbaues durch die Vordernberg-Köflacher-Montanindustrie vermehrtes Augenmerk geschenkt und die von Erzherzog Johann eingeleitete Versorgung der Arbeiter mit Wohnraum vorangetrieben. G. G.

Literatur:

Ernst *Mischler*, Josef *Ulbrich*, Österreichisches Staatswörterbuch, Wien 1905 ff.
Harald *Gundacker*, Die soziale Frage im Bergbau des 19. Jahrhunderts, Staatswiss. Diss. Graz, 1967.
Hinner-Lackner-Pickl-Stocker, Fohnsdorf, Graz 1982.
Gerhard *Pferschy*, Über die Lage der Arbeiter im steirischen Bergwesen zur Zeit Erzherzog Johanns. In: Erzherzog Johann von Österreich. Beiträge zur Geschichte seiner Zeit, Graz 1982.
Joseph *Kropatschek*, Kommentar des Buches für Kreisämter, Wien 1799.
Paul W. *Roth*, Die Glaserzeugung in der Steiermark von den Anfängen bis 1913. = Forschungen zur geschichtlichen Landeskunde der Steiermark 29, Graz 1976.
Gerald *Schöpfer*, Sozialer Schutz im 16.–18. Jahrhundert. = Grazer Rechts- und Staatswissenschaftliche Studien 33, Graz 1976.
Karin Maria *Schmidlechner*, Die steirischen Arbeiter im 19. Jahrhundert. = Materialien zur Arbeiterbewegung 30, Wien 1983.

Eduard G. Staudinger

Die Anfänge der Gewerkschaftsbewegung im weststeirischen Kohlen- und Industrierevier

Die Jahre von 1888 bis 1893 markieren einen wichtigen Einschnitt in der Geschichte der sozialdemokratischen Arbeiterbewegung in Österreich. In dieser Phase fand an der Jahreswende 1888/89 im niederösterreichischen Städtchen Hainfeld ein Parteitag statt, an dem 110 Delegierte aus 13 Kronländern teilnahmen und der mit der Verabschiedung einer Einigungsresolution sowie eines umfangreichen Programms ein neues Stadium in der Entwicklung der sozialdemokratischen Arbeiterbewegung einleitete. Nach diesem Parteitag wurde der Organisationsaufbau neu strukturiert und in der Folge systematisch erweitert. Auch verstärkte die Sozialdemokratie nunmehr ihre Aktivitäten in der Öffentlichkeit. Im Vordergrund standen hiebei die Forderungen nach dem allgemeinen, gleichen Wahlrecht und einer besseren Arbeiterschutz-Gesetzgebung, deren Mittelpunkt der achtstündige Arbeitstag bildete. Neue Zeitungen unterstützten diese Tätigkeit. Im Sommer 1889 gründete Viktor Adler die „Arbeiter-Zeitung", die ab dem 12. Juli anstelle der „Gleichheit" als „Zentralorgan der österreichischen Sozialdemokratie" zunächst vierzehntägig erschien. Ab Oktober kam die Zeitung wöchentlich heraus, und ab 1. Jänner 1895 wurde sie als Tageszeitung geführt. In der Steiermark gründeten Hans Resel, Eduard Ehrlich, Josef Pongratz, Josef Gans und Florian Drößler den „Arbeiterwillen", dessen erste Ausgabe am 9. Juli 1890 erschien. Der „Arbeiterwille" wurde vorerst zweimal im Monat veröffentlicht. Abänderungen im Preßgesetz brachten ab 9. Juli 1894 Erleichterungen in der Finanzgebarung sowie in der Kolportage und ermöglichten dadurch ein wöchentliches Erscheinen ab 1. Oktober. Als Tageszeitung erschien der „Arbeiterwille" schließlich ab 16. Oktober 1900[1].

Ein sichtbares Zeichen der um 1890 verstärkt und organisiert einsetzenden öffentlichen Aktivitäten der Arbeiterschaft bildeten vor allem auch die Demonstrationen am 1. Mai. Sie fanden zum ersten Mal im Jahr 1890 statt und sollten den Forderungen nach dem allgemeinen, gleichen Wahlrecht und nach einer besseren Arbeiterschutz-Gesetzgebung Rückhalt verleihen. Diesen Maidemonstrationen lag ein Beschluß des Gründungskongresses der II. Internationale vom 14. Juli 1889 in Paris zugrunde. Dort erfolgte nämlich die Annahme einer Resolution, wonach das Ringen der Arbeiterschaft um die Durchsetzung ihrer sozialen Forderungen durch gleichzeitig in allen Ländern stattfindende Großkundgebungen unterstützt werden sollte. Als Datum wurde der 1. Mai festgelegt. Dies geschah in erster Linie deshalb, weil die „American Federation of Labor" bereits im Dezember 1888 in St. Louis eine große Demonstration für den 1. Mai 1890 beschlossen hatte. Hiefür waren wiederum die großen Massenstreiks amerikanischer Arbeiter am 1. Mai 1886 für den achtstündigen Arbeitstag entscheidend gewesen[2].

Dieser zentrale Stellenwert, den die Forderung nach dem achtstündigen Arbeitstag einnahm, verweist darauf, daß nicht nur der politische, sondern auch der gewerkschaftliche Bereich der Arbeiterbewegung um 1890 von einer neuen Dynamik erfaßt wurde. Erste Fach- bzw. Gewerkschaftsvereine der Arbeiter hatten sich bereits kurz nach dem Vereins- und Versammlungsgesetz vom 15. November 1867 und dem Koalitionsgesetz vom 7. April 1870 gebildet. Bis zu diesem Koalitionsgesetz stand eine gemeinsame gewerkschaftliche Betätigung der Arbeiter zur Verbesserung ihrer Arbeitsbedingungen unter strafrechtlichen Sanktionen. Insgesamt erreichten diese frühen Fach- und Gewerkschaftsvereine allerdings nur eine beschränkte Durchschlagskraft und waren auch durch innere Gegensätze und Zersplitterungen gekennzeichnet. Der Einigungsparteitag von 1888/89 in Hainfeld sowie die erste Maidemonstration vom 1. Mai 1890 kündigten jedoch eine neue Entschlossenheit in der Arbeiterschaft an, die letztlich auch im gewerkschaftlichen Bereich zum Ausdruck kam. Zur gewerkschaftlichen Organisierung war in Hainfeld eine Resolution beschlossen worden, die eine Empfehlung zur Gründung von Gewerkschaftsvereinen zum Inhalt hatte. Daran anknüpfend fanden im Laufe des Jahres 1890 auch zehn überregionale Fachtage verschiedener Berufsgruppen statt. Vom 7. bis 9. Dezember versammelten sich die Vertreter der Berg- und Hüttenarbeiter in Wien, jene der Glasarbeiter wiederum trafen sich gemeinsam mit den Abgeordneten verwandter Berufszweige zu einem ersten Kongreß vom 26. bis 28. Dezember in Brünn[3]. In Wien beschlossen hiebei 87 Delegierte aus allen Revieren Österreichs die Schaffung von Fachverbänden sowie deren Zusammenfassung zu einem Zentralverband. Gleichzeitig wurde eine Einigung über die Herausgabe der Fachblätter „Glück auf" und „Nazdar" erzielt. Beide Zeitungen erschienen erstmals im Jänner 1891[4].

Diese überregionalen Fachtage bildeten den Ausgangspunkt dafür, daß in weiterer Folge zentrale Verbände gegründet wurden, die mit ihren jeweiligen Ortsgruppen an die Stelle der vielen lokalen Gewerkschaftsvereine treten sollten. Dieser Zentralisierungsprozeß vollzog sich hiebei nicht nur innerhalb der einzelnen Berufszweige, sondern durchaus auch branchenübergreifend, wobei die relativ günstige wirtschaftliche Entwicklung zu Beginn der neunziger Jahre diesem Vorgang zugute kam. Im Oktober 1892 trat in Wien eine „Provisorische Kommission der Gewerkschaften Österreichs" zusammen, die für 1893 den ersten österreichischen Gewerkschaftskongreß vorbereiten sollte. Dieser Kongreß fand schließlich vom 24. bis 27. Dezember 1893 in Wien statt und wurde von 270 Delegierten besucht. Sein Hauptthema bildete die Frage der künftigen Organisation der österreichischen Gewerkschaften. In diesem Zusammenhang trat jedoch insofern eine besondere Schwierigkeit zutage, als die geplante Zentralisierung und Vereinheitlichung der Gewerkschaften mit einer weitgehenden Beseitigung der Selbständigkeit und Eigen-

heit der zahlreichen lokalen Fach- und Gewerkschaftsvereine verbunden war. Diese Perspektive löste auch durchaus Widerstände bei Vertretern örtlicher Vereine aus. Dennoch beschloß der Kongreß die Zusammenfassung einzelner Branchen zu Industriegruppen sowie die Errichtung einer zentralen Gewerkschaftskommission, die von Vertretern der Industriegruppen beschickt werden sollte. Die Bergarbeiter bildeten hiebei die Gruppe III, die Glasarbeiter zusammen mit den Arbeitern der Porzellan- und Tonwarenindustrie die Gruppe VII. Insgesamt bestanden 17 Industriegruppen. Mit diesen Beschlüssen im Dezember 1893 wurden die Weichen für die weitere Entwicklung der Gewerkschaften gestellt.

Diese um 1890 einsetzende neue Phase in der Arbeiterbewegung zeigte sich auch im weststeirischen Kohlen- und Industrierevier. Auf gewerkschaftlicher Ebene gingen von hier sogar Impulse aus. Im August 1891 gründeten hier durchaus im Sinne der Beschlüsse des Fachtages vom Dezember 1890 Karl Kreuzer, ein Bergarbeiter in Rosenthal, und Georg Paul, ein Bergarbeiter in Lankowitz, einen Bergarbeiterverein für das Voitsberg-Köflach-Wieser-Revier, dessen Sitz in Köflach sein sollte. Im Laufe des Jahres 1894 dehnte der Verein sein Tätigkeitsgebiet auf die gesamte Steiermark aus. Die Funktion des Obmannes hatte in diesem Jahr Karl Kreuzer, jene des Schriftführers Johann Zwanzger inne. Schon im Oktober 1895 erfolgte eine neuerliche Erweiterung, so daß der Verein dem Anspruch nach sich nunmehr auf alle österreichischen Alpenländer erstreckte und die Bezeichnung „Allgemeiner Bergarbeiter-Verein der österreichischen Alpenländer" trug. 1899 wurde der Vereinssitz allerdings von Köflach nach Leoben verlegt[5]. Gleichzeitig mit dieser Ausweitung des räumlichen Wirkungskreises entstanden mehrere, wenn auch häufig nur kurzlebige Ortsgruppen. Es waren dies im Bereich der heutigen Steiermark Fohnsdorf (1895), Leoben (1895), Voitsberg (1895), Veitsch (1896), Eisenerz (1897), Wies (1898), Deutschfeistritz (1898), Tollinggraben (1898), Vordernberg (1898) und Trofaiach (1898). Mit der Übersiedelung des Vereinssitzes nach Leoben löste sich die Leobener Ortsgruppe auf, hingegen wurde in Köflach eine solche neu gegründet. Zwei weitere lokale Organisationen bestanden noch in der Untersteiermark, und zwar in Trifail/Trbovlje (1896) und Wöllan/Velenje (1896)[6]. Nach einem Beschluß der Generalversammlung vom 29. Juni 1903 gab der Bergarbeiterverein mit Jahresende seine selbständige Existenz allerdings auf und überantwortete sein Vermögen statutengemäß der großen „Union der Bergarbeiter Österreichs", womit dieser am 23./24. Mai 1903 in Turn bei Teplitz gegründete Verband auch in der Steiermark zur zentralen Gewerkschaftsorganisation der Bergarbeiter wurde[7]. Die Gründung dieser Union war auf einer gemeinsamen Versammlung der regionalen Bergarbeiterverbände am 5. Mai 1902 in Brüx (Nordböhmen) beschlossen worden[8]. Mit dieser Entscheidung fand die Vielfalt an verschiedenen Gewerkschaftsorganisationen der Bergarbeiter, wie sie durch den „Allgemeinen Bergarbeiter-Verein der österreichischen Alpenländer", den 1893 geschaffenen „Zentralverband der Bergarbeiter Österreichs" und andere ähnliche Vereinigungen zum Ausdruck kam, ihr Ende.

Diese Vereinheitlichung im Bereich der sozialdemokratisch orientierten Gewerkschaftsverbände erfolgte in einer Phase der wirtschaftlichen Depression, die neben der Eisen- und Metallindustrie und dem Bauwesen vor allem auch den Bergbau besonders traf. Seinen Niederschlag fand dies unter anderem in der Entwicklung der Mitgliedschaften. Nach Angaben des Landessekretariats der Gewerkschaftskommission für Steiermark, dessen Errichtung 1897 auf der zweiten Landeskonferenz beschlossen worden war und das mit 1. Jänner 1898 seine Tätigkeit aufgenommen hatte, verfügten der allgemeine Bergarbeiterverein und ab 1904 die Union der Bergarbeiter in der Steiermark über folgende Mitgliedsstärken[9]:

Jahr	Mitglieder
1897	2572
1898	2955
1899	2187
1900	2047
1901	1500
1903	658
1904	2262
1905	1282
1906	1923

Jahr	Mitglieder
1907	2719
1908	2373

Auch wenn diese Angaben, wie das Landessekretariat selbst zugibt, sicherlich mit Vorbehalten zu betrachten sind und daher nur als Annäherungswerte dienen können, bringen sie dennoch den allgemeinen Trend in der Entwicklung der Mitgliedschaften zum Ausdruck. Der Einbruch in den Jahren der Depression um die Jahrhundertwende und unmittelbar danach tritt hiebei ebenso deutlich zutage wie der neuerliche, allerdings beträchtlichen Schwankungen unterworfene Aufschwung ab 1904, was durchaus auch dem allgemeinen Verlauf der Gewerkschaftsentwicklung in dieser Phase entsprach[10]. Ein Vergleich der in den einzelnen Berufsgruppen Beschäftigten mit den jeweils Organisierten verdeutlicht die ab 1904 einsetzende Dynamisierung in der Gewerkschaftsbewegung ebenfalls, wenngleich die Ungenauigkeit und Lückenhaftigkeit der Zahlenangaben auch hier präzise Aussagen erschweren. Die zentrale Gewerkschaftskom-

Der 1893 erbaute Heinrich-Stollen stellte die Verbindung zwischen Heinrichschacht und Sortierung her. Auf dem 1910 aufgenommenen Foto erkennt man vor dem Mundloch von links nach rechts: Bergdirektor Lidl, Dipl.-Ing. Zahlbruckner, Frau Münzer, den Häuer Münzer, der für lange Dienstzeit geehrt wurde, Frau Leschak, Werksarzt Dr. Leschak und Frau Lidl. Dahinter Werksangehörige.

mission in Wien ermittelte für das Jahr 1904 bei den Bergarbeitern im österreichisch-böhmischen Durchschnitt eine Organisationsdichte von 8,9%[11]. 1905 belief sich dieser Wert auf 13,1%, 1906 auf 20,6% und 1907 auf 22,6%[12]. Die Bergarbeiter lagen damit *hinter* den Lithographen (96%), Buchdruckern (93,5%), Buchbindern (60%), Porzellanarbeitern (54,7%), Eisenbahnern (49,7%), Papier- und Chemiearbeitern (35,7%), Malern, Anstreichern und Lackierern (33,7%), Brauern und Faßbindern (33%), Lederarbeitern (32,5%), Bauarbeitern (31,8%), Eisen- und Metallarbeitern (27,6%), *Glasarbeitern (24,3%)* und Holzarbeitern (23,8%) sowie *vor* den Hutmachern (21,4%), Tonwarenarbeitern (21,1%), Drechslern (19,9%), Bäckern (18,6%), Ziegelarbeitern (17,8%), Sattlern, Taschnern und Riemern (17%), Steinarbeitern (16,8%), Tabakarbeitern (16%), Zimmerern (16%), Selchern (15,7%), Textilarbeitern (14,3%), Zuckerbäckern (13,5%), Mühlenarbeitern (11,5%), Schuhmachern (8,4%), Handels- und Transportarbeitern (7,1%), Schneidern (6,4%) und Friseuren (4,8%)[13]. Zu den führenden Berufsgruppen in der Gewerkschaftsbewegung zählten die Bergarbeiter somit durchaus nicht. Dies kam auch im Vermögensstand zum Ausdruck. Hier lagen sie zwar den absoluten Zahlen nach im Spitzenfeld, auf den Pro-Kopf-Anteil umgerechnet traf dies jedoch keinesfalls zu[14].

Die Glasarbeiter verzeichneten laut Gewerkschaftskommission im Jahr 1907 mit 24,3% eine knapp höhere Organisationsdichte als die Bergarbeiter. 1904 hatte der Grad der Organisierung 9%, 1905 11,1% und 1906 17,4% betragen[15]. Damit wiesen die Glasarbeiter Werte auf, die jenen der Bergarbeiter sehr nahe kamen. Auch die Entwicklung ihrer Organisationen verlief in ähnlichen Bahnen, wobei wiederum jenen Verbänden, die im böhmischen Raum gegründet wurden, eine besondere Bedeutung zukam. Die ersten im Dezember 1894 in der Steiermark in Voitsberg und Graz gegründeten und gewerkschaftlich ausgerichteten Vereine gehörten allerdings als Ortsgruppen der „Gewerkschaft aller Glas-, keramischen und verwandten Arbeiter der österreichischen Alpenländer" an, die ihren Sitz in Wien hatte. 1895 erfolgte die Errichtung einer Ortsgruppe in Wies, 1896 kam eine solche in Oberdorf zustande[16]. Dieser Gewerkschaftsverband

entwickelte allerdings keine besonderen Aktivitäten und löste sich auch bald auf. Eine etwas größere Bedeutung erlangte hingegen die 1894 in Aich (Böhmen) entstandene „Union aller Glas-, keramischen und verwandten Arbeiter Österreich-Ungarns". Ihre erste Ortsgruppe bildete sich 1897 in Hrastnigg in der Untersteiermark. Im selben Jahr erfolgte noch die Gründung weiterer Ortsgruppen in Graz, Voitsberg und Wies, wobei letztere unmittelbar aus der Ortsgruppe der „Gewerkschaft aller Glas-, keramischen und verwandten Arbeiter der österreichischen Alpenländer" hervorging. 1898 kamen Köflach und Vordersdorf hinzu[17]. Kurz nach 1900 löste sich diese Union jedoch auf, und an ihre Stelle traten drei neue Gewerkschaftsverbände. Es waren dies die „Union der Terrakotta- und Steingutarbeiter", der „Zentralverband der Glasarbeiter" in Tannwald sowie der „Reichsverband der Glasarbeiter" in Teplitz. Alle drei Organisationen gaben jeweils eigene Zeitungen heraus, wobei jene der beiden Glasarbeiterverbände die Bezeichnungen „Der Glasarbeiter" und „Der Glashüttenarbeiter" trugen. In der Steiermark verfügten beide Dachorganisationen über Ortsgruppen, doch kam hiebei dem Tannwalder Zentralverband ein deutliches Übergewicht zu. Er wurde auch in der Übersicht der Landesgewerkschaftskommission über die Entwicklung der Mitgliederzahlen neben der bis 1902 bestehenden Union als die Organisation der Glasarbeiter geführt. Im einzelnen verzeichnete der Mitgliederstand in den Jahren von 1897 bis 1908 folgende Werte[18]:

Jahr	Mitglieder
1897	273
1898	305
1899	318
1900	217
1901	181
1903	158
1904	171
1905	338
1906	433
1907	641
1908	722

Wie bereits bei den Bergarbeitern zeigt sich auch hier der Entwicklungsschub, der die Gewerkschafts-

Der erste Mai.

Plakat zur Feier des 1. Mai 1895 in Voitsberg

bewegung nach den Jahren der Depression um die Jahrhundertwende ab 1904/05 erfaßte. Im Gegensatz zu den Bergarbeitern verfügten die Glasarbeiter in dieser Phase allerdings noch nicht über einen einheitlichen Dachverband. Hingegen war den beiden Berufsgruppen gemeinsam, daß sich die jeweiligen Zentren ihrer Gewerkschaftsbewegung im nordböhmischen Industriegebiet befanden.

Die zunehmende Organisierung der Arbeiterschaft darf jedoch nicht darüber hinwegtäuschen, daß mit

Ausnahme einiger Berufssparten die Gewerkschaftsbewegung sich insgesamt erst im Anfangs- und Entwicklungsstadium befand. Dies bedeutete aber, daß in dieser Phase die Arbeitskämpfe von seiten der Arbeiterschaft noch ohne ausreichenden Rückhalt einer Gewerkschaft geführt wurden. Solche Arbeitskämpfe fanden aber seit 1889/90 gerade in den Kohlenrevieren wiederholt statt. So setzte im Mai 1889 eine Streikwelle ein, die ihren Ausgangspunkt im Ruhrgebiet hatte, in weiterer Folge jedoch auch auf die böhmischen Reviere übergriff. Die Kohlenbergbaue in den Alpenländern wurden davon vorerst nicht erfaßt, doch begannen Anfang Juli auch hier größere Streikaktionen im Voitsberg-Köflacher sowie im Seegrabener Revier. In der Weststeiermark waren es Arbeiter der Grube Zangtal, die am 6. Juli 1889 als erste in den Streik traten. Von dort dehnte sich dann der Ausstand auf das gesamte Revier aus. Die damit verbundene gespannte Atmosphäre führte dazu, daß von seiten der Behörden Militär angefordert wurde, das Ausschreitungen verhindern sollte. Die Hauptforderungen der Arbeiter bildeten Lohnerhöhungen sowie die Fixierung eines Mindestlohnes, was auch erreicht wurde und damit das Ende des Streiks bewirkte[19].

Die Seegrabener Arbeiter in den Alpine- und Drasche-Revieren konzentrierten sich neben Lohnforderungen vor allem auf die achtstündige Arbeitsschicht. Auch hier wurden gegen die Streikenden Gendarmerie und Militär aufgeboten. Der Streik selbst dauerte vom 9./10. bis 22. Juli und führte zur Einführung der achtstündigen Arbeitszeit mit Drittelwechsel vor Ort ab 1. September[20]. Um ein Übergreifen des Streiks auf ihr großes Bergwerk in Fohnsdorf zu verhindern, gewährte die Führung der Alpine den Arbeitern hier bereits am 11. Juli von sich aus Zugeständnisse im Bereich der Löhne. Die achtstündige Arbeitszeit, in die das Ein- und Ausfahren allerdings nicht eingerechnet war, wurde ab 1. Jänner 1890 schrittweise in den einzelnen Schächten des Fohnsdorfer Bergwerkes eingeführt[21].

Für diese Streiks waren in erster Linie lokale Faktoren ausschlaggebend gewesen, doch übte die allgemeine Entwicklung der Arbeiterbewegung in Österreich durchaus auch einen gewissen Einfluß aus[22]. Hinzu kam noch, daß im Laufe des Jahres 1889 die Bergarbeiter auf internationaler Ebene sich zu organisieren begannen. Hiefür gingen die Impulse in erster Linie von Deutschland, Belgien, Frankreich und England aus, sie griffen jedoch bald auch auf das Gebiet der Habsburgermonarchie über. Dies galt zuerst vor allem für die böhmischen Reviere, jene in den Alpenländern folgten mit einer kleinen zeitlichen Verzögerung nach. Hier verschärfte sich die Situation im Laufe des Jahres 1890, wobei im Bereich des Kohlenbergbaues die Fohnsdorfer Arbeiter besonders hervortraten. Sie überreichten am 26. April ihrer Direktion einen Forderungskatalog, der die achtstündige Arbeitszeit inklusive Ein- und Ausfahrt, Lohnerhöhungen sowie die Freigabe des 1. Mai beinhaltete. Auf Grund der Zugeständnisse vom 11. Juli 1889 lehnte die Alpineführung die Erfüllung der beiden ersten Forderungen jedoch ab. Der 1. Mai wurde hingegen insofern freigegeben, als jeder einzelne Arbeiter bekanntgeben sollte, ob er an diesem Tag arbeiten wolle oder nicht. Zu einer effektiven Arbeitseinstellung kam es in dieser Phase nicht[23]. Dies änderte sich jedoch gegen Ende des Jahres grundlegend. Am 17. Dezember begannen die Fohnsdorfer Arbeiter mit einem Streik, nachdem ein von ihnen am Vortag vorgelegter umfangreicher Forderungskatalog eine klare Ablehnung erfahren hatte. Den Anlaß für dieses Vorgehen bildeten die Arbeiterentlassungen, die im Herbst auf Grund der schrittweisen Stillegung alter Schächte vorgenommen worden waren. Die Wiederaufnahme der entlassenen Arbeiter stellte demnach auch eine der Hauptforderungen vom 16. Dezember dar. Hinzu kamen die achtstündige Schicht inklusive Ein- und Ausfahrt sowie eine Reihe weiterer konkreter Einzelforderungen. Am Streik selbst nahmen am 17. Dezember 712 der 2530 Arbeiter teil. In den folgenden Tagen schwankte diese Zahl der streikenden Arbeiter pro Schicht zwischen etwa 30 und 45% der Belegschaft. Die Unternehmensführung reagierte auf die Arbeitsniederlegungen mit Entlassungen. Rund 250 Arbeiter waren davon bis zum 26. Dezember, dem Tag, an dem der Normalbetrieb wieder aufgenommen wurde, betroffen. Einen unmittelbaren Erfolg brachte dieser Streik den Arbeitern ebenfalls nicht. Zusammen mit den Aktionen des Jahres 1889 bewirkte er hingegen zumindest indirekt, daß die im Laufe des Jahres 1890 aufgenommenen Reformversuche im Bereich der Sozialgesetzgebung fortgeführt wurden[24].

Die Bewegung unter den steirischen Bergarbeitern kam ab 1889/90 nicht mehr zur Ruhe. Vom 25. bis 26. Dezember 1891 fand in Graz im Gasthof „Zum Löwen" in der Idlhofgasse eine erste Landeskonferenz der Bergarbeiter statt, deren organisatorische Vorbereitung über die Redaktion des „Arbeiterwillen" lief. Als formelle Einberufer fungierten die Lankowitzer

Bergarbeiter Paul und Krenn. Georg Paul eröffnete auch am 25. die Versammlung, an der zu Beginn 50 Delegierte aus allen steirischen Revieren teilnahmen. Den Vorsitz führte Karl Kreuzer aus Rosenthal. Sein Stellvertreter war der Zangtaler Bergarbeiter Kohlhofer[25]. Die Tagung selbst brachte eine umfassende Bestandsaufnahme der Lage der steirischen Bergarbeiter, wobei neben den sozialen Verhältnissen die Organisationsfrage und die damit verbundenen Probleme im Mittelpunkt standen. So klagten u. a. Karl Kreuzer und Johann Zwanzger darüber, daß sie auf Grund ihrer Betätigung für die Arbeiterbewegung und im Rahmen der vor kurzem erfolgten Gründung des Bergarbeitervereins in Köflach entlassen worden seien.[26] Weitere Tagesordnungspunkte bildeten die Bruderladen, die Fachpresse, der achtstündige Arbeitstag sowie der 1. Mai. Zu allen diesen Themen wurden Resolutionen verabschiedet oder zumindest Beschlüsse gefaßt. Hiebei stach im Rahmen der ersten Resolution besonders hervor, daß die Bergarbeiter auf die Erstellung genauer Statistiken drängten, um die Öffentlichkeit über die Lohn- und Arbeitsbedingungen im Bergbau genau informieren zu können. Darüber hinaus wurde die Absicht zum Ausdruck gebracht, eine Vereinheitlichung der Lohn- und Arbeitsverhältnisse in den einzelnen Revieren anstreben zu wollen. Die Überwachung der Einhaltung der Reformen sollte hiebei fachlich geschulten und von den Arbeitern gewählten Berginspektoren obliegen[27]. Eine zweite Resolution forderte Veränderungen bei den Bruderladen sowie deren Angleichung an die Bestimmungen der Unfall- und Altersversicherung. Schließlich ging eine dritte Resolution darauf ein, daß Arbeiter, die sich für die Arbeiterbewegung eingesetzt hatten und aus diesem Grund entlassen worden waren, wieder in die Betriebe aufgenommen werden sollten. Zusätzlich beinhaltete diese Resolution unter anderem noch Forderungen nach der achtstündigen Arbeitsschicht inklusive Ein- und Ausfahrt, nach der Fixierung von Mindestlöhnen sowie nach einem besseren Kündigungsschutz bei Werkswohnungen[28]. Zur Fachpresse wurde auf der Tagung gesagt, daß die beiden Zeitungen „Glück auf" und „Nazdar" getrennt geführt werden sollten, wobei die Redaktion des Blattes „Glück auf" nach Wien oder Graz verlegt werden

Kundmachung der Graz-Köflacher Eisenbahn- und Bergbaugesellschaft im Hinblick auf den Streik 1892

könnte. Vor allem aber regte ein Vertreter aus den untersteirischen Kohlenrevieren die Gründung einer slowenischen Bergarbeiterzeitung an, verwies jedoch gleichzeitig auf die bei einem solchen Unternehmen zu erwartenden finanziellen und behördlichen Schwierigkeiten. Einige Redner aus der Untersteiermark sprachen auf der Konferenz slowenisch. Ihre Ausführungen wurden ins Deutsche übersetzt, wie umgekehrt die deutsch gehaltenen Reden auch auf slowenisch wiedergegeben wurden[29]. Als Übersetzer fungierte hiebei der untersteirische Bergarbeiter Grablowitz, der in der Anfangsphase der Bergarbeiterbewegung in der Steiermark zu deren führenden Persönlichkeiten zählte und auch im Bergarbeiterverein, nachdem dieser seinen Wirkungsbereich auf die gesamte Steiermark und dann auf das Gebiet der

Bergleute!

Ihr habt Euch hinreißen laffen, die Arbeit eigenmächtig einzuftellen, ein ungefetzlicher Schritt, der höchft bedauerliche Folgen haben kann.

Wir richten daher an Euch die dringende Ermahnung, die unterbrochene Arbeit ungefäumt wieder aufzunehmen und Euere Befchwerden im gefetzlichen Wege zur Kenntniß der Behörden behufs allfälliger Abhilfe, foweit es in dem Wirkungskreife derfelben liegt, zu bringen, bevor Euere Betriebsunternehmungen im Sinne des § 20 der Dienftordnung für das hiefige Revier wegen ungefetzlicher Arbeitsverweigerung mit Entlaffung gegen Euch vorgehen.

Bergleute! Bedenket daher das Elend, welches Ihr durch Euer Verharren bei der Arbeitseinftellung über Euch und Euere Familien heraufbefchwören würdet.

Folgt unferer Ermahnung, welche wir nur im Interesse Eueres und Euerer Angehörigen Wohl an Euch richten.

Die Anfahrenden werden gefchützt werden und wird gegen Jene, welche verfuchen follten, die Anfahrt gewaltfam oder durch Drohungen zu verhindern, mit vollfter Strenge des Gefetzes vorgegangen werden.

 Voitsberg, am 4. Jänner 1892.

Der k. k. Bergrath u. Vorftand des Revierbergamtes:
von Webern.

Der Amtsleiter der k. k. Bezirkshauptmannfchaft:
Dr. Herzog.

Druck von Rudolf Wagner, Graz.

Aufruf an die streikenden Bergleute, 1892

Alpenländer ausgedehnt hatte, eine führende Rolle spielte. Diese räumliche Ausweitung des Bergarbeitervereins, der ursprünglich für das Voitsberg-Köflach-Wieser-Revier konzipiert war und seinen Sitz in Köflach hatte, resultierte aus einem Beschluß der Bergarbeiterkonferenz in Graz. Hier hatten die Delegierten am zweiten Tag ausführlich über die Wichtigkeit eines umfassenden und einheitlichen Verbandes gesprochen und betont, daß der in der Weststeiermark bereits bestehende Verein als Ausgangspunkt für eine größere Organisation genommen werden sollte[30]. Den Abschluß der Tagung bildete eine Diskussion über die Frage, ob die erhobenen Forderungen mit der Ankündigung eines Streiks bei Nichterfüllung verbunden werden sollten. Während zu Beginn eine Mehrheit für diese Vorgangsweise eintrat, so wurde in weiterer Folge doch beschlossen, die Entscheidung darüber jenen für den Beginn des Jahres 1892 geplanten Versammlungen zu überlassen, die im Anschluß an die Antworten der Unternehmungen die weiteren Schritte der Bergarbeiter zu beraten hätten[31].

Streikgerüchte kursierten im Voitsberg-Köflacher-Revier schon im Dezember 1891, nachdem zu Beginn des Monats einige Bergarbeiter, die sich für die Gründung des Bergarbeitervereins eingesetzt und auch sonst in der Arbeiterbewegung betätigt hatten, entlassen worden waren. Ende des Monats lehnten die Direktionen der Graz-Köflacher-Eisenbahn- und Bergbaugesellschaft sowie der Alpine-Montan die Erfüllung der auf dem Grazer Bergarbeitertag beschlossenen Forderungen ab. Dies führte dazu, daß am 2. Jänner 1892 im Voitsberg-Köflacher-Kohlenrevier ein ausgedehnter Bergarbeiterstreik begann[32]. Ähnlich verlief die Entwicklung im Wieser-Revier sowie in den untersteirischen Bergbaugebieten um Trifail/Trbovlje. In Seegraben und Fohnsdorf blieb es hingegen ruhig. Hier entsprachen die Löhne bereits dem auf dem Bergarbeitertag beschlossenen Mindestniveau. Ebenso bestand die achtstündige Arbeitsschicht, wenn auch unter Ausschluß der Ein- und Ausfahrt. In Voitsberg zerschlugen sich am 6. Jänner die Verhandlungen über eine Wiederaufnahme der Arbeit, nachdem die Unternehmensführungen keine Zugeständnisse in der Lohnfrage machen wollten. Gerade diese Lohnforderungen bildeten jedoch das zentrale Anliegen der streikenden Arbeiter, da die achtstündige Arbeitsschicht exklusive der Ein- und Ausfahrt ohnedies zu Beginn des Jahres 1892 auch im Voitsberg-Köflacher-Revier zur Anwendung kommen sollte. Das negative Verhandlungsergebnis vom 6. Jänner führte zu einer deutlichen Verschärfung der Situation. Die Unternehmensführungen, die den streikenden Arbeitern für die Wiederaufnahme der Arbeit eine Frist gesetzt hatten, begannen mit Entlassungen und ersetzten diesen Abgang an Arbeitskräften durch Holzknechte und Bauernburschen aus der ländlichen Umgebung. Innerhalb der Arbeiterschaft wiederum vergrößerte sich der Gegensatz zwischen den Arbeitern, die weiterstreiken wollten, und jenen, die sich entweder dem Streik ohnedies nicht angeschlossen hatten oder bereits wieder zur Arbeit zurückkehren wollten. In Übereinstimmung mit den Unternehmensführungen wurden von den lokalen Behörden Verstärkungen für die Gendarmerie sowie Militär angefordert. Insgesamt wurde hiebei an Militär je ein Bataillon aus Graz nach Köflach und Voitsberg verlegt. Diese vermehrten Sicherheitskräfte sollten Ausschreitungen verhindern sowie vor allem Zusammenstöße zwischen streikenden und arbeitswilligen Arbeitern unterbinden. Während im Wieser-Revier der Streik praktisch schon am 11./12. Jänner sein Ende fand, ging er in der Untersteiermark sowie im Voitsberg-Köflacher-Revier unvermindert weiter. Ab Mitte Jänner flaute der Ausstand allerdings auch hier ohne Aussicht auf Erfolg zusehends ab. Die harten Gegenmaßnahmen führten dazu, daß die streikenden Arbeiter sogar ihre Forderungen zurückzogen und nur noch daran festhielten, daß die Entlassenen wieder in Arbeit genommen werden sollten. Diese Forderung bezog sich hiebei nicht auf die Mitglieder des Streikkomitees. Diese wurden vielmehr behördlich abgestraft und aus dem Revier abgeschafft. Damit war am 18. Jänner der am 2. begonnene Streik auch im Voitsberg-Köflacher-Revier weitgehend zu Ende. Die beiden Bataillone aus Graz kehrten am 20./21. in ihre Kasernen zurück[33].

Dieser Streik zu Beginn des Jahres 1892 stellte den ersten *überregionalen* Bergarbeiterstreik in der Steiermark dar. Er verdeutlichte die Rahmenbedingungen, unter denen Arbeitskämpfe in der Phase der beginnenden Arbeiter- und Gewerkschaftsbewegung stattfanden. Jene Härte, wie sie in Böhmen zutage trat, wo bei Zusammenstößen mit der Gendarmerie und dem Militär auch Todesopfer unter den streikenden Bergarbeitern zu beklagen waren, wurde in den steirischen Revieren allerdings nicht erreicht. Hier ebbte die Bewegung unter den Bergarbeitern mit der 1892/93 einsetzenden wirtschaftlichen Depression vorerst etwas ab. Ab der Mitte der neunziger Jahre gewann sie jedoch, unterstützt durch eine neue Hochkonjunktur, wieder an Intensität. 1897 verlangten Köflacher Bergarbeiter allerdings vergeblich nach der Acht-Stun-

Programm der Maifeier 1900 in Köflach

den-Schicht sowie nach Lohnerhöhungen. Im Dezember 1899 begannen jedoch in den böhmischen Revieren Ausstände, die Anfang Jänner 1900 auf Köflach und Trifail/Trbovlje und gegen Ende des Monats auch auf Fohnsdorf übergriffen. Vom 2. bis 7. Jänner beteiligten sich im weststeirischen Kohlenrevier immerhin 2175 Arbeiter aller 8 Bergbaubetriebe an diesem Streik. Während in bezug auf Lohnerhöhungen, freies Geleuchte, freien Brennstoffbezug, Entlohnung der Sonntagsschichten sowie hinsichtlich der Werkswohnungen die Arbeiter Teilerfolge erzielten, wurden die Forderungen nach kürzerer Arbeitszeit, höheren Mindestlöhnen und der generellen Freigabe des 1. Mai abgelehnt. Als unmittelbare Folge dieses

Streiks begann jedoch im Mai 1900 im Abgeordnetenhaus die Beratung eines Gesetzesentwurfes, der für alle unter Tag beschäftigten Kohlenbergarbeiter die *neunstündige* Arbeitsschicht *inklusive* Ein- und Ausfahrt vorsah. Der formelle Gesetzesbeschluß erfolgte mit 27. Juni 1901. Damit erlangte jener Zustand seine gesetzliche Absicherung, der in den steirischen Kohlengruben mit der Acht-Stunden-Schicht *exklusive* Ein- und Ausfahrt bereits seit dem Beginn der neunziger Jahre de facto bestand. Die von den Arbeitern immer wieder geforderte reine achtstündige Arbeitsschicht wurde erst in der Republik durch ein Gesetz vom 28. Juli 1919 geregelt. Die Vorarbeiten hiezu begannen jedoch bereits mit einer Enquete im Oktober 1908. Mitentscheidend hiefür war, daß die Bergarbeiter seit 1889/90 konsequent diese Forderung erhoben und vertreten hatten[34].

Anmerkungen:

[1] Friedrich *Kleinschuster*, Zur Geschichte der steirischen Arbeiterpresse. Der „Arbeiterwille" von den Anfängen bis zum Ersten Weltkrieg. In: Robert *Hinteregger* u. a. (Hg.), Auf dem Weg in die Freiheit, Graz 1984, S. 131–143.

[2] Udo *Achten* (Hg.), Zum Lichte empor. Mai-Festzeitungen der Sozialdemokratie 1891–1914, Berlin–Bonn 1980, S. 9.

[3] Fritz *Klenner*, Die österreichischen Gewerkschaften. Vergangenheits- und Gegenwartsprobleme, Bd. 1, Wien 1951, S. 164 f.

[4] Friedrich G. *Kürbisch*, Chronik der sudetendeutschen Sozialdemokratie 1863–1938, Stuttgart (Seliger-Archiv), 1982, S. 21.

[5] StLA, Statth. Ver. 53–19561/1891.

[6] Wie Anm. 5. Darüber hinaus bestanden einige wenige Ortsgruppen in Nieder- und Oberösterreich.

[7] Wie Anm. 5.

[8] Wie Anm. 4, S. 34.

[9] Rechenschaftsbericht der Landesgewerkschaftskommission Steiermarks für das Jahr 1901, Graz. Dazu die Berichte für die Jahre 1904 bis 1908.

[10] Die Ungenauigkeit der Angaben ergab sich u. a. dadurch, daß einzelne Ortsgruppen die Erhebungsbögen des Landessekretariats überhaupt nicht oder nur mangelhaft ausfüllten. Dies galt z. B. für die Ortsgruppe in Trifail/ Trbovlje, die zu den stärksten lokalen Organisationen zählte.

[11] Wie Anm. 3, S. 285.

[12] Wie Anm. 11 sowie der österreichische Metallarbeiter-Kalender für das Jahr 1910, Jg. 7, Wien, S. 155 f.

[13] Österreichischer Metallarbeiter-Kalender für das Jahr 1910, Jg. 7, Wien, S. 115 f.

[14] Wie Anm. 13.

[15] Wie Anm. 3, S. 285.

[16] Paul W. *Roth*, Die Glaserzeugung in der Steiermark von den Anfängen bis 1913. Modell der Geschichte eines Industriezweiges (= Forschungen zur geschichtlichen Landeskunde der Steiermark, Bd. XXIX), Graz 1976, S. 209.

[17] Wie Anm. 16, S. 210.

[18] Wie Anm. 9.

[19] Ernst R. *Lasnik*, Der Kohlenbergbau im Köflach-Voitsberger-Bergrevier bis 1914, masch. Dipl.-Arb. Graz 1987, S. 302.

[20] Hans *Pienn*, „. . . 30 Jahre früher als durch Gesetz." Der Streik im Leobener Kohlenbergbau um Einführung des Acht-Stunden-Tages, in: Der Leobener Strauß, 4/1976, S. 133–149.

[21] Dazu im Detail Helmut *Lackner*, Kohlenbergbau und Technik. Die technische Entwicklung des österreichischen Kohlenbergbaues, dargestellt am Beispiel des Glanzkohlenbergbaues Fohnsdorf in der Steiermark vom 17. bis zum 20. Jahrhundert, phil. Diss., Graz 1980, Bd. 1, S. 171 f.

[22] Am 10. Juni 1889 hatte Viktor Adler in Leoben gesprochen und sich hiebei für die Forderungen der Bergarbeiter eingesetzt.

[23] Wie Anm. 21, S. 173 f.

[24] Wie Anm. 21, S. 176 f.

[25] StLA, Statth. Präs. 5, Ver.-4224/1891.

[26] Akt. Statth. Präs. 4324/1891. In: wie Anm. 25.

[27] Wie Anm. 26.

[28] Wie Anm. 26.

[29] Wie Anm. 26. Ein Beschluß hielt fest, daß auch das Tagungsprotokoll zweisprachig abgefaßt werden sollte.

[30] Wie Anm. 26.

[31] Wie Anm. 26.

[32] Dazu Alois *Adler*, Die soziale Lage der Berg- und Hüttenarbeiter in der Steiermark ab 1848. In: Der Bergmann – Der Hüttenmann. Gestalter der Steiermark, Graz 1968, S. 298 ff.

[33] Zu diesem Jännerstreik des Jahres 1892 siehe den umfangreichen Faszikel-StLA Statth. Präs. 8–16/1892 allein.

[34] Stenographisches Protokoll und Materialien der Enquete betreffend Einführung der Acht-Stunden-Schicht und die Verlängerung der Sonntagsruhe im Bergbau und die Regelung der Lohnzahlung beim Bergbau (26. 10.–29. 10. 1908), Wien 1909.

Wie es Brauch ist

Günther Jontes

Vom Leben der steirischen Kohlenbergleute

Die alpenländische Bergbaukultur steht heute wie die meisten anderen schichtenspezifischen Sonderkulturen unter einem eigenartigen Zwiespalt, der auf der einen Seite den Verfall gewachsener Strukturen der Montankultur, der Traditionen derselben aufweist, auf der anderen hingegen noch ein stark romantisierendes Bild vergangener Pracht als lebendig auszugeben versucht und in folkloristischer Pflege vor allem das malerische Äußere bestimmter Brauchformen aufrechterhält oder gar wiederbelebt, oft unter glatter Negierung der historischen Tatsachen oder der einstigen räumlichen Verbreitung. Besonders deutlich wird dies etwa beim Bergmannstanz, der in seiner spektakulärsten Form, dem Schwerttanz, selbst von sonst bäuerlich bestimmten Trachtenvereinen vorgeführt wird.

Die wirtschaftliche und montankulturelle Ausstrahlungskraft des steirischen Erzberges als Zentrum des alpinen Eisenwesens war so überragend, daß die Anschauungen der Nichtbergleute über das Montanwesen hauptsächlich von hier aus bestimmt und geprägt wurden. Tatsächlich liegt ja die Wurzel der bergmännischen Tradition im frühen Metallbergbau, dessen spezifische Erfordernisse in Arbeit und Gemeinschaft der Bergleute das kulturelle Bild geprägt haben.

Die Welt des Kohlenknappen ist eine andere. Dies ergibt sich schon allein aus der Tatsache, daß der industrielle Kohlenbergbau im kontinentalen Europa erst ein Ergebnis der technischen Revolution des 19. Jahrhunderts ist, daß damit vor allem die sozialen und wirtschaftsgeschichtlichen Bedingnisse ganz anders gelegen sind, daß hier der Weg vom relativ bevorrechteten Bergmann zum Proletarier beschritten wurde, der den Menschen und seine Kultur geformt und verändert hat.

Die Arbeit des frühen Kohlenknappen erschloß erst das Energiepotential für die Dampfmaschine, schuf die Möglichkeit, der früheren Standortgebundenheit, vor allem der Eisenindustrie, zu entfliehen und ermöglichte mit der Schaffung eines die Welt umspannenden Eisenbahnnetzes die optimale Verteilung der Industriegüter. Die Wirkungsgeschichte der Kohle erweist diesen fossilen Brennstoff als den wahren Revolutionär unter den Bodenschätzen.

Dieser gewaltige Umbruch, diese industrielle Umwälzung ungeheuren Ausmaßes ging so heftig und schnell vor sich, daß damit das Leben der Involvierten kaum Schritt zu halten vermochte.

Der Zeitraum, in dem sich die Kultur der steirischen Kohlenbergleute betrachten läßt, ist das 19. und 20. Jahrhundert. Während der Bergbau auf Eisenerz im Lande aus Gründen der Wirtschaftsstruktur stagniert und in seiner Gesamtheit ebenso wie das daraus resultierende Hüttenwesen von der Auslöschung bedroht erscheint, ist der Kohlenbergbau als Gewinnung eines Energieträgers bedeutsam geblieben, hat sogar, wo es die Lagerstätten erlauben, wieder eine Steigerung und Ausweitung erfahren. Wiewohl in den siebziger Jahren noch aus wirtschaftlichen Erwägungen ein Kohlenbergbau wie der in Fohnsdorf geschlossen wurde, so ist doch heute die Situation wieder eine ganz andere.

Die Kultur des Kohlenbergmannes ist wesentlich unter dem Aspekt der Arbeiterkultur zu sehen. Eine ernsthafte Betrachtung wird dabei sofort auf die Klischeebilder stoßen, die diesen Stand begleiten. Das romantische Bild vom Bergmann, der tief im Schoße der Erde nach den Schätzen gräbt, der, in einer besonderen Art von Naturnähe stehend, scheinbar tiefere Einsichten in metaphysische Bereiche der Arbeit hat, der als letzter in der Arbeiterschaft Tradition, besondere Frömmigkeit, nach außen hin auch Tracht, Sprache, eigene Geselligkeitsformen und Art und Weisen der repräsentativen Selbstdarstellung seiner sozialen und kulturellen Identität besitzt, ist heute nicht mehr in Einklang mit der Alltagsrealität zu bringen. Bergbaukultur ist heute wesentlich Feiertagsdekor und Folklorismus. Da unsere Gesellschaft noch immer im technologischen Umbruch begriffen ist, Restformen der alten kulturellen Traditionen des Bergbaues noch allenthalben existieren, Traditionsträger noch leben, verspürt man auch eine starke Unsicherheit im Umgang mit den Überlieferungen. Bräuche sind leichter zu konservieren (Barbarafeier, Mettenschicht), Sitten können auch außerhalb des ursprünglichen Milieus auf fruchtbaren Boden fallen (Glückauf-Gruß der Leobener Schulkinder, der Politiker, die sich in ihren Reden regional anpassen wollen). Schaugepränge läßt sich auch außerhalb des Traditionskreises, zum Teil auch spektakelhaft vermarkten (Bergparaden, Bergmusikkapellen, Bergmannstanz). Darf man es dem Bergmann heute verübeln, wenn er verunsichert zwischen Anspruch und Wirklichkeit selbst zwischen Gleichgültigkeit und übersteigerter, oft mummenschanzhafter privater oder organisierter Umtriebigkeit hin- und hergerissen wird, die Vergangenheit verklärt, die Gegenwart nicht versteht und auch für die Zukunft nicht einmal mehr Visionen hat?

Die Darstellung des Bergmannslebens und der Bergbaukultur wurde erst relativ spät in systematischer Weise in Angriff genommen. Allzulange war die Volkskunde auf bäuerliche Kultur und Arbeit fixiert und hatte mit der Welt der Arbeiter weniger anzufangen gewußt. Als diese Wissenschaft dann in die Montankultur einstieg, fand sie daran vor allem das „Altertümliche" (Tracht, Glaube) und „Schöne" (Lied, Spruch, Musik, Tanz, Symbolik) interessant. Dazu kam, daß sie sich sehr nahe auch an die Fragenstellungen der Wirtschafts- und Sozialhistoriker, aber auch der Soziologen heranwagen mußte. Für Nahrung, Wohnung, Geselligkeitsformen interessierte man sich wenig bis gar nicht, weil sich hier keine „romantischen" oder ästhetischen Linien zeigten.

In diesem Beitrag können nur einzelne Elemente der Montankultur des Kohlenbergbaues angerissen werden. Damit soll der einstige Bestand wenigstens in Konturen aufgezeigt und erklärt werden, so daß auch die heutigen Restformen dem Betrachter einen Blick in ihre Entwicklung ermöglichen.

Nahrung des Bergmannes und seiner Familie

Die Nahrung des Bergmannes war und ist vor allem auf die schwere körperliche Arbeit unter Tag zurechtgeschnitten. Wenngleich sich heute durch die Vielfalt hochwertiger Nahrung in verschiedensten Zubereitungs- und Konservierungsformen die traditionelle Knappenkost als kulturelle Eigenheit verflüchtigt hat, so lassen sich doch noch in den ersten Jahrzehnten unseres Jahrhunderts zum Teil ur- und eigentümliche Formen dieser Sparte Volksnahrung auch im Kohlenbereich feststellen. Hier zeigt sich, daß die Herkunft vieler Knappen aus dem bäuerlichen Milieu und die aus diesem übernommenen Formen der Nahrungserzeugung oder Beschaffung bzw. Zubereitung stark zum Tragen kommen. Dies ist darauf zurückzuführen, daß in den relativ jungen Kohlenrevieren des Landes sich die Schicht der Bergarbeiter anfänglich aus dem umliegenden Bauernland ergänzte. Später, als sich ein aus sich selbst regenerierender Arbeiterstand gebildet hatte, war auch in diesem ein ziemlich starkes kulturelles Beharrungsvermögen zu finden, das besonders bei der Nahrung – auch aus wirtschaftlichen Gründen – sich nur langsam dem bürgerlichen Verhalten anglich.

Zu trennen war bei der Nahrung der Bergleute in die Bereiche Arbeit und Familie. Bei der Arbeit unter Tage war es nicht möglich, in den Arbeitspausen Speisen warm zuzubereiten oder aufzuwärmen, wie dies etwa am Tagebau des Erzberges möglich und gang und gäbe war. Die große Hitze unter Tag, die bis auf 45° Celsius anstieg, verhinderte auch die Mitnahme von Speck, Wurst oder Geselchtem, da diese Lebensmittel verdarben oder zerrannen. In Leoben-Seegraben wurde üblicherweise trockenes Brot oder Schmalz- und Butterbrot mit Zwiebel oder Knoblauch mitgenommen, in der letzten Phase dieses Bergbaues bis 1964 auch schon Obst, das vorher kostbar und teuer war. In Blechkannen, die einen halben Liter faßten, wurden auch Feuchtspeisen wie saure Bohnen oder saures Sulz mitgenommen, kaum jedoch warme Speisen. Die Hitze erforderte auch die Mitnahme bzw. Bereitstellung von Getränken. Ursprünglich waren in der Grube Trinkwasserfässer aufgestellt („Wasserputsch"). Von den Knappen mitgebracht wurden in Flaschen oder Schraubgefäßen („Pitschen") auch Kaffee und Tee, vor allem Kräutertee. In der Grube herrschte strenges Alkoholverbot, Übertretungen desselben waren aber nie ganz auszuschließen.

In der Haushaltung der Familien spielte die Selbstversorgung aus dem Hausgarten oder einem kleinen Acker eine große Rolle. Anbau und Pflege besorgten die Frauen. Das Ansetzen im kleinstbäuerlichen Stil erbrachte Kraut, Salat und Bohnen und anderes Gemüse, was sich auch auf die Speisen auswirkte. Unter der Alltagskost findet man deshalb Sauerkraut, Krautstrudel, Krautfleckerl, Krautnockerl und Bohnen in vielerlei Zubereitungsarten, ebenso Kartoffelgerichte. Nockerl und Knödel, Sterz und Schmarren als „Mehlspeisen" im ursprünglichen Sinn kamen fast täglich auf den Tisch.

Das Brot wurde meist selbst gebacken, da in den Bergbausiedlungen in den Wohnhöfen eigene Backöfen aufgestellt waren. Die im Leobener Bergrevier zahlreichen untersteirischen („windischen") Bergarbeiterfamilien verpflanzten auch manche Speisesitte hieher. Dazu gehörte die Verwendung des Heidenmehls sowie vielfältige Feiertagsgebäcke in Gestalt von Nuß- und Mohnpotitzen.

In der Feiertagskost stachen besonders der Osterschinken oder der Kitzbraten hervor, die wie verschiedenes Geflügel oft aus der eigenen Tierhaltung kamen. Die Konservierung von Fleisch in Fett („Verhackert") war in einer Epoche mangelnder Kühlmöglichkeiten noch allgemein üblich. Geselcht wurde selber in eigenen Selchhütten, die in der Nähe der Häuser standen.

Unverheiratete Knappen wohnten gewöhnlich in Ledigenquartieren miteinander und begingen die Feiertage nahrungsmäßig in der Weise, daß sie ihren Schinken gemeinsam in einem Waschkessel kochten und auch für ein größeres Quantum alkoholischer Getränke gemeinsam zahlten. Gewöhnlich kochten die Ledigen ihr Essen selber, jeder für sich in einer gemeinsamen Küche. Auch gab es Kostplätze bei anderen Familien. In Fohnsdorf hatte die Bergdirektion nach 1870 vergeblich versucht, Wirte zu einer Ausspeisung für ledige Knappen zu bewegen. Hier gelang es erst nach 1930, eine Werkskantine zu errichten.

Von den Küchenabfällen wurden auch in einem

Bergmannsrast

Verschlag zwischen Haus und Garten Schweine gefüttert. Das Abstechen erfolgte nach Bauernart, ebenso die Verarbeitung des Tieres zu Frischfleisch und konserviertem Fleisch (Geselchtes, Würste, Speck und Verhackert). Zur Frischmilchversorgung diente vor allem das heute vollständig verschwundene Geißvieh. In seltenen Fällen besaßen die Knappenfamilien auch eine Milchkuh. Die Kleintierhaltung war in den 30er Jahren des 20. Jahrhunderts zurückgegangen, hatte jedoch durch die dramatische Versorgungssituation

Kalpak: Standeszeichen eines Steigers

Winter oder um es vor Dieben zu schützen im Holzlagerloch des Sparherdes gehalten wurde.

Ein typisches Sonntagsessen war Schweinsbraten mit Kartoffeln und Krautsalat. Süße Mehlspeisen waren in Form der marmeladegefüllten Buchteln oder des Gugelhupfes als Germgebäck aus der bürgerlichen Küche übernommen worden.

Wegen der Kleinheit der Anbauflächen gab es nur wenige Zwetschken- und Apfelbäume. Beerenobst wurde im Wald des umliegenden Berglandes gesammelt.

Lebensmittel, die man nicht selbst erzeugen konnte, mußten von einem Teil des Lohns erworben werden. Bereits im 19. Jahrhundert hatte sich als ursprüngliche Selbstversorgerorganisation der Arbeiterschaft das System der Konsumvereine herausgebildet. Es gab auch, vor allem in den staatlichen Bergbauen, eine Zwangsnaturalfassung („Linienfassung"), durch die die Bergleute vor allem Lebensmittel bezogen, was einen Teil des Lohns darstellte. In Fohnsdorf gab es ein eigenes Fassungshaus. Zu einer Fassung gehörten dort Salzspeck, Paprikaspeck, Hartwurst, Schmalz, Mehl, Polenta, Bohnen, Arbeitsgewand und Textilien in Form von Blaudruckmeterware. Eine positive Seite dieser Zwangsfassung war die, daß auch dann, wenn der Familienerhalter dem Alkohol zugetan war, für Frau und Kinder wenigstens die Lebensmittel vorhanden waren. Die Naturalfassung existierte bis 1925.

Tracht und Arbeitskleidung

Der schwarze Bergkittel des Bergmannes war und ist eine Festtracht, deren Anfänge im Barock liegen, wo die Uniformierung ganzer Standesklassen nach dem Vorbild der Armee am Anfang des 18. Jahrhunderts spürbar wird. 1765 erreicht diese Welle auch die Steiermark, als die neuuniformierten Bergbeamten und Knappen anläßlich der Durchreise des Hofes in Leoben vor Kaiserin Maria Theresia paradierten. Die authentische Bezeichnung „auf sächsische Art" weist in Richtung der Übernahme dieses Vorläufers des Bergkittels. Die schwarze sächsische Tracht steht im Gegensatz zur weißen „maximilianischen", deren urtrachtliche Elemente im Kapuzenkittel offenbar werden. Während die weiße Kleidung als Arbeitstracht

nach dem 2. Weltkrieg wieder eine Steigerung erfahren, die erst in den 50er Jahren wieder abklang. Das zuletzt hinzugekommene Schlachttier war dabei das Kaninchen („Stallhase"), weil hier Liebhaberzüchter und Kleintiervereine für die Zucht besonderer Fleischhasen gesorgt hatten.

Das Frühstück bestand bei einer Bergarbeiterfamilie einst aus trockenem Brot und Surrogatkaffee (Malz- oder Feigenkaffee, der in Notzeiten durch Eichelkaffee ersetzt wurde). Die Kinder bekamen als Schuljause trockenes Brot und im günstigsten Fall noch einen Apfel mit. Das Mittagessen bestand aus einer nicht sehr breiten Palette von Speisen wie Kraut, Knödel, Kartoffeln, Gemüse. Der Freitag war gewöhnlich fleischlos, wobei das alte kirchliche Fastengebot der ärmlichen Wirtschaftsbasis zuhilfe kam. Als Qualitätsfleisch galt Rindfleisch. Schweinefleisch kam häufig aus der eigenen Zucht, ebenso das seltene Geflügel. Manche Familien hatten ein Huhn, das im

bis ins 19. Jahrhundert im Metallbergbau der Alpenländer im Gebrauch bleibt, ist der schwarze Kittel als
gehobene Stufe und Festtracht anzusehen. Die Einführung bei den einfachen Knappen ist teilweise durch
Zwang erfolgt. Bei gemeinschaftlichen Feiern, Para-
den und dergleichen wird er noch heute getragen,
wobei die Pflege dieser Tracht auch durch die sogenannten „Berguniformiertenverbände" erfolgt. Der
schwarze Rock („Kittel") mit Schulterpatten und
Goldknöpfen mit Schlägel und Eisen wird auch von
Hüttenleuten und Angehörigen der Montanuniversität getragen. Bergknappen und Berguniformierte tragen dazu auch den Kalpak mit Federbusch als Weiterentwicklung des alten Schachthutes. Verschiedene
Traditionsverbände geben ihrer Uniform Unterschei-
dungszeichen, die als verschieden gefärbte Federbü-
sche der Kopfbedeckung, bunte Besätze des Kittels
und spezifische Stickereien auftreten können. Bei-
werk ist auch das Berghackel. Bergleute in Parade
tragen dazu das Arschleder und brennendes Gruben-
geleuchte. Auf dem festlichen Kittel werden Orden
und Auszeichnungen getragen, unter denen das Gru-
benwehrabzeichen besonders hervorzuheben ist.

Ein Stammtischzeichen der Leobener Stadtknap-
pen von 1847 zeigt auch im Kittel arbeitende Bergleute, was kaum der Realität entsprochen haben
dürfte. Dieser Fest- und Standestracht gegenüber
steht die Arbeitskleidung des Bergmannes. Ältere
photographische Dokumente des 19. Jahrhunderts,
die über das gestellte Bild romantischer Prägung hin-
ausgehen, zeigen, daß der Kohlenbergarbeiter vor allem abgetragene Alltagskleidung, darunter auch
Trachtliches wie den Steirerrock trug. Anfänglich sind
nicht einmal Schutzhelme zu finden. Später wurden
Lederhelme getragen, die auch schon Stirnlampen
aufweisen. Der Weg aus dem erwähnten Bekleidungs-
provisorium führte bis zur heutigen Schutzbeklei-
dung, die den besonderen Arbeitsverhältnissen der
Kohlengruben angepaßt ist. Den Kopf schützt ein Pla-
stikhelm, wie er heute beim Betreten fast aller Indu-
strieanlagen auch für den Besucher obligatorisch ist.
Standesbezogenheit in der Tracht zeigt sich auch im
Lebenslaufbrauch. Heute wie einst ist die Hochzeit
des Bergmannes durch den vom Bräutigam getrage-
nen Bergkittel gekennzeichnet. Als in der Vergangen-

Berghut für Bergbeamte 1890

heit die Aufbahrung eines Toten noch ein Akt letzter
Selbstdarstellung war, sah man den Bergmann meist in
seinen Bergkittel gekleidet auf der Bahre liegen.

Wohnung und Siedlung

Bergmännisches Leben ist durch die Zentrierung
auf die Arbeitsstätte hin gekennzeichnet. Die Unter-
bringung der zahlreichen Knappen brachte schon
beim alten Metallbergbau große Probleme mit sich,
wobei die Wohnversorgung im bäuerlichen Siedlungs-
und Wohnmilieu später bei der Anlage von Knappen-
häusern eine beachtliche Rolle spielte.

Die industrielle Ausweitung des Kohlenbergbaues
erfolgte in einer Zeit, in der auch für den Industriearbeiter bereits von den Werkseigentümern spezifische Arbeitersiedlungen errichtet wurden, wobei Erzherzog Johann bereits in der Weststeiermark für seine
Arbeiter vorbildlich wirkte. Schon in der 2. Hälfte des

Ballspenden von Leobener Hochschulbällen, um 1900

Zum Wesen dieser Versorgung gehörte auch der Besitz von Schubkarren und Trageräten. In Leoben-Seegraben gab es auch Knappen, die Körbe für den Bedarf in der Siedlung flochten. Diese wurden unter anderem auch von den legendären „Sturzweibern" verwendet, die auf den Halden des Bergbaues in den dort abgelagerten Massen tauben Gesteins nach Kohlenstücken suchten, diese einsammelten und in der Stadt verkauften.

Für ledige Knappen gab es schon früh Gemeinschaftsquartiere bzw. hatten diese auch am berüchtigten Bettgeherwesen Anteil. Bergbausiedlungen, die in der Weststeiermark während der Kriegszeit auch durch Barackenbauten ergänzt wurden, konnten etwa in Leoben-Seegraben trotz des totalen Krieges bis 1945 baulich fortgeführt werden. Hier wurden Häuschen in langen Zeilen errichtet, die jeweils zwei Knappenfamilien ausreichend Wohnraum und Komfort auf der Höhe der Zeit boten. Wichtig in Bergbausiedlungen waren auch Einrichtungen wie Kantinen, Werksgasthöfe, Werksspitäler und Saalbauten für gemeinsame Geselligkeit.

Frömmigkeit

Der 4. Dezember ist trotz allen Wandels in der kulturellen Struktur des Bergbaues nach wie vor der von der Tradition am nachhaltigsten gebundene Tag. Das Brauchtum um die segensverheißenden Barbarazweige zeigt, daß die Heilige gegen jähen Tod auch außerhalb des Montanwesens Anerkennung besaß. Am Beginn der Neuzeit hatte der Kult dieser Heiligen die ältere Schicht der Bergbaupatrone mit Daniel, Anna usw. überlagert und dann verdrängt. Die Übernahme von Elementen bergmännischer Volkskultur aus dem älteren Metallbergbau in die Kohle zeigt sich auch in der Sitte, Stollen und Schächte, die neu niedergebracht wurden, nach Heiligen zu benennen. 1824 wird ein Barbara-Stollen in Piberstein, 1828 einer in Pichling angelegt.

Der Barbaratag ist traditionsgemäß auch heute noch arbeitsfrei. Während er einst dem gemeinsamen Kirchgang der Knappen mit dem Barbarasegen und einem gemeinsamen Mahl vorbehalten war, ist er heute Anlaß, um Betriebsverbundenheit zum Aus-

19. Jahrhunderts wurden Sparherdwohnungen mit einem oder zwei Zimmern den Bergarbeitern zur Verfügung gestellt. Waschküche, Gemeinschaftstoiletten, Wasserversorgung durch Pumpbrunnen, Backöfen im Freien, dazu Holzlagen und Gartenparzellen erlaubten ein auf Mindestbedürfnisse ausgerichtetes Leben, das durch die erwähnten Einrichtungen, zu denen in der Frühzeit auch eine Gemeinschaftsküche gehörte, ein stark nach außen orientiertes Erscheinungsbild bot. Der Siedlungsbau erlaubte bis ins 20. Jahrhundert die Aufrechterhaltung gewisser Möglichkeiten der Selbstversorgung aus Garten und Kleinviehhaltung. Dies hatte auch Auswirkungen auf die Nahrung.

druck zu bringen. Die Knappen sind Gäste der Bergdirektion und nehmen ein gemeinsames Mahl ein. Aus diesem Anlaß finden auch stets Ehrungen für besondere Leistungen oder lange Betriebszugehörigkeit mit runden Jubiläen statt.

Auch der Brauch des Ledersprungs wird heute im Kohlenbergbau gerne bei dieser Gelegenheit geübt. Der Ledersprung ging vom akademischen Boden aus, wobei die Leobener Bergakademiker schon seit dem 19. Jahrhundert den Eintritt in den Bergmannsstand dadurch symbolisch andeuteten, daß sie im Rahmen eines feierlichen Aktes über das Arschleder, ein wichtiges Requisit bergmännischer Tracht, in den Stand sprangen. Anläßlich der Barbarafeier 1987 der GKB in Rosental unterzog sich auch der Generaldirektor der VOEST-Alpine, Lewinsky, diesem Ritual.

Im Köflacher Revier herrschte einst der Brauch, der heiligen Barbara zu ihrem Ehrentage vor Ort ein Licht anzuzünden. Von den Hauern wurden kleine Nischen in den Kohlenstoß geschlagen, darin ein Barbarabild aufgestellt und mit Grubenlampen beleuchtet.

Die Barbaraandacht in der Kirche hatte auch bestimmte Formen. 1937 erschien in Leoben ein Büchlein „Alljährliche Kirchenandacht. Zur Gedächtnisfeier der heiligen Bergpatronin Barbara", das während der Barbaramesse Verwendung fand. Der Barbarakult hält sich in Spuren hier noch nach mehr als zwei Jahrzehnten nach der Schließung des Bergbaues Seegraben. So wird heute zu einer Geselligkeitsveranstaltung unter dem Titel „Barbaratanz" eingeladen, wobei als Traditionsträger die Bergkapelle Seegraben fungiert.

Tod und Begräbnis

Auch in der bergmännischen Kultur ist der Tod und alles, was mit ihm in Hinblick auf Brauch und Sitte zusammenhängt, in großer Beharrung in bestimmte Formen und Anschauungen eingebettet. Der Kohlenbergbau zählt wegen der besonderen mineralogisch-chemischen Situation und den daraus resultierenden sogenannten schlagenden Wettern zu den gefährlichsten Arten des Bergbaues. Dementsprechend zahlreich waren einst Unfälle, ja wegen der Opferzahl richtige Katastrophen.

Die „letzte Grubenfahrt" des Bergmannes spiegelt

Hl. Barbara aus der ehemaligen Anfahrtsstube des Bergbaues Seegraben

217

Fahne der „Habischgruben" von Pöfling-Brunn; sie wird heute noch bei Begräbnissen ehemaliger Bergleute verwendet

dabei die Verbundenheit des Standes wider. Bergmännische Begräbnisse sind noch heute durch Eigenheiten von anderen unterschieden. Ein Seegrabener Bahrtuch aus der Mitte des 19. Jahrhunderts beweist auf der einen Seite die Verwandtschaft mit den Bahrtüchern im Eigentum der alten Bruderschaften und der Zünfte. Auf der anderen ist es durch eine besondere, montanistische Symbolik in seinem Dekor ausgezeichnet: In den vier Ecken des schwarzsamtenen, mit silbernen Borten und Fransen besetzten Tuches sind über Schlägel und Eisen sowie Kreuz zwei Treubundhände gesetzt, wie sie später auch in der Standessymbolik der Arbeiterbewegung auftreten.

Zu besonders bewegenden Ereignissen gestalteten sich die Begräbnisse von Opfern von Grubenkatastrophen, wo wegen des Charakters des Todes bei der Arbeit das Private weitgehend zurückgedrängt war. Dies führte noch vor wenigen Jahrzehnten dazu, daß solche Opfer nicht den Grabstätten ihrer Familien

überantwortet, sondern nebeneinander beigesetzt wurden, der Ruheplatz mit gleichartigen Namenstafeln wie auf einem Kriegerfriedhof oder aber durch ein gemeinsames Denkmal gekennzeichnet wurde.

Solche Grabstätten sind selbst Jahrzehnte nach der Schließung einer Grube noch Ort allgemeinen Gedenkens, selbst wenn die Erinnerung an einzelne der Toten schon verblaßt sein mag. Noch heute hält am Allerheiligen- und Allerseelentag auf dem Leobener Zentralfriedhof ein pensionierter Seegrabener Bergmann in der Schwarzen Tracht, mit Kalpak, Berghackel und brennendem Geleucht Ehrenwache an einem solchen Gemeinschaftsgrab.

Am 23. Februar 1857 waren durch schlagende Wetter im Johann Mayr'schen Kohlenbergwerk in Leoben-Seegraben acht Knappen umgekommen. Drei Tage später fand das Begräbnis statt. Aufgebahrt waren die toten Bergleute des Raumes und großen Andranges an Trauernden wegen in der bürgerlichen Schießstatt am Leobener Winkelfeld. Nach der Einsegnung wurde jeder Sarg von sechs Knappen im Bergkittel getragen. Den Särgen folgten außer dem Berghauptmann, den Professoren und Studenten der Bergakademie auch die Berg- und Hüttenbeamten, wobei letztere mit brennenden Kerzen in der Hand angetreten waren.

Der Inhaber der Grube, Johann Mayr, starb bald darauf, nachdem er wegen des Unglückes in Depressionen verfallen war. Sein Grabmal auf dem Leobner Jakobifriedhof stellt (heute ist es figural arg reduziert) ein mehrere Meter hohes Felsgebilde mit Kreuz dar. Ein Stollenmundloch zeigt einen Hunt, davor saß ehedem ein sinnender, trauernder Bergmann. Eine Grabinschrift nahm Bezug auf diese „Letzte Grubenfahrt":

Zum letzten Mal fährst du nun an,
und fährst nicht mehr herauf.
Drum grüßt dich auf der dunklen Bahn
Ein inniges Glück auf.
Doch schloß sich auch dein Auge hier,
Dort thut sich's wieder auf.
Wir alle, alle folgen dir
Und grüßen dich: Glück auf.

Bergmännische Begräbnisformen wurden nicht nur den Montanisten und Knappen selber ausgerichtet. 1856 wurde die Leobener Gewerkensgattin Maria Egger v. Eggenwald von acht eigenen Bergleuten zu Grabe getragen. Auch scheinen solche sozusagen als Staffage verwendet worden zu sein, wenn der Tote nicht dem Gewerkenstand angehörte oder Bergarbeiter war. Beim nächtlichen Begräbnis des Bergakademikers Josef Steuber leuchten im selben Jahr Steinkohlenknappen mit Pechfackeln im Leichenzug.

Die Lichtsymbolik des Bergmannes ist auch bei den Kohlenknappen überall gegenwärtig und im Begräbnisritual besonders ausgeprägt. Hans Kloepfer berichtet, daß im weststeirischen Revier die Arbeitskameraden mit brennenden Grubenlichtern dem Sarge folgten und der Ruf ins Grab „Glückauf zur letzten, allerletzten Grubenfahrt" den ursprünglichen Bedeutungssinn des alten Bergmannsgrußes mit dem Dunkel des Unterirdischen und der Helligkeit von Himmel und Erde verdeutlichte.

Noch heute gibt es, wenngleich im Formenschatz wesentlich reduziert, ein spezifisches Bergmannsbrauchtum um Tod und Begräbnis. Im Kopf des Partezettels findet man – auch bei pensionierten Bergleuten – als Standeszeichen Schlägel und Eisen, das gestürzt zur Erde weist und damit den Tod symbolisiert. Dem Sarg voran schreiten die Bergmusik und die Knappschaft mit der Fahne, die einen Trauerflor trägt.

Weiterführende Literatur:

Karl *Eisner,* Der Traditionskreis der Bergleute im Kohlenrevier der nördlichen Weststeiermark, phil. Diss., Graz 1969.

Harald *Gundacker,* Die soziale Frage im steirischen Bergbau des 19. Jahrhunderts, staatswiss. Diss., Graz 1967.

Wolfgang *Haid,* Die Knappenkost am steirischen Erzberg und im Leoben-Seegrabener Kohlenrevier, In: Der Bergmann. Der Hüttenmann. Gestalter der Steiermark. Katalog der 4. Steirischen Landesausstellung, Graz 1968, S. 325–339.

Ernst Karl *Hinner,* Arbeit und Leben des Bergmannes in Fohnsdorf in volkskundlicher Sicht im 19. und 20. Jahrhundert, phil. Diss., Graz 1978.

Aquarell eines Bergmannsgrabes auf dem Jakobifriedhof in Leoben

Samttuch für Begräbnisse um 1880, Schlägel und Eisen sind zum Zeichen der Trauer gestürzt (Katalog 7/44)

Ernst Karl *Hinner* – Helmut *Lackner* – Karl *Stocker,* Bergarbeiterkultur in Fohnsdorf. Aufstieg und Krise einer österreichischen Kohlenbergwerksgemeinde in der Region Aichfeld-Murboden, Graz–Wien 1982, S. 277–341.

Günther *Jontes,* Leobener Bergparaden, Knappenaufzüge und bergmännische Feste 1728–1880. In: Der Leobener Strauß 1/1973, S. 112–152.

Liselotte *Jontes,* Ein bergmännisches Stammtischzeichen aus Leoben. In: Der Leobener Strauß 3/1975, S. 113–121.

Franz *Kirnbauer,* Brauchtum und Glauben bei den Berg- und Hüttenleuten Österreichs in Vergangenheit und Gegenwart. In: Der Bergmann. Der Hüttenmann. Gestalter der Steiermark. Katalog der 4. steirischen Landesausstellung, Graz 1968, S. 325–339.

Ders., Über Sprache, Gruß, Lied und Spruch der Berg- und Hüttenleute. In: Ebd., S. 362–372.

Hans *Pienn,* Ende der Förderung. 25. Oktober 1921, 12 Uhr. Zur Geschichte des Kohlenbergbaues im Tollinggraben, In: Der Leobener Strauß 1/1973, S. 87–111.

Mein besonderer Dank gilt meinen Gewährspersonen, vor allem Josef Leitgeb und Grete Reithofer, beide in Leoben, die bergmännisches Arbeits- und Familienleben der Vergangenheit noch aus eigener Anschauung schildern konnten.

Ernst Lasnik

„Fasching begraben" und „Ledersprung"

Zu Gegenwartsbrauchtum, Fest und Feier der weststeirischen Glasmacher und Bergarbeiter

Die Eröffnung von Kohlengruben im Gebiet um Köflach und Voitsberg brachte innerhalb einiger Jahrzehnte nicht nur eine Veränderung der wirtschaftlichen und sozialen Strukturen in diesem Gebiet, sie führte auch sehr bald zur Ausprägung einer speziellen „Arbeiterkultur".

Die „unermeßlichen Lager trefflicher Braunkohlen"[1] bewogen Unternehmer und Gesellschaften zur Errichtung verschiedener Betriebe und Werke in diesem Raum. Diese Industrialisierung wiederum bewirkte eine Ausweitung des Bergbaues, den Zuzug speziell qualifizierter Arbeiter und den Ausbau des Verkehrswesens. Es kam also auch zu einer breiteren geographischen Mobilität. Die aus anderen Regionen (z. B. der Untersteiermark, dem Lavanttal, aus Oberitalien und auch aus Kroatien) zuwandernden Berg- und Industriearbeiter – und natürlich die stets sehr mobil gewesenen Glasmacher – brachten ihre Kulturformen mit und schufen neue kulturelle Rahmenbedingungen.

Sich mit allen Formen und Ausprägungen dieser „Arbeiterkultur" zu befassen, würde allerdings den Rahmen dieses Katalogbeitrages bei weitem sprengen. Deshalb soll in weiterer Folge nur auf einige spezifische, bis in unsere Zeit bekannte und geübte Bräuche, Feste und Feiern der Oberdorfer Bergleute und Glasmacher eingegangen werden.

Rund um das Fest der heiligen Barbara

Der hl. Barbara wurde der 4. Dezember als Ehrentag zugewiesen. Deshalb sind auch die Tage um den 4. Dezember seit der Eröffnung der Kohlengruben eine besondere Zeit für die nördliche Weststeiermark – die Bergleute feiern noch heute den Tag ihrer Schutzpatronin.

Im „Verkündbuch" der Pfarre Piber finden wir im Jahre 1877 folgende Eintragung: Die Bergleute des „Schreiner-Schachtes" (nächst dem Schloß Alt-Kainach) erschienen am Barbaratag in Piber zu einem „feierlichen Amt mit Musik und ganzer Beleuchtung". Für die Oberdorfer Bergleute wurde ein heiliges Amt in der Schloßkapelle zu Klein-Kainach gehalten. Weiters wurde dort ein neues Barbarabild geweiht und aufgestellt[2].

Wie verläuft heute eine bergmännische Barbarafeier in Bärnbach?

Die Belegschaft des Großtagebaues Oberdorf trifft sich am späten Nachmittag auf dem Werksplatz. Wer einen „Bergkittel" (schwarze Bergmannstracht) besitzt, trägt ihn an diesem Tag. Die Bergkapelle Oberdorf gibt ein Platzkonzert, und das Krachen ganzer Serien von Sprengschüssen hallt weitum als Salut ins Land. Zur Erinnerung an die im Dienst verunglückten Bergleute wird an der „Bergarbeiter-Gedenkstätte" ein Kranz niedergelegt. Die Gedenkstätte selbst ist durch Fahnen in den Bergfarben schwarz-grün (darauf Schlägel und Eisen in Gold) und eine als „ewiges Licht" brennende Grubenlampe geschmückt. Dann marschiert die Belegschaft unter dem Schein von Fackeln und unter Vorantritt der Bergmusikkapelle mit der Werksfahne zur Bärnbacher Barbarakirche. Die Musiker und die Fahnengruppe tragen zum Bergkittel den mit einem weißen Federbusch geschmückten Kalpak und das Arschleder. Die Begleiter des Fähnrichs tragen weiters noch das Berghäckel. Unter dem Geläute der Kirchenglocken ziehen die Bergleute in die festlich beleuchtete Pfarrkirche ein, um bei der Barbaramesse der Schutzpatronin Dank für das vergangene Jahr zu sagen und den Segen der Heiligen für das kommende Jahr zu empfangen. Der Gottesdienst, der auch zum Gedenken an die verunglückten oder verstorbenen Bergleute abgehalten wird, wird stets von der Bergkapelle Oberdorf und dem Männergesangsverein „Glück auf" musikalisch umrahmt.

Nach der Barbaramesse versammelt sich die Belegschaft, vom Betriebsleiter und Bergingenieur über die Steiger und Hauer bis zu den Füllern und Bandwärtern, im „Volkshaus" der Stadtgemeinde Bärnbach zu einer Festversammlung. Die Bühne des Saales ist durch Fahnen und ein großes Bild der hl. Barbara geschmückt, auf der Bühne haben die Musiker der Bergkapelle und die Sänger des MGV „Glück auf" Platz genommen. Bei dieser Festversammlung wird der Belegschaft ein Bericht über das abgelaufene Bergmannsjahr gegeben, und es wird der Dank der Betriebsleitung und des Unternehmens an die Belegschaft ausgesprochen.

An den offiziellen Teil der „Barbarafeier" schließt sich ein gemütliches Beisammensein mit Musik und Tanz an.

„Lied und Trunk halten die Werkleute mit ihren Angehörigen und Freunden bis in die späte Nacht hinein beisammen, beschließen das alte und leiten das neue Bergmannsjahr ein[3]."

Man kann die Barbarafeiern auch in der Gegenwart als Ausdruck der Zusammengehörigkeit und Kameradschaft innerhalb des Bergmannsstandes und der Verbundenheit mit dem Betrieb bezeichnen.

„Zwoa Joahr Lehrhäuer sein, is ma holt z'dum –
Drum bind i holt moag'n scha a Schutzleda um[4]."

Bestandteil der Barbarafeiern ist meist auch der sogenannte *Ledersprung*. Mit dem Sprung über das Leder erfolgt die Aufnahme des Bergmannes in den Hauerstand. Das Leder, auch Berg- oder Arschleder genannt, ist neben der Tracht bzw. als Bestandteil derselben seit Jahrhunderten gewissermaßen zum Symbol der Bergmannsehre geworden[5].

Der Ledersprung ist nicht nur in Österreich verbreitet, auch im benachbarten Slowenien, in Kroatien, Böhmen, Polen und dem deutschen Ruhrgebiet wird dieser bergmännische Brauch festlich begangen. Entstanden ist der Brauch aus einem Aufnahmeritus des Slowakischen Erzreviers, und er läßt sich bis in das 15./16. Jahrhundert zurückverfolgen[6].

Nun zum heute üblichen Ablauf des Ledersprunges: Die in den Hauerstand aufzunehmenden Bergleute

– sie müssen mehrere Jahre als Lehrhauer gearbeitet und vor dem Berghauptmann die Hauerprüfung mit Erfolg abgelegt haben – nehmen Aufstellung und müssen vor versammelter Belegschaft mehrere Fragen beantworten.

Im Revier Köflach-Voitsberg lauten die Fragen: „Wie ist dein Name? Was ist dein Heimatland? Was ist dein Spruch?"

Nach Beantwortung der dritten Frage und dem Leeren eines Glases Bier wird der Kandidat aufgefordert: „So spring in deinen Stand und halt ihn stets in Ehren!" Daraufhin springt der Kandidat von einem Bierfaß oder Sessel herab über ein Bergleder, welches in der Regel vom ältesten anwesenden Bergingenieur oder vom Obersteiger und vom ältesten Hauer gehalten wird. Mit dieser Zeremonie ist er nun offiziell in den Hauerstand aufgenommen.

Im weststeirischen Kohlenrevier ist es auch Brauch, verdiente Persönlichkeiten aus Politik, Wirtschaft, Medizin oder Geistlichkeit den Ledersprung ehrenhalber absolvieren zu lassen und somit die besondere Verbundenheit des Bergmannsstandes mit der Persönlichkeit zu dokumentieren.

In den weststeirischen Gruben ist es auch noch immer gebräuchlich, zu Ehren der hl. Barbara an ihrem Ehrentag „vor Ort" (im Abbau) oder an einem Streckenkreuz ein Licht zu entzünden. Verschiedentlich wird auch von den Bergleuten in den Kohlenstock eine Nische gehauen und darinnen ein Barbarabild und eine brennende Grubenlampe aufgestellt. Für die besonders schöne Gestaltung derartiger „Barbaraaltäre" wurden immer wieder Prämien ausgesetzt[7]. In der Grube „Karlschacht" schufen die Bergleute Borstner und Max Moitzger stets besonders kunstvolle Barbaramotive[8].

Das „Faschingspielen" der Oberdorfer Glasmacher

Die Glasmacher der Hütte Oberdorf-Bärnbach hatten ein ausgeprägtes Brauchtum zur Faschingszeit. Es begann am letzten Samstag im Fasching mit dem „Glasmacherball", am Faschingdienstag gab es den „Einbinderball" und am Aschermittwoch das „Fasching-Begraben" (auch „Martin-Luther-Begraben").

Hl. Barbara – Ölgemälde um 1870 (der Überlieferung nach trägt Barbara die Gesichtszüge der Gewerkin Ludovica Zang)

Faschingszeitung 1928

Es gab Glasmacher, die während dieser Zeit nicht nach Hause und auch nicht zur Arbeitsstätte kamen[9].

Das „Fasching-Begraben" begann am Faschingsonntag mit dem Herrichten und Aufbahren einer bekleideten Strohpuppe, die von den Glasmachern „Martin Luther" genannt wurde. Aufgebahrt wurde in einem Raum der Werkskantine. Wie beim überlieferten Totenbrauchtum wurde auch hier „gewacht". Trotzdem kam es vor, daß „Martin Luther" gestohlen wurde. Das war natürlich eine Schande.

Das „Begräbnis" selbst fand dann am Aschermittwoch statt und wurde mittels selbstangefertigter Partezettel auch „offiziell angekündigt". Von der Kantine weg trug man in Prozessionsform, begleitet von einem „geistlichen Herrn" und von maskierten Musikanten, „Martin Luther" auf einer Tragbahre durch den Ort. Vor den Geschäften und vor den Gasthäusern wurde gehalten, die Geschäftsleute und Wirte bewirteten die „Trauergäste" oder versorgten sie mit einer Wegzehrung oder Geldspende. Es gab ein eigenes Trauerlied und natürlich auch eine eigene Faschingspredigt, in der das Leben und die besonderen Verdienste des „Verstorbenen" geschildert und gewürdigt wurden. Den Abschluß des „Begräbnisses" bildete das Verbrennen der Puppe. Ursprünglich fand diese Zeremonie auf einer Wiese im Ortskern von Bärnbach statt, nach der Verbauung dieser Wiese wurde die Verbrennung im Hof eines Gasthauses durchgeführt. Verschiedentlich wurde die brennende Puppe auch von der vor der Glashütte befindlichen „Kirchweger-Brücke" in die Kainach geworfen. Damit war das „Fasching- oder Martin-Luther-Begraben" aber noch nicht zu Ende. Nun folgte erst eine ausgiebige „Bestattungsfeier". Getragen wurde dieser Faschingsbrauch durch Jahrzehnte von den gleichen Personen. Polzer sen., Peperl Müller, Ferdl Ilk, Ferdl Brunner, Peter Kipperer und Peperl Modl sind klingende Namen im Oberdorfer Faschingsbrauchtum.

Schwer beeinträchtigt wurde dieser Brauch dann durch die Veränderungen im Produktionsprozeß. Das System der Werkstätten mit seinen ziemlich eigenständig arbeitenden Glasmachern wurde durch die Hochkonjunktur und die Technisierung stark verändert – aus der von Handarbeit geprägten Glashütte wurde eine Glasfabrik mit Massenfabrikation. Tage-

Glasarbeitergesangsverein in Oberdorf 1910

langes Wegbleiben vom Arbeitsplatz war nun nicht mehr möglich, und das „Blaumachen" wurde bestraft[10].

Die letzten Fotos von diesem traditionellen Faschingsbrauchtum stammen aus dem Beginn der 60er Jahre. In der Folge wurde dieser mehr oder weniger nur von Glasmachern getragene Brauch durch groß aufgezogene, vom „Bärnbacher Faschings-Club" in Zusammenarbeit mit der Gemeinde und den örtlichen Kulturvereinen organisierte „Faschingsumzüge" (mit Prinzenpaar und Elferrat, Hunderten Teilnehmern und Tausenden Zuschauern) abgelöst. Als Begleit-

erscheinung der ab der Mitte der 70er Jahre immer akuter werdenden wirtschaftlichen Schwierigkeiten der Glashütte Oberdorf sind auch diese großangelegten Faschingsumzüge dann „eingegangen".

Nicht so stark ausgeprägt, aber doch vorhanden war das *Faschingsbrauchtum bei den Bergleuten.* In der Zwischenkriegszeit waren die „Schachtabende" der Grube „Karlschacht" in Rosental weitum bekannte Faschingsveranstaltungen. Dabei wurden eigens geschriebene Gedichte und Singspiele (in Kostümen auf dekorierter Bühne) aufgeführt. Thematisch handelte es sich dabei zumeist um Parodien auf Geschehnisse im Betrieb oder auf Eigenarten von Steigern und Bergingenieuren. Zu diesen „Schachtabenden" wurden meist auch die Honoratioren der Stadt Köflach eingeladen[11].

Weiters erschienen in diesen Jahren immer wieder recht originell gestaltete Faschingszeitungen. Auch sie berichteten in humoristischer Form über Ereignisse und Personen[12].

Für die Angestellten der Bergbaubetriebe im Revier Köflach-Voitsberg wurde noch in den 50er Jahren (z. B. 1956) ein „Bergbauball" veranstaltet[13]. Heute werden gesellige Veranstaltungen, z. B. das „Knappenfest" der Oberdorfer Bergleute oder auch Betriebsausflüge, zumeist von den Belegschaftsvertretern organisiert.

Stark ausgeprägt in der nördlichen Weststeiermark sind *Blasmusik und Chorgesang*. Bereits im Jahre 1880 wurde in Köflach ein „Allgemeiner Arbeiter-Gesangsverein" gegründet[14], und beim Empfang von Kaiser Franz Joseph I. am 6. Juli 1883 in Köflach war auch eine uniformierte Bergkapelle angetreten[15]. Ein im Vereinslokal des AGV „Morgenröte" aufbewahrtes Foto trägt die Aufschrift „Arbeiter Gesang Verein Oberdorf 1910", und in den Jahren 1919 bis 1922 bestand in Oberdorf ein Männergesangsverein „Glück auf".

1920 wurde die „Werkskapelle Hödlgrube", 1929 die „Bergkapelle Rosental" und 1938 die „Bergkapelle Piberstein" gegründet.

Zur Zeit bestehen in Bärnbach zwei Blaskapellen, die „Stadt- und Glasfabrikkapelle" (gegründet 1931) und die „Bergkapelle Oberdorf" (gegründet 1951), sowie drei Chöre, davon mit dem MGV „Glück auf" (gegründet 1952) und dem AGV „Morgenröte" (gegründet 1958) zwei reine Männergesangsvereine. Alle Musikvereine stehen auf hohem Niveau und leisten wichtige Kulturarbeit in der Stadt Bärnbach.

Die beiden Chöre singen außer der allgemein üblichen Chorliteratur auch standesspezifische Lieder.

Der MGV „Glück auf" pflegt das Bergmannslied und der AGV „Morgenröte" nimmt sich der alten Arbeiterlieder an. Es entstehen auch immer wieder neue Lieder und Märsche. So singt man in Oberdorf ein nach dem 2. Weltkrieg entstandenes „Glasmacherlied" (Melodie nach einer Landsknechtsweise), Toni

Fahne der Glasfabrik Oberdorf

Maier komponierte 1967 zu einem Text von Willi Katzler „Das Lied vom Glas", und VS-Dir. Anton Schabl hat bereits mehrere Märsche komponiert und dem Bergmannsstand gewidmet.

Im Revier Köflach-Voitsberg bestehen vier Bergkapellen (Oberdorf, Piberstein, Rosental und Hödlgrube-Zangtal). Alle Kapellen spielen in den höchsten Leistungsgruppen und bestechen immer wieder durch ihr Auftreten und durch ihren Klang. Besondere internationale Erfolge konnte in den 50er Jahren die Bergkapelle Hödlgrube-Zangtal erringen. Bei der „Musikolympiade" in Kerkrade (Holland, 1954) gab es einen ersten und zwei zweite Plätze, beim „Internationalen Musikwettbewerb" in Esch (Luxemburg, 1956) unter 58 Teilnehmern zwei erste und einen zweiten Platz und beim „Internationalen Musikwettbewerb" in Kerkrade (1958) einen zweiten Preis im Konzertwett-

Rückseite

der Hütte Oberdorf nachweisbar, und auch die nun vom AGV „Morgenröte" verwendete ehemalige Hüttenfahne (aus der Zeit um 1900) zeigt auf dem Fahnenblatt eine Darstellung des hl. Florian.

Sowohl bei den Bergleuten wie bei den Glasmachern stark ausgeprägt und auch noch immer in Gebrauch sind die *Berufssprachen.*

Der seit dem Mittelalter bekannten „Bergmannssprache" steht die „Hyttnsproch" oder „Tschudarasproch"[19] der Glasmacher gegenüber. Wie bei den Bergleuten sind auch bei den Glasmachern verschiedene spezielle Bezeichnungen mit den wandernden Glasmachern mitgezogen und haben so auch Eingang in andere Sprachen gefunden. Weitergegeben werden die Berufssprachen unter den Arbeitern von Mann zu Mann. Ebenfalls sowohl bei den Bergleuten als auch bei den Glasmachern bekannt, und auch noch heute gebräuchlich, ist das *„Hänseln" oder „Anrennen-Lassen"* eines Neulings. Dem Schicken nach dem „Glashobel" in der Glashütte steht der Auftrag, einen „Ulmhobel" oder „Kohlenhobel" zu holen, im Bergbau gegenüber. Dieses „Hänseln" geht auf alte Einweihungs- oder Initiationsriten zurück, ist also ein Aufnahmebrauch in die Gemeinschaft, den der Neue widerspruchslos über sich ergehen lassen mußte[20]. In den Bereich der Aufnahmebräuche gehört auch das in beiden Arbeitsbereichen bekannte Zahlen des „Einstandes" (von Getränken) für die engsten Arbeitskameraden in der „Werkstätte" der Glashütte oder in der „Kür" der Bergleute, wie es schon im auslaufenden 19. Jahrhundert nach dem „Hüttenauskehren" in der Glasfabrik Gösting üblich war[21].

Einen eigenen *berufsspezifischen Gruß* kennen nur die Bergleute. Ihr seit dem 17. Jahrhundert nachweisbarer Gruß „Glück auf" ist im Revier Köflach-Voitsberg allgemein üblich, die bis in die Zwischenkriegszeit gebräuchliche Antwort „Gott gib's" wird heute nicht mehr verwendet.

Eine *Standestracht* wird nur von den Bergleuten getragen. Im weststeirischen Kohlenrevier ist die „schwarze Bergmannstracht"[22] üblich. Als Kopfbedeckung wird zum „Bergkittel" allgemein eine kleine, schwarze Schachtmütze getragen, die Bergmusikkapellen tragen zu festlichen Anlässen einen Kalpak

bewerb und einen ersten Preis im Marschwettbewerb[16].

Bei den Bergleuten stärker ausgeprägt, aber auch bei den Glasmachern üblich, war das *Gebet vor Beginn der „Schicht".* Zum Inventar der Anfahrtstuben (früher „Verlesezimmer") in den Bergbauen gehörten ein Bild der hl. Barbara und ein Kruzifix, und bis zum 1. Weltkrieg war es Brauch, daß der diensthabende Obersteiger auch als Vorbeter fungierte.

In der Glashütte Oberdorf befand sich bis zum Zweiten Weltkrieg ein großes Kruzifix, und Herr Anton Trinkaus war noch nach dem Ersten Weltkrieg als Vorbeter tätig.

Was die hl. Barbara für die Bergleute war und ist, das war der hl. Florian für das Personal der Glashütten. Seit der Mitte des 19. Jahrhunderts sind „Florianifeiern"[17] und „Florianiämter"[18] für die Belegschaft

mit weißem Federbusch. Rangabzeichen gibt es auf dem Bergkittel keine.

Bei den Glasmachern ist eine Standestracht nicht üblich. Ihr Festkleid war der auch in anderen Bevölkerungskreisen übliche „schwarze Anzug“. Dieser wurde sorgsam gepflegt und gehütet und war für viele eine einmalige Anschaffung. Als Kopfbedeckung wurde dazu ein Hut getragen.

Ein besonderes *Freizeitvergnügen der Glasmacher* war das sogenannte „Reißbam gehn“. Dahinter verbirgt sich der Fang von Singvögeln mittels Leimruten. Die Stieglitze, Zeisige, Meisen oder Kreuzschnäbel wurden dann in den „Vogelsteigen“ gehalten.

Bei den Bergleuten unter Tag hat sich bis heute verschiedener *Aberglauben* gehalten. So bringt nach altem Bergmannsglauben Pfeifen in der Grube Unglück, ebenso wenn Frauen in die Gruben einfahren. Ein richtiger Bergmann wird auch nie Jagd auf die Grubenratten machen, sondern ihr Verhalten beobachten.

Verschiedenes Brauchtum umgibt das *Begräbnis eines Arbeitskameraden*. Es ist Ehrensache, daß man ihn auf seinem „letzten Erdenweg“ begleitet und daß ein Vertreter der Belegschaft eine Grabrede hält. In ihr werden der Lebensweg geschildert, die Verdienste des Verstorbenen um den Betrieb hervorgehoben und die Anteilnahme der Firmenleitung und der Belegschaft ausgesprochen. Früher nahmen die Glasmacher am Begräbnis eines Standesgenossen mit einem eigenen Vorbeter und mit der Werksfahne teil, heute wird die Fahne nur beim Begräbnis eines Mitgliedes des AGV „Morgenröte“ mitgetragen. Sowohl bei den Glasmachern als auch bei den Bergleuten ist es üblich, daß die Werkskapelle ausrückt. Bei den Bergleuten ist es weiters Brauch, daß auf der Trauernachricht die Standeszeichen „Schlägel und Eisen“ nach unten gerichtet aufgedruckt werden, was bedeuten soll, daß der Bergmann sein Gezähe für immer weggelegt hat. Weiters wird der Verstorbene auf seiner „letzten Grubenfahrt“ von Bergleuten im Bergkittel und von der mit einem Trauerflor versehenen Werksfahne begleitet. Beim Hinablassen des Sarges ins Grab intoniert die Bergkapelle das „Tarnowitzer Fahrtenlied“, dessen Anfangszeile „Schon wieder tönt's vom Turme her“ allgemein bekannt ist.

Ebenfalls zum *Abschiedsbrauchtum* gehört das „Schmücken des letzten Huntes“. Wenn eine Grube ausgekohlt ist oder geschlossen werden muß, so ist es Brauch, den letzten Hunt zu schmücken. Er wird mit Fichtengrün bekränzt und mit einer „Verhautafel“, die einen entsprechenden, auf das Ereignis hinweisenden Spruch enthält, versehen.

Die Belegschaft der Grube begleitet den „letzten Hunt“ bis über Tag und übergibt ihn dort in feierlicher Form dem Betriebsleiter oder einem Vertreter der Bergdirektion[23].

Möge es noch lange dauern, bis der endgültig „letzte Hunt“ Kohle aus dem Revier Köflach-Voitsberg ausgefördert wird!

Anmerkungen:

[1] Josef Andreas *Janisch*, Topographisch-statistisches Lexikon von Steiermark, Bd. 1, Graz 1885 (Nachdruck 1978), S. 759.
[2] „25 Jahre Pfarre Bärnbach“, Festschrift, Bärnbach 1977, S. 63.
[3] Hanns *Koren*, Barbara. In: Bauernhimmel, Graz–Wien–Köln 1974, S. 22.
[4] Sepp *Hirschnig*, Festtag der Bergleute. In: Voitsberg-Köflacher Wochenblatt, 8. Dezember 1934.
[5] Franz *Kirnbauer*, Brauchtum und Glauben bei den Berg- und Hüttenleuten Österreichs in Vergangenheit und Gegenwart. In: Der Bergmann – Der Hüttenmann. Gestalter der Steiermark, Katalog zur 4. Landesausstellung, Graz 1968, S. 327.
[6] Ebenda.
[7] Information von Herrn Reviersteiger i. R. Karl Macher, Bärnbach.
[8] Ebda.
[9] Hinweise über derartiges Brauchtum gibt es auch von den anderen weststeirischen Glashütten.
[10] Informationen über das „Faschingspielen“ erhielt ich von: Peter Königsberger, Engelbert Königsberger, Abg. z. NR a. D. Josef Modl und Flora Hammer.
[11] Information von Herrn Dipl.-Ing. Westermaier.
[12] Kopie eines Exemplares aus dem Jahre 1928 in meinem Besitz.
[13] Einladung dazu im Besitze von Herrn Reviersteiger i. R. Karl Macher, Bärnbach.
[14] Paul W. *Roth*, Die Glaserzeugung in der Steiermark von den Anfängen bis 1913. Forschungen zur geschichtlichen Landeskunde der Steiermark, Hg. Historische Landes-

„Der letzte Hunt" aus dem Bergbau Tollinggraben, 25. 10. 1921

kommission für Steiermark, Band XXIX, Graz 1976, S. 209.

[15] Schulchronik Köflach.

[16] Bergwerkskapelle Hödlgrube-Zangtal im internationalen Wettstreit. In: Österreichischer Berg- und Hüttenkalender, 1959, S. 93.

[17] Hinweis auf eine Florianifeier der Oberdorfer Glasmacher mit Tanz und Unterhaltung in der Kantine im Jahre 1896 bei: P. W. *Roth,* Die Glaserzeugung in der Steiermark, Seite 201.

[18] Z. B. Verkündbuch der Pfarrkirche Piber für das Jahr 1877.

[19] „Tschudara", im Volksmund der Weststeiermark gebräuchliche Bezeichnung für die Glasmacher. Kommt vom romanischen Lehnwort „Tschutter", das eine abgeflachte Flasche (Feldflasche) bezeichnet. Der „Tschudara" ist also ein „Flaschenmacher".

[20] Franz *Kirnbauer,* Bausteine zur Volkskunde des Bergmanns oder Bergmännisches Brauchtum, Leobener Grüne Hefte Nr. 36, Wien 1958, S. 131.

229

„Glasmachertratsch" in Oberdorf, März 1949

[21] Vgl. dazu Paul W. *Roth*, Ein Arbeiterleben: Richard Druschnitz (1889–1973). In: Blätter für Heimatkunde, 48/1974, S. 89.

[22] Ein früher Hinweis auf die „schwarze Bergmannstracht" befindet sich auf einem aus der Zeit um 1800 stammenden Barbarabild in der Pfarrkirche zu Salla.

[23] Informationen zum Brauchtum der Bergleute erhielt ich von: Berginspektor i. R. Dipl.-Ing. Franz Gößler, Bärnbach, und Reviersteiger i. R. Karl Macher, Bärnbach.

Spezielle Literatur zum Brauchtum der Bergleute:

Karl *Eisner*, Der Traditionskreis der Bergleute im Kohlenrevier der nördlichen Weststeiermark. Diss. Graz 1969.

Gerhard *Heilfurth*, Der Bergbau und seine Kultur. Eine Welt zwischen Dunkel und Licht, Zürich und Freiburg im Breisgau 1981.

Franz *Kirnbauer*, Bausteine zur Volkskunde des Bergmanns oder Bergmännisches Brauchtum. Leobener Grüne Hefte 36, Wien 1958.

Zeugen der Landschaft

Walter Zsilincsar

Das Voitsberg-Köflacher Becken in seinen geographischen Grundlagen

Das Bild des Raumes, das hier skizziert wird, ist nur als Anleitung, als Orientierungshilfe für jene zu verstehen, die sich mit ihm erstmalig auseinandersetzen wollen. Jenen aber, denen diese Landschaft vertraut ist, möge es entweder Bestätigung oder aber Bereicherung ihrer eigenen Sicht sein.

Der thematische Bezug der Landesausstellung zu Glas und Kohle könnte aber leicht dazu verleiten, diese Landschaft zu einseitig zu sehen. Dadurch würde manches in den Hintergrund gedrängt, was ihren Charakter und ihre Vielfalt wesentlich mitprägt. Die weißen Pferde von Piber, Burgen, Schlösser, Kirchen und Klöster, alte Städte und Dörfer, das bergbäuerliche Hinterland oder das noch immer dichte Waldkleid des Steirischen Randgebirges, die (verfüllten) Tagebaurestlöcher, Abbaugebiete und Abraumhalden des Braunkohlebergbaues, Fabriksschlote, Werkshallen oder Kühltürme des kalorischen Kraftwerkes in Voitsberg, sie alle hinterließen mehr oder minder kräftige Spuren in diesem Raum.

Kaum anderswo in der Steiermark ist der geologische Untergrund so mannigfaltig wie hier, wo die Ausläufer des Grazer Berglandes (paläozoische Kalke und Dolomite) mit ihren schroffen Formen buchtförmig in das Kristallin des Steirischen Randgebirges eingreifen. Letzteres dacht gegen das Weststeirische Becken hin ab und wird von jüngeren Sedimenten überlagert. Wie man aus Bohrprofilen entnehmen kann, weist der vortertiäre Untergrund ein recht bewegtes Relief auf. Abflußlose Mulden und kegelförmige Erhebungen lassen Rückschlüsse auf eine verhüllte Karstlandschaft zu.

Die Moore und Sumpfmoorwälder dieser Mulden wurden im Jungtertiär (Miozän) allmählich mit feinen Sedimenten fließender und stehender Gewässer verfüllt und unter Luftabschluß vom Inkohlungsprozeß

erfaßt. So entstanden an der Wende vom Karpat zum Baden die Baunkohlenflöze des Voitsberg-Köflacher Reviers.

Sandsteine und Schiefer der Kreide („Kainacher Gosau") im Norden des Beckens sowie die oberflächennahen Sedimente des Quartärs bereichern den geologischen Bau. Auch im äußeren, morphologischen Erscheinungsbild dokumentiert sich die geologische Mannigfaltigkeit. Schotter, Sande und Tone des Tertiärs gestalten das flachwellige Relief des Beckeninneren. Sie sind die wichtigsten Träger der Siedlungen und des Kulturlandes. Da in ihnen jedoch auch die kohleführenden Schichten eingelagert sind, hat der Bergbau diesem Gebiet durch Jahrhunderte seinen Stempel aufgeprägt. Tagbaumulden, Schlämmteiche und Halden waren und sind sichtbare Zeugen dieser Aktivitäten. Nutzungskonflikte bleiben unter solchen Bedingungen nicht aus. Die mögliche Hebung der Kohlevorräte unter Bärnbacher Siedlungsgebiet oder im Becken von Piber sorgt auch heute wieder für Diskussionsstoff unter der Bevölkerung, den Bergbauverantwortlichen und Politikern.

Recht ausgeprägt verläuft der Anstieg zum Kristallin der Koralpe im W und SW der Köflacher Bucht. Die Bäche greifen vielfach kerbtalartig in den Gebirgskörper ein, der einen auffallenden Stockwerksbau aufweist. Die ausgedehnten Ebenheiten unterschiedlicher Höhenlage sind als alte Landoberflächen zu deuten. Während die steilen Flanken dichtes Waldkleid tragen, finden sich auf den für den gesamten Gebirgsrand typischen Hangverflachungen bis in große Höhen (über 900 m) ausgedehnte Rodungsinseln mit verstreuten Gehöften und kleinen Weilern. Verlassene Höfe und Keuschen, oft nur noch Mauerreste, und vom Wald überwucherte Obstbäume zeugen von einer einstmals dichteren ländlichen Besiedlung an der oberen Siedlungsgrenze. Ungünstige Exposition, schlechte Verkehrserschließung und die besseren Verdienstmöglichkeiten in den Bergbau- und Industriebetrieben der Täler und Becken haben die Bergflucht schon im vorigen Jahrhundert gefördert.

Der Holzreichtum und die zahlreichen Quarzitgänge im Koralpenkristallin bildeten die Grundlage für das Entstehen von Glashütten. Ihre Verlagerung an die auch verkehrsgünstigeren Standorte am Gebirgsfuß trug wesentlich zum gewerblich-industriellen Aufschwung des Voitsberg-Köflacher Beckens bei.

Als ausgesprochen siedlungsfeindlich gelten die schroffen, bisweilen zur Wandbildung neigenden, wasserarmen, verkarstungsfähigen Kalke des Franziskanerkogels, Gradenberges und Zigöller Kogels.

Weichere Formen und eine intensivere Zerschneidung zeichnen dagegen die Schichten der Kainacher Gosau aus. Die Talenge von Krems schließt das Voitsberg-Köflacher Becken nach Osten zu ab. Seine südliche Begrenzung erfährt es wiederum durch das Koralpenkristallin, doch erreicht dieses nur noch Höhen um die 600 m (Voitsberg: 395 m).

Die Temperaturgunst der Beckenumrahmung sowie der über den Beckenboden aufragenden Rücken und Kuppen macht sich besonders im Winterhalbjahr bemerkbar, wenn die schwerere, am Abfluß gehinderte Kaltluft bei Inversionswetterlagen zähe Kaltluftseen bildet, die sich nur langsam auflösen. So ist das Jännermittel der Temperatur in Maria Lankowitz (−2,3°) um 0,8° C wärmer als im 125 m tiefer gelegenen Lobming (400 m). Auch das dort relativ niedrige Jahresmittel von 7,9° C unterstreicht den Charakter des relativ kühlen, abgeschlossenen Talbeckens, wogegen Maria Lankowitz ein Jahresmittel von 8,4° C aufweist.

Als thermisch besonders begünstigt stellt sich die Höhenzone zwischen 550 und 650 m dar. Das Auftreten der Edelkastanie und alte Riedbezeichnungen wie „Weingartberg" im N von Bärnbach untermauern diese Aussage.

Die Inversionsanfälligkeit des Voitsberg-Köflacher Beckens ist auch unter lufthygienischen Aspekten zu betrachten. Die Schadstoffemissionen des Hausbrandes, der Industrie und – bis zum Einbau einer hochwirksamen Filter- und Entgiftungsanlage – des Kohlekraftwerkes in Voitsberg, tragen und trugen zur Anreicherung von Schadstoffen in der Luft bei. Ein erhöhtes Krebsrisiko für die ortsansässige Bevölkerung als Folge dieser Gegebenheiten mußte befürchtet werden[1]. Daher wurden bereits zahlreiche Anstrengungen seitens des Landes und der betroffenen Betriebe für eine Verbesserung der Luftgüte unternommen[2].

Lange, zu lange, hat man Rauch und Gestank als Zeichen eines florierenden Industrieraumes hingenommen. Die dramatische Verschlechterung des Zustandsbildes unseres Waldes, auch im weststeirischen Industrie- und Bergbaurevier, hat jedoch in den letzten Jahren zu einem stärkeren Umweltbewußtsein in der Bevölkerung beigetragen. Die Emissionen des Dampfkraftwerkes Voitsberg breiten sich kegelförmig, vorwiegend in nordwestlicher Richtung aus, so daß lediglich der nordöstliche Teil der Beckenumrahmung von größeren Immissionsschäden verschont ist.

Neben dem Relief und der natürlichen Vegetation gestalten die Gewässer das Bild einer Landschaft entscheidend mit. An Seen und größeren Fließgewässern ist unser Gebiet arm. Ein paar kleinere, mit dem Bergbau im Zusammenhang stehende Teiche und einige unscheinbare Bäche bestimmen das hydrographische Netz. Lediglich die Kainach füllte in den Kaltzeiten einen breiteren Talboden auf, der zu einer Leitlinie der Siedlungs- und Verkehrsentwicklung wurde.

Bis zu der Ende der sechziger Jahre in Angriff genommenen Flußregulierung kam es immer wieder zu folgenschweren Hochwässern. Dies und der des geringen Gefälles wegen feuchte Talboden waren der Anlaß dafür, daß die Siedlungen ursprünglich an den Rand des Tales drängten, wobei die gegenüber der Sonneneinstrahlung begünstigten Hangfußzonen bevorzugt wurden. Baulanddruck, industriell-bergbaulicher Flächenverzehr, Meliorierungsarbeiten und Rodungstätigkeit haben jedoch die alten Siedlungsstrukturen seit der Mitte des vorigen Jahrhunderts fast völlig verwischt.

Obwohl das Becken von Voitsberg-Köflach keine herausragende Rolle im Besiedlungsgang der westlichen Steiermark spielte, finden wir hier doch zahlreiche bedeutsame Zeugen seiner historischen Entwicklung, die mehr als nur lokale oder regionale Aufmerksamkeit verdienen.

Blick über den Tagbau Oberdorf, im Hintergrund die Rauch- und Dampffahnen des ÖDK Voitsberg 3

Schon der Umstand, daß heute auf engstem Raum drei städtische Siedlungen bestehen, wirft etliche siedlungsgeschichtliche und siedlungsgeographische Fragen auf. Es würde sich lohnen, alle drei Städte offenen Auges zu durchwandern, um zu erkennen und zu erleben, wie ihr Grund- und Aufriß Einblicke in die sozial-ökonomischen und polit-historischen Verhältnisse vermitteln bzw. wie aus den quantitativen und qualitativen Veränderungen der Bausubstanz oder der gesellschaftlichen und demographischen Gegebenheiten funktionale Prozeßabläufe sichtbar werden.

Der Konkurrenz geistlichen und landesfürstlichen Einflusses im Kainachboden verdanken wir die Entstehung von Köflach und Voitsberg.

Aufgrund seiner verkehrsgünstigen Lage erhielt Köflach (1981: 12.005 Ew.) schon 1170 als Besitz des Stiftes St. Lambrecht das Marktrecht. Mit der wachsenden Bedeutung der Stubalmübergänge für den Handelsverkehr zwischen dem Judenburger Becken und der Landeshauptstadt Graz ergab sich auch für den Landesfürsten die Notwendigkeit der Absicherung dieses Verkehrsweges dort, wo man die Waren von den schweren Fuhrwerken auf Saumtiere umladen mußte. Köflach profitierte zwar vom Aufschwung seines Fuhr- und Gastgewerbes bzw. des einschlägigen Handwerkes (Schmiede, Wagner, Sattler, Seiler, etc.) aufgrund seines günstigen geographischen Standortes – ohne jedoch seinen ursprünglichen dörfischen Charakter abzulegen –, der landesfürstlichen Konkurrenzgründung eines Straßenmarktes am Fuße der nur 6 km entfernten, nach 1151 errichteten „Vogtsburg" (Ober-Voitsberg) hielt es freilich nicht stand. Bereits 1196 übernahm die planmäßige Neugründung Voitsberg (1981: 10.945 Ew.) das Köflacher Marktrecht. Die damals begründete Stellung des Handels-, Geschäfts- und Verwaltungszentrums fand ihren bis heute sichtbaren Ausdruck in der Funktion des Bezirkshauptortes. Mit seinem geschlossen umbauten, von meist zweigeschossigen Ackerbürgerhäusern gesäumten Hauptplatz, dem regelmäßigen Straßennetz und seiner wehrhaften Ummauerung besaß Voitsberg die wichtigsten Attribute einer mittelalterlichen Stadt. Es ist daher nicht verwunderlich, daß bereits 1245 die Stadterhebung erfolgte.

Köflach gelang der Aufstieg zur Stadt erst wesentlich später, als in der zweiten Hälfte des 19. Jahrhunderts eine stürmische industrielle Entwicklung einsetzte. Entscheidend dabei war, daß die traditionellen Energieträger des Gebietes, Holz und Wasser, durch die Entdeckung der Braunkohlevorkommen ergänzt bzw. ersetzt wurden. Förderte man 1841 erst ca. 8400 t Kohle, so waren es 20 Jahre später (1863) schon 111.500 t. Durch den Bau einer Eisenbahnlinie nach Graz im Jahre 1859 erfuhr auch das Verkehrswesen eine entscheidende Verbesserung, vergleichbar etwa mit dem Bau der Südautobahn über die Pack (Eröffnung 1982), die die Städte des weststeirischen Kohlereviers jedoch nur noch tangiert.

Man ist allzu leicht geneigt, diesem Umstand einen gewissen Symbolgehalt für die gegenwärtige, krisengeschüttelte, wirtschaftliche Lage der Region zuzumessen: führt auch die künftige wirtschaftliche Entwicklung an ihr vorbei?

Mit einem Pro-Kopf-Steueraufkommen von S 4741 (§ 21 FAG 1985) nimmt der Bezirk Voitsberg den 8. Rang unter 17 steirischen Bezirken ein. Der regionale Arbeitsmarkt ist angespannt. Die Zahl der vorgemerkten Arbeitslosen betrug 1983 1014 Personen, d. s. gegenüber 1973 (288 Personen) + 352%.

Auch das Pendlerwesen ist ein Gradmesser für das wirtschaftliche Potential eines Raumes, ebenso wie die Entwicklung seiner Bevölkerung. Immer weniger Menschen finden einen Arbeitsplatz in ihren Heimatgemeinden, immer mehr kehren diesen endgültig den Rücken. In Bärnbach mußte 1981 bereits nahezu die Hälfte der Beschäftigten (48,6%) auspendeln, in Köflach waren es 42,7%, in Voitsberg, dem Bezirkshauptort, dagegen „nur" 39,0% bei einem Auspendleranteil von 53,7% für den gesamten Bezirk.

Unter den drei Städten des Voitsberg-Köflacher Beckens spiegelt die jüngste, Bärnbach (1981: 5402 Ew.) am deutlichsten die wirtschaftliche Entwicklung der letzten 160 Jahre wider. Im Jahre 1265 erstmals als „Pernbach" erwähnt, stieg der Ort aus einer ländlichen Streusiedlung zu einer der jüngsten Städte der Steiermark auf (1953 Markt, 1978 Stadt).

Alte Zeugen geistiger und weltlicher Macht (Schloß Altkainach mit dem Steirischen Burgenmuseum, Schloß Piber mit dem Lipizzanergestüt der Spanischen Hofreitschule u. a.), viele längst abgekommene

Blick über Köflach auf Schloß Piber

Bauernhöfe, Berg- und Fabriksarbeiterkolonien der Gründerzeit, Einfamilienhaussiedlungen der Zwischenkriegs- und Nachkriegszeit, Fabrikshallen und immer wieder die sichtbaren Zeichen des Bergbaus – landschaftsfressend, bedrohend und doch Hoffnung vermittelnd (wohl mehr im Blick zurück) – Rauch, Lärm und Betriebsamkeit neben klösterlicher Stille und Besinnlichkeit am Heiligen Berg, sie alle ergeben in ihrer Vielfalt und ihrem Kontrastreichtum das unverwechselbare Ambiente einer Landschaft, die mehr zu bieten hat als den Gegensatz von schwarz und weiß, von Kohle und Lipizzanern, die nicht zu einem einförmigen Grau verschwimmt, sondern so bunt und schillernd ist wie das Glas, das hier jahrhundertelang zur Freude der Menschen erzeugt wurde.

Anmerkungen:

[1] Eine Untersuchung des Hygiene-Institutes der Universität Graz aus dem Jahre 1984 ergab bezüglich der Gesamt- Krebssterblichkeit für die Region Voitsberg-Köflach im Vergleich mit vier anderen steirischen Regionen die höchsten Werte. Ein Ursachenbezug zur Höhe der Luftschadstoffbelastung liegt nahe, kann jedoch dzt. nicht exakt nachgewiesen werden.

[2] Am 20. September 1987 ging im DKW Voitsberg III eine Rauchgasentschwefelungsanlage mit einem rd. 90%igen Wirkungsgrad und einem Kostenaufwand von 1,3 Mrd. S offiziell in Betrieb. Die Emissionsrate sollte dadurch von rd. 2000 kg SO_2/h bei Vollast im Jahre 1984 auf 740 kg SO_2/h zurückgehen.

Literatur:

Hans *Wallner,* Die strukturellen Wandlungen von Bevölkerung, Wirtschaft und Siedlung im Bereiche Köflach-Voitsberg während der letzten Jahrzehnte, naturwiss. Diss., Graz 1980.

Georg *Stecher,* Die Wirtschaft des Bezirkes Voitsberg, staatswiss. Diss., Graz 1954.

Franz *Ederer,* Die Entwicklung von Bärnbach, Hausarbeit am Geographischen Institut der Karl-Franzens-Universität Graz, 1982.

Paul W. Roth

Der Kohlentagbau Bärnbach

Die Kohlenlagerstätten von Oberdorf wurden 1764 von Abbe Nicolaus Poda entdeckt. Seit dem letzten Drittel des 18. Jahrhunderts ging im Oberdorfer Revier der Bergbau in Form des Gruben- und des Tagbaues um. Seit 1848 wurde die Kohle ausschließlich grubenmäßig gewonnen.

Die Auffindung bedeutender Kohlenreserven im Bereich des bis dahin noch wenig bekannten Unterflözes ließ die tagbaumäßige Gewinnung des gesamten Flözpaketes möglich erscheinen. In Hinblick auf den Tagbau wurde der Grubenbetrieb Ende 1978 eingestellt. Die Planungen für diesen Tagbau reichen bis ins Jahr 1973 zurück. Damals wurde im weststeirischen Raum nach Kohle prospektiert und exploriert, um die Energiebasis für das geplante Dampfkraftwerk Voitsberg III sowie ein zweites Fernheizkraftwerk in Graz-Nord zu finden. Nach Vorliegen der Ergebnisse wurde von Ingenieuren der GKB ein Tagbauprojekt für Oberdorf ausgearbeitet, das die Gewinnung von 31,2 Millionen Tonnen Kohle bei einer Abraumbewegung von 139 Millionen Kubikmetern vorsah. 1977 wurde das Projekt „Großtagbau Oberdorf" in Angriff genommen. Mit der Kohleförderung konnte 1981 begonnen werden.

Wie vorgesehen wird die Kohle von Oberdorf überwiegend zur Verfeuerung in dem vom Tagbau 1,5 km entfernten 330-MW-Dampfkraftwerk, das parallel mit dem Bergbau geplant und errichtet worden war, verwendet. Die jährliche Förderleistung beträgt ungefähr eine Million Tonnen.

Beschreibung

Das weststeirische Braunkohlenrevier, welches 25 km westlich von Graz liegt, ist das größte Revier Österreichs. Es umfaßt eine Fläche von 33 km². Sieben Kohlenlagerstätten mit einem Lagerstätteninhalt

Abraumverladung

von 3 Mt bis 45 Mt sind ausgebildet. Die größte Lagerstätte ist Oberdorf mit 45 Mt Kohle. Die Oberdorfer Kohle wurde im Tertiär als Süßwasserablagerung gebildet und liegt muldenförmig bis 230 m unter der Geländeoberfläche. Die Kohlenflöze sind bis zu 35 m mächtig. Dem Tagbau konnte ein gewinnbares Kohlevermögen von 31,225.000 t zugeordnet werden. Dem steht, wie erwähnt, ein Gesamtabraum von 139 Millionen m³ gegenüber. Für den alpinen Lagerstätten-

Aufgabeband, Aufgabewagen und Kohlenförderband im Tagbau Oberdorf

bereich bedeuten diese Mengen eine ungewöhnliche Größenordnung, so daß man von einem Großtagbau sprechen kann. Der gesamte Tagbau ist in drei nacheinander abzubauende Feldesteile geteilt, die ineinander übergehen. Das zuerst in Angriff genommene Westfeld wird von seinem südwestlichsten Tagbauraum direkt abgebaut. Die Feldesform ist kreisförmig und ergab sich im wesentlichen aus den natürlichen Grenzen der Lagerstätte. Lediglich im Südwesten zieht die Lagerstätte in das Siedlungsgebiet der Stadt Bärnbach, so daß hier ein Kohleschutzpfeiler verbleiben wird.

Die große Abraumüberdeckung und Mächtigkeit der Lagerstätte ist das besondere Problem des Tagbaues Oberdorf. Das zeigt sich besonders in den großen Höhenunterschieden, die vom Schachtplatz

Blick auf Ostmulde des Tagbaues Oberdorf, im Hintergrund Dampfkraftwerk Voitsberg 3

Oberdorf zur höchsten Erhebung 195 m und vom Schachtplatz Oberdorf zum Muldentiefsten der Westmulde 90 m betragen, was einen Gesamthöhenunterschied von 285 m ergibt.

Der Abbau erfolgt im Mehrstufenbau. Bei der Größenordnung des Tagbaues Oberdorf konnte nur der Einsatz der heute in Kohlen-Tagbauen bewährten Technologie mit Schaufelradbaggern, Bandförderern und Bandabsetzern zum Erfolg führen. Mit dem Vorhaben, die lignitische Kohle mit Schaufelradbaggern im Tagbau zu gewinnen, wurde im Köflacher Revier Neuland betreten.

Jeder Schaufelradbagger arbeitet mit einem Bandwagen zusammen und ist dadurch in der Lage, bei einem Einzelabtrag von maximal 13 m, bei vier bis fünf Stufen eine Gesamtabbauhöhe von maximal

34 m bei Aufgabe auf eine Strossenbandanlage zu bewältigen. Die Schaufelradbagger sind Universalgeräte und können entweder Kohle oder Abraum gewinnen. Am Tagbaurand befindet sich der Bandsammelpunkt, wo mittels Schwenkbändern der Umschlag auf die Abraum- oder Kohlebandstaffel erfolgt. Die Bandbreite der Strossenbänder und Tagbaubänder beträgt 1,4 m, die Bandgeschwindigkeit 4,2 m/s. 1984 standen im Tagbau auf der Kippe insgesamt 11 Bandanlagen mit einer Gesamtlänge von mehr als 7 km in Betrieb. Außerdem waren zwei Bandanlagen mit zusammen 750 m Länge für die Abförderung der Kohle vom Tagbau zur Sieb- und Brechanlage im Einsatz. Ab 1985 kam zur Auskohlung des Abbaufeldes eine neue Abbautechnologie, bestehend aus zwei Hydraulikbaggern, einem fahrbaren Aufgabeband und einem mobilen Brecher zum Einsatz.

Dem Tagbaubetrieb steht folgender Gerätepark zur Verfügung:

2 Schaufelradbagger SRs 400, Lauchhammer, DDR
1 Schaufelradbagger VA-B 700 VOEST-ALPINE (in Bau)
4 Hydrauliktieflöffelbagger UH 261, Hitachi, 3,5 m^3 Schaufel
1 Bandabsetzer ARs$\frac{11600}{20+30}$ × 12,5, VOEST-ALPINE
2 Bandwagen Nutzlänge 45 m, VOEST-ALPINE
1 Bandwagen Nutzlänge ca. 20 m, VOEST-ALPINE
1 mobiler Brecher Leistung 600 t/h, VOEST-ALPINE
13 Bandanlagen 1400 mm breit, Gesamtlänge ca. 7 km, VOEST-ALPINE

3 Schubraupen D 355 a Komatsu 302 kW
1 Schubraupe D 155 a Komatsu 240 kW
1 Schubraupe D 85 D Komatsu 162 kW Motorraupe
1 Laderaupe D 155 Komatsu 261 kW 4,5 m^3 Schaufel
2 Laderaupen D 75 S Komatsu 147 kW 2,5 m^3 Schaufel
2 Rückraupen D 155 C Komatsu 240 kW
1 Radlader Cat 992 C 12 m^3 Schaufel
6 SLKW Cat 777 Nutzlast 85 t
1 Kran Coles Tragkraft 23 MP
3 Geländefahrzeuge Unimog U 110 V mit Kran
   Puch Mercedes 240 GD
   Lada Niva
2 Muldenkipper D 666 B Nordstrom, 167 K, Nutzlast 25 t

Literatur:

Leopold *Weber* – Alfred *Weiß*, Bergbaugeschichte und Geologie der österreichischen Braunkohlenvorkommen. = Archiv für Lagerstättenforschung der Geologischen Bundesanstalt, Bd. 4, Wien 1983, S. 55–57.
Franz *Gößler,* Der Einsatz von Schaufelradbagger und Bandwagen im Tagbau Oberdorf – Erfahrungen und Probleme. In: Berg- und Hüttenmännische Monatshefte, 126/1981, H. 6, S. 221–228.
Franz *Gößler,* Planung und Entwicklung des Tagbaues Oberdorf. In: Grundlagen der Rohstoffversorgung, H. 6: Geotechnik und Sicherheit im Bergbau – Seminar in Köflach am 22. und 23. November 1979, Wien 1982, S. 29–47.
Franz *Gößler,* Oberdorf. Ein alpiner Tagebau in Österreich. In: Braunkohle, Doppelheft 11/E II, November 1984, S. 368–372.

Ernst Lasnik

Industrieanlagen und Denkmäler von Bergbau und Industrie im Bezirk Voitsberg

Der Bezirk Voitsberg wird bereits seit mehreren Jahrhunderten von Glas, Kohle und auch Eisen geprägt. Jeder dieser drei Bereiche hat vielen Menschen Arbeit und Brot gegeben, hat durch das Angebot von Arbeitsplätzen viele Zuwanderer in das Gebiet gebracht und hat die, vor allem seit der zweiten Hälfte des 19. Jahrhunderts rasante Entwicklung der Orte im Zentralraum des Bezirkes Voitsberg ausgelöst und gefördert. Die verschiedenen Arbeitersiedlungen prägen noch heute die Orte, und der Bergbau verändert weiterhin die Landschaft.

Das Großkraftwerk „Voitsberg III" der ÖDK und die „Zentralsortierung" der GKB bei Bärnbach stehen als Industriemonumente im Zentralraum, in Rosental wird eine tiefe Mulde noch viele Jahre an den ausgekohlten Tagbau „Karlschacht II" erinnern, und in Bärnbach-Oberdorf ist seit 1978 ein ganzer Berg verschwunden. Außer diesen, sofort für jeden Besucher sichtbaren Zeichen des Industrieraumes Köflach-Voitsberg gibt es noch eine große Anzahl kleinerer und bescheidenerer Zeugen der industriellen Vergangenheit dieses Gebietes.

Die Landesausstellung „Glas und Kohle" in Bärnbach ist ein willkommener Anlaß, auf diese Denkmäler aus den Bereichen Glas-Kohle-Eisen hinzuweisen.

Verzeichnis:

Bärnbach:

Werksanlage des Bergbaues „Oberdorf", mit Resten alter Gebäude (19. Jahrhundert) und mit der nach Schließung der Grube Oberdorf im Jahre 1978 errichteten „Gedenkstätte für alle im Kohlenrevier der GKB verunglückten Bergleute" an der Voitsberger Straße.

Werksanlage der „Glashütte Oberdorf", mit alten Gebäuden (z. B. im „Windischen Viertel", datiert mit „1835").

Nicht weit von den Werksanlagen der Glashütte und der Kohlengrube befindet sich die um 1860 errichtete Bahnstation „Oberdorf-Schacht" (auch „Oberdorf-II-Grube").

Pfarrkirche: Der hl. Barbara geweiht, mit Flügelaltarentwurf – „die hl. Barbara über den alten Werksanlagen von Oberdorf" – von Prof. Franz Weiß, einer „Schutzmantel-Barbara" des Bildhauers Alfred Schlosser sowie mehreren Farbglasfenstern von Prof. Otto Brunner. Die Kirche wurde in den Jahren 1948 bis 1949 nach Plänen von Architekt Karl Lebwohl errichtet und wird 1987/88 nach einem Konzept des Wiener Künstlers Friedensreich Hundertwasser umgestaltet.

In Bärnbach bestehen verschiedene Typen von Personalhäusern. Als Beispiele seien genannt: Die „Schreiner-Häuser" (Laubengangtypus) an der Straße nach Kainach (Hauptstraße Nr. 56 und 58), die „Kolonie" (Barackensiedlung) in der Karellystraße und die „Beamtenhäuser" in der Rüsthausgasse und in der Piberstraße.

Zwischen Voitsberg und Bärnbach liegen im Gebiet des ehemaligen Dorfes „Mitterdorf" die ausgedehnten Werksanlagen der Zentralsortierung und Zentralwerkstätten. Auf Grund der enormen Nachfrage nach Kohle in der Nachkriegszeit errichtete die GKB in den Jahren 1950 bis 1954 für die Betriebe Karlschacht Tagbau und Grube, Marienschacht, Oberdorf und Zangtal hier eine zentrale Aufbereitungsanlage, die für eine tägliche Fördermenge von acht- bis zehntausend Tonnen Kohle ausgelegt war. Der Sortierungsanlage war bis zum Jahre 1975 eine Kohlentrocknungsanlage „System Fleißner" angeschlossen. Diese bestand aus 16 Kesseln und konnte täglich 2800 t

Kohle trocknen. Bestandteil der Zentralsortierung ist auch eine weitläufige Versandanlage. 15 Geleise bilden einen eigenen Industriebahnhof, der in den Bahnhof Bärnbach der GKB eingebunden ist. Die Verladeleistung beträgt bei 14stündigem Betrieb 8500 t Kohle. Pro Stunde können 30 Waggons (à 20 t) beladen werden.

Um die nahegelegenen Dampfkraftwerke (ÖDK Voitsberg II und III) ständig sicher mit Kohle versorgen zu können, und da von der Zentralsortierung auch der Bedarf an inländischer Hausbrandkohle zu mindestens 70% gedeckt wird, muß eine umfangreiche Depotwirtschaft betrieben werden.

Die Zentralwerkstätten dienen im wesentlichen der Instandhaltung der umfangreichen maschinellen Anlagen des gesamten Köflach-Voitsberger Kohlenreviers.

Der mit der zunehmenden Technisierung auch immer stärker werdende Anfall von Reparaturarbeiten in den Grubenbetrieben des Köflacher Reviers und der Bau des ersten Dampfkraftwerkes in Bärnbach führten Anfang der zwanziger Jahre zu einer Konzentration aller Werkstätten in Bärnbach. 1923 wurde auch das neue Zentralmagazin hier eröffnet, und seit 1946 ist der Zentralwerkstätte auch die 1930 als „Werksschule Köflach" gegründete GKB-Werksschule angeschlossen.

Am südlichen Abhang des Heiligen Berges bestand bis 1962 der Bergbau „Marienschacht". Heute erinnern an diese Kohlengrube noch das sogenannte „Beamtenhaus" (Nr. 7), eine Wohnbaracke (Nr. 9) und ein im Jahre 1956 angelegtes Sprengstoffdepot.

Gradenberg-Krenhof:

An der „Gaberlstraße" (Judenburger Straße Nr. 188) liegt das voll in Betrieb stehende Hammerwerk der Sensenwerke Krenhof AG. Dieses Werk setzt die Tradition der weststeirischen Hammerwerke erfolgreich weiter fort. Etwas weiter in Richtung Krenhof stehen rechts der Gaberlstraße die Überreste der Werksanlagen des Eisen- und Stahlwerkes des Gewerken Heinrich Mitsch (1899 stillgelegt). Unmittelbar danach befindet sich auf der linken Seite der große Kalksteinbruch der GKB mit einem modernen „Zweischacht-Kalkofen". Dieser Kalkofen wurde als

Ersatz für den 1972 nach mehr als hundertjährigem Betrieb eingestellten „Lansinger-Kalkofen" (beim Köflacher Bahnhof) errichtet.

Knapp vor Krenhof liegen zwischen Gradenbach und Gaberlstraße die ehemaligen Werksgebäude des alten Sensenwerkes (1939 eingestellt). In Krenhof steht unmittelbar an der Straße das ehemalige Gewerkenschlößl, ein Bauwerk aus der Zeit um 1800. Nächst dem vulgo „Krenhofbauer" besteht noch ein kleiner, aus der Zeit vor 1900 stammender Kalkbrennofen.

Köflach:

Reste der alten, 1846 gegründeten „Glashütte zu Weyern" an der „Gaberlstraße" (Judenburger Straße Nr. 102).

Werksanlage der Glasfabrik Köflach, mit dem alten „Gewerkenhaus", der in der Nachkriegszeit errichteten und nun stillgelegten „B-Hütte" sowie alten Arbeiter-Wohnhäusern.

Werksanlage des Bergbaues „Karlschacht", mit einem im typischen Nachkriegsstil gehaltenen Maschinen- und Badhaus sowie einer im Jahre 1960 von Max Moitzger, einem Bergmann und Künstler, aus Kunststein geschaffenen Figurengruppe zweier Bergleute.

An der alten Lankowitzer Straße (Miethstraße) liegt eines der bedeutendsten Montandenkmäler des Köflach-Voitsberger Bergreviers, der vor 1800 angeschlagene „Katharinenstollen". Er ist mit Tonziegeln und Haussteinen ausgemauert und führt weit in Richtung Maria Lankowitz.

Im Haus Griesgasse Nr. 13 wurde 1857/58 von der „Bruderlade der k. k. priv. Graz-Köflacher Eisenbahn- und Bergbaugesellschaft" ein Knappenspital eingerichtet.

Bemerkenswert ist auch der um 1860 errichtete Bahnhof Köflach mit Stationsgebäude, Lagerhalle sowie Heizhaus für die Dampflokomotiven.

Die Bahnhofstraße wurde in der zweiten Hälfte des 19. Jahrhunderts als Verbindungsstraße vom alten Ortskern zum Bahnhof neu angelegt. Mit ihren Villen, Geschäfts- und Gasthäusern sowie dem ehemaligen „Hotel Bahnhof" ist sie ein sehr schönes Beispiel gründerzeitlicher Architektur.

Zentralsortierung

245

Anfahrtsstube Karlschacht

Unmittelbar neben dem Bahnhof befindet sich im ehemaligen Haus des Werksarztes der Alpine-Montan und Dichters Dr. Hans Kloepfer (1867–1944) seit 1984 das Museum der Stadt Köflach. Dieses besitzt und zeigt verschiedenes Material aus den Bereichen Glas, Kohle und Eisen.

Ebenfalls interessantes Material zum Bereich Kohle besitzt das Privatmuseum des Herrn Walter Mulej im „Lindenhof" (Franz-Kautschitsch-Straße).

In der Pfarrkirche hängt ein vom Münchner Künstler Zinke (einem bekannten Vertreter der Nazarener-Malschule) um 1860 gemaltes Bild der hl. Barbara. Im unteren Teil zeigt es Bergleute „vor Ort".

An der Außenwand (rechts vom Eingang) befindet sich der Grabstein der 1808 verstorbenen „wohledlen Frau Juliana Klieglin, gebohrnen Grossauerin, vorhin- verehlichten Tunerin, Eisenberg und Schmölz-

gewerkin zu Salla, und Hammersgewerkin zu Obergraden".

Vor dem Gebäude der GKB-Bergdirektion steht in einem kleinen Park eine vom Bergarbeiter und Künstler Max Moitzger geschaffene Bergarbeiterskulptur.

Die Stadt Köflach verdankt ihren raschen Aufstieg seit dem 19. Jahrhundert im hohen Maße den Bereichen Kohle, Glas und Eisen. Dementsprechend wird das Stadtbild auch sehr stark von Arbeiterwohnhausanlagen geprägt. Alle gängigen Typen derartiger „Personalhäuser" sind in Köflach zu finden: „Laubenganghäuser" des 19. Jahrhunderts (sehr schön das „Mairsche Haus" in der Dillacherstraße), „Kolonien aus der Zeit nach dem Ersten Weltkrieg (z. B. in Oberpichling), Wohnhaussiedlungen des Dritten Reiches (z. B. die „Ostsiedlung") und Wohnhausanlagen der Nachkriegszeit (z. B. die „Negrelli-Siedlung").

In der Dillacherstraße liegt der „Dillacherhof". Um die Mitte des vorigen Jahrhunderts war er im Besitze Erzherzog Johanns, der in diesem Gebiet Kohle abbaute. Heute werden die Gebäude des Hofes als Arbeiterwohnhäuser verwendet.

Krems bei Voitsberg:

Hier liegen zwischen Burgberg und Kainachfluß die Reste des 1788 vom Gewerken Georg Gamillscheg gegründeten und nach 1848 von Erzherzog Johann modernisierten Eisenblechwerkes. Bemerkenswert sind ein frühes Arbeiterwohnhaus (1855/56 errichtet, heute durch neue Fenster empfindlich gestört) und der von Erzherzog Johann zu einem Gewerkenschlößl umgebaute, ehemalige Maierhof der Burg Krems.

Ligist:

Der Markt Ligist war einst weitum bekannt ob seiner Hammerwerke. An der Umfahrungsstraße liegen das seit einigen Jahren stillgelegte, aber noch vollständig eingerichtete „Hammerwerk Roob" sowie das vom Gewerken Johann Georg Gamillscheg um 1750 errichtete „Gewerkenhaus".

Am Ligistberg befinden sich die Reste großer Steinbrüche, die in der zweiten Hälfte des 19. Jahrhunderts den Großteil des Bedarfes der steirischen Glashütten an Quarzsand deckten.

246

Maria Lankowitz:

Zwischen dem Ort Lankowitz und der „Packer Bundesstraße" befindet sich das Gelände des 1975 eingestellten Bergbaues „Franzschacht". Erhalten sind Teile der Aufbereitungsanlage (Kohlenwäsche), das Kanzleigebäude, das Depot der Werksfeuerwehr und verschiedene Wohnhäuser. In den ehemaligen Tagbaumulden bildeten sich durch das aufsteigende Grundwasser Teiche.

Im Ortsbereich selbst liegen Bergarbeiterwohnhäuser verschiedener Typen (Laubenganghäuser, Barackensiedlung, Personalhäuser der Nachkriegszeit).

An den Kohlengewerken Johann Pendl erinnert die um 1860/70 errichtete „Pendlvilla".

In Piberstein befindet sich eine in der Zwischenkriegszeit errichtete „Bergarbeiterkolonie".

Piber:

An der Außenmauer der Pfarrkirche erinnern Grabsteine an: Joseph Papst, Steinkohlengewerke zu Untergraden (1782–1845), Peter Troschütz, Schmölzer durch 52 Jahre auf der Glasfabrik in Tregist († 1870), Franz († 1826) und Alois Geyer († 1836), Glasfabriks- und Steinkohlen-Gewerksbesitzer in Oberdorf, und an Anton Kirchweger († 1838), „Bergschaffer" der Gewerken Geyer.

Bis zum Frühjahr 1987 erinnerte in Piber noch das sogenannte „Badhaus" an den hier bis in die Zwischenkriegszeit durchgeführten Abbau von Kohle.

Rosental an der Kainach:

In diesem sehr stark vom Kohlebergbau geprägten Ort (ehemalige Großtagebaue „Karlschacht I und II") befinden sich verschiedene Wohnhausanlagen für Bergarbeiter. Dem ältesten Typus (vor 1850) ist der „Krieghof" an der Hauptstraße (Packer Bundesstraße) zuzurechnen. (An einem Nebengebäude befinden sich das Monogramm „M K" und die Jahreszahl „1828".) Gegenüber dem „Krieghof" befindet sich eine Barackenkolonie, etwas westlich ein „Burschenhaus" (für ledige Arbeiter der GKB) und daneben zwei „Beamtenhäuser".

In Hörgas, etwas oberhalb der Hauptstraße, stehen „Personalhäuser" aus der Zwischenkriegs- und Nachkriegszeit.

Grubengebäude mit Figurengruppe von Max Moitzger (1960)

Salla:

Dieser kleine, an der „Gaberlstraße" gelegene Ort wurde seit dem 17. Jahrhundert von Waldglashütten und seit Ende des 18. Jahrhunderts vom Abbau und der Verhüttung von Eisenerz geprägt. Knapp vor dem Ort befand sich links der Schmelzofen (errichtet um 1783), im Ort selbst ist das Gewerkenhaus der Familie Tunner (im Türgewände mit „PT 1811" bezeichnet) erhalten.

In der gotischen Pfarrkirche befindet sich ein bemerkenswertes spätbarockes Ölgemälde der hl. Barbara. Es zeigt den Schmelzofen von Salla und zwei Bergknappen in schwarzer Bergmannstracht.

Am Brandkogelbach (am Ortsausgang, bei den alten Marmorbrüchen links hinauf) haben sich noch Mauerreste der im 18. Jahrhundert hier bestandenen Waldglashütte erhalten.

Gasthaus „Zur Alaunfabrik" im Tregistgraben

Stallhofen:

An der Straße in Richtung Geistthal befindet sich rechts neben der Straße das Gebäude der ehemaligen „Lackenschmiede" (auch „Huber-Schmiede", stillgelegt um 1970). Bemerkenswert ist die spätbarocke, einem Gesicht nachempfundene Schaufassade („Eisenfresser").

Voitsberg:

In einem Seitental, nächst dem Stadtkern, liegen die Werksgebäude der Kohlengrube „Zangtal".

Am Rande des Stadtzentrums, umgeben von einem weitläufigen Park, liegt das Schloß Greißenegg. Ursprünglich ein mittelalterlicher Wehrbau, wurde das Schloß um 1880 von den Kohlengewerken August und Ludovica Zang großzügig um- und ausgebaut.

Schöne Altbestände an Gebäuden aus der zweiten Hälfte des 19. Jahrhunderts zeigt auch noch der Bahnhof Voitsberg der GKB.

Unmittelbar neben dem Bahnhof bestand bis 1983 die 1859 von Carl Pollay begründete „Glasfabrik Voitsberg". Der Altbestand an Gebäuden wurde in den Jahren 1986/87 geschliffen, um Platz für die Errichtung einer neuen Glasfabrik (Streuscheiben für die Kfz-Industrie) zu erhalten.

Wie in allen weststeirischen Bergbauorten befinden sich auch in Voitsberg verschiedene Typen von Arbeiterwohnhausanlagen. Einen frühen Typus stellt das sogenannte „11er Haus" in der Grazer Vorstadt dar. An der Kainach befinden sich mehrere Wohnhäuser (der ehemaligen Glasfabrik) vom „Laubengangtypus". In der Bahnhofstraße steht das sogenannte „Horstig-Haus", ein vom Papier- und Kohlengewerken Moritz Ritter von Horstig um 1860 für seine Belegschaft errichteter Wohnhausblock.

Im Tregistgraben erinnert das Gasthaus „Zur Alaunfabrik" an die ehemalige Alaunsudhütte der Gewerken Geyer.

Zwischen Voitsberg und Rosental steht der gewaltige Industriekomplex der kalorischen Kraftwerke „Voitsberg II und III" der Österreichischen Draukraftwerke.

Die 1983 in Betrieb genommene Anlage „Voitsberg III" stellt mit ihrem 180 m hohen Kamin und dem 100 m hohen Kühlturm ein weitum sichtbares modernes Industriewahrzeichen dar. Das Kraftwerk hat eine Leistung von 330.000 kW und verbraucht jährlich etwa eine Million Tonnen heimischer Braunkohle. Durch den Einbau einer Elektro-Filteranlage und einer Entschwefelungsanlage wurde dieses Großkraftwerk auch umweltfreundlich.

Literatur:

Erika *Iberer*, Köflach – das wechselvolle Schicksal einer liebenswerten Stadt, Graz 1977.
Ernst *Lasnik*, Der Kohlenbergbau im Köflach-Voitsberger Bergrevier bis 1914. Diplomarbeit am Institut für Geschichte der Universität Graz 1987.
Ernst *Lasnik*, Geschichte-Kunst-Wandern. Ein Führer durch den Bezirk Voitsberg, Voitsberg 1984.
Paul W. *Roth*, Die Glaserzeugung in der Steiermark von den Anfängen bis 1913. = Forschungen zur geschichtlichen Landeskunde der Steiermark, Bd. XXIX., Graz 1976.

Österreichische Draukraftwerke, Dampfkraftwerk Voitsberg 3

Helmut Lackner

Kohlenbergbau und Museum in Fohnsdorf

Fand bisher die Zeit der Industrialisierung allgemein und insbesondere die damit zusammenhängende technische und soziale Entwicklung in den bestehenden Museen kaum eine ihrer Bedeutung adäquate Darstellung, so trifft dies in Österreich für den an sich traditionsbewußten Kohlenbergbau besonders zu. Sicher ist es prinzipiell auch positiver, wenn ein Bergbaubetrieb floriert und den Kumpeln und ihren Familien Arbeit bietet, doch wenn eine Schließung – aus welchen Gründen auch immer – vollzogene Tatsache ist, sollte es in einigen Fällen doch möglich sein, die zumindest über zwei Jahrhunderte reichende prägende Wirkung eines Kohlenbergbaubetriebes in musealer Form zu dokumentieren. Zu den in Österreich noch seltenen Beispielen dieser Art zählt neben dem Stadtmuseum Leoben mit einem Raum zur Geschichte von Seegraben und dem privaten Bergbaumuseum in Grünbach seit wenigen Jahren auch das Kohlenbergbaumuseum Fohnsdorf.

Zur Geschichte des Glanzkohlenbergbaues Fohnsdorf

Nicht was die Entdeckung selbst, sondern was den kontinuierlichen Abbau betraf, war Fohnsdorf bis zur Schließung 1978 der älteste und zugleich tiefste österreichische Kohlenbergbau.

Die Kohlenlagerstätte war seit 1670 bekannt und wurde bis in die Mitte des 18. Jahrhunderts von dem in Murau ansässigen Fürsten Schwarzenberg, zu dessen Grundherrschaft Frauenburg Fohnsdorf gehörte, abgebaut. Die Anwendung der Kohle als Brennstoff in den eigenen Hammerwerken stieß jedoch für einige Jahrzehnte noch auf scharfe Ablehnung. Größeres Interesse für die Kohlenlagerstätte erwachte erst wieder um 1760/70 im Zusammenhang merkantilistischer Wirtschaftsreformen. Waldforster, „Stein Kohlen Bau Direktoren" und „Steinkohlen Beamte" be-

mühten sich aber auch damals letztendlich erfolglos um den Kohlenabsatz.

Nach einem halben Jahrhundert der Alaunerzeugung durch das Sieden einer Lauge aus Kohlenasche und Wasser in Sudhütten in Dietersdorf und Sillweg, erfolgte die für die Zukunft entscheidende Wende im Gefolge der Industrialisierung ab ca. 1840/50. Seit 1840 wurde die Fohnsdorfer Kohle, wie auch die meisten anderen, vom k.k. Montanärar höchstpersönlich abgebaut, was praktisch einer Verstaatlichung gleichkam. Im Gegensatz zu den Kohlenbergbauen entlang der Südbahnstrecke war hier aber weniger die Eisenbahn, sondern die Eisenindustrie für diese Maßnahme ausschlaggebend. Nachdem ein erstes Projekt Peter Tunners 1838/40 scheiterte, errichteten auf der Energiebasis der Fohnsdorf-Kohle Josef Sonnhaus 1847 in Judenburg (ab 1849 Karl Mayr aus Donawitz) und Hugo Henckel von Donnersmarck 1850/51 in Zeltweg Puddelstahl- und Blechwalzwerke. Mayr und Henckel von Donnersmarck betrieben beide auch eigene Kohlenbergbaue in Sillweg. Henckel von Donnersmarck war es auch, der als finanzkräftiger, in Wolfsberg ansässiger Unternehmer 1869 den gesamten Grubenbesitz vom Montanärar erwarb und nach einer Woche mit gutem Gewinn an die neugegründete Steirische Eisenindustrie Gesellschaft verkaufte, der auch Zeltweg gehörte, wo nach 1870 ein neues Hüttenwerk mit einem Kokshochofen und zwei Bessemerbirnen entstand.

Der vermehrte Kohlenabsatz hatte in Fohnsdorf schon 1857/58 zum Bau der ersten beiden Schachtanlagen Josefi und Lorenzi mit Dampfbetrieb, hölzernen Fördergerüsten und Gestellförderung geführt. Ein dritter Schacht wurde im Jahre 1870 in Dietersdorf abgeteuft, und in Sillweg förderten die Söhne Karl Mayrs am Karlschacht (1864–70). Diese alten Schächte im Ortsgebiet blieben im wesentlichen bis 1890/1900 in Betrieb. Nur der Antonischacht wurde im Jahre 1912 neu abgeteuft und diente, elektrifiziert und mit einem eisernen Fördergerüst versehen (1924/29), bis zur Schließung als Hilfsschacht.

Im Jahre 1881 wurde zur Konzentration der alpenländischen Eisenindustrie die Österreichisch-Alpine Montangesellschaft (ÖAMG) gegründet. Zu ihr gehörten aber auch die Kohlenbergbaue Seegraben, Köflach-Voitsberg und Fohnsdorf.

Die unternehmerische Strategie der ÖAMG war bestimmt von Zentralisierung und Rationalisierung. In Fohnsdorf bedeutete das die vollkommene Neukonzeption des Abbaubetriebes mit der in das Aichfeld vorgeschobenen Doppelschachtanlage Karl August und Wodzicki, benannt nach dem Generaldirektor der ÖAMG Karl August von Frey und dem ersten Präsidenten Ludwig Graf Wodzicki. Mit einer 450 PS starken Zwillingsdampffördermaschine und einer 350 PS starken Reservemaschine und einem eisernen „deutschen" Doppelstrebenfördergerüst wurden beide, im Jahre 1890 die Förderung aufnehmenden Schächte identisch ausgerüstet. Die Aufbereitung in einer Anlage, die nach einem Patent des Fohnsdorfer Ingenieurs Oberegger von der Fa. Skoda in Pilsen erzeugt wurde, war allerdings am Wodzicki-Schacht zentralisiert. Die endgültige Komplettierung der beiden Anlagen erfolgte 1899/1900 unter dem Einfluß des neuen Besitzers der ÖAMG, Karl Wittgenstein, mit dem Bau von Wetterschächten. Als technisch bestens ausgestatteter Kohlenbergbau förderten vor dem Ersten Weltkrieg in Fohnsdorf rund 2500 Beschäftigte etwa 600.000 t Kohle.

Mit der ÖAMG geriet Fohnsdorf nach 1919 unter ausländischen Kapitaleinfluß (ab 1921 Stinnes-Konzern, ab 1926 Vereinigte Stahlwerke). Den neuen Rationalisierungsgrundsätzen folgend, wurde in den zwanziger Jahren in Fohnsdorf innerhalb der bestehenden modernen Förderkonzeption der gesamte Energiebetrieb neu organisiert und in einem Zentralmaschinenhaus mit Kesselanlage, elektrischer Zentrale, Kompressormaschine und neuer Fördermaschine zusammengefaßt. Damit war jenes Ausbaustadium der Obertaganlagen erreicht, das im wesentlichen bis zur Schließung bestand. Die damals (1925) installierte 22 m lange Tandem-Fördermaschine der Friedrichs-Wilhelm-Hütte in Mühlheim an der Ruhr

mit 3600 PS im Maschinenhaus und das in der Folge auf rund 52 m erhöhte Fördergerüst blieben schließlich nach 1978 als Grundlage für die Errichtung des Montanmuseums erhalten.

Abgesehen von der in der Nachkriegszeit kaum mehr veränderten und damit veralteten Gesamtkonzeption und der schwierigen geologischen Situation lassen sich die energiepolitischen Weichenstellungen, die letztlich zur Schließung führten, bis in den Zweiten Weltkrieg zurückverfolgen, als unter dem Zwang zum Raubbau die Mechanisierung des Abbaues begann, die erst jene Steigerungen der Förderleistung ermöglichte, die dann in die Kohlenkrise von 1957/58 mündeten. Unter den Bedingungen der Kriegswirtschaft war es in Fohnsdorf am 6. August 1943 auch zu einer schrecklichen Schlagwetterkatastrophe mit 102 Todesopfern gekommen.

Nach den entscheidenden Anlageninvestitionen in den 80er und 90er Jahren des 19. Jahrhunderts und um 1925/30 folgten mit finanzieller Unterstützung des Marshall-Planes in den 50er und 60er Jahren weitere Rationalisierungsinvestitionen. Ausgehend vom Übergang vom Pfeiler- zum Strebbruchbau mit Streben bis zu 200 m Länge und dem notwendigen stempelfreien, hydraulischen Ausbau, kamen für den Kohlenabbau zuerst Schrämmaschinen und dann Walzenlader, vor allem der Bochumer Firma Eickhoff, zum Einsatz. Parallel zu diesen Leistungs- und Fördersteigerungen wurden dem Kohlenbergbau durch die amtliche Preisregelung zwischen 1951 und 1958 insgesamt vier bis sechs Mrd. Schilling an Verkaufserlösen vorenthalten, so daß insgesamt negativ bilanziert werden mußte, und außerdem setzte die Industrie als bisheriger Hauptabnehmer seit den fünfziger Jahren eindeutig auf das billigere Erdöl und -gas. Die Förderung des österreichischen Kohlenbergbaues sank dementsprechend von 1957 bis 1968 von 6,87 auf 4,17 Mio. Tonnen und dann nochmals bis 1983 auf 3,04 Mio. Tonnen, und die Anzahl der Beschäftigten ging zwischen 1958 und 1972 von 17.000 auf 5.500 zurück.

Eine erste Schließungsabsicht auf der Basis zweier eindeutiger Gutachten als unmittelbare Reaktion auf die Kohlenkrise konnte in Fohnsdorf noch verhindert werden, aber auch der vom neuen Hauptabnehmer

Die Grubenanlagen in Fohnsdorf knapp vor der Stillegung 1976/78

ÖDK mit dem Dampfkraftwerk Zeltweg ab 1962 bezahlte Kohlenpreis deckte nur die Hälfte der Gestehungskosten, so daß allein zwischen 1968 und 1976 rund 818 Mio. Schilling an Bergbauförderungsmitteln nach Fohnsdorf gingen. Der im Jahre 1965 fertiggestellte Förderschacht zur Erschließung der Kohlenflöze bis 1130 m Teufe verkomplizierte und verteuerte durch die absetzige Förderung auch im technischen Bereich den Betrieb. Nachdem die ÖAMG Fohnsdorf 1968 an ihre Tochtergesellschaft GKB übergeben hatte, wurden schließlich 1972 auch die konkreten Schließungsmaßnahmen eingeleitet und 1976 bis 1978 durchgezogen. Die zuletzt 1074 Beschäftigten gingen zum Teil in Pension, zum Teil in andere VOEST-ALPINE-Betriebe (Zeltweg, Donawitz, Köflach) oder in neu angesiedelte Betriebe der Entwicklungsgesellschaft Aichfeld-Murboden (Eumig, Bauknecht). Alles in allem erforderte die Schließung des Kohlenbergbaues Fohnsdorf von 1972 bis 1984 einen volkswirtschaftlichen Aufwand von 1,68 Mrd. Schilling.

Das Montanmuseum Fohnsdorf – Entstehung und Beschreibung

Noch während der im Jahre 1978 beginnenden Abbrucharbeiten der Obertaganlagen reifte der Plan, zumindest einen Teil der Gebäude des Wodzicki-Schachtes als Bergbaumuseum zu erhalten. Die konkreten Initiativen gingen von dem 1976 gegründeten Montanhistorischen Verein für Österreich aus, dem es gelang, auch das damals wieder aktivierte Referat für technische Denkmäler im Bundesdenkmalamt dafür zu gewinnen.

Der Montanhistorische Verein trat dann im Dezember 1978 an das Bundesdenkmalamt mit dem Ersuchen heran, Förderturm, Maschinenhaus und einen Kühlturm in Fohnsdorf unter Denkmalschutz zu stellen. Seit Februar 1979 koordiniert ein eigener Arbeitskreis „Montandenkmal Fohnsdorf" unter der Leitung des derzeitigen Vereinspräsidenten Dr. Wilhelm Denk die Vereinsaktivitäten. Als wissenschaftliche Grundlage der Entscheidung zur Erhaltung diente das Gutachten von Arch. Univ.-Prof. Manfred

Wehdorn. Durch einen Schenkungsakt der VOEST-ALPINE AG. wurden das Fördermaschinenhaus und der Förderturm – der Kühlturm wurde nicht mehr berücksichtigt – in das Eigentum des Montanhistorischen Vereins übertragen und am 12. Mai 1980 unter Denkmalschutz gestellt. Zu bedauern ist aus heutiger Sicht die Verschrottung des imposanten Kolben-Verbund-Kompressors aus dem Jahre 1925.

In den folgenden drei Jahren erfolgte mit Mitteln der Bergbauförderung und des Bundesdenkmalamtes die Renovierung des Gebäudes und mit Unterstützung von Hofrat Peter Sika von der Bibliothek der Montanuniversität Leoben und dem örtlichen Knappschaftsverein die museale Einrichtung und die Restaurierung der erhaltenen Maschinen, vor allem der Fördermaschine. Einzelne Beiträge zur Ausgestaltung des Museums kamen noch vom Verein „. . . lebendes museum steiermark . . .", der einschlägig mit Schulkindern arbeitete, und von der gleichzeitig wissenschaftlich-historisch tätigen „Projektgruppe Fohnsdorf – Aichfeld/Murboden".

Am 5. Mai 1983 konnte dann in Anwesenheit von Bundespräsident Dr. Rudolf Kirchschläger und zahlreicher Ehrengäste das Museum mit einem Festakt offiziell eröffnet werden. Es ist seither immer vom 1. Mai bis 31. Oktober jeweils am Mittwoch und am Samstag mit Führungen um 10 und 15 Uhr geöffnet. Die Betreuung und Verwaltung des Museums und die Führungen hat der Knappschaftsverein Fohnsdorf übernommen, wodurch für ein authentisches und lebendiges Museumserlebnis gesorgt ist. Die Herren Othmar Deutschmann, Paul Köfl und Franz Menapace stehen nach telefonischer Voranmeldung unter den Rufnummern 32 8 82 und 23 05 (Vorwahl Fohnsdorf 0 35 73) auch gerne außerhalb dieser Zeiten zur Verfügung.

Das Montanmuseum Fohnsdorf bietet im Maschinenhaus in zwei Geschossen eine reichhaltige Sammlung zur Geschichte des Kohlenbergbaues in Fohnsdorf. Im Erdgeschoß, das ehemals die gesamten Dampfzuleitungen für die Fördermaschine aufnahm, sind Maschinen aus dem Untertagebetrieb (Schlepper- und Streckenhaspel, Bohrmaschine, Abbauhammer, Panzerförderer), eine Preßluft- und eine Akkumulatorenlokomotive mit Hunten, alte Grubenpläne,

Modelle der ehemaligen Obertaganlagen und der Abbaue, großformatige alte Fotos und vor allem eine
beachtenswerte und vollständige Sammlung der ehemaligen Grubenwehr zu sehen. Diese Grubenwehr-
sammlung verdient besondere Beachtung, da Fohnsdorf als ein Grubenrettungsstützpunkt für den österreichischen Bergbau eingerichtet war. Zu sehen sind
etwa verschiedene Luftmeßgeräte, Sicherheitsspreng-
stoffe, Sicherheitsgeleuchte, eine Wetterprüfflasche,
Tragbahren und mehrere Dräger-Kreislaufgeräte, die
für zwei Stunden Rettungsarbeit Sauerstoff lieferten.
Über eine eiserne Stiege erreicht man das Obergeschoß mit der für das ganze Museum zentralen Fördermaschine, die komplett mit Führerstand, Armatu-
ren, der Treibscheibe mit 7 m Durchmesser, Förder-
seil und Teufenanzeiger erhalten blieb. Links und
rechts dieser Maschine wird auf Tafeln und in Vitrinen
ein Überblick über die Fohnsdorfer Bergbaugeschichte und -kultur geboten. Unter anderem werden die geologischen Verhältnisse, die Besitzge-
schichte, die technische und rechtliche Entwicklung,
das Gezähe und Geleuchte, Markscheidegeräte und
die Entstehungsgeschichte des Museums selbst einschließlich der Literatur über Fohnsdorf einerseits
und andererseits die Bergbaukultur mit Knappschaftsverein, Barbarafeiern, Fußballverein, Fotos von Bergleuten und die Volkskunstgilde, vor allem mit den fünf
beachtenswerten Holzreliefs (je 100×80 cm) mit der
Geschichte des Bergbaues von Friedrich Proßegger,
vorgestellt.

An der Stirnseite hinter dem Führerstand zeigt ein
großformatiges Gemälde (3,5×8 m) von Robert
Krenn aus dem Jahre 1982 eine Gesamtansicht des
Bergbaubetriebes vor der Schließung. Eine lebens-
große Figurine in der schwarzen Bergmannstracht und
die 1,2 m hohe Statue der hl. Barbara ergänzen das
eindrucksvolle Obergeschoß.

Zum eigentlichen Symbol des Museums wurde natürlich der rund 52 m hohe Förderturm, der im Kern
aus dem Doppelgerüst der Jahre 1886/87 und darüber
aus der Überbauung aus dem Jahre 1925 mit überein-
anderliegenden Seilscheiben besteht. Das Fohnsdorfer Doppelfördergerüst dürfte in den achtziger Jahren
des 19. Jahrhunderts übrigens das erste derartige Gerüst im europäischen Kohlenbergbau gewesen sein.

Montanmuseum Fohnsdorf

Das Problem der Erhaltung der rostanfälligen Stahlkonstruktion konnte glücklicherweise im Jahre 1986
mit einer Generalsanierung und Neulackierung gelöst
werden, für die der Bund, das Land Steiermark und
die Österreichische Nationalbank und eine Reihe von
Patenschaften den erforderlichen Betrag von rund
2 Mio. Schilling aufbrachten. Die umfassenden Re-
staurierungsarbeiten wurden von der VOEST-
ALPINE Zeltweg, der Fa. Ferropan und der Fa. Stuag
durchgeführt und standen unter der Bauaufsicht der
Landesbaudirektion Graz, die auch die Offertaus-
schreibung abgewickelt hatte.

Auf Grund seiner wertvollen Sammlungen und Einrichtungen und als größtes Montandenkmal Öster-

reichs wurde dem Kohlenbergbaumuseum Fohnsdorf 1986 auch das Dekret der Haager Konvention als „einmaliges Kulturdenkmal" verliehen.

Nachdem im Jahr zuvor auch das Außengelände begrünt und bepflanzt werden konnte und zwei Stempelrahmen vor dem Maschinenhaus aufgestellt wurden, begrüßt das Montanmuseum Fohnsdorf seine Besucher aus nah und fern auch in einem freundlichen äußeren Rahmen.

Literatur:

Helmut *Lackner*, Kohlenbergbau und Technik. Die technische Entwicklung des österreichischen Kohlenbergbaues, dargestellt am Beispiel des Glanzkohlenbergbaues Fohnsdorf in der Steiermark vom 17. bis zum 20. Jahrhundert, phil. Diss., Graz 1980.

Ernst *Hinner* – Helmut *Lackner* – Wolfgang *Pickl* – Karl *Stocker*, Fohnsdorf. Aufstieg und Krise einer österreichischen Kohlenbergwerksgemeinde in der Region Aichfeld-Murboden, Graz 1982.

Hans *Burgstaller* – Helmut *Lackner*, Fohnsdorf. Erlebte Geschichte, Judenburg 1984.

KATALOG

Katalog 1/8

Der Wald, der zur Kohle wurde

1/1 Die Steiermark im Jungtertiär

Szenische Gestaltung.

Das Meer, das Riff, die Lagune, der Wald vor 16 Millionen Jahren.

Beratung: Walter Gräf.

Idee und Ausführung: Klaus Kada.

Darstellung der typischen Tiere und Pflanzen der Braunkohlenzeit.

Die Ablagerungen des Steirischen Beckens entstammen jenem jüngsten Meer auf steirischem Boden, das während des Jungtertiärs, beginnend vor ca. 20 Millionen Jahren, an den inselförmig aufragenden, damals freilich noch viel niedrigeren Alpenkörper anbrandete. Die vielfältigen Gesteine und Fossilien jener Zeit, die Zeugen tropischer Saumriffe und lavaspeiender Vulkane, die Braunkohlenlagen als Bildungen der am Gebirgsfuß hinziehenden Küstensümpfe verdeutlichen den steten Kampf zwischen Land und Meer. Den endgültigen Rückzug des Meeres in unserem Raum signalisieren die reichen Großsäugerfunde aus der West-, Ost- und Südsteiermark, die zusammen mit den übrigen Faunen und den vielfältigen Zeugen einer tropisch-subtropischen Pflanzenwelt ein „Steirisches Serengeti" zu jener Zeit erahnen lassen.

Literatur: *H. Flügel*, Die Geologie des Grazer Berglandes, 2. Aufl. In: Mitt. Abt. Geol. Paläont. Bergb. LMJ, Graz, Sonderh. 1/1975. *H. Flügel* und *H. Heritsch*, Das Steirische Tertiär-Becken, Sammlung geologischer Führer, 2. Aufl. Graz, 47/1968.

1/2 Die Verteilung von Land und Meer vor 16 Millionen Jahren

Relief des Steirischen Beckens mit Randgebirge.

Idee und Entwurf: Josef Flack, nach Angaben von Fritz Ebner und Walter Gräf.

Ausführung: Josef Flack.

H. 12 cm, B. 100 cm, L. 80 cm.

Im südöstlichen Vorland der Alpen, der Steirischen Bucht, gestaltete sich ein weiträumiges Senkungsfeld aus, das die Abtragungsprodukte des sich heraushebenden Gebirges aufnahm. Unter tropisch-subtropischen Klimaverhältnissen bildeten sich hier entlang des Gebirgssaumes ausgedehnte Sumpfwälder, deren abgestorbene und durch Schlamm- und Schuttmassen überdeckte organische Substanz Ausgangspunkt für die Braun- und Glanzkohlenlagerstätten des Weststeirischen Reviers wurde. Innerhalb des Alpenkörpers bildeten sich zu dieser Zeit entlang von Störungen im Bereich der Mur-Mürz-Furche die Senkungszonen der inneralpinen Tertiärbecken aus, die ebenfalls mit Sedimenten aufgefüllt wurden und ehemals wirtschaftlich bedeutende Kohlenvorkommen (z. B. Fohnsdorf) beherbergten. Vor ca. 16 Millionen Jahren drang dann vom Südosten her ein Meer in die Steirische Bucht ein. Zum Höchststand seiner Ausbreitung reichte es bis zum Saum der Koralpe. Der Sausal war eine brandungsumtobte Insel, dem nach Osten auf Untiefen Riffkörper vorgelagert waren. Inseln und Riffe schirmten eine westlich davon gelegene Lagune im Raum Groß St. Florian–Pöls–Preding vor den Einflüssen des offenen Hochseebereichs ab, aus dem sich im Osten im Raum Gleichenberg feuerspeiende Vulkane erhoben, die Trachyte und Trachyandesite förderten.

Literatur: *H. Flügel* und *F. Neubauer:* Steiermark. Geologie der österreichischen Bundesländer in kurzgefaßten Einzeldarstellungen. Wien 1984.

Graz, LMJ, Abt. f. Geologie und Paläontologie.

1/3 Seekuhrippen

Fundort: Retznei.

H. 40 cm, B. 60 cm, L. 40 cm, Gewicht ca. 100 kg.

Neben einer reichen Fauna riffbauender (z. B. Korallen, Moostierchen) und riffbewohnender (z. B. Seepocken, Seeigel) wirbelloser Tiere finden sich im Verbreitungsgebiet des tertiären Riffgürtels zwischen Retznei und Wildon auch Reste von Wirbeltieren, unter denen Seekühe (Sirenen) nicht selten sind. Erhalten sind vor allem die stark verdickten Rippen dieser pflanzenfressenden Meeressäugetiere.

Literatur: *M. Mottl,* Die jungtertiären Säugetierfaunen der Steiermark, Südost-Österreichs. In: Mittn. Mus. für Bergbau, Geologie und Technik, LMJ, 31/1970.

Graz, LMJ, Abt. f. Geologie und Paläontologie, Inv.-Nr. 62.101.

1/4 Mastodon longirostris

Unterkieferfragment.
Fundort: Breitenfeld bei Riegersburg.
H. 40 cm, B. 20 cm, L. 100 cm.

Aus der näheren Umgebung von Riegersburg sind zahlreiche Funde von Säugetierresten aus Ablagerungen des Pannon (vor ca. 10 Millionen Jahren) bekannt geworden. Die ergiebigste Fundstelle befand sich in einer Schottergrube in Breitenfeld, nordöstlich von Riegersburg. Planmäßige Grabungen der Abteilung für Geologie, Paläontologie und Bergbau des Landesmuseums Joanneum brachten in den Jahren 1961–1964 neben Resten von Zwerghirschen, Waldantilopen und Nashörnern ein fast vollständiges Unterkiefer und das ganze wuchtige, 1,8 m breite Becken eines wahrscheinlich weiblichen Vertreters der Urrüsseltierart Mastodon longirostris zutage.

Literatur: *M. Mottl,* Säugetierfaunen.

Graz, LMJ, Abt. f. Geologie und Paläontologie, Inv.-Nr. 59.641.

1/5 Dinotherium giganteum

Unterkiefer, Abguß.
Fundort: Hausmannstätten bei Graz.
H. 120 cm, B. 50 cm, L. 90 cm.

Im Sommer 1870 stieß der Bauer Sebastian Putz aus Breitenhilm in seiner neu angelegten Sandgrube auf riesige Stoßzähne und glänzende Backenzähne, die in einem mächtigen Kiefer saßen. Dem damaligen Besitzer von Schloß Vasoldsberg, Gustav Winter, und dem Arzt von St. Georgen, Dr. Petri, ist es zu danken, daß der zunächst wenig sorgsam behandelte, zerschlagene

und zerbrochene Fund gesichert und nach Graz gemeldet wurde. Nach einer langwierigen und mühsamen Präparation zeigte sich, daß der bis dahin bedeutendste Fund eines Urrüsseltieres auf dem Boden der österreichisch-ungarischen Monarchie geglückt war und ein fast vollständig bezahnter Unterkiefer von Dinotherium giganteum vorlag. Als erster wissenschaftlicher Bearbeiter berichtete Prof. Dr. K. F. Peters ausführlich über Fund, Fundumstände und Fundort. Hundert Jahre später hat der inzwischen wegen seiner urtümlichen Züge zu besonderem wissenschaftlichem Interesse gelangte Kiefer seine bisher letzte Beschreibung erfahren.

Worum handelt es sich nun bei diesem Dinotherium giganteum, dessen Reste in der Steiermark mehrfach gefunden wurden? Es waren elefantenähnliche Rüsseltiere mit hakenförmig nach abwärts gekrümmten Unterkiefer-Stoßzähnen. Erstmalig treten sie uns im Jungtertiär, vor rund 25 Millionen Jahren, in weiter Verbreitung über Afrika, Europa und Asien entgegen und sterben zu Ende des Tertiärs wieder aus, nur in Afrika überleben sie noch bis in die Eiszeit hinein. Der Fund aus Hausmannstätten stammt aus ca. 10 Millionen Jahre alten Schichten des Pannon.

Literatur: *M. Mottl,* Säugetierfaunen; – *K. F. Peters,* Überreste von Dinotherium aus der obersten Miocänstufe der südlichen Steiermark. In: Mitt. naturwiss. Ver. Stmk., 2/1871, S. 367–398, Taf. I–III.

Original: Universität Graz, Inst. f. Geologie und Paläontologie, UGP, Inv.-Nr. 1.200.
Abguß: Graz, LMJ, Abt. f. Geologie und Paläontologie, Inv.-Nr. 1.756.

1/6 Dinotherium giganteum

Schenkelknochen.
Fundort: Mitterdombach bei Hartberg.
H. 130 cm, B. 30 cm, L. 40 cm.

Der riesige Oberschenkelknochen des Urrüsseltieres Dinotherium giganteum wurde von der damaligen Kustodin an der Abteilung für Geologie, Paläontologie und Bergbau am Landesmuseum Joanneum, Dr. Maria Mottl, im Jahre 1965 in einer Sandgrube in Mitterdombach südlich von Schildbach bei Hartberg geborgen. Drei Jahre später gelang unweit davon der überaus seltene Fund von Knochenresten einer lang- und schlankbeinigen Giraffenart. Beide Fundpunkte liegen in Schichten des Pannon (vor ca. 10 Millionen Jahren).

Literatur: *M. Mottl*, Säugetierfaunen.

Graz, LMJ, Abt. f. Geologie und Paläontologie, Inv.-Nr. 60.327.

1/7 Dinotherium giganteum

Schulterblatt.
Fundort: Holzmannsdorfberg bei St. Marein bei Graz.
H. 90 cm. B. 30 cm, L. 50 cm.

Die Sandgrube Edelsbrunner am Holzmannsdorfberg nordwestlich von St. Marein bei Graz hat in den Jahren zwischen 1962 und 1969 die reichste pannonische (vor ca. 10 Millionen Jahren) Säugetierfauna der Steiermark erbracht. Die wissenschaftliche Bearbeitung durch die damalige Kustodin an der Abteilung für Geologie, Paläontologie und Bergbau am Landesmuseum Joanneum, Dr. Maria Mottl, wies neben der dreizehigen Pferdegattung Hipparion als vorherrschendem Faunaelement auch das grazilere Wildpferd Anchitherium, eine schlankbeinige Nashornart der Gattung Aceratherium, scharrkrallentragende Huftiere (Chaliocotherium, Ancylotherium), Wildschweine (Hyotherium), Zwerghirsche (Dorcatherium), Waldantilope (Miotragocerus) und Urrüsseltiere (Mastodon, Dinotherium) nach. Dazu kommen Land- und Flußschildkröten (Testudo, Trionyx) sowie zahlreiche Gastropodengehäuse. Die Säugetier-, Schildkröten- und Schneckenreste weisen insgesamt auf Trockenwald und Küstennähe als Lebensraum hin.

Literatur: *M. Mottl*, Säugetierfaunen.

Graz, LMJ, Abt. f. Geologie und Paläontologie, Inv.-Nr. 62.129.

1/8 Verkieselter Baumstamm

Fundort: Zangtal bei Voitsberg.
H. 140 cm, B. 70 cm, L. 70 cm, Gewicht ca. 700 kg.

Besonders im Zangtal-Flöz des Köflach-Voitsberger Kohlenreviers sind liegende, aber auch noch aufrecht stehende Baumstämme, deren Holzsubstanz zum Teil verkieselt, zum Teil auch nur lignitisiert ist, keine Seltenheit. B. Kubart bezog sie 1924 auf Taxodioxylon sequoianum und Sequoia lansdorfi, zwei für die Braunkohlenmoore und Braunkohlenwälder typische Koniferenarten.

Literatur: *B. Kubart*, Beiträge zur Tertiärflora der Steiermark, Arbeiten des phyto-paläontolog. Inst., Universität Graz, 1/1924, S. 1–62.

Graz, LMJ, Abt. f. Geologie und Paläontologie, Inv.-Nr. 64.441.

1/9 Verkieselter Baumstamm

Fundort: Zangtal bei Voitsberg.
H. 120 cm, B. 100 cm, L. 70 cm, Gewicht ca. 850 kg.

Beschreibung wie 1/8.

Literatur wie 1/8.

Graz, LMJ, Abt. f. Geologie und Paläontologie, Inv.-Nr. 64.442.

1/10 Bergung der verkieselten Baumstämme in Zangtal bei Voitsberg

Foto: Koren.

1/11 Die Steiermark zur Braunkohlenzeit (Miozän)

Aquarell, 1936/37.
Idee: E. Hofmann, J. Pia, W. Teppner.
Ausführung: Wilhelmine König.
H. 110 cm, B. 320 cm.

Das von Wilhelmine König gemalte Bild zeigt die Landschaft der Oststeiermark vor 20 Millionen Jahren: eine Meeresbucht, von Sümpfen, Wäldern und Savannen umsäumt, ein Vulkan draußen im Meer, elefantenartige Rüsseltiere, Nashörner, Zebras und Wildpferde, Wildschweine, Tapire und Affen, Schildkröten, Krokodile, Flamingos und viele andere Vertreter einer fremdartigen Tierwelt, deren Nachfahren wir in den tropisch-subtropischen Gebieten der Gegenwart wiederfinden. Bunt wie die Tierwelt ist auch die Pflanzengemeinschaft. Mit ihren Palmen, Lorbeer-, Myrten- und Feigenbäumen ähnelt sie jener der heutigen Mittelmeerländer. Ihr besonderes Gepräge erhält sie jedoch durch ein zusätzliches Element, das wir heute etwa in Virginia, in Louisiana oder in Florida finden: Es ist jener typische Sumpfwald mit Sequoien, Mammutbäumen und Sumpfzypressen, der auf steirischem Boden die Braunkohlenlager von Wies-Eibiswald, Köflach-Voitsberg, von Seegraben und Fohnsdorf entstehen ließ.

Graz, LMJ, Abt. f. Geologie und Paläontologie, Inv.-Nr. 27.937.

1/12 Die Steiermark zur Braunkohlenzeit (Pliozän)

Aquarell, 1939.
Idee: E. Hofmann, J. Pia, W. Teppner.
Ausführung: Wilhelmine König.
H. 65 cm, B. 200 cm.

Im Verlauf der Tertiärzeit zog sich das Meer immer weiter nach Südosten zurück. Die Steirische Bucht verlandete und wurde im Pannon, vor rund 10 Millionen Jahren, schließlich zu einer Savannenlandschaft, die von gewaltigen Flußsystemen durchzogen war. Diese lagerten in ihren Mäandern und als Deltaschüttungen in verlandeten Seen jene Sand- und Schottermassen ab, die in zahlreichen oststeirischen Sandgruben aufgeschlossen sind und reichlich Überreste der damaligen Tierwelt mit Urrüsseltieren, Nashörnern, Giraffen, Antilopen usw. bergen.

Graz, LMJ, Abt. f. Geologie und Paläontologie, Inv.-Nr. 27.937.

1/13 Lebensbilder aus der Vorzeit

Stratigraphische Tabelle.
Idee: Fritz Ebner, Walter Gräf und Harald Sammer.
Entwurf: H. W. Türk.

Der Wechsel der Faunen und Floren im Verlauf der Erdgeschichte ist durch die stammesgeschichtliche Entwicklung bedingt. Dadurch ist auch eine schrittweise Angleichung der Faunen und Floren der Erdneuzeit (Känozoikum) an die gegenwärtige gegeben. Diese sukzessive Übereinstimmung mit der heutigen pflanzlichen und tierischen Lebenswelt wurde als Grundlage für die Gliederung der jüngsten geologischen Perioden, des Tertiärs und Quartärs, herangezogen.

Literatur: *Harald Sammer,* Unterricht im Museum IV. In: Unser Weg, Graz 33/1978, H. 6.

Graz, LMJ, Abteilung für Geologie und Paläontologie.

1/14 Leitfossilien der Erdgeschichte – Pflanzen

Graphik.
Idee: Fritz Ebner und Walter Gräf.
Entwurf: H. W. Türk.

Fossilien sind Reste vorzeitlicher Organismen. Sie ermöglichen nicht nur den Nachweis ausgestorbener Lebewesen (z. B. Dinosaurier, Schuppen- und Siegelbäume), sondern auch die Altersbestimmung der Fundschichten („Leitfossilien") und die Beurteilung des einstigen Lebensraumes (Land-Meer, Klima etc.). Darüber hinaus liefern sie wichtige Belege für die stammesgeschichtliche Entwicklung und die Herkunft der heutigen Tier- und Pflanzenwelt. Dabei zeigt sich, daß die Entwicklung der Pflanzenwelt jener des Tierreiches vorauseilt und daß die Erdgeschichte eine jeweils andere Gliederung zeigt, je nachdem, ob die großen Entwicklungsschritte des Tierreiches bzw. des Pflanzenreiches als Zeitmarken oder Einteilungsprinzip zugrunde gelegt werden.

Literatur: *E. Thenius,* Versteinerte Urkunden. Verständliche Wissenschaft, Berlin 1981.

Graz, LMJ, Abt. f. Geologie und Paläontologie.

1/15 Das Tertiär in der Steiermark

Graphik.
Idee: Fritz Ebner und Walter Gräf.
Entwurf: Josef Flack.

Fossilien, Gesteine und Mineralvorkommen sind wichtige Dokumente der Erdgeschichte. Ihre systematische Aufsammlung und Bearbeitung führt zu detaillierten Rekonstruktionen der geographischen und klimatischen Verhältnisse vergangener erdgeschichtlicher Epochen. Neben rein wissenschaftlichen Erkenntnissen für die Fachbereiche Geologie und Paläontologie resultieren daraus aber auch wichtige Aussagen für die Rohstoffsicherung unseres Landes. Das Beispiel zeigt aufgrund erdwissenschaftlicher Funde eine geographische Rekonstruktion der Steiermark vor rund 16 Millionen Jahren, als die Steirische Bucht den Randbereich eines tropischen Meeres bildete.

Literatur: *Fritz Ebner,* Vulkane, Riffe und Haie. Rückblick auf die Steiermark vor 20 Millionen Jahren. In: museum, Braunschweig, Feb./1982, S. 23–27.

Graz, LMJ, Abt. f. Geologie und Paläontologie.

1/16 Vitrine: Pflanzen der Braunkohlenzeit

Pflanzenfossilien.

Sumpfzypressen und Sumpfeschen, Wasserulmen und Wasserfichten, Sequoien und Mammutbäume beherrschen die breiten Sumpfwaldgürtel an den Küsten; daneben und dahinter breiten sich Platanen und Fächerpalmen aus, wachsen Feigen-, Zimt-, Tulpen- und Amberbäume, verbreiten Lorbeer- und Myrtengewächse ihren Duft und mischen sich Eschen und Buchen, Pappeln und Linden, Eichen und Kiefern, Birken und Weiden, Nuß- und Haselnußgewächse in die Vielfalt. Deutlich spiegelt die Flora das feuchte, subtropische bis tropische Klima wider, das eine Pflanzenwelt von insgesamt mediterranem Charakter, jedoch mit Elementen sowohl der gemäßigten Zone als auch des tropischen Sumpfwaldes entstehen ließ.

Graz, LMJ, Abt. f. Geologie und Paläontologie.

1/17 Vitrine: Tiere der Braunkohlenzeit

Fossilien des Festlandes.

Vielseitig wie die Pflanzengemeinschaft ist auch die Tierwelt. Riesige elefantenartige Dickhäuter – Mastodonten und Dinotherien – bewohnen die Sumpfwälder, Nashörner stampfen durch das Dickicht, Wildschweine wühlen im Schlamm, Krokodile und Schildkröten besiedeln die Sumpfniederungen, Biber und Fischotter tummeln sich in den Flüssen. Antilopen und Gazellen, Giraffen, Hirsche, Pferde und Zebras werden Beute zahlreicher Raubtiere, welche Wälder und Savannen durchstreifen – Wildkatzen, wolf- und bärenartige Tiere und eine Vielzahl anderer Jäger. Zu den interessantesten Bewohnern der steirischen Braunkohlenwälder gehören jedoch zweifellos gibbonartige Affenformen – echte Menschenaffen!

Graz, LMJ, Abt. f. Geologie und Paläontologie.

1/18 Vitrine: Tiere der Braunkohlenzeit

Meeresfossilien.

Rochen, Haie und eine Vielzahl anderer Fische, Wale, Seekühe, Schildkröten, Krabben, Krebse, Seeigel, eine Unzahl von Schnecken und Muscheln, viele den heutigen Arten des Mittelmeeres ähnlich, schwimmen, kriechen und wühlen in ihrem wäßrigen oder schlammigen Element, das durch Korallen-Algenriffe im Raum Wildon – Leibnitz als tropisch warm gekennzeichnet ist.

Graz, LMJ, Abt. f. Geologie und Paläontologie.

Katalog 2/12: Josef Kuwasseg, „Die Diluvialzeit mit Höhlenbär“, Sepia, Bleistift auf Papier (um 1865)

Versunkene Welt

2/1 Die Entstehung von Braunkohlen

Graphik.
Entwurf: W. Petraschek-W. Pohl.
Ausführung: Heinz Schubert.

Sowohl die karbonischen (Stein-) als auch die tertiären (Braun-)Kohlen sind überwiegend aus tropischen bis subtropischen Pflanzengesellschaften entstanden. Ausgehend von Riedmooren mit offenen Wasserflächen, wie sie gegenwärtig etwa als Everglades in Florida bekannt sind, über periodisch überflutete Sumpfwälder, ähnlich den heutigen „cypress swamps", bis zu Sequoienwäldern („Trockenwäldern") als Endstadium dieser Entwicklung sind die verschiedensten Pflanzenverbände an der Entstehung der Kohle beteiligt.
Literatur: *W. Petraschek* und *W. Pohl*, Lagerstättenlehre, Stuttgart 1982.

2/2 Kohlenlagerstätten der Erde (Steinkohle und Braunkohle)

Karten.
Entwurf: Leopold Weber.
Ausführung: Heinz Schubert.

2/3 Kohlenlagerstätten Österreichs

Karte.
Entwurf: Leopold Weber.
Ausführung: Heinz Schubert.

2/4 Braunkohlenlagerstätten der Steiermark

Karte.
Entwurf: Leopold Weber.
Ausführung: Heinz Schubert.

2/5 Steirische Kohlenlagerstätten im Profil

Zeichnungen.
Entwurf und Ausführung: Leopold Weber.

2/6 Steinkohlenlagerstätten in Österreich

Karte.
Entwurf: Reinhard Sachsenhofer.
Ausführung: Heinz Schubert.

2/7 West-Ost-Profil durch die Pibersteiner und Lankowitzer Kohlenmulde, 1932

Aquarell.
Markscheider Andreas Hofer.
H. 75 cm, B. 410 cm.

In einem West-Ost-Schnitt durch die Pibersteiner und Lankowitzer Kohlenmulde wird die Abbausituation im Jahr 1932 festgehalten und die im Bereich des Franz-Schachtes seit 1814, im Bereich des Tagbaus Lankowitz seit 1845 abgebaute Substanz rückschauend dargestellt.
Graz, LMJ, Abt. f. Geologie und Paläontologie, Inv.-Nr. 13.785

2/8 Franz Unger (1800–1870), Botaniker und Paläobotaniker, 1870

Lithographie.
Josef Kriehuber.
H. 40 cm, B. 30,5 cm.

Geboren am 30. November 1800 in Leutschach, absolvierte Unger die beiden philosophischen Jahrgänge am Grazer Lyzeum und begann hierauf mit dem Jusstudium. Ab 1821 studierte er in Wien Medizin und setzte sein Studium in Prag fort, wo er 1827 die Doktorwürde erlangte. 1835 wurde Unger als Professor der Botanik und Zoologie an das Joanneum berufen. Die reichen Sammlungen des Instituts führten ihn zur Beschäftigung mit der Paläobotanik. Er sammelte Pflanzenabdrücke aus den Kohlenlagerstätten und entwarf Vegetationsbilder von Kohlemooren. Seine pflanzengeographischen Erkenntnisse sowie die Arbeiten über die Abhängigkeit der Pflanzenarten von den Böden waren von grundlegender Bedeutung für die Suche nach Kohlenlagerstätten. 1849 wurde Unger an die Lehrkanzel für Anatomie und Physiologie der Pflanzen der Universität Wien berufen. Er starb am 13. Februar 1870 in Graz.

Literatur: *Hubert Leitgeb*, Franz Unger. Gedächtnisrede, gehalten bei der Versammlung des Naturwissenschaftlichen Vereins am 18. März 1870. In: Mitteilungen des Naturwissenschaftlichen Vereins für Steiermark, Bd. II, Heft II/1870, S. 270–286.

Wien, A. Weiß.

2/9 Früchte von fossilen Koniferen

Repro nach einer Lithographie in: Franz Unger, Geologie der europäischen Waldbäume. In: Mitteilungen des Naturwissenschaftlichen Vereins für Steiermark, Bd. II, Heft II/1870, S. 125–187.

Franz Unger war nicht nur ein bedeutender Naturwissenschafter, sondern auch ein begabter Zeichner und Maler, der meist die Bildvorlagen zu seinen Publikationen selbst anfertigte. Nach seinen Angaben wurden auch von bedeutenden Künstlern wie Josef Kuwasseg „Vegetationsbilder" angefertigt.

Literatur: *Hubert Leitgeb*, Franz Unger, Gedächtnisrede, gehalten bei der Versammlung des Naturwissenschaftlichen Vereins am 18. März 1870. In: Mitteilungen des Naturwissenschaftlichen Vereins für Steiermark, Bd. II, Heft II/1870, S. 270–286.

2/10 Pyritisierte Koniferenzapfen aus dem Tertiär von Leoben

Vier fossile Koniferenzapfen, davon zwei Anschliffe; Herkunft Glanzkohlenbergbau Seegraben.

Im bituminösen Hangendschiefer der Glanzkohlenlagerstätte Seegraben bei Leoben fanden sich neben verkiesten Hölzern auch verkieste Koniferenzapfen. Elise Hofmann bestimmte 1928 die Zapfen Pinus cf. pinaster und Pinus cf. halepensis. Das Versteinerungsmaterial ist vorwiegend gelförmiger Pyrit, der zur Zersetzung neigt; um diese hintanzuhalten, wird das Material unter Paraffinöl verwahrt.

Literatur: *Elise Hofmann*, Verkieste Pflanzenreste aus dem Tertiär von Leoben. In: Berg- und Hüttenmännisches Jahr-

buch, 76/1928, S. 146–152. *Alfred Weiß*, Beobachtungen am Versteinerungsmaterial fossiler Koniferenzapfen aus dem Tertiär von Leoben. In: Archiv für Lagerstättenforschung in den Ostalpen, 3/1965, S. 50–54.

Wien, A. Weiß.

2/11 Gesteinsplatte mit Pflanzenabdrücken

Sammlung Franz Unger.

Graz, LMJ, Abt. f. Geologie und Paläontologie.

2/12 Vegetationsbilder, um 1865   Abb. S. 5

Braune Tusche, laviert, Wasserfarben auf Papier.
Josef Kuwasseg, in Zusammenarbeit mit Franz Unger.
H. 30 cm, B. 42 cm.

Franz Unger versuchte sich auch in der Landschaftsmalerei mit dem Bestreben, „Urlandschaften" zu rekonstruieren. Unter seiner Leitung schuf der Grazer Maler Josef Kuwasseg „Vegetationsbilder früherer Vegetationsperioden". Die Rekonstruktion von Landschaften früherer Erdzeitalter stellte die Suche nach Kohlenlagerstätten auf eine neue Basis. Geregelte Sucharbeiten sollten von der Überlegung ausgehen, welche Bereiche aufgrund ihrer früheren Morphologie für das Wachstum bestimmter flözbildender Pflanzengesellschaften besonders geeignet waren und damit besondere Erfolgsaussichten boten.

Literatur: *H. Leitgeb*, Gedächtnisrede.

Graz, LMJ, Neue Galerie.

2/13 Constantin Freiherr von Ettingshausen (1826–1897), Paläobotaniker

Repro.
Porträt.

Geboren am 16. Juli 1826, studierte Ettingshausen in Wien Medizin. 1848 erlangte er die Doktorwürde. Als Kustos-Adjunkt der Geologischen Reichsanstalt bereiste er die wichtigsten Fossilfundstellen Österreichs, von denen er Sammlungen mitbrachte. Ab 1854 lehrte Ettingshausen Physik, Zoologie, Botanik und Mineralogie am Josephinum in Wien. 1871 wurde er zum ordentlichen Professor für Botanik und Paläophytologie an der Universität Graz ernannt, wo er ein paläo-botanisches Institut schuf. Ettingshausen gehört zu den Begründern der Paläobotanik in Österreich. Sein Interesse galt hauptsächlich der Flora des Tertiärs und deren Beziehungen zur Flora der Jetztzeit. Aus seiner Feder stammen wichtige monographische Bearbeitungen steirischer Fundstellen. Er starb am 1. Februar 1897 in Graz.

2/14 Gesteinsplatte mit Pflanzenabdrücken

Sammlung Constantin Freiherr von Ettingshausen.

Graz, LMJ, Abt. f. Geologie und Paläontologie.

2/15 Die Turracher Höhe zur Karbonzeit

Aquarell.
Wilhelmine König.
H. 130 cm, B. 330 cm.

Der Anthrazit im Oberkarbon beim Turracher See hatte in der Vergangenheit eine gewisse wirtschaftliche Bedeutung; er wurde trotz der geringen Erstreckung der Lager und der stark gestörten Lagerung in der Mitte des vergangenen Jahrhunderts und dann nochmals 1921/22 abgebaut und bis 1959 beschürft. Das Alter der Schichten ist durch reiche, seit 1783 in der Literatur bekannte Pflanzenfunde als Westfal D und Stefan, das heißt als oberstes Oberkarbon (vor ca. 300 Millionen Jahren) gesichert. Die „Steinkohlenfauna" bestand aus verschiedenen Arten der Gattungen Neuropteris, Pecopteris, Calamites, Annularia, Asterophyllites, Sphenophyllum, Lepidodendron, Sigillaria und Odontopteris.

Literatur: *A. Tollmann,* Geologie von Österreich, Bd. 1, Wien 1977.

Graz, LMJ, Abt. f. Geologie und Paläontologie. Inv.-Nr. 48.949.

2/16 Beschreibung des Anthrazitvorkommens in Turrach, 1783

Buch.
Sigmund von Hohenwart, Fragmente zur mineralogisch und botanischen Geschichte Steyermarks und Kärntens, Klagen-furt und Laibach, 1783, aufgeschlagen S. 30/31.
H. 14 cm, B. 9 cm.

Im Jahr 1783 veröffentlichte der Naturforscher Sigmund von Hohenwart die erste Beschreibung des Turracher Karbons, wobei er auch auf die Genese des Anthrazits einging.

Graz, Steiermärkische Landesbibliothek, Sign. A 10.564 I 8°.

2/17 „Relation" des Vordernberger Radmeisters Hans Adam Stampfer über den Kohlenfund in Fohnsdorf, 1673

Handschrift, 20. Oktober 1673.

Nach den Interventionen Johann Adolf I. Fürsten Schwarzenberg erhielt der Vordernberger Radmeister Hans Adam Stampfer im März 1673 den Auftrag, ein Gutachten über den Fohnsdorfer Kohlenfund zu erstatten. Seine „gehorsamste Relation" vom 20. Oktober 1673 bezeichnet den Fund richtig als „Steinkhol" und wurde damit zur Voraussetzung der Verleihung der Schurfbewilligung nach Überwindung der Widerstände des Oberbergamtes Vordernberg im Jahre 1675. Die Anwendung der Fohnsdorfer Kohle in den schwarzenbergischen Hammerwerken mußte allerdings schon nach wenigen Jahren aufgegeben werden, der Kohlenbergbau selbst blieb bis um 1750/60 im Besitz der Fürsten Schwarzenberg.

Literatur: *Helmut Lackner,* Die Entdeckung der Fohnsdorfer Kohlenlagerstätten. In: Blau-weiße Blätter, H. 1/1981.

Graz, Stmk. Landesarchiv, OBA-Vordernberg, Fasc. XVIII, 20. 10. 1673.

2/18 Entdeckung von „Steinkohlenlagern" bei Seitz-Gonobitz, Lankowitz, Piber und Voitsberg, 1766–1779

Protokoll-Auszug der Steirischen Agrikultursocietät.

Im Auftrag der im Jahr 1764 gegründeten Agrikultursocietät durchforschten Abbé Andreas Stütz und Abbé Nicolaus Poda die Steiermark nach nutzbaren Kohlenlagerstätten. Sie entdeckten hiebei die meisten der heute bekannten Lagerstätten der Ober- und Weststeiermark.

Graz, Stmk. Landesarchiv, Ackerbaugesellschaft 3/Nr. 16.

2/19 Carl Jordan, Die erleichterte Steinkohlenaufsuchung nach Grundsätzen der vorgegangenen Entstehungsereignisse, nebst dem regulären Bergbaue auf dieselben im Umfange, Wien 1816

H. 21 cm, B. 13 cm.

Einen völlig neuen Bereich der Bergtechnik bildete zu Beginn des 19. Jahrhunderts die Aufsuchung und Gewinnung von Mineralkohlen. Der im Jahr 1816 erschienene, von Carl Jordan verfaßte Leitfaden enthält alles für die Suche nach Kohlenlagerstätten Wissenswerte, ausgehend von einer Entstehungstheorie für die Lagerstätten über die Beschreibung des Nebengesteins zu den Schurfmethoden. Bemerkenswert ist auch die Darstellung des Bohrens als spezielle Schurfmethode für Braunkohlen.

Graz, Steiermärkische Landesbibliothek, Sign. 784 I.

2/20 Tiefstes Bohrloch in Seegraben, um 1900

Bohrprofil.
Aquarellierte Tuschzeichnung.
H. 78,5 cm, B. 45,5 cm.

Von der Steinkohlen-Schürfungskommission wurde in den Jahren 1845 bis 1848 in Seegraben eine 264 m tiefe Schurfbohrung abgeteuft.

Literatur: *Theodor Hippmann*, Bemerkungen über die Erdbohrung bei Leoben. In: Jahrbuch für den Berg- und Hüttenmann des österreichischen Konzernstaates, 2/1849, S. 22–30.

Graz, LMJ, Abt. f. Geologie und Paläontologie, Inv.-Nr. 94.353.

2/21 Teile einer Handbohranlage für Kohle; Spiralbohrer, Gestängeteil, Schlüssel, Stützkluppe, um 1850

H. 250 cm, B. 100 cm.

Eibiswald, F. und M. Heusserer.

2/22 Tiefbohrung, heute

4 Fotos.

Gesamtbild, Ziehen eines Gestänges, Entnahme des Kernes, Lagerung des Kernes.

Fotos: Bild- und Tonarchiv, Graz.

2/23 Tiefbohranlage für Kohle, um 1780

Kupferstich aus: Denis Diderot, Encyclopédie un Dictionaire raisonné des arts et des metiers, Livourne 1770–1790.

Der ab dem Beginn des 19. Jahrhunderts steigende Bedarf an fossilen Brennstoffen führte zu einer intensiven Suche nach Kohlenlagerstätten, wobei es auch zur Einführung neuer Schurfmethoden wie Bohrungen, vor allem von Handbohrungen, kam. Die Konstruktion der Bohranlagen war bereits in der ersten Hälfte des 18. Jahrhunderts so weit entwickelt worden, daß sie bis weit in das 19. Jahrhundert hinein unverändert blieb. Die wesentlichsten Bestandteile einer Handbohranlage waren das verschraubbare Gestänge, der Bohrer, der Bohrmast und die Handwinde.

Wien, A. Weiß.

2/24 Teile eines modernen Tiefbohrgerätes: Gestänge, Kernrohr, Bohrkanonen mit Hartmetallbesatz, Diamantbohrkrone, 1987

H. 250 cm, B. 100 cm.

Schurfbohrungen auf Kohle werden meist als Kernbohrungen ausgeführt. Hiebei wird unter Verwendung von hartmetall- oder diamantbesetzten Bohrkronen ein zylinderförmiges Gebirgsstück herausgeschnitten und im Kernrohr zutage gezogen. Auf diese Weise erhält der Schürfer wichtige Auskünfte über die Beschaffenheit des Gebirges und der Lagerstätte.

Köflach, GKB-Bergdirektion.

2/25 Kernkiste mit Bohrkernen, 1987

Holzkiste mit Bohrproben.
H. 15 cm, B. 30 cm, L. 100 cm.

Die erbohrten Proben werden fortlaufend in Kisten eingelegt. Im Labor werden die Kerne der Länge nach halbiert, die eine Hälfte wird untersucht, die andere in einem Kerndepot archiviert.

Köflach, GKB-Bergdirektion.

2/26 Bohrprotokoll, 1987

Formular mit Eintragungen.
H. 30 cm, B. 21 cm.

Vom Bohrmeister wird während der Bohrarbeiten über deren Verlauf ein Protokoll geführt. In dieses werden die erbohrten Schichten, das Kernausbringen, die Bohrzeiten sowie besondere Vorkommnisse eingetragen. Das Bohrprotokoll ist neben den erbohrten Kernen eine wichtige Grundlage für die Beurteilung der erbohrten Gebirgsschichten und Lagerstätten.

Köflach, GKB-Bergdirektion.

2/27 Bohrprofil, 1987

Aquarellierte Tuschzeichnung.
Zentralmarkscheiderei Köflach der GKB.
H. 50 cm, B. 21 cm.

Die Ergebnisse jeder Tiefbohrung werden als Bohrprofil zeichnerisch dargestellt. Aus dem Bohrprofil kann die Mächtigkeit und Teufenlage der erbohrten Schichten entnommen werden. Des weiteren sind Angaben über die Zusammensetzung der Lagerstätte zu entnehmen. Von großer Bedeutung ist auch die Angabe der Ortslage des Bohrlochs.

Köflach, GKB-Bergirektion.

2/28 Seismische Untersuchung, 1987

3 Tafeln.

a) Petrophysik
b) Seismik
c) Gravimetrie

Leoben, Montanuniversität, Inst. f. Geophysik.

2/29 Hängezeug – Gradbogen, Kompaß, Verziehschrauben, Schnur, um 1890

Köflach, GKB-Bergdirektion.

2/30 Mittlerer Grubentheodolit

Hersteller: Rudolf und August Rost, Wien. Geodätische Präzisionsinstrumente.
Nr. 3339.
H. 27 cm, Dm. 25 cm, Gewicht 4,634 kg.

Der Theodolit ist ein Universal-Instrument, das sowohl für die Horizontalwinkel- als auch für die Höhenwinkelmessung verwendet werden kann. Er kann, versehen mit einem Fadenkreuz und unter Verwendung einer Latte mit Teilung, auch zur Distanzmessung eingesetzt werden. Der Theodolit ist also in der

Lage, alle Koordinaten, die für die räumliche Festlegung von Punkten nötig sind, festzustellen.

Literatur: *F. Kögler*, Taschenbuch für Berg- und Hüttenleute. Berlin 1929.

Köflach, GKB-Bergdirektion.

2/31 Übersichtskarte des Köflach-Voitsberger Kohlenreviers, Grubenkarte, 1875

Maßstab 1:2.000.
Hersteller: Obermarkscheider H. Betafter, Vordernberg-Köflacher Montan Industrie Gesellschaft.
Nr. 1/Ib/Nr. 249 vom 26. 10. 1875.
B. 121 cm, L. 309,5 cm.

Die Übersichtskarte der Vordernberg-Köflacher Montan Industrie Gesellschaft zeigt die zum Unternehmen zählenden Betriebe Lankowitz, Köflach, Ober- und Untergraden in der Reihenfolge von Westen nach Osten. Sie zeigt die im Besitze der Gesellschaft befindlichen Grubenmaße sowie die wesentlichsten Einbauten und Hauptauffahrungen in den Tagbau- und Grubenbetrieben.

Köflach, GKB-Bergdirektion.

2/32 Grubenkarte Maria Lankowitz, 1807

Aquarellierte Tuschzeichnung
H. 42 cm, L. 54,5 cm

Stollen an der Mietsstraße (Merzstraße), die von Köflach nach Maria Lankowitz führt. Das Mundloch des „Constants-Stollens" ist in der Nähe des heute noch sichtbaren „Katharine-Stollens" zu suchen.

Graz, Berghauptmannschaft.

2/33 Köflacher Revierkarte, 1800

Aquarellierte Tuschzeichnung.
Franz Fiala.
Maßstab 1:720.

Das vorliegende Blatt ist eine typische Verleihungskarte vom Ende des 18. Jahrhunderts. Im Auf- und Grundriß ist die Lage einer Reihe von Stollen dargestellt. Die farbigen Streifen sind nach der Ferdinandeischen Bergordnung von 1553 verliehene Grubenfelder (Bergwerksberechtigungen), die der Länge nach nicht begrenzt sind.

Graz, Berghauptmannschaft.

2/34 Mappe über das Braunkohlenrevier bei Köflach und Voitsberg, 1848

Aquarellierte Tuschzeichnung.
Johann Rille. ·
Maßstab 1:11.700.

Auf dem vorliegenden Blatt sind die Bergwerksberechtigungen im Raum Köflach, Voitsberg und die Obertag-Situation dargestellt. Durch Färbelung – rosa und gelb – ist das nichtkohlenführende Grundgebirge, Glimmerschiefer und Kalkstein – ausgeschieden. Der Maßstab ist nicht angegeben, im Schriftfeld ist jedoch ein Transversalmaßstab eingezeichnet.

Literatur: *Leopold Weber* und *Alfred Weiß,* Bergbaugeschichte und Geologie der österreichischen Braunkohlenvorkommen. In: Archiv für Lagerstättenforschung der geologischen Bundesanstalt, 4/1983.

Graz, Berghauptmannschaft.

2/35 Karte des Voitsberg-Köflacher Kohlenreviers, 1878

Farblithographie.
Ferdinand Fiala.

Das vorliegende Blatt enthält neben der Obertag-Situation eine Darstellung der Grubenfelder im Voitsberg-Köflacher Kohlenrevier. Ausführlich ist auch die geologische Situation durch verschiedene Farbgebung dargestellt, insgesamt sind neun Ausscheidungen vorgenommen.

Graz, Berghauptmannschaft.

2/36 Übersichtskarte des Voitsberg-Köflacher Kohlenreviers, k. k. Revierbergamt Graz, 1911

Farblithographie.
Maßstab 1:10.000.
Druck: Karthographische Anstalt Freytag & Berndt, Wien.
H. 97 cm, L. 125 cm.

Das Blatt zeigt Obertag- und Haupteinbaue und Bergwerksberechtigungen-Grubenmaße im Bereich des Voitsberg-Köflacher Kohlenreviers. Durch verschiedene Farbgebung ist zwischen Grundgebirge und Tertiär unterschieden. Der untere Teil des Blattes enthält Schnitte durch die Lagerstätten.

Graz, Berghauptmannschaft.

2/37 Übersichtskarte des Wies-Eibiswalder Kohlenreviers, k. k. Revierbergamt Graz, 1913

Farblithographie.
Maßstab 1:10.000.
Druck: Karthographische Anstalt Freytag & Berndt, Wien.
H. 154 cm, B. 108 cm.

Das Blatt zeigt neben der Obertag-Situation die Haupteinbaue und die Lage der Bergwerksberechtigungen-Grubenmaße – im Bereich des Wies-Eibiswalder Kohlenreviers. Durch verschiedene Farbgebung ist zwischen Grundgebirge, kohleführendem Tertiär, Dilluvium und Alluvium unterschieden. Der untere Teil des Blattes enthält Schnitte durch die Lagerstätten.

Graz, Berghauptmannschaft.

2/38 Übersichtskarte des Ilzer Kohlenreviers, k. k. Revierbergamt Graz, 1911

Farblithographie.
Maßstab 1:10.000.
Druck: Karthographische Anstalt Freytag & Berndt, Wien.
H. 97 cm, L. 79 cm.

Das Blatt zeigt neben der Obertag-Situation die Haupteinbaue und die Lage der Bergwerksberechtigungen-Grubenmaße – im Bereich des Ilzer Kohlenreviers. Durch verschiedene Farbgebung ist zwischen Sanden und Tonen des Tertiärs, Lehm, Schotter und Flußablagerungen sowie Alluvium unterschieden. Der untere Teil des Blattes enthält Schnitte durch die Lagerstätten.

Graz, Berghauptmannschaft.

2/39 Karte des Braunkohlenreviers Leoben

Farblithographie.
Josef Gleich.
Maßstab 1:10.000.

Das Blatt zeigt neben der Obertag-Situation die Haupteinbaue und die Lage der Bergwerksberechtigungen-Grubenmaße – im Bereich des Leobener Braunkohlenreviers. Durch verschiedene Farbgebung ist die geologische Situation dargestellt.

Graz, Steiermärkische Landesbibliothek.

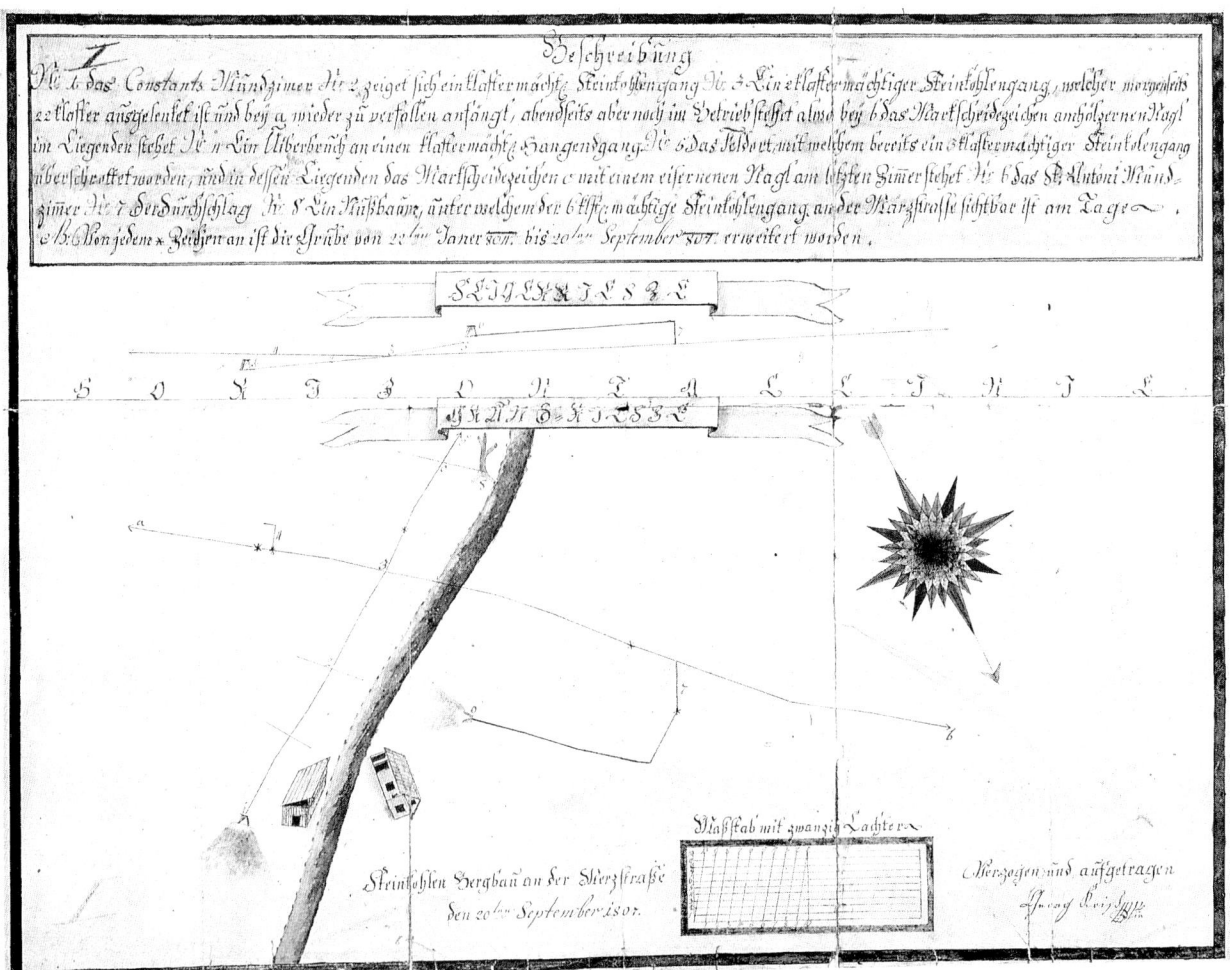

Steinkohlen Bergbau an der Mierzstraße den 20ten September 1807.

Maßstab mit zwanzig Lachter

Übersagen und aufgetragen

Katalog 2/32

271

Katalog 2/35

272

1 : 14400

2/40 Braunkohlenrevier Fohnsdorf, 1887

Lithographie.
Markscheider, Johann Kobelika.
Maßstab: 1:10.000.
H. 86 cm, L. 120 cm.

Fohnsdorf, H. Burgstaller.

2/41 Vitrine 1: Mineralien zu Kohle und Glas

Abschnitt 1: Mineralbildungen des Brandflözes am Muttlkogel, Zangtaler Kohlenrevier

1) **Gips**
Graz, LMJ, Abt. f. Mineralogie, Inv.-Nr. 36.648.

2) **Gips**
Graz, LMJ, Abt. f. Mineralogie, Inv.-Nr. 38.695.

3) **Gips**
Graz, LMJ, Abt. f. Mineralogie, Inv.-Nr. 35.875.

4) **Gips**
Graz, LMJ, Abt. f. Mineralogie, Inv.-Nr. 35.784.

5) **Halotrichit** („Eisenalaun", „Haarsalz")
(wasserhältiges Eisen-Aluminium-Sulfat)
Graz, LMJ, Abt. f. Mineralogie, Inv.-Nr. 38.692.

6) **Schwefel**
(Paramorphosen von α-Schwefel nach β-Schwefel)
Graz, LMJ, Abt. f. Mineralogie, Inv.-Nr. 31.417.

7) **Schwefel**
Graz, LMJ, Abt. f. Mineralogie, Inv.-Nr. 35.874.

8) **Vivianit**
(wasserhältiges Eisen-Phosphat)
Graz, LMJ, Abt. f. Mineralogie, Inv.-Nr. 36.217.

Abbildung 1: Flächenarmer Kristall von α-Schwefel mit einigen Gipsnadeln vom Brandflöz am Muttlkogl, Zangtaler Revier; Länge des Kristalls 1,5 mm.
Sammlung F. Arthofer (Voitsberg).
Aufnahme: W. Postl.

Abbildung 2: Gruppe von Ammoniojarositkristallen, Muttlkogel, Zangtaler Revier; Vergrößerung 6×.
Sammlung F. Arthofer (Voitsberg).
Aufnahme: LMJ.

Abbildung 3: Alaun (Ammoniakalaun-Kalialaun-Mischkristall) in oktaedrischer und nadeliger Ausbildung neben Schwefel vom Muttlkogel, Zangtaler Revier; Größe des Kristalls 4 mm.
Sammlung H. Eck (Voitsberg).
Aufnahme: W. Postl.

Abbildung 4: Rasterelektronenmikroskopische Aufnahme von isolierten Voltaitkristallen vom Muttlkogel, Zangtaler Revier, Vergrößerung 100×.
Aufnahme: Zentrum für Elektronenmikroskopie Graz.

Abbildung 5: Glasige Massen von Melanterit, Muttlkogel, Zangtaler Revier.
Aufnahme: W. Postl.

Abschnitt 2: Minerale aus anderen steirischen Kohlenvorkommen

1) **Chalcedon mit Bergkristall**
Fundort: Karlschacht I, Köflach.
Graz, LMJ, Abt. f. Mineralogie, Inv.-Nr. 32.830.

2) **Bergkristall**
Fundort: Rosental.
Graz, LMJ, Abt. f. Mineralogie, Inv.-Nr. 23.590.

3) **Siderit**
Fundort: Tagbau Rosental, Georgifeld.
Graz, LMJ, Abt. f. Mineralogie, Inv.-Nr. 36.105.

4) **Siderit** („Sphärosiderit")
Fundort: Steyeregg bei Wies.
Graz, LMJ, Abt. f. Mineralogie, Inv.-Nr. 38.674.

5) **Calcit**
Fundort: Aus dem Hangenden des Vordersdorfer Kohleflözes, Wies–Eibiswald, Fundjahr 1883.
Graz, LMJ, Abt. f. Mineralogie, Inv.-Nr. 31.294.

6) **Schwefel**
Fundort: Fohnsdorf.
Graz, LMJ, Abt. f. Mineralogie, Inv.-Nr. 4.839.

7) **Markasit**
Fundort: Fohnsdorf.
Graz, LMJ, Abt. f. Mineralogie, Inv.-Nr. 1.822.

8) **Baryt** (Schwerspat)
Fundort: Fohnsdorf, Karl-August-Schacht, Abbau 14, 7. Bau.
Graz, LMJ, Abt. f. Mineralogie, Inv.-Nr. 33.505.

9) **Calcit**
Fundort: Fohnsdorf.
Graz, LMJ, Abt. f. Mineralogie, Inv.-Nr. 24.841.

10) **Dawsonit**
(ein Natrium-Aluminium-Carbonat)
Fundort: Fohnsdorf, Karl-August-Schacht, Abbau 44, 220 m S.H.
Graz, LMJ, Abt. f. Mineralogie, Inv.-Nr. 22.880.

Abbildung: Rasterelektronenmikroskopische Aufnahme von Dawsonit aus dem Karl-August-Schacht, Fohnsdorf. Vergrößerung 400×.
Aufnahme: Zentrum für Elektronenmikroskopie Graz.

Abschnitt 3: Kohlenstoff in Mineralen

Organische Minerale (fossile Harze, Kohlenwasserstoffe, Salze organischer Säuren)

1) **Succinit** („Bernstein", ein fossiles Harz)
Fundort: Ostseeküste.
Graz, LMJ, Abt. f. Mineralogie, Inv.-Nr. 4.009, 1.181, 1.273.

2) **Fossiles Harz**
Fundort: Grubbach bei Golling, Salzburg.
Graz, LMJ, Abt. f. Mineralogie, Inv.-Nr. 33.194.

3) **Walchowit** (ein fossiles Harz)
Fundort: Walchow, ČSSR.
Graz, LMJ, Abt. f. Mineralogie, Inv.-Nr. 1.189.

4) **Trinkerit** (ein fossiles Harz)
Fundort: Bösenberg, Gams bei Hieflau.
Graz, LMJ, Abt. f. Mineralogie, Inv.-Nr. 1.198.

5) **Copalin** (ein fossiles Harz)
Fundort: Höbersbach bei Gablitz, Niederösterreich.
Graz, LMJ, Abt. f. Mineralogie, Inv.-Nr. 17.082.

6) **Köflachit** (ein nach der Stadt Köflach benanntes fossiles Harz)
Fundort: Köflach.
Graz, LMJ, Abt. f. Mineralogie, Inv.-Nr. 39.228.

7) **Retinit** (ein fossiles Harz)
Fundort: Oberdorf bei Voitsberg.
Graz, LMJ, Abt. f. Mineralogie, Inv.-Nr. 27.486, 27.487.

8) **Jaulingit** (ein fossiles Harz)
Fundort: Göriach bei Aflenz.
Graz, LMJ, Abt. f. Mineralogie, Inv.-Nr. 27.480.

9) **Jaulingit** (ein fossiles Harz)
Fundort: Eibiswald.
Graz, LMJ, Abt. f. Mineralogie, Inv.-Nr. 27.475.

10) **Jaulingit** auf Bergkristall
Fundort: Karlschacht I, Köflach.
Graz, LMJ, Abt. f. Mineralogie, Inv.-Nr. 32.829.

11) **Paraffin** mit **Hartit**
Fundort: Piberstein bei Köflach.
Graz, LMJ, Abt. f. Mineralogie, Inv.-Nr. 20.169.

12) **Hartit**
Fundort: Rosental.
Graz, LMJ, Abt. f. Mineralogie, Inv.-Nr. 27.560.

Gips auf Kohle. Muttlkogel, Zangtaler Revier

13) **Whewellit**
(Calciumsalz der Oxalsäure)
Fundort: Burgk bei Dresden, DDR.
Graz, LMJ, Abt. f. Mineralogie, Inv.-Nr. 11.097.

14) **Blasenstein aus Whewellit**
Graz, LMJ, Abt. f. Mineralogie, Inv.-Nr. 39.948.

15) **Mellit** („Honigstein")
(Aluminiumsalz der Benzolhexacarbonsäure)
Fundort: Tatabanya, Ungarn.
Graz, LMJ, Abt. f. Mineralogie, Inv.-Nr. 31.103.

Anorganische Kohlenstoffminerale (Elemente, Carbide, Carbonate)

16) **Diamant**
(Oktaeder, 5,75 ct; 1 ct = 0,2 g)
Fundort: Premier Mine, Südafrika.
Graz, LMJ, Abt. f. Mineralogie, Inv.-Nr. 21.393.

17) **Glasmodell des „Cullinan"**
(mit 3106 ct Fundgewicht, größter jemals gefundener Diamant)
Fundort: Südafrika.
Graz, LMJ, Abt. f. Mineralogie, Inv.-Nr. 21.393.

18) **Glasmodell des „Koh-I-Noor"**
(ursprünglich 600 ct; heute 108,93 ct)
Fundort: Indien.
Graz, LMJ, Abt. f. Mineralogie, Inv.-Nr. 25.468.

19) **Glasmodell des „Schah"**
Fundort: Indien.
Graz, LMJ, Abt. f. Mineralogie, Inv.-Nr. 25.471.

20) **Glasmodell des „Hope"**
(ursprünglich 112 ct, später 68,8 ct)
Fundort: Indien.
Graz, LMJ, Abt. f. Mineralogie, Inv.-Nr. 25.472.

21) **Strukturmodell von Diamant**

22) **Strukturmodell von Graphit**
(hexagonale Strukturvariante)

23) **Graphit**
Fundort: Sri Lanka (Ceylon).
Graz, LMJ, Abt. f. Mineralogie, Inv.-Nr. 4.878.

24) **Graphit**
Fundort: Bergbau Kaisersberg bei St. Michael.
Graz, LMJ, Abt. f. Mineralogie, Inv.-Nr. 5.019.

25) **Graphit**
(Musterpreßling, Raffinade)
Herkunft: Schwarzbach, Böhmen, ČSSR.
Graz, LMJ, Abt. f. Mineralogie, Inv.-Nr. 2.138.

26) **Siliciumcarbid**
(künstlich hergestellt)
Graz, LMJ, Abt. f. Mineralogie, Inv.-Nr. 10.811, 10.812.

27) **Calcit** (Kalkspat)
(trigonales Calcium-Carbonat)
Fundort: Elmwood Mine, Elmwood, Tennessee, USA.
Graz, LMJ, Abt. f. Mineralogie, Inv.-Nr. 38.669.

28) **Aragonit** (Eisenblüte)
(rhombisches Calcium-Carbonat)
Fundort: Steirischer Erzberg.
Graz, LMJ, Abt. f. Mineralogie, Inv.-Nr. 27.700.

29) **Siderit** und **Ankerit**
(zwei Eisen-Carbonate)
Fundort: Steirischer Erzberg.
Graz, LMJ, Abt. f. Mineralogie, Inv.-Nr. 38.679.

30) **Magnesit** (polierte Platte von „Pinolitmagnesit")
(wichtigstes Magnesium-Carbonat)
Fundort: Bergbau Hohentauern (Sunk).
Graz, LMJ, Abt. f. Mineralogie, Inv.-Nr. 33.316.

31) **Malachit** (anpoliert)
(basisches Kupfer-Carbonat)
Fundort: Perm. UdSSR.
Graz, LMJ, Abt. f. Mineralogie, Inv.-Nr. 2.644.

Diamantmodelle aus Glas („Koh-I-Noor", „Schah", „Hope")

32) **Malachit** (poliert)
Fundort: Ural, UdSSR.
Graz, LMJ, Abt. f. Mineralogie, Inv.-Nr. 8.981, 8.982.

33) **Azurit** und **Malachit**
(basische Kupfer-Carbonate)
Fundort: Sasca Montana, Banat, Rumänien.
Graz, LMJ, Abt. f. Mineralogie, Inv.-Nr. 31.112.

Abschnitt 4: Natürliche Gläser

Gläser vulkanischen Ursprungs

1) **Obsidian**
Fundort: Yellowstone Nationalpark, USA.
Graz, LMJ, Abt. f. Mineralogie, Inv.-Nr. 42.847.

2) **Obsidian** („Schneeflockenobsidian")
Fundort: Gila Co., Arizona, USA.
Graz, LMJ, Abt. f. Mineralogie, Inv.-Nr. 42.997.

3) **Obsidian**
Fundort: Mt. Jalisco, Mexico.
Graz, LMJ, Abt. f. Mineralogie, Inv.-Nr. 42.843.

4) **Obsidian**
Fundort: Eriwan-Sewan-See, Armenien, UdSSR.
Graz, LMJ, Abt. f. Mineralogie, Inv.-Nr. 43.083.

5) **Obsidian**
Fundort: Insel Milos, Griechenland.
Graz, LMJ, Abt. f. Mineralogie, Inv.-Nr. 1.972.

6) **Obsidian**
(von Menschenhand bearbeiteter Obsidian)
Fundort: Insel Milos, Griechenland.
Graz, LMJ, Abt. f. Mineralogie, Inv.-Nr. 42.999.

Obsidian: Mt. Jalisco, Mexico

Tektit (Moldavit). Fundort: Trog bei Stainz

7) Basaltglas
Fundort: Steinbruch Steinberg, Mühldorf bei Feldbach.
Graz, LMJ, Abt. f. Mineralogie, Inv.-Nr. 43.004.

8) Pechstein
Fundort: Meißen, Sachsen, DDR.
Graz, LMJ, Abt. f. Mineralogie, Inv.-Nr. 42.875.

9) Perlit
Fundort: Telkibanya, Ungarn.
Graz, LMJ, Abt. f. Mineralogie, Inv.-Nr. 42.893.

10) Bimsstein
Fundort: Ungarn.
Graz, LMJ, Abt. f. Mineralogie, Inv.-Nr. 43.066.

Tektite und Impaktgläser (beim Aufprall großer Meteorite entstandene Gläser)

11) Tektite (Moldavite)
Fundort: Moldauthein, Böhmen, ČSSR.
Graz, LMJ, Abt. f. Mineralogie, Inv.-Nr. 26.875–26.879.

12) Tektit (Moldavit)
Fundort: Trog bei Stainz; Fund um 1900 (wahrscheinlich in vorgeschichtlicher Zeit von Böhmen in die Weststeiermark gebracht)
Graz, LMJ, Abt. f. Mineralogie, Inv.-Nr. 11.530.

13) Tektite (Indochinit)
Fundort: Thailand.
Graz, LMJ, Abt. f. Mineralogie, Inv.-Nr. 36.594, 36.595.

14) Libysches Wüstenglas (verm. Impaktglas).
Fundort: Libysche Wüste, Ägypten.
Graz, LMJ, Abt. f. Mineralogie, Inv.-Nr. 36.596.

15) Lechatelierit (natürliches Kieselglas)
Fundort: Meteor Crater, Coconino Co., Arizona, USA.
Graz, LMJ, Abt. f. Mineralogie, Inv.-Nr. 20.839.

Durch Blitzschlag entstandenes Glas

16) Fulgurit („Blitzröhre")
(zu Lechatelierit aufgeschmolzener Quarzsand)
Fundort: Olkusz, Polen.
Graz, LMJ, Abt. f. Mineralogie, Inv.-Nr. 43.101.

Abschnitt 5: Bergkristall und Rauchquarz von der Koralpe

1) Bergkristall
Fundort: Steinbruch „Schwemmhoisl", Burgegg bei Deutschlandsberg.
Gratkorn, H. Fink.

2) Bergkristall
Fundort: Steinbruch „Schwemmhoisl", Burgegg bei Deutschlandsberg.
Gratkorn, H. Fink.

3) Bergkristall
Fundort: Steinbruch „Schwemmhoisl", Burgegg bei Deutschlandsberg.
Graz, LMJ, Abt. f. Mineralogie, Inv.-Nr. 27.981.

Tektit, Moldauthein, Böhmen, ČSSR.

4) **Bergkristallkugel**
Graz, LMJ, Abt. f. Mineralogie, Inv.-Nr. 16.663.

5) **Bergkristall**
Fundort: St. Anna bei Schwanberg.
Graz, LMJ, Abt. f. Mineralogie, Inv.-Nr. 14.234.

6) **Rauchquarz**
Fundort: Modriachwinkel.
Graz, LMJ, Abt. f. Mineralogie, Inv.-Nr. 23.008.

7) **Rauchquarz**
Fundort: Hebalpe.
Krottendorf, E. Kröpfl.

8) **Rauchquarz**
Fundort: Hochstraße bei Mooskirchen.
Graz, LMJ, Abt. f. Mineralogie, Inv.-Nr. 5.177.

Abbildung: Steinbruch „Schwemmhoisl", Burgegg bei Deutschlandsberg.
Aufnahme: W. Postl.

Abschnitt 6: Mineralogische Besonderheiten aus Quarzvorkommen der Koralpe

1) **Rutil** in derbem Quarz
(ein Titanoxid)
Fundort: Herzogberg bei Modriach.
Graz, LMJ, Abt. f. Mineralogie, Inv.-Nr. 22.310.

2) **Rutil** in derbem Quarz
Fundort: Herzogberg bei Modriach.
Graz, LMJ, Abt. f. Mineralogie, Inv.-Nr. 22.306.

3) **Rutil** in derbem Quarz
Fundort: Herzogberg bei Modriach.
Graz, LMJ, Abt. f. Mineralogie, Inv.-Nr. 38.675.

4) **Turmalin** (Schörl) in derbem Quarz
(ein Bor-Silikat)
Fundort: Glashütten.
Graz, LMJ, Abt. f. Mineralogie, Inv.-Nr. 36.089.

5) **Disthen** in derbem Quarz
(ein Aluminium-Silikat)
Fundort: Glashütten.
Graz, LMJ, Abt. f. Mineralogie, Inv.-Nr. 35.526.

6) **Albit**
(ein Natrium-Aluminium-Silikat, zu den Feldspäten gehörend)
Fundort: Alter Quarzabbau am Gradischkogel, Soboth.
Graz, LMJ, Abt. f. Mineralogie, Inv.-Nr. 37.327, 37.058.

7) **Epidot**
(ein Calcium-Eisen-Aluminium-Silikat)
Fundort: Gradischkogel, Soboth.
Graz, LMJ, Abt. f. Mineralogie, Inv.-Nr. 23.788.

8) **Bergkristall** (Skelettquarz)
Fundort: Soboth.
Graz, LMJ, Abt. f. Mineralogie, Inv.-Nr. 33.177.

9) **Derber Gangquarz mit Hornblende**
Fundort: Neuer Quarzabbau am Gradischkogel, Soboth.
Eibiswald, R. Lierzer.

Abbildung 1: Quarzbruch „Ebenlecker", Herzogberg bei Modriach.
Aufnahme um 1960: LMJ.

Abbildung 2: Alter Quarzabbau am Gradischkogel, Soboth.
Aufnahme: W. Postl, LMJ.

2/42 Vitrine 2: Bergkristall
Fundort: Steinbruch „Schwemmhoisl", Burgegg bei Deutschlandsberg.

Graz, LMJ, Abt. f. Mineralogie, Inv.-Nr. 23.868, 21.789.

Tektit. Fundort: Trog bei Stainz

Bergkristall. Fundort: Steinbruch „Schwemmhoisl"

2/43 Vitrine 3: Kohlen aus der Steiermark

Braunkohlen und ihre Begleitsteine.

Die aus Pflanzensubstanz früherer Epochen entstandenen Kohlen haben je nach ihrer Reife unterschiedlichen Heizwert. Temperatur, Druck und Zeit verändern das ursprüngliche pflanzliche Ausgangsmaterial über Torf, Braunkohle und Steinkohle bis zu Anthrazit und Graphit, dem reinen Kohlenstoff.

Im geologisch jungen alpinen Raum überwiegen Braunkohlen bei weitem, so auch in der Steiermark. In Abhängigkeit von der wechselvollen und örtlich unterschiedlichen geologischen Geschichte findet sich hier ein qualitativ breites Spektrum von der Weichbraunkohle und der lignitischen Braunkohle, die vielfach die Pflanzensubstanz noch deutlich erkennen läßt, bis zur hochwertigen Glanzkohle, wie sie etwa seinerzeit in Fohnsdorf aus großer Tiefe gewonnen wurde.

1) **Torf**
Fundort: Leonharder Wald bei Graz.
Graz, LMJ, Abt. f. Mineralogie, Inv.-Nr. 43.067.

2) **Torf**
Fundort: Kainisch bei Aussee.
Graz, LMJ, Abt. f. Geologie und Paläontologie, Inv.-Nr. 63.516.

3) **Lignit**
(Beginnende Inkohlung mit sehr gut erhaltener Holzstruktur; Baumaststück.)
Fundort: Piberstein bei Köflach.
Graz, LMJ, Abt. f. Geologie und Paläontologie, Inv.-Nr. 27.714.

4) **Lignit**
(Beginnende Inkohlung mit noch gut erhaltener Holzstruktur; Astansätze.)
Fundort: Rosental bei Köflach.
Graz, LMJ, Abt. f. Mineralogie, Inv.-Nr. 43.069.

5) **Lignit**
(Beginnende Inkohlung mit noch gut erhaltener Holzstruktur.)
Fundort: Oberdorf bei Voitsberg.
Graz, LMJ, Abt. f. Mineralogie, Inv.-Nr. 43.071.

6) **Gedrechselte Teller aus Lignit**
Herkunft: Voitsberg.
Graz, LMJ, Abt. f. Geologie und Paläontologie, Inv.-Nr. 29.108–29.111.

7) **Glanzbraunkohle**
Fundort: Maria Lankowitz bei Köflach.
Graz, LMJ, Abt. f. Mineralogie, Inv.-Nr. 43.068.

8) **Braunkohle**
(Bohrkerne aus dem Jahre 1930.)
Fundort: Unterflöz, Zangtal bei Voitsberg.
Graz, LMJ, Abt. f. Geologie und Paläontologie, Inv.-Nr. 10.182.

9) **Glanzbraunkohle**
Fundort: Schönegg bei Pölfing-Brunn.
Graz, LMJ, Abt. f. Mineralogie, Inv.-Nr. 27.513.

10) **Glanzbraunkohle**
Fundort: Eibiswald.
Graz, LMJ, Abt. f. Mineralogie, Inv.-Nr. 27.501.

11) **Braunkohle**
Fundort: Am Kogel bei Ratten.
Graz, LMJ, Abt. f. Mineralogie, Inv.-Nr. 27.524.

12) **Glanzbraunkohle**
Fundort: Fohnsdorf.
Graz, LMJ, Abt. f. Mineralogie, Inv.-Nr. 1.779.

13) **Glanzbraunkohle**
Fundort: Seegraben bei Leoben.
Graz, LMJ, Abt. f. Geologie und Paläontologie, Inv.-Nr. 12.327.

14) **Braunkohle**
Fundort: Feeberg bei Judenburg.
Graz, LMJ, Abt. f. Mineralogie, Inv.-Nr. 39.296.

15) **Braunkohle**
Fundort: Parschlug.
Graz, LMJ, Abt. f. Mineralogie, Inv.-Nr. 27.527.

16) **Braunkohle**
Fundort: Göriach bei Aflenz.
Graz, LMJ, Abt. f. Mineralogie, Inv.-Nr. 1.769.

17) **Anthrazit**
Fundort: Turrach.
Graz, LMJ, Abt. f. Mineralogie, Inv.-Nr. 43.072.

17a) **Anthrazit**
Fundort: Turrach.
Graz, LMJ, Abt. f. Mineralogie, Inv.-Nr. 39.297.

18) **Gagat**
Fundort: Donnersbach bei Öblarn.
Graz, LMJ, Abt. f. Mineralogie, Inv.-Nr. 21.908.

19) **Gagat**
Fundort: Traunsee, Oberösterreich.
Graz, LMJ, Abt. f. Mineralogie, Inv.-Nr. 16.897.

20) **Kette aus Gagat**
Graz, LMJ, Abt. f. Kunstgewerbe, Inv.-Nr. 021.139.

Auf der Suche

3/1 Johann Philip Bünting, Sylva Subterranea Oder Vortreffliche Nutzbarkeit des unterirdischen Waldes. Magdeburg 1693

Buch.

Büntings Werk gehört zu jenen Büchern, die seit dem 17. Jahrhundert für die Anwendung der Kohle zur Schonung der Wälder eintreten. Bünting wirbt besonders für Kohle als Brennstoff der Eisenindustrie.

Erlangen, Universitätsbibliothek.

3/2 J. P. Bruckmann, Magnalia Dei in locis subterraneis Oder unterirdische Schatz-Cammer aller Königreiche und Länder. Braunschweig 1727

Buch.

Erster Versuch eines Überblickes über die europäischen Kohlenbergbaue.

Linz, Stadtarchiv, Bibliothek.

3/3 Stollen im Kohlenbergbau Fohnsdorf, 1774

Plan.
Obersteiger Philip Löhnhard.
H. 20 cm, B. 30 cm.

Seit den um 1760/70 unter Maria Theresia wieder verstärkt aufgenommenen Kohlenschurfarbeiten war es nötig geworden, um die Kohle auch in größeren Teufen abzubauen, den Stollenbau einzuführen. Der Plan des Obersteigers Philip Löhnhard zeigt einen solchen 50 m langen Stollen im ansteigenden Gelände nördlich von Fohnsdorf. Ganz links unten sieht man das „Stoln Mund Loch".

Graz, Steiermärkisches Landesarchiv, BA-Vordernberg, V 11 A, Nr. 11.

3/4 Schürfarbeiten auf Kohle am Flözausbiß (Tagbau)

Repro einer Zeichnung aus: Eduard Heuchler, Die Bergknappen in ihrem Berufs- und Familienleben bildlich dargestellt und von erläuternden Worten begleitet, Dresden 1857, Nachdruck.

Diese idealisierte und romantisierende Zeichnung von Eduard Heuchler stammt zwar aus der Mitte des 19. Jahrhunderts, zeigt jedoch recht anschaulich die Arbeit an einem Flözausbiß, wie wir sie uns im Jahre 1670 in Fohnsdorf vorstellen können.

3/5 Gagatschmuck

a) Brosche, nach 1872

Fotoporträt in Goldrahmen.
Wien, A. E. Köchert.
L. 4,9 cm, B. 4 cm.
Graz, LMJ, Kunstgewerbemuseum, Inv.-Nr. 23.575.

b) Brosche und Ohrgehänge (Trauerschmuck), um 1830   Abb. S. 44

L. der Brosche 13,4 cm, L. der Ohrgehänge 4,2 cm.

An einer Schleife rundes, aufklappbares Medaillon, in dem sich ein Männerporträt befindet.

Graz, LMJ, Kunstgewerbemuseum, Inv.-Nr. 0.940, 0.942.

3/6 Inneres einer Alaunhütte, um 1770

Kupferstich.
Aus: Denis Diderot, Encyclopédie un Dictionaire raisonné des arts et des metiers, Livourne 1770–1779.
H. 22 cm, B. 14,5 cm.

Alaunwerk aus der Gegend von Lüttich. Im oberen Bildteil ist zur Verwitterung auf Halde gestürztes Material zu sehen, davor ein Meiler. Im Vordergrund befinden sich die Laugungskasten mit dem Rohlaugebecken, dahinter die Rohsiedehütte. Im unteren Bildteil das Innere einer Rohsiedehütte mit vier Pfannen, den Läuterungsbottichen und Präzipitationskasten. Die Arbeiter im Vordergrund schöpfen aus dem Sumpf Mutterlauge in die Rohsiedepfannen zurück.

Literatur: *Alfred Weiß*, Die steirischen Alaunwerke des 19. Jahrhunderts. In: Montan Rundschau, 18/1970, S. 107–112.

Wien, A. Weiß.

3/7 Bauplan einer Alaunsudhütte, 1802

Aquarellierte Tuschzeichnung.
Franz Hirscher, Boskowitz 1802.
H. 62 cm, B. 90 cm.

Der vorliegende Bauplan zeigt eine Alaunsudhütte mit aus Ziegeln gebauten Pfannen. Er war für das „Haupt Alaun Werk" des Franz Grafen von Dietrichstein in Boskowitz in Mähren bestimmt. Ähnlich könnte auch die Anlage der zwanzig Jahre später errichteten Sudhütte des Alaunwerkes Steyeregg in der Weststeiermark gewesen sein. Letztere wurde um 1820 im Auftrag von Max Grafen von Dietrichstein errichtet.

Literatur: *A. Weiß*, Alaunwerke, S. 107–112.

Leoben, Montanuniversität, Universitätsbibliothek.

3/8 „Glas-Hütten und Alaunsiederei nebst dem Steinkohlen-Bergwerke des Herrn Alois Geyer in Oberdorf", 1835

Repro einer Lithographie.
Alexander Kaiser, Graz 1835.

Das Bild zeigt das ehemalige Grubenhaus des Braunkohlenbergbaues Oberdorf mit einem Dachreiter. In dem davor gelegenen Gebäude dürfte die Alaunsiederei untergebracht gewesen sein. Im Hintergrund der Rauch der Glashütte.

Literatur: *Alfred Weiß*, Zur Entstehungsgeschichte des Braunkohlenbergbaues bei Oberdorf, Bezirk Voitsberg. In: Österreichischer Berg- und Hüttenkalender 1976, S. 89–97.

3/9 Alaunkristalle

a) Alaun

Kunstprodukt.
Graz, LMJ, Abt. f. Mineralogie, Inv.-Nr. 5.221.

b) Alaun

Kunstprodukt.
Hütte Steyeregg bei Wies.
Graz, LMJ, Abt. f. Mineralogie, Inv.-Nr. 5.217.

c) Alaun

Kunstprodukt.
Graz, LMJ, Abt. f. Mineralogie, Inv.-Nr. 38.378.

3/10 Johann Adolf I. Fürst zu Schwarzenberg (1615–1683)

Porträt, Öl auf Leinwand.
H. 215 cm, B. 125 cm.

Als Herr von Murau wandte sich Johann Adolf I. Fürst zu Schwarzenberg schon früh montanistischen Interessen zu. In merkantilistischer Gesinnung eröffnete er 1660 den Eisensteinbergbau Turrach, erbaute 1662 einen der ersten steirischen Floßöfen und entdeckte im Jahr 1670 das Kohlenvorkommen in Fohnsdorf.

Literatur: *Karl Schwarzenberg*, Geschichte des reichsständischen Hauses Schwarzenberg. In: Veröffentlichungen der Gesellschaft für fränkische Geschichte H. IX, 16/1963.

Scheinfeld, Fürst Schwarzenberg.

3/11 Johann Adolf I. Fürst Schwarzenberg berichtet über seinen Kohlenfund an Kaiser Leopold I., 1673.

Handschrift.

Im Gegensatz zu den zuständigen Bergbehörden in Vordernberg, die von einem „neuen Erdtgewächs" sprachen, hatte Johann Adolf I. seinen Fund in Fohnsdorf von Anfang an richtig als Steinkohle beschrieben. Um nun die Bergwerksverleihung zu beschleunigen, wendet er sich im Frühjahr 1673, seine Beziehungen als Präsident des Reichshofrates ausnützend, direkt an Kaiser Leopold I.

Literatur: *Helmut Lackner*, Die Entdeckung der Fohnsdorfer Kohlenlagerstätte. In: Blau-weiße Blätter, H. 1/1981, S. 20–22.

Graz, Steiermärkisches Landesarchiv, OBA-Vordernberg, Fasz. XVIII, undat. Brief (1673).

3/12 Alaunsudhütte im Feeberggraben bei Judenburg, 1833

Plan.
H. 40 cm, B. 50 cm.

Nach dem endgültigen Scheitern der vielen Versuche zur Entschwefelung bzw. Verkokung der Braun- und Glanzkohle reduzierte sich die Nutzung der Kohle für ein halbes Jahrhundert bis um 1840/50 auf die Erzeugung von Alaunsalz. Dafür wurde die Kohle in Haufen abgebrannt, die Asche mit Wasser aufgelöst und in Sudpfannen eingedampft und dann Harn, Seifensiedelauge oder Pottasche zugesetzt. In hölzernen Präzipitatierkästen kristallisierte dann das Alaun als Salz aus.

Literatur: *A. Weiß*, Alaunwerke, S. 107–112.

Murau, Schwarzenbergische Archive, Plansammlung Nr. 121.

3/13 Alaunsudhütte in Feeberg

Modell.
Maßstab 1:500.
Idee: Alfred Weiß.
Planung und Bau: Helmut Lackner, unter Mithilfe von Willy Baumgartner und Reinhold Hartleb.

Schwefelkies und aschenreiche Kohle wurden zur Alaunerzeugung genutzt, hiebei kam ein kombiniertes Brenn-, Laug- und Eindampfverfahren zur Anwendung. Alaunfabriken bestanden zum Beispiel in Steyeregg, Parschlug, Fohnsdorf, Ilz, Wartberg. Grundlage für das vorliegende Modell ist ein Plan zu einer Alaunfabrik in Feeberg, die jedoch nicht gebaut wurde.
Bei diesem Modell wurde der Dachstuhl offen gelassen, um den Anblick der Inneneinrichtung zu ermöglichen.

Literatur: Erzherzog Johann von Österreich. Katalog zur Landesausstellung in Stainz 1982, S. 349 f.

Fohnsdorf, Österreichisches Montanmuseum.

3/14 Die Alaunerzeugung in der Steiermark, 1829–1842

Diagramm.
Entwurf: Helmut Lackner.
Ausführung: Heinz Schubert.

Gezeigt wird die Gesamtproduktion der Steiermark sowie die Produktion in Steyeregg, Fohnsdorf und Parschlug.
Der Höhepunkt der Alaunerzeugung wurde im Jahre 1834 mit 280 Tonnen erreicht, wobei für eine Tonne Alaun ca. 130 bis 140 Tonnen Kohle notwendig waren.

3/15 Alaunfabrik Tregistgraben   Abb. S. 248

Foto: Bild- und Tonarchiv, Graz.

Im Tregistgraben hinter der Grube Zangtal erinnert noch das Gasthaus „Zur Alaunfabrik" an die ehemalige Alaun-Sudhütte.
Das Gasthaus diente früher als Gewerken- und Verwalterhaus.

3/16 Kurrende k. k. Kreisamt Graz, 15. Jänner 1786

Druck.
H. 30 cm, B. 21 cm.

Um den Gebrauch von Mineralkohlen anzukurbeln, wurden von den Kreisämtern die Werbbezirksherrschaften und Dominien aufgefordert, die Vorteile der Kohlenfeuerung publik zu machen. Der vorliegenden Kurrende ist auch ein Verzeichnis der Bezugsquellen angeschlossen.

Graz, Steiermärkisches Landesarchiv, Kurrenden, k. k. Kreisamt Graz, 15. 1. 1786.

3/17 „Steinkohlen Rectificationsofen" – Röstofen für Glanzkohlen, um 1740.   Abb. S. 38

Aquarellierte Tuschzeichnung. Franz Salesius Gasteiger.
H. 22 cm, B. 30 cm.

Um das Jahr 1740 führte der Gewerke Franz Salesius Gasteiger bei seinem Hammer in Thörl eine „Steinkohlenfeuerung" ein. Den hiezu erforderlichen Koks erzeugte er aus Glanzkohle aus einer Grube im Bereich des Münzenberges bei Leoben (Seegraben). Die Rohkohle wurde über einem aus Eisenstangen gebildeten Rost eines einfachen Schachtofens aufgeschichtet und durch ein Holzfeuer entzündet. Sobald sich nach mehreren Stunden an der Schachtöffnung „blaue und grüne Flammen" zeigten, war der Brennprozeß beendet. Die Glut wurde durch Ziehen der Roststangen in das Heizgewölbe befördert und mit Wasser gelöscht. Das Endprodukt – „gebrannte Kohle" – wurde als Ersatz für teure Holzkohle verwendet.

Literatur: *Alfred Weiß,* Franz Salesius Gasteigers Verfahren zur Entschwefelung von Münzenberger „Steinkohle". In: Der Leobener Strauß, 5/1977, S. 165–168.

Graz, Steiermärkisches Landesarchiv, BA-Vordernberg, 11 A 38.

3/18 Steinkohlenofen von Franz Salesius Gasteiger

Modell.
H. 30 cm, B. 50 cm, L. 45 cm.

Der Steinkohlenofen von Gasteiger hatte im Original eine Höhe von ca. 1,8 m und einen Außendurchmesser von ca. 2,1 m. Von Beginn an hatte bei der Anwendung der steirischen Kohlen in der Eisenindustrie oder auch für den Hausbrand deren Schwefelgehalt die größten Schwierigkeiten bereitet. Diesen Nachteil glaubte man im 18. Jahrhundert durch ein Abschwefeln der Kohlen zu eliminieren. Dabei wurde die Kohle in einem gemauerten Ofen für einige Stunden entzündet. Im Prinzip handelte es sich dabei also um einen Verkokungsprozeß, der jedoch bei Verwendung von Braun- und Glanzkohle trotz weiterer Versuche seit dem Ofen von Gasteiger im Jahre 1746 zum Scheitern verurteilt war.

3/19 Bericht der Innerberger Hauptgewerkschaft über die Versuche von Franz Salesius Gasteiger, 1746

Handschrift.

Überzeugt von der gelungenen Abschwefelung im Gasteiger'schen Ofen berichtet die Innerberger Hauptgewerkschaft optimistisch von der Bedeutung des Unternehmens für die Zukunft. Nachdem die Kohlen vom „arsenical- und sulphuralischen wilden Geruch" gereinigt wären, sei ihre Anwendung in den Rad- und Hammerwerken zur „Erspahrung des Holz-Kohles" zu empfehlen.

Graz, Steiermärkisches Landesarchiv, IHG-Ältere Direktionsakten CIV, Fasz. 3.674, 23. 8. 1746.

3/20 Johann Friedrich von Pfeiffer (1718–1781)

Repro aus: Franz Michael Ress, Geschichte der Kokereitechnik, Essen 1957, S. 191.

Johann Friedrich von Pfeiffer wurde im Jahre 1768 von der Hofkammer zum Direktor der neugegründeten „Steinkohlen-Rectifications-Societät" ernannt. Pfeiffer stammte aus Preußen und versuchte mit verschiedensten Projekten, auch in Österreich sein Geld zu machen. Seine „Steinkohlen-Rectifications-Societät" versprach, wie schon 1746 Gasteiger, die steirische Kohle in gemauerten Öfen zu entschwefeln, und erhielt dafür ein Patent für zwölf Jahre. Nach dem Scheitern seiner Versuche suchte Pfeiffer aber schon im Jahr darauf das Weite.

Im Jahre 1775 publizierte Pfeiffer eine „Geschichte der Steinkohlen und des Torfs".

Literatur: *Helmut Lackner,* Kohlenbergbau und Technik, Diss. Graz 1980, S. 38.

3/21 Johann Friedrich von Pfeiffer, Entdecktes allgemein brauchbares Verbesserungsmittel der Steinkohlen und des Torfs, Mannheim 1777

Buch.

Obwohl die praktischen Versuche, Steinkohle zu verkoken, im Jahre 1768/69 in der Steiermark gescheitert waren, veröffentlichte Johann Friedrich von Pfeiffer im Jahre 1777 im vorliegenden Buch das „Entschwefelungsverfahren mit Beschreibung der Steinkohlen-Rectification".

Wien, Österreichische Nationalbibliothek.

Katalog 7/4: Steigerlampe

Die Hebung des schwarzen Goldes

Abbau

4/1 Stellstreckenabbau, um 1850

Modell.
Maßstab 1:50.
Idee: Alfred Weiß.
Planung und Ausführung: Willy Baumgartner, Reinhold Hartleb, Helmut Lackner.
H. 40 cm, B. 100 cm, L. 130 cm.

Zur Schonung der Tagesoberfläche erfolgte im Voitsberg-Köflacher Kohlenrevier die grubenmäßige Gewinnung in sogenannten Stellstrecken. Dies waren Strecken oder Stollen mit dreieckigem Querschnitt und Höhen von 8 bis 10 m, in Einzelfällen sogar mit über 30 m. Die Widerstandsfähigkeit dieser in der zähen Kohle aufgefahrenen Grubenräume gegenüber dem Gebirgsdruck war enorm. Da bei dieser Gewinnungsmethode nahezu die Hälfte der Lagerstätte in den Kohlenpfeilern zwischen den Strecken belassen werden mußte, ist sie als Raubbau zu bezeichnen. Die bei der Gewinnung anfallende Feinkohle wurde auf der Sohle liegengelassen bzw. an den Ulmen zur Sicherung der Pfeiler angebettet.

Literatur: *Felix Busson*, Die Abbaumethoden im Voitsberg-Köflacher Braunkohlenreviere. In: Berg- und Hüttenmännisches Jahrbuch der k. k. mont. Hochschulen zu Leoben und Pribram 54/1906, S. 1–68.

Fohnsdorf, Montanmuseum.

4/2 Stellstreckenabbau, 1876

Skizze mit Rentabilitätsberechnung, datiert 9. 1. 1876.
J. Lindebner.
B. 30 cm, L. 40 cm.

Bis zur Mitte des 19. Jahrhunderts war im Köflach-Voitsberger Braunkohlenrevier der Abbau sehr primitiv und ein ausgesprochener Raubbau, der allerdings infolge der schlechten Absatzverhältnisse für Feinkohle und durch die Rücksicht auf die doch im-

merhin sehr kostspielige Tagesoberfläche diktiert wurde. Das Verfahren bestand darin, daß nahezu über die gesamte Flözmächtigkeit bis 20 m hohe Dreiecksstrecken mit einer Basis von ebenfalls bis 20 m aufgefahren wurden, in welche nach erfolgter Auskohlung die unverkäufliche Kleinkohle verstürzt wurde, während die größeren Kornklassen zum Verkauf kamen. Solche Dreiecksstrecken wurden möglichst nahe aneinander gelegt, wobei man nur bestrebt war, zu verhüten, daß Verbrüche an der Tagesoberfläche auftraten.

Literatur: *Alfred Weiß*, „Stellstrecken" – ein historisches Abbauverfahren im Köflach-Voitsberger Revier. In: Österreichischer Berg- und Hüttenkalender, Wien 1973, S. 52–59.

Köflach, GKB-Bergdirektion.

4/3 Stellstreckenbau in Rosental, 1868   Abb. S. 4

Grubenkarte des Franz Fusch'schen Bergbaues zu Rosental.
Datiert: Juli 1868.
Aquarellierte Tusche auf Papier.
H. 42 cm, L. 55 cm.

Unregelmäßige Entwicklung des Abbaus durch „Stellstrecken" zu einer stollenmäßig erschlossenen Grube.

Graz, Berghauptmannschaft.

4/4 Schematische Darstellung der Abbaumethoden im Köflach-Voitsberger Revier, von 1850 bis heute

Graphik.
Idee: Obersteiger Ernst Dorfner.
Ausführung: Heinz Schubert.
Literatur und Quellen: Unterlagen aus dem GKB-Archiv.

Der grubenmäßige Abbau war ursprünglich sehr primitiv, mitunter auch ein Raubbau, der allerdings von den schlechten Absatzverhältnissen für Feinkohle und durch die Rücksicht auf die noch immerhin teure Tagesoberfläche diktiert wurde. Dieser Abbau bestand darin, daß nahezu auf die ganze Flözmächtigkeit bis zu 20 m hohe Dreiecksstrecken mit einer Basis bis ebenfalls 20 m aufgefahren wurden, in welche nach erfolgter Auskohlung die unverkäufliche Kleinkohle verstürzt wurde. Das Zurücklassen der Feinkohle in den Strecken war infolge der Selbstentzündung der losen Kohle wiederholt Ursache von Grubenbränden. Um diesen Übelständen zu steuern, wurde an Stelle des Stellstreckenbaus der Firstenulmstraßenbau eingeführt. Hiedurch erreichte man zwar eine Verbesserung des Ausbringens, doch zeigte sich, daß die Brandgefahr nicht gebannt war und außerdem Hangendverbrüche bis an die Tagesoberfläche sich einstellten, wodurch es häufig zu Wassereinbrüchen in die Gruben kam.

Erst durch Berginspektor Karner trat 1888 an die Stelle der beiden sehr unvollkommenen Abbaumethoden der „Köflacher Querbau", in 4,2 bis 4,3 m hohen Etagen und 4 m breiten Straßen in horizontalen Scheiben untereinander angewandt, wobei selbstverständlich der Abbau der tieferen Scheibe dem der oberen immer in entsprechender Entfernung nacheilte. Die ausgekohlten Grubenbaue wurden und werden bis heute zu Bruch gelassen, da ein Versetzen der leeren Räume durch taubes Material infolge des geringen Werts der Kohle nicht erträglich ist und wohl kaum auch jemals werden wird. Die Art der Kohlengewinnung in den Gruben war die Grundlage für mehrere Abbau-Variationen, welche auch auf die fortschreitende Mechanisierung im Bergbau zurückzuführen ist und auch heute noch im Streifenbau und auch teilweise im Streb- oder Lang-Frontenabbau zu erkennen ist.

4/5 Modell eines Kleinpfeilerbruchbaues mit Schüttelrutsche im Köflach-Voitsberger Revier

H. 50 cm, B. 102,5 cm, L. 104 cm, Gewicht 500 kg.

Bärnbach, GKB-Werkschule.

4/6 Grube Zangtal, 1920   Abb. S. 25

Öl auf Leinwand.
A. Marussig.
H. 153 cm, B. 186 cm.

Es handelt sich um eine recht gute Schilderung der Arbeitswelt unter Tag in der Zeit um 1900.

Köflach, GKB-Bergdirektion.

4/7 Tagbau Zangtal, 1920

Öl auf Leinwand.
A. Marussig.
Kopie: W. Karl 1962.
H. 154 cm, B. 194 cm.

Das Bild stellt eine sehr schöne Schilderung der Arbeitsweise der Zeit um den Ersten Weltkrieg dar. Dargestellt sind ein kleiner Eimerkettenbagger, hölzerne Hunte, ein Steiger, Arbeiter.

Köflach, GKB-Bergdirektion.

4/8 „Polley-Tagbau" in Maria Lankowitz (Piberstein), 1875

Repro aus: Leipziger Illustrierte Zeitung Nr. 1679/1875, Holzstich: R. Zander.

Der „Polley-Tagbau" bildet das Ende des Revierstollens bei Maria Lankowitz. Das Bild zeigt einen großen Tagbau mit den Mündungen von Stellstrecken mit Dreieckprofil. In der Mitte des Bildes Kohlenrutschen und ein von einer Dampflokomotive gezogener Kohlenzug.

Literatur: *Alfred Weiß*, Zur Geschichte des Lankowitzer Revierstollens. In: Zeitschrift des Historischen Vereines für Steiermark, Graz 1976, S. 177–191.

4/9 Alter Tagbau in Maria Lankowitz (Piberstein), um 1895

Foto.

Zu diesem Foto wurde die Belegschaft der Grube vor einem Stollenmundloch im Tagbau aufgestellt. Zu beachten sind die glattgeschrämten Tagbaustöße. Die Belegschaft ist durchgehend mit Ölgrubenlampen ausgestattet. Mehrere Arbeiter tragen Kohlenbohrer und Keilhauen mit sich. Im Bereich des Abraumes zwei Kipphunte, im Stollen ein mit Kohle beladener Förderwagen aus Holz.

Wien, A. Weiß.

4/10 Arbeiter im Tagbau des Antoni-Reviers in Fohnsdorf, um 1900

Foto.

Fohnsdorf, H. Burgstaller.

4/11 Tagbau Süd IV/8, 1959

Foto: Harald Koren, Köflach, 8. 4. 1959.

4/12 Tagbau Süd Detail, 1959

Foto: Harald Koren, Köflach.

4/13 Tagbau Süd im Überblick, 1959

Foto: Harald Koren, Köflach.

4/14 Tagbau Süd in Rosental, 1959

Foto: Harald Koren, Köflach.

4/15 Das „Loch von Rosental"

Foto: Harald Koren, Köflach.

Das Foto zeigt den Tagbau Süd. Im Hintergrund sind die sogenannten „Schafloshäuser" sichtbar, eigentlich Wohnhäuser, die von der ÖAMG errichtet wurden. Das „Loch" ist heute ein Müllablagerungsplatz.

4/16 Tagbau Süd, 1959

Foto: Harald Koren, Köflach.

4/17 Steinkohlenbergbau „Laura-Schacht" in Feisternitz, um 1880   Abb. S. 27

Foto.

Der Schacht war von 1842 bis 1890 in Betrieb. Die Aufnahme zeigt die Förderanlage mit einigen Arbeitern.

Eibiswald, Kloepfermuseum.

4/18 Ferdinand-Schacht in Rosental, Köflach, um 1900

Foto.

Im Jahr 1900 wurden die in der Rosentaler Mulde bestehenden Gruben zusammengelegt und durch den 78 m tiefen Ferdinand-Schacht neu aufgeschlossen. Das Bild zeigt das typische Schachtgebäude mit den Kohlenbunkern.

Literatur: *Leopold Weber–Alfred Weiß*, Bergbaugeschichte und Geologie der Österreichischen Braunkohlenvorkommen. In: Archiv für Lagerstättenforschung der Geologischen Bundesanstalt, 4/1983.

Köflach, GKB-Bergdirektion.

4/19 Marien-Schacht – von Nordosten gesehen, in den zwanziger Jahren des 20. Jhs.

Foto.

Zu sehen ist die heutige sogenannte „Strohvilla", das Haus des ehemaligen Bürgermeisters Reiterer. Es war bis 1985 im Besitz der GKB.

Steyeregg, G. Schmidt.

4/20 Waldemar-Schacht im Gebiet der Oberen Kalkgrube, um 1920

Foto.

Eibiswald, Kloepfermuseum.

4/21 Gebäude des Hauptschachts von Pölfing-Brunn, um 1925

Foto.

Der Hauptschacht wurde 1872 abgeteuft und stürzte ein. Das Gebäude wurde 1933 abgetragen.

Pölfing-Brunn, Gemeindeamt.

4/22 Förderschacht des Karl-Schachts I, 1914

Foto: Harald Koren, Köflach.

Literatur: *Karl Eisner*, Der Traditionskreis der Bergleute im Kohlenrevier der nördlichen Weststeiermark. Diss. Graz 1969.

4/23 Francisci-Schacht bei Maria Lankowitz, um 1910, gemalt 1939

Öl auf Karton.
A. Hofer.
H. 37 cm, B. 87 cm.

Kindberg, Österreichisches Montanmuseum.

4/24 Francisci-Schacht in Maria Lankowitz

Tuschzeichnung.
Alfred Weiß.
H. 44,5 cm, B. 61 cm.

Zum Aufschluß des Pibersteiner Flözes wurde von der Österreichisch-Alpinen Montangesellschaft im Jahr 1890 westlich von Maria Lankowitz der 154 m tiefe Francisci-Schacht abgeteuft. Das hölzerne Fördergerüst war in ein aus Ziegeln errichtetes Schachthaus eingebaut. Die Fördermaschine wurde über eine zweizylindrige, 65 PS starke Dampfmaschine mit Vorgelege angetrieben.

Literatur: *Weber–Weiß*, Bergbaugeschichte.

Wien, A. Weiß.

4/25 Francisci- und Gottesgab-Schacht in Maria Lankowitz, 1883

Foto: Werksfoto der Österreichisch-Alpinen Montangesellschaft.

Die vorliegende Aufnahme zeigt im Vordergrund die Francisci-Schachtanlage (1881–1920, Schachtteufe 145 m), rechts davon die Schachtanlage des Gottesgab-Schachtes (1867–1885, Schachtteufe 58 m) und nebenan den alten Friedhof der Pfarre Maria Lankowitz, in welchem am 26. 7. 1879 die letzte Beerdigung durchgeführt wurde.
Der Gottesgab-Schacht befand sich zuerst im Besitz der Vordernberg-Köflacher Montanindustriegesellschaft, welche 1869 gegründet und ab 19. Juli 1881 in die Österreichisch-Alpine Montangesellschaft eingegliedert worden war. Die Francisci-Schachtanlage wurde bereits von letztgenannter Gesellschaft errichtet. Das Stahlwerk Pichling war beim Betrieb der Puddlingöfen wegen ihres hohen Heizwertes und ihrer Schwefelarmut auf die Verwendung der Kohle dieser beiden Schachtanlagen angewiesen. Bei einem Belegschaftsstand von 125 Mann wurden im Jahre 1877 aus dem Gottesgab-Schacht 307.392 Meterzentner Kohle gefördert, welche mittels Pferdefuhrwerks in das Eisenwerk nach Pichling geliefert wurden.
Im Francisci-Schacht wurde die Wasserhaltung mit einer leistungsfähigen „Regnierschen Wasserhaltungsmaschine" modernster Bauart für 3 m³ Minuten-

leistung ausgestattet. Im Juli 1883 besuchte Kaiser Franz Josef I. Maria Lankowitz. Unter anderem besichtigte er auch die neuerbaute Schachtanlage.
1888 wurde in diesem Betrieb eine neue Abbaumethode entwickelt, die als „Köflacher Querbau" bekannt geworden ist. Um die Einführung dieser Abbaumethode hat sich Bergverwalter Karl Karner große Verdienste erworben.
Im Mai 1910 wurde aufgrund eines ausgedehnten Grubenbrandes im Jahre 1909 die Anlage im Francisci-Schacht unter Wasser gesetzt. Laut Aussage des Fördermaschinisten verließ der letzte Kohlehunt am 29. April 1910 die Förderschale des Schachtes.

Literatur: *Ernst Dorfner*, GKB-Chronik 1985.
Köflach, GKB-Bergdirektion.

4/26 Obertaganlagen im Bereich des Heinrich-Schachtes Maria Lankowitz (Piberstein), um 1905

Foto.

Am linken Bildrand das alte Pibersteiner Direktionsgebäude. Im rechten Bildteil rechts vom Kamin der Heinrich-Schacht, davor die aus Holz erbaute Aufbereitung. Im Vordergrund der Landabsatzbunker, rechts davon die Waage. Ganz im Vordergrund die Seilbahn.

Wien, A. Weiß.

4/27 Heinrich-Schacht, Maria Lankowitz, 1975

Tuschzeichnung.
Alfred Weiß.
H. 44,5 cm, B. 61 cm.

Der Pibersteiner Bergbau wurde im Jahre 1895 durch den 62 m tiefen Heinrich-Schacht aufgeschlossen. Durch ihn wurde die Kohle auf das Niveau des Heinrich-Stollens gehoben und durch diesen ausgefördert. Der Schacht hatte zwei Fördertrümmer, ein Fahrtrumm und ein Rohrleitungstrumm. Das 13 m hohe Förderungsgerüst war ein Hohlgerüst.

Literatur: *Weber–Weiß*, Bergbaugeschichte.

Wien, A. Weiß.

4/28 Franz-Schacht mit Obertaganlagen, Maria Lankowitz (Piberstein), um 1930

Foto: Harald Koren, Köflach.

Im Bildzentrum der Franz-Schacht mit Maschinenhaus und Seilbahn. Links davon das Kesselhaus mit Generatoranlage. Am rechten Bildrand ist die Anlage des Heinrich-Schachts zu erkennen.

Literatur: *Weber–Weiß*, Bergbaugeschichte.

4/29 „Ausbau des Marien-Schachts nebst Angabe der durchfahrenen Schichten", 1898

Seigerriß.
Aquarellierte Tuschzeichnung.
H. 144 cm, B. 45 cm.

Im Jahre 1872 wurde das Steyeregger Flöz durch den 75 m tiefen Marien-Schacht, der im Jahr 1884 auf 130 m nachgeteuft wurde, neu aufgeschlossen. Der Schacht war mit einer 35 PS starken Zwillingsfördermaschine ausgerüstet. Zur Wasserhaltung war eine 105 PS starke Compound-Wasserhaltungsmaschine sowie eine Duplex-Dampfpumpe vorhanden.

Literatur: *Weber–Weiß*, Bergbaugeschichte.

Köflach, GKB-Bergdirektion.

4/30 Waldemar-Schacht des Werkes Kalkgrub von Ernst Rathausky & Co. bei Deutschlandsberg, 1903

Seigerriß.
Aquarellierte Tuschzeichnung.
H. 92 cm, B. 54 cm.

Ab dem Jahr 1890 wurde der Bergbau Kalkgrub durch den 40 m tiefen Waldemar-Schacht neu eingerichtet. Der Schacht diente zur Förderung und Wasserhaltung. Die Förderung erfolgte durch eine 8 PS starke Dampfmaschine, zur Wasserhaltung war eine Triplex-Pumpe mit einer Leistung von 1800 l Wasser pro Minute installiert.

Literatur: *Weber–Weiß*, Bergbaugeschichte.

Köflach, GKB-Bergdirektion.

4/31 Zahlbruckner-Schacht des Glanzkohlenbergbaus Seegraben, um 1940

Öl auf Leinwand.
Peter Richard Oberhuber.
H. 76 cm, B. 95 cm.

Den Schlußstein der Mechanisierung und Zentralisierung des Glanzkohlenbergbaus Seegraben bildete der im Jahr 1928 abgeteufte und 1930 fertiggestellte Zahlbruckner-Schacht. Er war mit einer Turmfördermaschine ausgestattet.

Literatur: *Franz Trojan*, Der Zahlbruckner-Schacht des Bergbaus Seegraben-Münzenberg der Oe.A.M.G. In: Zeitschrift für das Berg-, Hütten- und Salinenwesen im Deutschen Reich 85/1937, S. 297–302.

Kindberg, Österreichisches Montanmuseum.

4/32 Josef-Schacht und Lorenz-Schacht in Fohnsdorf, um 1890

2 Fotos.

Judenburg, Max Helff.

In einer im Jahr 1864 von einem Unbekannten – vielleicht Josef Rossiwall – verfaßten „Monographie" werden die Schächte „Josef" und „Lorenz" folgendermaßen erwähnt: Um genug Angriffspunkte bei dem steigenden Kohlenabsatz zu erhalten und um sich gegen alle möglichen Eventualitäten zu decken, wurde gegen Ende des Jahres 1857 noch mit der Abteufung zweier Schächte im Josef- und Lorenzfelde begonnen. Jeder dieser Schächte erhielt im Lichten und nach Einbau der nöthigen Zimmerung eine Länge von 19 Fuß (6,006 m) und eine Breite von 7 Fuß (2,213 m), hat zwei Treibabtheilungen, deren eine jede für zwei auf der Schale nebeneinanderstehende Förderhunte eingerichtet ist und eine Fahrabtheilung, welche auch zur Aufnahme der Wasserhebemaschine bestimmt ist . . .
In den Jahren 1860 und 1871 wurden die Schachthäuser gebaut, welche wahrhaft großartig genannt werden dürfen; jedes derselben erhielt ausser der Schachtstube eine Maschinenstube, eine Kesselstube, einen Anfahrsaal und zwei Zimmer, je eines für den Huthmann und den Kunstwärter; das Josefschachtgebäude aber überdies eine Schmiede mit vier Feuern. In der Maschinenstube ist eine 24-PS-Dampfmaschine mit

einem liegenden Cylinder, welche vorläufig sowohl zur Förderung als auch zur Wasserhebung dient; in der Kesselstube befinden sich zwei Doppeldampfkessel; sie hat auch noch Raum für die Aufnahme eines dritten und die Stube am Josefschachte nötigenfalls noch für einen vierten Kessel. Die Heizung derselben mit Kohllösche, deren Verbrennung so vollkommen ist, daß sie nicht zu wünschen übrigläßt, erfolgt auf gewöhnlichen Treppenrosten.

Literatur: *Weber–Weiß*, Bergbaugeschichte.

Wien, A. Weiß.

4/33 „Der Schacht von Fohnsdorf", 1940
Öl auf Leinwand.
Peter Richard Oberhuber.
H. 99 cm, B. 111 cm.
Graz, LMJ, Neue Galerie, Inv.-Nr. I 773.
Dieses Objekt ist auf der Rückseite des Kataloges abgebildet.

4/34 Wodzicki-Schachtanlage in Fohnsdorf vor der Schließung, 1975
Foto: Drogerie Alteneder, Fohnsdorf.

4/35 Alte Zwillingsfördermaschine in Fohnsdorf, 1894
Plan.
H. 57 cm, B. 46 cm.

Die alte Zwillingsfördermaschine war bis 1937 in Betrieb.

Puchenau, H. Lackner.

4/36 Zwillings-Tandemfördermaschine
Repro eines Planes.

Die Zwillings-Tandemfördermaschine wurde von der Friedrichs-Wilhelm-Hütte in Mühlheim an der Ruhr 1923 erbaut und 1925 in Fohnsdorf aufgestellt.

Fohnsdorf, Österreichisches Montanmuseum.

4/37 Elektrische Fördermaschine der Waagner-Biró AG am Wodzicki-Wetterschacht in Fohnsdorf
Foto aus: Der steirische Stahl. Der norische Stahl unserer Zeit. Österreichisch-Alpine Montangesellschaft, Wien 1958, S. 117.

Die Fördermaschine wurde 1951 aufgestellt.

4/38 Fördergerüst am Wodzicki-Schacht in Fohnsdorf, um 1950
Foto aus: Konzern der Österreichisch-Alpinen Montangesellschaft. Wien 1953.

4/39 Fördergerüst am Wodzicki-Schacht in Fohnsdorf
Plan.
H. 67 cm, B. 55 cm.

Das Fördergerüst wurde 1888/90 erbaut und 1925 erhöht.

Puchenau, H. Lackner.

4/40 Förderturm der Schachtanlage Pölfing-Bergla, um 1965
Foto.

Pölfing-Brunn, Gemeindeamt.

4/41 „Unter Tag", 1910   Abb. S. 169
Foto: Harald Koren, Köflach.

Arbeitsstudie vor Ort im Karlschacht. Besonders hervorstechende Merkmale sind der trapezförmige Holzausbau des Stollens (teilweise bereits altersschwach oder kaputt) und die „Klampfen".

Bohr- und Sprengarbeit

4/42 Knebelbohrer, um 1900
L. 115 cm.

Bohrstange aus Eisen mit einer Öse für den Holzgriff. Bis in das erste Jahrzehnt des 20. Jahrhunderts wurden Bohrlöcher durch Handbohren hergestellt.

Kindberg, Österreichisches Montanmuseum.

4/43 Bohrleier mit Spiralbohrern, um 1900
Bohrleier B. 20 cm, L. 33 cm.
Bohrer: L. 100 cm und 150 cm.

Zur Herstellung von Sprenglöchern in mildem Gebirge oder Kohle wurden sowohl bei den obersteirischen Glanzkohlenbergbauen als auch im Köflach-

Voitsberger Braunkohlenrevier Bohrleier und Spiralbohrer verwendet. Ein 1 m langes Bohrloch konnte in ca. 3 Minuten hergestellt werden.

Literatur: Gustav Ryba, Die Gewinnungsarbeiten und ihr Gezähe im Leobener Braunkohlenrevier. In: Zeitschrift des Verbandes der Bergbau-Betriebsleiter, Jg. 1904, S. 161–166.

Kindberg, Österreichisches Montanmuseum.

4/44 Gewinnung am Tagbau Süd, vor Ort, 1959
Foto: Harald Koren, Köflach.

4/45 Kohlendrehbohrmaschine Type E 428
Hersteller: Siemens-Schuckert.
125 V, 0,9 kW, n = 700, Bohrleistung 1,3 m/min, Bohrlochdurchmesser 42 mm, Bohrlochtiefe 1,0–2,0 m, Schlangenbohrer, selbstgängig, Profil 17/34 mit Einsteckende, Länge bis 2 m, Schneidbreite 42 mm.

Zum Herstellen von Sprenglöchern wird seit 1924 im weststeirischen Braunkohlenbergbau die elektrische Kohlendrehbohrmaschine verwendet.

Köflach, GKB-Bergdirektion.

4/46 Patent-Spitz, um 1905
Bergbau Seegraben.

Der Patent-Spitz ist eine Keilhaue mit auswechselbarem Eisen. Das Eisen wurde auf dem an einem Ende verstärkten Stiel aufgeschoben und zog sich bei der Arbeit selbst fest. Der Hauer hatte einen derartigen Stiel und mehrere Eisen, die zum Schärfen aus der Grube zur Schmiede gebracht wurden. Für den Transport der Eisen war jede Kür mit eigenen Traghaken ausgestattet.

Literatur: G. Ryba, Gewinnungsarbeiten.

Kindberg, Österreichisches Montanmuseum.

4/47 Patent-Doppelspitz, um 1905
Bergbau Seegraben.
Literatur: G. Ryba, Gewinnungsarbeiten.
Kindberg, Österreichisches Montanmuseum.

4/48 Akme-Spitz (Doppelspitz), um 1905
Bergbau Seegraben.
H. 72 cm, B. 41 cm.

Der Akme-Spitz war eine doppelte Kohlenhaue, deren Eisen in einer am Stielende angebrachten Öse festgekeilt war. Der Hauer hatte nur einen Stiel, aber mehrere Eisen. Das Eisen wurde zum Schärfen aus der Grube in die Schmiede gebracht.

Literatur: G. Ryba, Gewinnungsarbeiten.

Kindberg, Österreichisches Montanmuseum.

4/49 Akme-Spitz (Einfachspitz), um 1905
Bergbau Seegraben.
Literatur: G. Ryba, Gewinnungsarbeiten.
Kindberg, Österreichisches Montanmuseum.

4/50 Gezähe, Leierbohrer, Schrämeisen und Kohlenhacke, 1842
Repro eines Kupferstiches.
Franz Sprung.
H. 21,5 cm, B. 13,5 cm.

Literatur: Franz Sprung, Bericht über die während der vorgeschriebenen geognostisch-montanistischen Reise durch einen Theil von Kärnten und Steiermark besuchten Steinkohlenbaue. In: Jahrbuch für den innerösterreichischen Berg- und Hüttenmann 1/1841, S. 82.

4/51 „Von der Kaiserreise – Die Sprengung im Lankowitzer Kohlentagbau", 1883   Abb. S. 31
Holzstich.
Koloriert.
Voitsberg, H. Eck.

4/52 Elektrische Zündvorrichtung für Sprengungen mit zwei Anschlußsteckern
H. 11 cm, L. 9 cm, T. 7 cm.
Eibiswald, Kloepfermuseum.

Katalog 4/9

Gewinnung

4/53 Eickhoff-Walzenlader EW 130-L mit rechtsgänger Schraubenwalze

Hersteller: Gebrüder Eickhoff, Maschinenfabrik und Eisengießerei mbH., Bochum (BRD).
Motorleistung: 130 kW Dauerleistung bei 500 V.
Schnittiefe: 55 cm.
Kette: 18 × 64.
Marschgeschwindigkeit: 120–180 m/h.
H. 50 cm, B. 75 cm, L. 480 cm, Gewicht 8 t.
Walze Dm. 160 cm.

Die Gewinnungsmaschinen mit schneidender Arbeitsweise haben in den letzten Jahren eine beachtliche Weiterentwicklung erfahren. Diese Maschine wird von der elektrohydraulischen Winde an einer Rundgliederkette, die im Streb vom Haupt- zum Hilfsantrieb eines Stegkettenförderers gespannt ist und in das Kettenrad der Winde eingreift, am Kohlenstoß entlanggezogen, wobei sie mit ihren Gelenkkufen auf dem Förderer oder auf zusätzlichen Förderbahnen neben dem Förderer gleitet oder rollt. Die Rohrführung an der Versatzseite des Förderers gibt der Maschine eine Zwangsführung und verhindert das Abrutschen in den Förderer. Die rotierende Schraubenwalze löst mit ihren Meißeln das Mineral und transportiert es über ihre Schraubengänge in den Förderer. Dieser Ladevorgang wird durch ein schwenkbares Räumschild hinter der Walze unterstützt. Der Walzentragarm mit der Walze läßt sich während des Schneidens in der Höhe hydraulisch verstellen, sodaß auch unregelmäßig verlaufende Flöze voll ausgeschrämt werden können.

Literatur: Betriebshandbuch. Alpine Streckenvortriebsmaschine F6–A, Juli 1986.

Köflach, GKB-Bergdirektion.

4/54 Die technische Entwicklung der im österreichischen Kohlenbergbau verwendeten Eickhoff-Schrämmaschinen und Walzenlader, 1955–1963

Fotomontage aus: Vier Generationen Eickhoff. Bochum 1964.

4/55 Plan der Eickhoff-Schrämmaschine SE-III

Repro aus: Bedienungsvorschrift der Fa. Eickhoff.

Seit 1955 wurden in Fohnsdorf und Pölfing-Bergla solche Maschinen verwendet.

4/56 Alpine Streckenvortriebsmaschine F 6-A

Hersteller: Österreichische-Alpine Montangesellschaft, Werk Zeltweg.
H. 152 cm, B. 200 cm, L. 682 cm, Gewicht 9,5 t, Liegendpressung unter der Raupe 1 kp/cm².

Die Maschine ist für das Auffahren von Strecken in Kohle und milden Gebirgsschichten mit einer Würfeldruckfestigkeit bis ca. 300 kp/cm² geeignet. Bei geschichteter Ablagerung kann es möglich sein, Gesteine mit wesentlich höherer Festigkeit hereinzugewinnen. Die leichte Zerlegbarkeit, die niedrige Bauhöhe und das geringe Gewicht erleichtern den Einsatz auch bei beengten Grubenverhältnissen. Durch Steigeisen auf der Raupenkette erhält die Maschine gute Bodenhaftung. Steigungen bis 18 gon können dadurch befahren werden. Die durchschnittliche Lade- und Förderkapazität der Maschine ist mit ca. 60 t/h begrenzt.

Literatur: Eickhoff-Mitteilungen D-n 2067 9 74 70.

Köflach, GKB-Bergdirektion.

Förderung

4/57 Kohlenwagen aus dem Francisci-Schacht in Maria Lankowitz

Plan.
Tuschzeichnung.
Alfred Weiß.
H. 44,5 cm, B. 61 cm.

Beim Bergbau Francisci-Schacht wurden zur Förderung hölzerne, kippbare Kohlenwagen verwendet, deren Fassungsvermögen 800–900 kg betrug. Zum Aneinanderkuppeln der Wagen wurden Ketten verwendet.

Wien, A. Weiß.

4/58 Zwei Fördermittel für den Grubenbau

a) Förderwagen, bergmännisch „Hunt"

H. 164 cm, B. 77,5 cm, L. 120 cm, Gewicht 200 kg, Rauminhalt 750 l, Radsatzabstand 450 mm.

b) Holzwagen, bergmännisch „Bock"

H. 110 cm, B. 80 cm, L. 157 cm, Gewicht 110 kg, Fassungsvermögen ca. 0,8 fm Holz, Radsatzabstand 500 mm.

Die Wagen- oder Huntförderung bildete lange Zeit hindurch die alleinige Förderart in den Strecken und auch im Abbau, wenn der Abbauraum die erforderliche Höhe hatte und flache Lagerung einen Verkehr mit Förderwagen gestattete. Heute findet sich der Hunt im Abbau nur noch in den Bergbauzweigen, die Kammerbau oder ähnliche Abbauverfahren anwenden.

Für die Bewegung der Förderwagen, die früher allein durch das Pferd oder durch Menschenkraft erfolgte, dienen heute weitgehend Maschinen; es sind Lokomotiven, Seilbahnen und Haspeln, soweit nicht Bandförderung benutzt wird.

Die wesentlichen Bestandteile eines Förderwagens sind der Wagenkasten und der Radsatz. An einen Förderwagen sind zahlreiche verschiedenartige und sich teilweise widersprechende Anforderungen zu stellen, von denen als die wichtigsten zu nennen sind: Billigkeit, geringes Gewicht bei großem Fassungsraum, Widerstandsfähigkeit gegen Stöße einerseits, gegen Verschleiß, Staub und saure Wasser andererseits, sicheres Spurhalten, leichtes Handhaben beim Schleppen und beim Wiedereinheben nach Entgleisungen, leichtes und sicheres Durchfahren von Kurven, genügende Standfestigkeit und möglichst bequeme Entleerung. Selbstverständlich muß überall dort, wo eine Wagenförderung eingerichtet ist, auf die Gleisanlage größtes Augenmerk gerichtet werden.

Literatur: *Kögler*, Taschenbuch für Berg- und Hüttenleute, Berlin 1929.

Köflach, GKB-Bergdirektion.

4/59 Seilbahn vom Franz-Schacht zum Revierstollen, Maria Lankowitz (Piberstein), um 1910

Abb. S. 34

Foto: Ludwig Schmidinger, Köflach.

Zum Abtransport der Kohle vom Franz-Schacht zum Revierstollen wurde im Jahr 1908 eine zweigleisige Seilbahn errichtet.

Literatur: *Weber–Weiß*, Bergbaugeschichte.

Wien, A. Weiß.

4/60 Seilbahnwagen aus dem Franz-Schacht bei Maria Lankowitz

Plan.
Tuschzeichnung.
Alfred Weiß.
H. 44,5 cm, B. 61 cm.

Die rund 1000 kg Kohle fassenden Wagen wurden von einem umlaufenden Seil gezogen, das in eine Gabel des in Bohrung dem Wagen aufgesetzten Bügels einrastete.

Wien, A. Weiß.

4/61 Drahtseilbahn in Kalkgrub

Foto.

Eibiswald, Kloepfermuseum.

4/62 Kohlenhunt („Pintsch") aus Holz, um 1920

H. 70 cm, L. 100 cm, B. 55 cm.

Dieser Hunt war in Pölfing-Brunn eingesetzt.

Eibiswald, Kloepfermuseum.

4/63 Roßgeschirr der Grubengäule von Pölfing-Brunn, vor dem Zweiten Weltkrieg

Eibiswald, Kloepfermuseum.

4/64 Bergbaumaschinen

Modelle.
Aufzugschale, H. 30 cm, B. 10 cm, L. 20 cm.
Kipplore auf Schienen: H. 30 cm, B. 30 cm, L. 50 cm.
Zeltweger Hunt: H. 15 cm, B. 15 cm, L. 30 cm.

Köflach, Museum der Stadt Köflach.

4/65 Dampfmaschine Abb. S. 60

Modell.
Metallschild: Ferdinandschacht 1894–1924.
H. 40 cm, B. 40 cm, L. 70 cm.

Das Modell stellt eine Dampfmaschine dar, die durch 30 Jahre im weststeirischen Kohlenrevier im Einsatz war.

Köflach, Museum der Stadt Köflach.

4/66 Dampfbagger im Einsatz, 1906

Foto: Harald Koren, Köflach.

4/67 Vergleich Mensch – Baggerraupe, fünfziger Jahre des 20. Jhs.

Foto: Harald Koren, Köflach.

4/68 Zweikettenkratzerförderer oder Panzerförderer (Stetigförderer)

Hersteller: Fa. Beinen, Herne (BRD); Fa. Eickhoff, Bochum (BRD) oder Österreichisch-Alpine Montangesellschaft, Werk Zeltweg.
Rinnenstärke 5 mm.
Gewicht 75 kg.
Antriebsleistung bis zu 100 kW.
Antriebsstation: H. 50 cm, L. 250 cm.
Rinne: H. 18 cm, B. 62 cm, L. 150 cm.

Bei den Kratzerförderern wird das Fördergut mittels Kratzern oder Mitnehmern durch einfaches Fortschieben in einer Stahlblechrinne bewegt. Die Mitnehmer sind an zwei endlosen Ketten befestigt, die durch die Rinne in Förderrichtung gezogen und im Leertrumm wieder zurückgeführt werden. Beim Kratzerförderer befindet sich der Antrieb am Austrag. Im österreichischen Bergbau haben die Zweikettenkratzerförderer die größte Verbreitung.
Die besonderen Kennzeichen dieser Fördermittel bestehen in den beiden zwangsgeführten Oberketten, in der kräftigen Ausführung der Rinnen und darin, daß diese sich in seitlicher und senkrechter Richtung etwas gegeneinander schwenken lassen. Neben ihrer hohen Förderleistung liegt die hervorragende Eigenschaft mit zwangsgeführten Oberketten in der Möglichkeit, sie im ganzen dem Kohlenstoß nachrücken zu können,

ohne sie in ihre Bauteile zerlegen zu müssen.

Literatur: *C. H. Fritzsche*, Lehrbuch der Bergbaukunde 1961.

Köflach, GKB-Bergdirektion.

4/69 Gummigurtförderer (Stetigförderer)

Hersteller: Österreichisch-Alpine Montangesellschaft, Werk Zeltweg.
B. 80 cm.

Gummigurtförderer eignen sich für die Förderung von Kohle und anderen nutzbaren Materialien sowie von Abraum und Versatzbergen. Scharfkantige oder großstückige Steine verursachen jedoch einen schnellen Verschleiß, insbesondere wenn sie mit der Schaufel vom Gurt genommen werden müssen. Der Bereich für die Anwendung von Gummigurtförderern liegt zwischen 15 Grad abwärtsgerichteter und 25 Grad aufwärtsgerichteter Förderung. Die Förderleistung eines Gummigurts wird von seiner Breite und seiner Geschwindigkeit bestimmt. Die Geschwindigkeit hängt außer von der Gurtfestigkeit von der Stärke des Antriebsmotors ab, die sich nach der Länge des Förderweges, dem Fallwinkel und nach Art und Zustand der Gurtverbindung richtet. Für Leistungen von etwa 200 t/h reicht eine Gurtbreite von 800 mm aus. Für die Anordnung des Antriebs gilt ebenso wie bei den Tragbandförderern der Grundsatz, daß der belastete Gurt gezogen wird, im allgemeinen also der obere Gurt, bei Untergurtförderern der untere Gurt. Je nach Zahl der Trommeln je Antrieb unterscheidet man Ein- und Zweitrommelantriebe.

Literatur: *C. H. Fritzsche*, Lehrbuch der Bergbaukunde.

Köflach, GKB-Bergdirektion.

4/70 Elektrische Fahrdrahtlokomotive, Baujahr 1942

Hersteller: Fa. Kirchbichl, Fabrikat Nr. 228.
2 Gleichstrommotoren, Type GD 17, 220 V, 48 A, 8 kW bei 650 U/min.
Spurweite 600 mm, Achsabstand 1000 mm.
Stromabnehmer an der Schleifleitung 980×710 mm.
H. 170 cm, B. 96 cm, L. 360 cm, Gewicht 4,5 t.

Von 1942 bis 1948 war die Lokomotive im Grubenbetrieb des Betriebes Hochegg (Karlschacht) eingesetzt. Anschließend im Grubenbetrieb Oberdorf, welcher 1978 eingestellt wurde. Im Moritz-Stollen des Betriebs Oberdorf war bei der Förderung eine Huntezahl von 40 für die Vollzüge vorgeschrieben.

Literatur: Inventarkarte, Werk Oberdorf.

Köflach, GKB-Bergdirektion.

4/71 Gmeinder Diesellokomotive VL 62, Nr. 4578

Hersteller: Fa. Gmeinder, Lok- und Maschinenfabrik, Mosbach und Baden (BRD).
Zweizylinder, Leistung 22/24 PS.
Radsatzabstand 1000 mm.
Spurweite 525 mm.
H. 175/157 cm, B. 90 cm, L. 300 cm.
Gewicht 4 t.

Zum Antrieb der Diesellokomotiven dienen die im Fahrzeugmotorenbau weit verbreiteten Viertakt-Diesel-Vorkammermotoren, bei denen der Brennstoff nicht unmittelbar in den Zylinder, sondern zunächst in eine Vorkammer eingespritzt wird, wo ein Teil des Brennstoffs unter starker Drucksteigerung verbrennt. Der Rest des Brennstoffs wird dadurch mit großer Gewalt durch die Einspritzöffnung in den Zylinder gedrückt, wo er sich mit der verdichteten Luft innig vermischt und verbrennt. Die Drehzahl der Motoren liegt zwischen 700 und 1200 U/min. Als Bremsen dienen Hand- oder Fußbremsen, die als Klotzbremsen auf alle vier Räder wirken. Diese Lokomotiven haben in der Regel ein Dreiganggetriebe und ein Wendegetriebe, welches die Fahrtrichtung festlegt, so daß alle Gänge vorwärts und rückwärts gefahren werden können.

Literatur: *C. H. Fritzsche,* Lehrbuch der Bergbaukunde.

Köflach, GKB-Bergdirektion.

4/72 Schlagwettergeschützte Akkumulator-Lokomotive Bauart BL 1/1, Baujahr 1956

Zulassungsbauart des Oberbergamtes Dortmund B III 21.
Hersteller: Heinrich Bartz, Kommanditgesellschaft Dortmund (BRD).

Motortyp dlGB 23.
Stundenleistung je Motor 7,35 kW.
Zugkraft am Haken 760 kg.

Batterietyp 6 PAS 428, 48 Zellen.
Achsabstand 700 mm, Spurweite 525 mm.
H. 134,1 cm, B. 82,5 cm, L. 330 cm, Gewicht 3,5 t.

Bei den Akkumulatoren- oder Speicherlokomotiven wird die elektrische Energie in Batterien mitgeführt. Der Fahrbereich der Akku-Lok hängt demnach von der Kapazität der Batterie ab. Ähnlich wie bei den Fahrdrahtloks kommen für den Antrieb nur Gleichstrommotoren, und zwar Reihenschlußmotoren, in Betracht. Auch Schaltung und Steuerung ähneln denen der Fahrdrahtloks. Die Steuerung der Motoren wird bei Lokomotiven bis 20 kW gewöhnlich ohne Widerstände durchgeführt. Sie geschieht in drei Stufen. In der ersten Stufe sind die beiden Batteriehälften parallel und die Motoren in Reihe geschaltet, in der zweiten Stufe Batteriehälften und Motoren parallel und in der dritten Stufe die Batteriehälften in Reihe und die Motoren parallel.

Die Lokomotive ist eine zweiachsige Maschine mit Außenwangen. Die beiden Puffer sind für Zug und Stoß gefederte Stahlpuffer. Die beiden Radsätze werden jeder für sich durch die beiden Fahrmotoren über je ein einfaches Stirnradvorgelege, Übersetzungsverhältnis 1:1,73, angetrieben. Als Bremse dient eine durch Handrad betätigte Hebelklotzbremse, die mit je einem Bremsklotz auf jedes der vier Räder wirkt. Zur Signalgebung befindet sich im Führerstand eine Glocke oder Hupe. Die Lok besitzt zwei Sandstreuer, und zwar je einen für Vorwärts- und Rückwärtsfahrt.

Literatur: *C. H. Fritzsche,* Lehrbuch der Bergbaukunde.

Köflach, GKB-Bergdirektion.

4/73 Grubenlokomotive, Type CV für Benzin-, Benzol- oder Spiritusbetrieb, Baujahr 1918

Hersteller: Gasmotorenfabrik Deutz.
Spurweite 600 mm.
H. 120 cm, B. 95 cm, L. 320 cm, Gewicht 4 t.

Das Fahrzeug wurde 1918 von Deutz in Köln gebaut und entspricht der ersten in Serie gegangenen Lokomotivgeneration mit dem damals noch jungen Verbrennungskraftmotor (erfunden 1876 von Nikolaus August Otto). 1898 kamen die ersten Grubenlokomotiven mit diesem Antrieb auf den Markt und verdrängten rasch die untertage wenig leistungsfähigen Grubenpferdgespanne und rationalisierten die bisher händische Zutagebringung der Grubenhunte. Grubenlokomotiven mit dem erwähnten Benzinmotor nach Otto wurden bis 1923 gebaut. In der Folge wurden sie durch Fahrzeuge mit dem inzwischen ausgereiften und für den Grubenbetrieb besser geeigneten Dieselmotor ersetzt.

Im Jahr 1919 kam das Fahrzeug mit der Fabriksnummer 3373 zur Magnesit- und Bergbau AG Wien – Ilzer Kohlenwerk mit der Spurweite 500 mm. In der weiteren Folge könnte das Fahrzeug auch bei anderen Standorten eingesetzt worden sein. Zuletzt befand sich das Fahrzeug mit der Spur 600 mm beim GKB-Bergbau Oberdorf bei Voitsberg bis zur Aufgabe des Untertageabbaues im Einsatz.

Die Lokomotive hat sich bis zuletzt vollkommen im Originalzustand erhalten und weist somit auch noch den technikgeschichtlich interessanten Otto-Originalmotor auf.

Beschreibung: Mit auf Innenrahmen mit Blattfedern gefederten Achsen, Antrieb über Rollenkette auf beide Achsen, offenes Eingang-Wendegetriebe mit Konusfederkupplung, durch Zahnradgetriebe angetrieben von offenem, mit Benzin, Benzol oder Spiritus betriebenem liegendem Einzylindermotor, System Otto, mit Brausenvergaser und Niederspannungs-Abreißzündung, Schmiervasen- und Tröpfelschmierung. Bei dem Fahrzeug handelt es sich um die älteste Verbrennungsmotorlokomotive für Grubenbahnen, die derzeit in Österreich bekannt ist.

Graz, Montan- und Werksbahnmuseum, Inv.-Nr. 4/11.

4/73a Grubenhunt, um 1950

Hersteller: Österreichisch-Alpine Montangesellschaft, Zeltweg.
Fassungsvermögen: 0,5 m^3
H. 100 cm, B. 90 cm, L. 180 cm, Gewicht 450 kg.

Grubenhunt in charakteristischer Wannenform des GKB-Bergbaues Fohnsdorf. Geschweißte Konstruktion mit rollengelagerten Gußrädern. Baujahr ca. 1950.

Graz, Montan- und Werksbahnmuseum.

4/74 Preßluftlokomotive inklusive der Pläne und technischen Unterlagen, eines Kohlen- und Holztransportwagens, Baujahr 1923

Kohlenwagen, 200 cm.
Wagen für Holztransport, L. 200 cm.
Gesamtlänge 900 cm.
H. 150 cm, B. 100 cm, L. 500 cm.

Fohnsdorf, S. Stadlober.

4/75 Preßluftlokomotive im Wodzicki-Schacht in Fohnsdorf, um 1930

2 Fotos.

Nach der anfänglichen Verwendung von Benzinlokomotiven anstelle der Pferdeförderung erfolgte ab 1925 in Fohnsdorf aufgrund der Schlagwettergefahr die Umstellung auf Preßluftlokomotiven. Solche Lokomotiven zogen etwa 40 mit Kohle gefüllte Hunte vom Abbaustreb bis zum Förderschacht.

4/76 Alpine Lader SL 2, 1966, Nr. 3.175

Hersteller: Österreichisch-Alpine Montangesellschaft, Werk Zeltweg.
Schubkraft in der Horizontalen max. 3,6 t, Betriebsdruck max. 250 atü.
Gewicht 3750 kg, Installierte Leistung 15 kW, Steigfähigkeit bis 20°.
H. 160 cm, B. 85 cm, L. 350 cm.

Der Lader ist elektro-hydraulisch ausgerüstet. Ein 15-kW-Motor treibt eine Dreistrompumpe an, wobei zwei Förderströme dem Fahrwerk und ein Förderstrom der Arbeitshydraulik zugeordnet sind. Jede Raupe wird durch einen Ölmotor mit nachfolgendem Untersetzungsgetriebe getrennt angetrieben, wodurch leichte Beweglichkeit, gute Lenkbarkeit, Wenden auf der Stelle und einwandfreie Geradeausfahrt gesichert sind. Mit Handschieber kann jede Raupe auf die Stellungen „Vorwärts", „Stillstand" (Raupe blockiert = Bremsstellung) und „Rückwärts" geschaltet werden. Die Fahrgeschwindigkeit wird hydraulisch stufenlos zwischen 0,2 und 0,7 m/sec geregelt, wobei sich diese selbsttätig auf die maximale Schubwirkung einstellt. Die muldenförmige Schaufel ist in einem Zentralrohr drehbar gelagert. Die Schaufelbewegungen „Heben-Senken", „Vor- und Rückwärtsschwenken", „Seitwärtskippen" werden durch Betätigung von Fußhebeln eingeleitet, welche die Arbeitshydraulik schalten. Die Schaufel und somit der Lader können sowohl auf „Rechts-" als auch auf „Linksaustrag" gestellt werden.

Literatur: Alpine Zeltweg, Alpine Lader SL 2, Betriebshandbuch 1966.

Köflach, GKB-Bergdirektion.

4/77 Bergleute beim Vortrieb

Foto.

Pölfing-Brunn, Gemeindeamt.

4/78 Friedens-Stollen, Braunkohlenbergbau Ratten, 1927

Foto.

Hauptförderstollen des Braunkohlenbergbaus Ratten mit provisorischem Ausbau während des Vortriebs. Dieser erfolgte durch Nachriß eines vorangetriebenen Stollens auf das volle Profil.

Wien, A. Weiß.

Ausbau

4/79 Grubenausbau: Holzausbau im verquerenden Pfeilerbruchbau und in den Langfrontenabbauen

Hersteller: Forstbetriebe Weststeiermark.

Im Grubenbetrieb kann man auf den Holzausbau auch heute noch immer nicht ganz verzichten. Die Widerstandsfähigkeit des Holzes gegenüber Eisen oder Stahl ist eher gering. Trotzdem verwendet es der Bergmann gern, denn bei größerem Gebirgsdruck wird er durch das Knistern, welches unter Spannung in diesem Ausbaumaterial entsteht, gewarnt.
Der Bergmann spricht bei den in der Decke (Firste) eingebrachten Holzteilen von Riegeln, welche von Holzstehern („Stempeln") getragen werden. Diese Haupteinbauten werden durch seitliche Verspreizungen („Absperren und Satzeln") abgesichert. Im Grubenbetrieb wird hauptsächlich Fichtenholz, aber auch Lärchenholz verwendet.

Köflach, GKB-Bergdirektion.

4/80 TH-Regelform im Eiprofil, 120, 124 oder 126

Hersteller: VOEST-Alpine Donawitz.
Regelform 124: H. 250 cm, B. 295 cm.

Der nachgiebige Gleitbogenausbau besteht aus ineinander verschiebbaren Rinnen. Mit der Bezeichnung Eiprofil soll zum Ausdruck gebracht werden, daß Profile gleichen Gewichts wechselseitig ineinandergefügt werden können. Der Gleitbogenausbau ist einfach und schnell zu setzen. Für die Nachgiebigkeit der Ausbaugestelle ist wichtig, daß die nachgiebigen Stellen die richtige Lage haben, also senkrecht zum Hangenden liegen, und daß die nachgiebigen Klemmverbindungen der einander überlappenden Segmentenden gut arbeiten. Das heißt, beim Gleiten der Rinnen müssen die Verbindungen sicher mit den Profilen mitwandern. Sie dürfen sich also auch nicht am Verzug festhalten. Stimmt die Hauptdruckrichtung mit der Richtung der Rinnen nicht überein, so wird das Zusammenschieben sehr erschwert, und es können erhebliche Verformungen am Streckenausbau eintreten.

Die aus Rinnenprofilen hergestellten Ausbaubögen können zwei-, drei- oder vierteilig sein.

Literatur: C. H. Fritzsche, Lehrbuch der Bergbaukunde.

Köflach, GKB-Bergdirektion.

4/81 Ausbaubock E4-4K/3150

Hersteller: VOEST-Alpine, Werk Zeltweg.
Max. Bockhöhe 3,15 m, min. Bockhöhe 1,96 m.
Bauabstand max. 1,6 m, min. 1,1 m.
Max. Ausbaustützkraft: 7000 KN.
Stempelnenndruck 460 bar.
B. 105 cm, L. 362 cm, Gewicht 5,256 kg.

Der moderne Strebbau, gekennzeichnet durch die Vollmechanisierung der Gewinnung, Abförderung und Ausbauarbeit, stellt an den hydraulischen Grubenausbau erhebliche Anforderungen. Dies um so mehr, als die Mechanisierung mehr und mehr auch in den Lagerstätten mit schwierigen Gebirgsverhältnissen vorgenommen werden muß. Der moderne Strebausbau muß daher auch unter diesen Verhältnissen eine gute Gebirgsbeherrschung sicherstellen. Hohe Betriebssicherheit und einfache Bedienung sind weitere Kennzeichen eines leistungsfähigen Ausbaus. Der 4-Stempelbock mit großflächiger starrer Grundplatte und einer über alle Stempel aufliegenden Hinterkappe, die das Widerlager für die vortragenden aktivierten Vorderkappen bildet, die über Hydraulikzylinder an das Hangende gepreßt werden, erfüllt vorgenannte Ansprüche.

Literatur: VOEST-Alpine Beschreibung der Ausbauböcke, Typenreihe E.

Köflach, GKB-Bergdirektion.

4/82 Hydraulischer Strebausbau der Typenreihe E der ÖAMG, Werk Zeltweg, um 1975

Foto.

Puchenau, H. Lackner.

Geleuchte

4/83 Froschlampe – Grubenlampe für Ölbrand, um 1860

H. 39 cm, B. 14 cm, L. 21 cm.

In den Kohlengruben des Köflach-Voitsberger Reviers standen Grubenlampen mit Ölbrand bis in das erste Jahrzehnt des 20. Jahrhunderts in Verwendung.

Kindberg, Österreichisches Montanmuseum, Inv.-Nr. 45.526.

4/84 Davy-Lampe, Sicherheitslampe für Ölbrand, um 1850

H. 32 cm. Dm. 9 cm.

Die Davy-Lampe stellt den Grundtyp einer Sicherheitslampe dar. Der Drahtkorb reicht über die Flamme. Da sie noch nicht mit einem Glaszylinder ausgestattet war, war die Lichtausbeute sehr gering.

Leoben, Museum der Stadt Leoben, Inv.-Nr. 3.475.

4/85 Müseler-Lampe, Sicherheitslampe für Ölbrand, um 1900

H. 24 cm, Dm. 9 cm.

Die Müseler-Lampe war eine Sicherheitslampe mit Ölbrand. Der Drahtkorb war nur einfach. Die Lampe wurde in der Lampenkammer angezündet und hier

auch verschraubt. Zum Putzen des Dochts diente ein von außen zu betätigender Drahthaken.

Leoben, Museum der Stadt Leoben, Inv.-Nr. 3.482.

4/86 Sicherheitslampe Patent Broucek, Sicherheitslampe für Benzinbrand, um 1900

H. 27 cm, Dm 8 cm.

Diese Sicherheitslampe war bereits für Benzinbrand eingerichtet. Sie ist mit einem doppelten Korb ausgestattet. Das Modell war im obersteirischen Glanzkohlenbergbau weit verbreitet und als Mannschaftslampe eingesetzt.

Leoben, Museum der Stadt Leoben, Inv.-Nr. 1.434.

4/87 Sicherheitslampe Patent Wolf, Sicherheitslampe für Benzinbrand, 1893

Hersteller: Fa. Wolf, Zwickau.
H. 24 cm, Dm. 9 cm.

Die Wolf-Lampe war für Benzinbrand eingerichtet und mit einem einfachen Korb ausgestattet. Die Zündung erfolgte von außen mittels Feuerstein. Die Lampe war im obersteirischen Glanzkohlenbergbau als Mannschaftslampe verbreitet.

Leoben, Museum der Stadt Leoben, Inv.-Nr. 1.418.

4/88 Karbidlampe mit Haken

H. 20 cm, Dm. 9 cm.

Anstelle der Öllampen haben sich nach der Jahrhundertwende auf schlagwetterfreien Gruben fast allgemein Azetylenlampen eingebürgert, bei denen das Azetylen in der Lampe selbst erzeugt wird. Azetylen (C_2H_2) ist ein aus der Einwirkung von Wasser und Calciumkarbid (CaC_2) unter Wärmeeinwirkung entstehendes Gas. Das brennende Gas gibt eine Lichtstärke von 20 bis 25 HK. Der Lampentopf dient zur Aufnahme des Calciumkarbids und damit gleichzeitig als Gaserzeugungsraum. Dem Topf ist der Wasserbehälter aufgesetzt und mit ihm durch einen feststellbaren Bügel in Verbindung gebracht. Vor dem Leuchtschirm ist der Brenner angebracht. Eine Flügelschraube regelt den Wasserzutritt zum Karbid und somit den Gasbedarf für das Licht. Die Lampe (Mannschaftslampe) brennt 8–10 Stunden.

Wien, A. Weiß.

4/89 Karbidlampe mit Haken

Hersteller: z B. die Firmen Friemann und Wolf, Seippel, Gewerkschaft Carl, Bochum (BRD).
H. 12,5 cm, Dm. 9 cm, Gewicht 1 kg.

Köflach, E. Dorfner.

4/90 Elektrische Handlampe, um 1940

Hersteller: Concordia Elektrizitätsgesellschaft, Dortmund (BRD).
H. 32 cm, Dm. 11 cm.

Eine Bleiakkumulatorlampe (Mannschaftslampe) aus Eisenblech. Sie besteht aus dem Unterteil, in dessen Gehäuse der Akkumulator untergebracht ist, und dem Oberteil, das die Glühbirne nebst Schutzgas, Schalt- und Trageeinrichtung zusammenfaßt. Beide Teile werden durch eine Verschraubung miteinander verbunden, die durch einen Magnetstiftverschluß gegen willkürliches Öffnen gesichert wird.

Wien, A. Weiß.

4/91 Bristol-Lampe, Akkumulatorlampe, um 1900

Hersteller: Fa. Feilendorf, Wien.
H. 14,5 cm, B. 10 cm, L. 11 cm.

Die Lampe ist eine der ersten elektrischen Grubenlampen. Sie fand bei Gewältigungsarbeiten und bei Arbeiten in schlagwettergefährdeten Bereichen Verwendung.

Leoben, Museum der Stadt Leoben, Inv.-Nr. 1.454.

4/92 Elektrische Handlampe, um 1925

Aufgeschnittenes Modell.
H. 32 cm, Dm. 9 cm.

Kindberg, Österreichisches Montanmuseum.

4/93 Elektrische Handlampe – Mannschaftslampe

Hersteller: Fa. Friemann und Wolf (BRD).
Type FW 500, Brenndauer 18 Stunden.
Leistung ca. 32 Ah, Glühlampe 2,5/1,75 V/A.
Lichtstärke 35 Lumen, Ladezeit 10 Stunden, Ladestrom 6 Amp.
H. 32 cm, Gewicht 5,4 kg.

Wegen der mangelhaften Sicherheit der mit Benzin gespeisten Wetterlampen – im Zeitraum von 1900 bis 1918 sind von 607 in Preußen vorgekommenen Schlagwetterexplosionen 357 oder 58,8% durch den Gebrauch der Benzinwetterlampe verursacht worden – war die Einführung der tragbaren elektrischen (Akkumulator-)Mannschaftslampe schon lange ein dringendes Bedürfnis. Die Benzinwetterlampen sind heute nur noch in der Hand der Aufsichtsbeamten, der Wettermänner und der mit der Ausführung der Schießarbeit betrauten Personen verblieben. Die elektrischen Lampen haben aber auch auf den Nichtschlagwettergruppen vielfach Eingang gefunden. Die FW-Mannschaftsleuchte Type 500, 1953 zugelassen, findet vorwiegend in Grubenbetrieben Verwendung. Sie ist mit einem Nickel-Cadmium-Akkumulator mit Faltbandelektroden versehen, der fest in dem Unterteil eingebaut ist. Er zeichnet sich durch nahezu unbegrenzte Lebensdauer aus, ist unempfindlich gegen Schlag und Stoß, gegen Wärme und Kälte sowie gegen Über- und Unterladung.

Literatur: *Heise-Herbst*, Bergbaukunde.

Köflach, E. Dorfner.

4/94 Elektrische Kopflampe – Mannschaftslampe

Hersteller: Fa. Friemann und Wolf (BRD).
Type 830 CR-FW-Kopfleuchte.

Brenndauer 16 Stunden, Glühlampe 2,6/1,0 V/A, Leistung 15 Ah.
Ladezeit 10 Stunden, Ladestrom 2,4 Amp.

Die FW-elektrische Kopfleuchte mit Nickel-Cadmium-Akkumulator ist unter Berücksichtigung der von der Praxis gestellten Anforderungen gefertigt. Sie wurde 1938 erstmals in Deutschland angeboten. Von besonderem Vorteil ist es, daß stets beide Hände für die Arbeit frei sind und der Lichtstrahl immer in die gewünschte Richtung gelenkt werden kann. Als Stromquelle dient der am Leibriemen getragene Akku. Das Scheinwerfergehäuse (Kopfstück), das durch ein Kabel mit dem Sammler verbunden ist, wird mittels Aufsteckschlaufe an der Kappe (Helm) befestigt.

Literatur: Friemann und Wolf G.M.B.H., Prospekt.

Köflach, GKB-Bergdirektion.

4/95 Grubenlampe

H. (mit Haken) 46 cm, Dm. 9,5 cm.

Rückseite beschrieben: Leistung 25 Ah bei 2,6 Volt. Keine Schwefelsäure einfüllen! Ladestrom 4,3 Ampere.

Eibiswald, Kloepfermuseum.

Sicherheit

4/96 Drei Schutzhelme, 1945–1950

Schutzhelm mit Schirm, Dm. 23 cm.
Schutzhelm mit aufgenieteter Verstärkung, Dm. 27 cm.
Schutzhelm mit aufgenieteter Verstärkung und Nackenschutz, Dm. 32 cm.

Köflach, Vor- und Frühgeschichtliches Museum Walter Mulej.

4/97 Kohlenbrand, 1970

Foto: Harald Koren, Köflach.

Kohlenbrand am Tagbau I nach der Rutschung.

4/98 Voitsberg-Köflacher Wochenblatt, 1932

Datum: 22. 10. 1932.
H. 42 cm, B. 28,5 cm.

Artikel auf Seite 5 aufgeschlagen: Schwere Unfälle im Bergbau.

Voitsberg, Druckerei Kriehuber.

4/99 Dr. V. Korbelius, Die erste Hilfe bei Unglücksfällen. Belehrung für Berg- und Hüttenarbeiter, Wien 1890

Buch.
H. 16 cm, B. 10 cm, T. 1 cm.

Graue Hartkartonbroschüre mit rotem Kreuz, 17 Bilder im Text.

Eibiswald, Kloepfermuseum.

4/100 Feuerblende mit „Schnüffelöffnungen"

H. 200 cm, B. 200 cm.

Brühungen und Brände werden mitunter durch Abschluß der Wetterzufuhr bekämpft. Hiezu dienen meist Holzblenden, die tief in die Streckenulme reichen und mit Lehm abgedichtet werden. Durch Sauerstoffmangel innerhalb des abgedämmten Bereiches kommt es schließlich zum Erlöschen des Brandes. Zur Feststellung der Zusammensetzung der Brandgase – ihr Kohlensäuregehalt gibt auch Aufschluß, wie weit der Brand bereits erstickt ist – werden von Zeit zu Zeit Gasproben durch die „Schnüffelöffnungen" entnommen. Als Abschluß der Öffnungen dienen mit Wasser gefüllte U-Röhren.

Köflach, GKB-Bergdirektion.

4/101 Wolfsche Benzinwetterlampe – Mannschaftslampe

Hersteller: Fa. Friemann und Wolf und Seippel (BRD).
H. 30 cm, Dm. 8,8 cm, Gewicht 1,6 kg.

Im Jahre 1816 machte der englische Physiker Davy die Beobachtung, daß eine Gasflamme durch ein darüber gehaltenes, engmaschiges Drahtsieb nicht hindurchschlägt, selbst wenn brennbare Gase oberhalb des Siebes vorhanden sind. Der Grund für die Erscheinung liegt darin, daß das Sieb die Flamme so weit abkühlt, bis die hindurchtretenden Verbrennungsgase die zur Entzündung der oberhalb befindlichen Gase erforderliche Temperatur nicht mehr besitzen. Aus der Beobachtung erfolgte die Erfindung der Wetterlampen, auch Sicherheitslampen genannt.
Von Schlagwettern spricht der Bergmann dann, wenn das Grubengas(CH_4)-Luft-Gemisch zwischen 5% und 14% liegt und es durch eine Funkenbildung zur Explosion gebracht werden kann. Das explosible Gasgemisch wird bis zu 5% CH_4 von der Leuchte durch die sogenannte Aureole angezeigt. Diese erlischt, sobald mehr als 5% Gas auf sie einströmt. Außerdem können mit der Lampe stickende Wetter oder Kohlendioxyd (CO_2) festgestellt werden. Hierbei erlischt die Flamme wegen Mangels an Sauerstoff.

Literatur: *Heise-Herbst*, Lehrbuch der Bergbaukunde.

Köflach, GKB-Bergdirektion.

4/102 Casella-Flügelrad-Anemometer mit Tragtasche und Stab, um 1930

Hersteller: R. Fuess, Strelitz bei Berlin.
Anemometer: H. 9 cm, B. 7 cm, L. 8 cm.

Tragtasche: H. 12 cm, B. 9 cm, L. 10 cm.
Stab: B. 14 cm, L. 95 cm.

Anemometer sind kleine Windmotoren, bei denen ein Flügelrad oder Schalenkreuz, deren Drehzahl der Wettergeschwindigkeit proportional ist, ein Zählwerk betätigt. Das Zählwerk hat eine Einteilung, sodaß auf dem Ziffernblatt der vom Wetterstrom in der Zeiteinheit zurückgelegte Weg unmittelbar in Metern abgelesen werden kann.

Literatur: *Carl Hellmut Fritzsche*, Lehrbuch der Bergbaukunde, Bd. 1, 10. Auflage, 1961.

Köflach, GKB-Bergdirektion.

4/103 Gasmaus

H. 30 cm, Dm. 5 cm.

Die Gasmaus dient zur Entnahme von Gasproben, etwa aus abgedämmten Brandfeldern. Das Gefäß wird hiezu mit Wasser vollständig gefüllt und so zur Entnahmestelle gebracht. Von der oberen Öffnung wird durch einen Schlauch eine Verbindung zur Gasentnahmestelle hergestellt. Bei senkrecht gehaltenem Gefäß werden beide Hähne geöffnet. Durch das auslaufende Wasser wird die für die Analyse benötigte Gasmenge abgesaugt.

Leoben, Montanuniversität, Inst. f. Wärmetechnik, Industrieofenbau und Energiewirtschaft.

4/104 Tönende Grubenlampe, um 1924

Erfinder: Hans Fleißner.
H. 40 cm, Dm. 14 cm.

Die vorliegende Lampe stellt eine Vorstufe der später serienmäßig gebauten Fleißner-Lampe dar. Sie ist mit einem kugelförmigen Klangkörper ausgestattet. Durch Verstellen des Kamins mittels einer Schraube ist eine Justierung möglich.

Literatur: *Alfred Weiß*, Eine tönende Grubenlampe als Schlagwetteranzeiger. In: Österreichischer Kalender für Berg-Hütte-Energie 1986, S. 158–161.

Leoben, Museum der Stadt Leoben, Inv.-Nr. 2.474.

4/105 Gasspürgerät mit Prüfröhrchen, 1987

Hersteller: Fa. Auer.

Köflach, GKB-Bergdirektion.

4/106 Grubenwehrmann, ausgerüstet mit einem Dräger-Bergbaugerät 160 A und einem CO-Filterselbstretter 810

Kleiderpuppe.
Hersteller: August Eisner, Köflach.
H. 220 cm, B. 70 cm, T. 77,5 cm, Gewicht 70 kg.

Das Grubenrettungswesen beinhaltet Maßnahmen, die erforderlich sind, um nach Explosionen, bei Grubenbränden oder sonstigen Ereignissen, bei denen unatembare Gase auftreten, Aufgaben zur Rettung von Personen und zur Erhaltung von Sachwerten durchführen zu können (Rettungswerke); es umfaßt die Einrichtung von Grubenrettungsdiensten bei Bergbaubetrieben und einer Hauptstelle für das Grubenrettungswesen. Der Dienst in der Grubenwehr ist freiwillig. Bei der GKB ist derzeit am Karlschacht die Hauptstelle für das Grubenrettungswesen eingerichtet. Weiters sind in den Betrieben Karlschacht und Zangtal Grubenwehren mit einer Stärke von 60 Mann einsatzbereit. 32 Dräger-Bergbaugeräte BG 174 stehen für Ernsteinsätze zur Verfügung.

Literatur: 21. Verordnung des Bundesministeriums für Handel, Gewerbe und Industrie vom 22. 10. 1971.

Köflach, GKB-Bergdirektion.

4/107 Atemschutzgerät nach Friedrich Alexander von Humboldt

Repro dreier Kupferstiche aus: Friedrich Alexander von Humboldt. Über die unterirdischen Gasarten und die Mittel ihren Nachtheil zu vermindern, Ein Beytrag zur Physik der praktischen Bergbaukunde, Braunschweig 1799.

In diesem Werk legt der Autor seine grundlegenden Gedanken über die Beschaffenheit der Grubenwetter und der Bewetter und Grubenbewetterung dar. Auf drei Tafeln enthält das Buch Vorschläge zur Konstruktion eines Atemschutzgerätes.

4/108 Atemschutzgerät, 1833

Repro aus: Pläne von Carl v. Martoni, 1833.

Beim Abbau von Kohle treten häufig im Gefolge von Brühungen und Bränden unatembare Gase auf, welche die Rettung von Menschen und Material behindern. Besonders in der Anfangszeit des Kohlenberg-

baus waren die Bergleute den Folgen von Grubenbränden schutzlos ausgesetzt.

Im Jahr 1829 beauftragte Erzherzog Johann das ihm
unterstehende Genie-Corps mit der Entwicklung eines Atemschutzgerätes. Die Arbeiten wurden Oberst-
leutnant Carl v. Martoni übertragen, der sie 1833 ab-
schloß. Das Gerät bestand aus einer Pumpe, einem
Luftbehälter und einer Maske. Der Apparat ermöglichte ein Verweilen in unatembaren Gasen bis zu 35
Minuten, wobei die minimale Nutzungszeit je nach
dem Gesundheitszustand des Benützers auf 15–20
Minuten geschätzt werden kann. Wenn das Gerät auch
vorwiegend für militärische Zwecke benutzt wurde, so
hatte es doch große Bedeutung für die später eingerichteten Grubenwehren.

Literatur: *Hans Pienn*, Erzherzog Johann als Initiator eines
Atemschutzgerätes. In: Der Anschnitt, H. 3, 25/1973,
S. 18–19.

4/109 Sauerstoffschutzgerät – Kreislaufgerät Modell BG 160 A, Ersteinsatz 1932

Hersteller: Drägerwerk, Lübeck (BRD).
Atembeutelinhalt ca. 4,5 l, Fülldruck 150 bar. Rauminhalt
der Sauerstoff-Flasche 2 l. Sauerstoffvorrat ca. 300 l. Gebrauchszeit bei schwerer Arbeit ca. 2 Stunden.
H. 15 cm, B. 44 cm, L. 50 cm.

Vom Modell 1924 hat man die Anordnung der liegenden Sauerstoff-Flasche und der liegenden Alkalipatrone übernommen. Neu sind Lagerung und Form des
Atembeutels, der teilweise hinter der Sauerstoff-
Flasche und der Alkalipatrone liegt. Bei diesem neuen
Bergbaugerät ist eine zweifache Sauerstoffzumessung
vorgesehen, d. h. neben der ständigen Sauerstoffgabe
von 1,5 l/min kann durch das lungengesteuerte Ventil
ein Mehrbedarf an Sauerstoff dem Kreislauf zugeführt werden.

Literatur: *Heise-Herbst*, Lehrbuch der Bergbaukunde. Gebrauchsanweisung 2-G 2/G Drägerwerk Lübeck, 1955.

Köflach, GKB-Bergdirektion.

4/110 Sauerstoffschutzgerät – Kreislaufgerät BG 174, Ersteinsatz 1974

Hersteller: Drägerwerk AG, Lübeck (BRD).
Atembeutelinhalt ca. 5 l. Rauminhalt der Sauerstoff-Flasche 2 l, Fülldruck 200 bar. Sauerstoffvorrat ca. 400 l.

Gebrauchszeit bei schwerer Arbeit ca. 4 Stunden.
H. 16 cm, B. 43,4 cm, L. 48,5 cm,

Das Gerät ist besonders leicht und trotzdem stabil und
stoßgeschützt gebaut, sodaß die Rettungsarbeit unge-
hindert und ohne viel Rücksicht auf das Gerät durchgeführt werden kann. Das Sauerstoffschutzgerät BG
174 ist ein Kreislaufgerät, d. h. die Atemluft wird durch
Lungenkraft ständig in einem Kreislauf bewegt. Die
Ausatemluft wird in einer Regenerationspatrone von
Kohlendioxyd befreit und in einen Atembeutel geleitet. Der bei der Atmung verbrauchte Sauerstoff wird
aus einem Druckstoffvorrat durch eine konstante Dosierung von 1,5 l/min und bei Mehrverbrauch zusätzlich durch eine lungenautomatische Dosierung ersetzt.

Literatur: Betriebsanleitung des Sauerstoffschutzgerätes BG
174. Drägerwerk AG, Lübeck.

Köflach, GKB-Bergdirektion.

4/111 Dräger-Filterselbstretter 810, Umluftgerät, Ersteinsatz 1970

Hersteller: Drägerwerk AG, Lübeck (BRD).
H. 8 cm, B. 10,5 cm, L. 13,5 cm, Gewicht 1,2 kg.

Der Dräger-Filterselbstretter 810 soll den Bergmann
vor giftigen Gasen schützen, wenn er von einem Grubenbrand oder einer Explosion überrascht wird.
Brand- und Explosionsschwaden enthalten immer
Kohlenmonoxyd (CO), das zu Vergiftungen oder gar
zum Tode führen kann. Im Filter des Gerätes wird das
giftige Gas aufgenommen und kann dadurch nicht ein-
geatmet werden.

Der Filterselbstretter bietet auch Schutz gegen Rauch
und Staub, schützt aber nicht in matten Wettern, da
dort der Sauerstoffgehalt für die Atmung des Menschen nicht ausreicht.

Literatur: Gebrauchsanweisung 1.462/1970, Drägerwerk AG,
Lübeck.

Köflach, GKB-Bergdirektion.

4/112 Rettungskasten nach Delius und Schreiber

Repro aus: Christophe-Francois Delius/M. Schreiber, Traite
Sur la Science de l'Exploitation des mines, Bd. 2. Paris 1778.

Die französische Ausgabe des Werkes von Christoph
Traugott Delius „Anleitung zu der Bergbaukunst . . .“

enthält als 25. Tafel die Darstellung eines Rettungskastens zur Behandlung von Ertrunkenen bzw. von mit Gasen Vergifteten. Das genannte Werk enthält auch eine ausführliche Gebrauchsanweisung zu diesem Kasten.

4/113 Rettungsstuhl
Glanzkohlenbergbau Seegraben.
H. 110 cm, B. 54 cm, L. 110 cm.

Der Rettungsstuhl entstammt dem Inventar einer Rettungskammer beim Glanzkohlenbergbau Seegraben. Der Transport erfolgte mittels seitlich eingeschobener Stangen. Lehne und Fußrasten waren verstellbar. Der Stuhl war so dimensioniert, daß er in die Förderschalen ohne Umlagerung des Verletzten eingebracht werden konnte.

Leoben, Museum der Stadt Leoben.

4/114 Schleifkorb, 1987
Gerät zum Transport von Verletzten.

Köflach, GKB-Bergdirektion.

Standeszeichen

4/115 Bergmännische Tracht
Kleiderpuppe.
Hersteller: August Eisner, Köflach.
H. 220 cm, B. 70 cm, L. 77,5 cm.

Über die Bergmannstracht ist zu sagen, daß seit dem Mittelalter die Bergleute ihre eigene Kleidung hatten und diese Tracht heute zum Symbol der beruflichen Ehre geworden ist. Ursprünglich hatte sich diese besondere Tracht aus rein praktischen Gründen heraus entwickelt. Die ursprüngliche Bergmannstracht war eine zweckmäßige Arbeitskleidung und der Arbeit des Bergmannes unter Tage und den damit verbundenen Gefahren angepaßt. Sie bot Schutz gegen Steinschlag, Stoßverletzungen und Tropfwasser und bestand aus einem braunen Kittel mit Kapuze (Gugel) und Arschleder. Aus ihr entwickelte sich die bei feierlichen Anlässen getragene sogenannte weiße Tracht, späterhin auch maximilianische Tracht genannt.

Im 19. Jahrhundert kam aus Schemnitz die jüngere, schwarze Bergmannstracht. In Eisenerz haben sich beide Bergmannstrachten bis auf den heutigen Tag erhalten. In den meisten anderen steirischen Bergorten ist jedoch nur mehr die schwarze Bergmannstracht üblich. Zum Bergkittel wird eine schwarze Hose und die Schachtmütze oder bei feierlichen Anlässen der Kalpak mit Federbusch als Kopfbedeckung getragen. Das Bergleder (Arschleder) ist übrigens neben der Tracht bzw. als Bestandteil derselben ebenso wie das Berghäkel zum Symbol der Bergmannsehre geworden.

Literatur: *Franz Kirnbauer*, Der steirische Bergmann. In: Leobener Grüne Hefte 79.

Köflach, GKB-Bergdirektion.

4/116 Markierhammer, um 1900
Glanzkohlenbergbau Seegraben.
B. 17 cm, L. 45 cm.

Der Markierhammer diente zum Bezeichnen des letzten Gezimmers bei der Gedingeabnahme. Mit ihm wurde in das Holz eine Marke eingeschlagen.

Leoben, Museum der Stadt Leoben.

4/117 Steigerhammer, um 1880
Eine Grube im Eibiswalder Revier.
B. 11,7 cm, L. 75 cm.

Eibiswald, Kloepfermuseum.

4/118 Hämmer

a) Steigerhammer
B. 15 cm, L. 90 cm.

Mit dem Steigerhammer konnten die Firste „abgelautet", die Stempel abgeklopft werden.

Köflach, Vor- und Frühgeschichtliches Museum Walter Mulej.

b) Berghammer
B. 20 cm.

Köflach, Vor- und Frühgeschichtliches Museum Walter Mulej.

Bergbau einst und jetzt

4/119 Glanzkohlenbergbau im Tollinggraben bei Leoben, um 1905

Foto: Carl Krall, Leoben.

Obertaganlagen mit Holzplatz. Auf der Halde klauben Frauen Kohle aus dem Taubmaterial.

Literatur: *Hans Pienn,* Ende der Förderung: 25. Oktober 1921, 12 Uhr. Zur Geschichte des Kohlenbergbaues im Tollinggraben. In: Der Leobener Strauß, 1/1973, S. 87–111.

Wien, A. Weiß.

4/120 Der „letzte Hund" im Glanzkohlenbergbau Tollinggraben bei Leoben, 1921 Abb. S. 229

Foto.

Bergverwalter Friedrich Krebs, auf einen Förderwagen mit der Kreideaufschrift Der letzt geförderte Kohlen Hund aus dem Tollinggraben Theodora Flöz 25. X. 1921–12 h Mittag gestützt. Daneben Belegschaftsmitglieder.

Literatur: *H. Pienn,* Ende der Förderung.

Wien, A. Weiß.

4/121 Kohlenrutschen im Braunkohlenbergbau Oberdorf, um 1900

Foto.

Verladeeinrichtung vor dem Mundloch des alten Moritz-Stollens. Links neben der Hütte ein Einschnitt zum Michael-Stollen. Die Kohle wurde von den Grubenhunten in die Wagen einer Schmalspurbahn verladen, die zum normalspurigen Kainachtaler Flügel der Graz-Köflacher Eisenbahn führte. Im Jungwald im Hintergrund ist der kaminartige Aufsatz über einem Wetterschacht zu erkennen.

Literatur: *Weber–Weiß,* Bergbaugeschichte und Geologie der österreichischen Braunkohlenvorkommen, Anhang.

Wien, A. Weiß.

4/122 Harald-Schacht bei Kalkgrub, 1928

Foto: Habenbacher, St. Martin im Sulmtal.

4/123 Tagbau heute

Collage.
Fotos: Bild- und Tonarchiv, Graz.

Aufnahmen aus den Tagbauen Oberdorf und Karlschacht.

4/124 Schaufelrad

Teil eines Schaufelradbaggers.
Lauchhammer SR s 240, Baujahr 1955.
Dm. 7,5 m.

Der Bagger befand sich bis 1986 im weststeirischen Revier im Einsatz.

Die Kraft aus dem Feuer

Die frühe Nutzung der Kohle als Brennstoff

5/1 Hammerordnung Maria Theresias, 1748

Druck.

In der am 25. September 1748 erlassenen Hammerordnung von Maria Theresia wurden die Eisengewerken im Artikel 36 zur Schonung der Wälder auf die „Steinkohle" hingewiesen. In der entsprechenden Passage wird dabei ganz konkret auf die zwei Jahre vorher stattgefundenen Versuche des Franz Salesius Gasteiger in Thörl hingewiesen.

Literatur: *Alfred Weiß*, Zur Geschichte der Veredelung und Verwendung steirischer Braunkohlen. In: Blätter für Technikgeschichte 39–40/1977–78, S. 28–30.

Graz, Steiermärkisches Landesarchiv.

5/2 Waldordnung Maria Theresias, 1767

Druck.
H. 20 cm, B. 35 cm.

Waldordnungen wurden von den Landesfürsten seit 1539 erlassen und formulierten das obrigkeitliche Waldregal, also den Anspruch des Landesherrn auf alle Wälder zugunsten des Inner- und Vordernberger Eisenwesens. Die Mehrzahl der 57 Artikel der letzten Waldordnung vor dem Reichsforstgesetz 1852 betraf Verbote der Waldnutzung für die Untertanen. Um die nötige Holzkohlenerzeugung für das Eisenwesen zu gewährleisten, war es z. B. nicht erlaubt, Nutztiere im Wald weiden zu lassen, Pottasche zu erzeugen oder Mai- und Wirtshausbäume aufzustellen.

Literatur: *Franz Hafner*, Steiermarks Wald in Geschichte und Gegenwart, Wien 1979.

Graz, Stmk. Landesarchiv, Landschaftl. Archiv, Waldwesen, Schuber 17.

5/3 Anleitung für die Steinkohlenfeuerung in Stubenöfen, 1797

Buch: Joseph von Dalstein, Anleitung zu dem gemeinnützigsten Gebrauch der Steinkohlen und besonders, wie ein jeder erdener Stubenofen mit geringen Kosten vorteilhaft und gemählich zur Steinkohlenheizung einzurichten ist, Wien 1797.

Dieses Buch von Dalstein gehört zur Gattung der sogenannten Sparofenliteratur, die um 1800 besonders den Einsatz der Kohle im Hausbrand propagierte.

Literatur: *Rolf Jürgen Gleitsmann*, Rohstoffmangel und Lösungsstrategien. Das Problem vorindustrieller Holzknappheit. In: Technologie und Politik, 16/1980, S. 104.

Graz, Universität, Universitätsbibliothek, Sign. I 55.744.

5/4 Steirische „Steinkohlenbergbaue", 1805

Handschrift.

Seit 1761 begannen die Bemühungen um verstärkte Kohleförderung. Bis 1800 hatten sie zur Entdeckung der wesentlichsten steirischen Kohlenvorkommen geführt.

Literatur: *Helmut Lackner*, Kohlenbergbau und Technik, Diss. Graz 1980, S. 20–21.

Graz, Stmk. Landesarchiv, RBA-Leoben, Industrieausweise. Akt: Verzeichnis der steirischen „Steinkohlenbergbaue".

5/5 „Wunsch eines exmontanistischen Patrioten zu mehrerer Verbreitung des Steinkohlen Gebrauches", 1817   Abb. S. 51

Repro aus: Der Aufmerksame, Nr. 85, 17. Juli 1817, S. 1.

Nach den Franzosenkriegen erhielten die Bemühungen zur Förderung der Kohlenanwendung durch Erzherzog Johann, der 1815/16 in England gewesen war, eine besondere ideelle Unterstützung. Zum Wortführer der Kohlenbefürworter wurde die seit 1812 in Graz erscheinende Zeitschrift „Der Aufmerksame".

Literatur: *Helmut Lackner*, Die Anwendung der steirischen Kohle bis 1942. In: Blätter für Heimatkunde für Stmk., 53/1979, S. 81–90.

5/6 Kanonenofen für Braunkohlen- und Torffeuerung, 1801 Abb. S. 53

Repro aus: Johann Jakob Müller, Praktischer Unterricht Braunsteinkohlen und Torf in Kanonenöfen ohne blecherne Röhren und ohne Geruch mit vielen Vortheilen zu brennen. Magdeburg 1801.

Das größte Problem bei der Anwendung der Kohle zur Heizung der Wohnungen war die Geruchsentwicklung. Im 17. und 18. Jahrhundert wurden daher immer wieder neue Ofentypen propagiert. Sie sollten auch möglichst viel Wärme an den Raum abgeben. Der gezeigte hohe gekachelte Aufbau auf einen gußeisernen Kanonenofen blieb aber, wie viele andere Projekte, nur Theorie.

Literatur: *Alfred Faber*, Entwicklungsstufen der häuslichen Heizung, München 1957.

5/7 Johann Wathner, Eisenwarenkatalog, 1825

Repro von Ofenabbildungen.

Unter den bei Wathner angebotenen Eisenwaren befanden sich auch gußeiserne Öfen jeder Art.

5/8 Gußeiserner Ofen, ca. 1820

Vermutlich Gußwerk/Mariazell.
H. 160 cm.

Im Besitz der Montanuniversität Leoben befindet sich seit 1976 ein gußeiserner Ofen, wie er seit dem ersten Viertel des 19. Jahrhunderts für den Hausbrand in Verwendung stand.

Leoben, Montanuniversität, Universitätsbibliothek, Inv.-Nr. 111/537.

5/9 „Rothler's Kalk- und Ziegelbrennofen mit Steinkohlen-Feuerung bey Grätz" bei Maria Trost

Repro aus: Allgemeiner kritisch-statistisch-topographischer Fabriksbilderatlas der österreichischen Monarchie, Gratz 1843, Lief. VI, Taf. 1.

In der Mariatroster Straße gelegen.

5/10 Puddelofen

Modell.
H. 40 cm, B. 80 cm, T. 50 cm.
Entwurf und Ausführung: Hans Jörg Köstler.

Der Wechsel von der Holzkohle zur Steinkohle gestaltete sich im Eisenwesen besonders kompliziert, da die Holzkohle sowohl im Floßofen bei der Roheisenerzeugung als auch im Frischherd bei der Stahlerzeugung die Qualität des Eisens und Stahls wesentlich mitbestimmte.

Der Einsatz der Kohle bei der Stahlerzeugung war erst möglich, als seit 1784 im Puddelofen Feuerung und Herdraum getrennt waren, die schwefelige Braunkohle also nicht mit dem Roheisen in Berührung kam. Mit dem Neubau zahlreicher Puddelwerke anstelle der Frischhütten seit etwa 1840 war jene entscheidende Verminderung des Holzkohlenbedarfes verbunden, die letztlich den Weiterbetrieb der Holzkohlenhochöfen ermöglichte.

Der letzte Holzkohlenofen mußte im Jahr 1922 in Vordernberg seinen Betrieb einstellen. Schon seit 1874 waren in der Steiermark Kokshochöfen gebaut worden.

Literatur: *Helmut Lackner*, Die Brennstoffversorgung des steirischen Eisenwesens. In: Erz und Eisen in der Grünen Mark, Beiträge zum steirischen Eisenwesen, Katalog der Landesausstellung in Eisenerz 1984, S. 40f.

Fohnsdorf, H. J. Köstler.

5/11 Brennstoffverbrauch der steirischen Eisenindustrie im Vergleich 1833 – 1845 – 1851 – 1857

Graphik.
Vorlage: u. a. Josef Rossiwall, Die Eisenindustrie des Herzogthums Steyermark im Jahre 1857. In: Mitteilungen aus dem Gebiete der Statistik 8/1860.
Ausführung: Heinz Schubert.

1833 verwendete die steirische Eisenindustrie noch ausschließlich Holzkohle. Der Holzkohlenbedarf stieg bis 1845 noch auf knapp 1,1 Mio. m^3 an, blieb dann aber konstant, bzw. sank langsam. Seit den vierziger Jahren konnten als erste die Puddel- und Walzwerke auch Braun- und Glanzkohle verwenden und den Kohlenverbrauch rasch steigern. Bereits 1857 wurden dann rund zwei Drittel der gesamten steirischen Kohlenförderung von ca. 260.000 t in den Puddel- und Walzwerken verfeuert.

Literatur: *H. Lackner*, Brennstoffversorgung.

5/12 Carl Wagner, Über Benützung der rohen Steinkohle von Fohnsdorf zur Roheisen-Erzeugung, Wien 1868.

Buch.

Leoben, Montanuniversität, Universitätsbibliothek.

5/13 Eisenindustrie und Kohlenbergbau in der Steiermark, um 1860   Abb. S. 54

Repro einer Karte aus: Josef Rossiwall, Eisenindustrie.

Im Vergleich zur Karte des Blum von Kempen (aus dem Jahr 1796) sind auf dieser Karte die neuen Kristallisationsregionen der Industrialisierung in der Mur-Mürz-Furche, um Trieben-Rottenmann, in Köflach-Voitsberg, um Wies-Eibiswald und in der ehemaligen Untersteiermark um Cilli bereits klar zu erkennen. Es sind das Industrieregionen, die ihr Entstehen im wesentlichen dem Kohlenbergbau und der Eisenindustrie verdanken.

5/14 Texte zum Thema „Rauchende Schornsteine"
  a) Christoph Andreas Schlüter, Gründlicher Unterricht von Hütten-Werken. Braunschweig 1738, S. 4.
  b) Georg Günther, Lebenserinnerungen, Wien 1936, S. 43.
  c) Prozeß der Stadtgemeinde Judenburg gegen die ÖAMG als Besitzerin des Kohlenbergbaus Fohnsdorf wegen des belästigenden schwefeligen Haldengeruchs in der acht Kilometer entfernten Stadt.

Die Textbeispiele lassen die unterschiedliche Einstellung zu den durch Rauch verursachten Umweltproblemen erkennen.

5/15 Leuchtgas – Das Grazer Gaswerk 1845

Aquarell.
J. Kuwasseg.
H. 27,5 cm, B. 43,2 cm.

1845 wurde von der „Germanischen Gesellschaft für Gasbeleuchtung" auf der sogenannten Kühtratten (heute Steyrergasse) eine Gasbereitungswerkstätte mit zwei Gasometern errichtet. Sie sollte für Jahrzehnte für öffentliche und private Beleuchtungseinrichtungen „Licht aus Kohle" produzieren. 1880 wurden ca. 560.000 m³ Leuchtgas erzeugt, 1930 fast 2 Millionen m³ für Handel, Gewerbe und Industrie zur Verfügung gestellt. Heute wird nicht mehr Leuchtgas, sondern Erdgas verwendet. Lange feuerte die Graz-Göstinger Glasfabrik mit Erdgas, heute tut dies die Hütte Oberglas Bärnbach.

Graz, Stadtmuseum.

5/16 August Longin Fürst von Lobkowitz (1797–1842)

Repro aus: Philipp Schlesinger, Zur Erinnerung an Seine fürstlichen Gnaden, dem Herrn August Longin Fürsten von Lobkowitz, Wien 1842.

Als Präsident der Hofkammer in Münz- und Bergwesen in den entscheidenden Jahren 1832–1842 wurde August Longin Fürst von Lobkowitz zum Förderer des beginnenden Kohlenbergbaus. Zusammen mit Peter Tunner bemühte sich Lobkowitz 1838/40 auch ganz konkret, aber schließlich vergeblich um die Ansiedlung eines Puddel- und Walzwerkes als Abnehmer des 1840 „verstaatlichten" Kohlenbergbaus Fohnsdorf.

Literatur: *Helmut Lackner,* Ein geplantes Puddelwerk bei Judenburg (1838–1842). In: Berichte des Museumsvereins Judenburg, 12/1978, S. 25–27.

5/17 Ferdinand Joseph Johann Freiherr von Thinnfeld (1793–1868), im Jahre 1853

Bleistiftzeichnung.
J. Kriehuber.
H. 35 cm, B. 45 cm.

Thinnfeld war zwar nur von 1848 bis 1853 Minister für Landeskultur und Bergwesen, doch gelang ihm in den wenigen Jahren die Ausarbeitung und Durchsetzung wichtiger Reformen des Montanwesens am Beginn der Industrialisierung:

1849 Gründung der Bergakademien Leoben und Przibram.

1850 Gründung der Österreichischen Zeitschrift für Berg- und Hüttenwesen.

1850 Gründung der Berghauptmannschaften.

1850 Gründung der Geologischen Reichsanstalt.

1852 Reichsforstgesetz.
1854 Allgemeines Berggesetz.

Literatur: *Wilhelm Haidinger*, Zur Erinnerung an Ferdinand Freiherrn von Thinnfeld, Wien 1868. *Wurzbach*, Biographisches Lexikon, 43/1881, S. 234–238.

Graz, Stmk. Landesarchiv, Porträtsammlung.

5/18 Karl Freiherr von Scheuchenstuel (1792–1867), im Jahre 1847

Lithographie.
Gabriel Decker.
H. 16,5 cm, B. 11,5 cm.

Aus Hall in Tirol kommend, war Scheuchenstuel von 1842 bis 1848 Oberbergamts-Direktor und Bergrichter in Leoben, ehe er als Sektionschef nach Wien in das Ministerium für Landeskultur und Bergwesen zu Thinnfeld berufen wurde. Von Leoben aus leitete Scheuchenstuel in diesen Jahren die wichtigen Versuche zur Verwertung des Braunkohlenkleins durch Vergasung im Puddelofen, die 1842 in St. Stephan bei Leoben begannen.

Literatur: *Hans Jörg Köstler*, Das ehemalige Eisenwerk St. Stephan ob Leoben. In: Der Leobener Strauß, 10/1982, S. 353–376. *Wurzbach*, Biographisches Lexikon, 29/1875, Nekrolog in: Österreichische Zeitschrift für Berg- und Hüttenwesen, 15/1867, S. 335–355.

Graz, Neue Galerie, Inv.-Nr. II 25.709.

Die Dampfmaschine

5/19 Dampfmaschine von Boulton & Watt, um 1780

Repro einer Rißzeichnung aus: Konrad Matschoß, Dampfmaschine.

James Watt verbesserte 1776 die Dampfmaschine beträchtlich. Mit der mit Kohle beheizten Dampfmaschine wurde ein Antriebsmittel geschaffen, das die Wasserkraft ablösen sollte und die Standorte von Industrien daher vom Wasser unabhängig machte.

Literatur: *Konrad Matschoß*, Die Geschichte der Dampfmaschine, Nachdruck, Moers 1983/84.

5/20 Joanneumsbericht 1819 – Bericht über die erste Lieferung einer Boulton & Watt'schen Dampfmaschine nach Graz

Repro.

In den Joanneumsberichten wurden regelmäßig die Eingänge an die Sammlungen verzeichnet. Unter diesen scheint 1819 eine Dampfmaschine auf, die Erzherzog Johann bereits 1816 in Soho/Birmingham bei Boulton & Watt bestellt hatte. Das weitere Schicksal der Maschine ist leider unbekannt.

Literatur: *Paul W. Roth*, Die Dampfmaschinenfabrik von Boulton & Watt in Soho/Birmingham 1816. In: Festschrift für Othmar Pickl zum 60. Geburtstag, Graz 1987, S. 537.

5/21 Die erste Dampfmaschine der Steiermark, 1833

Repro aus: Fabriksbilderatlas, 1842.

Die erste Dampfmaschine der Steiermark wurde 1833 in der Zuckerraffinerie Geidorf/Graz in Betrieb genommen, sie wurde aus England importiert.

Literatur: *Paul W. Roth*, Zur frühen Nutzung der Dampfkraft in der Steiermark. In: Zeitschrift des Historischen Vereins für Steiermark 64/1973, S. 243–252.

5/22 Die ersten Dampfmaschinen in Steiermark

Tabelle.

Vorlage: Paul W. Roth, Dampfkraft, S. 252.

5/23 Leistung und Anzahl der Dampfmaschinen im Kaisertum Österreich bis 1842.

Graphik.
Entwurf: Richard H. Kastner.
Ausführung: Manfred Pöschl.

Die beiden Kurven, welche Leistung und Anzahl der Dampfmaschinen in Österreich bis zum Jahre 1842 zeigen, drücken die zunehmende Industrialisierung Österreichs aus.

Literatur: Erzherzog Johann von Österreich, Katalog der Landesausstellung in Stainz 1982, Objekt Nr. 14/22.

5/24 Dampfhammer „Konsul" bei den Böhlerwerken in Kapfenberg, um 1910.

Foto: Graz, Stmk. Landesarchiv.

Katalog 5/25

Katalog 5/27

Seit ca. 1852 wurde die Dampfkraft noch in den Hüttenbetrieben eingesetzt. Um diese Zeit gelangten Dampfhämmer in den Stahlwerken von Donawitz, Zeltweg und Neuberg zur Aufstellung. 1853 wurde in Vordernberg die erste dampfbetriebene Gebläsemaschine aufgestellt. Einer der größten Dampfhämmer der Steiermark gelangte vermutlich 1908 in den Böhlerwerken in Kapfenberg zur Aufstellung.

Literatur: *Paul W. Roth,* Kapfenberg in Postkarten, VEW-Kalender 1986.

5/25 Liegende Einzylinderdampfmaschine mit Regulator, 1983

Modell.
Ausführung: Gernot Matzka.
Bohrung 25 mm, Hub 50 mm, Schwungrad Dm. 180 mm.
H. 26,5 cm, B. 23 cm, L. 45 cm, Gewicht 6 kg.

Das Modell stellt einen Typus der Dampfmaschine dar, welcher in den fünfziger Jahren des vorigen Jahrhunderts weite Verbreitung in England fand.
Das Vorbild des Modells wurde bei Abbrucharbeiten

einer alten Schmiede, in der auch eine Messinggießerei und eine Sodawassererzeugung untergebracht war, gefunden. Der Standort war in einer kleinen Stadt im Bezirk Somerset. Nach Angaben des Besitzers war das Original seit ca. 1860 in Betrieb. Die Maschine befindet sich zur Zeit im Besitz einer privaten Sammlung. (Übersetzte Kurzfassung aus dem Vorwort der englischen Modellbeschreibung.)

Graz, G. Matzka.

5/26 Stehende Einzylinderdampfmaschine mit Stephenson-Umsteuerung, 1984

Modell.
Ausführung: Gernot Matzka.
Bohrung 19 mm, Hub 19 mm, Schwungrad Dm. 90 mm, H. 17,5 cm, Gewicht 1 kg.

Obwohl das Modell kein direktes Vorbild besitzt, entspricht es in allen Konstruktionsdetails gleichartigen Maschinen, die in unzähligen Varianten in der zweiten Hälfte des vorigen Jahrhunderts eingesetzt waren. Das vorliegende Modell ist Teil einer Typenreihe von verschiedenen Modellmaschinen, die ab ca. 1900 von Stuart Turner entwickelt wurde. Die gleichnamige Firma existiert bis auf den heutigen Tag und zählt zu den führenden Herstellern von Modellbausätzen auf dem Gebiet des Dampfmodellbaus. Die etwas größeren Varianten der bezeichneten Maschine dienten den entlegenen Bauernhöfen oft als Stromerzeuger und werden in der heutigen Zeit vermehrt als Antrieb auf privaten Dampfbooten verwendet.

Graz, G. Matzka.

5/27 Birmingham Dribbler, 1983

Modell.
Ausführung: Gernot Matzka.
H. 18 cm, B. 7 cm, L. 20 cm, Gewicht 1 kg, Spur 2½".

Das Modell ist der Nachbau einer funktionsfähigen Spielzeuglokomotive aus den vierziger Jahren des vorigen Jahrhunderts. Es hat vermutlich die „Nothumbrian", eine Nachfolgelokomotive der berühmten „Rocket" von Stephenson, zum Vorbild.

Graz, G. Matzka.

5/28 Lokomobile oder „portable steam engine"

Modell.
Ausführung: G. Matzka.
Maßstab 1:½" oder 1:8.
H. 43 cm, B. 28 cm, L. 60 cm, Gewicht 30 kg.

Die Erfindung der Lokomobile erfolgte im Jahr 1842 von der Firma Ramsomes in England.
Ihr Einsatzbereich war vorwiegend die Landwirtschaft, in der sie als Antrieb von Dreschmaschinen, Sägen etc. Anwendung fand. Da die Lokomobile keinen eigenen Antrieb hatten, wurden sie von Pferden an ihren Bestimmungsort gezogen.
Das Modell ist eine genaue Nachbildung und ist voll funktionstüchtig. Der Kessel wird mit Kohle beheizt.

Graz, G. Matzka.

5/29 Dampfmaschine für Binnenschiffe mit Schraubenantrieb, 1984

Modell.
Ausführung: Gernot Matzka.
H. 15,5 cm, B. 16 cm, L. 14,5 cm, Gewicht 2 kg.

Literatur: *Konrad Matschoß*, Dampfmaschine.
Graz, G. Matzka.

Die Eisenbahn

5/30 Englische Pferdeeisenbahn zur Kohlebeförderung, um 1770

Repro aus: *Rolf L. Temming*, Illustrierte Geschichte der Eisenbahn, Herrsching 1976.
Graz, E. Franz.

5/31 Die erste Dampflokomotive; erbaut von Richard Trevithick, 1803/04

Repro aus: *Hermann Strach*, Geschichte der Eisenbahnen der österr.-ungarischen Monarchie, Bd. 1/I, Wien 1898, S. 26.
Graz, E. Franz.

5/32 Die erste österreichische Eisenbahn von Linz nach Budweis

Repro.
Diese schmalspurige Pferdeeisenbahn wurde 1825–1832 erbaut. Ihr wichtigstes Frachtgut war Salz aus dem Salzkammergut.
Wien, Österr. Eisenbahnmuseum.

5/33 Eisenbahn-Karte von Central-Europa, bearbeitet von Dr. Julius Michaelis, Dresden, 1860.

H. 70 cm, B. 98 cm.
Während viele heutige Hauptbahnstrecken in der Karte noch nicht oder erst als in Bau befindlich aufscheinen, erweist sich die in der Karte bereits vorkommende Graz-Köflacher Bahn als eine der frühen Bahnen Europas.

Graz, E. Franz.

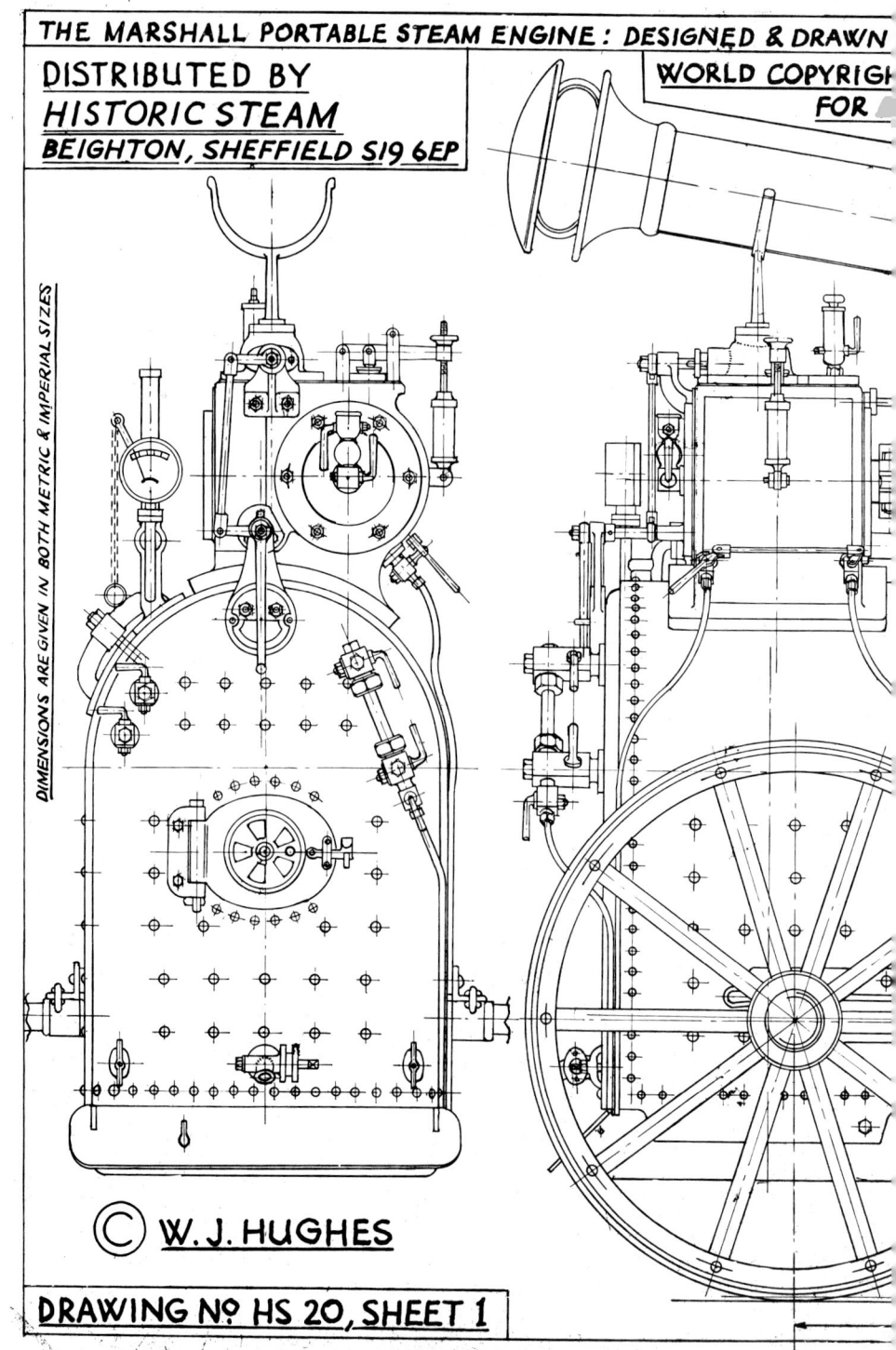

THE MARSHALL PORTABLE STEAM ENGINE: DESIGNED & DRAWN

WORLD COPYRIGH
FOR

DIMENSIONS ARE GIVEN IN BOTH METRIC & IMPERIAL SIZES

DRAWING № HS 20, SHEET 1

Zu Katalog 5/28:
Plan des Lokomobile

318

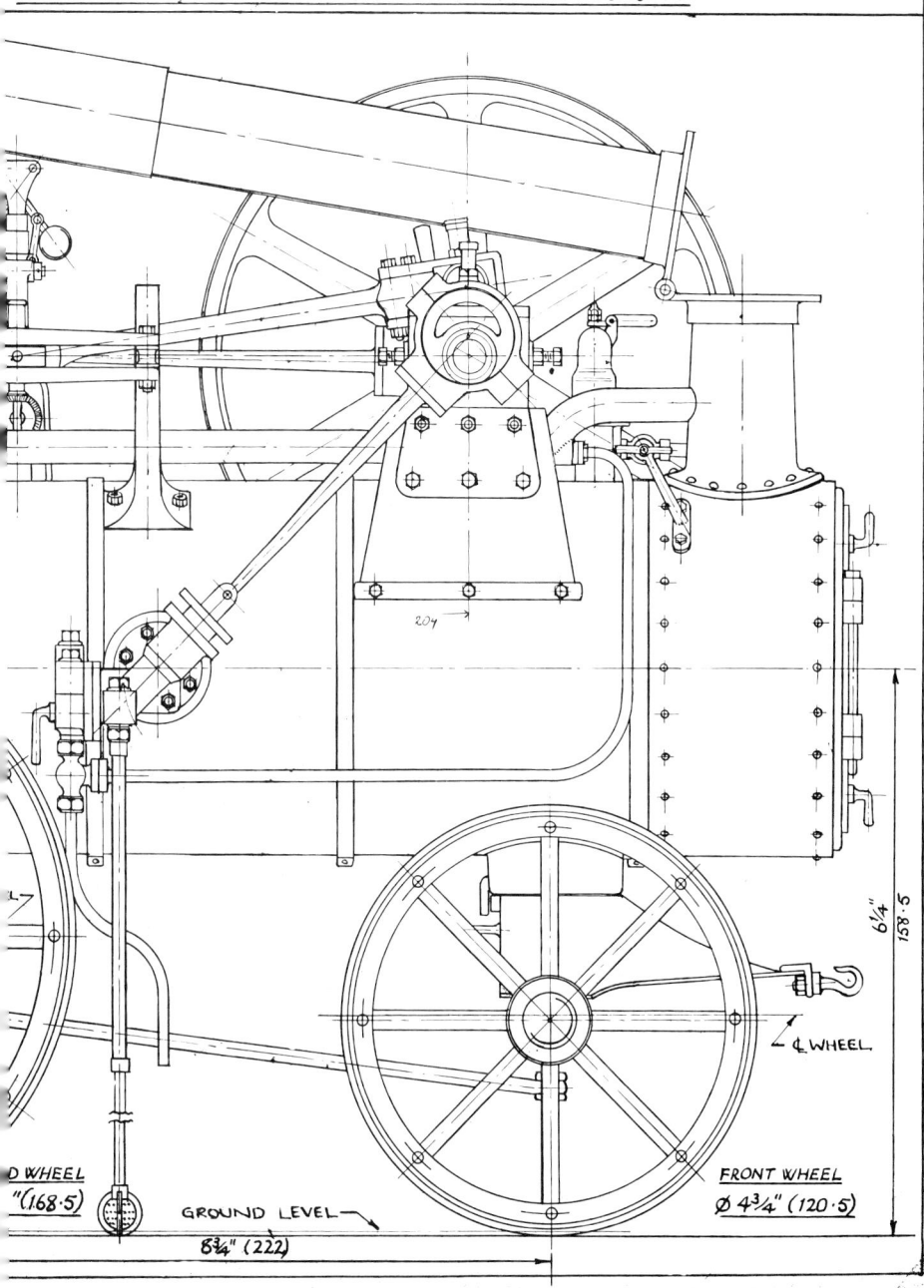

20y →

6¼" 158·5

℄ WHEEL

D WHEEL
"(168·5)

FRONT WHEEL
Ø 4¾" (120·5)

GROUND LEVEL →

8¾" (222)

5/34 Eisenbahn-Konzessionsurkunde der GKB, 1855

Faksimile, koloriert, herausgegeben von der GKB im Jahre 1985 als Festgabe zum 125jährigen Jubiläum des Bahnbetriebes.
H. 35 cm, B. 27,5 cm.

Mit dieser am 26. August 1855 unterfertigten Urkunde wurde den zu einem gemeinschaftlichen Bergbaubetrieb zusammengeschlossenen Voitsberger, Köflacher und Lankowitzer Kohlengewerkschaften das Privileg zu Bau und Betrieb einer Lokomotiv-Eisenbahn von Köflach nach Graz erteilt.

5/35 Eisenbahnverkehr der GKB: Personentransport 1860–1983

Graphik.
Vorlage: Festgabe GKB, S. 13.
Ausführung: Heinz Schubert.

5/36 Eisenbahnverkehr der GKB: Gütertransport 1860–1983

Graphik.
Vorlage: Festgabe GKB, S. 13.
Ausführung: Heinz Schubert.

5/37 Bahnhof Lieboch der Graz-Köflacher Bahn, um 1875

Diorama.
Maßstab: 1:87.
B. 120 cm, L. 200 cm
Ausführung: Erwin Seidl und Gerhard Stowasser (Diorama und Gebäude), Sepp Tezak (Lokomotiv- und Wagenmodelle).

Im Bahnhof begegnen einander ein von Köflach kommender Kohlenzug mit der Lokomotive „Wies" und ein von Graz kommender Personenzug mit der Lokomotive „Söding".

Graz, Steirische Eisenbahnfreunde, Erwin Seidl, Sepp Tezak.

5/38 Modellbahnanlage, um 1875

Industriell hergestellte Fahrzeugmodelle.
Maßstab 1:87.
H. 100 cm, B. 203 cm, T. 106 cm.
Hersteller: Fa. Kleinbahn, Wien.

5/39 Rauchverbotsschild

Vom Güterschuppen eines Bahnhofs der Graz-Köflacher Bahn.
Der Text: Das Tabakrauchen ist hier verboten erinnert an die Zeit, da auch die Lokomotiven noch rauchten.

Köflach, GKB-Bergdirektion.

5/40 Signalhorn

Dieses Signalhorn ist bei der Graz-Köflacher Bahn zur Abgabe akustischer Verschub- und Warnsignale verwendet worden.

Voitsberg, M. Hittaller.

5/41 Fahrplan für den Personenverkehr auf der Graz-Köflacher Bahn, 1860

Repro aus Festgabe GKB, S. 9.

Voitsberg, M. Hittaller.

5/42 Einladung zur Eröffnungsfahrt auf der Strecke Lieboch–Wies, 1873

Einladung: H. 24 cm, B. 16 cm.
Programm: H. 21 cm, B. 14 cm.

Im Gegensatz zu der ohne Feiern erfolgten Betriebsaufnahme auf der Strecke Graz-Köflach wurde die Strecke von Lieboch nach Wies am 8. April 1873 feierlich eröffnet.
Die Einladung samt Programm zur Eröffnungsfahrt mit einem „Separat-Zug" von Graz nach Wies erging an den Deutschlandsberger Fabriksbesitzer Carl Franz.

Graz, E. Franz.

5/43 Aktenstück betreffend die Kohlebeförderung durch die Straßenbahn in Graz, 1915

H. 24 cm, B. 21 cm.

Ab 1915 liefen Verhandlungen zwischen der Grazer Tramway-Gesellschaft, der Graz-Köflacher Eisenbahn- und Bergbaugesellschaft und der Südbahn als betriebsführendem Unternehmen der Graz-Köflacher Bahn über die Einführung eines Gleises der Grazer Straßenbahn in den Köflacher Bahnhof in Graz. Dieses Gleis wurde 1916 angelegt und diente der Kohlebeförderung zu mehreren Grazer Betrieben und zum Landeskrankenhaus. Die Kohle wurde auf dem Köflacher Bahnhof auf Straßenbahn-Kohlenwagen umgeladen. Dieser Straßenbahnanschluß wurde im Jahr 1968 stillgelegt.

Graz, E. Franz.

5/44 Die Graz-Köflacher Bahn, 1860

8 Faksimiledrucke, koloriert, „Kaisersuite", Ausgabe 125 Jahre GKB 1985.
Jeweils: H. 29,5 cm, B. 38,5 cm.

Der Grazer Lithograph Alexander Kaiser schuf im Eröffnungsjahr der Graz-Köflacher Bahn eine Folge von acht Lithographien von Orten und Gegenden an dieser Bahn nach Naturaufnahmen von Albert Hirth.
„Graz": Im Vordergrund ist der Köflacher Bahnhof, im Hintergrund der Schloßberg zu sehen.
„Lieboch": Das Bild zeigt rechts den Bahnhof Lieboch, die Stub- und die Gleinalpe. Gegenüber dem Bahnhofsgebäude befand sich ein heute nicht mehr vorhandenes Gebäude, welches ein Wasserpumpwerk und einen Wasserbehälter enthielt.
„Gaisfeld": Im Vordergrund ist die Eisenbahnbrücke über die Kainach vor dem Bahnhof Krottendorf-Ligist sichtbar, im Hintergrund die Ortschaft Gaisfeld.
„Taigitsch Thal": Im Bild ist die Eisenbahnbrücke über die Teigitsch bei deren Einmündung in die Kainach bei Gaisfeld zu sehen.
„Krems": Die von Voitsberg aus gesehene Ansicht zeigt links die Ruine Krems, rechts das Westportal des Kremser Tunnels.
„Voitsberg": Rechts vom Bahnhof sind Stadt und Burgruine Voitsberg zu sehen, links Schloß Greißenegg.
„Ober-Kainachthal": Oberhalb von Rosental blickt man auf Schloß Alt-Kainach, dahinter liegen die Gleinalpe und links davon der Heilige Berg.
„Köflach": Das Bild zeigt rechts den damaligen Markt Köflach und links oberhalb des Bahnhofs Maria Lankowitz.

5/45 Beladung eines Kohlezuges beim Josef-Schacht in Voitsberg, um 1900

Foto: GKB.

Graz, Stadtmuseum.

5/46 Lokomotive 671 der Graz-Köflacher Bahn auf der Kainachbrücke bei Krottendorf, 1981

H. 50 cm, B. 77 cm.   Abb. S. 67
Foto: Eberhard Franz, Graz, 31. 5. 1981.

5/47 Lokomotive 50.1171 der Graz-Köflacher Bahn am Köflacher Bahnhof in Graz, 1977

Bildtafel.   Abb. S. 71
H. 50 cm, B. 77 cm.
Foto: Eberhard Franz, Graz, 17. 2. 1977.

5/47a Schnittbild eines Lokomotivkessels

Repro.

Kessel der Lokomotivbaureihe 50 der Deutschen Reichsbahn, der auch die im Freigelände aufgestellte Lokomotive 50.1171 der Graz-Köflacher Bahn angehört.
Der Feuerrost und der Weg der Rauchgase durch den Kessel zum Schornstein sind farbig eingezeichnet.

5/48 Lokomotiven 30.109, 56.3256 und 415 der Graz-Köflacher Bahn am Köflacher Bahnhof in Graz, 1961   Abb. S. 69

Foto: Eberhard Franz, Graz, 21. 4. 1961.

5/49 Bekohlungskran für die Lokomotivbekohlung auf dem Köflacher Bahnhof in Graz mit Lokomotive Baureihe 152, 1977   Abb. S. 63

Foto: Eberhard Franz, Graz, Jänner 1977.

5/50 Lokomotivführer Johann Höfer auf der Lokomotive 50.1171 der Graz-Köflacher Bahn, 1987   Abb. S. 65

Foto: Eberhard Franz, Graz, 13. 6. 1987.

Die Feuertür ist geöffnet, da der – im Bild nicht sichtbare – Heizer soeben Kohle aufwirft.

5/51 Personenzug bei Deutschlandsberg mit Lokomotive 406, 1959
Foto: Eberhard Franz, Graz, 14. 2. 1959.

5/52 Personenzug auf der Sulmtalbahn mit Lokomotive 30.109, 1965
Foto: Eberhard Franz, Graz, 29. 8. 1965.

5/53 Lokomotive 671 am Köflacher Bahnhof in Graz, 1958 Abb. S. 70
Foto: Eberhard Franz, Graz, 10. 2. 1958.
Diese 1860 erbaute Lokomotive ist heute noch betriebsfähig.

5/54 Lokomotive 56.3147 am Köflacher Bahnhof in Graz, 1961
Foto: Eberhard Franz, Graz, 21. 4. 1961.

5/55 Lokomotiven 56.3190 und 671 in Köflach, 1959
Foto: Eberhard Franz, Graz, 7. 5. 1959.

5/56 Lokomotiven 50.1171 und 152.1365 am Köflacher Bahnhof in Graz, 1977
Foto: Eberhard Franz, Graz, 17. 2. 1977.

5/57 Triebwerk der Lokomotive 50.1171 am Köflacher Bahnhof in Graz, 1977
Foto: Eberhard Franz, Graz, 17. 2. 1977.

5/58 Der Köflacher Bahnhof in Graz, Blick aus dem Stellwerk, 1963
Foto: Eberhard Franz, Graz, 12. 10. 1963.

5/59 Kohlenwagen altösterreichischer Bauart im Bahnhof Voitsberg, 1960
Foto: Eberhard Franz, Graz, 2. 10. 1960.

5/60 Alte Personenwagen der Graz-Köflacher Bahn, davor ein beladener Kohlenwagen der Grazer Straßenbahn, 1958
Foto: Eberhard Franz, Graz, 10. 2. 1958.

5/61 Waggonkippanlage zur Kohleentladung auf dem Köflacher Bahnhof in Graz, 1961 Abb. S. 62
Foto: Eberhard Franz, Graz, 8. 3. 1961.

5/62 Bekohlungskran auf dem Köflacher Bahnhof in Graz, mit Kohlenwagen Baujahr 1870, aufgenommen 1957
Foto: Eberhard Franz, Graz, Sommer 1957.

5/63 Mechanisches Stellwerk im Bahnhof Söding, 1960
Foto: Eberhard Franz, Graz, 4. 9. 1960.

5/64 Mechanische Signale vor dem Bahnhof Lieboch, 1960
Foto: Eberhard Franz, Graz, 4. 9. 1960.
Links im Bild ist ein Hauptsignal, rechts ein Vorsignal für ein später folgendes Hauptsignal. Beide Signale sind in Halt-Stellung.

Dampfschiffahrt

5/65 Dampfschiffahrt auf dem Grundlsee, nach 1903
Fotos des Dampfers „Fürstin Kinsky".

Der Fremdenverkehrspionier Albin Schraml eröffnete 1879 mit dem kleinen hölzernen Dampfboot „Erzherzog Johann" den Verkehr am Grundlsee. 1896 wurde es durch das Dampfboot „Anna" ersetzt, 1903 schließlich der Schraubendampfer „Fürstin Kinsky", der in der Schiffswerft Linz für 75 Personen Fassungsraum gebaut worden war, in Dienst gestellt. Ab 1938 hieß der Dampfer „Rudolf Erlbacher", ab 1946 „Rudolf". 1954 wird das Dampfschiff „Rudolf" in ein Motorschiff umgebaut, womit die Dampfschiffahrt am Grundlsee endet. Das Motorschiff „Rudolf" versieht nach wie vor seinen Dienst.

Literatur: *Herbert Winkler*, Die Schiffahrt auf dem Traunsee, Hallstätter See, Grundlsee. In: Marine – Gestern, Heute, Sonderpublikation, 5/42.

5/66 Murdampfer „Styria", 1888

Repro.

Vor genau 100 Jahren wollte man, dem Trend in anderen Städten folgend, auch für Graz einen Passagierverkehr auf Dampfschiffen einrichten. Wiener und Grazer Unternehmer, so der Wirt vom „Königstiger" am Lendkai, ließen in der Werft Kroi/Wien zwei Dampfer bauen. Mit 15 m Länge und 2,5 m Breite konnte zwar jedes Schiff bis zu 40 Passagiere in zwei Klassen und 4 Mann Besatzung transportieren, war aber trotz der nur 70 cm Tiefgang für die Mur sichtlich ungeeignet. Im stehenden Wasser sollten die Schiffe mit ihren zwei dampfgetriebenen 50-PS-Motoren eine Geschwindigkeit von 20 km pro Stunde erreichen. Nur war die Mur trotz eines Rückstaues in der Höhe des Augartens schnell fließend und voll der Tücken. Der Dampfer „Kübeck", später auf „Styria" umgetauft, fuhr einen Monat lang über Donau, Drau und Mur mit einer Serie von Zwischenfällen bis nach Graz. Für die „Graz" wurde der Weg über den Semmering gewählt. Urspünglich wollte man sogar von Graz bis zumindest nach Radkersburg Passagiere und Fracht transportieren. Dann sollte es wenigstens die Strecke vom Kalvarienberg bis zur Schlachthausbrücke (Schönaubrücke) sein. Zuletzt war man froh, wenigstens zwischen dem Schwimmschulkai (nördlich der Keplerbrücke) und dem Nikolaikai bei der Radetzkybrücke verkehren zu können.

Am 8. September 1888 wurde nach einem Jahr Vorbereitung und Problemen die Passagierfahrt begonnen. Am 10. September schwamm der Landungssteg vom Gasthof „Zum Königstiger" bei der Mariahilferkirche an der „Styria" vorbei, und es gab die erste Betriebseinstellung. Am 27. Oktober rammte die „Graz" ein Joch der alten hölzernen Radetzkybrücke und verlor den Anker. Am Pfingstsonntag, dem 12. Mai 1889, sank die „Styria", nachdem sie steuerlos die Radetzkybrücke gerammt hatte. Sechs Personen ertranken. Die ersten erfolglosen Bergungsversuche des Wracks durch das Militär wurden bis in die Nacht von über 5000 Grazern verfolgt.

Die Schuldfrage blieb trotz einer Untersuchung ungeklärt, und die Murdampfschiffahrtsgesellschaft flüchtete sich in eine Betriebsauflassung. Schließlich strandete auch noch nach einer Sabotage die nun gepfändete „Graz".

Literatur: *Karl A. Kubinzky*, Graz an der Mur, In: Graz, Geschichtsbilder einer Stadt, Graz 1987, S. 70 f.

Im Freigelände

5/67 Dampflokomotive 50.1171 der Graz-Köflacher Bahn, 1942

Hersteller: Fa. Skoda, Pilsen.
Fabriks-Nummer 1250.
Leistung 1625 PS, Gewicht ohne Tender 87 t, Höchstgeschwindigkeit 80 km/h, Gesamtlänge mit Tender 23 m.
Güterzugslokomotive Bauart 1'E h 2 der im Jahre 1938 herausgekommenen Einheitsbaureihe 50 der Deutschen Reichsbahn; bis 1943 wurden insgesamt 3164 Maschinen dieser Type gebaut, davon 360 Stück in der Lokomotiv-Fabrik Wien-Floridsdorf.

Diese Lokomotive war in den Jahren 1942–1945 bei der Deutschen Reichsbahn und 1945–1972 bei den Österreichischen Bundesbahnen in Verwendung. Am 6. August 1972 wurde sie von der Graz-Köflacher Bahn erworben und danach bis 1979 planmäßig eingesetzt. Seither diente sie als Reservelokomotive und wurde fallweise zur Führung von Sonderzügen eingesetzt.

Köflach, GKB.

5/68 Hauptsignal

Flügelsignal (mechanisches Formsignal) altösterreichischer Ausführung.

H. 8 m; Mast Dm. 18 cm; Flügel Ausladung 150 cm.

Das Signal zeigt „Langsamfahrt": Zwei Signalflügel stehen schräg rechts aufwärts. Steht nur ein Flügel schräg aufwärts, so bedeutet dies „Freie Fahrt"; ein Flügel rechts waagrecht bedeutet „Halt".

Die mechanischen Eisenbahnsignale sind heute bereits weitgehend durch Lichtsignale ähnlich den Verkehrsampeln ersetzt.

Köflach, GKB.

n.d. Natur autg. v. Albert Hirth.
Katalog 5/44

OBER-KA
(Graz-Kö

CH-THAL.

Bahn.)

Katalog 4/10

Revier im Aufbruch

6/1 Bergarbeiter in einem Kohlenstreb mit Holzausbau beim händischen Abbau, 1910

Foto: Harald Koren, Köflach. Abb. S. 169

6/2 Hauer beim Kohlenabbau mit dem Preßlufthammer, um 1960

Foto aus: Kohle. Unseres Landes Hauptquell für Wärme und Kraft, Wien 1963.

6/3 Bohren eines Sprenglochs mit dem Spiralbohrer, um 1950

Foto aus: Österreichs Grundindustrie verstaatlicht, Wien 1951.

6/4 Arbeit in der Glashütte Bärnbach, um 1930

3 Fotos. Abb. S. 138

Bärnbach, Glasmuseum.

6/5 Dienstordnung für die Arbeiter des J. Humer'schen Kohlenbergbaus in Feeberg bei Judenburg, 1872

Druck.

Graz, Steiermärkisches Landesarchiv, BGH-Leoben, H-1871.

6/6 Dienstordnung aus der Glashütte Oberdorf, 1883

Druck.

Graz, Steiermärkisches Landesarchiv, BH-Graz, 25-19025-1883.

6/7 Arbeitszeit in der Glashütte Gösting, 1913

5 Diagramme.
Entwurf: Gerhard Pferschy.
Ausführung: Heinz Schubert.

6/8 Löhne im Bergbau

Diagramm.
Entwurf: Gerald Gänser.
Ausführung: Heinz Schubert.

Die Braunkohlenproduktion 1871–1910 im Handelskammerbezirk Leoben: Fördermengen, Arbeiter, Kohlenpreise.

6/9 Arbeits- und Lebensbedingungen, 1890–1895

Repros aus: Arbeiterwille, Jgg. 1891–1895.

Der Arbeiterwille, als sozialdemokratisches Organ 1890 gegründet, berichtete kritisch über Arbeit und Leben der Arbeiterschaft.

6/10 Tabelle der Arbeiterschaft am Kohlenbergbau, 1878

Repro aus: Ludwig Stampfer, Chronik der Pfarre Köflach, Bd. I, S. 620.

Literatur: *Karl Eisner*, Der Traditionskreis der Bergleute im Kohlenrevier der nördlichen Weststeiermark, Diss. Graz, 1969.

Köflach, Pfarramt.

6/11 Bergleute vom Brunner Hauptschacht, 1870/80

Foto: Radimsky, Graz.

6/12 Belegschaft der Kohlengrube Hermaschacht in Feisternitz, um 1890

Foto.

Die Kohlengrube Hermaschacht gehörte zum Stahlwerk Eibiswald. Bemerkenswert auch hier das zur Schau getragene Selbstbewußtsein der Bergleute.

Eibiswald, H. Wippel.

6/13 Kinderarbeit in Glasfabriken

Tabelle.

Entwurf: Paul W. Roth.

Literatur: *Paul W. Roth*, Die Glaserzeugung in der Steiermark von den Anfängen bis 1913, Forschungen zur geschichtlichen Landeskunde der Steiermark, Graz 1976.

6/14 Fiktives Haushaltsbudget, 1878

Graphik.

Entwurf: Karin M. Schmidlechner.

Ausführung: Heinz Schubert.

6/15 Reale Haushaltsbudgets, 1878

Graphik.

Entwurf: Karin M. Schmidlechner.

Ausführung: Heinz Schubert.

6/16 Arbeitsaufwand eines Taglöhners bei einem Mindestlohn von 3 Kreuzern pro Stunde, 1875–1890

Graphik.

Entwurf: Karin M. Schmidlechner.

Ausführung: Heinz Schubert.

Literatur: *Karin M. Schmidlechner*, Die steirischen Arbeiter im 19. Jahrhundert. In: Materialien zur Arbeiterbewegung, 30/1983.

6/17 Löhne in der Steiermark, 1884

Graphik.

Entwurf: Karin M. Schmidlechner.

Ausführung: Heinz Schubert.

Literatur: Bericht des k.k. Gewerbeinspectors Dr. Valentin Pogatschnigg über seine Amtsthätigkeit im Jahre 1884, Wien 1885, S. 16–22.

6/18 Arbeitsaufwandberechnung für einen Taglöhner 1850 im Vergleich zu einem Bauhilfsarbeiter im Jahr 1981

Graphik.

Entwurf: Karin M. Schmidlechner.

Ausführung: Heinz Schubert.

6/19 Lebensmittel- und Wollstoffgeschäft in Köflach zur Zeit des Ersten Weltkrieges (Stölzle oder Grabner)

Foto.

Köflach, Harald Koren.

6/20 Bekleidungsgeschäft Albert Stabler in Köflach

Foto.

Köflach, Harald Koren.

6/21 Fleischerei Nöres in Köflach, 1914

Foto.

Köflach, Harald Koren.

6/22 Alltagsleben im Zentrum Köflachs, 1910

Foto.

Den Hauptblickfang bildet der ehemalige „Einkehr-Gasthof Urban Brantl".

Köflach, Harald Koren.

6/23 Werks-Restauration des Eisenwerks Pichling/Köflach, 1910

Foto.

Köflach, Harald Koren.

6/24 Statuten einer Lebensmittel-Fassungsanstalt beim Bergbau

Repro aus: Bericht des k.k. Gewerbeinspectors Dr. Valentin Pogatschnigg über seine Amtsthätigkeit im Jahre 1885, Wien 1886, S. 31.

6/25 Bergmannsrast   Abb. S. 213

Foto.

Köflach, Harald Koren.

6/26 Die Steyeregger Kolonie, 1937

Foto.

Ansicht der Kolonie – Arbeiter- bzw. Bergmannswohnhäuser mit dem großen Schulhaus.

St. Martin im Sulmtal, Habenbacher.

6/27 Koloniehaus in Steyeregg, 1972

Foto.

Das Koloniehaus Nr. 93 in Steyeregg (aus der mittleren Dreierreihe) ist fast noch im Originalzustand erhalten.
Die Lage am Hang erfordert eine hohe Stiege vor dem talseitigen Hauseingang.

Steyeregg, G. Schmidt.

6/28 Bewohner der Steyeregger Bergarbeiterkolonie, 1926   Abb. S. 177

Foto.

Der Standort befindet sich gegenüber dem heutigen Kaufhaus Brunner.

Eibiswald, Kloepfermuseum.

6/29 Arbeiterwohnhäuser in Kalkgrub, um 1920

Foto.

Eibiswald, Kloepfermuseum.

6/30 Das Arbeiterwohnhaus an der Wieser Straße der Kohlenwerkgesellschaft Kalkgrub, heute Gemeinde Schwanberg

Foto.

Eibiswald, Kloepfermuseum.

6/31 Bewohner der Bergarbeiterkolonie Hörmsdorf bei Eibiswald, 1929

Foto.

Abgebildet sind die Arbeiter des Hauses Nr. 78 und der angrenzenden Häuser.

Eibiswald, Kloepfermuseum.

6/32 „Koloniebau in Hörmsdorf 1907"

Fotoserie.
Aus dem Album der Maria Pichler.

Bild Nr. 1: Auspflocken der Baugründe.
Bild Nr. 2: Die westlich gelegenen Häuser im Rohbau.
Bild Nr. 3: Die italienischen Fremdarbeiter, die auch „Ziegelschlager" waren. Auf dem Schild: Zum Anden-

ken an Steiermark – 5.1907. Im Hintergrund das frühere Gasthaus Masserlippi, heute Gasthaus Mörth.
Bild Nr. 4: Koloniebau.
Bild Nr. 5: Das fast fertiggestellte Haus an der Südostecke.
Bild Nr. 6: Die Kolonie Hörmsdorf fast fertig, vom Südwesten gesehen, der rauchende Kamin hinter dem Hang gehört zum Charlotte-Marie-Schacht.
Bild Nr. 7: Fertiggestellte Kolonie Hörmsdorf.
Bild Nr. 8: Erster Kesseltransport, 1904.
Bild Nr. 9: Aufgestellter Kessel.

6/33 Arbeiterkolonie vom Charlotte-Marie-Schacht in Hörmsdorf bei Eibiswald, 1909

Foto.

Die Kolonie befindet sich etwa 500 m vom Schacht entfernt und ist von Südosten her fotografiert.

Eibiswald, Strametz.

6/34 Direktionsgebäude des Charlotte-Marie-Schachtes, um 1920

Foto.

Im Haus, ungefähr 200 m vom Schacht entfernt, wohnte der jeweilige Eigentümer der Grube. Seit ca. 1970 ist das Haus total umgestaltet.

Eibiswald, Strametz.

6/35 Frauen vor Ort im Pendl-Tagbau, Lankowitz, 1908   Abb. S. 181

Foto.

Zwölf Bergleute und zwei Frauen vor Ort im Pendl-Tagbau 1908. Zu beachten ist die charakteristische Kleidung der Frauen, bestehend aus Bluse, knöchellangem Rock, Schürze und Kopftuch.

Köflach, Harald Koren.

6/36 Frauen im Polley-Tagbau, 1910

Foto.

Köflach, Harald Koren.

6/37 Frauen im Tagbau, Karlschacht, 1919
Foto. Abb. S. 182
Köflach, Koren.

6/38 Bergarbeiterstreik, 1933
Foto.
Verpflegungsküche bei Nöres während des Bergarbeiterstreiks 1933. 17 Bergarbeiter und drei Köchinnen halten sich in der Küche auf.
Literatur: *K. Eisner,* Traditionskreis. *Alfred Seebacher-Mesaritsch,* Bärnbach. Das Werden einer Stadt. Graz 1978.
Köflach, Harald Koren.

6/39 Frauen am Klaubband in Fohnsdorf, 1940
Abb. S. 183
Foto aus: GKB-Zeitung für Eisenbahn und Bergbau, H. 9, 14/1940. Bildunterschrift: Kameradschaft der Tat.
Das Foto zeigt einen häufigen Tätigkeitsbereich der Frau im Bergbau. Noch heute sortieren Frauen händisch.
Literatur: *Helmut Lackner,* Kohlenbergbau und Technik, Diss. Graz 1980.

6/40 Am Stückkohlenklaubband in Seegraben, 1940
Abb. S. 183
Foto aus: GKB-Zeitung für Eisenbahn und Bergbau, H. 9, 14/1940.
Literatur: *H. Lackner,* Kohlenbergbau und Technik. *Othmar Schredl,* Im Kohlenbergbau. In: GKB-Zeitung. H. 9, 14/1940.

6/41 Am Fohnsdorfer Holzplatz, 1940
Foto aus: GKB-Zeitung für Eisenbahn und Bergbau, H. 9, 14/1940.
Literatur: *H. Lackner,* Kohlenbergbau und Technik. *O. Schredl,* Im Kohlenbergbau.

6/42 Kohlensucher auf dem sogenannten Almhaufen von Steyeregg, nach 1920 Abb. S. 185
Foto.
Die Menschen mußten auf der Abraumhalde – mit Schaufeln oder Hauen – nach Kohlenstücken suchen.
Steyeregg, G. Schmidt.

6/43 Kohlenklauber auf der Schutthalde, 1949
Foto.
Literatur: *K. Eisner,* Traditionskreis.
Köflach, Harald Koren.

6/44 Ehepaar Josef und Maria Scholz
Foto aus: GKB-Zeitung für Eisenbahn und Bergbau, H. 1, 14/1940.
Maria war in erster Ehe mit Alois Geyer verheiratet gewesen. Er starb 1836. Schon zu seinen Lebzeiten war sie Besitzerin einiger Maße und Überscharen in der Voitsberg-Tregister Hauptmulde gewesen. Sie trat nun auch als Eigentümerin der Glashütte Oberdorf auf.
1861 heiratete sie Josef Scholz, der in den Jahren darauf Mitbesitzer der Oberdorfer Glashütte wurde.
Literatur: *P. W. Roth,* Glaserzeugung. *A. Seebacher-Mesaritsch,* Bärnbach.

6/45 Wenzel Radimsky in Bergmannstracht, um 1880
Foto.
Radimsky war ein bedeutender Gewerke, später wurde er Berghauptmann in Bosnien.
Pölfing-Brunn, Gemeindeamt.

6/46 Wenzel Radimsky, um 1880
Foto.
Pölfing-Brunn, Gemeindeamt.

6/47 Bergwerksunternehmer Carl Schelch, um 1910
Foto.
Pölfing-Brunn, Gemeindeamt.

6/48 Stuhl der Gewerkin Ludovica Zang
H. 97 cm, B. 60 cm, T. 55 cm.
Altdeutsch, reich geschnitzt, Sitzfläche in Leder gepreßt.
Von ihm aus leitete Ludovica Zang ihre Unternehmungen.
Köflach, GKB-Bergdirektion.

6/49 Stallinventar von August Zang, Schloß Greißenegg, 1883/84

Repro.

Das Inventar gibt Einblick in den reichen Bestand an Pferden (13), Wagen (7), Pferdegeschirren, Sätteln.

Bärnbach, E. Lasnik.

6/50 Kindergarten der Gewerkin Ludovica Zang

Foto.

Das Foto liegt in einer Kassette, die als Ehrengabe an Zang gedacht war.

Köflach, Stadtmuseum.

6/51 Arbeitergesangsverein „Liedesfreiheit" Voitsberg, 1913

Foto, 7. September 1913.

Literatur: *Helmut Brenner*, Stimmt an das Lied . . . Das große österreichische Arbeitersänger-Buch, Graz 1986.

Mürzzuschlag, H. Brenner.

6/52 Arbeitergesangsverein Oberdorf, 1910

Foto.   Abb. S. 225

Literatur: *H. Brenner*, Stimmt an das Lied.

Bärnbach, Glasmuseum.

6/53 Verschiedene Arbeiterlieder, 20. Jh.

Repros und Drucke.

Freiheitsgesang von Felix Weingartner, 1918; Wir sind die Schmiede der neuen Zeit; Trotzlied; Hymne an die Freiheit; Arbeiter-Gruß.

Bärnbach, Männergesangsverein „Morgenröte".

6/54 Statuten des Allgemeinen Arbeiter-Fortbildungs-, Rechtsschutz- und Unterstützungsvereins in Graz, 1891

Broschüre, 7. Jänner 1891.

Graz, Steiermärkisches Landesarchiv, Statth.-Präs. 8–16/1892 allein, Akt Nr. 576/1892.

6/55 Statuten dreier Glasarbeiterverbände Gewerkschaft aller Glas-, keramischen und verwandten Arbeiter der österreichischen Alpenländer, 1894. Union aller Glas-, keramischen und verwandten Arbeiter von Österreich-Ungarn, 1897 Centralverband aller Glasarbeiter und verwandten Berufe, 1902

Drucke.

Viele der seit 1894 in der Steiermark tätigen Glasmachergewerkschaften hatten ihre Heimat in Böhmen.

Literatur: *P. W. Roth*, Glaserzeugung, S. 209–219.

Graz, Stmk. Landesarchiv, Statth.-Vereine, Fasc. 53, Nr. 34.671/1894, 10.663/1897 und 43.605/1902.

6/56 Aufruf „Bergarbeiter! Genossen!", 1891

Repro aus: Arbeiterwille, 25. und 26. 12. 1891.

Aufruf zur Bergarbeiterkonferenz am 25. und 26. Dezember 1891 in Graz.

6/57 Kundmachung der ÖAMG an die Belegschaft der Bergbaue Seegraben und Münzenberg zum Streik 1889

Druck.

Graz, Stmk. Landesarchiv, RVB-Leoben, 1889, Zl. 987.

6/58 Telegramm der ÖAMG aus Anlaß des Bergarbeiterstreiks, 16. 1. 1892

Graz, Stmk. Landesarchiv, Statth.-Präs. 8–16/1892, Akt Nr. 247/1892.

6/59 Telegramm aus Voitsberg mit der Bitte um Abkommandierung eines zweiten Bataillons aus Anlaß des Streiks der Bergarbeiter, 16. 1. 1892

Graz, Stmk. Landesarchiv, Statth.-Präs. 8–16/1892, Akt Nr. 235/1892.

6/60 Kundmachung der k.k. privilegierten Graz-Köflacher Eisenbahn- und Bergbaugesellschaft zum Streik 1892

Plakat, 4. 1. 1892.   Abb. S. 205

Graz, Stmk. Landesarchiv, Statth.-Präs. 8–16/1892, Akt Nr. 165/1892.

6/61 Aufruf des Revierbergamtes und der BH Voitsberg an die Bergleute zum Streik 1892

Plakat, 4. 1. 1892. Abb. S. 206

Graz, Stmk. Landesarchiv, Statth.-Präs. 8–16/1892, Akt Nr. 298/1892.

6/62 Aufruf des Bezirkshauptmannes von Deutschlandsberg an die Arbeiter, 1892

Plakat, 2. 1. 1892.

Graz, Stmk. Landesarchiv, Statth.-Präs. 8–16/1892, Akt Nr. 416/1892.

6/63 Bergarbeiterstreik, 1933

Foto.

Verpflegungsnachschub für die Streikenden in der Grube Karlschacht. Bergleute fahren mit der Verpflegung in die Grube ein.

Literatur: *K. Eisner*, Traditionskreis. *A. Seebacher-Mesaritsch*, Bärnbach.

Köflach, Harald Koren.

6/64 Männer, die im Bergarbeiterstreik während eines Sitzstreiks in der Grube schlafen, 1933

Foto.

Literatur: *K. Eisner*, Traditionskreis. *A. Seebacher-Mesaritsch*, Bärnbach.

Köflach, Harald Koren.

6/65 Bergarbeiterstreik am Karlschacht, 1933

Foto: GKB-Bergdirektion.

Literatur: *K. Eisner,* Traditionskreis.

6/66 Sympathiestreik der Bergleute von Jaggernigg für entlassene Betriebsräte in Köflach, 1933

Foto.

Abgebildet ist der ehemalige, noch heute im Alter von 90 Jahren lebende Bürgermeister von Limberg, Herr Jammernegg.

Er berichtet: „Wir waren eine Woche in der Grube; aus einem Lager in der Nähe holten wir uns das Stroh, damit wir weich liegen konnten. Die Frauen brachten uns immer das Essen, damit wir den Stollen nicht verlassen mußten. Es war sehr lustig, wir spielten die meiste Zeit Karten. Wir bekamen in dieser Zeit aber keine Entlohnung. Das Ergebnis des Streiks blieb uns unbekannt."

Eibiswald, Kloepfermuseum.

6/67 Sympathiestreik der Bergleute, 1933

Foto.

Eibiswald, Kloepfermuseum.

6/68 Aufmarsch anläßlich der bevorstehenden Schließung der Grube Piberstein, 1966

2 Fotos.

Dieser Aufmarsch fand in Köflach entlang der Hauptstraße statt, vorbei an der heutigen Hauptschule und dem sogenannten Tunnereck.

Köflach, Harald Koren.

6/69 Demonstration der Bergleute gegen den Verkauf der Grube der GKB an die Österreichischen Draukraftwerke, Juni 1987

Foto: Wörndle, Köflach.

Graz, P. W. Roth.

6/70 Leitartikel: Zur Arbeiterbewegung

Repro aus: Tagespost, Nr. 108, 20. 4. 1890.

Artikel zum bevorstehenden 1. Mai.

6/71 Plakat zur Feier des 1. Mai 1895 in Voitsberg

Repro. Abb. S. 203

Graz, Stmk. Landesarchiv, Statth.-Präs. 8–1151/1895 allein, Akt Nr. 1151/1895.

6/72 Teilnahme an der Feier des 1. Mai 1895

Repro.

Nachweis über die Beteiligung der Arbeiter der fabrikmäßig betriebenen und der Aufsicht der Bergbehörde unterliegenden Unternehmungen an der Feier

des 1. Mai 1895 durch die Bezirkshauptmannschaft in Deutschlandsberg.

Graz, Stmk. Landesarchiv, Statth.-Präs. 8-1151/1895 allein, Akt Nr. 1589/1895, 2. Mai 1895.

6/73 Teilnahme an der Feier des 1. Mai 1895

Repro.

Nachweis über die Beteiligung der Arbeiter der fabrikmäßig betriebenen und der Aufsicht der Bergbehörde unterliegenden Unternehmungen an der Feier des 1. Mai 1895 durch die Bezirkshauptmannschaft Voitsberg.

Graz, Stmk. Landesarchiv, Statth.-Präs. 8-1151/1895 allein, Akt Nr. 1589/1895, 2. Mai 1895.

6/74 Programm für die Feier des 1. Mai 1899 in Köflach

Plakat.
H. 32 cm, B. 23 cm.

Graz, Stmk. Landesarchiv, Statth.-Präs. 8–1174/1898, Akt Nr. 1508 oder 1525/1899.

6/75 Aufruf an die Bergarbeiter zum 1. Mai 1900

Plakat.
H. 30 cm, B. 24 cm.

Graz, Stmk. Landesarchiv, Statth.-Präs. 8–1174/1898, Akt Nr. 1329/1900.

6/76 Festprogramm für die Feier des 1. Mai 1900 in Köflach   Abb. S. 207

Plakat.
H. 24 cm, B. 15,5 cm.
Graz, Stmk. Landesarchiv, Statth.-Präs. 8–1174/1898, Akt Nr. 1329/1900.

6/77 100 Jahre Sozialdemokratie

Zum Jahreswechsel 1888/89 kam es in Hainfeld zur Gründung der Sozialdemokratischen Partei.
Ein Strauß roter Nelken mag daran erinnern.

6/78 Titelblatt des Bruderladengesetzes von 1889

Repro.   Abb. S. 195

Das Gesetz vom 28. Juli 1889 betrifft die Regelung der Verhältnisse der nach dem allgemeinen Berggesetz errichteten oder noch zu errichtenden Bruderladen.

6/79 Statut der Grazer Revierbruderlade, 1912

Im Anhang befinden sich Verzeichnisse der Bediensteten in den Gruben der Frau Ludovica Zang und der Österreichisch-Alpinen Montangesellschaft bei Köflach vom 30. 6. 1894. Aus dem Nachlaß des Steigers Kraus.

Bärnbach, E. Lasnik.

6/80 Statuten für die Bruderlade des Gräflich Henckel von Donnersmarck'schen Werkskomplexes, Zeltweg, 1862

Graz, Steiermärkisches Landesarchiv, BGH-Leoben, I-1862.

6/81 Mitgliedsbücher eines Arbeiters

Aus dem Nachlaß des Steigers Kraus.

> **a) Mitgliedsbuch des Pensions-Institutes der Österreichisch-Alpinen Montangesellschaft, Wien 1915**
> **b) Mitgliedsbuch des Allgemeinen Spar- und Consumvereins, Voitsberg 1903**

Bärnbach, E. Lasnik.

6/82 Arbeitsunfälle von Berg- und Hüttenarbeitern in der Steiermark, 1875–1890

Graphik.
Entwurf: Karin M. Schmidlechner.
Ausführung: Heinz Schubert.

6/83 Gründung der Unfallversicherungsanstalt, 1888

Repro: Reichsgesetzblatt 1 ex 1888, Titelblatt.

6/84 Auszüge aus Protokollbüchern der Unfallversicherungsanstalt von 1890 und 1891

Repros.
Die Auszüge berichten über Unfälle in den Glashütten.
Graz, Allgemeine Unfallversicherungsanstalt, Landesstelle Steiermark.

6/85 Zwei Geschäftsfälle, 1895

2 Repros: Protokoll der Allgemeinen Unfallversicherungsanstalt, Landesstelle Steiermark.
> a) Unfallanzeige 41/25
> b) Fall „Ofner".

6/86 Plakate zur Unfallverhütung

Graz, Allgemeine Unfallversicherungsanstalt, Landesstelle Steiermark.

6/87 Unterstützte Arbeitslose in der Steiermark, 1926–1930

Graphik.
Entwurf: Karin M. Schmidlechner.
Ausführung: Heinz Schubert.

6/88 Anzeige: Sichere und humane Arbeitsplätze

Repro: Österreichischer Kalender für Berg, Hütte und Energie, 1982, S. 94.

6/89 Arbeitsplatz- und Produktionsentwicklung in der Glasindustrie 1945–1985 Arbeitsplatz- und Produktionsentwicklung im Bergbau 1945–1985

2 Graphiken.
Entwurf: Bernd Nachbaur.
Ausführung: Heinz Schubert.

Kristall

Die Kraft, die fest
zusammenhält,
den Mond, die Sonne,
unsre Welt,
die Sterne und das
ferne All;
auch diese Kraft
hält dich: Kristall!

Kohle

Der frühen Sonne
später Strahlenkranz,
denn vor Millionen
Jahren warst du Leben.
Nun prüf ich sinnend
deinen Glanz,
der Licht und Wärme
mir soll wiedergeben.

Hauer im Streb

Ratternd fährt die
Schrämmaschine,
knirschend fällt der
Stoß entzwei,
und der Hobel bricht
die Kohle,
Schrill im Bersten,
wie ein Schrei.

Zwischendurch das
Hammerdröhnen,
nach der Firste greift
der Stahl;
schweißgebadet,
dumpf im Stöhnen,
wuchtet er dann hoch
den Pfahl.

Heimat, neig vor deinen Söhnen,
die dort tief im Dunklen frönen,
dich in Ehrfurcht, alle Zeit!

Katalog 7/61: Drei Gedichte von Franz Pöschl

Wie es Brauch ist

Tracht des Bergmannes

7/1 Hl. Barbara
Abb. S. 217

Ölgemälde.
H. 215 cm, B. 133 cm.

Das Gemälde stammt aus der ehemaligen Anfahrtsstube des Bergbaues Seegraben.

Leoben, Museum der Stadt Leoben.

7/2 Bergmann aus Seegraben

Kleiderpuppe.
H. 200 cm.

Der Bergmann trägt die schwarze Bergmannstracht mit Kalpak und Berghäkel.

Leoben, Museum der Stadt Leoben.

7/3 Ehrenstab

B. 5 cm–7 cm, L. 25 cm, Dm. 2 cm.

Der Ehrenstab besteht aus schwarzem Holz und ist vorne und hinten mit Silberbeschlägen verziert. Gravur: Gewidmet vom Steyeregger Gesangsverein „Glück auf" dem Chormeister Conrad Liedl.

Köflach, Vor- und Frühgeschichtliches Museum Walter Mulej.

7/4 Standeszeichen eines Steigers
Abb. S. 214

Foto.
Kalpak, Steigerlampe, Berghäkel und ein Foto.
Berghäkel: H. 10 cm, B. 10 cm, L. (mit Stiel) 90 cm.

Die Standeszeichen des im Köflacher Revier beschäftigt gewesenen Steigers Riemer:
Der Kalpak hat einen hohen schwarzen Federbusch, vorne Gezähe von Eichenlaub umkränzt, am oberen Rand eine breite Goldborte. Der Berghäkel besteht aus Gelbguß und ist mit einem schwarzen Holzstiel versehen. Die Steigerlampe ist eine Karbidlampe in Messingausführung.
Das Foto trägt die Aufschrift: Bergschulkurs in Klagenfurt 1906–1907 und zeigt etwa ein Dutzend Kursteilnehmer im Bergkittel.

Köflach, Vor- und Frühgeschichtliches Museum Walter Mulej.

7/5 Berghut für Bergbeamte, 1890
Abb. S. 215

H. 16 cm.

Leoben, Museum der Stadt Leoben.

7/6 Bergmännische Festkleidung, heute

Kleiderpuppen.

Die bergmännische Tracht besteht aus Bergkittel und schwarzer Hose. Dazu wird heute eine Schifferlmütze getragen. Zum weißen Hemd paßt eine schwarze Masche.

Graz, Fa. Makos & Mudri.

Barbarafeier

7/7 Barbarafeier in Seegraben-Münzenberg, 1931

Foto.
H. 44 cm, B. 53 cm.

Leoben, Museum der Stadt Leoben.

7/8 Barbarafeier, 1943

Fotodokumentation mit Programm.

Im Jahre 1943 fand die Barbarafeier in Anwesenheit des Gauleiters Uiberreither statt, der auch zum „Ehrenhauer" ernannt wurde. Der Ablauf dieser Feier wurde in einer Fotoserie dokumentiert.

Köflach, Stadtmuseum.

Katalog 7/3

7/9 Barbarafeier, 1939

Repro aus: GKB-Zeitschrift, Jg. 1939.

7/10 Barbarafeier mit Ledersprung, heute

Foto.

Mit dem Ledersprung wird der Aspirant in den Stand der Bergleute aufgenommen. Nach der Einkleidung, der Nennung seines Namens, Berufes und Wahlspruches trinkt er ein Glas Bier und springt über das Arschleder, welches vom ältesten Steiger und womöglich vom Berghauptmann gehalten wird.

Köflach, Harald Koren.

7/11 Der Dichterarzt Dr. Hans Kloepfer, 1937

Foto.

Geburtstagswidmung zum 70. Geburtstag.

Köflach, Foto Koren.

7/12 Barbara-Aufmarsch in Köflach, 1936

2 Fotos.

Köflach, Foto Koren.

7/13 Allegorie des Kohlenbergbaues, 1880

Foto.

Festwagen beim 600-Jahr-Jubiläum der Stadt Leoben.

Leoben, Museum der Stadt Leoben.

Belegschaftsaufstellungen

7/14 Mannschaftsbild aus Piberstein, 1880

Foto.

Literatur: *Karl Eisner,* Der Traditionskreis der Bergleute im Kohlenrevier der nördlichen Weststeiermark, Diss. Graz 1969.

Köflach, Foto Koren.

7/15 Belegschaft des Charlotte-Marie-Schachts in Hörmsdorf bei Eibiswald, um 1910

Foto.

Die Bergleute haben sich mit ihrem Werkzeug voll Stolz aufgestellt.

Eibiswald, Hans Wippel.

7/16 Belegschaft des Waldemar-Schachts, Eibiswald, um 1920

Foto.

Deutschlandsberg, Franz Klug.

7/17 Belegschaft der Brunner Gruben, 1896

Foto.   Abb. S. 171

Pölfing-Brunn, Gemeindeamt.

7/18 Belegschaft in Seegraben, um 1890

Foto.

Leoben, Museum der Stadt Leoben.

7/19 Aufstellung der Glashütte Oberdorf, 1908

Foto.

Bärnbach, Museum Bärnbach.

Fahnen

7/20 Knappschaftsfahne aus Seegraben

L. der Fahnenstange mit Spitz 321 cm.
B. des Fahnenblattes 160 cm.
L. des Fahnenblattes 147 cm.

Vorderseite: hl. Barbara, Aufschrift „Gott segne den Bergbau".

Rückseite: Stollenmund in einer Landschaft mit Bergknappen, Aufschrift „Glück Auf!"
Fahne der Drasche'schen Knappschaft.

Leoben, Museum der Stadt Leoben, Inv.-Nr. 3.544.

7/21 Fahnentuch des Männergesangsvereins Seegraben, um 1930

L. 115 cm, B. 140 cm.

Leoben, Museum der Stadt Leoben, Inv.-Nr. 13.698.

7/22 Fahnentuch des Gesangsvereins Seegraben

Aufschrift: Judendorf-Leoben.

Leoben, Museum der Stadt Leoben, Inv.-Nr. 13.687.

7/23 Knappschaftsfahne aus Seegraben

L. der Fahnenstange mit Spitz 338 cm.
B. des Fahnenblattes 175 cm.
L. des Fahnenblattes 150 cm.

Vorderseite: Bergwerksemblem in einem Lorbeerkranz.

Rückseite: Medaillon mit Stickerei „Hl. Barbara".

Leoben, Museum der Stadt Leoben, Inv.-Nr. 3.549.

7/24 Knappschaftsfahne aus Seegraben

L. der Fahnenstange mit Spitz 366 cm.
B. des Fahnenblattes 160 cm.
L. des Fahnenblattes 117 cm.

Vorderseite: Aufschrift „Unterstützungsfond der Berguniformierten Seegraben-Münzenberg".
Rückseite: Aufschrift „Den Bergmannsbrauch wie einst vor Jahren, woll'n wir durch Einigkeit bewah-

Katalog 7/53

ren", mit Ansicht des Seegrabener Bergreviers.

Leoben, Museum der Stadt Leoben, Inv.-Nr. 3.546.

7/25 Bergfahne der Grube Brunn-Schönegg, 1882

Datiert: 9. 7. 1882.
L. 200 cm, B. 250 cm.

Olivfarbig mit silbernen Randborten.
Fahnenbandaufschrift: Gestiftet von Frau Marie Radimsky.

Köflach, GKB-Bergdirektion.

7/26 Fahne des Steinkohlenbergbaus Feisternitz, 1. Hälfte 19. Jh.

L. der Fahnenstange mit Spitz 262 cm.
B. des Fahnenblattes 140 cm.
L. des Fahnenblattes 110 cm.

Dunkelroter Stoff, Stange mit Messingspitze. Der Steinkohlenbergbau Feisternitz gehörte dem Eibiswalder Stahlwerk an.
Vorderseite: Medaillon mit hl. Barbara.
Rückseite: Medaillon mit hl. Florian.

Eibiswald, Kloepfermuseum.

7/27 Fahne der Glasfabrik Oberdorf, um 1900

L. der Fahnenstange ca. 300 cm.   Abb. S. 226, 227
B. des Fahnenblattes 150 cm.
L. des Fahnenblattes 150 cm.

Stoff, bestickt, mit bemaltem Blatt und verschiedenen Fahnenbändern.

Bei dieser Fahne, sie trägt den aufgestickten Schriftzug „Ortsgruppe der Glasfabrik Oberdorf", soll es sich um eine ehemalige Hüttenfahne handeln. Deshalb zeigt das Fahnenblatt eine Darstellung des hl. Florian. Später wurde die Fahne dem MGV Morgenröte übergeben.

Die zweite Seite der Fahne bildet auf rotem Grund eine eingestickte Notenzeile mit den Anfangstakten des „Liedes der Arbeit" („Stimmt an das Lied der hohen Braut") ab. Angeblich wurde die Fahne von der Gewerkengattin Scholz gestiftet, ein Fahnenband trägt den Namen Dora Scholz. Es war früher üblich, die Fahne beim Begräbnis eines altgedienten Glasmachers mitzutragen.

Bärnbach, Kulturheim.

7/28 Fahne der Bergkapelle Steyeregg, ehemals des Steyeregger Gesangsvereins „Glück Auf", 1902

L. der Fahnenstange mit Spitz 336 cm.
B. des Fahnenblattes 77 cm.
L. des Fahnenblattes 63 cm.

Fahnenstange mit schwarzem Spitz.
Vorderseite: Aufschrift „Zum Licht empor aus dunklem Schacht im unentwegten Lauf Ertön' fürs deutsche Lied mit Macht Allzeit ein froh' ‚Glück Auf'." Bergwerksemblem.
Rückseite: Aufschrift „Steyeregger Gesangsverein Glück Auf", Medaillon mit Harfe.
3 Fahnenbänder: „Steyeregger Gesangsverein ‚Glück Auf' – Fahnenweihe 1902".
„Dem Steyeregger Gesangsverein ‚Glück Auf' – Laura Rochlitzer".
„Umgewidmet der Bergkapelle Steyeregg bei Wies – 8. Juli 1978".

Eibiswald, Kloepfermuseum.

7/29 Knappschaftsfahne, 1823

Replik.

Köflach, GKB-Bergdirektion.

Vereine

7/30 Seegrabener Bergmusik, um 1955

Foto.

Leoben, Museum der Stadt Leoben, Inv.-Nr. 13.651.

7/31 Orchester Harald-Schacht, um 1925

Foto.

Eibiswald, Kloepfermuseum.

7/32 Steyeregger Gesangsverein „Glück Auf", um 1932

Foto.

Die Fahne auf dem Foto existiert noch.

Deutschlandsberg, Franz Klug.

7/33 Glasarbeiter-Gesangsverein Aibl, 1911

Foto.

Das Foto zeigt den Gesangsverein vor der Hütte Aibl.

Deutschlandsberg, Fam. Friedl.

7/34 Glasmacher-Gesangsvereine
a) Arbeiter-Gesangsverein Oberdorf, 1910

Foto.

Angebliches Gründungsfoto.

b) Arbeitergesangsverein Morgenröte Oberdorf, 1919

Foto.
Zum 10jährigen Gründungsfest am 17. 8. 1919.

Auf dem Foto ist das noch vorhandene Trinkhorn des Vereins zu sehen.

Bärnbach, Männergesangsverein Morgenröte.

7/35 Skiklub Steyeregg, 1935

Foto.

Der Skiklub bestand aus Bergarbeitern der umliegenden Gruben.

Steyeregg, G. Schmidt.

7/36 „Almröserl-Gesellschaft" Steyeregg, um 1925

Foto.

Die Almröserl-Gesellschaft, eine reine Frauenrunde, bestand aus Frauen der Bergknappen.
Wer nicht mit „Griaß di Gott, Almröserl!" grüßte, mußte einen Liter zahlen.

Deutschlandsberg, Franz Klug.

7/37 Kinderfreunde-Gruppe Steyeregg, 1936

Foto.

Die Kinderfreunde-Gruppe war zu der Zeit dieser Aufnahme illegal. Das Foto zeigt Bergarbeiterkinder, deren Teilnahme auch der Freude an Abenteuern entsprang.

Freizeit

7/38 Stammtischzeichen der Leobener „Steinkohleknappen", 1847

H. 30 cm, B. 20 cm.
Leoben, Montanuniversität, Universitätsbibliothek.

7/39 Ballspenden und Tanzordnungen von Leobener Hochschulbällen, 1851 und 1858

Leoben, Museum der Stadt Leoben.

7/40 Fünf Kotillons von Leobener Hochschulbällen, um 1900   Abb. S. 216

Leoben, Museum der Stadt Leoben.

7/41 Faschingszeitung, 1928   Abb. S. 224

Druck.
H. 30 cm, B. 22 cm.

Für einen „Bergabend" im Jahre 1928 wurde eine Faschingszeitung verfaßt. Sie parodiert verschiedene Ereignisse und schildert in lustiger Form Pläne, Arbeitsweisen etc.

Köflach, Museum der Stadt Köflach.

Katalog 7/54

7/42 „Martin-Luther-Begraben", Faschingsspiel der Oberdorfer Glasmacher, 1949–1952

Fotoserie.

Auf den Bildern sind die „Faschingsgesellschaft", die begleitende Musikkapelle, der „Hochwürdige Pfarrer", „Trauergäste" und der auf der Bahre liegende „Martin Luther" dargestellt. Das Spiel hat seinen Ursprung wahrscheinlich in der Zeit der Gegenreformation, die Glasmacher wußten aber davon nichts. Heute finden diese Umzüge nicht mehr statt. Sie wurden von offiziellen, von der Gemeinde organisierten Feierlichkeiten abgelöst.

Bärnbach, E. Lasnik.

7/43 Feisternitzer Knappen, 1880

Foto.

Das Foto bildet ungefähr 90 Mann ab, die ihre Ausgangstracht angelegt haben.

Eibiswald, Kloepfermuseum.

7/44 „Glasmachertratsch" in Oberdorf, März 1949

Foto.   Abb. S. 230

Beschreibung auf der Rückseite: Glasmacher in der Freizeit am „Kirchweger" Brunnen neben Kainachbrücke. Von links: Leop. Zmrsly geb. 1885, rechts: Rich. Juroschek geb. 1894, beide Ballonmacher.

Voitsberg, Körbitz.

7/45 Bergbaumotive von Viktor Maier, Fohnsdorf

a) Karl-August-Schacht, 1961

Aquarell.
H. 70 cm, B. 50 cm.

Fohnsdorf, Volkskunstgilde.

b) Wodzicki-Schacht, 1979

Aquarell.
H. 50 cm, B. 70 cm.

Fohnsdorf, Volkskunstgilde (V. Maier).

7/46 Hl. Barbara

Statue aus Lindenholz.
Entwurf: Marianne Wachter.
H. 45 cm.

Fohnsdorf, Volkskunstgilde (V. Maier).

7/47 Bergbaustollen, aus einem Glanzkohlestück gestaltet

H. 50 cm, B. 40 cm.

Das Stück wurde vom ehemaligen Fördermaschinisten des Bergbaus Fohnsdorf, Willy Baumgartner, angefertigt.

Fohnsdorf, R. Baumgartner.

7/48 Barbarakapelle in Seegraben, 1951

Aquarell.
H. 24 cm, B. 17 cm.

Bergmannsarbeit.

Leoben, Museum der Stadt Leoben, Inv.-Nr. S 3.575.

7/49 Aschenbecher aus Seegrabener Glanzkohle, 1946

H. 13 cm, B. 17 cm.

Leoben, Museum der Stadt Leoben, Inv.-Nr. 13.669.

7/50 Erinnerungsstück „110 Jahre Bergkapelle Seegraben"

Reliefplatte.

Leoben, Museum der Stadt Leoben.

7/51 Erinnerungsstück „Bergmannstag 1937"

Reliefplatte.

Leoben, Museum der Stadt Leoben.

7/52 Erinnerungsstück, um 1950

H. 26 cm, B. 37 cm.

Aus Seegrabener Glanzkohle mit Bergmannsemblem.

Leoben, Museum der Stadt Leoben, Inv.-Nr. 13.670.

7/53 Miniatur-Hunt aus Eisen, 1965

B. 12 cm, L. 9 cm.

Dieses Modell eines Förderwagens hatte der Obersteiger Karl Reinprecht (1905–1980), der in Bergla beschäftigt gewesen war, von einem Kollegen als Abschiedsgeschenk anläßlich seiner Pensionierung erhalten.

7/54 Häferl, um 1925–1930

H. 7,7 cm, Dm. 8,7 cm.

Farbiger Aufdruck: Ansicht des Marien-Schachtes in Steyeregg.

Steyeregg, Rudolf Kriebernegg.

7/55 Schnapsflasche

Foto.
Etikett: Steirisches Grubenwasser. Rudolf Waldhofer, Trofaiach/Steiermark.

Leoben, Museum der Stadt Leoben, Inv.-Nr. 13.756.

7/56 Silberne Taschenuhr mit Widmung

Die Uhr erhielt ein Beschäftigter der Lankowitzer Kohlenkompagnie zum 25jährigen Arbeitsjubiläum. Widmung: Lankowitzer Kohlenkompagnie.

Köflach, Vor- und Frühgeschichtliches Museum Walter Mulej.

7/57 Ehrengabe an den Gewerken Alois Zang, 1890

H. 10 cm, B. 32 cm, L. 37 cm, Gewicht 1,5 kg.

Prunkkassette: Holz mit grauem Samt überzogen, an den vier Ecken allegorische Putten mit Gezähe und Grubenlampe auf blauem Emailgrund. In der Mitte das Monogramm „A. Z." (Alois Zang) im Lorbeerkranz. Auf dem Deckblatt: 28. 8. 1890.
In der Kassette befinden sich 12 Fotos aus dem Bergbaubereich: Grubeneinfahrt mit Obertaggebäude, Gewerke Alois Zang, Bauingenieure, Huntmänner. Da Zang 1888 verstorben war, dürfte es sich um eine Erinnerungsgabe handeln.

Köflach, Museum der Stadt Köflach, Archiv.-Nr. 3.315.

7/58 August Zang

Porträtfoto.

Das Foto liegt in einer Kassette, die als Ehrengabe an Zang gedacht war.

Köflach, Stadtmuseum.

7/59 Medaille für 25jährige Betriebstreue zu der Glashütte Oberdorf

Bärnbach, Fam. Blechinger.

7/60 Gedicht von Franz Pöschl, 1958

Repro aus: Österreichischer Berg- und Hüttenkalender, Jg. 1958.

Im Jahrgang 1958 des Österreichischen Berg- und Hüttenkalenders befinden sich Gedichte von Bergleuten, darunter auch solche des Arbeiterdichters Franz Pöschl, der in Bergla und dann in Köflach als Steiger tätig war.

Katalog 7/68

7/61 „Hauer im Streb", Gedicht von Franz Pöschl

Repro aus: Leobener Grüne Hefte 155/1974.

7/62 „Hauer"

Holzstatue.
Geschnitzt von Siegfried Fick.
H. 25 cm.

Leoben, Museum der Stadt Leoben, Inv.-Nr. 8.475.

7/63 „Steiger"

Holzstatue.
Geschnitzt von Siegfried Fick.
H. 25 cm.

Leoben, Museum der Stadt Leoben, Inv.-Nr. 8.476.

7/64 Wandbehang

Bestickt mit Bergmannsabbildungen.

Leoben, Museum der Stadt Leoben.

7/65 Skulpturen von Max Moitzger (1905–1984)

Fotos: Bild- und Tonarchiv, Graz.   Abb. S. 247

Die Skulpturen befinden sich vor der Bergdirektion Köflach und vor dem Karlschacht. Max Moitzger war als Bergmann in weststeirischen Gruben tätig und schuf in seiner Freizeit bemerkenswerte Skulpturen. Für die Barbarafeiern in den Gruben fertigte er übrigens auch Tonfiguren an.

7/66 Arbeiten von Franz Polanšek, Voitsberg, 1955

8 Holzschnitte, 1 Linolschnitt.
Voitsberg, F. Polanšek.

7/67 Darstellungen der hl. Barbara von Alfred Schlosser

a) „Schutzmantel-Barbara" vor der Pfarrkirche Bärnbach, Steinstatue

b) hl. Barbara, Rathaus Voitsberg, Relief

Fotos: Bild- und Tonarchiv, Graz.

Alfred Schlosser ist als freischaffender Künstler in Krottendorf tätig.

7/68 Flügelaltar von Franz Weiß, 1960

H. 132 cm, B. 120 cm.

Für die Pfarrkirche Bärnbach schuf Franz Weiß, einer der führenden Künstler des Bezirkes Voitsberg, diesen Altar. Das zentrale Bild zeigt die hl. Barbara über den alten Oberdorfer Werksanlagen.

Bärnbach, Pfarramt.

7/69 Kerzenleuchter aus Glas von Fritz Ehrbar

H. 125 cm.

In der Bärnbacher Pfarrkirche befinden sich mehrere aus Glasstangen hergestellte Kerzenleuchter. Entworfen wurden sie vom Kunsterzieher Fritz Ehrbar, der in Bärnbach als Lehrer wirkte.

Bärnbach, Pfarramt.

7/70 „Fohnsdorfer Totentanz" von Friedrich Proßegger

Holzschnitte.
H. 40 cm, B. 30 cm.

Proßegger war Bergmann in Fohnsdorf. Seine Werke zeugen von seiner Arbeitswelt.

Leoben, Museum der Stadt Leoben.

7/71 „Bergmannslos" von Friedrich Proßegger

Eichenholzfries.
H. 58 cm, B. 92 cm.

Dargestellt sind die Mühsal der Kohlengewinnung in der Frühperiode des Werkes; das Bitten um mehr Lohn, das mit dem Hinweis „Bete und arbeite" abgewiesen wird; der Tod in der Grube wegen schlechter Zimmerung; Vorsprache der Arbeiter; Entlassung der Führer; den übrigen blieb nichts als Beten. Der Grubenbesitzer weist darauf hin, daß nur die hl. Barbara helfen könne; Aufstellung von Barbarastatuen.

Leoben, Museum der Stadt Leoben.

Glauben

7/72 Gebetsdruck „Kirchenandacht in Leoben zur Gedächtnisfeier der Bergpatronin Barbara", 1837

H. 16 cm, B. 10 cm.

Leoben, Museum der Stadt Leoben, Inv.-Nr. 2.788.

7/73 Bergleute verrichten ihre Andacht vor der hl. Barbara, um 1880

Foto.

Leoben, Museum der Stadt Leoben, Inv.-Nr. 419.

7/74 Hl. Barbara, von zwei Bergleuten verehrt, 2. Hälfte 19. Jh.

Öldruck.
H. 83 cm, B. 67,5 cm.

Leoben, Museum der Stadt Leoben, Inv.-Nr. 13.646.

7/75 Hl. Barbara, 1870   Abb. S. 223
Ölbild.
Signiert: H. Pfeiffer – 1870.
H. 155 cm, B. 122 cm.

Bei diesem Bild handelt es sich um eine im Stil der
Nazarener gehaltene Darstellung der hl. Barbara. Der
Überlieferung nach soll das Gesicht der Frau Ludovica Zang als Vorbild für das Gesicht der hl. Barbara
gedient haben.

Köflach, GKB-Bergdirektion.

**7/76 Hauer vor dem Barbarabild im Karlschacht,
1961**
Foto: Koren.

Tod und Begräbnis

**7/77 Bergmannsgrab auf dem Jakobifriedhof zu
Leoben**   Abb. S. 219
Aquarell, 1857.
H. 24,5 cm, B. 17 cm.

Leoben, Museum der Stadt Leoben, Inv.-Nr. 3.576.

7/78 Begräbnis von Hans Kloepfer, 1944
Foto: Koren, Köflach.

Hans Kloepfer war Werksarzt der Österreichisch-

Alpine Montangesellschaft und wurde daher mit bergmännischen Ehren zu Grabe getragen.

**7/79 Trauerzug der Musikkapelle Steyeregg,
dreißiger Jahre**
Foto.

Zu sehen ist die heutige Bundesstraße durch Steyeregg.

Eibiswald, E. Taucher.

7/80 Bergmannstod
Todesanzeige eines Bergmannes, 1. April 1962.

Die Parten verstorbener Bergleute werden stets mit
einem gestürzten Gezähe versehen.

7/81 Bahrtuch der Seegrabener Knappschaft, 19. Jh.
B. 198 cm, L. 173,5 cm.

Leoben, Museum der Stadt Leoben, Inv.-Nr. S 3.543.

7/82 Begräbnistuch mit Schlägel und Eisen, um 1880
Schwarzes Samttuch.   Abb. S. 220
B. 50 cm, L. 50 cm.

Leoben, Museum der Stadt Leoben, Inv.-Nr. 13.691.

Katalog 7/65

Energieprobleme der Gegenwart

Strom und Kohle

8/1 Das erste Mehrphasenkraftwerk der Monarchie von Franz Pichler am Weizbach

Foto: Bild- und Tonarchiv, Graz.

Literatur: *Fritz Posch*, Franz Pichler, Der Pionier der steirischen Elektroindustrie. In: Steirische Unternehmer des 19. und 20. Jahrhunderts. = Zeitschrift des Historischen Vereins für Steiermark, Sb. 9/1965, S. 65–69.

8/2 Das E-Werk Lebring

Foto: Paul W. Roth.

Das E-Werk Lebring wurde als erstes Murkraftwerk der Steiermark zwischen 1901 und 1903 errichtet.

8/3 Kraftwerk Peggau-Deutschfeistritz

Foto: Paul W. Roth.

1906 wurde mit dem Bau des E-Werkes Deutschfeistritz begonnen. Die ursprünglichen Maschinensätze standen fast sechzig Jahre lang in Betrieb. Die Anlage besticht durch ihre architektonische Gestaltung.

8/4 Teigitschkraftwerk in Arnstein

Foto: Paul W. Roth.

Das Teigitschkraftwerk wurde zwischen 1923 und 1925 als erstes Speicherkraftwerk der STEWEAG errichtet. Es besticht noch heute durch seine architektonische Gestaltung und versorgt die Steiermark nach wie vor mit Strom.

8/5 Zlattenwehr in Pernegg

Foto: Paul W. Roth.

Nachdem es an der Mur mit den STEG-Kraftwerken in Lebring und Deutschfeistritz bereits zwei Lauf-

kraftwerke gab und das Speicherkraftwerk Arnstein in Betrieb gegangen war, wendete sich die STEWEAG mit der Errichtung des Kraftwerkes Pernegg ebenfalls der Mur zu. Die dazugehörige Wehranlage wurde zwischen 1925 und 1927 errichtet.

8/6 Admontisches E-Werk Mühlau

Foto: Paul W. Roth.

Eine Vielzahl von kleinen Kraftwerken entstand durch den Umbau von Mühlen oder anderen Anlagen, die sich an einem nutzbaren Gewässer befanden. So errichtete das Stift Admont in einem alten Hammerwerk in Mühlau vor dem Ersten Weltkrieg ein E-Werk, das noch in Betrieb steht.

8/7 Transformator in Unterpremstätten

Foto: Bild- und Tonarchiv, Graz.

Gleichzeitig mit der Errichtung des Kraftwerkes Lebring wurden Transformatorstationen für die Lichtabgabe erbaut, so in Unterpremstätten in den Jahren 1903/05.

8/8 Transformator von Graz-Liebenau

Foto: Bild- und Tonarchiv, Graz.

Aus der ersten Zeit der Elektrizitätsversorgung von Graz stammt der Transformator in Liebenau.

8/9 Plan des E-Werkes Lebring

Repro aus: Elektrotechnik und Maschinenbau, Heft 6–8/ 1908, S. 3.

8/10 Statistik des Ausbaus der Großwasserkräfte in der Steiermark, Stand 1918

Karte.
Entwurf: Stefan Karner.
Ausführung: Heinz Schubert.
Literatur: *Stefan Karner*, Der Kampf zwischen „weißer" und schwarzer Kohle. Zu den Anfängen einer gesamtsteirischen Elektrizitätswirtschaft. In: Blätter für Heimatkunde für Steiermark 4/1977, S. 122–135.

8/11 Zusammenstellung der 1923 fertiggestellten und der Endbeschau unterzogenen Wasserkraft- und Stauanlagen in der Steiermark

Karte.
Entwurf: Stefan Karner.
Ausführung: Heinz Schubert.
Literatur: *Stefan Karner*, Zwei elektrizitätswirtschaftliche Sonderabkommen von 1925/26. Ein Beitrag zu den Österreichisch-Jugoslawischen Beziehungen in der Zwischenkriegszeit. In: Zeitschrift des Historischen Vereines f. Stmk. 72/1981, S. 175–190. *St. Karner*, Das Draukraftwerk Fala/Faal und die Anfänge der modernen Industrialisierung Sloweniens. In : Internat. Kulturhist. Symposion Mogersdorf, in Osijek, 10/1982. *St. Karner:* Weiße und Schwarze Kohle.

8/12 Überregionale Verbundplanungen zwischen Österreich und dem Deutschen Reich von Richard Hofbauer, 1928

Karte aus: Die Wasserwirtschaft 3/1928, S. 45.
Literatur: *Franz Hochstrasser*, Ing. Richard A. Hofbauer, Seminararbeit. Aspekte zur Energiewirtschaft und Energiepolitik in Österreich seit 1918. In: Schriftenreihe der ARGE für Wirtschafts- und Sozialgeschichte, 4–5/1984, S. 11–16. *St. Karner:* Weiße und Schwarze Kohle.

8/13 Verhältnis von Angebot und Ausnützung der steirischen Stromenergie aus Wasserkraft, 1923–29

Graphik.
Entwurf: Stefan Karner.
Ausführung: Heinz Schubert.
Literatur: *St. Karner*, Sonderabkommen. *St. Karner:* Weiße und Schwarze Kohle.

8/14 Stromerzeugung in der Steiermark der wichtigsten Elektroversorgungsunternehmen (STEWEAG, STEG, Bruck, Pöls, Judenburg, Krempl, Pichler, Alpine, GKB und 30 kleinere), 1927–1929

Graphik.
Entwurf: Stefan Karner.
Ausführung: Heinz Schubert.
Literatur: *St. Karner*, Weiße und Schwarze Kohle sowie Festschrift 50 Jahre STEWEAG, Graz 1971.

8/15 Bericht über die GKB, Wutte und den Kampf Kohle gegen Wasserkraft

Repro aus: Arbeiterwille, 25. 3. 1923.
Literatur: *St. Karner*, Weiße und Schwarze Kohle.

8/16 Anzahl der Dampfkessel und Dampfmaschinen in der Steiermark, um 1928

Graphik nach: Statistisches Handbuch 1920–1928.
Ausführung: Heinz Schubert.
Literatur: *St. Karner*, Weiße und Schwarze Kohle.

8/17 Konzessionserteilung der Landesregierung an die GKB vom 24. 6. 1923

Literatur: *St. Karner*, Weiße und Schwarze Kohle.
Graz, Stmk. Landesarchiv, 313-Ga-19/1937.

8/18 Das Hochspannungsnetz der GKB 1933

Karte.
Literatur: *St. Karner:* Weiße und Schwarze Kohle. *Stefan Karner*, Die Kohle und die Anfänge der steirischen Stromversorgung. In: Mitteilungen des Montanhistorischen Vereins f. Österreich, 2/1980, S. 18–27.
Köflach, GKB-Bergdirektion.

8/19 Plan des DKW Bärnbach

Literatur: *St. Karner*, Weiße und Schwarze Kohle. *St. Karner*, Kohle und Anfänge.
Köflach, GKB-Archiv, Werksbuch 101.

8/20 Kohlenverbrauch der GKB zum Betrieb des Dampfkraftwerks Bärnbach 1936–1942

Graphik.
Entwurf: Stefan Karner.
Ausführung: Heinz Schubert.

Literatur: *St. Karner,* Kohle und Anfänge. *St. Karner,* Die Steiermark im Dritten Reich 1938–1945. Aspekte ihrer politischen, wirtschaftlich-sozialen und kulturellen Entwicklung. Graz 1986.

8/21 Die Stromerzeugung der GKB, 1922–1942

Graphik.
Entwurf: Stefan Karner.
Ausführung: Heinz Schubert.

Literatur: *St. Karner,* Kohle und Anfänge.

8/22 Kraftwerk Bärnbach, 1939

Repro aus: GKB-Zeitung für Eisenbahn und Bergbau, 11/1939, H. 1, S. 18.

Katalog 8/32

8/23 Sprengung des DKW Bärnbach   Abb. S. 79

Foto.

Literatur: *St. Karner,* Weiße und Schwarze Kohle.

Graz, St. Karner.

8/24 Übersicht über die Großwasserkraftwerke der Steiermark bis 1945

Karte.
Entwurf: Stefan Karner.
Ausführung: Heinz Schubert.

Literatur: *St. Karner,* Die Steiermark im Dritten Reich.

8/25 Dampf- und Wasserkraftwerke in der Steiermark bis 1946

Karte.
Entwurf: Stefan Karner.
Ausführung: Heinz Schubert.

Literatur: *St. Karner,* Die Steiermark im Dritten Reich. *St. Karner,* Festschrift STEWEAG. 50 Jahre Steweag, Graz 1971.

8/26 Tagbau Oberdorf und das Dampfkraftwerk Voitsberg III

Foto: Harald Koren, Köflach.

8/27 Dampfkraftwerk Voitsberg, heute   Abb. S. 249

Foto: Bild- und Tonarchiv, Graz.

8/28 Lageplan des Dampfkraftwerks Voitsberg III

Repro eines Planes aus: Dampfkraftwerk Voitsberg III. Hrsg. Österreichische Draukraftwerke AG, Klagenfurt 1987, S. 2.

8/29 Rauchgasentschwefelung des Dampfkraftwerks Voitsberg

Graphik.
Entwurf: ÖDK.
Ausführung: Heinz Schubert.

349

8/30 Tägliche Stromproduktion der Voitsberger Dampfkraftwerke und ihr Kohlenverbrauch, 1958–1986
Graphik.
Entwurf: ÖDK.
Ausführung: Heinz Schubert.

8/31 Tägliche Stromerzeugung der Dampfkraftwerke Zeltweg, Voitsberg und St. Andrä, 1986
Graphik.
Entwurf: ÖDK.
Ausführung: Heinz Schubert.

8/32 Naßentschwefelungsanlage REA 2
Modell.
Maßstab 1:33.
H. 257 cm, B. 330,5 cm, T. 270,5 cm.

Das auf verfahrbaren und teilbaren Tischen gebaute Modell der Rauchgasentschwefelungsanlage bildet die Großanlage im Maßstab 1:33 bis ins kleinste Detail nach. Als Modellwerkstoffe sind Kunststoffe und Bleche verwendet worden. Durch Zuordnung der Medien Rauchgas, Wasser, Kalk, Gips, Luft zu bestimmten Farben ist eine gute Übersicht geboten. Weiters sind Hauptkomponenten wie Rauchgaswäscher und Rauchgaskanäle so dargestellt, daß auch Inneneinbauten ersichtlich sind.
Das Modell wurde während der Planungsarbeiten für die Großanlage bei Waagner-Biró Graz hergestellt und hatte dabei die primäre Aufgabe, Planungsfehler vermeiden zu helfen.
Voitsberg, Dampfkraftwerk der Österreichischen Draukraftwerke.

8/33 Gesamtsituierung des Dampfkraftwerkes Voitsberg einschließlich der REA 2
Modell.
Maßstab 1:500.
H. 105 cm, B. 205 cm, T. 136 cm.

Im Maßstab 1:500 ist das gesamte Kraftwerksareal der ÖDK in Voitsberg mit den Kraftwerken Voitsberg I (bereits stillgelegt), Voitsberg II und Voitsberg III dargestellt.
Voitsberg, Dampfkraftwerk der Österreichischen Draukraftwerke.

8/34 Schaufel des Turbinenläufers DV 3
Modell.
H. 175 cm, B. 50 cm, T. 50 cm.

Der vom Kessel zur dreigehäusigen Turbine strömende Dampf hat am Eintritt in den Hochdruckteil der Turbine einen Druck von 177,5 bar. Der Dampf wird bis hin zur letzten Turbinenschaufelreihe des Niederdruckteiles entspannt und verläßt diesen mit einem Druck von 0,05 bar.

Zur Veranschaulichung, wie groß die Expansion in der Turbine ist, dienen die beiden Modellschaufeln:
HD-Schaufel erste Reihe, 44 mm (CrNi-Stahl)
ND-Schaufel letzte Reihe, 1044 mm (CrMoV-Stahl).

Nachdem die Turbinenwelle mit 3000 Umdrehungen pro Minute dreht, ergibt das bei der letzten Niederdrucklaufschaufelreihe eine Umfangsgeschwindigkeit von 2137 km/h = ca. 2fache Schallgeschwindigkeit, was einer Fliehkraft einer Niederdruckschaufel von ca. 20 Tonnen entspricht.
Voitsberg, Dampfkraftwerk der Österreichischen Draukraftwerke.

8/35 Turbosatz DV 2
Schnittmodell.
Hersteller: AEG-Berlin.
Leistung: 65.000 kW.
Eintrittsdampf Turbine: Druck 108 bar, Temperatur 525°.
Turbinendrehzahl 3000 U/min.
H. 118 cm, B. 160 cm, T. 75 cm.

Das Modell des Turbosatzes vom DKW-Voitsberg II ist eine Blech-Stahl-Konstruktion. Der Turbosatz besteht aus Generator und je einer HD-, MD- und ND-Turbine und ist 1956 in Betrieb genommen worden.
Voitsberg, Dampfkraftwerk der Österreichischen Draukraftwerke.

8/36 Laufrad der 20 MW-Turbine des stillgelegten DKW Voitsberg I (1940–1983)

Auf einer Stahlkonstruktion montiert.
Laufradgewicht 6,7 t, Turbinenleistung 20.000 kW.
Inbetriebsetzung 1. 8. 1940, Außerbetriebnahme 13. 7. 1983.
Betriebsstunden 186.171.
Hersteller: AEG-Berlin.
H. 210 cm, L. 415 cm, T. 200 cm.

Voitsberg, Dampfkraftwerk der Österreichischen Draukraftwerke.

8/37 Kohlemühlenschlagrad DV 2

Material: Stahl ST 360.
Drehzahl 420–500 U/min.
B. 65 cm, Dm. 210 cm.

Kohlemühlen dienen dazu, die vom Bergbau angelieferte Feinkohle – Korngröße bis 53 mm – vor der Verbrennung staubförmig zu zermahlen. Eine Kohlemühle besteht aus einem Mühlengehäuse, einem Schlagrad (Modell) sowie einem regelbaren Schlagradantrieb (Motor mit Getriebe). Beim DKW Voitsberg II sind 4 Kohlemühlen installiert, mit einer Mahlleistung von 18 t/h.

Nach circa 700 Betriebsstunden müssen die Schlagräder neu bestückt werden, da die Kohle einen recht hohen Siliciumanteil hat.

Voitsberg, Dampfkraftwerk der Österreichischen Draukraftwerke.

8/38 Tagbau Karlschacht einst und jetzt

Fotos: Paul W. Roth und Bild- und Tonarchiv, Graz.

Das ältere Foto zeigt den ausgekohlten Bergbau Karlschacht, ca. 1980. Heute ist alles zugeschüttet.

8/39 Zeolithbildung aus Flugasche

Expertise.
Tafel nach Vall, H. Höller und U. Wirsching.
Bearbeiter: H. Höller, U. Wirsching; im Auftrag VALL.

Die „Flugasche Voitsberg" ist eine ideale Ausgangssubstanz für die Herstellung SiO_2-armer Zeolithe.

Katalog 8/33

Fernwärme

8/40 Fernwärmenetz der Region Voitsberg-Bärnbach-Rosental-Köflach

Leuchtgraphik.

Entwurf und Ausfertigung: STEWEAG, Graz.

8/41 „Fernwärme"

3 Übersichtskarten.

Katasterpläne im Maßstab 1:2000 für den Raum Voitsberg, Bärnbach, Rosental und Köflach, in welche der Bestand der bereits verlegten Fernwärmeleitungen und Anschlüsse eingezeichnet ist, bzw. die geplanten Ausbauten angedeutet werden.

Graz, STEWEAG.

8/42 Fernwärme-Übergabestation mit Hausanschlußanlage

H. 150 cm, B. 50 cm, L. 250 cm.

Graz, STEWEAG.

Bergbauforschung

8/43 Wirtschaftlichkeit von Bergwerken

Schautafeln 1–3.
Entwurf: G. Fettweis, F. Hruschka.
Ausführung: Heinz Schubert.

8/44 Abbauwürdigkeit von Kohlevorkommen

Schautafel 4.
Entwurf: G. Fettweis, F. Hruschka.
Ausführung: Heinz Schubert.

Kohlevorkommen sind dann abbauwürdig, wenn ein Bergwerksbetrieb für ihre Gewinnung wirtschaftlich möglich ist. Einfluß darauf haben die geologischen Gegebenheiten (Qualität, Bonität und Quantität) des Vorkommens sowie ferner Standort und Marktbedingungen.

8/45 Einteilung und Klassifizierung von Kohlevorkommen

Schautafeln 5–7.
Entwurf: G. Fettweis, F. Hruschka.
Ausführung: Heinz Schubert.

8/46 Angabe von Vorratsmengen

Schautafel 8.
Entwurf: G. Fettweis, F. Hruschka.
Ausführung: Heinz Schubert.

Mengenangaben von Vorräten und Vorkommen mineralischer Rohstoffe können naturgemäß keine feststehenden Größen sein. Sie sind abhängig von Änderungen des geologischen Kenntnisstandes, der wirtschaftlichen Rahmenbedingungen und der technischen Entwicklung im Laufe der Zeit.

8/47 Errichtung und Schließung von Bergwerken

Schautafel 9.
Entwurf: G. Fettweis, F. Hruschka.
Ausführung: Heinz Schubert.

8/48 Angaben zum österreichischen Kohlebergbau

Schautafeln 10–12.
Entwurf: G. Fettweis, F. Hruschka.
Ausführung: Heinz Schubert.

8/49 G. B. Fettweis, Weltkohlenvorräte. Eine vergleichende Analyse ihrer Erfassung und Bewertung, Essen 1976

Buch.

Leoben, Montanuniversität, Inst. f. Bergbaukunde.

8/50 G. B. Fettweis, World Coal Resources. Verlag Elsevier, Amsterdam–Oxford–New York 1979

Buch.

Leoben, Montanuniversität, Inst. f. Bergbaukunde.

8/51 G. B. Fettweis – E. M. Lechner, Energiepolitische Perspektiven für Österreich 1975–1980–1985, Band 2: Kohle. Leoben 1973

Buch.

Leoben, Montanuniversität, Inst. f. Bergbaukunde.

8/52 Aufsätze zu Bauwürdigkeit und Kohlevorräten

Sonderdrucke.

Leoben. Montanuniversität, Inst. f. Bergbaukunde.

Das Fleißnerverfahren

8/53 Hans Fleißner (1881–1928), Chemiker, um 1920

Foto.

Hans Fleißner wurde am 28. August 1881 in Zwodau in Böhmen geboren. Nach Abschluß der Realschule studierte er an der Deutschen Technischen Hochschule in Prag Chemie. Als Adjunkt habilitierte er sich an der Montanistischen Hochschule Pribram im Jahr 1912 auf dem Gebiet der Chemie der Silikate. Als außerordentlicher Professor wurde er mit dem Aufbau, später mit der Leitung einer bergtechnischen Versuchsanstalt in Brüx betraut. Hier führte er Versuche über Grubengas- und Kohlenstaubexplosionen durch. Nach dem Ersten Weltkrieg wurde Fleißner zum Adjunkten der Montanistischen Hochschule Leoben ernannt. Im Jahr 1920 erfolgte seine Bestellung zum außerordentlichen Professor an der Lehrkanzel für Allgemeine und Analytische Chemie sowie

Technische Gasanalyse, schließlich wurde er 1922 zum ordentlichen Professor für Angewandte Chemie ernannt. Von seinen zahlreichen Entwicklungen und Erfindungen seien ein Röstverfahren für Spateisenstein, ein Kohlentrocknungsverfahren sowie ein Schlagwetteranzeiger hier besonders erwähnt.

Literatur: *Alfred Weiß,* Hans Fleißner als Erfinder eines Schlagwetteranzeigers und eines Kohlentrocknungsverfahrens. In: Ferrum, Nr. 55, Schaffhausen 1984, S. 14–17.

Leoben, Montanuniversität, Inst. f. Physikalische Chemie.

8/54 Schematische Darstellung des Verfahrensablaufs beim Fleißner-Verfahren

Graphik.
Idee nach J. Fohl und W. Lugscheider.
Ausführung: Heinz Schubert.

Hans Fleißner formulierte die Merkmale und den Mechanismus seines Trocknungsverfahrens in der am 27. Juli 1927 ausgegebenen deutschen Patentschrift wie folgt:

„Das Verfahren zum Trocknen von Kohle und dgl. ist dadurch gekennzeichnet, daß zuerst die Kohle in Gegenwart von Wasserdampf oder durch diesen selbst bis zur Trocknungstemperatur erhitzt wird, wobei der Dampfdruck so hoch ist, daß er das Entweichen des Wassers aus der Kohle so lange verhindert, bis die Kohle auf ihre Trocknungstemperatur gebracht und ihre kolloidale Beschaffenheit zerstört ist, wodurch unter fortschreitender Erniedrigung des Dampfdruckes die Trocknung eingeleitet wird."

Literatur: *J. Fohl* und *W. Lugscheider,* 60 Jahre Fleißner-Verfahren zur thermischen Entwässerung von wasserreicher Braunkohle. In: Österreichische Chemiezeitschrift, Jg. 1986, S. 350–355.

8/55 Kohlentrocknungsanlage nach dem System Fleißner des Kombinats Kosovo in Pristina

Modell.
Maßstab 1:50.
H. 70 cm, L. 40 cm, B. 70 cm.

Kohlentrocknungsanlagen nach dem System Fleißner wurden von der Maschinenfabrik Zeltweg der VOEST-Alpine AG in vielen europäischen und außereuropäischen Braunkohlenrevieren errichtet, so

Katalog 8/34

auch in Jugoslawien im Kombinat Kosovo. Die Anlage war für einen Jahresdurchsatz von 1 Mio. t Braunkohle mit einem durchschnittlichen Wassergehalt von 50% und Stückgrößen von 25 bis 100 mm ausgelegt. Das Ausbringen an Trockenkohle mit einem Restwassergehalt von 19% liegt bei 0,6 Mio. t.

Zeltweg, Maschinenfabrik der VOEST-Alpine AG, Direktion.

8/56 Kohlentrocknungsanlage in Bärnbach

Abb. S. 39

Außenansicht, Rohkohlenbunker, Autoklaven, Trockenkohlenbunker.
4 Fotos: Bild- und Tonarchiv, Graz.

Im Köflach-Voitsberger Kohlenrevier wurde ab dem Jahr 1927 Kohle nach dem Fleißner-Verfahren, unter der Verwendung von Sattdampf, getrocknet. Die alte Anlage beim Bergbau Karlschacht wurde durch eine in den Jahren 1953–1955 errichtete Anlage in Bärnbach abgelöst, letztere stand bis zum Jahr 1976 in Betrieb. Sie war mit 16 Dämpfern eines Rauminhaltes von je 43 m³ ausgestattet, dies entsprach einem Fassungsvermögen von je 25 t Rohkohle. Jeweils vier Dämpfer waren zu einer Gruppe zusammengeschlossen. Jeder der Dämpfer war mit einem Anhängegefäß verbunden. Der Betriebsdruck der Anlage lag bei 16 bar. Den benötigten Dampf lieferte das Kraftwerk Voitsberg in Form von Heißdampf, der in drei Dampfspeichern zu Sattdampf umgewandelt wurde.

Literatur: *Alfred Weiß*, Zur Geschichte der Veredelung und Verwendung steirischer Braunkohlen. In: Blätter für Technikgeschichte, Bd. 39–40/1980, S. 27–46.

8/57 Braunkohlenbergbau Karlschacht, Köflach, mit Kohlentrocknungsanlage, 1939

Öl auf Leinwand.
Ernst Jungel.
H. 61 cm, B. 90 cm.

Beim Braunkohlenbergwerk Karlschacht wurde im Jahr 1927 eine Kohlentrocknungsanlage nach dem System Fleißner mit 12 Dämpfern von je 20 m³ Nutzinhalt errichtet. Die Anlage wurde in den folgenden Jahren auf 16 Dämpfer erweitert, sie stand bis zum Jahr 1952 in Betrieb.

Literatur: *A. Weiß*, Geschichte der Veredelung.

Kindberg, Österreichisches Montanmuseum.

8/58 „Erinnerung an die Eröffnung und Inbetriebnahme der Kohlentrocknungsanlage Bärnbach der Graz-Köflacher Eisenbahn- und Bergbaugesellschaft", 1955

Foto eines Plakates, Köflach im August 1955.

Köflach, Harald Koren.

8/59 Schema der Reinigung des Wassers von Braunkohlenschlamm

Graphik.
Entwurf: Firma Glasformen und Maschinen AG, Köflach.
Ausführung: Heinz Schubert.

Der Kohleverkauf

8/60 Inlands-Energieaufbringung und Gesamtverbrauch in Österreich, 1937–1985

Graphik.
Entwurf: Helmut Lackner.
Ausführung: Heinz Schubert.

Die österreichische Inlandsenergieaufbringung hat sich seit 1955 auf ungefähr 10–11 Mio. Steinkohleneinheiten eingependelt, wobei der Anteil der Kohle von 30% auf rund 10% in der Gegenwart sank. Der Rückgang des Kohlenbergbaus ist als Folge der Umstellung der inländischen Energieaufbringung und andererseits der Ölimporte anzusehen.

Literatur: *Helmut Lackner*, „Der Höchstförderung entgegen". Produktivitätskampagnen im österreichischen Kohlenbergbau nach 1945. In: Festschrift für Othmar Pickl zum 60. Geburtstag, Graz 1987, Tab. 2, S. 398.

8/61 Kohlenverbrauch von Industrie, Kraftwerken, Hausbrand und Verkehr, 1947–1983

Graphik.
Entwurf: Helmut Lackner.
Ausführung: Heinz Schubert.

Bis zur internationalen Kohlenkrise 1957/58 und der folgenden Umorientierung auf Erdöl und Erdgas verbrauchte die heimische Industrie rund 50% der geförderten Kohle. Danach sank der Kohlenabsatz kontinuierlich. Zum größten Kohlenabnehmer wurden die kalorischen Kraftwerke.

Literatur: *H. Lackner*, „Höchstförderung", S. 401.

8/62 Die finanzielle Förderung des österreichischen Kohlenbergbaues, 1947–1973

Graphik.
Entwurf: Helmut Lackner.
Ausführung: Heinz Schubert.

Literatur: *H. Lackner*, „Höchstförderung", S. 402.

8/63 Die Förderung der neun bedeutendsten Kohlenbergbaue Österreichs, 1919–1985

Graphik.
Entwurf: Helmut Lackner.
Ausführung: Heinz Schubert.

Das Köflach-Voitsberger Revier dominiert mit gegenwärtig knapp 90%.

Literatur: *H. Lackner*, „Höchstförderung", S. 387.

8/64 Förderung und Belegschaft im österreichischen und steirischen Kohlenbergbau, 1829–1987

Diagramm.
Entwurf: Helmut Lackner.
Ausführung: Heinz Schubert.

Literatur: *H. Lackner*, Kohlenbergbau und Technik (Kurzzitat), Diss. Graz 1980.

8/65a Rosenthaler Braunkohle aus dem Köflacher Kohlenbecken des Josef Obergmeiner

Plakat.
H. 39 cm, L. 27,5 cm.
Stallhofen, A. Huber.

8/65b „Heizet Inlandkohle", um 1930/31

Plakat.
Werbung für Inlandkohle und Stellungnahme gegen Kohlenimport.
Fohnsdorf, H. Burgstaller.

8/66 Propagandistische Zeichnung gegen den Import von „Auslandskohle", 1931

Repro aus: Werkszeitung der ÖAMG, 5/1931, S. 123.

8/67 Propagandistische Graphik zur Produktionssteigerung im verstaatlichten Kohlenbergbau von 1946 bis 1950

Repro aus: Österreichs Grundindustrie verstaatlicht, Wien 1951, S. 36.

8/68 Propagandistische Zeichnung für die Verwendung von „Inlandkohle", 1953

Repro aus: Die Inlandkohle, 1/1953, Nr. 8.

Katalog 8/37

Turbinenforschung

8/69 Beschreibung eines neuartigen Dampfprozesses

Plakat.
H. 80 cm, B. 200 cm.

Das Plakat beschreibt die Entwicklung und den Aufbau eines Hochwirkungsgrad-Dampfprozesses.

Graz, Technische Universität, Inst. f. Thermische Turbomaschinen und Maschinendynamik.

8/70 Isochromatenverteilung im Schaufelfuß und Läuferzahn einer Gasturbine – Spannungsoptische Untersuchungen.

Abb. S. 85

Foto: TU, Inst. f. Thermische Turbomaschinen und Maschinendynamik.

Der Tannenbaumfuß ist das bei Dampfturbinen häufige, bei Gasturbinen fast ausschließliche Verbindungselement von Schaufel und Turbinenrotor. Die enormen Fliehkräfte werden durch die Aufteilung auf mehrere „Äste" des Tannenbaumfußes gleichmäßig auf die Rotorzähne übertragen, der günstige Kraftfluß vermeidet große Spannungsspitzen, was die Lebensdauer der Schaufelverbindung wesentlich erhöht. Die

Verteilung der Kräfte auf die einzelnen Äste und die dabei auftretende Belastung war zu untersuchen. Eine Methode hierfür ist die Spannungsoptik. Dabei wird ein transparentes, scheibenförmiges Modell aus einem spannungsoptisch aktiven Werkstoff von einem weißen Lichtstrahl durchleuchtet. Der polarisierte Lichtstrahl wird nach dem Durchgang durch das Modell, das unter Belastung die Eigenschaften eines Kristalls annimmt und das Licht in ausgezeichneten Richtungen entsprechend den Hauptspannungsrichtungen bricht, durch ein weiteres Polarisationsfilter geschickt, wodurch an bestimmten Stellen eine Auslöschung und an anderen eine Aufhellung eintritt. Das so entstehende Linienmuster entspricht den Spannungen im Modell. Bei monochromem Licht erhält man hell-dunkelgefärbte, bei weißem Licht bunte Bilder.

Literatur: *H. P. Pirker,* Verfahren zur günstigen Lastverteilung bei Tannenbaumfüßen, TU Graz 1984.

8/71 Entwicklung, Konstruktion und Forschung im Turbomaschinenbau, Vortragsreihe am 16. und 17. April 1986, Institut für Thermische Turbomaschinen und Maschinendynamik

Buch.

Graz, TU, Inst. f. Thermische Turbomaschinen und Maschinendynamik.

8/72 H. Jericha, Thermische Turbomaschinen, Graz 1985

Buch.

Graz, TU, Inst. f. Thermische Turbomaschinen und Maschinendynamik.

8/73 Aufsätze zu Dampfprozessen und Dampfturbinen

Sonderdrucke.

Graz, TU, Inst. f. Thermische Turbomaschinen und Maschinendynamik.

8/74 Strahlrohr mit pulsierender Verbrennung (Schmidt-Rohr)

Versuchstriebwerk.
Hersteller: H. Pirker und H. Mondre, Graz.
H. 130 cm, B. 75 cm, L. 138 cm, Dm. 20 cm, Gewicht 35 kg.

Zur Untersuchung der Eignung eines Pulso-Rohrs als Antrieb für ein Segelflugzeug wurde ein Triebwerk gebaut, das etwa $1/4$ der Abmessungen des Originalantriebs der FI 103 (V1) entspricht. Das Objekt besteht im wesentlichen aus dem Rohr, der pendelnden Abstützung und einem Gestell. Das Schmidt-Rohr (weiterentwickelt von G. Dietrich) ist ein Luftstrahltriebwerk mit pulsierender Verbrennung. Man versteht darunter ein Rohr, das einseitig offen und auf der anderen Seite durch ein mechanisches Ventil (Klappen) geschlossen ist. Durch dieses Ventil strömt Luft in die Brennkammer, in die gleichzeitig Kraftstoff eingespritzt wird. Durch eine möglichst rasche Verbrennung entsteht ein Überdruck, der die Ventile schließt und sich als Bruchwelle in Richtung offenes Rohrende fortpflanzt. Die Reflexion-Unterdruckwelle bewirkt das Öffnen der Ventile und das Ansaugen neuer Frischluft. Diese wird nach Anreicherung mit Treibstoff selbsttätig gezündet, und der Vorgang wiederholt sich. Mit dem vorgestellten Gerät wurde ein Schub von 25 N bei einem spezifischen Brennstoffverbrauch von 0,28 kg/N.h erzielt. Das Gerät arbeitet jedoch sehr laut. Spitzenpegel 133 dB (lin) bei einer dominierenden Frequenz von 100 Hz.

Graz, TU, Inst. f. Thermische Turbomaschinen und Maschinendynamik.

8/75 Über die Vorgänge in Strahlrohren mit pulsierender Verbrennung

Expertise.
Bearbeiter: Günther Zhuber-Okrog. In: Fortschritts-Berichte der VDI-Zeitschriften, Reihe 6, Nr. 47/1979, S. 966.

Strahlrohre mit pulsierender Verbrennung, deren bekanntester Vertreter der Antrieb der Flugbombe V 1 war, bieten den Vorteil thermodynamisch günstiger und überdies sehr schadstoffarmer Verbrennung. Sie könnten daher nicht nur als billiger Strahlantrieb für Flugkörper, sondern auch als pulsierend arbeitende Heizgeräte, für deren Betrieb weder Gebläse noch Kamin notwendig sind, verwendet werden. Ihr Aufbau ist überaus einfach: Sie bestehen im wesentlichen aus einem Rohr, bei dem ein Ende stets offen ist, während am anderen Rohrende Ventile das Ausströmen bei Überdruck im Rohrinneren während der

Verbrennung verhindern. Die durch die Verbrennung ausgelösten Druckwellen führen zum Ansaugen der nächsten Frischladung, nach deren selbsttätiger Entzündung sich dieser Vorgang periodisch wiederholt, was man als pulsierende Verbrennung bezeichnet. Die Arbeit untersucht die Wirkungsweise dieser Rohre und gibt die für die Aufrechterhaltung der pulsierenden Verbrennung notwendigen Bedingungen an.

Graz, TU, Inst. f. Thermische Turbomaschinen und Maschinendynamik.

8/76 Puls-Olymp-Öl- und Gasbrenner Umweltfreundlicher Öl- und Gasbrenner mit pulsierender Verbrennung als Brennerkesseleinheit zum Zwecke der Hausheizung und Warmwasseraufbereitung

Hersteller: Georg Pletzer, Going.
H. 98 cm, B. 50 cm, L. 60 cm.

Als Konstrukteur dieses neuartigen, hochwirksamen Gasbrenners, für den im In- und Ausland einige Patente angemeldet sind, hat Pletzer sich bereits seit 1976 mit der pulsierenden Verbrennung (Wechselstromverbrennung) beschäftigt. Die instationäre Verbrennung ist schon lange bekannt und wurde vorwiegend in Strahltriebwerken zum Antrieb für unbemannte militärische Flugkörper verwendet. Verschiedene Firmen haben auch versucht, Heizgeräte mit pulsierender Verbrennung herzustellen. Im gegenständlichen Heizgerät wurden erstmals Abgaswerte erreicht, die bisher kaum für möglich gehalten wurden, insbesondere wurden die hochgiftigen Stickoxide (NO) und Kohlenmonoxide (CO) um etwa 60% gegenüber konventionellen Ölbrennern herabgesetzt. Das Gerät hat keinen Kamin im üblichen Sinn, sondern nur mehr ein Auspuffrohr mit einem Durchmesser von 35 mm. Der Wirkungsgrad liegt bei Ölbetrieb bei 96% und bei Gasbetrieb als Brennwertgerät bei 105%. Die Forschungs- und Entwicklungsarbeit wurde im eigenen Betrieb 1984 aufgenommen, bereits seit 1987 wird das Gerät in Serie erzeugt.

Die Entwicklung wurde je zur Hälfte aus Eigenmitteln und aus Geldern des Forschungsförderungsfonds und des Landes Tirol finanziert.

Für diese Entwicklung erhielt Pletzer den Österreichischen Staatspreis für Energieforschung 1987 des Bundesministeriums f. Wissenschaft u. Forschung.

Going, G. Pletzer.

8/77 Strahltriebwerk mit pulsierender Verbrennung zum Antrieb für Zielflugkörper

Hersteller: Georg Pletzer, Going.

Bei diesem Pulso-Jet-Strahltriebwerk handelt es sich um ein Antriebssystem für unbemannte militärische Zielflugkörper mit Fluggeschwindigkeiten um MACH 0,7 = 854 km/h. Dieses Triebwerk wurde im Auftrag der Firma Messerschmitt-Bölkow-Blohm (MBB) und der Firma Teledyne Brown – Engineering (TBE) Huntsville, Alabama, bei der Fa. Pletzer in Going in den Jahren 1975–1978 konstruiert, gefertigt und im Windkanal der Universität Stuttgart erfolgreich erprobt. Damit soll gezeigt werden, daß ein Tiroler Kleinbetrieb mit einem intelligenten Produkt in der Lage ist, in Bereiche vorzustoßen, welche normalerweise nur Großkonzernen vorbehalten sind. Der Konstrukteur Georg Pletzer wurde für diese Arbeit vom Land Tirol mit der Verdienstmedaille für Verdienste um das Land Tirol ausgezeichnet.

Das Triebwerk hat einen erprobten Standschub von 104 kg und ein Eigengewicht von 16 kg.

Going, G. Pletzer.

8/78 Glasrecycling

Graphik aus: Glas als Verpackungsmaterial. Schriftenreihe Umweltforum Glas, S. 10.

Die Wiederverwendung von Gebrauchsglas ist nicht nur ein Umwelt-, sondern auch ein Energieproblem.

Katalog 9/4

358

Glas – die kunsthistorische Entwicklung

Glasgemälde

9/1 Hl. Mauritius und hl. Achatius, 1403/1419
Großdia von einem Glasgemälde in der Waasenkirche, Leoben.
Foto: Bundesdenkmalamt, Wien.
H. 70 cm, B. 48 cm.
Literatur: Gotik in der Steiermark, Katalog der Landesausstellung 1978, S. 167–168, Abb. 7.

Römisches Glas

9/2 Becher mit Schlangenfadendekor   Abb. S. 105
Fundort: Götzendorf.
H. 11,5 cm, Dm. 5,1 cm.
Graz, LMJ, Abt. f. Vor- und Frühgeschichte, Inv.-Nr. 16.902.

9/3 Salbfläschchen
Fundort: Pettau/Ptuj.
H. 7,1 cm, Dm. 2,1 cm.
Graz, LMJ, Abt. f. Vor- und Frühgeschichte, Inv.-Nr. 2.307.

9/4 Gelbliches Glasgefäß
Fundort: Pettau/Ptuj.
H. 12,3 cm, Dm. 7,4 cm.
Graz, LMJ, Abt. f. Vor- und Frühgeschichte, Inv.-Nr. 2.392.

9/5 Saugfläschchen
Fundort: Flavia Solva.
H. 7 cm, Dm. 5,2 cm.
Graz, LMJ, Abt. f. Vor- und Frühgeschichte, Inv.-Nr. 11.335.

9/6 Urne
Fundort: Flavia Solva.
H. 21,4 cm, Dm. 15,5 cm.
Graz, LMJ, Abt. f. Vor- und Frühgeschichte, Inv.-Nr. 2.114.

Katalog 9/11a, 9/11b

9/7 Schale
Fundort: Katsch
H. 6,5 cm, Dm. 10,5 cm.
Graz, LMJ, Abt. f. Vor- und Frühgeschichte, Inv.-Nr. 2.791.

9/8 Aryballos (Salbölgefäß)
Fundort: Pettau/Ptuj.
H. 5,7 cm, Dm. 5 cm.
Graz, LMJ, Abt. f. Vor- und Frühgeschichte, Inv.-Nr. 2.441.

9/9 Flasche mit Henkel
Fundort: Flavia Solva.
Graz, LMJ, Abt. f. Vor- und Frühgeschichte, Inv.-Nr. 2.051.

9/10 Becher
Fundort: Wagna.
H. 21,4 cm, Dm. 9,6 cm.
Graz, LMJ, Abt. f. Vor- und Frühgeschichte, Inv.-Nr. 18.880.

Katalog 9/9

360

9/11 Schälchen
Fundort: Wagna.
H. 3,7 cm, Dm. 8,1 cm.

Graz, LMJ, Abt. f. Vor- und Frühgeschichte,
Inv.-Nr. 2.076.

9/11a Becher
Fundort: Leibnitz.
H. 12 cm, Dm. 5,8 cm.

Graz, LMJ, Abt. f. Vor- und Frühgeschichte,
Inv.-Nr. 17.832.

9/11b Henkelflasche
Fundort: Pettau.
H. 28 cm, Dm. 10 cm.

Graz, LMJ, Abt. f. Vor- und Frühgeschichte,
Inv.-Nr. 18.481.

Glas des 16. und 17. Jahrhunderts

9/12 Reliquiengefäß, Anfang 16. Jh.
Aus dem Altar der Domkirche zu Graz.
H. 7,7 cm, Dm. 6 cm.

Grünlich durchsichtiges Glas mit gekniffenem Bodenrand, am Glaskörper zwei Reihen von Glasgatzen.
Zusammengezogener Hals, auskragender Mundrand.

Graz, LMJ, Abt. f. Kunstgewerbe, Inv.-Nr. 15.607.

9/13 Kuttrolf, 17. Jh.
Venedig.
H. 14,6 cm, Dm. 5,5 cm.

Flasche für Urin. Flaschenkörper aus elf Rippen, Hals
aus vier Röhren. Grünlich durchsichtiges Glas. Auf-
gebogener, mit kleinem Schnabel versehener Fla-
schenrand.

Graz, LMJ, Abt. f. Kunstgewerbe, Inv.-Nr. 2.444.

9/14 Reliquiengefäß, 16. Jh.
H. 9 cm, Dm. 5,3 cm.

Blaugraues Glasgefäß mit profiliertem, flachem Fuß.
Zylindrischer Körper, nach oben leicht geweitet, am
oberen Rand vier blaue, sehr dünne querlaufende
Glasfäden.

Graz, LMJ, Abt. f. Kunstgewerbe, Inv.-Nr. 9.816.

Katalog 9/3, 9/11, 9/8

Barock und Rokoko

Zwischengoldglas

9/15 Zwischengoldbecher, 1790/1800
Joseph Mildner.
H. 10,5 cm, Dm. 7,1 cm.

Becher mit Schliffborten, zwei Zwischengoldmedail-
lons mit rotem Grund: außen träumender Schreiber,
an einen Tisch gelehnt, mit einer Umrahmung von
Akanthusblättern, innen ein Herr und ein Bauer in
einer Landschaft.
Bodenmedaillon: außen ein Reiter, innen ein Wande-
rer mit Hund.

Literatur: *E. Pazaurek-E. v. Philippovich*, Gläser der Empire-
und Biedermeierzeit, Braunschweig 1976.

Graz, LMJ, Abt. f. Kunstgewerbe, Inv.-Nr. 25.783.

9/16 Zwischengoldpokal, um 1770
Süddeutsch.
H. 18,2 cm, Dm. 8,8 cm.

Zur Mitte leicht ansteigender Tellerfuß mit eingeschliffener Rosette aus acht polierten Oliven, dazwischen Spindelstriche. Aufgeschmolzener massiver Balusterschaft, aufgeschmolzene konisch geweitete

Katalog 9/17

Katalog 9/15

Kuppa aus zwei ineinandergepreßten Gläsern mit Zwischengolddekor: zwei Kriegsszenen – zwei mit Pistolen schießende Reitersoldaten, ein Fußsoldat und zwei Reitersoldaten. Am Kuppaboden eine silberne Rosette.

Graz, LMJ, Abt. f. Kunstgewerbe, Inv.-Nr. 19.869.

Schliffglas

9/17 Glasbecher, Ende 18. Jh.

H. 11,5 cm, Dm. 7,7 cm.

Zylindrischer, nach oben leicht geweiteter Becher. Reicher Schliffdekor: Einzug der Kavallerie in die Stadt Graz. Inschrift: Den 15. Augusti 1790 ist die bürgerliche Cavallrie Aufgerichtet worden.

Graz, LMJ, Abt. f. Kunstgewerbe, Inv.-Nr. 2.879.

9/18 Glasbecher, um 1760

H. 9,3 cm, Dm. 7,3 cm.

Zylindrischer, nach oben leicht geweiteter Becher. Reicher Schliffdekor: St. Aloisius mit zwei Engeln –

der eine mit Weintrauben, der andere mit Kornähren.
Graz, LMJ, Abt. f. Kunstgewerbe, Inv.-Nr. *2.038.

9/19 Glasbecher, Mitte 18. Jh.

H. 8,7 cm, Dm. 7,2 cm.

Achtseitig geschliffener Becher. Vorne in reicher Kartuschenrahmung Kaiserin Maria Theresia zu Pferde. Umschrift: Maria Theresia Hungariae Bohemiae Rex. Rückseite mit Inschrift: Dieser König ohne Hosen schlägt den Kaiser der Franzosen.

Graz, LMJ, Abt. f. Kunstgewerbe, Inv.-Nr. 25.831.

9/20 Glasbecher, um 1800

H. 13 cm, Dm. 10,5 cm.

Reich geschliffener Kegelstutzen mit den Bildnissen der zwölf Apostel. Jeder Apostel in einem Medaillon mit Namensinschrift.

Literatur: Edles altes Glas, Ausstellungskatalog des Badischen Landesmuseums Karlsruhe,1971, S. 42, Abb. 56.

Graz, LMJ, Abt. f. Kunstgewerbe, Inv.-Nr. 208.

9/21 Henkelglas mit Deckel, um 1810

H. 14 cm, Dm. 8,5 cm.

Reicher Mattschliff, Blumen- und Blattmedaillon mit Doppelbildnis Napoleon I. und Marie Louise.
Inschrift: Napoleon Ier Empeur Francais d Roi d'Italie Ne le 15. Aout 1769. Marie Louise Impera|trice des Francais et Reine d Italie Nee le 12. Decembre 1791.

Literatur: *Pazaurek-Philippovich*, Gläser.

Graz, LMJ, Abt. f. Kunstgewerbe, Inv.-Nr. 11.222.

9/22 Deckelpokal, um 1725

Böhmisch.
H. 24,7 cm, Dm. 10,7 cm.

Leicht ansteigender Tellerfuß. Aufgeschmolzener massiver Schaft mit Schnürungen zwischen Ringwülsten. Die mittlere Kugelwulst mit eingeschmolzenen tortierten robinroten Fäden. Aufgeschmolzene Spitzkuppa mit matt geschliffenem Dekor: Burg und zwei Landsknechte zwischen Bäumen. Knauf des Deckels

ebenfalls mit eingeschmolzenem rubinrotem Faden.
Graz, LMJ, Abt. f. Kunstgewerbe, Inv.-Nr. 22.766.

9/23 Glasflasche mit Zinnmontierung, um 1730

H. 17,5 cm.

Viereckige Flasche mit abgeflachten Kanten. Reicher
Schliff- und Schnittdekor im Bandlwerkstil an allen
vier Seiten.

Graz, LMJ, Abt. f. Kunstgewerbe, Inv.-Nr. *2.064.

9/24 Konfektschale, um 1730/40   Abb. S. 109

Schlesisch.
H. 11 cm, Dm. 9 cm.

Zur Mitte leicht ansteigender, achtseitiger Fuß mit
aufgeschmolzenem massivem Schaft. Aufgeschmolzene Kuppa mit violaförmiger Öffnung. Reicher
Schliff- und Schnittdekor im Bandlwerkstil. An der
Schmalseite kleine Jagdszene.

Graz, LMJ, Abt. f. Kunstgewerbe, Inv.-Nr. 0.877.

9/25 Kelchglas, um 1740

Schlesisch.
H. 15,3 cm, Dm. 6,9 cm.

Zur Mitte leicht ansteigender Tellerfuß, kurzer aufgeschmolzener Schaft. Aufgeschmolzene Kuppa in hoher Nautilusform mit Goldrand. Reicher Schliff- und
Schnittdekor: Chinoiserieszenen, dazwischen
Allianzwappen der Attems und Khuen v. Belasi.

Graz, LMJ, Abt. f. Kunstgewerbe, Inv.-Nr. 0.502.

9/26 Deckelpokal, um 1750

Böhmisch.
H. 26 cm, Dm. 7,2 cm.

Achtseitiger, zur Mitte leicht ansteigender Fuß. Aufgeschmolzene hohe Kuppa mit aufgeschmolzenem
massivem Balusterschaft. Reicher Schliff- und
Schnittdekor: Wappen mit geflügeltem Ochsen, auf
der Rückseite Kartusche mit zwei Heiligen mit Krone
und Palme.

Graz, LMJ, Abt. f. Kunstgewerbe, Inv.-Nr. 12.387.

Katalog 9/16

Katalog 9/18

Emailmalereiglas

9/27 Glasbecher, Ende 17. Jh.

Süddeutsch.
H. 8 cm, Dm. 7,3 cm.

Zylindrischer Becher auf drei Knopffüßen. Bunte Emailmalerei: Medaillon mit Findelkind. Inschrift: Kaum kom ich auff die Welt. Auf der Rückseite Medaillon mit Totenkopf. Inschrift: Der Tod schon nach mir stelt.

Graz, LMJ, Abt. f. Kunstgewerbe, Inv.-Nr. 9.224.

9/28 Glasflasche mit Zinnmontierung, um 1740

Vermutlich steirisch.
H. 14,4 cm, B. 7,2 cm.

Viereckige Flasche mit abgeflachten Kanten, enge obere Öffnung. Bunte Emailmalerei: Auf der Vorderseite Mann mit Hut und rotem Rock, auf den Schmalseiten Blumendekor. Auf der Rückseite ein Spruch.

Graz, LMJ, Abt. f. Kunstgewerbe, Inv.-Nr. 218.

9/29 Glasflasche, 1745

Vermutlich steirisch.
H. 14,6 cm, B. 7,2 cm.

Viereckige Flasche mit abgeflachten Kanten, enge obere Öffnung. Bunte Emailmalerei: auf der Vorderseite Frau in rot-blauer Tracht, auf den Schmalseiten je ein Maiglöckchenzweig. Auf der Rückseite ein Spruch.

Graz, LMJ, Abt. f. Kunstgewerbe, Inv.-Nr. 11.477.

Empire und Biedermeier

Schliff- und Schnittglas

9/30 Glasbecher, um 1820

Hieronymus Hackl, im Boden gezeichnet G.H.E.
H. 10,7 cm, Dm. 7,6 cm.

Walzenförmiger Becher mit geschliffener Abend-
mahlsdarstellung, geschnittenes Rautenband.

Literatur: *Pazaurek-Philippovich,* Gläser.

Graz, LMJ, Abt. f. Kunstgewerbe, Inv.-Nr. 25.652.

9/31 Glasbecher, um 1810

H. 11 cm, Dm. 6,8 cm.

Zylindrischer Freundschaftsbecher, reich geschliffen,
Tempelarchitektur, ursprünglich war der Becher wahr-
scheinlich mit einem Deckel versehen. Aufschriften
„I.v.K.", „a l amitie".

Literatur: *Pazaurek-Philippovich,* Gläser.

Graz, LMJ, Abt. f. Kunstgewerbe, Inv.-Nr. 9.362.

9/32 Glasbecher, 1. Hälfte 19. Jh.

H. 11,3 cm, Dm. 7,3 cm.

Zylindrischer Becher mit reichem Matt- und Glanzschliff. Auf der Vorderseite ein Wappen, auf der
Rückseite: „Justicia" mit Schwert und Waage. Am
oberen Rand Blumengirlande und Eierstabfries.

Graz, LMJ, Abt. f. Kunstgewerbe, Inv.-Nr. 2.642.

9/33 Glaspokal mit Deckel, 1. Hälfte 19. Jh.

H. 22 cm, Dm. 9 cm.

Quadratischer Fuß mit aufgeschmolzenem Schaft und
aufgeschmolzener leicht bauchiger Kuppa. Reicher
Matt- und Glanzschliff. Allegorien der Treue und der
Liebe sowie ein Pokal und ein Federngesteck, dazwischen jeweils Blattzweige. Inschrift: Dem Herrn Pa-
stor Fritze an Seiner frohen Geburtstagsfeier unter
den herzlichsten Wünschen für Seine längste Lebensdauer geweiht von Schroeer d. 3. Nobr. 1826. Uns eine
Treue Liebe bis dahin.

Graz, LMJ, Abt. f. Kunstgewerbe, Inv.-Nr. 15.094.

Katalog 9/26

Katalog 9/38

9/34 Glasbecher, um 1840

Nordböhmisch.
H. 15 cm, Dm. 9 cm.

Glockenförmiger Becher mit schwerem, achtseitig geschliffenem, massivem Fuß. Achtfach oval facettierte Schälung. Der schräg geweitete, runde Lippenrand ist kräftig abgesetzt.

Graz, LMJ, Abt. f. Kunstgewerbe, Inv.-Nr. 16.458.

9/35 Glasbecher, um 1835

Nordböhmisch.
H. 13 cm, Dm. 10,1 cm.

Glockenförmiger Becher mit bauchigem Sockel, achtfach geschält. Der schräg geweitete runde Lippenrand ist kräftig abgesetzt.

Graz, LMJ, Abt. f. Kunstgewerbe, Inv.-Nr. 17.449.

Lasiertes und Gebeiztes Glas

9/36 Glasbecher, um 1860/70

H. 12,4 cm, Dm. 10,1 cm.

Schwerer Becher mit eingezogener Wandung, unten glockig geweitet. Außenwandung sechsfach geschält. In der sechseckigen Standfläche große flache Bodenkugel. Schräg geweiteter runder Lippenrand, kräftig abgesetzt. Jede zweite Schälung mit rosa Lasur überstrichen, durchschliffen mit Blütenornamenten.

Graz, LMJ, Abteilung für Kunstgewerbe, Inv.-Nr. 06.508

9/37 Glasbecher, um 1840

Böhmisch.
H. 12,3 cm.

Schwerer Becher aus farblosem Glas mit eingezogener Wandung. Zwölflappig geschliffener Fußkranz. In der Wandung zwölf geschliffene Kugelungen. Sechs davon mit rotvioletter Lasur überstrichen, durchschliffen mit Veduten: Dux b. Teplitz, Schloßberg, Schlackenburg, Ossegg, Wilhelmshöhe, Maria Schein. Dazwischen sechs Kugelungen mit gemalten Goldfischen. Schräg geweiteter runder Lippenrand kräftig abgesetzt.

Graz, LMJ, Abt. f. Kunstgewerbe, Inv.-Nr. 0.982.

9/38 Glasbecher, um 1840

Nordböhmisch.
H. 11,8 cm, Dm. 8,5 cm.

Tulpenförmiger Becher mit durchschliffenem doppeltem Überfang (weiß und blau). In der Wandung Kugelungen ausgeschliffen.

Graz, LMJ, Abt. f. Kunstgewerbe, Inv.-Nr. 16.607.

9/39 Glasbecher, um 1830

Nordböhmisch.
H. 10,8 cm, Dm. 9,4 cm.

Glockenförmiger Becher mit doppeltem Überfang (weiß und braun), ornamental ausgeschliffen.

Graz, LMJ, Abt. f. Kunstgewerbe, Inv.-Nr. 16.548.

Katalog 9/42

Typisches Biedermeierglas

9/40 Uranglas, um 1850

H. 12,3 cm, Dm. 7,5 cm.

Fußbecher mit achtpassigem Fuß, schaftartiger Einschnürung und bauchiger Kuppa. Geschliffene Ansicht „Badehaus in Gleichenberg".

Graz, LMJ, Abt. f. Kunstgewerbe, Inv.-Nr. 10.344.

9/41 Ranftbecher, um 1830

Wien, Atelier Anton Kothgasser.
H. 11,5 cm, Dm. 8,5 cm.

Farbloses Glas mit Gold- und Translucidemailmalerei und Silbergelb-Ätze. Dicker massiver Boden mit ausladendem Ranft, darin vierundvierzig senkrechte Kerben in Keilschliff. Sechzehnfach strahlig geschliffener Bodenstern, mit Silbergelb-Ätze ausgemalt. Ranftkerben von Goldlinien umzogen. Rahmung des Bild-

feldes und Lippenrand aus silbergelbgeätzten Streifen mit Goldlinien und Goldbordüren. In Translucidemail das Bild der „Domkirche zu St. Stephan in Wien".

Literatur: *Pazaurek-Philippovich,* Gläser. Europäisches und außereuropäisches Glas, Katalog des Museums für Kunsthandwerk, Frankfurt a. M., 1973, S. 224, Abb. 484.

Graz, LMJ, Abt. f. Kunstgewerbe, Inv.-Nr. *880.

9/42 Ranftbecher mit Strickperlenband, um 1830

H. 11,5 cm, Dm. 8 cm.

Dicker, massiver Boden mit ausladendem Rand, darin senkrechte Kerben in Keilschliff. Manschette in Perlenstickerei, aus runden, gelochten Kleinperlen von ca. 1 mm Durchmesser in verschiedenen Farben. Bild einer Blattgirlande.

Literatur: *Gustav E. Pazaurek,* Glasperlen und Perlenarbeiten in alter und neuer Zeit, Darmstadt 1911.

Graz, LMJ, Abt. f. Kunstgewerbe, Inv.-Nr. 12.976.

9/43 Hyalithflasche mit Stöpsel, um 1850

H. 14 cm, Dm. 10,5 cm.

Gedrungene, achtseitige Flasche mit Stöpsel. Braune Marmorierung, jede Seite mit einem roten, ovalen Knopf.

Graz, LMJ, Abt. f. Kunstgewerbe, Inv.-Nr. *2.014.

9/44 Lythialinglas, um 1850

H. 15 cm, Dm. 9,5 cm.

Runder Fuß, eingeschnürter Schaft, Kuppa mit unterer bauchiger Erweiterung. Moosgrüne Marmorierung mit Grau und Goldverzierung. Sechsseitiges Kuppaband mit Knopfverzierungen.

Graz, LMJ, Abt. f. Kunstgewerbe, Inv.-Nr. 01.696.

Katalog 9/61   Katalog 9/60

Katalog 9/47

Historismus

Venezianisches Glas

9/45 Stengelglas, um 1880

Salviati, Venedig.
H. 10,6 cm, Dm. 8,4 cm.

Farbloses Glas mit spiralig gezogenen Aventurinfäden. Zur Mitte leicht ansteigender Tellerfuß mit aufgeschmolzenem Stengelschaft und schalenförmiger Kuppa.

Graz, LMJ, Abt. f. Kunstgewerbe, Inv.-Nr. 15.690.

9/46 Kelchglas, um 1880

Salviati, Venedig.
H. 14,1 cm, Dm. 7,5 cm.

Grünliches Glas, Tellerfuß mit aufgeschmolzenem, gedrehtem Balusterschaft. Aufgeschmolzene Kuppa mit sechsseitiger Wandung.

Graz, LMJ, Abt. f. Kunstgewerbe, Inv.-Nr. 15.691.

9/47 Kelchglas, um 1885/90

Salviati, Venedig.
H. 15,7 cm, Dm. 10,4 cm.

Bläulich opalisierender Kelch mit Tellerfuß und aufgeschmolzenem Balusterschaft. Der Rand des Tellerfußes und jener der Kuppa sind rot.

Graz, LMJ, Abt. f. Kunstgewerbe, Inv.-Nr. 15.821.

9/48 Kelchglas, um 1880

Salviati, Venedig.
H. 18,2 cm, Dm. 9,5 cm.

Irisierendes Glas mit opalisierenden Teilen (Fußrand, Oberteil der Kuppa), Tellerfuß mit aufgeschmolzenem, in Form geblasenem Balusterschaft mit Löwenköpfen. Aufgeschmolzene Kuppa mit gerillter Wandung.

Graz, LMJ, Abt. f. Kunstgewerbe, Inv.-Nr. 15.687.

9/49 Blumenvase, um 1880

Salviati, Venedig.
Am Boden Klebemarke: Salviati E C. L. N 590, L 30.
H. 27,5 cm, Dm. 18 cm.

Milchig opalisierendes Glas, farblos überfangen. Tellerfuß mit kurzem Schaft, bauchiger Körper mit rosa
Blüten- und grünen Blattauflagen. Hals mit auslap-
pendem Rand, zwei hochgezogene geschwungene
Henkel.

Graz, LMJ, Abt. f. Kunstgewerbe, Inv.-Nr. 15.683.

9/50 Vase, um 1880

Salviati, Venedig.
H. 18,7 cm, Dm. 9 cm.

Opalisierendes Glas mit hellblauen Fadenauflagen.
Die vier Henkel, die Blütenauflagen sowie der Tellerfuß sind aus farblosem Glas.

Graz, LMJ, Abt. f. Kunstgewerbe, Inv.-Nr. 15.836.

9/51 Doppelhenkelvase, Ende 19. Jh.

Venedig.
H. 9 cm.

Millefioriglas, auf grünem und blauem Grund vorwiegend weiße Blüten mit rotem Mittelstab.

Graz, LMJ, Abt. f. Kunstgewerbe, Inv.-Nr. 03.605.

Schliffglas

9/52 Doppelhenkelvase, um 1880

H. 38 cm, Dm. 12,5 cm.

Aus farblosem Glas, reich geschliffen. Sogenannte
Florentiner Vase.

Graz, LMJ, Abt. f. Kunstgewerbe, Inv.-Nr. 5.047.

9/53 Deckelpokal, 1873

J. E. Schmidt, Annathal bei Schüttenhofen/Annin-Susíce.
H. 36 cm, Dm. 9,5 cm.

Farbloses Glas, reich geschliffen. Tellerfuß mit hohem
Stengelschaft, an der Pokalwandung sind sechs ge-
drehte Häkchen aufgeschmolzen.

Graz, LMJ, Abt. f. Kunstgewerbe, Inv.-Nr. 4.932.

Katalog 9/89

375

9/54 Kelchglas, letztes Drittel 19. Jh.

H. 16,7 cm, Dm. 8,5 cm.

Farbloses Glas mit Schliff und Gravur. Zur Mitte leicht ansteigender Tellerfuß, aufgeschmolzener Balusterschaft, aufgeschmolzene Kuppa. Schliffdekor: Apoll auf Wagen.

Graz, LMJ, Abt. f. Kunstgewerbe, Inv.-Nr. 7.766.

Nachbildungen Antiker Gläser

9/55 Flasche, 1890

Ludwig Felmer, Mainz.
H. 17,3 cm, Dm. 11,3 cm.

Grünlich irisierendes Glas. Tellerfuß, dicker Flaschenbauch, am Flaschenhals ein Ring, an dem die zwei bandartig geschwungenen Henkel ansetzen und zum Flaschenbauch führen.

Graz, LMJ, Abt. f. Kunstgewerbe, Inv.-Nr. 4.519.

9/56 Vase, 1890

Ludwig Felmer, Mainz.
H. 15,8 cm, Dm. 9,5 cm.

Grünlich irisierendes Glas. Kugeliger Gefäßkörper mit Fußring und langem, konisch geweitetem Hals.

Graz, LMJ, Abt. f. Kunstgewerbe, Inv.-Nr. 4.520.

Gläser in Altdeutschem Stil

9/57 Deckelpokal, um 1880

H. 34 cm, Dm. 12 cm.

Olivgrünes Glas, trichterförmiger, hochgezogener Fuß mit hohlem geschürftem Schaft. Aufgeschmolzene Kuppa mit sechs Nuppenverzierungen.

Graz, LMJ, Abt. f. Kunstgewerbe, Inv.-Nr. 22.430.

9/58 Stangenglas, 1886

Rheinische Glashütten-AG, Köln-Ehrenfeld.
H. 16,1 cm, Dm. 7 cm.

Meergrünes Glas, spiralig gesponnener Tellerfuß, auf der leicht konischen Gefäßwandung in der unteren Hälfte ein aufgeschmolzener Glasfaden, der sich spiralig nach oben windet. Darüber sechs aufgeschmolzene Nuppen und ein Glasfaden.

Literatur: Glas, Historismus und die Historismen um 1900. Ausstellungskatalog, Berlin 1977.

Graz, LMJ, Abt. f. Kunstgewerbe, Inv.-Nr. 19.062.

9/59 Deckelpokal, um 1870/80

J. & L. Lobmeyr, Wien.
H. 33,2 cm, Dm. 9,5 cm.

Rauchtopasfärbiges Glas, trichterförmiger, hochgezogener Fuß mit kurzem, hohlem, geschnürtem Schaft. Langgezogener Gefäßkörper mit gepreßter, vergoldeter Messingmontierung.

Graz, LMJ, Abt. f. Kunstgewerbe, Inv.-Nr. 15.693.

Gläser in Orientalischem Stil

9/60 Kelchglas, um 1878

Philippe Joseph Brocard, Paris.
H. 10,3 cm, Dm. 7 cm.
Am Boden in roter Emailschrift: Brocard.

Farbloses Glas mit hellblauem und weißem Emaildekor und Goldkonturen. Zur Mitte leicht ansteigender Tellerfuß, kurzer Schaft, aufgeschmolzene Kuppa.

Graz, LMJ, Abt. f. Kunstgewerbe, Inv.-Nr. 4.955.

9/61 Kelchglas, um 1878

Philippe Joseph Brocard, Paris.
H. 10,9 cm, Dm. 6,9 cm.
Am Boden in roter Emailschrift: Brocard.

Farbloses Glas mit weißem und türkisem Emaildekor. Zur Mitte leicht ansteigender Tellerfuß, kurzer Schaft, aufgeschmolzene Kuppa.

Graz, LMJ, Abt. f. Kunstgewerbe, Inv.-Nr. 15.817.

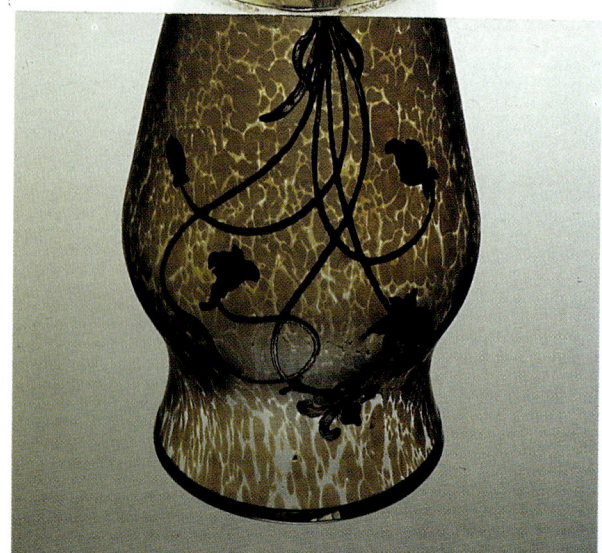

Katalog 9/66

9/62 Fläschchen mit Stöpsel, um 1878   Abb. S. 110

J. & L. Lobmeyr, Wien.
H. 16,5 cm, Dm. 8,5 cm.

Am Boden: Lobmeyr-Monogramm und Schrift O Friedensstifter O Herr! Du bist der beste Helfer O Beschützer!

Farbloses Glas mit blauem und grünem Email- und Golddekor. Abgesetzter Fußring, stark ausgebauchter Körper mit langem, schlankem Hals und hohem Stöpsel.

Graz, LMJ, Abt. f. Kunstgewerbe, Inv.-Nr. 15.705.

Gläser im Rokokostil

9/63 Fußbecher, nach 1876

J. & L. Lobmeyr, Wien.
Service 164.
H. 13,5 cm, Dm. 7,8 cm.

Farbloses Glas, facettiert und geschliffen, bunter Emaildekor im Rokokostil, Goldrand. Motiv: Mann in grünem Rock mit Buch.

Graz, LMJ, Abt. f. Kunstgewerbe, Inv.-Nr. 15.818.

9/64 Balusterpokal, nach 1876

J. & L. Lobmeyr, Wien.
Service 164.
H. 18 cm, Dm. 6,4 cm.

Farbloses Glas, facettiert und geschliffen, mit buntem Emaildekor im Rokokostil und Goldrand. Motiv: Frau in Rokokogewand.

Graz, LMJ, Abt. f. Kunstgewerbe, Inv.-Nr. 4.966.

Jugendstilglas

9/65 Vase in Metallfassung, um 1900

Firmenmarke: W. Scherf Joh. Loetz' Witwe, Klostermühle.
Metallfassung signiert: Osiris 576.
H. 17,8 cm, Dm. 9,4 cm.

Dunkelblaues Glas mit grünlich irisierendem Mar-
mordekor. Kugeliger Gefäßkörper dreifach einge-
drückt. Dreihenkelige vergoldete Montierung aus
Zinnlegierung mit vegetabilen Elementen.

Graz, LMJ, Abt. f. Kunstgewerbe, Inv.-Nr. 9.267.

9/66 Vase mit Silberdekor, um 1900

Joh. Loetz' Witwe, Klostermühle.
Silberdekor, wahrscheinlich von Adolf Zasche, Gablonz.
H. 12,9 cm, Dm. 8,8 cm.

Bauchige, gelb irisierende Glasvase mit Papillon-
dekor. Oberer und unterer Rand mit Silberauflage, an
der Vorderseite ein Blumenornament in galvanischem
Silberdekor.

Literatur: *H. Hilschenz,* Das Glas des Jugendstils, München
1973, S. 399, Abb. 346.

Graz, LMJ, Abt. f. Kunstgewerbe, Inv.-Nr. 05.340.

9/67 Vase mit Silbermontierung, um 1900

Joh. Loetz' Witwe, Klostermühle.
Die Silbermontierung stammt wahrscheinlich von Adolf
Zasche, Gablonz.
H. 11,1 cm, Dm. 4 cm.

Viereckige, bauchige Glasvase, an vier Seiten einge-
dellt. Dunkelblaues Glas mit gekämmtem Wellendekor, hell- und dunkelblau irisierend. Galvanische
Silberauflagen, je ein Nelkenornament an den Kanten,
Bandranken.

Graz, LMJ, Abt. f. Kunstgewerbe, Inv.-Nr. 01.804.

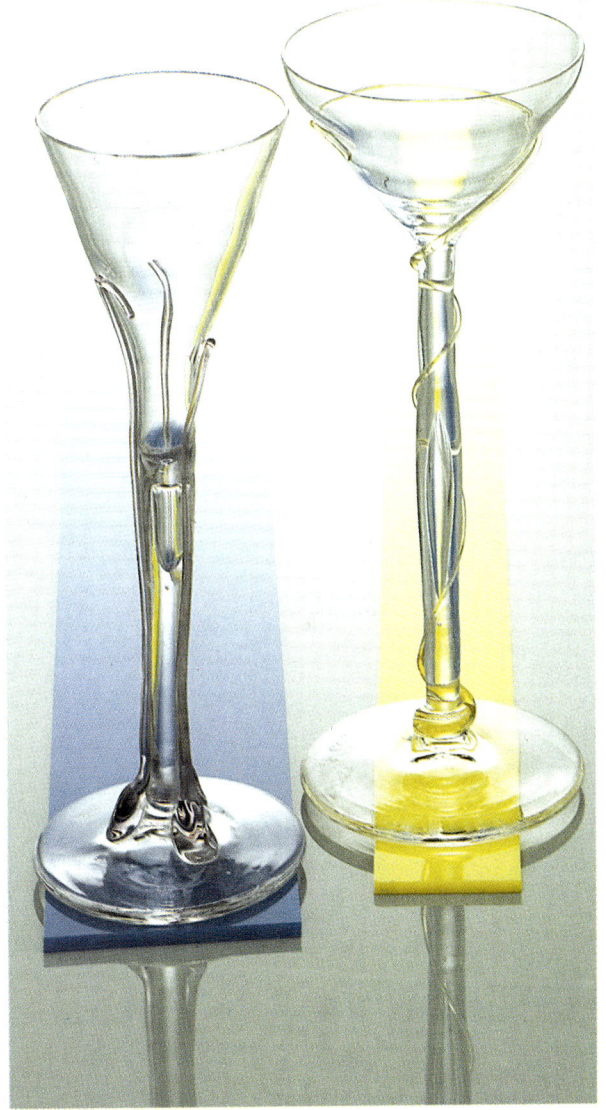

Katalog 9/77   Katalog 9/76

9/68 Vase, um 1900 Abb. S. 111

Entwurf: Max Ritter von Spaun.
Ausführung: Joh. Loetz' Witwe, Klostermühle.
Bezeichnet am Boden: Pfeilmarke im Kreis und „Loetz".
H. 26 cm, Dm. 14 cm.

Gelb-grünlich und blau irisierendes Glas mit grünem Blattdekor. Gravierte Binnenzeichnung der Blätter.

Literatur: *W. Neuwirth,* Das Glas des Jugendstils, Wien 1973, S. 260.

Graz, LMJ, Abt. f. Kunstgewerbe, Inv.-Nr. 8.042.

9/69 Vase, um 1900

Entwurf: Max Ritter von Spaun.
Ausführung: Joh. Loetz' Witwe, Klostermühle.
Bezeichnet am Boden: Loetz/Austria.
H. 25,6 cm, Dm. 18,5 cm.

Grünblaues Glas mit dunkelblauen Linien im unteren Teil. Aufgeschmolzener, schwarzgelber Dekor mit stilisierten, aufstrebenden Blättern.

Graz, LMJ, Abt. f. Kunstgewerbe, Inv.-Nr. 8.043.

9/70 Vase, 1892–1900

Louis Comfort Tiffany, New York.
Bezeichnet am Boden: L.C.T. und H 668.
Klebemarke: TGDCO Tiffany Favrile Glass Registered Trademark.
H. 7,7 cm, Dm. 5,5 cm.

In vielen Farben schillerndes, irisierendes Favrileglas mit acht unregelmäßigen, senkrechten Leisten.

Literatur: *Hugh F. McKean,* Louis Comfort Tiffany. Weingarten 1981, S. 184ff., S. 301.

Graz, LMJ, Abt. f. Kunstgewerbe, Inv.-Nr. 7.987.

9/71 Vase, 1904–1906

Emile Gallé, Nancy.
Am unteren Rand der Wandung bezeichnet: Gallé mit Stern.
H. 13,2 cm, Dm. 5,3 cm.

Gelboranges Glas mit rotem Überfang, in zwei Schichten geätzt. Vogelbeerdekor.

Graz, LMJ, Abt. f. Kunstgewerbe, Inv.-Nr. 11.359.

9/72 Vase, 1905

Daum, Nancy.
An der Wandung bezeichnet: Daum Nancy.
H. 18,2 cm, Dm. 9,6 cm.

Dickes Glas, oben graublau, in der Mitte orange, unten schwarz. Geätzte schwarze Auflagen und drei geätzte geschnittene rote Mohnblumen.

Graz, LMJ, Abt. f. Kunstgewerbe, Inv.-Nr. 11.360.

9/73 Dose, um 1908

Friedrich Pietsch, k. u. k. Fachschule Steinschönau.
H. 15,3 cm, Dm. 15,5 cm.

Geblasenes, zylindrisches, durchsichtiges Glas, leicht geschweifte Form. Emaillinienzeichnung in Schwarz, Gold und Weiß, auf mattgeätztem Grund. Stiefmütterchendekor, Goldränderung und goldene Kuppel am Deckelgriff.

Graz, LMJ, Abt. f. Kunstgewerbe, Inv.-Nr. 16.643.

9/74 Glasbecher, 1912

Entwurf: Josef Hoffmann.
Ausführung: J. & L. Lobmeyr, Wien.
H. 15,2 cm, Dm. 6,7 cm.

Zylinderförmiger Becher mit mattgeätztem Grund. Gold- und Bronzitdekor in vertikaler Streifenanordnung. Herzblattornament.

Literatur: *W. Neuwirth,* Jugendstilglas, S. 218.

Graz, LMJ, Abt. f. Kunstgewerbe, Inv.-Nr. 14.022.

9/75 Stengelglas, um 1909

Entwurf: Otto Prutscher.
Ausführung: wahrscheinlich Meyr's Neffe Adolf bei Winterberg.
H. 21 cm, Dm. 9 cm.

Kelchglas aus farblosem Kristallglas. Tellerfuß, hoher Stengel, Kuppa mit auskragendem Mundrand. Blauer, ornamental ausgeschliffener Überfang an Kelch und Stengel.

Literatur: *W. Neuwirth,* Glas 1905–1925. Bd. I: Vom Jugendstil zum Art Deco, Wien 1985, S. 203.

Graz, LMJ, Abt. f. Kunstgewerbe, Inv.-Nr. 12.685.

Sturzbad.

Schwitzbad.

Der Kotzengeist.

Sitzbad.

9/76 Stengelglas, 1900

Entwurf: Kolo Moser.
Ausführung: Bakalowitz, Wien.
H. 17,6 cm, Dm. 7,5 cm.

Kelchglas aus farblosem Glas. Tellerfuß, hoher Stengelschaft, trichterförmige Kuppa. Schaft mit Luftblaseneinschluß. Ein zartgelber Glasfaden schlingt sich um Schaft und Kelch.

Graz, LMJ, Abt. f. Kunstgewerbe, Inv.-Nr. 8.003.

9/77 Stengelglas, 1900

Entwurf: Kolo Moser.
Ausführung: Bakalowitz, Wien.
H. 17,4 cm, Dm. 6 cm.

Kelch aus farblosem Glas. Tellerfuß, hoher Stengelschaft mit Luftblaseneinschluß. Entlang des Schafts drei hellviolette Fadenauflagen, die am Tellerfuß verdickt aufliegen.

Graz, LMJ, Abt. f. Kunstgewerbe, Inv.-Nr. 8.004.

9/78 Vase, um 1914

Michael Powolny.
H. 24 cm, Dm. 14 cm.

Bauchige Enghalsvase mit Standwulst und auskragendem Mundrand. Farbloses Glas, innen weiß überfangen, außen schwarze Streifenmalerei und sechzehn vertikale Linien. Schwarzer Mündungsrand.

Graz, LMJ, Abt. f. Kunstgewerbe, Inv.-Nr. 07.107.

9/79 Schale

H. 8 cm, Dm. 10,4 cm.

Nach oben konisch geweitete Schale mit eingezogenem Hals. Von der Standfläche drei schwarze, im rechten Winkel nach oben verlaufende Vierkantstäbe. Farbloses Glas, innen weiß überfangen, schwarzer Mündungsrand. Drei Blumenmotive in schwarzer Ätzglasur.

Graz, LMJ, Abt. f. Kunstgewerbe, Inv.-Nr. 07.106.

9/80 Vase, 1913 Abb. S. 111

Bezeichnet am Boden: Karl Massanetz in Steinschönau.
H. 19,5 cm, Dm. 9,8 cm.

Tulpenförmige Vase aus farblosem Glas mit reicher durchscheinender Emailmalerei in Grün, Blau und Gelb. Vegetabiles Ornament. Teilweise Golddekor.

Graz, LMJ, Abt. f. Kunstgewerbe, Inv.-Nr. 15.514.

9/81 Tabakdose, 1913

Karl Schappel, Haida (Böhmen).
H. 18,5 cm, Dm. 12,2 cm.

Zylinderförmige Dose aus farblosem Glas. Weiß und schwarz überfangen und ornamental ausgeschliffen. An den Rändern Kristallschliff.

Literatur: *W. Neuwirth*, Glas 1905–1925, S. 315.

Graz, LMJ, Abt. f. Kunstgewerbe, Inv.-Nr. 15.503.

9/82 Vase, 1913

Entwurf: k. u. k. Fachschule Haida (Böhmen).
Ausführung: Johann Oertel und Comp., Haida.
Firmenetikett von Oertel, Haida.
H. 26,5 cm, Dm. 8,7.

Zylinderförmige Kristallvase aus farblosem Glas, gelb und schwarz überfangen, ornamental ausgeschliffen. (Geometrische Rautenlinien mit eingeschlossenen Ovalen.)

Literatur: *W. Neuwirth*, Glas 1905–1925, S. 272f.

Graz, LMJ, Abt. f. Kunstgewerbe, Inv.-Nr. 15.499.

Katalog 9/87

384

Gläser aus Privatbesitz

9/83 Flasche, Nürnberg, um 1720

Glasschneider: Anton Wilhelm Mäuerl (1672–1737).
H. 29 cm.

Die Vorder- und Rückseite mit Chinoiserien nach
Kupferstichvorlagen von Paul Decker in Matt- und
Blankschnitt dekoriert. Geschliffen, graviert. Sowohl
die seitlichen Flächen wie auch die Schulter sind mit
Blumen- und Ornamentgravur verziert. Zinnschraub-
verschluß.

Literatur: *Brigitte Klesse,* Glassammlung Helfried Krug,
München I/1965, Nr. 164.

Wien, Glasgalerie Michael Kovacek.

9/84 Deckelpokal mit den vier Elementen, Potsdam, 1720–30

H. 30 cm.

Umlaufend gravierte Waldlandschaft mit die vier Elemente darstellenden Putten und liegender nackter
Frau. Erotische Inschrift: ich such es in der hitze / Ich
auff der bäume Spitze, / Ich in der Erden Schlund –
und ich in des Wassers grund. / O ihr narren alle 4 Was
ihr suchet find ihr hier.

Wien, Glasgalerie Michael Kovacek.

9/85 Zunftglas der Hufschmiede, Franken 1732

H. 17 cm.

Farbloses Glas mit Emailmalerei und Inschrift: VI-
VAT: Daß erbahre Handwerck, der Huffschmiedt,
thu ich bescheid, das aller unßer Hertz erfreudt. Anno
1732.

Wien, Glasgalerie Michael Kovacek.

9/86 Goldrubinflasche, Ende 17. Jh.

Gravur: Anonymer Nürnberger Glasgraveur.
H. 22,5 cm.

Der Flaschenkörper ist umlaufend mit Blüten und
Blattrispen, verbunden durch Festons, auf denen drei
Vögel sitzen, graviert. Gravierte Blumenrosette auf
der Unterseite des Bodens.

Wien, Glasgalerie Michael Kovacek.

9/87 Deckelpokal, Nordböhmen, um 1720

H. 22 cm.   Abb. S. 109

Farbloses Glas, graviert, geschliffen, Fadeneinschmelzungen. Boden, Deckel, Kuppa umlaufend mit Band-
werk, Festons und Ornamenten sowie einem Wappen
und figuralen Darstellungen graviert. Inschrift: Sans
Flatterie / guther Meinung.

Wien, Glasgalerie Michael Kovacek.

**9/88 Deckelpokal: „Der Herr Credit wird zu Grabe
getragen", Sachsen 1720–30**

H. 32,5 cm.

Geschliffen, Deckel und Fuß mit Ornamenten graviert. Die Kuppa ist umlaufend graviert mit der Darstellung des Herrn Credit, der von seinen Schuldnern
zu Grabe getragen wird. Inschrift: Ach Jammer angst
und noth, Credit ist mausetodt / Ach Edeler Herr
Credit, all unser freud stirbt mit.

Wien, Glasgalerie Michael Kovacek.

9/89 Flügelglas, Niederlande, 2. Viertel 17. Jh.

Façon de Venise.
H. 16 cm.

Fuß mit nach unten umgeschlagenem Rand, acht-
eckige Kuppa aus farblosem Glas. Der gewundene
Mittelteil des Schaftes wurde aus einem mit roten und
weißen Fadeneinschmelzungen verzierten Glasstab
geformt. Die seitlichen, gekniffenen Aufschmelzun-
gen sind aus blauem Glas.

Wien, Glasgalerie Michael Kovacek.

**9/90 Fadenglaspokal, Venedig, Ende 16./Anfang
17. Jh.**   Abb. S. 108

H. 23,6 cm.

Gewölbter Fuß mit nach oben umgeschlagenem Rand.
Die Kuppa mehrfach eingeschnürt. Die gesamte Wandung von genetzten Vertikalstreifen durchzogen.

Literatur: *Brigitte Klesse*, Glassammlung Helfried Krug,
München I/1965, Nr. 90.

Wien, Glasgalerie Michael Kovacek.

Katalog 9/88

Katalog 9/84

386

Katalog 9/83

387

Katalog 9/30

Hieronymus Hackl (1784–1844) ist wohl der bedeutendste Glasschneider, der in der Steiermark tätig gewesen war. Daß er in Cilli arbeitete, wissen wir aus einer Signatur auf einem Empire-Zylinderglas, wo es heißt: „H. Hackel fabruc Cilli". Nichts ist über sein Leben bekannt, und nur aus der Sterbematrik der Stadt Cilli erfahren wir, daß er hier im Alter von 60 Jahren am 2. Oktober 1844 an Schlagfluß gestorben ist. Es kann mit einiger Sicherheit angenommen werden, daß Hackl, vielleicht schon vor 1820, aus Böhmen einwanderte, zumal seine Manier unverkennbar böhmische Züge aufweist. Insbesondere gibt es Ähnlichkeiten zu den Arbeiten des Gablonzers Anton

Simm (1799–1873). Neueren Forschungen nach soll
Hackl aus der Meistersdorfer Gegend stammen, wofür auch der Tatbestand spricht, daß in der Glasbran-
che in Böhmen der Name Hackl häufig vorkommt.

Unser Künstler hat sehr oft religiöse Motive geschnitten, dabei auch einige Male sogenannte „Abendmahl-
gläser". Die Darstellung des letzten Abendmahles war
ein beliebtes Motiv. Auch Anton Simm schnitt in den
Jahren 1825–1835 dieses Motiv in einen Becher. Von
Hieronymus Hackl sind bisher zumindestens drei
Abendmahldarstellungen bekannt. Zwei davon werden hier gegenübergestellt.   Paul W. Roth

Katalog 9/91

Katalog 9/85

390

9/91 Fußbecher mit der Darstellung des Heiligen Abendmahles, 2. Viertel 19. Jh.

Hieronymus Hackl (1784–1844), Cilli/Celje.
H. 13,4 cm.

Geschliffen, in der Kuppa des farblosen Glases in Tiefschnitt gravierte Darstellung des Letzten Abendmahles. Vgl. die Darstellung bei Objekt 9/30.

Literatur: *Pazaurek-Philippovich,* Gläser, Abb. 116.

Wien, Glasgalerie Michael Kovacek.

Dieses Objekt diente als Vorlage für die Gestaltung des Katalogeinbandes.

9/92 Kurfürstenhumpen, Böhmen, Anfang 17. Jh.

H. 26,5 cm, Dm. 12,5 cm.

Farbloses Glas mit Emailmalerei. Auf der Wandung Darstellung des Deutschen Kaisers auf grün-weißem Thron, mit gelben Reichsinsignien und Reichsadlerwappen, seitlich links die drei geistlichen Kurfürsten: „Trier, Coln, Mentz", rechts die vier weltlichen Kurfürsten: „Behmen, Pfaltz, Sachsen, Brandenburg". Unter der Bildzone drei weiße Versinschriften:

Links: Der Ertz pischoft zu mentz bekant
Ist cantzler in gantz teütschlant.
So ist der ertzpischof zu Cöln gleich.
Auch Cantzler in gantz franckenreich.
Darnach der ertzpischoff zu trier.
Ist kantzler in welschen Refir.

Mitte: Also in all ihrer ordtnat
sitzt Röm. Key: maiestat.
Sampt den. 7. Churfürsten gut.
wie den ein Jeder sitzen thut.
In churfürstlicher Kleitun feiin.
Mitt anzeigung des ampts sein.

Rechts: Der König in Behm der ist
des reichs ertzschenk zu ieter frist
Hernach der Pfaltzgraf bein rein.
des heiligen reichs truchsas thut sein.
Der herzog zu sachsen gebohren
Ist des reichs marschalck auserkohren.
der markgraf von Brandenburg gut
des reichs ertzkemmer sein thut.

Wien, Glasgalerie Michael Kovacek.

Katalog 9/92

391

9/93 Konisches Becherglas, um 1840
H. 12 cm, Dm. 8,2 cm.
Darstellung der vier Evangelisten Matthäus, Markus, Lukas und Johannes.
Privatbesitz.

9/94 Scherzglas, 18. Jh.
Böhmisch.
H. 20,5 cm, Dm. 9 cm.
Vexierkrug, Bodenplatte mit Abriß, Kugelkörper mit hohem, zylindrischem Hals, am unteren Teil des Rohrhenkels Öffnung zum Trinken. Aufgeschmolzen über dem Lippenrand züngelnde Flammen.
Privatbesitz.

9/95 Walzenglas, 1820–30
H. 12,5 cm, Dm. 8,6 cm.
Oben und unten mit gesteindelter Borte. Auf der Wandung in Rauten die unterschiedlichsten Gegenstände wie Embleme, Köpfe, kleine Landschaften, Amoretten, Blumenzweige und eine kleine Medaillonplatte mit der Aufschrift Johann Nemiezeck, am Boden sechzehnteiliger Stern mit aufgehender Sonne.
Privatbesitz.

9/96 Walzenglas
Hieronymus Hackl, Cilli/Celje.
H. 11 cm, Dm. 7,7 cm.
Darstellung des Hl. Thomas. Auffallend der grobgesteindelte Sockel.
Privatbesitz.

9/97 Walzenglas, um 1845
H. 12 cm, Dm. 7,7 cm.
Im ovalen Feld Aesculap mit Schlange, als Verzierung Ährenkranz.
Privatbesitz.

9/98 Erzherzog-Johann-Pokal, 1835
Karlsbad.
Signiert: Bimann.
H. 15,5 cm, Dm. 8 cm.
Achtstrahliger Fuß, kurzer Stiel, Halbbildnis des Erzherzogs Johann von Österreich (1782–1859) mit steirischem Rock, Orden vom Goldenen Vlies und typischer Körperhaltung.
Privatbesitz.

9/99 Badeglas, 1. Hälfte 19. Jh.
A. Simm (1799–1873).
H. 11,5 cm, Dm. 7,5 cm.
Zylindrisch, mit Darstellungen der Badegattungen und Unterschriften; Sitzbad, Schwitzbad, Der Kotzengeist, Sturzbad, Kopfbad. Inschrift: Andenken von Tiefenbach.
Privatbesitz.

9/100 Primizglas, um 1820
H. 12,8 cm, Dm. 9 cm.
Geschenk anläßlich der Priesterweihe. Zylindrische Form, in der Mitte eingezogen, Initialen C. P. im Weinkranz und Abbildung einer Monstranz auf einem Kissen. Oberrand mit Blumengirlanden verziert.
Privatbesitz.

9/101 Walzenbecher „Leda mit Schwan", um 1830
H. 12,8 cm, Dm. 8,2 cm.
Sechzehnstrahliger Stern am Boden, figurale mythologische Darstellung der Leda mit dem Schwan unter einem Baum auf einer Insel, Oberrand mit Perlschliff verziert.
Privatbesitz.

9/102 Pokal, um 1740
Aus dem Riesengebirge.
H. 17 cm, Dm. 7,2 cm.
Pokal mit reichem Schnittdekor, Bildnis Maria Theresias, Kopf nach rechts schauend. Rückseite: Wappen und Krone.
Privatbesitz.

Katalog 9/102 Vorderseite und Rückseite

9/103 Johannes Kunkelii, Ars Vitraria Experimentalis oder Vollkommene Glasmacher Kunst, Frankfurt und Leipzig 1689

Buch.

Dieses Werk war bestimmend für zwei Jahrhunderte Glasmacherkunst.

Privatbesitz.

9/104 Kristalluster, 2. Hälfte 20. Jh.

H. 140 cm, Dm. 120 cm.

18flammig, Hohlglasarme mundgeblasen, Glasteile handgeschliffen, Kettenbehang.

Seit Jahrzehnten erzeugt die in Voitsberg ansässige Firma Palme Glasluster aller Art. Besonders hervorgehoben seien die Kristalluster, wie sie auch zur Ausstattung führender Opernhäuser verwendet wurden, und die emailbemalten Luster.

Voitsberg, Gebrüder Palme Ges.m.b.H.

9/105 Kristalluster in klassischem Stil

H. 270 cm, Dm. 180 cm.
Gewicht: 260 kg.

72flammig, 3600 Behangteile. Dekoriert mit dem unter dem Markennamen S t r a s s® bekannten Lusterbehang der Firma Swarovski.

Wattens, D. Swarovski & Co.

Dieses Objekt befindet sich im Eingangsbereich der Ausstellung.

Katalog 9/96

395

Katalog 9/1

Waldglas

„Gebrauchsglas" im späten Mittelalter

Diaschau: Objekte 10/1–10/28.
Bearbeiter: Helmut Hundsbichler.
Fotos: Michael Malina.

Glas ist in der Sicht des Mittelalters nicht nur ein kostbares Material, sondern auch ein religiöser Bedeutungsträger. Um seine Rolle im Alltagsgebrauch richtig ermessen zu können, wären großzügige archivalische und archäologische Forschungen nötig. Aber diese laufen in Europa erst allmählich an. Vorläufig ist Glas aus bildlicher Überlieferung am leichtesten zu erkennen. Die Aussagekraft dessen ist allerdings eingeschränkt und einseitig: Die Bildbelege führen – speziell in Österreich – kaum über das 14. Jahrhundert zurück, und sie geben vorwiegend Glasgegenstände wieder, die als religiöse Symbole oder als Mittel der Repräsentation von Bedeutung sind.
Die im folgenden Katalogteil aufgezählten Gegenstände Kat.-Nr. 10/1–28 sind nicht als Objekte ausgestellt, sondern in Form einer Diaschau arrangiert. Für weiterführende Informationen zu den einzelnen Katalognummern vgl. den Beitrag des Bearbeiters im Beitragsteil.
Alle Fotos stammen, wenn nicht anders vermerkt, vom Institut für mittelalterliche Realienkunde Österreichs, Krems.

10/1 Reliquiengefäß, wahrscheinlich hohes Mittelalter   Abb. S. 114

Bauchige Schale aus Glas, mit zackenförmiger Fadenauflage und Fuß aus Glasfäden.

Glasgefäße von hohem Alter, die ursprünglich einen profanen Verwendungszweck hatten, konnten gelegentlich in der Verwendung als Reliquiengefäße unversehrt die Jahrhunderte überdauern.

Fundort: Streitwiesen (NÖ.), Burgkapelle.
Foto: Bundesdenkmalamt, Wien.

10/2 Venezianisches Glas, Waldglas, Hängespiegel, verglaste Fenster   Abb. S. 115

Hl. Markus, Tafelmalerei, österreichischer Maler, 1490–1500.

Filigrane und völlig durchsichtige Gläser des Mittelalters sowie Spiegel (= geschliffenes Glas) bezeugen venezianische Glastechnologie. Die heimischen Glasprodukte („Waldglas") haben grünliche, gelbliche, bräunliche oder bläuliche Farbtöne und durchaus eigenständige Formen; vgl. Becher mit gebuckeltem Deckel.

Standort: Schönbach (NÖ.), Pfarrkirche.

10/3 Religiöse Glassymbolik: konischer Becher, Reflektor, Flaschen   Abb. S. 116

Verkündigung an Maria (Detail), Tafelmalerei, Ivo Strigel, 1514.

Die Malerei des Spätmittelalters bildet viele Glasgegenstände in erster Linie nicht aus Interesse an den Objekten ab, sondern vor allem aufgrund ihrer religiösen Symbolik.

Mals (Südtirol), Pfarrhof (ehemals Tartsch, Filialkirche St. Veit am Bichl).

Glas als Standesattribut

10/4 Brillen

Disputation der hl. Katharina mit den Philosophen (Detail), Tafelmalerei, steirischer Maler, 1455–1460.

Die Brille ist im 15. Jahrhundert noch eine solche Rarität, daß sie für eine kleine Gruppe der „berufsmäßig" Lesenden und Scheibenden (= die Gelehrten) ein regelrechtes Standeskennzeichen darstellt.

Standort: St. Cäcilia ob Murau, Filialkirche.

10/5 Urinflasche

Das Gleichnis vom reichen Prasser und dem armen Lazarus (Detail), Tafelmalerei, oberrheinischer Maler, 1490–1500.

Die Urinbeschau, ein wichtiges Mittel der medizinischen Diagnostik, macht die Urinflasche in der bildlichen Darstellung zu einem exklusiven Standesattribut der Ärzte.

Standort: St. Paul im Lavanttal, Stiftssammlung.

10/6 Tintenfaß, Vorratsflaschen mit Tinte, Sanduhr

Hl. Ambrosius (Detail), Tafelmalerei, Meister von Mondsee, um 1490.

Die Schreibkundigkeit und die Kenntnis der Zeitmessung beschränkten sich auf eine verschwindend kleine Minderheit. Die betreffenden Gegenstände sind spezielle Symbole für Bildung.

Standort: Wien, Österreichische Galerie.

Flaschen aus dem Mittelalter

Flaschen sind selten im Original erhalten. Auch zur Abbildung gelangen sie nur unter bestimmten thematischen Voraussetzungen, nämlich als Arzneiflaschen im Hausgebrauch (z. B. im Bildzusammenhang mit Schwangerschaft, Geburt und Tod), als Weinflaschen (bei festlichen Eßszenen) oder als Tintenbehälter schreibkundiger Personen. Vgl. neben den folgenden Katalognummern auch Kat.-Nr. 10/2 und 10/3.

10/7 Arzneiflaschen auf einer Sterbeszene
Abb. S. 117

Tod Mariens (Detail), Tafelmalerei, Meister des Schottenaltars, 1469–1480.

Standort: Wien, Schottenstift.

10/8 Arzneiflasche auf einer Geburtsszene: gläserner Becher

Geburt Mariens, Tafelmalerei, Meister der Divisio Apostolorum, um 1490.

Standort: Wien, Österreichische Galerie.

10/9 Arzneiflaschen für die Krankenpflege

Die hl. Elisabeth pflegt einen Kranken – Werke der Barmherzigkeit, Tafelmalerei, steirischer Maler, 1475–1485.

Wien, Schatzkammer des Deutschen Ordens (ehemals Graz, Leechkirche).

10/10 Arzneiflaschen bei einer wunderbaren Heilung

Wunderheilung einer abgeschlagenen Hand, Tafel des großen Mariazeller Wunderaltars, Tafelmalerei, steirischer Maler, 1518–1522.

Graz, LMJ, Alte Galerie (ehemals Mariazell).

10/11 Eßszene mit Enghalsflasche (sog. Angster); teilweise verglastes Fenster
Abb. S. 118

Letztes Abendmahl (Detail), Tafelmalerei, Simon von Taisten, 1485–1490.

Innsbruck, Tiroler Landesmuseum Ferdinandeum (ehemals Sonnenburg, Südtirol).

10/12 Eßszene mit Weinflasche

Das letzte Abendmahl (Detail), Dekoration des Triumphbogens, Freskomalerei, Kärntner oder Tiroler Maler, Anfang 15. Jh.

Literatur: *France Stelé,* Gotsko stensko slikarstvo. Ljubljana 1972, S. 58.

Standort: Weitenstein/Vitanje (Slowenien), Pfarrkirche.

10/13 Tüllenflasche

Illustration zu Digestum vetus 1, 1, 1, Buchmalerei, verm. italienisch 1. Hälfte 14. Jh.

Graz, Universitätsbibliothek, Hs. 32, fol. 5r (ehemals Seckau, Chorherrenstift).

Katalog 10/4

Trinkgläser

Bei den Trinkgefäßen ist die Unterscheidung zwischen alltäglichen und luxuriösen Hohlgläsern am augenfälligsten. Die alltäglichen sind weniger abwechslungsreich gestaltet und aus dem billigeren Waldglas gefertigt. Kennzeichen der Luxusgläser sind hingegen elegante Formen, anspruchsvoller Dekor oder farbliche Extravaganz (= völlige Farblosigkeit oder satte Färbung mit teuren Farbstoffen). In der bildlichen Darstellung dienen viele Becher als religiöse Symbole.

10/14–17 Repräsentation mit Trinkgläsern nach venezianischer Art   Abb. S. 119

Diamontage: Michael Malina.

Profaner Wappenzyklus (Details), Wandmalerei, Ulrich Springenkle, 1526.

Einzelne Mitglieder einer vornehmen Trinkgesellschaft aus Bruneck und Umgebung ließen ihre Sitzplätze 1526 unter anderem mit ausgefallenen Gläsern sinnbildhaft dekorieren.

Standort: Bruneck (Südtirol), Stadtgasse 43.

10/18 Eine häufige Becherform aus Waldglas: der Nuppenbecher

Letztes Abendmahl (Detail), Wandmalerei, Thomas von Villach, 1460–1470.

Standort: Gerlamoos (Kärnten), Filialkirche St. Georg.

10/19 „Krautstrunk"

Vor 1505.

Gläser dieser Art sind häufig als Reliquienbehälter überliefert, vgl. Kat.-Nr. 10/1. Der eingeschlossene Weihezettel datiert das Gefäß auf die Zeit vor 1505.

Schluderns (Südtirol), Pfarrhof (ehemals Altar der Michaelskirche am Friedhof).

10/20 Farbloser „venezianischer" Becher; farbloses Fensterglas

Geburt Mariens (Detail), Tafelmalerei, Meister des Schottenaltars, 1469–1480.

Standort: Wien, Schottenstift.

10/21 Satt gefärbtes Luxusglas auf Edelmetallfuß

Verkündigung an Maria (Detail), Tafelmalerei, Meister von Maria am Gestade, 1460–1470.

Das mittelalterliche Kunstverständnis zeichnet Maria als Mutter Gottes mit kostbarsten Repräsentationsobjekten aus.

Standort: Wien, Kirche Maria am Gestade.

10/22 Achteckiger, in die Form geblasener Becher

Geburt Mariens, Tafelmalerei, Meister von Schloß Lichtenstein, 1440–1450.

Standort: Wien, Österreichische Galerie.

10/23 Waldglas-Becher „ zweifelhafter" Wiedergabe

Geburt Mariens (Detail), Tafelmalerei, Meister des Eggelsberger Altars, 1481.

Standort: Linz, Schloßmuseum.

Glas im Beleuchtungswesen

Die Verwendung von Glas zur Beleuchtung signalisiert im Mittelalter Außergewöhnliches: Glas als Öllampe gehört zu den gehobenen, von der Kirche entwickelten Beleuchtungsformen. Glas als Laternenverkleidung hängt mit der Auffassung Christi als „Licht der Welt" zusammen.

10/24 Kirchlicher Radleuchter mit zwölf gläsernen Lichtschalen

Meßfeier des hl. Wolfgang, Tafelmalerei, Kärntner Maler, 1515–1520.

Standort: Grades (Kärnten), Pfarrkirche.

10/25 Gläserne Lichtschalen als mobile Beleuchtung

Kluge Jungfrauen (Detail), Dekoration des Triumphbogens, Wandmalerei, 3. Viertel 15. Jh.

Standort: Goropeč pri Ihanu (Slowenien), Pfarrkirche.
Foto: Csenija Rozman, Narodna Galeria, Ljubljana.

10/26 Verglaste Sturmlaterne

Geburt Christi (Detail), Tafelmalerei, Meister des Krainburger Altars, um 1500.

Standort: Graz, LMJ, Alte Galerie, Inv.-Nr. 337.

Katalog 10/22

Spiegel- und Fensterglas

10/27 Handspiegel mit farbiger Fassung

Szene aus der Legende der hl. Katharina, Tafelmalerei, Meister von Bat, um 1420.

Standort: Esztergom (Ungarn), Christliches Museum, Inv.-Nr. 54.2.

10/28 Butzen- und Rautenscheiben

Verkündigung an Maria (Detail), Tafelmalerei, steirischer Maler, um 1480.

Standort: Obdach, Spitalskirche.

Glashütten und Glasmacher

10/29 Glasmachermadonna von Glashütten, 17. Jh.
Holzschnitzerei.   Abb. S. 128
Möglicherweise Arbeit eines Glasmachers.
Glashütten, Kirche.

10/30 Glashütte mit Ofen
Ambiente nach Angaben von Johann Guß im Anklang an die jüngere Glashütte in Glashütten.
Ausführung: Klaus Kada.

10/31 „Hüttenarbeit", 1556
Repro aus: Georg Agricola, Zwölf Bücher vom Bergbau und Hüttenwesen, Nachdruck der Ausgabe von 1928. = dtv 6986, München 1977², S. 507.

Die Abbildung zeigt die Arbeiten in einer Handglashütte, wie sie auch noch heute üblich sind.

10/32 Die natürlichen Grundlagen der Glaserzeugung
Schematische Erklärung: Paul W. Roth.

3 Bottiche mit Quarzsand, Pottasche und Kalk.

Bärnbach, Oberglas-Hütte.

10/33 Arbeitstisch mit Werkzeugen des Glasmachers
Bärnbach, Glasmuseum.

10/34 Glashütte von Glashütten, um 1720
Modell.
Entwurf und Ausführung: Johann Guß.
H. 35 cm. B. 45 cm. L. 35 cm.
Graz, J. Guß.

10/35 Ein Glasträger verläßt die Hütte
Figurine.
Graz, LMJ, Volkskundemuseum.

10/36 Ansichten alter Waldglashütten
a) Glashütte im Feistritztal/Oststmk., 1692
Abb. S. 123
Repro nach einer aquarellierten Zeichnung.
Literatur: *Paul W. Roth*, Die Glaserzeugung in der Steiermark von den Anfängen bis 1913, Graz 1976, S. 73.

b) Glashütte Salla, 17./18. Jh.
Fiktive Tuschzeichnung von Reinhard Krebernik.
Köflach, Museum.

c) Glashüttenruine in der Soboth, heutiger Zustand
Foto: Bundesdenkmalamt, Graz.

10/37 Glasmacherhandwerk – Glasmacher, Glasmaler, Glasschneider, Glaser
Repros nach vier Kupferstichen von Jost Amman, ca. 1570, und Christoph Weigl, 1698.

10/38 In der Glashütte – Hüttenansicht, Glasmacher bei der Arbeit, Werkzeug
Repros nach vier Kupferstichen, signiert: Benard direxit, in Mappe: Die Glaserzeugung. Werkzeuge und Werkstätten, Nr. 1, 18, 19, 20.
Graz, LMJ, Abt. f. Kunstgewerbe.

10/39 Das Werkzeug des Glasmachers
Zwei Repros von: P. N. Sprengels, Handwerk und Künste in Tabellen, fortgesetzt von O. L. Hartwig, Zehnte Sammlung, Berlin 1773, Tab. 4 und 5.

10/40 Glasbläser und Glaser an der Arbeit
Zwei Repros von: Kupfersammlung zu J. B. Basedows Elementarwerke für die Jugend und ihre Freunde, Berlin und Dessau, 1774, Tafel LV. J.E. Gailer, Neuer Orbis Pictus für die Jugend, oder Schauplatz . . ., Reutlingen 1842.

Katalog 10/38

**10/41 Die Glashütten in der heutigen Steiermark und
im Bacherngebirge**

Graphik.
Entwurf: Paul W. Roth, Johann Guß, Heinrich Körbitz.
Ausführung: Heinz Schubert.

**10/42 Ausdehnung der Handelsbereiche von
Waldglashütten des 18. Jh.s am Beispiel der
Hütten Glashütten, Soboth und Schaueregg**

Graphik.
Entwurf: Paul W. Roth.
Literatur: *P. W. Roth*, Glaserzeugung, S. 237.

**10/43 Die Produktion einer Waldglashütte am
Beispiel der Hütte Glashütten, 1730/31**

Tabelle.
Entwurf: Paul W. Roth.
Literatur: *P. W. Roth*, Glaserzeugung, S. 54.

10/44 Personalstand der Waldglashütten

Tabelle.
Entwurf: Paul W. Roth.
Literatur: *P. W. Roth*, Glaserzeugung, S. 204.

403

Katalog 10/84

Aus der Produktion der Waldglashütten der Weststeiermark, Kärntens und des Bacherngebirges

10/45 Butzen- und Rautenscheiben, 15.–18. Jh.
Bärnbach, E. Lasnik.

10/46 Tintenfläschchen aus Grünglas, zwischen 1770 und 1800
Hütte Salla.
Bärnbach, E. Lasnik.

10/47 Verschiedene Gläser und Fläschchen aus weststeirischen Waldglashütten, 18. Jh.
Bärnbach, E. Lasnik.

10/48 Schnapsbuderl, 18. Jh.
Bärnbach, E. Lasnik.

10/49 Glasscherben, Hafenreste, Ziegelstücke von Koralm und Teichalpe, 18./19. Jh.
Bärnbach, E. Lasnik; Graz, Bundesdenkmalamt; J. Guß.

10/50 Fensterrahmen mit Butzenscheiben
H. 100 cm, B. 30 cm.
Graz, LMJ, Abt. f. Kunstgewerbe.

10/51 Salatschüssel
Hütte St. Vinzenz/Koralpe.
H. 10 cm, Dm. 34 cm.
St. Paul im Lavanttal, Benediktinerstift.

10/52 Zwei Sektgläser (Tulpen)
Hütte St. Vinzenz/Koralpe.
H. 21,5 cm, Dm. 7 cm.
St. Paul im Lavanttal, Benediktinerstift.

10/53 Zwei Biergläser (Tulpen)
Hütte St. Vinzenz/Koralpe.
H. 18 cm, Dm. 6,5 cm.
St. Paul im Lavanttal, Benediktinerstift.

10/54 Zwei Weingläser (Tulpen)
Hütte St. Vinzenz/Koralpe.
H.17,5 cm, Dm. 6 cm.
St. Paul im Lavanttal, Benediktinerstift.

10/55 Zwei Weingläser (Tulpen)
Hütte St. Vinzenz/Koralpe.
H. 17 cm, Dm. 5,2 cm.
St. Paul im Lavanttal, Benediktinerstift.

10/56 Zwei Glasbecher
Hütte St. Vinzenz/Koralpe.
H. 12,5 cm, Dm. 9 cm.
St. Paul im Lavanttal, Benediktinerstift.

10/57 Zwei Likörgläser

Hütte St. Vinzenz/Koralpe.
H. 13,2 cm, Dm. 6 cm.

St. Paul im Lavanttal, Benediktinerstift.

10/58 Zwei Schnapsgläser

Hütte St. Vinzenz/Koralpe.
H. 11,5 cm, Dm. 5,5 cm.

St. Paul im Lavanttal, Benediktinerstift.

10/59 Wasserglas mit Goldrand

Hütte St. Vinzenz/Koralpe.
H. 7 cm, Dm. 6,2 cm.

St. Paul im Lavanttal, Benediktinerstift.

10/60 Flasche mit „St. Vinzenz-Muster", um 1850

Hütte St. Vinzenz/verm. bei Soboth.
H. 22 cm.

Monogramm „JC".

Eibiswald, Kloepfermuseum, Inv.-Nr. 25.

10/61 Bierstutzen, 1880

Hütte St. Vinzenz/verm. bei Soboth.
H. 17 cm.

Gelbliches bis hellgrünes Glas, eingeschliffen: 1/2l.

Eibiswald, Kloepfermuseum, Inv.-Nr. 463.

10/62 Mostkrug, um 1830

Hütte St. Vinzenz/verm. bei Soboth.
H. 14 cm.

Eingeschliffene Pflaumen an dem sich nach oben ver-
jüngenden Krug.

Eibiswald, Kloepfermuseum, Inv.-Nr. 494.

10/63 Pokal, 1850

Hütte St. Vinzenz/verm. bei Soboth.
H. 15,3 cm.

Prunkpokal, reich mit dem sogenannten St. Vinzenz-
Schliff versehen.

Eibiswald, Kloepfermuseum, Inv.-Nr. 59.

Katalog 10/99   Katalog 10/100

10/64 Pokal, um 1850

Hütte St. Vinzenz/verm. bei Soboth.
H. 15 cm, Wandung 7 mm.

Sechs eingeschliffene Rillen. Diese besonders
schwere Ausführung von Pokalgläsern wurde zum
Servieren von Tee oder Kaffee verwendet.

Eibiswald, Kloepfermuseum, Inv.-Nr. 161.

10/65 Weinflasche mit Becher, um 1850

Hütte St. Vinzenz/verm. bei Soboth.
H. 26 cm.

Flasche mit typischem St. Vinzenz-Muster.

Eibiswald, Kloepfermuseum, Inv.-Nr. 397.

Katalog 10/82

10/66 Zwei Schnapsflaschen, um 1850

Hütte St. Vinzenz/verm. bei Soboth.
H. 14 cm und 15 cm.

Eines der Fläschchen besitzt am Hals drei Ringe, das andere, mit zwei Halsringen, ist zehnkantig geschliffen.

Eibiswald, Kloepfermuseum, Inv.-Nr. 392 und 393.

10/67 Weihwasserflasche, nach 1800

Hütte St. Vinzenz/verm. bei Soboth.
H. 24,5 cm.

Halsstück auf den vierkantigen Glaskörper schief aufgesetzt.

Eibiswald, Kloepfermuseum, Inv.-Nr. 373.

10/68 Weinflasche, um 1850

Hütte St. Vinzenz/verm. bei Soboth.
H. 27 cm.

Flasche mit Halsring und Pflaumenschliff verziert.

Eibiswald, Kloepfermuseum, Inv.-Nr. 374.

10/69 Pokalglas, um 1800

Hütte St. Vinzenz/verm. bei Soboth.
H. 15 cm.

Der Pokal (Teeglas) besitzt einen massiven Schaft mit Wulst und ist vom Wulst aufwärts mit Kugelschliff versehen.

Literatur: Altes Steirisches Glas, Katalog, Eibiswald 1978, Nr. 15.
Eibiswald, Fam. Schneebacher.

10/70 Bierstutzen, um 1800

Hütte St. Vinzenz/verm. bei Soboth.
H. 12,5 cm.

Zylindrischer Stutzen mit dickem Boden, eingeritztes Monogramm „MK" und ¼-l-Meßmarke.

Literatur: Altes Steirisches Glas, Katalog 1978, Nr. 35.
Eibiswald, Fam. Schneebacher.

10/71 Flasche mit Glas, um 1850

Hütte St. Vinzenz/verm. bei Soboth.
Flasche: H. 17 cm, Glas: H. 9,5 cm.

Die Wandung der runden Flasche ist mit rotem Weinrebendekor bemalt. Am Flaschenhals drei Ringe aus rotem Glas, das Mundstück ist rot überzogen. Das dazugehörige Glas wurde in gleicher Ausführung gefertigt.

Literatur: Altes Steirisches Glas, Katalog 1978, Nr. 59.
Eibiswald, Fam. Schneebacher.

10/72 Flachbecher, um 1900

Verm. steirisch.

Rubinglas, achtkantig, vergoldet. Die Darstellung von Graz auf der Vorderseite weist auf eine steirische Hütte.

Eibiswald, Fam. Schneebacher.

10/73 Pokalglas, um 1800

Hütte St. Vinzenz/verm. bei Soboth.
H. 13 cm.

Der Pokal besteht aus durchsichtigem Glas in massiver Ausführung. Er besitzt einen umlaufenden, für

„St. Vinzenz" typischen Ornamentschmuck in Matt-,
Rillen- und Kugelschliff.
Eibiswald, W. Strohschneider.

10/74 Schilcherglas, 19. Jh.
Vermutlich Hütte Soboth.
Bärnbach, Glasmuseum.

10/75 Rubinpokal, um 1850
Verm. Hütte Henriettental oder Reifnigg
Zweiteilig, am Oberteil zwei Henkel, einfacher Glas-
sockel.
Eibiswald, W. Strohschneider.

10/76 Glasbecher, um 1800
Hütte Areh/Oberlembach oder Langerswald.
H. 11,4 cm, Dm. 7,8 cm.
Dickwandiges Glas mit Luftblasendekor und Matt-
schliff. Monogramm „B.W."
Maribor, Pokrajinski Muzej, Inv.-Nr. 6.616.

10/77 Flasche, um 1840   Abb. S. 134
Hütte Areh/Oberlembach.
H. 25,8 cm, Dm. 8,8 cm.
Dickwandig geblasene und geschliffene Flasche.
Literatur: *F. Minarik*, Pohorske Steklarne, Maribor 1966,
S. 218 f.
Maribor, Pokrajinski Muzej, Inv.-Nr. 6.808/2.

10/78 Becher, um 1840   Abb. S. 134
Hütte Areh/Oberlembach.
H. 9,3 cm, Dm. 5,8 cm.
Literatur: *F. Minarik*, Steklarne, S. 218 f.
Maribor, Pokrajinski Muzej, Inv.-Nr. 6.807/2.

Katalog 10/83

407

Katalog 10/86

Katalog 10/87

10/79 Kelch oder Sektglas, um 1840   Abb. S. 134
Hütte Areh/Oberlembach.
H. 22,4 cm, Dm. 5,6 cm.
Dickwandiges Glas, geblasen und geschliffen.
Literatur: *F. Minarik*, Steklarne, S. 218 f.
Maribor, Pokrajinski Muzej, Inv.-Nr. 6.806/3.

10/80 Kelch, um 1840   Abb. S. 134
Hütte Areh/Oberlembach.
H. 13,2 cm, Dm. 6,7 cm.

Dickwandiger, geblasener und geschliffener Kelch.
Literatur: *F. Minarik,* Steklarne, S. 218 f.
Maribor, Pokrajinski Muzej, Inv.-Nr. 6.805.

10/81 Becher   Abb. S. 133
Hütte Areh/Oberlembach.
H. 9 cm, Dm. 6,8 cm.

Dickwandig geblasener Becher mit bunter Emailmalerei, Medaillon und Monogramm „MR" (Maria
Robnik) in Gold.

408

Katalog 10/88

Katalog 10/90

Literatur: *F. Minarik,* Nekaj o pohorskih steklosliharjih ter o poslikanem in baromem steklu. In: CZN, No. 5, XL/1969, S. 460.

Maribor, Pokrajinski Muzej, Inv.-Nr. 3.860.

10/82 Becher, um 1820

Hütte Areh/Oberlembach.
H. 10 cm, Dm. 7 cm.

Dickwandig geblasener Becher, in Mattgravur mit Blumengirlanden und Mattstreifen versehen.

Maribor, Pokrajinski Muzej, Inv.-Nr. 3.828.

10/83 Flasche, 1792

Verm. Hütte Areh/Oberlembach.
H. 17 cm, B. 8,6 cm, L. 10 cm.

Mit Mattschliffdekor verziert.

Maribor, Pokrajinski Muzej, Inv.-Nr. 6.825.

10/84 Fußbecher

Hütte St. Lorenzen am Bachern/Lovrenc na Pohorju.
H. 14,7 cm, Dm. 7,7 cm.

Dickwandiges, dunkelblaues Glas.

Maribor, Pokrajinski Muzej, Inv.-Nr. 4.557.

Katalog 10/89

10/85 Fußbecher, 2. Hälfte 19. Jh.

Hütte St. Lorenzen/Lovrenc na Pohorju.
H. 15,8 cm, Dm. 7 cm.

Dickwandig, polygonal geschliffen.

Maribor, Pokrajinski Muzej, Inv.-Nr. 3.790.

10/86 Fußbecher

Hütte St. Lorenzen/Lovrenc na Pohorju.
H. 19 cm, Dm. 6,5 cm.

Dickwandiges Glas.

Maribor, Pokrajinski Muzej, Inv.-Nr. 3.770.

10/87 Mörser

Hütte St. Lorenzen/Lovrenc na Pohorju.
H. 21 cm, Dm. 9,5 cm.

Maribor, Pokrajinski Muzej, Inv.-Nr. 4.437.

10/88 Fußbecher, 2. Hälfte 19. Jh.

Hütte St. Lorenzen/Lovrenc na Pohorju.
H. 15 cm, Dm. 7 cm.

Dickwandig, polygonal geschliffen; Monogramm „IS".

Maribor, Pokrajinski Muzej, Inv.-Nr. 3.789/2.

10/89 Die Glashütte Neu-Benediktental um 1842 und ihre Produktion   Abb. S. 131

Repros aus: Allgemeiner kritisch-statistisch-topographischer Fabriksbilderatlas, redigiert von Carl v. Frankenstein, Gratz 1842 und Preiskurrant.

Die Abbildungen zeigen die Außenansicht, die Einrichtung und die Produkte der Glashütte; zu ihrer Zeit war sie die berühmteste der Steiermark.

10/89a) Trinkservice, um 1840

Hütte Benediktental (Vivat).
Karaffe: H. 26 cm, B. 12 cm.

Bestehend aus einer Weinkaraffe und drei Gläsern, Karaffe Weißglas, bauchig, geschliffen – im Bereich des Flaschenbauches Rautenschliff – mit geschliffenem Stöpsel. Drei Weingläser im gleichen Stil, Rautenschliff unter dem Trinkrand.

Literatur: *F. Minarik*, Steklarne, S. 218.

Graz, G. Baron.

10/90 Pokal, 1840

Hütte Neu-Benediktental/Lobnica (Ruse)
H. 17,5 cm, Dm. 18 cm.

Der Pokal mit Relief ist in die Form geblasen; Schaft und Fuß sind geschliffen. Motive: Steirisches Wappen; Emblem der Landwirtschaft; landwirtschaftliche Geräte sowie Inschriften: Steiermark; 1840; Erzherzog Johan B.; Glasfab. D.B.V.K.K.

Maribor, Pokrajinski Muzej, Inv.-Nr. 3.861.

Katalog 10/123

Katalog 10/112

Katalog 10/118

412

Katalog 10/136

Katalog 10/141

413

10/91 Schnapsflasche, 1840

Hütte Neu-Benediktental/Lobnica (Ruse).
H. 15,5 cm.

Dekor gleich wie beim Pokal, Objekt Nr.10/90.

Maribor, Pokrajinski Muzej, Inv.-Nr. 4.417.

10/92 Glaspresse, 1856

Hütte Neu-Benediktental/Lobnica oder Langerswald/
Lovrenc.
H. 33 cm, Dm. 32 cm.

Das Monogramm „BV" verweist auf Benedikt Vivat.

Maribor, Pokrajinski Muzej, Inv.-Nr. 3.081.

10/93 Becher, 1834–1840

Hütte Neu-Benediktental/Lobnica (Ruse).
H. 10,4 cm, Dm. 7,5 cm.

In die Form geblasen. In einem Medaillon Motiv

Johannes der Täufer und Inschrift: Hoffnung, Glaube,
Liebe.

Maribor, Pokrajinski Muzej, Inv.-Nr. 6.569/2.

10/94 Becher   Abb. S. 132

Hütte Neu-Benediktental/Lobnica (Ruse).
H. 9 cm, Dm. 6,5 cm.

Dunkelgrünes Glas, dickwandig geblasen, mit
Fabriksetikette.
Aufschrift: I.R.PRIV. FABRICA VETRAMI IN
MARIA RAST PRESSO MARBURGO A/D STI-
RIA.

Maribor, Pokrajinski Muzej, Inv.-Nr. 4.567.

10/95 Kompott-Tasse, 1. Hälfte 19. Jh.

Hütte Neu-Benediktental/Lobnica (Ruse).
H. 9,2 cm, Dm. 8,5 cm.

Dickwandig geblasen, mit gezogenem und aufgeschmolzenem Henkel.

Maribor, Pokrajinski Muzej, Inv.-Nr. 3.853.

10/96 Vase, 1884

Hütte Neu-Benediktental/Lobnica (Ruse).
H. 65 cm, Dm. 25 cm.

Aus weißem, undurchsichtigem Glas, verziert mit Streifen, Krone und Aufschrift: Schloß Faal 1884 in Gold. In einem Medaillon Porträts des Grafen Zabeo und seiner Frau.

Maribor, Pokrajinski Muzej, Inv.-Nr. 2.694.

10/97 Bierkrug, Mitte 19. Jh. Abb. S. 130

Hütte Neu-Benediktental/Lobnica (Ruse).
H. 14,5 cm, Dm. 8,7 cm.

Mit Emailmalerei, Henkel gezogen und aufgeschmolzen.

Maribor, Pokrajinski Muzej, Inv.-Nr. 6.795.

10/98 Flasche, zwischen 1875 und 1892

Hütte Neu-Benediktental/Lobnica (Ruse).
H. 27,5 cm, Dm. 11 cm.

Mattschliff, Monogramm „LMP", Kranz mit eingefügtem Blumenstrauß (Zabeo).

Maribor, Pokrajinski Muzej, Inv.-Nr. 3.976.

10/99 Römer, zwischen 1875 und 1892

Hütte Neu-Benediktental/Lobnica (Ruse).
H. 12,3 cm, Dm. 7 cm.

Dunkelgrünes Glas. Mattgravur, Monogramm „Z" und Krone (Zabeo).

Maribor, Pokrajinski Muzej, Inv.-Nr. 4.561.

10/100 Flasche, zwischen 1875 und 1892

Hütte Neu-Benediktental/Lobnica (Ruse).
H. 27,7 cm, Dm. 9,2 cm.

Dunkelgrünes Glas, dickwandig geblasen und geschliffen.

Maribor, Pokrajinski Muzej, Inv.-Nr. 6.829.

10/101 Trinkbecher, um 1840

Hütte Langerswald/Lovrenc.
H. 6,9 cm, Dm. 12 cm.

Preßglas. Zylindrische Form, oben und unten sogenannte Steindlborten, vier Säulenpaare, dazwischen

Katalog 10/102

Büste Erzherzog Johanns mit Umschrift: Erzherzog Johann von Österreich. Links und rechts davon zwei Landwirtschaftsembleme (Geräte in je einem Kranz), gegenüber der Doppeladler, unter diesem das Monogramm „BV" (Benedikt Vivat) und die Beschriftung: k. k. priv. Langerswalder Glasfabrik in Steiermark. Bodenrand gekerbt, Bodenstern.
Gepreßt aus Anlaß der Zwanzig-Jahr-Feier der Steiermärkischen Landwirtschaftsgesellschaft.

Literatur: Altes Steirisches Glas, Katalog 1978.

Graz, LMJ, Abt. f. Kunstgewerbe, Inv.-Nr. 18.602.

10/102 Reliefglasbecher, um 1840

Hütte Langerswald/Lovrenc.
H. 9,6 cm.

Zylindrischer Becher, oben und unten sogenannte Steindlborten, vier Säulenpaare. Zwei Landwirtschaftsembleme, verschiedene Geräte mit einem Kranz, gegenüber der Doppeladler, unter ihm „BV" (Benedikt Vivat) und Text: k. k. pr. Langerswalder

Katalog 10/96

Glasfabrik in Steyermarkt, Bodenrand gekerbt, Bodenstern, zwei Formnähte.
Geschaffen zur Zwanzig-Jahr-Feier der Steiermärkischen Landwirtschaftsgesellschaft.
Literatur: Altes Steirisches Glas, Katalog 1978, Nr. 90.
Eibiswald, Kloepfermuseum, Inv.-Nr. 543.

10/103 Flasche, um 1840
Hütte Langerswald/Lovrenc.
H. 11,5 cm, Dm. 16 cm.

Preßglas. Zusammengedrückte Blase mit kleinem, eingewölbtem Boden. Zwischen Palmetten vier Darstellungen: Pflug, Rechen, Sense, Dreschflegel, Gravur: 1840, Emblem aus Gabel, Spaten, Säge, Messer dabei: „Glasfabr. D.B.V.K.K. Priv." (Glasfabrik des Benedikt Vivat), gekrönter Wappenschild mit Panther und Inschrift: Steyermark, eingesetzter Hals mit dickem Rand, zwei feine Formnähte von der Preßform.
Literatur: Altes Steirisches Glas, Katalog 1978.
Graz, LMJ, Abt. f. Kunstgewerbe, Inv.-Nr. 8.858.

10/104 Rexglas, um 1900
Hütte Josefstal/Josipdol.
H. 20 cm, Dm. 9 cm.

In die Form geblasen, Relief.
Maribor, Pokrajinski Muzej, Inv.-Nr. 6.769.

10/105 Behälter
Hütte Josefstal/Josipdol.
H. 21,5 cm, Dm. 16,5 cm.

In die Form geblasen.
Maribor, Pokrajinski Muzej, Inv.-Nr. 6.669.

10/106 Behälter
Hütte Josefstal/Josipdol.
H. 24,7 cm, Dm. 5,3 cm.

Maribor, Pokrajinski Muzej, Inv.-Nr. 6.758.

10/107 Senfbehälter
Hütte Josefstal/Josipdol.
H. 22,5 cm, Dm. 3,7 cm.

In die Form geblasen, Aufschrift: Estragon Senf
Victor Schmidt & Söhne.
Maribor, Pokrajinski Muzej, Inv.-Nr. 6.752.

10/108 Eisglas, um 1900
Hütte Josefstal/Josipdol.
H. 9 cm, Dm. 6,5 cm.
Maribor, Pokrajinski Muzej, Inv.-Nr. 6.746.

10/109 Flasche, 2. Hälfte 19. Jh.
Hütte Josefstal/Josipdol.
H. 17,2 cm, Dm. 6,2 cm.

Matt geschliffen.
Maribor, Pokrajinski Muzej, Inv.-Nr. 6.631.

10/110 Flasche, 2. Hälfte 19. Jh.
Hütte Josefstal/Josipdol.
H. 28,5 cm, Dm. 11,2 cm.

Matt geätzt.
Maribor, Pokrajinski Muzej, Inv.-Nr. 6.630.

10/111 Flasche, 19. Jh.
Hütte Josefstal/Josipdol.
H. 26,5 cm, Dm. 9 cm.
Maribor, Pokrajinski Muzej, Inv.-Nr. 4.393/2.

10/112 Flasche, 3. Drittel 19. Jh.
Hütte Josefstal/Josipdol.
H. 26,3 cm, Dm. 9,2 cm.

Geblasen und geschliffen, mit Monogramm in Mattschliff „TPT" (Tone Pajtler Teresia).
Maribor, Pokrajinski Muzej, Inv.-Nr. 6.997.

10/113 Arzneiflasche
Hütte Josefstal/Josipdol.
H. 11,5 cm, Dm. 1,7 cm.
Maribor, Pokrajinski Muzej, Inv.-Nr. 6.755.

10/114 Arzneiflasche
Hütte Josefstal/Josipdol.
H. 9,9 cm, Dm. 3,4 cm.
Maribor, Pokrajinski Muzej, Inv.-Nr. 6.726.

Katalog 10/96

417

Katalog 10/145

10/115 Säuglingsflasche, Ende 19. Jh.
Hütte Josefstal/Josipdol.
L. 21,2 cm.
Maribor, Pokrajinski Muzej, Inv.-Nr. 6.783.

10/116 Flasche
Hütte Josefstal/Josipdol.
H. 34 cm, Dm. 7,2 cm.
Maribor, Pokrajinski Muzej, Inv.-Nr. 6.678.

10/117 Flasche
Hütte Josefstal/Josipdol.
H. 25 cm, Dm. 6 cm.
Maribor, Pokrajinski Muzej, Inv.-Nr. 6.688.

10/118 Flasche
Hütte Josefstal/Josipdol.
H. 27 cm, Dm. 6,9 cm.
Maribor, Pokrajinski Muzej, Inv.-Nr. 6.683.

10/119 Flasche
Hütte Josefstal/Josipdol.
H. 15 cm, Dm. 3,9 cm.
Optischer Dekor durch vertikale Rippen.
Maribor, Pokrajinski Muzej, Inv.-Nr. 6.699.

10/120 Karaffe, Mitte 19. Jh.
Hütte Josefstal/Josipdol.
H. 20,9 cm, Dm. 5,3 cm.
Henkel gezogen und aufgeschmolzen.
Maribor, Pokrajinski Muzej, Inv.-Nr. 6.799.

10/121 Kelch
Hütte Josefstal/Josipdol.
H. 19,8 cm, Dm. 6,7 cm.
Maribor, Pokrajinski Muzej, Inv.-Nr. 6.662.

10/122 Kelch, 2. Hälfte 19. Jh.
Hütte Josefstal/Josipdol.
H. 18 cm, Dm. 6,6 cm.
Geblasen und geschliffen.
Maribor, Pokrajinski Muzej, Inv.-Nr. 6.670.

10/123 Kelch, Mitte 19. Jh.

Hütte Josefstal/Josipdol.
H. 17,8 cm, Dm. 6 cm.

Geblasen und geschliffen, im Schaft roter und gelber
Faden in der Technik „vasi a reticelli".

Maribor, Pokrajinski Muzej, Inv.-Nr. 6.634.

10/124 Reisebecher, 2. Hälfte 19. Jh.

Hütte Josefstal/Josipdol.
H. 9,5 cm, Dm. 6,5 cm.

Maribor, Pokrajinski Muzej, Inv.-Nr. 6.719.

10/125 Flasche

Hütte Josefstal/Josipdol.
H. 52 cm, Dm. 22 cm.

Sogenannte Schwanenhalsflasche.

Maribor, Pokrajinski Muzej, Inv.-Nr. 6.738.

10/126 Mensur (Meßglas), 2. Hälfte 19. Jh.

Hütte Josefstal/Josipdol.
H. 29,5 cm, Dm. 11 cm.

Dickwandig, graviert.

Maribor, Pokrajinski Muzej, Inv.-Nr. 4.601.

10/127 Öllampeneinsatz

Hütte Josefstal/Josipdol.
H. 12 cm, Dm. 14 cm.

Braunes Glas.

Maribor, Pokrajinski Muzej, Inv.-Nr. 6.750.

10/128 Öllampeneinsatz, Mitte 19. Jh.

Hütte Josefstal/Josipdol.
H. 12,4 cm, Dm. 9 cm.

Maribor, Pokrajinski Muzej, Inv.-Nr. 4.404.

10/129 Öllampeneinsatz, 3. Viertel 19. Jh.

Hütte Josefstal/Josipdol.
H. 20,5 cm, Dm. 9,5 cm.

Rosa Glas.

Maribor, Pokrajinski Muzej, Inv.-Nr. 6.749.

Katalog 10/98

419

Katalog 10/110

Katalog 10/139

420

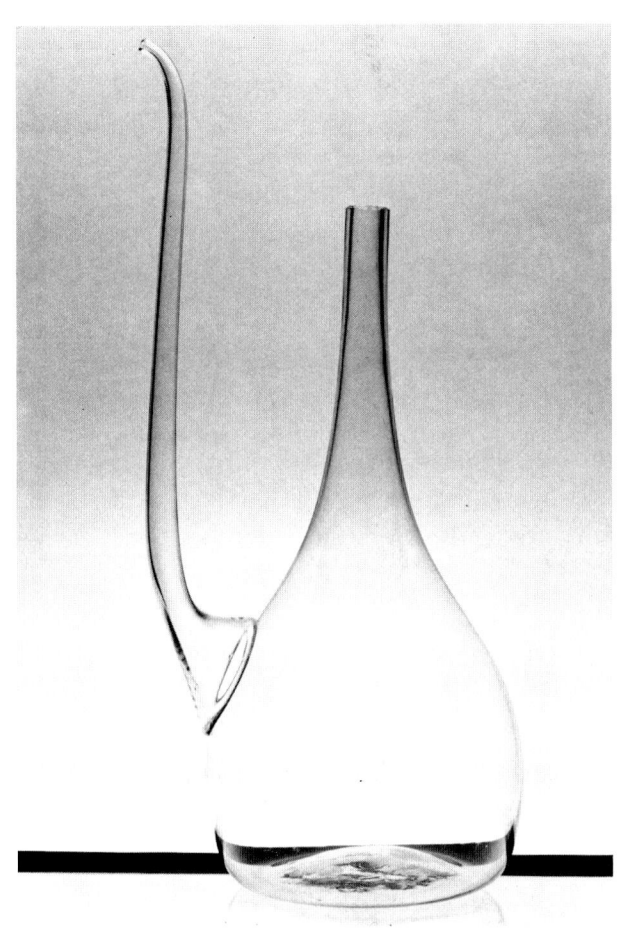

Katalog 10/125

Katalog 10/152

421

10/130 Windschutz für einen Lampenschirm, um 1900

Hütte Josefstal/Josipdol.
H. 23 cm, Dm. 12 cm.
Maribor, Pokrajinski Muzej, Inv.-Nr. 6.732.

10/131 Untersatz für eine Petroleumlampe, um 1900

Hütte Josefstal/Josipdol.
H. 10,5 cm, Dm. 9 cm.
Dünnwandig, Ring aus Metall.
Maribor, Pokrajinski Muzej, Inv.-Nr. 4.659.

10/132 Bierkrug, Ende 19. Jh.

Hütte Josefstal/Josipdol.
H. 12 cm, Dm. 6 cm.
In Form geblasen, dickwandig.
Maribor, Pokrajinski Muzej, Inv.-Nr. 4.401.

10/133 Bierkrug, um 1900

Hütte Josefstal/Josipdol.
H. 17,5 cm, Dm. 8 cm.
Geblasen, dickwandig, geschliffen.
Maribor, Pokrajinski Muzej, Inv.-Nr. 3.742.

10/134 Serviettenring, 2. Hälfte 19. Jh.

Hütte Josefstal/Josipdol.
H. 4,8 cm, Dm. 5,6 cm.
Maribor, Pokrajinski Muzej, Inv.-Nr. 3.935.

10/135 Stiefel, 1. Hälfte 19. Jh.

Hütte Josefstal/Josipdol.
H. 33,5 cm, L. 18,1 cm, Dm. 12,2 cm.
Dickwandig, am Rand mit gezwickter Borte.
Maribor, Pokrajinski Muzej, Inv.-Nr. 6.667.

10/136 Goldfischglas, zwischen 1830 und 1840

Hütte Josefstal/Josipdol.
H. 36,5 cm, Dm. 19,7 cm.
Dickwandig, vertikale Rippen.
Maribor, Pokrajinski Muzej, Inv.-Nr. 6.665.

Katalog 10/104

10/137 Glasbecher mit Kühluntersatz, nach 1840

Hütte Josefstal/Josipdol.
Untersatz: H. 7,7 cm, Dm 15,7 cm.
Becher: H. 8,7 cm, Dm. 7,9 cm.
Rosa, weißes und dunkelblaues Glas.
Maribor, Pokrajinski Muzej, Inv.-Nr. 4.483/5.

422

Katalog 10/133

Katalog 10/135

10/138 Tafelaufsatz, 2. Hälfte 19. Jh.

Hütte Josefstal/Josipdol.
H. 20 cm, Dm. 23,4 cm.

Polygonal geschliffen.

Maribor, Pokrajinski Muzej, Inv.-Nr. 4.446.

10/139 Fußbecher, Ende 19. Jh.

Hütte Josefstal/Josipdol.
H. 18,2 cm, Dm. 7 cm.

Dünnwandig, mit Mattgravur.

Maribor, Pokrajinski Muzej, Inv.-Nr. 6.790.

Katalog 10/143

10/143 Kelch, um 1900
Hütte Josefstal/Josipdol.
H. 12 cm, Dm. 15,8 cm.

Geschliffen, Girlanden in Mattgravur. Schale aus grünem Glas, Fuß und Schaft aus farblosem Glas.

Maribor, Pokrajinski Muzej, Inv.-Nr. 6.635.

10/144 Schüssel, um 1900
Hütte Josefstal/Josipdol.
H. 4,9 cm, Dm. 20,8 cm.

Geblasen, geschliffen, Kränze und Girlanden in Mattgravur.

Maribor, Pokrajinski Muzej, Inv.-Nr. 6.647.

10/145 Flasche, 2. Hälfte 19. Jh.
Hütte Josefstal/Josipdol.
H. 37,5 cm, Dm. 12 cm.

Kugelschliff.

Maribor, Pokrajinski Muzej, Inv.-Nr. 5.576.

10/140 Bowlebehälter, 2. Hälfte 19. Jh.
Hütte Josefstal/Josipdol.
Schale: H. 20 cm, Dm. 18,4 cm.
Deckel: H. 13 cm, Dm. 17,5 cm.

Geschliffen.

Maribor, Pokrajinski Muzej, Inv.-Nr. 6.666.

10/141 Tafelaufsatz mit Deckel, 2. Hälfte 19. Jh.
Hütte Josefstal/Josipdol.
Aufsatz: H. 20,1 cm, Dm. 23 cm.
Deckel: 18,5 cm, Dm. 19,5 cm.

Geschliffen.

Maribor, Pokrajinski Muzej, Inv.-Nr. 6.664.

10/142 Kelch, um 1900
Hütte Josefstal/Josipdol.
H. 13,8 cm, Dm. 6,6 cm.

Geschliffen, Blumengirlanden in Mattgravur.

Maribor, Pokrajinski Muzej, Inv.-Nr. 6.638/2.

10/146 Schnapsstamperl, 2. Hälfte 19. Jh.
Hütte Josefstal/Josipdol.
H. 9,8 cm, Dm. 4 cm.

Geschliffen.

Maribor, Pokrajinski Muzej, Inv.-Nr. 6.639.

10/147 Schale, um 1900
Hütte Josefstal/Josipdol.
H. 6,1 cm, Dm. 12,5 cm.

Geschliffen, Lorbeerkränze und Schleifen in Mattgravur.

Maribor, Pokrajinski Muzej, Inv.-Nr. 6.652.

10/148 Zuckerdose, um 1900
Hütte Josefstal/Josipdol.
H. 6 cm, B. 10 cm, L. 10 cm.

Schleifen und Kränze in Mattgravur.

Maribor, Pokrajinski Muzej, Inv.-Nr. 6.646.

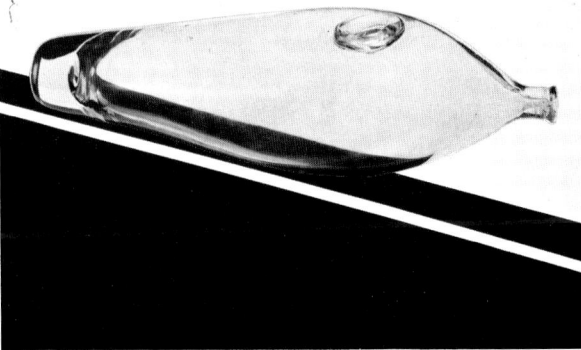

Oben: Katalog 10/95
Unten: Katalog 10/148

Oben: Katalog 10/108
Unten: Katalog 10/115

10/149 Bowlebecher, um 1900

Hütte Josefstal/Josipdol.
H. 11,3 cm, Dm. 6,6 cm.

Geschliffen.

Maribor, Pokrajinski Muzej, Inv.-Nr. 6.622.

10/150 Fußbecher, um 1900

Hütte Josefstal/Josipdol.
H. 18,8 cm, Dm. 7,8 cm.

Geschliffen.

Maribor, Pokrajinski Muzej, Inv.-Nr. 6.624.

10/151 Schnapsstamperl, um 1900

Hütte Josefstal/Josipdol.
H. 9,8 cm, Dm. 3,8 cm.

Geschliffen.

Maribor, Pokrajinski Muzej, Inv.-Nr. 5.557/3.

10/152 Kaffeeflasche, 2. Hälfte 19. Jh.

Hütte am Bacherngebirge/Pohorje.
H. 21 cm, Dm. 9,8 cm.

Dickwandig, Kugelschliff, Überfang in Grün, Rot, Blau und Weiß.

Maribor, Pokrajinski Muzej, Inv.-Nr. 6.559.

10/153 Kaffeeflasche, 2. Hälfte 19. Jh.

Hütte am Bacherngebirge/Pohorje.
H. 25,5 cm, Dm. 7,2 cm.

Dickwandig, blau und rot bemalt.

Maribor, Pokrajinski Muzej, Inv.-Nr. 6.558.

10/154 Becher aus einer Garnitur, 2. Hälfte 19. Jh.

Hütte am Bacherngebirge/Pohorje oder Hrastnik.
H. 9,8 cm, Dm. 6,8 cm.

Dickwandig, mit bunter Emailmalerei.

Maribor, Pokrajinski Muzej, Inv.-Nr. 6.992/2.

10/155 Fußbecher aus einer Garnitur, 2. Hälfte 19. Jh.

Hütte am Bacherngebirge/Pohorje oder Hrastnik.
H. 15 cm, Dm. 7,5 cm.

Dickwandig, bunte Emailmalerei.

Maribor, Pokrajinski Muzej, Inv.-Nr. 6.991/2.

10/156 Krug aus einer Garnitur, 2. Hälfte 19. Jh.

Hütte am Bacherngebirge/Pohorje oder Hrastnik.
H. 17 cm, Dm. 8 cm.

Dickwandig, bunte Emailmalerei, Henkel gezogen und aufgeschmolzen.

Maribor, Pokrajinski Muzej, Inv.-Nr. 6.993.

Katalog 10/140

Katalog 10/151, 10/150, 10/149

426

Katalog 10/154, 10/156, 10/155

Katalog 11/1, 11/1a
428

Das Glas geht zur Kohle

Steirische Mustergläser aus dem Technischen Museum in Wien

11/1 Deckelpokal, um 1835

Klebezettel: aus Benedict Vivat's Glasf. zu Langerswalde im Marburger Kreise, 1835.
H. 31 cm, Dm. 11,5 cm.

Farbloses Glas, reich geschliffen, innen rot überfangen.

Wien, Technisches Museum, Inv.-Nr. 29.599/1,2.

11/1a Tasse, um 1835

Alte Inventaraufzeichnung: Ben. Vivat, Langerswalde, Steierm., 1837.
H. 2,6 cm, Dm. 30 cm.

Farbloses Glas, reich geschliffen, innen rot überfangen. Gehört zu Objekt 11/1.

Wien, Technisches Museum, Inv.-Nr. 29.600.

11/2 Deckelpokal, 1838

Klebezettel: aus Benedict Vivat's Glasf. zu Langerswalde im Marburger Kr., 1838.
H. 41 cm, Dm. 16 cm.

Rotes Hyalithglas, geschliffen.

Wien, Technisches Museum, Inv.-Nr. 29.736/1,2.

11/3 Becher, 1838

Klebezettel: aus Benedict Vivat's Glasf. zu Langerswalde im Marburger Kreise, 1838.
H. 12 cm, Dm. 8 cm.

Farbloses Glas, blau überfangen, geschliffen.

Wien, Technisches Museum, Inv.-Nr. 19.332.

11/4 Becher, 1838

Klebezettel: aus Benedict Vivat's Glasf. zu Langerswalde im Marburger Kreise, 1838.
H. 11 cm, Dm. 8 cm.

Farbloses Glas, rot überfangen, geschliffen.

Wien, Technisches Museum, Inv.-Nr. 19.343.

11/5 Flacon mit Stöpsel, 1838

Klebezettel: aus Benedict Vivat's Glasf. zu Langerswalde im Marburger Kr., 1838.
H. 14 cm, Dm. 8 cm.

Farbloses Glas, reich geschliffen, innen rot überfangen.

Wien, Technisches Museum, Inv.-Nr. 29.727/1,2.

11/6 Potpourri-Flasche, 1838

Klebezettel: aus Benedict Vivat's Glasf. zu Langerswalde im Marburger Kr., 1838.
H. 25 cm, Dm. 14,5 cm.

Farbloses Glas, reich geschliffen, innen rot überfangen. Der Flacon 11/5 ist zugleich der Verschluß für die Flasche.

Wien, Technisches Museum, Inv.-Nr. 19.336.

11/7 Becher, 1826

Klebezettel: aus der Glasf. zu Langerswalde im Marburger Kr. der Steiermark 1826.
Am oberen Rand bezeichnet: k:k:Privl: Glas Fabrickh des Raymund Nouackh zu Langerswald bey Marburg.
H. 11,5 cm, Dm. 8 cm.

Farbloses Glas, geschliffen.

Wien, Technisches Museum, Inv.-Nr. 29.729.

Katalog 11/7, 11/8

11/8 Deckelpokal, 1822

Alte Inventaraufzeichnung: Raymund Nowakh, Langerswald, Steierm. 1822.
Auf Unterseite des Fußes bezeichnet: k:k:Privl: Glas Fabrickh des Raymund Nouackh zu Langerswald bey Marburg.
H. 32 cm, Dm. 11 cm.

Farbloses Glas, geschliffen.

Wien, Technisches Museum, Inv.-Nr. 29.765/1,2.

11/9 Henkelkrügel mit Deckel, 1839

Alte Inventaraufzeichnung: Josef Langer, Josephsthal, Steierm. 1839.
H. 19 cm, Dm. 9 cm.

Blaues Preßglas.

Wien, Technisches Museum, Inv.-Nr. 29.733/1,2.

11/10 Vase mit Deckel

Alte Inventaraufzeichnung: Josef Langer, Josefsthal, Steierm. 1818.
H. 32 cm, Dm. 12 cm.

Blaues Glas, zart bemalt (Goldstreifen und weiße
Punkte).

Wien, Technisches Museum, Inv.-Nr. 29.735/1,2.

11/10a Milchrein

Klebezettel: Oberndorf bey Voitsberg, Glashütte mit Steinkohle, Franz Geyer, Glasmeister.
Alte Inventaraufzeichnung: Fr. Geyer, Oberndorf, Steierm.
1818.
H. 6,5 cm, Dm. 27,5 cm.

Dunkelbraunes Glas.

Wien, Technisches Museum, Inv.-Nr. 29.430.

11/10b Dreiseitiges Prisma

Alte Inventaraufzeichnung: B. Vivat, Unter Steiermark 1847.
B. 4,2 cm, Seiten: L. 10,6 cm.

Farbloses Flintglas, Lampenbehang.

Wien, Technisches Museum, Inv.-Nr. 29.428.

Katalog 11/2

Steirische Glashütten und ihre Produktion

11/11 Hütte Oberdorf, vor 1900
Repro.
Literatur: *Paul W. Roth,* Die Glaserzeugung in der Steiermark von den Anfängen bis 1913, S. 105.

11/12 Hütte Oberdorf, heute
Foto.
Graz, LMJ, Bild- und Tonarchiv.

11/13 Hütte Köflach, heute
Foto.
Graz, LMJ, Bild- und Tonarchiv.

11/14 Hütte Voitsberg, um 1910
Foto.
Voitsberg, H. Körbitz.

11/15 Hütte Staritsch-Ferdinandstal, um 1880
Repro aus: Preiskurrant der Firma Sorger.
Graz, Steiermärkisches Landesarchiv, Bibliothek.

11/16 Hütte Vordersdorf, um 1890
Repro eines Gemäldes.
Eibiswald, Kloepfermuseum.

11/17 Hütte Aibl, 1905
Foto: Strametz.
Auf dem Foto ist auch die heutige Radl-Bundesstraße zu sehen.

11/18 Hütte Wies, um 1890   Abb. S. 136
Repro.
Literatur: *P. W. Roth,* Glaserzeugung, S. 162.

11/19 Die Glaserzeugung in der Gegenwart

Repro aus: Die Schott Gruppe. Herausgeber Schott Glaswerke, Mainz 1987, S. 12 f.

Das Schaubild zeigt alle modernen Glaserzeugungsmethoden im Überblick.

11/20 Hafenofen aus der Glashütte Voitsberg, 1906

Plan.
Maßstab 1:20.
Voitsberg, H. Körbitz.

11/21 Querschnitt durch die Hütte Voitsberg, 1906

Repro eines Planes aus: *P. W. Roth*, Glaserzeugung, S. 138.

11/22 Glasmacherwerkzeuge: Pfeife, Hefteisen, Wälzplatte, Stielschere, Auftreibschere, Henkeleisen, Abschneidschere, Lochschere

Graz, J. Guß.

11/23 Wannenofen

Tischmodell.
Ausführung: Emmerich Pertzl.
B. 140 cm, T. 70 cm.
Bärnbach, Glasmuseum.

11/24 Veredelungstechniken

Tafel.
Gravieren, Schleifen, Ätzen und andere Techniken.
Bärnbach, Glasmuseum.

11/25 Preßmaschine beim Wannenofen in der Voitsberger Glashütte, um 1910

Foto.
Graz, Stadtarchiv.

11/26 Kühlwagen und Kühlofen in der Voitsberger Glashütte, um 1910

Foto.
Graz, Stadtarchiv.

Katalog 11/10

433

11/27 Das Innere einer Glasschleiferei – Voitsberger Glashütte, um 1910

Foto.

Graz, Stadtarchiv.

11/28 Der Schleifvorgang – Voitsberger Glashütte, um 1910

Foto.

Graz, Stadtarchiv.

11/29 Das Abschleifen der gesprengten Lampenzylinder – Voitsberger Glashütte, um 1910

Foto.

Graz, Stadtarchiv.

11/30 Tragkästen mit Lampenzylindern – Voitsberger Glashütte, um 1910

Foto.

Graz, Stadtarchiv.

11/31 Hüttenarbeit, um 1930 Abb. S. 138

Repros.

Bärnbach, Glasmuseum.

11/32 Schild mit Kaiseradler, 1876

H. 50 cm, B. 70 cm.

Der Kaiseradler auf gelbem Grund symbolisiert die Privilegierung der Hütte Oberdorf im Jahr 1876, nach ihrer Wiedererrichtung.

Bärnbach, Glasmuseum.

Katalog 11/9

Katalog 11/4, 11/3

11/33 Sechs Apothekerflaschen
Hütte Oberdorf.
Bärnbach, Glasmuseum.

11/34 Werbung für Apothekerflaschen
Repro eines Plakates.
Bärnbach, Glasmuseum.

11/35 Fliegenfänger
Hütte Oberdorf.
Bärnbach, Glasmuseum.

11/36 Drei Kerzenleuchter
Hütte Oberdorf.
Kristallglas, dreiflammig, aus der Vorkriegsproduktion der Hütte Oberdorf.
Bärnbach, Glasmuseum.

11/37 Deckeldose
Hütte Oberdorf.
Rosalinglas.
Bärnbach, Glasmuseum.

11/38 Schüsserl
Hütte Oberdorf.
Rosalinglas.
Bärnbach, Glasmuseum.

11/39 Zwei „Chantinier"
Hütte Oberdorf.
Rosalinglas.
Bärnbach, Glasmuseum.

11/40 Komplette Petroleumlampe
Hütte Oberdorf.
Unterteil: bläuliches Glas, mit Wellendekor, gepreßt.
Bärnbach, Glasmuseum.

Katalog 11/10b

11/41 Trinkbecher, um 1830
H. 11,4 cm, Dm. 8 cm.
Tulpenform, mit zehnteilig gefächertem Boden, dickwandig, reiches Schlifformament, oben Rautenborte in feinem Steindlschliff, dann Fries mit Blattformen auf Steindlgrund. Kreismedaillon mit Monogramm „T.E.v.T." in Kursivschrift.
Graz, LMJ, Abt. f. Kunstgewerbe, Inv.-Nr. 18.447.

435

PREIS-COURANT

Haupt-
NIEDERLAGE
in
WIEN. WIEDEN
Margarethenstrasse
Nor 23.

der k.k. land. priv. Glas-Fabrik

Ferdinandsthal.

des

Joh. Sorger

Katalog 11/41   Katalog 11/67

11/42 Becher, um 1840

Steirisch.
H. 9,8 cm, Dm. 7 cm.

Zylindrisch, dickwandig, fünf Bögen in Glanz- und
Steindlschliff, unten zehnseitig.

Literatur: Altes Steirisches Glas, Katalog Eibiswald 1978.

Graz, LMJ, Abt. f. Kunstgewerbe, Inv.-Nr. 17.417.

11/43 Bierkrug mit Zinndeckel, um 1830

Steirisch.
H. 18 cm, Dm. 14 cm.

Zylinderform mit dickem Bodenrand, direkt darauf
aufsetzend der Henkel. Um die Mitte des Glases
Schliffborten mit geometrischen Motiven in Glanz-
und Steindlschliff. Stern in der matten Bodenfläche.

Deckel aus Zinn, flach, Hund als Daumenrast. Zinn-
marke: Zamponi, Leoben.

Literatur, Altes steirisches Glas, Katalog 1978. *Friedrich
Waidacher,* Der Zinngießer Zamponi. Ausstellungskatalog
Joanneum Graz 1967, S. 23 f.

Graz, LMJ, Abt. f. Kunstgewerbe, Inv.-Nr. 03.671.

11/44 Bierkrug mit Zinndeckel, um 1820

Steirisch.
H. 21 cm, Dm. 15 cm.

Zylinderform, Henkel am Bodenrand aufsitzend,
Deckel an dessen langer Krücke befestigt, breite
Schliffborte um die Mitte des Glases, Dreiecksflächen
mit Kristallschliff zwischen „Augen" oben und unten.
Deckel aus Zinn, Jägerfigürchen als Daumenrast. Am

437

EIBISWALD

Glasfabrik in Eibl bei Eibiswald

Katalog 11/17

Rande eine Weinranke. Umschrift: Heinrich Rein-
bacher, Zinngießer am Franziskanerplatz in Graz.

Graz, LMJ, Abt. f. Kunstgewerbe, Inv.-Nr. „E".

11/45 Schüssel, um 1830/40

Steirisch.

H. 10,5 cm, Dm. 12 cm.

Senkrechte Wandung, flacher, vielseitiger Boden mit
vertiefter Standfläche, Mittelstern. Breite Schliffborte mit sieben gleichen Kartuschen, davon sechs mit
Steindlschliff hervorgehoben. In der siebenten Kartusche Monogramm „J. T.".

Literatur: Altes steirisches Glas, Katalog 1978.

Graz, LMJ, Abt. f. Kunstgewerbe, Inv.-Nr. 16.990.

11/46 Pokal, Karaffe, Kleine Karaffe, Schnapsbuderl, Flasche, Pyramidflasche, Henkelkrug und Kanne

Hütte Köflach.

Aus dem alten Gasthaus „Hammerwirt in Krenhof".

Bärnbach, Glasmuseum.

11/47 Likörservice – Kugelflasche und sechs Stamperln

Hütte Köflach.

Blaues Glas.

Bärnbach, Glasmuseum.

438

11/48 Stiefel
Hütte Köflach.
Bärnbach, Glasmuseum.

11/49 Flasche
Hütte Köflach.
Blaues Glas mit Blumenmuster.
Bärnbach, Glasmuseum.

11/50 Zuckerdose
Hütte Köflach.
Bärnbach, Glasmuseum.

11/51 Stangenvase
Hütte Köflach.
Bärnbach, Glasmuseum.

11/52 Pyramidflasche
Hütte Köflach.
Bärnbach, Glasmuseum.

11/53 Fliegenfänger
Hütte Köflach.
Bärnbach, Glasmuseum.

11/54 Drei Weingläser
Hütte Köflach.
Bärnbach, Glasmuseum.

11/55 Weinservice
Hütte Köflach.
Bärnbach, Glasmuseum.

11/56 „Türkischer" Suppentopf, um 1900
Hütte Voitsberg (S. Reich).
H. Topf 14 cm, mit Deckel 25 cm, Dm. 13 cm.

Karlsbader Blau mit Golddekor und Resten weißer
Malerei, Aufschrift in Arabisch: Guten Appetit, mein
Herr.

Katalog 11/28

Derartige Suppentöpfe wurden hier angeblich in großer Zahl für den Levanteraum hergestellt.
Graz, I. Kollegger.

11/57 Deckeldose, um 1900
Hütte Oberdorf oder Voitsberg.
H. 22 cm, Dm. 15 cm.

Bonbondose. Dose und Deckel aus Kristallglas, rubin
gelüstert, mit umlaufendem Kristallglaslappen in Mu-
scheldekor und Emailmalerei, Dosenfuß und Deckel-
spitze in Honigglas.
Bärnbach, Johann und Gerlinde Nußbacher.

**11/58 Weinservice – Karaffe und zwei Kelchgläser,
um 1900**
Hütte Voitsberg (S. Reich).
Karaffe: H. 27,5 cm, mit Stoppel 36 cm, Dm. 12 cm.
Gläser: H. 14 cm, Dm. 7 cm.

Kristallglas, große Teile leicht mattiert (geeist), mit
Emailmalerei. Aus einem Füllhorn wachsen Pflanzen

mit traubenartigen Früchten. Dazu leichter Golddekor an den Rändern, und weiße Dekorationsbän-
der. Karaffe mit eingeschliffenem Stöpsel.

Voitsberg, E. Lasnik.

11/59 Zwei Vasen, um 1880

Hütte Voitsberg (S. Reich).
H. 31,5 cm, Dm. 12 cm.

Farbloses Glas, Blüten- und Vogeldekor, Schliff und
Gravur. Beide Vasen wurden von S. Reich 1883 dem
Joanneum gewidmet.

Literatur: Glas des Historismus, Katalog Joanneum Graz
1985, NF.

Graz, LMJ, Abt. f. Kunstgewerbe, Inv.-Nr. 4.984.

11/60 Drei Weingläser, um 1880

Hütte Voitsberg (S. Reich).
H. 13,3 cm, Dm. 7 cm.

Farbloses Glas, Fuß geschliffen, Wandung mit
Schwarzlotbemalung, Darstellung von Genreszenen.
Die Gläser wurden dem Landesmuseum Joanneum
von S. Reich & Comp. Voitsberg–Wien 1883 gewidmet.

Graz, LMJ, Abt. f. Kunstgewerbe, Inv.-Nr. 4.982.

11/61 Kanne mit fünf Kelchgläsern, um 1880

Hütte Voitsberg (S. Reich).
Kanne: H. 36,4 cm.
Gläser: H. 14,4 cm.
Literatur: Glas des Historismus, Katalog 1985. *P. W. Roth,*
Glaserzeugung.

Graz, LMJ, Abt. f. Kunstgewerbe, Inv.-Nr. 4.983, 21.600.

11/62 Deckelpokal, um 1878

Hütte Voitsberg.
H. 50 cm, Dm. 20 cm.

Farbloses Glas, Schliff und Gravur, hochovale Kartusche mit Monogramm „AJD" (Julius Alfred Dirn-
böck, Glasermeister in Graz), gegenüber: Zur freundlichen Erinnerung.

Literatur: Glas des Historismus, Katalog 1985. *P. W. Roth,*
Glaserzeugung.

Graz, LMJ, Abt. f. Kunstgewerbe, Inv.-Nr. 22.645.

Katalog 11/130

11/63 Aus dem Preiskurrant der Glashütte Staritsch-Ferdinandstal, um 1890

Repros.

Der Preiskurrant bietet die ganze Vielfalt der Produktion der angeführten Glashütte.

11/64 Flasche, um 1860

Hütte Staritsch-Ferdinandstal.
H. 16,5 cm, Dm. 8 cm.

Farbloses Glas, in Form mit Relief geblasen, Henkel
nachträglich angeschmolzen.

Literatur: Glas des Historismus, Katalog 1985.

Graz, LMJ, Abt. f. Kunstgewerbe, Inv.-Nr. 18.790.

Katalog 11/130

11/65 Badeglas, um 1860

Hütte Staritsch-Ferdinandstal.
H. 12,5 cm, Dm. 12 cm.

Farbloses Glas, in Form mit Relief geblasen, Henkel angeschmolzen.

Literatur: Glas des Historismus, Katalog 1985.

Graz, LMJ, Abt. f. Kunstgewerbe, Inv.-Nr. 17.721.

11/66 Badeglas, um 1850

Hütte Staritsch-Ferdinandstal.
H. 10,1 cm, Dm. 9 cm.

Henkelbecher, geschweift, oben zwölf umlaufende Ringe, dann Perlenreihe, darunter Blattornamente und Reihe von Kreisen. Boden ober- und unterhalb

strahlig gekerbt. Drei Formnähte, dicke Wandung.

Literatur: Glas des Historismus, Katalog 1985.

Graz, LMJ, Abt. f. Kunstgewerbe, Inv.-Nr. 18.780.

11/67 Badeglas, um 1860

Hütte Staritsch-Ferdinandstal.
H. 10,1 cm, Dm. 10,5 cm.

Farbloses Glas, in Form geblasen, mit Relief, Henkel angeschmolzen.

Literatur: Glas des Historismus, Katalog 1985.

Graz, LMJ, Abt. f. Kunstgewerbe, Inv.-Nr. 05.003.

11/68 Fußbecher, um 1840

Verm. Hütte Staritsch-Ferdinandstal.
H. 11 cm, Dm. 7 cm.

Blaues Glas, oben ausgeschweift, unten bauchig, Bodenplatte als vielblättrige Rosette geformt, Reliefs: oben Perlborte, dann neun rechteckige Strahlenrosetten, darunter Perlen, Kreisreihe vom Boden aus fächerartig gerillt. Drei Formnähte.

Literatur: Altes steirisches Glas. Katalog 1978.

Graz, LMJ, Abt. f. Kunstgewerbe, Inv.-Nr. 18.792.

11/69 Flasche, um 1850

Hütte Staritsch-Ferdinandstal.
H. 19,5 cm, Dm. 8 cm.

Preßglas. Blaues Glas, eiförmig, geschweifter Hals, viele Reliefornamentbänder, oben Quer-, dann Längsrillen, auf der Schulter Palmetten, dazwischen Omegaformen, unten ähnliches Ornament, aber breiter, dann Lilien und Muscheln. Rosette im Boden. Drei Formnähte.

Literatur: Glas des Historismus, Katalog 1985.

Graz, LMJ, Abt. f. Kunstgewerbe, Inv.-Nr. 20.294.

11/70 Trinkglas, nach 1850

Hütte Staritsch-Ferdinandstal.
H. 12 cm, Dm. 8 cm.

Fußbecher, farbloses Glas, in Form mit Relief geblasen, Blütenranken, Perlmuster.

Literatur: Glas des Historismus, Katalog 1985

Graz, LMJ, Abt. f. Kunstgewerbe, Inv.-Nr. 20.295.

11/71 Glas

Hütte Staritsch-Ferdinandstal

Graz, LMJ, Abt. f. Kunstgewerbe, Inv.-Nr. 18.297.

11/72 Schnabelkännchen, 1860

Verm. Hütte Staritsch-Ferdinandstal.
H. 13 cm.

Geschliffene Schnabelkännchen wurden für Weihwasser bei Taufen verwendet und waren noch vor einigen Jahrzehnten in den Hauskapellen der Umgebung zu finden.

Eibiswald, Kloepfermuseum, Inv.-Nr. 471.

11/73 Andenkenglas, 1880

Verm. Hütte Staritsch-Ferdinandstal.
H. 14 cm.

Violett, gold und weiß verziert, Aufschrift: Gruß aus Eibiswald.

Eibiswald, Kloepfermuseum, Inv.-Nr. 261.

11/74 Pokal, 1880

Verm. Hütte Staritsch-Ferdinandstal.
H. 14 cm.

Weinlaubmuster eingeschliffen, besonders prunkvoll.

Eibiswald, Kloepfermuseum, Inv.-Nr. 303.

11/75 Wein- oder Essigflasche, um 1870

Hütte Staritsch-Ferdinandstal.
H. 19 cm.

Glockenförmig, mit einem eingeschliffenen Muster in der Mitte und am Boden.

Eibiswald, Kloepfermuseum, Inv.-Nr. 381.

11/76 Schnaps- oder Likörflasche mit vier Stamperln, um 1890

Verm. Hütte Staritsch-Ferdinandstal.
H. Flasche 18 cm, Gläser 12 cm.

Achtkantig geschliffen, die Flasche mit einem Halsring.

Eibiswald, Kloepfermuseum, Inv.-Nr. 399 (Flasche), 400, 401, 402, 403.

11/77 Zwei Pokalgläser

Hütte Staritsch-Ferdinandstal.
H. 13 cm und 17 cm.

Literatur: Altes Steirisches Glas, Katalog 1978, Nr. 22.

Eibiswald, Schneebacher.

11/78 Blasenglasbecher, um 1820

Hütte Staritsch-Ferdinandstal.
H. 8 cm.

Literatur: Altes Steirisches Glas, Katalog 1978, Nr. 63.

Eibiswald, Schneebacher.

11/79 Blasenglasflasche, um 1820

Hütte Staritsch-Ferdinandstal.
H. 25,5 cm.

Schlanke Halbliterflasche. Gelbliches Glas, längliche Luftblasen vor allem am Boden.

Eibiswald, Kloepfermuseum, Inv.-Nr. 31.

Katalog 11/74

442

11/80 Henkelkrügerl, um 1880

Hütte Staritsch-Ferdinandstal.
H. 20 cm.

Gepreßt, aus durchsichtigem Glas, mit schmalem Hals und Schnabel.

Literatur: Altes Steirisches Glas, Katalog 1978, Nr. 80.

Eibiswald, Schneebacher.

11/81 Vase, um 1850

Hütte Staritsch-Ferdinandstal.
H. 23 cm.

In römischer Form, Monogramm „A. L.", darunter Blattverzierung in Mattschliff.

Literatur: Altes Steirisches Glas, Katalog 1978, Nr. 55.

Eibiswald, Schneebacher.

Katalog 11/98

Katalog 11/80

443

11/82 Henkelkrügerl, um 1850

Hütte Staritsch-Ferdinandstal.
H. 10 cm.

Henkelbecher, geschweift, oben zwölf umlaufende Linien, dann Perlreihe, darunter ähnlich einer aufrechten Blüte in sich ornamentierte Blätter und dazwischen Reihen von Kreisen. Boden ober- und unterhalb strahlig gekerbt. Drei Formnähte, Relief innen nur schwach spürbar.

Literatur: Altes Steirisches Glas, Katalog 1978, Nr. 101.

Eibiswald, Kloepfermuseum.

11/83 Dekorbecher, um 1850

Hütte Staritsch-Ferdinandstal.
H. 11,7 cm.

Kelchförmig, mit reichem Ornament- und Blumendekor in Matt-, Rillen- und Kugelschliff, Bodenstern.

Literatur: Altes Steirisches Glas, Katalog 1978, Nr. 13.

Eibiswald, Kloepfermuseum.

11/84 Tschuttera, um 1850

Hütte Staritsch-Ferdinandstal.
H. 14,5 cm.

Eibiswald, Kloepfermuseum, Inv.-Nr. 408.

11/85 Batteriegefäß, um 1920

Hütte Vordersdorf.
H. 24 cm.

Galvanisches Gefäß, aus drei Teilen bestehend.

Eibiswald, Kloepfermuseum, Inv.-Nr. 142.

11/86 Weinglas, 1920

Hütte Vordersdorf.
H. 12,2 cm.

Der Oberteil wurde auf das Mittelstück getrennt aufgesetzt.

Eibiswald, Kloepfermuseum, Inv.-Nr. 338.

Katalog 11/115

11/87 Zwei „Schilcherrömer", 1880

Hütte Vordersdorf.
H. 10,8 cm und 10,6 cm.

Eibiswald, Kloepfermuseum, Inv.-Nr. 335, 336.

11/88 Weinrömer, um 1910
Hütte Vordersdorf.
H. 14,8 cm.
Moosgrünes Glas mit aufgedrückten blauen Glaswappen, sehr eigenwillige Form.
Eibiswald, Kloepfermuseum, Inv.-Nr. 168.

11/89 „Zutzflascherl", um 1910
Hütte Vordersdorf.
H. 16,1 cm.
Auf dieser Babymilchflasche sind Abschnitte zu 50, 100, 150 und 200 Gramm angezeigt.
Eibiswald, Kloepfermuseum, Inv.-Nr. 439.

11/90 Zwei Teegläser, 1890
Hütte Vordersdorf.
H. 14 cm und 13,5 cm.
Eingeschliffene Ringe, typische Teegläser.
Eibiswald, Kloepfermuseum, Inv.-Nr. 308, 309.

11/91 Pokal, um 1890
Hütte Vordersdorf.
H. 14,9 cm.
Weißes Glas mit Bemalung in Lila, Weiß, Gold.
Eibiswald, Kloepfermuseum, Inv.-Nr. 178.

11/92 Zwei Flaschen, um 1900
Verm. Hütte Vordersdorf.
H. 46 cm und 25,6 cm.
Weißes Glas, Inhalt 10 l; grünes Glas, Inhalt 2,5 l.
Eibiswald, Kloepfermuseum, Inv.-Nr. 141, 96.

11/93 Zwei Weinflaschen, um 1860
Verm. Hütte Vordersdorf.
H. 16,5 cm und 17 cm.
Achtkantig geschliffen, oben mit einem Halsring.
Eibiswald, Kloepfermuseum, Inv.-Nr. 378, 379.

11/94 Zwei Essigflaschen, um 1860
Hütte Vordersdorf.
H. 25 cm und 27 cm.
Hellgrünes Glas, Inhalt 0,5 l und 1 l.
Eibiswald, Kloepfermuseum, Inv.-Nr. 375, 376.

11/95 Hochzeitsflasche mit zwei Gläsern, 1870
H. Flasche 24,2 cm, Gläser je 9 cm.
Signatur „A M a", reich graviert, ein Halsring, in den Boden sind Rosenkugeln eingeklebt.
Eibiswald, Wippel.

11/96 Sechs Buderln, um 1900
Verm. Hütte Vordersdorf.
Fassungsvermögen: 31 cm – 2 l; 25 cm – 1 l; 21 cm – 1/2 l; 17 cm – 1/4 l; 14 cm – 1/8 l; 10 cm – 1/16 l.
Eibiswald, Kloepfermuseum, Inv.-Nr. 342–347.

11/97 Schilcherflasche und Trinkglas, 1910
Hütte Vordersdorf.
Flasche: H. 23,3 cm, Trinkglas: H. 9,5 cm.
Konische Flasche, ein Halsring, Musterfarben Gold, Grün, Rot.
Eibiswald, Kloepfermuseum, Inv.-Nr. 259, 260.

11/98 Karaffe, um 1900
Hütte Vordersdorf.
H. 31,8 cm.
Bräunlich-grünes Glas mit weißem Pflanzenornament.
Eibiswald, Kloepfermuseum, Inv.-Nr. 138.

11/99 Zwei Schüsseln, um 1870
Verm. Hütte Vordersdorf.
H. 6,3 cm und 6,8 cm, Dm. jeweils 21 cm.
Eibiswald, Kloepfermuseum, Inv.-Nr. 134, 135.

11/100 Schüssel, um 1870
Verm. Hütte Vordersdorf.
H. 8,5 cm, Dm. 38 cm.
Eibiswald, Kloepfermuseum, Inv.-Nr. 143.

11/101 Vase

Hütte Vordersdorf.
H. 14 cm.

Vier eingeschmolzene Farben und abgesetzter Fuß.

Literatur: Altes Steirisches Glas, Katalog 1978, Nr. 51.

Eibiswald, Schneebacher.

11/102 Flasche, um 1900

Hütte Vordersdorf.
H. 22 cm.

Halbliterflasche aus grünem Glas mit vier Einbuchtungen.

Eibiswald, Schneebacher.

11/103 Einsiedeglas, um 1900

Hütte Aibl.
H. 23,5 cm, zu 1 l.

Eibiswald, Kloepfermuseum, Inv.-Nr. 442.

11/104 Einsiedeglas, 1870

Hütte Aibl.
H. 17,1 cm, zu 1,5 l.

Konische Form mit Wulst.

Eibiswald, Kloepfermuseum, Inv.-Nr. 41.

11/105 Mineralwasserflasche, um 1910   Abb. S. 151

Verm. Hütte Aibl.
H. 21 cm.

Kobaltblaues Glas, aufgeprägte Plombe Emmaquelle.

Eibiswald, Kloepfermuseum, Inv.-Nr. 152.

11/106 Tintenflasche, um 1910

Hütte Aibl.
H. 14,5 cm.

Eibiswald, Kloepfermuseum, Inv.-Nr. 451.

11/107 Medizinflascherl, 1870

Verm. Hütte Aibl.
H. 11,5 cm.

Kobaltblaues Glas.

Eibiswald, Kloepfermuseum, Inv.-Nr. 257.

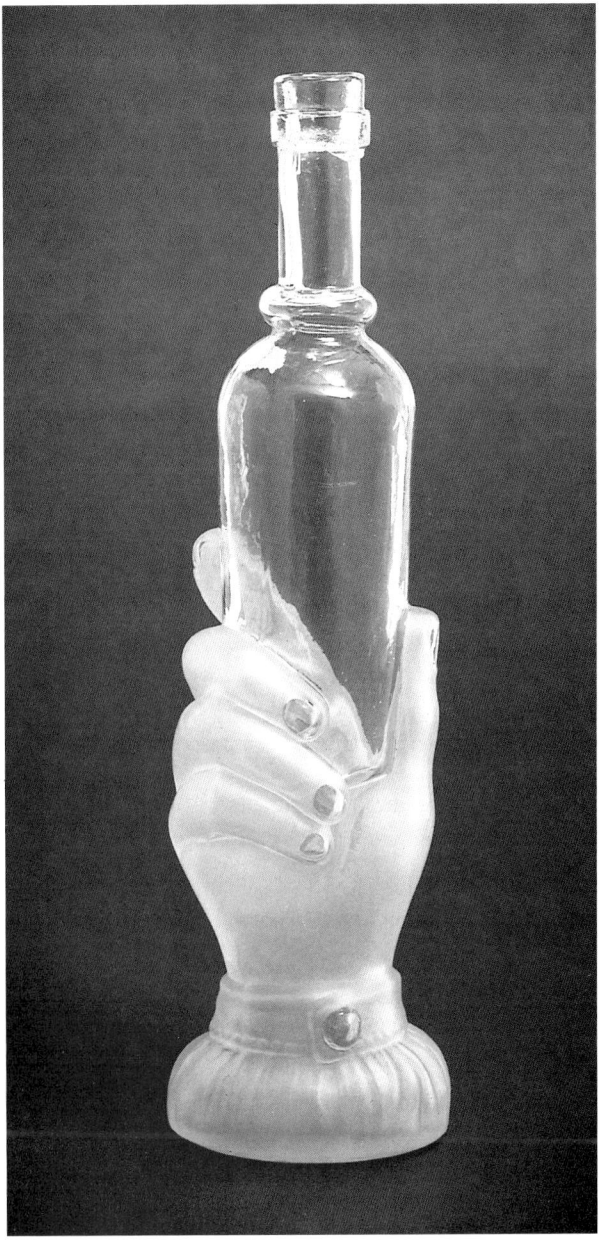

Katalog 11/131

447

11/108 Sauerbrunnflasche, um 1900

Hütte Aibl.
H. 25,9 cm.
Dunkelgrünes Glas.
Eibiswald, Kloepfermuseum, Inv.-Nr. 153.

11/109 Gärglas, um 1920

Verm. Hütte Aibl.
H. 19 cm.
Das Gärglas wurde mit dem ca. 4 cm starken Hals auf das Faß aufgesetzt. Man konnte es angeblich auch zum Schnapsbrennen verwenden.
Eibiswald, Kloepfermuseum, Inv.-Nr. 99.

11/110 Pokalglas, um 1920

Hütte Wies.
H. 14 cm.
Sogenanntes Andenkenglas, eingeschliffenes Muster mit dem Schriftzug: St. Oswald.
Eibiswald, Kloepfermuseum, Inv.-Nr. 333.

11/111 „Stopfholz" aus Glas, um 1920

H. 15 cm, Dm. 9,5 cm.
Braunes Glas, innen hohl, für Näharbeiten.
Eibiswald, Kloepfermuseum, Inv.-Nr. 159.

11/112 Kegelkugel aus Glas, um 1900

H. 7,3 cm.
Grünes Glas.
Eibiswald, Kloepfermuseum, Inv.-Nr. 229.

11/113 Andenkenbecher, um 1870

H. 10 cm.
Rot eingefärbt, geschliffener Mittelteil mit Abbildung der Kirche Mariatrost, Schrift: Andenken an Maria Trost.
Eibiswald, Kloepfermuseum, Inv.-Nr. 544.

11/114 Drei Petroleumlampen, um 1900

H. ca. 40 cm.
Weißes Glas in Korb aus Eisenguß; rotes Glas in einem Gußständer; durchsichtiges Glas in einem Gußständer.
Eibiswald, Kloepfermuseum, Inv.-Nr. 418, 419, 420.

11/115 Öllicht, um 1900

Eibiswald, Kloepfermuseum, Inv.-Nr. 424.

11/116 Tintenglas, 1900

H. 6,5 cm.
Schweres, vierkantig geschliffenes Glas mit Messingdeckel, angeblich für Schiffe erzeugt.
Eibiswald, Kloepfermuseum, Inv.-Nr. 436.

11/117 Fliegenglas, um 1900

H. 15,8 cm.
Das oben zugestöpselte Glas wurde mit Sirup aus gezuckertem Fliegenpilzsaft gefüllt, um die Fliegen anzulocken.
Eibiswald, Kloepfermuseum, Inv.-Nr. 437.

11/118 Drei Gläser für das „Ewige Licht", nach 1850

H. 7 cm, 7,3 cm und 9 cm.
Rotes Glas, zum religiösen Gebrauch.
Eibiswald, Kloepfermuseum, Inv.-Nr. 455, 456, 457.

11/119 Zwei Parfumflaschen, um 1870

H. 6 cm und 8,5 cm.
Eibiswald, Kloepfermuseum, Inv.-Nr. 467, 468.

11/120 Fußbecher, um 1870

H. 16,7 cm.
Warzenglas.
Eibiswald, Kloepfermuseum, Inv.-Nr. 175.

Katalog 11/132   Katalog 11/135

11/121 Warzenkrug, 1870

Verm. Hütte um Eibiswald.

H. 27 cm.

Stand in Verwendung als Saft- bzw. Mostkrug, seltener als Bierkrug.

Die Hütte ist unbekannt, da es aber in der Umgebung auffallend viele alte Warzenkrüge gibt, ist mit Sicherheit eine Hütte aus der Umgebung von Eibiswald anzunehmen.

Eibiswald, Kloepfermuseum, Inv.-Nr. 480.

11/122 Zwei Warzenkrüge, um 1860

H. 11 cm und 12,5 cm.

Eibiswald, Kloepfermuseum, Inv.-Nr. 481, 483.

11/123 Pokal, um 1900

H. 14,5 cm.

Edelweiß-Ornament, das hauptsächlich aus winzigen, halbmillimetergroßen Glasperlen besteht.

Eibiswald, Kloepfermuseum, Inv.-Nr. 307.

11/124 Pokal, um 1850

H. 14,5 cm.

Rot gefärbtes Glas, sehr exakter Schliff, der Mittelteil zeigt die Abbildung der Basilika von Mariazell, Schriftzug: Maria Zell.

Eibiswald, Kloepfermuseum, Inv.-Nr. 545.

11/125 Trinkstiefel, um 1880

H. 22,3 cm.

Monogramm „J. H. Koch". Inschrift: Hoch lebe das edle Handwerk; als Trinkgefäß verwendet.

Eibiswald, Kloepfermuseum, Inv.-Nr. 54.

11/126 Weinflasche, um 1920

H. 26 cm.

Glockenförmig, eingeschliffener Dekor in Art Deco.

Eibiswald, Kloepfermuseum, Inv.-Nr. 369.

11/127 Drei Zäpfchenflascherln, um 1840

H. 20 cm, 21 cm und 21,5 cm.

Auch Giftflascherln genannt, weil man darin starke Medizin aufbewahrte.

Eibiswald, Kloepfermuseum, Inv.-Nr. 404, 405, 406.

11/128 Glastrichter, um 1900

H. 19 cm.

Eibiswald, Kloepfermuseum, Inv.-Nr. 99.

11/129 Stamperl, um 1830

H. 10,5 cm.

Schnapsgläser, in Becherform, auf langem Schaft mit Mittelwulst.

Literatur: Altes Steirisches Glas, Katalog 1978, Nr. 44.

Eibiswald, Schneebacher.

11/130 Deckelkrügerl, um 1870

H. 14 cm.

Siebeneckig, mit Zinndeckel. Auf rot gelüstertem Feld in Mattschliff Motiv: Renaissance-Rathaus von Graz, darunter in Fraktur: Rathhaus, auf zweitem Feld die Kirche von Mariatrost, darunter: Maria Trost bei Graz. Umlaufender roter Blumendekor.

Literatur: Altes Steirisches Glas, Katalog 1978, Nr. 76.

Eibiswald, Schneebacher.

11/131 Scherzflasche

Schnapsflasche, gehalten von einer aus einem Ärmel kommenden Hand. Flasche Kralglas, Hand matt geätzt.

Literatur: Altes Steirisches Glas, Katalog 1978, Nr. 68.

Eibiswald, Schneebacher.

Spiegelglas, Einrichteflaschen, Geschundenes Glas

11/132 Spiegelglasschüssel, um 1900

Hütte St. Vinzenz.
H. 12 cm, Dm. 17,7 cm.

Eibiswald, Kloepfermuseum, Inv.-Nr. 192.

11/133 Zwei Spiegelglasfiguren, um 1880

Hütte St. Vinzenz.
H. 22,7 cm und 19 cm.

Motive Christus am Kreuz und Maria.

Eibiswald, Kloepfermuseum, Inv.-Nr. 431, 432.

11/134 Spiegelglasgarnitur, bestehend aus Hostienkelch und zwei Leuchtern, 1880

Hütte St. Vinzenz.
Kelch: H. 13,6 cm.
Leuchter: H. jeweils 17 cm.

Auch Bauernsilber genannt; die Leuchter sind bemalt.

Eibiswald, Kloepfermuseum, Inv.-Nr. 428, 429, 430.

11/135 Spiegelglasgarnitur für den Gottesdienst, 1880

Hütte St. Vinzenz.
H. 14,9 cm und 15 cm

Ein prunkvoller Weinkelch und ein Hostienkelch mit geätztem Muster.

Eibiswald, Kloepfermuseum, Inv.-Nr. 536, 537.

11/136 Schnapshund, 1. Hälfte 19. Jh.

Steirisch.
H. 12 cm, L. 22 cm.

Körper als Flasche, Schwanz als Hals, Kopf und Ohren mit roten Einschlüssen, mit der Zange geformt.

Literatur: Altes steirisches Glas, Katalog 1978.

Graz, LMJ, Abt. f. Kunstgewerbe, Inv.-Nr. 077 (2×).

Katalog 11/139

11/137 Schnapshund, 1. Hälfte 19. Jh.

Steirisch.

H. 12 cm, L. 17 cm.

Körper als Flasche, Schwanz als Hals, Kopf und Ohren mit der Zange geformt.

Literatur: Altes steirisches Glas, Katalog 1978.

Graz, LMJ, Abt. f. Kunstgewerbe, Inv.-Nr. 1.023.

11/138 Weihwasserschale, 1. Viertel 19. Jh.

Steirisch.

H. 28 cm, L. 17 cm.

Geblasen und zangengeformt, an der Rückwand gekniffenes Ornament mit gelapptem Rand.

Literatur: Altes steirisches Glas, Katalog 1978.

Graz, LMJ, Abt. f. Kunstgewerbe, Inv.-Nr. 1.425.

11/139 Saugfläschchen, Ende 18. Jh.

Steirisch.

H. 15 cm, Dm. 4 cm.

Kegelförmig, Saugverschluß aus Zinn. Mattschliffgravierung: Medaillon mit Vogel und rahmenden Blütenranken.

Literatur: Altes steirisches Glas, Katalog 1978.

Graz, LMJ, Abt. f. Kunstgewerbe, Inv.-Nr. 16.087.

11/140 Kerzenleuchter, 1. Viertel 19. Jh.

Steirisch.

H. 17,4 cm, L. 9 cm.

Fußtasse und Kerzenschale geblasen, mit sieben umgelegten Ringen geformt, innen hohl.

Literatur: Altes steirisches Glas, Katalog 1978.

Graz, LMJ, Abt. f. Kunstgewerbe, Inv.-Nr. 234.

11/141 Zwei Feldflaschen, 1. Hälfte 19. Jh.

Steirisch.

H. 27 cm, L. 13 cm.

Zusammengedrückte Blase mit schmalem Hals, Hals mit gekniffenem Band umlegt (gebrochen), dickes, milchiges Glas, von Hellblau bis Dunkelgrün changierend.

Literatur: Altes steirisches Glas, Katalog 1978.

Graz, LMJ, Abt. f. Kunstgewerbe, Inv.-Nr. 23.411.

11/142 Einrichteflasche, 2. Hälfte 19. Jh.

Steirisch.

H. 25 cm, L. 10 cm.

Als Herrgottswinkel eingerichtete Flasche, abgerundete Quaderform, breiter Hals, geblasen, mit Korkstöpsel.

Literatur: Altes steirisches Glas, Katalog 1978.

Graz, LMJ, Abt. f. Kunstgewerbe, Inv.-Nr. 18.639.

11/143 Einrichteflasche, 2. Hälfte 19. Jh.

Steirisch.

H. 28 cm, L. 12 cm.

Das Innere der Flasche ist als Herrgottswinkel ausgestattet, annähernd ovale Form.

Literatur: Altes steirisches Glas, Katalog 1978.

Graz, LMJ, Abt. f. Kunstgewerbe, Inv.-Nr. 23.573.

11/144 „Eingericht"-Kreuzigung Christi, um 1900

H. 22 cm, L. 10 cm.

In eine mundgeblasene Spiegelflasche wurde eine aus kleinen färbigen Holzstückchen zusammengesetzte Darstellung der Kreuzigung Christi „eingerichtet". Neben Maria und Magdalena unter dem Kreuz sind auch die bekannten Marterwerkzeuge zu sehen. Als Verzierung hat man kleine bunte Glaskugeln eingebaut.

Literatur: Verborgenes Kulturgut, Katalog Voitsberg 1985. Voitsberg, E. Lasnik.

11/145 Einrichteflasche, 1880

Verm. Hütte St. Vinzenz.

H. 23,3 cm.

Holzverschluß, mit Bienenwachs verschlossen und verschmiert. Kreuzigungsszene, auf der Rückseite Text am Boden: Zum Andenken.

Eibiswald, Kloepfermuseum, Inv.-Nr. 214.

11/146 Einrichteflasche, um 1880

H. 23,3 cm.

Vorderseite: Maria mit Jesukind (Weihnachtsmotiv). Rückseite: Jesus am Kreuz (Ostermotiv).

Eibiswald, Kloepfermuseum, Inv.-Nr. 108.

11/147 Einrichteflasche, um 1870

Verm. Hütte Vordersdorf.

Diese Einrichteflasche ist auf der Rückseite mit dem Motiv Christus am Kreuz versehen. Zu Weihnachten und zu Ostern hatte man damit das jeweils passende Bild im Herrgottswinkel. Interessant ist, daß die Marterwerkzeuge Christi (golden lackiert) auf der Seite Mariens aufgestellt sind. Die Bäumchen sind aus Holz geschnitzt.

Eibiswald, E. Wippel.

11/148 Briefbeschwerer

Hütte um Eibiswald.

Eibiswald, Kloepfermuseum, Inv.-Nr. 278.

11/149 Zwei Briefbeschwerer, um 1850

Hütten um Eibiswald.
H. 8,5 cm und 7 cm.

Mit Blumenornamenten versehen.

Eibiswald, Kloepfermuseum, Inv.-Nr. 283, 286.

Katalog 11/156

Katalog 11/152

454

11/150 Zwei Briefbeschwerer, nach 1850

Hütten um Eibiswald.
H. 6,5 cm und 8 cm.

Vierkantig geschliffen bzw. aus grünem Glas mit weißen Blasen.

Eibiswald, Kloepfermuseum, Inv.-Nr. 271, 274.

11/151 Osterei, um 1900

Hütte Vordersdorf.
H. 14,3 cm.

Gelb, grün und rot, auf drei Füßchen stehend.

Eibiswald, Kloepfermuseum, Inv.-Nr. 106.

11/152 Weihwasserkessel, 18. Jh.

H. 32 cm.

Durchsichtiges, grünes und hellrotes Glas, in der Art venezianischer Arbeit.

Literatur: Altes steirisches Glas, Katalog 1978.

Eibiswald, Kloepfermuseum, Inv.-Nr. 472.

11/153 Kerzenleucher, um 1900

H. 11,5 cm.

Kobaltblaues Glas mit Henkel, der Überlieferung nach „geschundenes" Glas.

Eibiswald, Kloepfermuseum, Inv.-Nr. 182.

11/154 Acht Rosenkugeln, nach 1900

Verm. Hütte Vordersdorf.

Silbrig weiß, honiggelb, grün, rosa, weiß, rot, gelb, grün.

Eibiswald, Kloepfermuseum, Inv.-Nr. 262–269.

11/155 Vergoldete Trinkflasche mit Becher

Steirisch.
Flasche: H. 18,5 cm, Dm. 9,5 cm.
Glas: H. 9 cm, Dm. 6,5 cm.

„Geschundenes Glas."

Graz, P. W. Roth.

Die Abbildung dieses Objektes wurde als Motiv für die Sondermarke „Landesausstellung 1988" verwendet.

11/156 Prunkbecher, 1880

Hütte Vordersdorf.
Glasbläser Michael Suppanz.
H. 13,8 cm.

Michael Suppanz schenkte sein Meisterstück dem Bergdirektor Thomas Steiner. Die Tochter Steiners, Martha, heiratete Hans Kloepfer. Dieser erhielt den Becher von seinem Schwiegervater geschenkt und gab das Glas in den vierziger Jahren seiner Schwiegertochter Erika Kloepfer, die es dem Kloepfermuseum widmete.

Eibiswald, Kloepfermuseum, Inv.-Nr. 241.

11/157 Schreibtischgarnitur, 1937

Hütte Voitsberg.
Glasbläser Franz Hohl.

Diese Garnitur wurde in erster Ausführung für den damaligen Bundeskanzler Kurt v. Schuschnigg angefertigt.

Voitsberg, E. Hohl.

11/158 Teller und Schale

Hütte Frauental.
Teller: Dm. 14,5 cm.
Schale: H. 4 cm, Dm. 11 cm.

Graz, Privatbesitz.

11/159 Glasmacherwanderungen

Graphik.
Entwurf: Johann Guß.
Ausführung: Heinz Schubert.

Quellen: Berichte der Wanderungen der Familie Guß.

Katalog 12/24

Raum 12

Optisches Glas, Technisches Glas, Massenglas

Optisches Glas

12/1 Zwei Schriftgelehrte mit Brillen, 1460

Repro von einem Tafelgemälde aus St. Lorenzen ob Murau, 1460.
Foto: Institut für Mittelalterliche Realienkunde Österreichs, Krems a. d. Donau.

Brillen sind seit dem 13. Jahrhundert nachweisbar. Seit jeher gelten sie als Zeichen der Gelehrsamkeit; vgl. Katalog 10/4.

12/2 Nietbrille, um 1350

Fund von Wienhausen/Celle (BRD).
Replik.

Die Nietbrille wurde aus zwei Eingläsern, die man durch Nieten verband, konstruiert und konnte auf der Nase balanciert werden. 1953 wurden einige Exemplare dieser Art unter dem Chorgestühl des Klosters Wienhausen bei Celle aufgefunden.

Literatur: *Horst Appuhn,* Ein denkwürdiger Fund. In: Zeiss-Werkzeitschrift, H. 27, 6/1958.

Graz, W. Urbanek.

12/3 Ambulanter Brillenhändler, um 1750

Repro von: Kupferstich von J. F. Clemens nach einem Gemälde von P. Cramer, um 1750.

Oberkochen, Optisches Museum der Zeiss-Werke.

12/4 Brille, um 1797

Bügellänge 13,5 cm, B. 10,5 cm, Gewicht 30 g.

Mit grünen, aufklappbaren Schutzgläsern.

Graz, Fa. Görner.

12/5 Brille, 18. Jh.

Bügellänge 17,5 cm, B. 11 cm, Gewicht 30 g.

Aus Eisen, mit faltbaren Bügeln und ringförmigen Bügelenden.

Graz, Fa. Görner.

12/6 Silberbrille, 18. Jh.

Bügellänge 17 cm, B. 10 cm, Gewicht 30 g.
Graz, Fa. Görner.

12/7 Scherenbrille, 18. Jh.

Bügellänge 20,5 cm, B. 10 cm, Gewicht 40 g.
Graz, Fa. Görner.

12/8 Lorgnon

Stiellänge 14,5 cm, B. 9 cm, Gewicht 50 g.

Vergoldet.

Graz, Fa. Görner.

12/9 Lorgnon

Stiellänge 15 cm, B. 11,5 cm, Gewicht 20 g.

Schildpatt.

Graz, Fa. Görner.

12/10 Zwicker mit Windsorringen, um 1930

B. 9,5 cm, H. 5,5 cm, Dm. 4 cm.

Graz, Fa. Görner.

Katalog 12/17

12/11 Zwicker, um 1930

B. 9 cm, H. 4 cm.

Vergoldet.

Graz, Fa. Görner.

12/12 Schleifkopf mit Deckel, Brillengläser

Dm. 20 cm.

Technischer Körper mit aufgekitteten Rohgläsern zur
Weiterbearbeitung, Leppen, Schleifen, Polieren. Dazugehörige Schleifschale für Brillengläser.

Wien, Carl Zeiss.

12/13 Werdegang der Zeiss-Brillengläser

Wandtafel.

H. 77 cm, B. 51 cm, T. 2,5 cm.

Fertigungsstufen vom Preßling bis zum entspiegelten
Brillenglas.

Graz, W. Urbanek.

12/14 Kollektion von Farbfiltergläsern

Dm. 2 cm–5 cm.

Oberkochen, Optisches Museum der Zeiss-Werke.

12/15 Moderne Brillen der Fa. Rodenstock

Auswahl.

Graz, Fa. Görner.

12/16 Leeuwenhoek-Mikroskop, 1673

Replik aus Messing. Original: Ende 17. Jh., im Deutschen
Museum.

Erfinder: Anthony van Leeuwenhoek.

Nachbildung: Zeiss Oberkochen.

H. 3,5 cm, L. 8 cm, B. 3 cm, Gewicht 200 g.

Dazu Abbildung des Funktionsmodells.

Dieses vom Niederländer Anthony van Leeuwenhoek
(1632–1723) in Delft konstruierte einfache Mikroskop besteht aus zwei dünnen, 5 cm langen Platten aus
Messing, zwischen die eine bikonvexe Linse eingelas-
sen ist. Auf einem durch eine Schraube verstellbaren
Dorn konnte das Objektiv befestigt werden. Unter
den von Leeuwenhoek selbst geschliffenen Linsen gibt
es einige, die 133-, 160- und sogar 270fach vergrö-
ßern. Leeuwenhoek gehörte zu den bedeutendsten
frühen Mikroskopikern. Er entdeckte die Bakterien
und beschrieb Blutkörperchen.

Leeuwenhoek ist aber nicht der Erfinder des Mikroskops, das um 1590 von holländischen Brillenmachern
in Middelburg erfunden wurde.

Literatur: *M. Rooseboom,* Microscopium, National Museum
of the History of Science, Leyden, 1956.

Graz, W. Urbanek.

12/17 Zirkelmikroskop nach Lieberkühn, 1770

H. 13 cm, L. 13 cm, B. 6 cm, Gewicht 150 g.

Einfaches Glaskugelmikroskop, welches in der Hand,
oder aufgeschraubt auf der Kassette, benutzt wurde.
Der Anatom Lieberkühn (1711–1756) verwendete
zur Auflichtbeleuchtung undurchsichtiger Objekte einen nach ihm benannten, durchbohrten Hohlspiegel
aus Silber.

Graz, W. Urbanek.

12/18 Optikerwerkstätte oder optische Arbeitsgemeinschaft, 17./18. Jh. Abb. S. 154

Repro von: Kupferstich von P. de Colle, Venedig, nach einem Gemälde von F. Magiotto.

Oberkochen, Optisches Museum der Zeiss-Werke.

12/19 Nürnberger Holzmikroskop, 1720

H. 22 cm, B. 6 cm, Gewicht 180 g.

Die Stadt Nürnberg war für ihre leistungsfähige Handwerkerschaft bekannt und bildete u. a. auch ein Zentrum für die Herstellung einfacher Holzspielsachen. Darunter befanden sich auch einfache, aus Holz hergestellte Mikroskope mit Auszugtuben aus Karton und buntem Papier. Die Geräte waren billig und sehr beliebt.

Literatur: *G. Tunner,* Mikroskope, München 1981, S. 46.

Graz, Fa. Görner.

12/20 Sechs Glasstücke für Mikroskoplinsen, um 1780

Gewicht je 2 g.

Aus diesen Glasstücken wurden mittels der Schleifschalen und Stempel Mikroskoplinsen mit der Hand geschliffen.

Graz, Fa. Görner.

12/21 Mikroskop, 1. Hälfte 19. Jh.

London.
H. 30 cm, B. 19,7 cm, T. 8 cm.
Signiert „Dixii".

Mahagoni-Kassette, Inneneinbauten mit blauen Filzauflagen, Messingstativ, Tubus, mehrere Ersatzokulare. Neunzehn Bestandteile und drei Glas-Eprouvetten. Einschubtäfelchen aus Elfenbein mit Marieglas.

Graz, LMJ, Abt. f. Kunstgewerbe, Inv.-Nr. 0.772.

12/22 Schwenkbares Auflicht/Durchlichtmikroskop, um 1835

Hersteller: Fa. Plössl, Wien.
12teiliges Zubehör in Holzkassette.
H. 47,5 cm, B. 25 cm, T. 14,5 cm, Gewicht 7,5 kg.

Wippbares Mikroskop mit vertikaler und horizontaler Meßeinrichtung zum Ausmessen von Präparaten. Der Objekttisch läßt sich in 3 Raumrichtungen verschieben – die vertikale Verschiebung dient der Feineinstellung der Bildschärfe.

Für die Auflichtmikroskopie dient als Beleuchtungskondensor ein Selligue'sches Konvex-Prisma. Bemerkenswert sind die beiden Satz-Objekte aus je 6 Teilen: Die Vergrößerung kann über die Zahl der verwendeten, je eine Linse tragenden Objektivringe variiert werden. Als Zubehör dient ferner eine auf den Objekttisch aufsetzbare, drehbare Federpinzette, eine konkav geschliffene Präparateschale, eine ebensolche, aber in Messing gefaßte und mit Deckel versehene Präparateaufnahme mit Messingring zur Aufnahme von Präparaten sowie eine Holzleiste mit 4 Präparaten.

Graz, Universität, Inst. f. Experimentalphysik, Inv.-Nr. 963.

12/23 Auflicht/Durchlichtmikroskop, um 1840

Hersteller: Fa. Plössl, Wien.
17teiliges Zubehör in Holzkassette.
H. 47 cm, B. 26 cm, T. 10,5 cm, Gewicht 7 kg.

Senkrecht stehendes Mikroskop mit abgewinkeltem Tubus zur bequemeren Beobachtung. Die Vergrößerung wird über die Zahl der Ringe, die je eine Linse tragen, eines 7teiligen Objektivs und natürlich durch die Wahl eines der 4 Okulare variiert. Die Beleuchtung der Präparate erfolgt von oben mit Hilfe eines beidseitig konvex geschliffenen Selligue'schen Prismas. Ein auf dem Objektivtisch aufsetzbarer Mikrometermeßtisch ermöglicht die laterale Größenbestimmung der Objektive.

Weiteres Zubehör: 1 am Objektträgertisch aufsetzbare Pinzette, 1 Glasschale zum Aufnehmen von Objekten, 1 in Messing gefaßte Präparateschale mit Deckel, 1 Messingring zur Aufnahme von Präparaten am Objektträgertisch, 1 Holzleiste mit zwei Präparaten, 1 in Messing gefaßte Glasschale zum Objektträgertisch einsteckbar, 1 Präparierlupe.

Graz, Universität, Inst. f. Experimentalphysik, Inv.-Nr. 2.588.

12/24 Beleuchtungslinse

Linse in Messingfassung.
Hersteller: Fa. Steinheil, München.
Dm. 25 cm, Brennweite 17 cm, Gewicht 9,5 kg.

Erst mit der Einführung des elektrischen Stroms stan-

den der Wissenschaft intensive Lichtquellen (Bogen-
entladungen) zur Verfügung. Diese Linse – eine von
2 vorhandenen Exemplaren – diente vornehmlich
dem Sammeln von Sonnenlicht, welches mittels großer, uhrwerkbetriebener Heliostate in die wissenschaftlichen Labors über Spiegel und Linsen geleitet
wurde.

Graz, Universität, Inst. f. Experimentalphysik, Inv.-Nr. 959.

12/25 Zeiss-Mikroskop Stativ VII, um 1883

Replik 1983, in limitierter Serie von 1000 Exemplaren nach-
gebaut.
Hersteller von Original und Replik: Fa. Zeiss.
Stativ Messing, Kasten Mahagoni.
H. 30 cm, B. 10 cm, L. 12 cm, Gewicht 2 kg.

Das Mikroskop hat den typischen Hufeisenfuß. Zur
Feinfokusierung kann das Oberteil der Stativsäule mit
einer Mikrometerschraube verstellt werden. Die
Grobeinstellung erfolgt durch Verschieben des Ob-
jektivtubus. Das achromatische Objekt erlaubt eine
400fache Vergrößerung. Der Spiegel ist beweglich.
Zubehör: 3 Objektive, 1 Okular, 1 Abbescher Dif-
fraktionsapparat, 2 Präparate, 1 Diatomeen-Test-
platte. Das Mikroskop Zeiss Stativ VII gehörte vor
100 Jahren zu den bevorzugten Labormikroskopen.

Oberkochen, Optisches Museum der Zeiss-Werke.

12/26 Mikroskop-Objektiv (Schnittmodell), 1965

Abb. S. 159

Mikroskop-Objektive beinhalten je nach Vergröße-
rung, Korrektion und Bildfeldebnung mehrere Linsen
und Linsengruppen aus verschiedenen Glassorten.
Das Modell ist ein UV-durchlässiges Spezial-Objektiv
Ultrafluar 32/0,4 Glyzerin-Immersion, welches im
Wellenlängenbereich von 230 nm bis 700 nm über
eine sehr gute chromatische Korrektion verfügt. Das
Objektiv ist für die Verwendung an UV-Mikroskopen
und Mikro-Spektralphotometern geeignet. Solche
Geräte werden an der Universität Graz am Institut für
Biochemie unter Prof. E. Schauenstein seit Jahren
verwendet.

Graz, W. Urbanek.

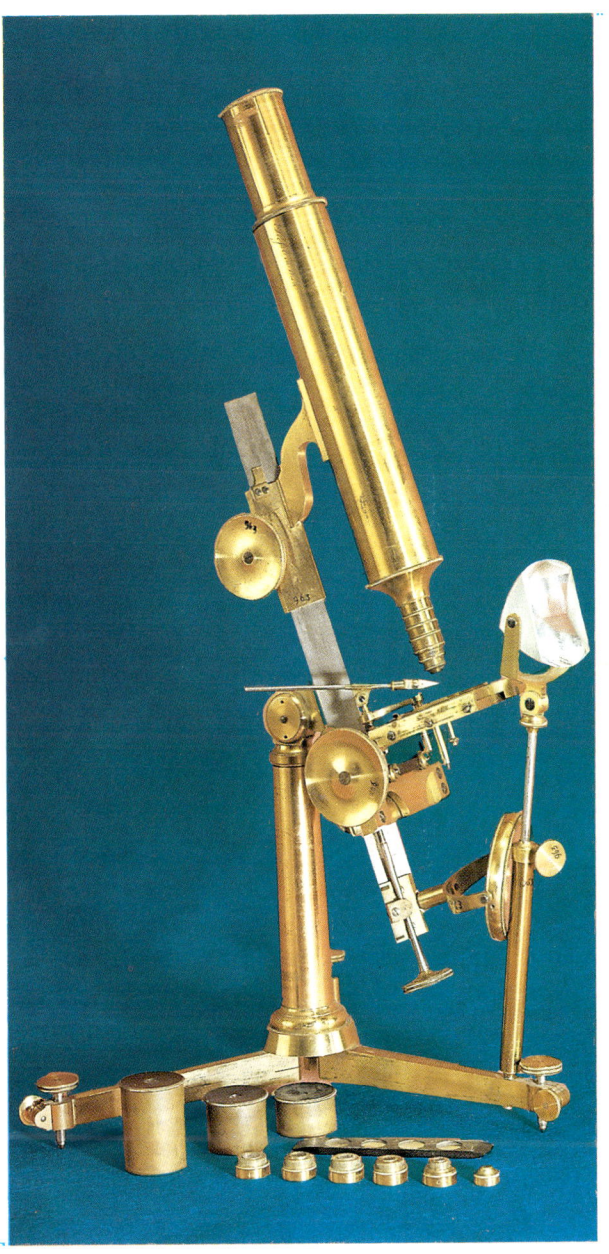

Katalog 12/22

463

12/27 Zeiss-Mikroskop, 1889

Abb. S. 159

H. 33 cm, B. 14 cm, T. 12 cm, Gewicht 2 kg.

Carl Zeiss, Optiker und Mechaniker, baute seit dem Jahre 1857 zusammengesetzte Mikroskope (eine Kombination von Objektiv und Okular).
1866 wird Doz. Ernst Abbe, Mathematiker und Physiker, freier Mitarbeiter bei Zeiss. 1879 beginnen Kontakte zu Dr. Otto Schott, dem Glaschemiker.
Dieser Zusammenarbeit verdanken wir die großen Erfolge beim Bau optischer Geräte. Nichts wurde mehr dem Zufall überlassen (z. B. Glaserzeugung, Linsenschleifen), sondern theoretisch vorausberechnet, geplant und nach den neuesten Erkenntnissen gefertigt und geprüft.
Das Ergebnis dieser Arbeit ist unter anderem das ausgestellte Mikroskop I aus dem Jahr 1889. Berechnete Objektive, Okulare und der nach Abbe benannte Beleuchtungskondensor sind Teile dieses Gerätes.
Ein Mikroskop, wie es von vielen Ärzten und Biologen, unter ihnen auch von Prof. Robert Koch, verwendet wurde.

Graz, W. Urbanek.

12/28 Monokulares Durchlichtmikroskop, 1893

Hersteller: Fa. C. Reichert, Wien.
Gravierungen: am Tubus „C. Reichert VIII Bennogasse 26 Wien", am Fuß „No 7109".
H. 36 cm, B. 18 cm, L. 23 cm.

Reichert-Mikroskopstativ, Typ Ia (das größte der damaligen Stativreihe I–VII). Hufeisenfuß. Stativ kippbar, mit Klemmknebel (für bequeme, schräge Einblicklage). Beleuchtungsspiegel zweiseitig plan/konkav in Kardangelenk, allseitig verstellbar. Abbe-Kondensor mit Irisblende, fokussierbar, zentrierbar, ausschwenkbar. Großer quadratischer Spezial-Objekttisch 12 × 12 cm, mit Kreuzstich-Feinbewegung 18 × 18 mm und Noniusablesung. Runder, durch Ritzel und Zahnrad drehbarer Tischeinsatz (Rändelknopf unter dem Tisch).
Grobeinstellung der Bildschärfe durch Zahn und Trieb, große Triebknöpfe beidseitig. Feineinstellung über eine Dreikantführung in der Säule mittels senkrechter Schraube, mit Teilung (1 Umdrehung = 0,44 mm).

Zweifach-Revolver mit 2 Objektiven: Nr. 3 (10×) und Nr. 8a (60×).
Ausziehbarer Okulartubus (147–179 mm, Normalstellung 160 mm) zur Optimierung der Bildqualität (nach Präparatdicke, Deckglasdicke u. ä.).
Okular Nr. 4 (Vergrößerung 10×).
Hauchschirm – als Korrosionsschutz für die Triebmechanik.

Wien, Reichert-Jung Optische Werke AG, Inv.-Nr. 113.

12/29 Polyvar-Weitfeldphotomikroskop

Schaustück.

Wien, Reichert-Jung, Optische Werke AG.

12/30 Mikrophotographie vor 100 Jahren

Foto aus: Special-Catalog über Apparate für Mikrophotographie, Dr. Roderich Zeiss, 1888.

Diese Gerätekombination von Zeiss vermittelt eine eindrucksvolle Vorstellung von den Problemen der damaligen Aufnahmetechnik.

12/31 Forschungsmikroskope der Gegenwart

a) Zeiss-Mikroskope

Foto: Carl Zeiss, Oberkochen.

Moderne Forschungsmikroskope Axioplan (links) und Axiophot mit den drei automatischen Kameras (rechts). SI-Bauweise (im System integriertes Zubehör für die meisten Verfahren) und ICS-Optik (Infinity-Color-Corrected-System) mit praktisch perfekter Abbildung zeichnen die neuen Mikroskope aus.

b) Querschnitt durch ein Zeiss-Mikroskop

Repro: Carl Zeiss, Oberkochen.

Optisches System des neuen Fotomikroskops Axiophot von Zeiss.

12/32 Mondgestein im Mikroskop

Foto aus: Wolf von Engelhard, Gesteine und Mineralien des Mondes. In: Sonderdruck der Zeiss-Information Nr. 76.

Kugelförmiger Glaskörper und Fragment von braunem Glas.

Original: 0,28 × 0,25 mm.

12/33 Funktionsfähiges Operationsmikroskop OPM I 6 auf Tischstativ mit Monitor

Hersteller: Fa. Zeiss, Oberkochen.
Monitor: Fa. Sony.
H. 50 cm, B. 40 cm, L. 40 cm, Gewicht 20 kg.

Mikrochirurgische Operationen in der Augen-, HNO-, Neuro-, Plastischen und Rekonstruktiven Chirurgie sowie in der Gynäkologie sind ohne Operationsmikroskop nicht durchführbar. Die Operationsfelder sind oft eng und tiefliegend. Die zu operierenden Mikrogefäße oder peripheren Nerven haben meist nur einige Zehntelmillimeter im Durchmesser. Das verwendete Nahtmaterial ist mit freiem Auge schwer erkennbar (Faden 0,01 mm Dm.).
Die Mikroskope vermitteln ein stereoskopisches Bild, variable Vergrößerungen und einen großen Arbeitsabstand. Koaxiales Kaltlicht bietet dem Chirurgen auch in tiefen und engen Kanälen eine gute Sicht. Vielseitiges Zubehör für Mitarbeiter und Dokumentation, wie Foto, Film und Fernsehen, gehören zur Standardausrüstung.
Im Operationssaal werden die Mikroskope an fahrbaren Boden- oder Deckenstativen montiert verwendet. Sämtliche Mikroskop-Einstellungen kann der Operateur durch Fußbedienung vornehmen.

Wien, Carl Zeiss.

12/33a Operationsbilder

Fotos: Carl Zeiss, Wien.

12/34 Carl Zeiss (1816–1888), Gründer der Zeiss-Werke

Foto: Carl Zeiss, Oberkochen.

12/35 Prof. Dr. Ernst Abbe (1840–1905), Gründer der Carl-Zeiss-Stiftung

Foto: Carl Zeiss, Oberkochen.

Gelehrter, Erfinder, Unternehmer und Sozialreformer.

12/36 Dr. Otto Schott (1851–1955), Schöpfer der modernen Glastechnologie, Mitbegründer der Schott-Glaswerke

Foto: Carl Zeiss, Oberkochen.

Katalog 12/23

12/37 Zeiss-Werke Oberkochen (BRD), 1985

Foto: Carl Zeiss, Oberkochen.

12/38 Fraunhofer'sche Glashütte in Benediktbeuren (BRD)

Foto: Hütte Benediktbeuren.

Die Glashütte, in welcher Joseph von Fraunhofer im frühen 19. Jh. optisches Glas bester Qualität erzeugte, ist heute Museum.

12/39 Schott-Gruppe, Mainz Aus der Produktion der Firma

Collage.
Fotos: Schott Glaswerke, Mainz.

12/40 Schott-Gruppe, Mainz Produktionsvorgänge

Collage.
Fotos: Schott Glaswerke, Mainz.

12/41 Beispiele für technisches Glas in der chemischen Industrie

Vorrats- und Reaktionsgefäß aus Borosilicatglas.
Dm. 1000 mm, Inhalt 500 l.

Größte Glaskugel der Welt.

Mainz, Schott Glaswerke.

12/42 Kolonnenschuß

H. 1500 mm, Dm. 1000 mm.

Bauteil zur Errichtung großer Chemieanlagen.

Mainz, Schott Glaswerke.

12/43 Optisches Rohglas

2 Blöcke, H. 200 mm, L. 200 mm, B. 200 mm.

Die Firma Schott erzeugt seit jeher technische Gläser höchster Qualität. Diese Gläser werden zu optischen Geräten, aber auch zu Haushaltsgeräten verarbeitet und sind von unterschiedlicher Zusammensetzung, was spezielle gewünschte Eigenschaften zur Folge hat.

Mainz, Schott Glaswerke.

12/44 Perspektiv mit zwei Auszügen, 1760

Hersteller: Anton Görner, Haida.
L. 45 cm (zusammengeschoben), Dm. 5 cm (Objektiv), Gewicht 240 g.

Pappe, Einzelteile beschädigt.

Graz, Fa. Görner.

12/45 Perspektiv mit drei Auszügen, 1807

Hersteller: Anton Görner, Haida.
L. 37 cm, Dm. 4,5 cm, Gewicht 430 g.

Pappe, Einzelteile beschädigt.

Graz, Fa. Görner.

Katalog 12/34

12/46 Fernrohr mit einem Auszug „day or night"

Hersteller: G. Dixey, London.
L. 90,5 cm (ausgezogen), Dm. 5,2 cm, Gewicht 1220 g.

Graz, Fa. Görner.

12/47 Feldstecher, 1830–1860

Hersteller: Brüder Rospini, Graz.
H. 12 cm, L. 13 cm, Dm. 6,6 cm (Objektiv), Gewicht 500 g.

Aus Elfenbein.

Katalog 12/35

Katalog 12/36

Literatur: *Paul W. Roth,* Die Grazer Optiker- und Instrumentenmacherfamilie Rospini (ca. 1762–1904). In: Schriftenreihe des Instituts für Geschichte, Bd. 2, Graz 1988.

Graz, Fa. Görner.

12/48 Fernrohr mit fünf Auszügen, 1850

Hersteller: Merz, Utzschneider und Fraunhofer, München. L. 86,5 cm (ausgezogen), Dm. 6,5 cm (Objektiv), Gewicht 700 g.

Graz, Fa. Görner.

12/48a Verzeichnis der Instrumente der Firma Merz, Utzschneider und Fraunhofer.

Graz, Urbanek.

12/49 Schleifen von Linsen

a) Schleifschale, halbkugelförmig

H. 2 cm, Dm. 4,5 cm, Gewicht 8 g.

b) Halbfertige Fernrohrlinse, kugelförmig

Dm. 3,5 cm, Gewicht 1,5 g.

Graz, Fa. Görner.

12/50 Opernglas, Wien 1823

Friedrich Voigtländers Patent.

H. 4,5 cm, L. 9 cm, Dm. 3 cm (Objektiv), Gewicht 100 g.

Mit Etui aus weinroter, geprägter Pappe.

Graz, Fa. Görner.

12/51 Prunkopernglas, vier Auszüge, 100/40

L. 7,5 cm, Dm. 3,5 cm, Gewicht 50 g.

Perlmutter, vergoldet.

Graz, Fa. Görner.

12/52 Opernglas, Mitteltrieb, um 1840

Hersteller: Plössl & Co., Wien.
L. 10,5 cm, Dm. 4,3 cm, Gewicht 200 g.

Elfenbein.

Graz, Fa. Görner.

12/53 Opernglas, Mitteltrieb, um 1840

Hersteller: Plössl & Co., Wien.
H. 9,5 cm, L. 11,5 cm, Dm. 5,5 cm (Objektiv),
Gewicht 430 g.

Mit schwarz geprägtem Leder überzogen.

Graz, Fa. Görner.

12/54 Monokulares Prunkopernglas, sechs Auszüge, um 1850

L. 10 cm, Dm. 5 cm (Objektiv), Gewicht 180 g.

Ring mit zwölf Bildchen.

Graz, Fa. Görner.

12/55 Prunkopernglas, Mitteltrieb, um 1850

Hersteller: Klein Deszo, Budapest.
H. 5 cm, L. 10 cm, Dm. 4 cm (Objektiv), Gewicht 250 g.

Perlmutter mit Perlmutterstiel, bemalt mit Amor und
Psyche.

Graz, Fa. Görner.

12/56 Opernglas Par prevet d'invention et de perv, Mitteltrieb, um 1850

H. 4,5 cm, L. 10 cm, Dm. 3 cm (Objektiv), Gewicht 130 g.

Schwarzes Email mit Perlmutterring.

Graz, Fa. Görner.

12/57 Opernglas, um 1850

Hersteller: Bautain Brevete, Paris.
H. 4,5 cm, L. 10 cm, Dm. 3 cm (Objektiv), Gewicht 130 g.

Perlmutter mit Stiel.

Graz, Fa. Görner.

12/58 Monokulares Prunkopernglas, drei Auszüge, 1859

L. 9 cm (ausgezogen), Dm. 4,5 cm (Objektiv),
Gewicht 100 g.

Schildpatt.

Graz, Fa. Görner.

12/59 Doppelfernrohr, ca. 8 × 24, um 1890

Hersteller: A. Rospini.
Beschriftung in Okularmuscheln: A. Rospini, Gratz.
H. 3,8 cm, B. 11 cm, L. 26–37 cm, Dm. 3,3 cm,
Gewicht 760 g.

Doppelfernrohr mit Linsenumkehrsystem und Mitteltrieb. Zwei Messingröhren, lederbezogen, mit zwei
Brückengelenken verbunden. Durch die Mitteltrieb-
stange können die in die Rohre eingesetzten Linsen-
systeme bis 10 cm ausgeschoben werden.
Messing, Leder, optisches Glas, alle Messingteile sind
schwarz lackiert.

Literatur: *Paul W. Roth*, Rospini.

Oberkochen, Optisches Museum der Zeiss-Werke, Inv.-Nr.
SZ F 116.

12/60 Binokulares Prismenfernglas 8 × 20 – Doppelfernglas DF 95, ab 1895

Hersteller: Carl Zeiss.
Erfinder: Ernst Abbe.
D.F. 95 Nr. 55555 Carl Zeiss, Jena DRP (Fab.-Nr. 11894).
H. 6 cm, B. 15 cm, L. 12 cm, Gewicht 600 g.

Das Fernglas mit Porro-Prismen hat 8fache Vergrößerung und 20 mm Objektivdurchmesser. Die Oku-

lare sind einzeln einzustellen. Brücke mit Gelenk zur Anpassung an den Augenabstand. Stabile Messingausführung, schwarz lackiert, der Körper mit Leder bezogen.

Prismen-Umkehrsysteme ergeben kürzere und handlichere Ferngläser als Linsen-Umkehrsysteme.

Ernst Abbe baute schon 1873 ein Prismenfernrohr und erfuhr erst 20 Jahre später, daß es einen Vorerfinder gab, Ignaz Porro. Das patentierte Prismenfernglas von Ernst Abbe zeichnet sich durch einen erweiterten Objektivabstand aus und vermittelt deshalb eine verbesserte räumliche Wahrnehmung.

Literatur: *A. König – H. Köhler*, Die Fernrohre und Entfernungsmesser. Berlin–Göttingen–Heidelberg 1959.

Oberkochen, Optisches Museum der Zeiss-Werke, Inv.-Nr. SZ F 44.

12/61 Binokulares Prismenfernglas nach Ernst Abbe

Modell mit aufgeschnittenem Tubus.
Foto: Carl Zeiss, Oberkochen.

12/62 Relieffernrohr, um 1900

Hersteller: Fa. Zeiss.
H. 19 cm, B. 36 cm, T. 8 cm, Gewicht 250 g.

Ein binokularer Feldstecher, der das Sehen mit beiden Augen erlaubt, bietet ein vergrößertes, plastisches Bild.

Die Vergrößerung ist abhängig von der Objektivbrennweite und der Okularbrennweite, der plastische Eindruck hingegen vom Abstand der Objektive.

Einen extremen Tiefeneindruck zeigen Relief- oder Scherenfernrohre mit großem Objektivabstand.

Graz, W. Urbanek.

12/63 Zeiss-Fernglas 8 × 56 B/GA T* Dialyt
Binokulares Prismenfernglas

Hersteller: Carl Zeiss, Oberkochen.
Gravur: Zeiss West Germany Dialyt 8 × 56 B T*.
H. 7 cm, B. 14,3 cm, L. 22,4 cm, Gewicht 1 kg.
Leichtmetall mit Gummiarmierung, optisches Glas.

Prismen-Fernglas mit Umkehr-Prismen nach Hans Schmidt. Die hohe Dämmerungsleistung durch großen Objektivdurchmesser (56 mm) bei 8facher Ver-

größerung und kontrastreicher Abbildung durch T*-Mehrfachschicht-Vergütung erlaubt das Beobachten und sichere Ansprechen des Wildes bei schwachem Morgenlicht und in der Abenddämmerung. Die griffige Gummiarmierung schützt vor Schlag und Stoß. Sie verhindert außerdem störende Geräusche. Brillenträgerokulare vermitteln auch dem Brillenträger das große Sehfeld dieses Jagdglases. Jagdgläser für Beobachtungen bei schwachem Licht sind ein besonders einleuchtendes Beispiel für die Bedeutung der Vergütung, die ja nicht nur die Reflexion optischer Flächen vermindert, sondern auch die Lichtdurchlässigkeit erhöht und den Kontrast verbessert.

Die Vergütung durch dünne Schichten nach einem von Alexander Smakula bei Carl Zeiss entwickelten Verfahren, wurde 1935 patentiert und revolutionierte die Optik. Denn sie machte erst die modernen vierlinigen Systeme höchster Abbildungsleistung möglich.

Literatur: *König – Köhler*, Fernrohre.

Oberkochen, Carl Zeiss.

12/64 Fernglas 8×30 B Dialyt, 1987

Schnittmodell.
Hersteller: Fa. Zeiss.
H. 10,8 cm, L. 10,6 cm, Gewicht 550 g.

Exakt berechnete Prismen und Linsen, genau justierte Optikteile und die T*-Mehrschichtvergütung ergeben eine hervorragende und kontrastreiche Bildgüte über das gesamte Sehfeld. Das Weitwinkel-Brillenträgerokular bietet dem Beobachter ein Sehfeld von 135 m bei 1000 m Beobachtungs-Entfernung. Die Optikteile sind stoßunempfindlich gelagert und gegen Staub und Feuchtigkeit abgedichtet.

Graz, W. Urbanek.

12/65 T*-Vergütungsmodell, 1987

Glasmodell.
Hersteller: Fa. Zeiss.
H. 30 cm, Dm. 7 cm.

1935 erfindet Prof. Smakula, Fa. Zeiss Jena, den reflexmindernden T-Belag. (Entspiegelung der an Luft grenzenden Glasflächen.) Dadurch wurde die Lichtdurchlässigkeit bei einem Feldstecher um ca. 50% gesteigert.

1979 entwickelt Zeiss Oberkochen/BRD die T*-Mehrschichtvergütung. Dadurch erhöht sich die Lichtdurchlässigkeit bei einem Feldstecher auf über 90%. Gleichzeitig werden Kontrast und Farbwiedergabe gesteigert.

Das Modell besteht aus mehreren, von einander getrennten Glasplatten. Drei Segmente zeigen den Unterschied von optisch nicht vergütet, T-vergütet und T*-mehrschichtvergütet.

Wien, Fa. Zeiss.

12/66 Swarovski Ferngläser „Habicht" und SL 7×50 „Habicht"

Gewicht 530 g.

In Polyurethanschaum eingebetteter optischer Kern. Dachkantprismen-System mit Laser justiert. Dioptrieausgleich am okularseitigen Rändelrad.

Absam, Fa. Swarovski Optik KG.

12/67 Swarovski-Ausziehfernrohr

Das Ausziehfernrohr eignet sich auf Grund seiner starken Vergrößerung zur Beobachtung kleiner oder weit entfernter Objekte.

Absam, Fa. Swarovski Optik KG.

12/68 Swarovski-Doppelteleskop

Für genaues und langes Beobachten auf weite Entfernung ist ein binokulares Beobachtungsgerät besonders geeignet.

Absam, Fa. Swarovski Optik KG.

12/69 Nova-Zielfernrohr 1,5–6×42 „Habicht"

Variable Vergrößerung. Nova-Okularsystem mit Teleskopdämpfung.

Absam, Fa. Swarovski Optik, KG.

12/70 Montage eines 3,5-m-Teleskops bei Zeiss

Foto: Fa. Zeiss, Oberkochen.

1984 wurde von Zeiss ein 3,5-m-Teleskop fertiggestellt und gelangte auf dem 2168 m hohen Calar Alto

Katalog 12/40

in der Sierra de los Filabres (Spanien) im Deutsch-Spanischen Astronomischen Zentrum zur Aufstellung. Das Teleskop hat eine Masse von 430 Tonnen, allein der Rotor wiegt 230 Tonnen und ist hydrostatisch gelagert. Die kleinste meßbare Verstellung beträgt 1/40 Winkelsekunde, die komplette Elektronik umfaßt 58 Antriebe. Die vier Frontringe mit verschiedenen Fangspiegeln und einer Primärfokuskabine können vollautomatisch gewechselt werden. Herzstück ist ein 3,5-m-Spiegel.

Zur Montage des Teleskops war die Errichtung einer eigenen Halle notwendig.

12/71 M 16, Sternentstehungsgebiet und Gasnebel unserer Milchstraße, aufgenommen mit einem 2,2-m-Teleskop von Carl Zeiss, Oberkochen

Foto: Max-Planck-Institut für Astronomie, Göttingen (BRD).

12/72 M 8, Sternentstehungsgebiet und Gasnebel im Schützen (Objekt des Milchstraßensystems). Aufgenommen mit einem 1,2-m-Teleskop von Carl Zeiss, Oberkochen

Foto: Max-Planck-Institut für Astronomie, Göttingen (BRD).

12/73 Nivelliergerät, 1860

Hersteller: Brüder Rospini, Graz.
H. 10 cm, B. 6 cm, L. 16 cm.
Kassette: H. 4 cm, B. 15 cm, L. 18 cm, Gewicht 700 g.
Literatur: *Paul W. Roth,* Rospini.

Graz, Fa. Görner.

12/74 Nivellier Ni 2 – aufgeschnittenes Nivellier mit automatischem Kompensator, um 1950

Hersteller: Fa. Zeiss, Oberkochen.
H. 12 cm, B. 12 cm, L. 27 cm, Gewicht 2 kg.

Das Nivellier ist ein Vermessungsinstrument, mit dem bei genau horizontaler optischer Achse die Höhendifferenz zwischen den Standorten zweier senkrechter Meßlatten gemessen werden kann. Beim klassischen Nivellier ist die Horizontierung zeitraubend. Der 1950 bei Zeiss in Oberkochen erfundene Kompensator des Zeiss Ni 2 bewirkt eine automatische Horizontierung der Ziellinie und ermöglicht schnelle, präzise Messungen. Dieses erste serienmäßige automatische Nivellier der Welt hat den Bau von Vermessungsinstrumenten nachhaltig beeinflußt.

Literatur: *M. Drodovsky,* in: Zeitschrift für Vermessung 76/1951, S. 225–231.

Oberkochen, Fa. Zeiss.

12/75 Elektro-optischer Streckenmesser SM 11 – Prototyp eines elektronischen Vermessungsgeräts von Strecken, 1967

Hersteller: Carl Zeiss, Oberkochen.
Gravur: Elektro-optischer Streckenmesser SM 11 Carl Zeiss (Warenzeichen mit Linsenrahmen).
H. 45 cm, B. 25 cm, L. 55 cm, Gewicht 12 kg.

Zu den geodätischen Grundaufgaben gehört die Streckenmessung. Carl Zeiss hat 1967 mit dem elektro-optischen Streckenmesser SM 11 einen wichtigen Entwicklungsschritt vollzogen. Eine direkt modulierte Gallium-Arsenid-Lumineszenzdiode erzeugt einen Infrarotstrahl, der durch das Objektiv des Meßfernrohrs zu einem Tripelprisma am Zielpunkt gesandt wird. Der dort reflektierte Strahl kehrt zum Gerät zurück. Aufgrund von digitalen Messungen der Phasendifferenzen zwischen der ausgestrahlten und der reflektierten Welle bei zwei Modulationsfrequenzen berechnet das programmgesteuerte Instrument Schrägentfernungen von 1 bis 2 km mit einer Genauigkeit von $\pm$ 10 mm als Mittelwert von 100 Messungen. Das Ergebnis wird digital angezeigt. Der ganze Vorgang läuft in 18 Sekunden ab. Das SM 11 ist voll transistoriert.

Für die Serienherstellung wurde das SM 11 durch einen Skalentheodoliten zum Tachymeter ausgebaut. Als weitere Ausbaustufe wurde 1968 das registrierende elektronische Tachymeter Reg Elta 14 vorgestellt, das zusätzlich über codierte Kreise und Mikrometer sowie eine Registriereinrichtung für alle Meßdaten verfügt.

1978 folgte das kompaktere und mikroprozessorgesteuerte Computertachymeter Elta 2, das im Vergleich zum Reg Elta 14 schneller und genauer ist, ca. 70.000 statt 9000 Transistorfunktionen aufweist, aber nur ein Drittel des Volumens und das halbe Gewicht hat.

Literatur: *H. Leitz – R. Bornefeld,* in: Zeitschrift für Vermessung 93/1968, S. 31–36. *R. Bornefeld,* Zeiss-Information, Oberkochen, 25/1980, S. 46–51.

Oberkochen, Optisches Museum der Zeiss-Werke.

12/76 Kompaß mit Sonnenuhr, um 1680

H. 2 cm, B. 5,5 cm, L. 8 cm, Gewicht 40 g.
Graz, Fa. Görner.

12/77 Quecksilberthermometer, um 1780

Hersteller: Wetscher, Stettinger & Co.
H. 1 cm, B. 2,5 cm, L. 12,5 cm, Gewicht 25 g.
Mit Schildpatthülle.
Graz, Fa. Görner.

12/78 Barometer nach Bourdon, 1849

Hersteller: Rospini, Graz.
B. 5,5 cm, Dm. 13,5 cm, Gewicht 600 g.
Vorläufer des Aneroid-Barometers, 1849 in Paris mit der Goldmedaille ausgezeichnet, 1851 in London mit der Großen Medaille I. Klasse.
Graz, Fa. Görner.

12/79 Aneroid-Barometer

Hersteller: Andreas Rospini, Graz.
B. 2 cm, Dm. 6 cm.
Etui: H. 4 cm, B. 7 cm, L. 8,5 cm, Gewicht 180 g.
Etui aus geprägter Pappe, schwarz.
Literatur: *Paul W. Roth, Rospini.*
Graz, Fa. Görner.

12/80 Optisches Spannungsprüfgerät

Hersteller: Carl Zeiss, Oberkochen.
H. 40 cm, B. 25 cm, L. 50 cm, Gewicht 7,8 kg.

Das polarisationsoptische Spannungsprüfgerät macht Spannungen in Gläsern und durchsichtigen Kunststoffen durch Doppelbrechung sichtbar und dient der Qualitätskontrolle von durchsichtigen Produkten.
Es wird auch zur Untersuchung von Kristallen hinsichtlich Doppelbrechung und Zwillingsbildung herangezogen.
Das Instrument wird zum Beispiel in Glashütten und Glasbläsereien, bei der Glasverarbeitung und in der Optikindustrie, in der Kunststoffindustrie und bei Kristallherstellern eingesetzt.
Literatur: ABC der Optik, Hanau, o. J.
Oberkochen, Fa. Zeiss.

12/81 Silva Marin Kompaß 1000/C

Dm. 12,5 cm, Gewicht 750 g.
Graz, Fa. Görner.

12/82 Silva Marin Kompaß 100/NB

Dm. 15,3 cm, Gewicht 900 g.
Graz, Fa. Görner.

12/83 Sundo-Barometer 62B/130 DBGM

Dm. 20,5 cm.
Graz, Fa. Görner.

12/84 Sundo-Barometer 18-605 BT

B. 10 cm, L. 91 cm.
Graz, Fa. Görner.

12/85 Sundo-Marineinstrument 68-1/100

Dm. 15 cm.
Graz, Fa. Görner.

12/86 Thommen-Höhenmesser, Typ 3B4

Graz, Fa. Görner.

12/87 Thommen-Höhenmesser, Typ FX

Für Deltaflieger, Ultraleichtflieger und Ballonfahrer.
Graz, Fa. Görner.

12/88 Studiokamera, um 1900

Hersteller: R. A. Goldmann, Wien.
Großformat.
H. 25 cm, B. 25 cm.

Unterbau: Dreibeinstativ in altdeutschem Stil. Hartholz (Mahagoni), schwarz gebeizt und poliert, durch ein Kurbelwerk werden drei Säulen zur Höhenverstellung ausgefahren (Zahnstangentrieb in jeder Säule). Darüber die Grundplatte mit doppeltem Bodenauszug, seitlich zu fixieren und durch eine Kurbel zu neigen. Größter Bodenauszug ca. 140 cm. Auf seitlichen Schienen aufzustecken, die vordere Standarte 50/50 cm mit Stellschraube und Halter für Objektivplatine. Quadratischer Balgen mit hölzerner Balgenstütze in der Mitte. Der Rückenteil, ebenfalls mit Stellschrauben, ist um die Mittelachse vertikal schwenkbar, die Mattscheibe nach unten zu klappen. Die Kamera besteht aus Mahagoni, Shellack poliert, die Beschläge sind aus Messing, vernickelt.
Graz, LMJ, Bild- und Tonarchiv.

12/89 Voigtländer Metallkamera, 1841

Replik mit Gebrauchsanleitung.
H. 40 cm, B. 33 cm, T. 16 cm, Gewicht 2 kg.

Voigtländer Ganzmetallkamera (Messing) für Daguerrotypieverfahren. In der Entwicklung der Fotografie hat das Objektiv als Bindeglied zwischen der realen Welt vor der Kamera und ihrer Abbildung immer eine wichtige Rolle gespielt. Von seiner Abbildungsleistung hängt die Qualität der Bildwiedergabe, von der Lichtstärke die Belichtungszeit und von seinem Bildwinkel die Größe des abzubildenden Gegenstandes ab. 1840 gelang es Joseph Petzval, ein Objektiv mit einer Lichtstärke 1:3,7 – unter Verzicht auf eine hohe Abbildungsleistung – zu berechnen. Es wurde in erster Linie für Porträtaufnahmen verwendet, bei denen gestochene Schärfe nicht erwünscht war. Die Belichtungszeit konnte damit auf einige Sekunden gesenkt werden. 1841 baute der Wiener Optiker Voigtländer die erste Ganzmetallkamera mit einem Objektiv nach Prof. Petzval für das Daguerrotypie-Verfahren.

Literatur: Meilensteine der Photographie. Eine Ausstellung der Dresdner Bank.

Graz, W. Urbanek.

12/90 Contax 1, Kleinbildkamera (Filmformat 24 × 36)

Konstrukteur: Heinz Küppenbender.
Hersteller: Zeiss Ikon AG, Dresden, ab 1932.
Beschriftung: Contax, Zeiss Ikon.
H. 8 cm, B. 14,5 cm, T. 7,5 cm, Gewicht 650 g.

Kamera mit Leichtmetallgehäuse, teilweise mit Leder bezogen, Metall-Schlitzverschluß bis 1/1000 sec. Drehkeilentfernungsmesser. Optischer Sucher mit einem Verkleinerungsverhältnis 1:2, abgestimmt auf 50-mm-Objektive. Objektiv Zeiss Tessar 1:2,8 f = 50 mm mit Auszugtubus. Die Contax 1 war die erste Kleinbildkamera mit Metall-Schlitzverschluß bis 1/1000 sec, Entfernungsmesser und Wechselobjektiven mit Bajonettverbindung.

Oberkochen, Optisches Museum der Zeiss-Werke, Inv.-Nr. SZ P 18.

12/91 Contina II b, Kleinbildkamera (Filmformat 24 ×36)

Hersteller: Zeiss Ikon, Stuttgart.
Beschriftung: Contina, Zeiss Ikon VK 8.
H. 9 cm, B.13 cm, T. 7 cm, Gewicht 530 g.

Metall-Kamera, Aluminium eloxiert, teils mit Kaliko bezogen, Sucher, Belichtungsmesser, Blitzkontakt. Prontor SVS-Verschluß von 1 bis 1/300 sec. Objektiv Novar Anastigmat 1: 3,5 f = 45 mm.

Oberkochen, Optisches Museum der Zeiss-Werke, Inv.-Nr. SZI P 176.

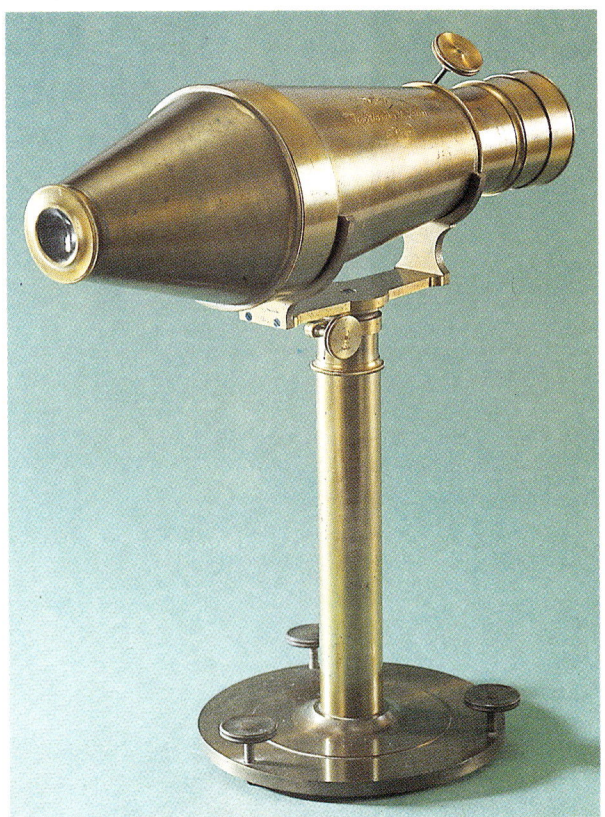

Katalog 12/89

12/92 Objektiv Zeiss Biogon 1:4,5 f = 21 mm

Schnittmodell.
Hersteller: Carl Zeiss, Oberkochen.
Gravur Biogon 1:4,5 f = 21.
H. 5,5 cm, B. 5,5 cm, L. 5,5 cm, Gewicht 200 g.

Das Zeiss-Biogon wurde 1932 als lichtstarkes Kleinbild-Weitwinkelobjektiv geschaffen. 1954 brachte Zeiss in Oberkochen eine verbesserte, achtlinsige Ausführung mit 90° Bildwinkel heraus, die durch große Lichtstärke ungewöhnlich gute Bildfeldausleuchtung und hervorragende Korrektur der Verzeichnung charakterisiert ist.

Das Biogon wurde auch in Ausführungen für andere Formate entwickelt.

Literatur: *H. Sauer,* Photo-Technik und -Wirtschaft H. 8, 5/1954.

Oberkochen, Optisches Museum der Zeiss-Werke, Inv.-Nr. SZ ob 5.

12/93 Kamera Contax RTS

Schnittmodell.
H. 12 cm, B. 15 cm, L. 30 cm, Gewicht 1,5 kg.
Graz, W. Urbanek.

12/94 „Sonne"

Foto aus: Zeiss-Information Nr. 65, Oberkochen, Aufnahme, 22. 9. 1966, Bayrischzell.

Die Sonne im Licht der roten Wasserstofflinie Hα (λ 6563 Å). Aufnahme im Linienzentrum mit neuem Zeiss Hα Monochromatfilter 0,25 Å Halbwertsbreite.

12/95 Die Alpen

Weltraumaufnahme.
Foto: Fa. Carl Zeiss, Oberkochen.

Massenglas

12/96 Glasfabrik Gösting

Aquarell.
Trenk.
H. 63 cm, B. 90 cm.
Graz, J. Guß.

12/97 Grazer Glasfabrik – Owensautomaten

Öl auf Leinwand.
Eduard Frohwent.
H. 115 cm, B. 90 cm.

Arbeit an den vollautomatischen Owensautomaten zur Glasflaschenherstellung, die in Gösting von 1927–1959 im Einsatz waren.

Graz, J. Guß.

12/98 Grazer Glasfabrik – Halbautomatische Bauglasherstellung

Pastell.
Pirrer, Andritz.
H. 80 cm, B. 120 cm.
Pöchlarn, Vetropack.

12/99 Panorama-Ansicht der Grazer Glasfabrik, 1960

Aquarell.
G. Madritsch.
H. 60 cm, B. 80 cm.
Graz, J. Guß.

12/100 Glasflaschenherstellung, 1927–1959

Schema aus dem Betriebshandbuch der Grazer Glasfabrik.
Entwurf: Johann Guß.

12/101 Flaschen aus der Grazer Glasfabrik

Graz, J. Guß.

12/102 Bauglasproduktion der Grazer Glasfabrik

Fußbodensteine, Vollwandsteine, Gewölbesteine, Kuppelsteine, Glasdachziegel.
Graz, J. Guß.

12/103 Aus den Erzeugungsprogrammen der Glashütten Voitsberg und Oberdorf, dreißiger Jahre.

Querschnitt.
Repros aus Verkaufskatalogen.

12/104 Aus dem Erzeugungsprogramm der Stölzle-Oberglas AG, Werk Köflach

Das Schwergewicht der letzten Verpackungsglashütte der Steiermark liegt auf der Produktion von Flaschen und Fläschchen.

Köflach, Stölzle-Hütte.

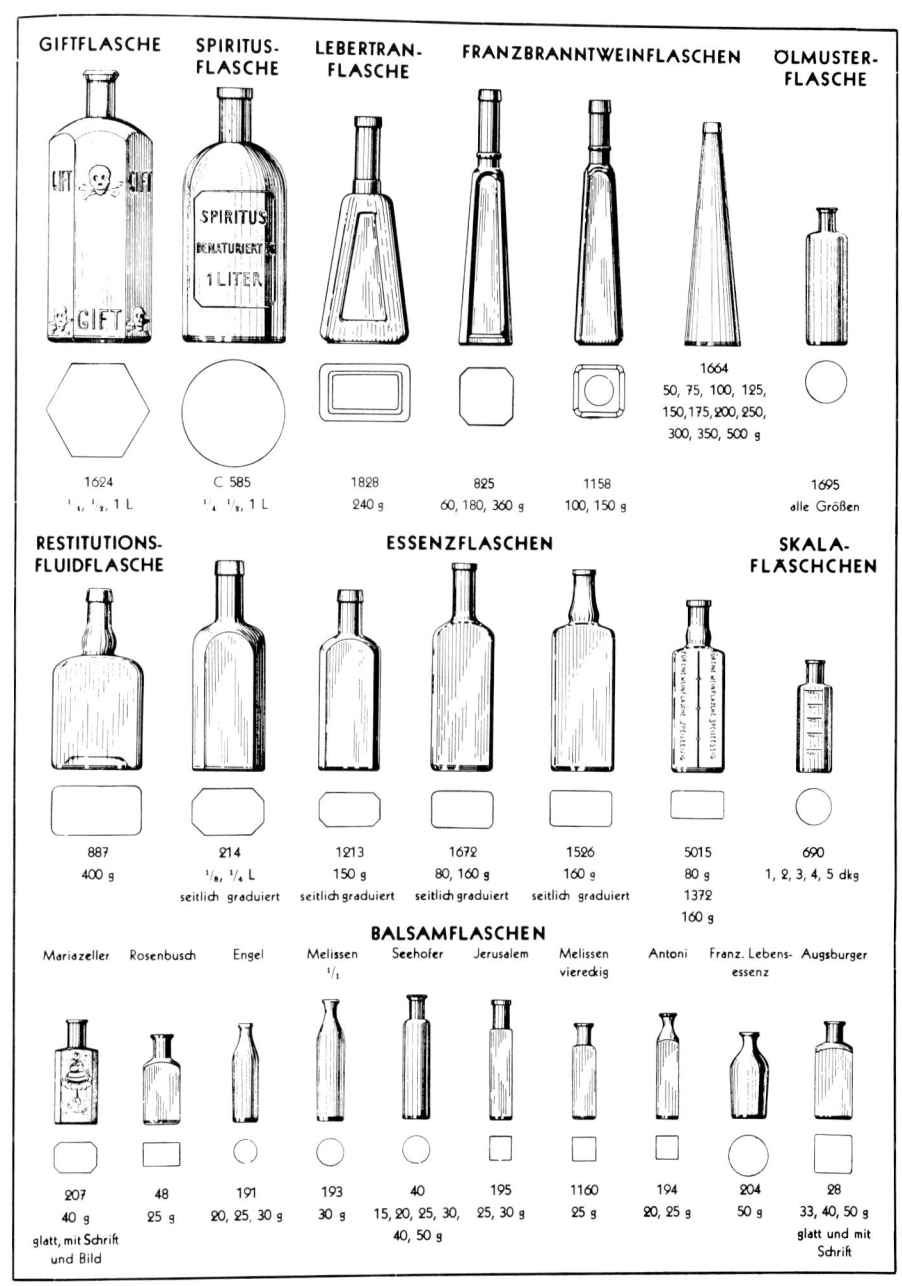

GIFTFLASCHE

SPIRITUS-
FLASCHE

LEBERTRAN-
FLASCHE

FRANZBRANNTWEINFLASCHEN

ÖLMUSTER-
FLASCHE

1664
50, 75, 100, 125,
150, 175, 200, 250,
300, 350, 500 g

1624
¼, ½, 1 L

C 585
¼, ½, 1 L

1828
240 g

825
60, 180, 360 g

1158
100, 150 g

1695
alle Größen

RESTITUTIONS-
FLUIDFLASCHE

ESSENZFLASCHEN

SKALA-
FLÄSCHCHEN

887
400 g

214
⅛, ¼ L
seitlich graduiert

1213
150 g
seitlich graduiert

1672
80, 160 g
seitlich graduiert

1526
160 g
seitlich graduiert

5015
80 g
1372
160 g

690
1, 2, 3, 4, 5 dkg

BALSAMFLASCHEN

Mariazeller	Rosenbusch	Engel	Melissen ½	Seehofer	Jerusalem	Melissen viereckig	Antoni	Franz. Lebens-essenz	Augsburger
207	48	191	193	40	195	1160	194	204	28
40 g	25 g	20, 25, 30 g	30 g	15, 20, 25, 30, 40, 50 g	25, 30 g	25 g	20, 25 g	50 g	33, 40, 50 g
glatt, mit Schrift und Bild									glatt und mit Schrift

12/105 Verpackungsglas der Fa. Vetropack, 1988

Pöchlarn, Vetropack.

12/106 Verpackungsglas der Fa. Lutzky, 1988

Kremsmünster, Fa. Lutzky.

12/107 Beleuchtungsglas der Glashütte Oberdorf, heute

Hängeleuchten, Halogen-Spots, Deckenschalen und Wand-
schalen.

Das Beleuchtungsglas bildet schon seit einiger Zeit
einen Produktionsschwerpunkt der Hütte Oberdorf.

Bärnbach, Oberglas.

Technisches Glas, Schmuckglas

12/108 Laborgeräte. Medizinische Gläser der Fa. Karl Hecht (BRD)

Pellet-Titrierapparate, Exikkatoren, Extraktionsap-
parate, Areometer.

Graz.

12/109 „Swareflex-Reflektoren" für die Verkehrssicherheit

Glasreflektoren zur horizontalen und vertikalen Stra-
ßenmarkierung.

Wattens, D. Swarovski & Co.

12/110 Frontscheiben der Fa. VOEST-Alpine Eisenerz

Schallschutz-Fenster und -Türen sowie Frontscheiben für Automobile, die an führende Automobilher-
steller geliefert werden, bilden die Grundlage für
einen neuen Betriebszweig in Eisenerz.

Eisenerz, VOEST-Alpine.

12/111 Automobil-Scheinwerfergläser

Fotos.

Im Gelände der vormaligen Glasfabrik Voitsberg ist
eine neue Glashütte für Scheinwerferglas entstanden.

Voitsberg, Finvetro-Technoglas.

12/112 „Strass" bei Mode und Zierat

Besatzartikel (Bänder, Borten) sowie „Strass"-Luster-
behänge.

Wattens, D. Swarovski & Co.

12/113 Christbaumschmuck

Vor der Lampe geblasen und vielfältig verziert ist Glas
auch Material für Christbaumbehänge.

Graz, Alpenländische Christbaumschmuckfabrik.

12/114 Glasmodel und Glasformen

Automatenformensätze für Salzstreuer, Parfum-
flasche, Portionsflasche und Medizinflasche.

Köflach, GMA Glasformen- und Mahlanlagen Ges.m.b.H.

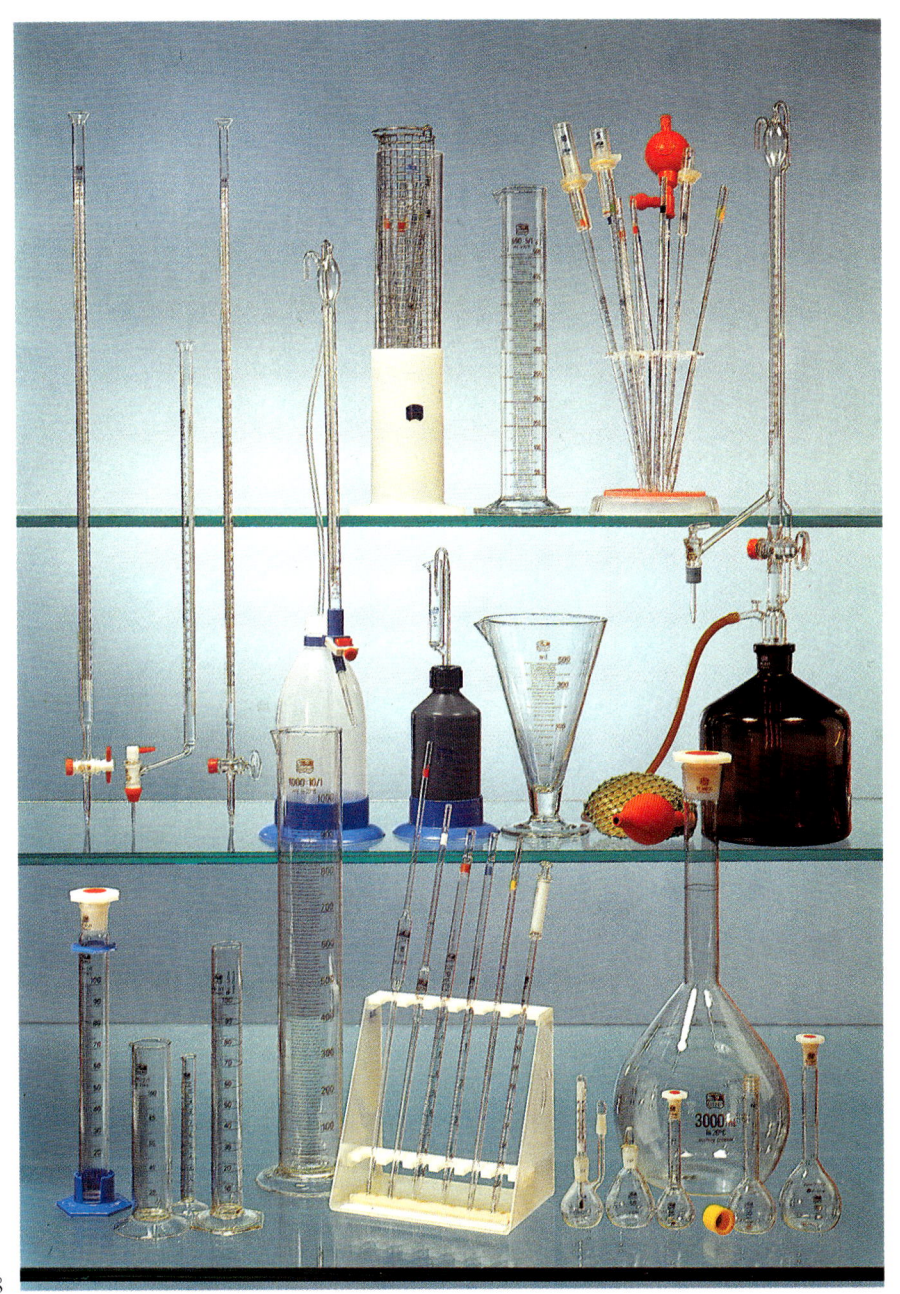

Katalog 13/9 e

480

Glaskunst der Gegenwart, Glasdesign.

Schönes Gebrauchsglas.

13/1 Neue Stölzle Kristall Ges.m.b.H., Altnagelberg

a) Trinkglasserie „Gourmet".
b) Serie „Delta", Aquavit-Set.
c) Trinkglasserie „Tulip/Schwarz".
d) Bleikristallserie „Paris".
e) Zweigvasen.
f) Bowl und Bowle mit Deckel aus der Serie „Charisma".

13/2 Neue Stölzle Kristall Ges.m.b.H., Programm Salzburg

a) Flasche mit Glasstöpsel und Likörkelche mit Gravur „Diana".
b) Bauernflaschen mit Zinnverschluß.
c) Schalen.

13/3 Claus Josef Riedel Tiroler Glashütte, Kufstein

a) Weingläserserie „Sommeliers".
b) Trinkgläserserie „Genova".
c) Trinkgläserserie „Monaco".
d) Teller- und Vasenserie „Archimedes".

13/4 J. & L. Lobmeyr, Wien.

a) Tafelservice, Nr. 231.

Entwurf: L. Lobmeyr, um 1900.

Graviert, mit Barockdekor nach einem Original aus dem 18. Jh.

b) Tafelservice, Nr. 238 „Patrician".

Entwurf: Josef Hoffmann, 1920.

Kristallglas, glatt.

c) Tafelservice, Nr. 240 „Ambassador".

Entwurf: Oswald Haerdtl, 1925.

Kristallglas, glatt.

d) Tafelservice, Nr. 248.

Entwurf: Adolf Loos, 1929.

Kristallglas, geschliffen.

e) Campari-Longdrink-Glas.

Entwurf: Prof. Mattheus Thun, Milano 1986.

13/5 Emil Rimpler, Zwiesel/BRD

Ausstellungsobjekte:

a) Dose, Bleikristall gekugelt und graviert.
b) Fußschale, rubin, graviert.
c) Vase, kristall, matt gemalt.
d) Pokal, grün graviert, vergoldet.
e) Becher, Überfang, gekugelt und gemalt.
f) Pokal, grün, Email, gekugelt und graviert.
g) Karaffe, Kristall, matt rosé gemalt.
h) Weingläser, Kristall, matt rosé gemalt.
i) Freundschafts-Becher, Überfang, gekugelt und gemalt.
j) Fußvase, blau, Überfang, Ätzdekor.
k) Pokal, blau, Überfang, gekugelt und graviert.

13/6 Oberglas Bärnbach – Glaskunstzentrum

Geschenkartikel. Vom traditionellen steirischen Glas bis zu modernen Produkten, von jungen internationalen Designern entwickelt.

13/7 Effetre international, Venedig/Murano

Beleuchtungskörper, Vasen, Schale.

13/8 D. Swarovski & Co., Wattens

a) Schmuck „Swarovski Crystal".
b) Glasschmucksteine, Glasperlen, Glasanhänger, Imitationsperlen.
c) Geschenkartikel „Silver Crystal".

Katalog 13/8b

482

Katalog 13/8c

Katalog 13/8c

13/9 Fred Kisslinger, Rattenberg

Geschliffenes Kristall, gravierte Vasen.

a) Bleikristall, mundgeblasen und handgeschliffen.
Ascher.
Teller.
Vase.

b) Kupfergravuren.
Vase: Mädchengestalt.
Vase: Lotus.
Topfvase: „Von der Wiege bis zum Grabe".

c) Rubinlüster, graviert.
Pokal 2380.
Freundschaftsbecher 800 D.

d) Jugendstilarbeiten.
Vase 466.
Vase Gloria.
Vase Picasso.

e) Unikate im Jugendstil bemalt.
Vase Libelle.
Vase 5900.

f) Unikate farbig
Vase 5300.
Vase 5100.

13/10 Glas-Faßwald, Stainz

a) Sandgestrahlter Spiegel, B. 60 cm, H. 80 cm.
Geometrische Muster nach eigenem Entwurf.

b) Wandlampe mit zwei geschliffenen Glasteilen.

c) Geschliffene Bleikristallschale, Dm. 30 cm.

Katalog 13/4b

Katalog 13/4c

484

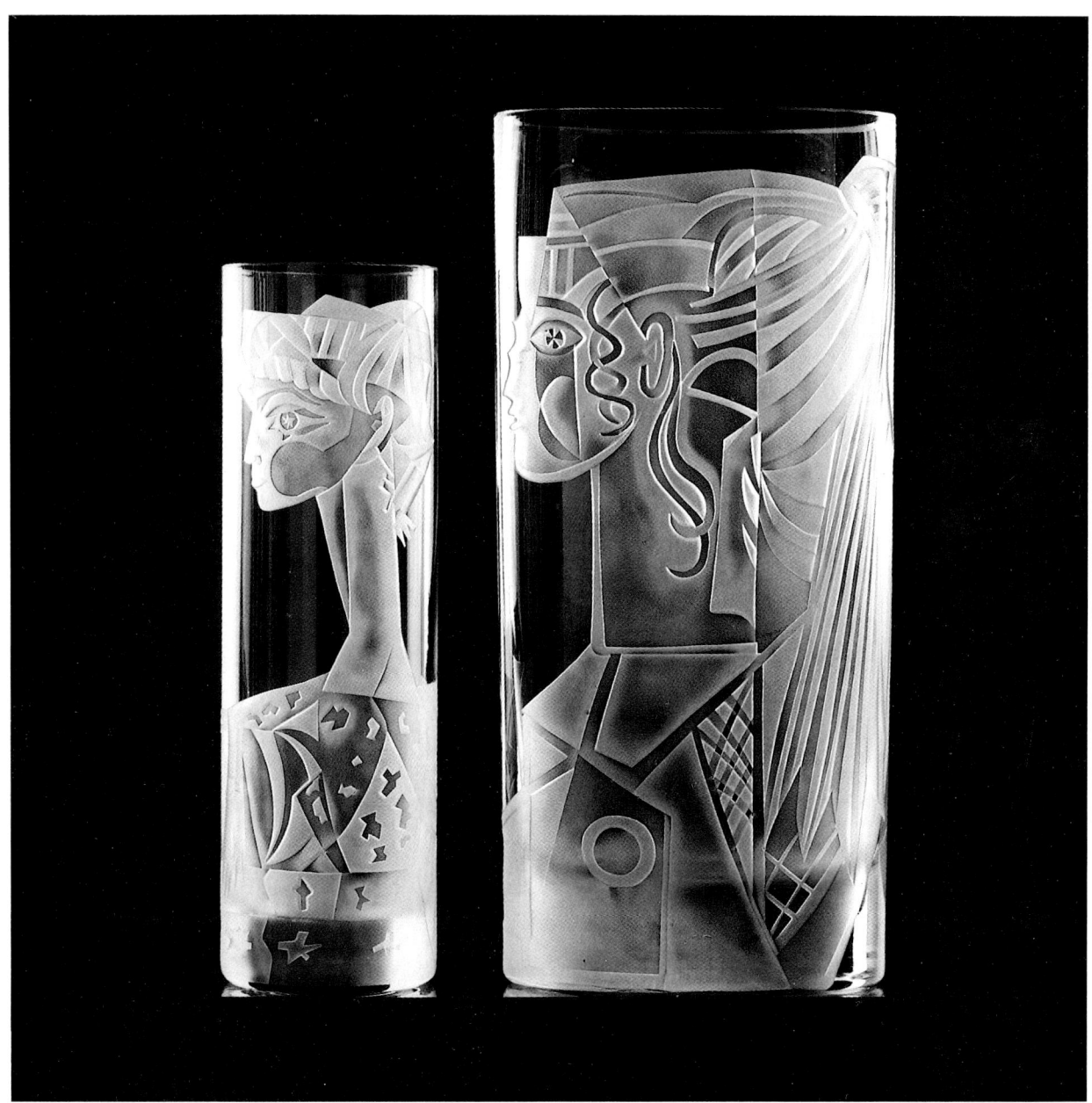

Katalog 13/9 d

Glaskünstler

Alle diejenigen steirischen Künstler, welche Interesse zeigten, wurden um Teilnahme an der Landesausstellung ersucht. Darüber hinaus wurden mit Hilfe der Firma Lobmeyr auch führende österreichische Glaskünstler um Mitwirkung gebeten. Die Angaben zu Leben und Werk beruhen auf den eigenen Angaben der Künstler.

13/11 Waltraud Haiden, geb. 1948 in Innsbruck

In Kufstein, einem Zentrum der Glasherstellung, erlernte die Künstlerin – sie ist von den Eltern her erblich belastet, die ebenfalls im Glasgewerbe tätig waren – die Kunst der Glasgravur. Ihre Ausbildung krönte sie mit dem Abschluß der Glasfachschule in Kramsach, Tirol, wodurch sie die Berechtigung erlangte, selbst einen Glasgravurbetrieb zu eröffnen und, nach weiteren Kursen an dieser Schule, auch Lehrlinge auszubilden.
Seit dem Jahre 1972 betreibt die Künstlerin, mit dem Standort A-8502 Lannach in der Weststeiermark, ihre eigene Firma, den ersten steirischen Handwerksbetrieb dieser Art. Regelmäßig wird die Firma Haiden von Gesellschaften besucht, die anreisen, um die Arbeiten der Künstlerin zu besichtigen und zu erwerben. Die Künstlerin bietet jedoch nicht nur ihre Arbeiten an, sondern hält stets informative Kurzvorträge über die Glasherstellung und spezielle Veredelungs- und Behandlungsmethoden.
In der Fa. Haiden wird großteils nach eigenen Entwürfen der Künstlerin gearbeitet, wobei jedoch auch individuelle Kundenwünsche erfüllt werden und dies in den verschiedensten Techniken.
International ist die Fa. Haiden seit Jahren auf Fachmessen und Ausstellungen, vor allem in der BRD, erfolgreich vertreten.

Ausstellungsobjekte:
a) Schale „Adam und Eva", handgraviert.
b) Pokaldose „Jungfrau", handgraviert.
c) Blumenkugel mit Gewürzstrauß.

13/12 Ernst Hohl, Bärnbach

Glasmacher der Oberglas-Hütte.

a) Blau überfangener Pokal, geschliffen. H. 20,5 cm.
b) Rot überfangener Pokal, geschliffen. H. 12 cm.

13/13 Dagmar Müller, geb. 1960

In Kramsach zur Glasgraveurin ausgebildet und als solche tätig, seit 3 Jahren in Graz selbständig. Verschiedene Präsentationen.

Ausstellungsobjekte:

a) Vase „Freude und Trauer", 1979, Kupfergravur.
b) Glasbecher „Zentauren", 1979, Kupfergravur.
c) Glasbecher „Bäuerin", 1979, Kupfergravur.

Katalog 13/13c

487

Katalog 13/14

Ausstellungsobjekt:

„Kohlenglanz". Material: Lötkohle, Zeichenkohle, Messing vergoldet, Glassteine, Silber, Edelstahl, Baustahl-C-Profil, Glasstangen.
Die vom Rohprodukt gehaltene Stütze trägt die Basis der Verarbeitung. Ihr Ergebnis: Glas- und Kohle-Schmuck, regionale Situation zum Anstecken – (Über-)Lebenskunst als öffentliches Zeichen komplexer Zusammenhänge: endlich bleibt die Fertigkeit.

13/14 Brigitte Salicites-Haubenhofer, geb. 1952 in Graz

1964–1970 Höhere technische Bundeslehranstalt Graz (Prof. Schmeiser). Seit 1970 freischaffend. Atelier: 8042 Graz, St.-Peter-Hauptstraße 42a.

Ausstellungen: 1968/69 Galerie Stubhahn, Salzburg – 1971 München, Internationale Handwerksmesse – 1974 Kapfenberg, Internationales Symposion „Schmuck, Kleinobjekte und Konzepte aus Stahl" / Nürnberg, Galerie der Albrecht-Dürer-Gesellschaft / Linz, Neue Galerie, Wolfgang-Gurlitt-Museum/Wien, Galerie am Graben / Pforzheim, Schmuckmuseum – 1975 Wien, Völkerkundemuseum „Österreichische Künstlerinnen der Gegenwart" / New York, Österreichisches Kulturinstitut „Creative Crafts of Austria" – 1980 Pforzheim, Schmuckmuseum „Email": Schmuck und Geräte in Geschichte und Gegenwart / Hanau, Deutsches Goldschmiedehaus / Wien, Galerie am Graben / Graz, Ecksaal des Joanneums – 1981 London, Goldsmith's Hall / Australien, Wanderausstellung – 1982 Stift Klosterneuburg, 800 Jahre Email – 1983 London, Gallery Aspects / München, Galerie Spectrum, Galerie Ventil / Köln, Galerie Mattar/ Großweikersdorf, Atelier R. Ramskogler – 1981 Österreichisches Staatsstipendium für bildende Kunst.
1983 „Sonnen-Kommunikant", Kunst am Bauauftrag Landeskrankenhaus Graz, Strahlentherapiezentrum – 1984 „Erz & Eisen in der Grünen Mark", Landesausstellung Eisenerz / Schmuck, Zeitgenössische Kunst aus Österreich, Biennale Venedig / Kreuz für Kirchenvorplatz, Graz-Kroisbach (Edelstahl, Stoffsegel, Höhe 7 m) – 1985 „Schmuck als Sprache", Werner Schmeiser und seine Schüler / Atelier Gisela Seibert, Philippen, Berlin – 1985 „Tele-Schmuckbild", Slow-Scan-TV, Graz, Forum Stadtpark / Wien, Beiträge von Frauen, 1. Intern. Videobiennale Wien – 1985 Schmuckprojekt Steirische Kulturinitiative, Workshops, ortsspezifische Andenken und Beziehungen zwischen Schmuckkünstlern und Schmuckträgern, Voitsberg, Bruck, Kindberg, Hartberg, Weiz, Frohnleiten – 1985 Zürich, Galerie H. Zaunschirm – 1986 „Die Sonne ist gelb und mir gefällt sie", eine Broschüre über 9 Grazer Schmuckateliers, Gemeinschaftsarbeit: Baur, Haubenhofer, Rahs – 1987 „Österr. Schmuck", Europalia Brüssel, Museum für angewandte Kunst, Wien.

13/15 Franz Winter, geb. 1951 in Voitsberg

1966–1970 Besuch und Abschluß der Abteilung für gestaltendes Metallhandwerk an der Höheren Technischen Bundeslehranstalt Graz bei Prof. Werner Schmeiser – 1968 Salzburg, Galerie Stubhahn: 2. Preis bei einem internationalen Eheringwettbewerb der Stadt Salzburg – 1971–1976 Modellgoldschmied, Möbeldesigner, Straßenschmuck, Restaurateur (vorwiegend im Ausland) – 1976–1984 Arbeitnehmer in der Glas- und Metallindustrie der Weststeiermark – ab 1984 als freischaffender Schmuckkünstler in Voitsberg tätig – 1984 Ausstellungsbeteiligung „Die Schule um Schmeiser – Schmuck ist eine Sprache", Wien, Galerie Am Graben – 1984 Ausstellungsbeteiligung „Schmuck als Kunst", Neue Galerie am Landesmuseum Graz – 1985 Ausstellungsbeteiligung „Schmuck als Sprache" Galerie Gisela Seibert, Philippen/Berlin – 1985 Wanderausstellung im Rahmen des Schmuckprojektes 1985 der Steirischen Kulturinititative in Voitsberg, Bruck/Mur, Kindberg, Hartberg, Weiz – 1986 Beteiligung an der Schmuckbroschüre „Die Sonne ist gelb und mir gefällt sie" von Grazer Schmuckkünstlern – 1986 Kunst am Bau: 1. Preis für die Portalgestaltung und das Farbkonzept eines Wohnhauses in Graz – 1987 „Raumgestaltung – Raumkonzept – Projektionen", F. Winter und K. Schuster, Voitsberg, Galerie Stadtturm.

Ausstellungsobjekte:
„Voitsberg" (Souvenirschmuck, Messing lackiert).
„Voitsberg" (Brosche, Silber, Glas, Kohle).
„In der Erde – aus der Erde" (Brosche in Gipsbett, Gold, Silber, Patina, Glas, Fundstück).
„Schmuck-Zeichen" (Arbeiten aus Gold, Silber, Patina, Kohle, Glaskopfstecknadeln).

Katalog 13/15

489

Katalog 13/16   Katalog 13/17

13/16 Ursula Sticher, geb. 1958

Schülerin von Mario del Marius. Führt ein Atelier in Graz.

Ausstellungobjekte:
Schmuck, Spiegel, Lampe.

13/17 Maria Anna Hammer, geb. 1963

Erste Begegnung mit dem Material Glas 1981, durch Ritzen, Ätzen und Bemalen. Trotz beruflicher Tätigkeit künstlerische Betätigung in Form und Farbe.
1986 technischer Unterricht bei einem Glasermeister, anschließend gemeinsame Arbeiten mit Prof. del Marius (Wien).

Ausstellungsobjekte:
Schmuck, Wanddekor.

13/18 Irmgard Langer, Glas- und Keramikmalerei, Großlobming

Ausstellungsobjekt:
Schilcherweingarnitur, Krug und sechs Gläser.
Handbemalt, mundgeblasen.
Krug H. 25 cm, Weinglas H. 12 cm.
Mit einem Biedermeierkranz und opaker Emailmalerei dekoriert. Trink- und Fußrand vergoldet.

13/19 Peter Moizi, geb. 1935 in Pusterwald

Aufgewachsen auf einem Bauernhof. Ausbildung in der Fachschule für Glasverarbeitung in Kramsach/Tirol. Studium der Malerei und Bildhauerei an der Kunstakademie in Wien (nicht beendet).

Zahlreiche Ausstellungen (Köln, Milano, Wien, Graz, Klagenfurt u. a.). Er initiierte die „Ideenwerkstätten" der steirischen Kunstinitiative. Zusammenarbeit mit steirischen Tischlereifirmen zur Realisierung der Idee „Lebensinstrument-Möbel" und Formgebung für Alltagskultur. Große Aufträge für „Kunst am Bau", Glasmosaike, Kinderspielplatzgestaltung u. a. Außenleuchten-Design. Seit 1952 mit Glasgestaltung befaßt.

Ausstellungsobjekte:
Variable Glasgefäße, „Bärnbachleuchte".

Katalog 13/19

491

Katalog 13/20

13/21 Christine Hollerer, geb. 1960 im Trofaiacher Gößgraben

Seit 1980 Glaskünstlerin in Graz.

Ausstellungen: 1985 Galerie Eva Griss „Einbruch" – 1986 Galerie Eva Griss „im Raum" – 1986 Steirische Kulturinitiative „Vertuschung von Rißbildern", Weizklamm, mit Josef Taucher – 1987 Gemeinschaftsausstellung mit ital. und österr. Künstlern, „Eleonora" im Palazzo Ducale, Mantova.

Ausstellungsobjekte:
Werkstück 1. Grünes Glas, Kirschholz, Eisen.
Situation 2. Grünes Glas, Eisen, Wasser.

13/20 Wolfgang Buchner, geb. 1946 in Mürzzuschlag

Ausbildung zum Volksschullehrer. Sodann freie Studien bei dem Bildhauer Josef Pillhofer und dem Maler Wolfgang Hollegha sowie an den Universitäten Graz und Mexico City (Philosophie, Ethnologie, Mineralogie). Teilnahme an verschiedenen Ausstellungen. U. a. Trigon (1977), Neue Galerie Graz, Personale (1981), „Neue Wege des plastischen Gestaltens in Österreich" (Graz, Wien, Bochum, 1984/85). Erforschung der Eisenblütenkästen: Aus Mineralien des Erzbergs von Bergknappen gebaute Bergwerkslandschaften; Buch und Ausstellungsprojekt anläßlich der Landesausstellung in Eisenerz 1984. Realisierung einer weitläufigen, regionalkosmischen Wandmalerei (Giebelfassade des neuen Landesarchivs in Graz, 1985/86). Zuletzt Aufbau der „Versunkenen Viadukte Ghegas" (Beton, Gold, Olivenöl) im Stadtmuseum Graz sowie im Palazzo Ducale in Mantua („Eleonora", 1987). Verfasser von Erzählungen und ethnografischen Skizzen. Lebt in Graz und in den Ostalpen.

Ausstellungsobjekt:
„Geopoesie" (1974).
5 Glasschichten, Lack, Tempera.
H. 18 cm, B. 30 cm, L. 42 cm.

Katalog 13/21

13/22 Günter Kainz, geb. 1944

1959–1965 Kunstgewerbeschule, Meisterklasse für Plastisches Gestalten (Prof. Siederl), Metallplastiker, seit 1971 Kunsterzieher, Mitglied beim BVÖ, Mitglied im Forum Stadtpark Graz – 1974–1979 Bildhauerseminar in St. Margarethen (Bgld.), ausgeschrieben vom Bundesministerium für Unterricht und Kunst.

Ausstellungen (Beteiligungen): 1970 Scotch Club Graz / Galerie beim Minoritensaal Graz „Steirische Farbgrafik" / Neue Galerie Graz, Landeskunstpreis – 1971 Gründung der Multimediaaktion PUT in Graz mit N. Nestler / Club CA6 Graz „Konglomerate zeitgenössischer Kunstauffassung" / Sezession Graz, Künstlerhaus / Trigon Ausschreibung „Intermedia Urbana" beim Steirischen Herbst 71 – 1972 Galerie beim Minoritensaal „Grafik, Malerei, Plastik" / Documenti Sul Trigon di Trieste „Retrospettiva degli anni 1963–1971" / Fernsehbeitrag für die Sendung „Kultur aktuell" 16-mm-Farbfilm über Trigon 17 „Tragen Sie unsere Ideen" (Dieter Pochlatko). Dieser Film befindet sich im Besitz des Film- und Tonarchives des Landes Steiermark – 1975 Kunstpreis der Stadt Köflach – 1976–1977 Kunstpreis des Landes Steiermark / Kollektivausstellung des Forum Stadtpark im Finanzministerium in Wien – 1978 Forum Stadtpark „Grafik, Plastik, Malerei" – 1980 „Aquarelle und Steinplastik" Bärnbach (Galerie im Stadtturm Voitsberg).

Arbeiten in öffentlicher Hand: Tabernakel (Kupfer, feuervergoldet, Email) / Taufteller und Taufkanne (Silber, feuervergoldet, handgeschlagen): Kirche Kempten, Allgäu / Hostienschale (Silber, Email, Edelholz, handgeschlagen): Kapelle der Pädagogischen Akademie der Diözese Graz-Seckau in Eggenberg.
In privatem Besitz: Schmuck, Metallgeräte, Grafik.

Ausstellungsobjektgruppe:
„The Welcome Nugget" und seine weststeirischen Pendants.

Katalog 13/22

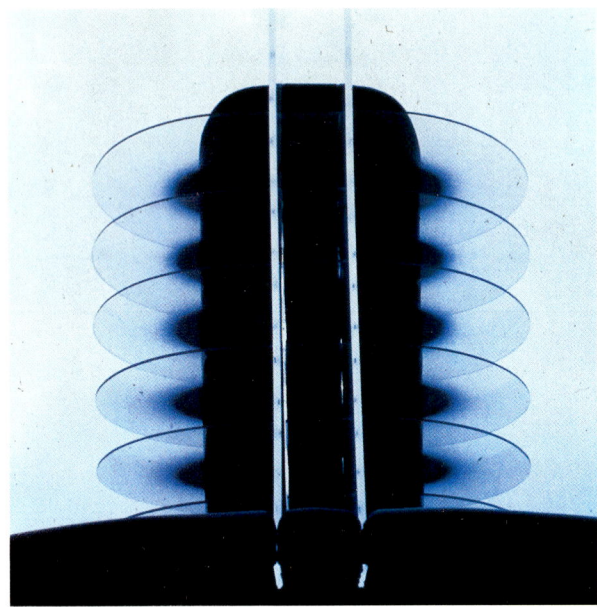

Katalog 13/23

13/23 Norbert Nestler, geb. 1942 in Wien

1960–65 Universität Wien und Akademie der bildenden Künste Wien bei den Professoren Josef Dobrowsky, Herbert Boeckl, Max Weiler.
1962 Sommer-Akademie auf Hydra, Griechenland.
1964 Heirat mit Jeanne.
1965 Diplom für Malerei; Geburt des Sohnes Michael.
Seit 1966 Professor für bildnerische Erziehung, Graz.
Seit 1970 Mitglied des Forum-Stadtpark, Graz.
1971 Gründung der Multimedia-Aktion PUT in Graz; Teilnahme an den internationalen Malerwochen auf Schloß Retzhof, Steiermark, veranstaltet vom Kulturreferat der Steiermärkischen Landesregierung.
1973 Lithografische Studien bei Werner Otte, Salzburg.
1973–75 Referent für bildende Kunst im Forum Stadtpark, Graz.
1974 Grafische Untersuchungen bei Werner Otte, Salzburg.
1975 Initiator von „Grafik Life" im Forum Stadtpark.
1977 Reisen nach Kreta, Griechenland, San Francisco und New York, USA.
Seit 1979 Sommeraufenthalte auf Šolta, Jugoslawien.
1982 Referent für bildende Kunst im Forum Stadtpark, Graz.

Preise: 1962 Füger-Preis der Akademie der bildenden Künste, Wien – 1963 Schriftpreis des Instituts für Ornamentale Schrift, Wien – 1967 Joanneum-Kunstpreis des Landes Steiermark für zeitgenössische Malerei, Graz – 1972 Grafikpreis des Landes Steiermark / Förderungspreis für Plastik des Bundesministeriums für Unterricht und Kunst, Wien – 1973 Grafikpreis des Forum-Stadtpark, Graz – 1976 World Print Competition '77, San Francisco, USA, Special Edition Purchase Award (Alternate) – 1978 4. Preis beim Köflacher Kunstpreis, Steiermark – 1980 Köflacher Kunstpreis, Preis des Bundesministeriums für Unterricht und Kunst, Steiermark – 1983 Förderungspreis der Stadt Graz – 1984 Innsbruck / Preis des Landes NÖ. beim 19. österreichischen Grafikwettbewerb.

Einzelausstellungen: 1969 Pesaro, Italien, Gallerie il Segnapassi – 1970 Graz, Galerie beim Minoritensaal – 1972 Graz, Joanneum-Ecksaal im Rahmen des Steirischen Herbstes – 1975 Biarritz, Frankreich, Galerie Vallombreuse / Basel, Art 6 '75 (internationale Kunstmesse), Neue Tendenzen – 1976 Graz, AVZ im Palais Attems, Art Conception – 1977 Leoben, Murgalerie, Objektbilder – 1979 Graz, Galerie Carneri, „Tennisbild – Adapterart" – 1981 Schladming, Neue Hauptschule, „Körper – Karton – Kunst" / Graz, Forum Stadtpark, Projekt Haut – gemeinsam mit Friederike J. Nestler-Rebeau – 1983 Bruck/Mur, Galerie Kul, Projekt Haut II – gemeinsam mit Friederike J. Nestler-Rebeau – 1984 Rottenmann, Kultursaal – 1974–1984 zahlreiche Gruppenausstellungen, zuletzt: 1979 San Franzisco, World print council, Show of austrian prints / Graz, Künstlerhaus, „10 Jahre künstlerische Ausgestaltung der Landesbauten in der Steiermark" / Ravenna, „Österreichische Kunst" – 1980 Wien, Modern Art Galerie, „Kunst und Öffentlichkeit" / Darmstadt, Stadttheater, „Grazer Malerei nach '45" / Graz, Forum Stadtpark, „Europäische Fotografen, Teil 1 Steiermark" – 1981 Graz, Neue Galerie, „70–80, 11 Jahre Kunst in der Steiermark" – 1982 Pécs (Ungarn), Kunst in der Steiermark – 1983 Auburn, Alabama (USA), „Works on Paper".

Ausstellungsobjekt:
„Glasfenster".

Objekt „Glasfenster" für Landesausstellung 1988
Bärnbach

Fensterrahmen Glas
schüren Kohle

Hügel aus Kohlestücken

Fensterscheiben aus
leuchtendem Glas (Farb-
gläser) sollen Tag und
Nacht strahlen (gelb-Glas
über verschiedenen Farb-Glas
stark beleuchtet)

Installation für Landesausstellung „Glas und Kohle", Bärnbach 1988
Ein Glasfenster, der Rahmen als Glas, die Scheiben aus Kohle,
wirft seinen Lichtschatten auf einen Haufen Kohle
und glüht dort als klassisches Glasfenster (Farbgläser
in Bleiruten) – vermeintliches Dunkel wird strahlendes Licht.
Entworfen für die weststeirische Region – Graz 1987/88

② Entwurf Hollegha '88

Katalog 13/23

495

Katalog 13/24

13/24 Dr. John A. Preininger, geb. 1947 in Graz

Nach der Matura mit Auszeichnung studierte er Klassische
Philologie und Klassische Archäologie an der Universität
Graz, wo er 1973 zum Dr. phil. promovierte.
Er studierte Schlagzeug am Konservatorium und an der Akademie für Musik und Darstellende Kunst in Graz, EDV am
Rechenzentrum, und absolvierte die Bibliotheksprüfung des
Landes Steiermark 1977 mit Auszeichnung. Privat betreibt
er seit Jahren fremdsprachliche und astrologische Studien.
1967/68 war er wissenschaftliche Hilfskraft an der Universität Graz, 1973–76 Lehrbeauftragter an der Abteilung Jazz,
und ist seit 1975 Bibliothekar an der Bibliothek des Konser-
vatoriums.
Neben seiner Dissertation veröffentlichte er seit 1979 Refe-
rate und Essays zum Thema „Jazz und Medien". In den folgenden Jahren vermehrte literarische Tätigkeit (Tagebuch
„Bitteres Glück" 1981–86; Gedichtsammlung „Spaene Zer-
streut" 1986) und Entwürfe zu Arbeiten in Glas (Bleiglasfen-
ster, Möbel, Spiegel) und zu Schmuck.
In seiner Laufbahn als Jazzmusiker war er Mitglied der „Eje-
Thelin-Improvisation-Group" 1968–72, von Hans Kollers
„Free Sound" 1972, des Tone-Janša-Quartetts von 1974 bis
77; 1979/81 spielte er im Duo mit Czesław Gładkowski und
von 1981–1984 im „Creative Music Trio Graz" (CMTG).
Mit diesen Gruppen hatte er eine Reihe von Fernseh-, Ra-
dio- und Schallplattenaufnahmen in Schweden, Polen, Ungarn, Jugoslawien und Österreich.
Der Schwerpunkt seiner musikalischen Tätigkeit jedoch liegt
in der Arbeit mit dem New Jazz Trio „Neighbours" (mit

Dieter Glawischnig und Ewald Oberleitner). Seit 1974 haben
sie in 21 Staaten der Erde gastiert, mit zahlreichen bedeuten-
den Jazzmusikern zusammengearbeitet und sechs Langspiel-
platten selbst produziert. Für ihre pädagogische und künst-
lerische Tätigkeit im In- und Ausland haben sie 1983 den
Joseph-Marx-Musikpreis des Landes Steiermark erhalten.
J. P. kann auch auf interdisziplinäre Zusammenarbeit mit
Künstlern wie Max Aufischer, Diether Klemencic, Gregor
Traversa, Hartmut Urban, Luc Ferrari, Othmar Krenn, Man-
fred Willmann, Antoine Haller, Wolfgang Bauer, Gunter
Falk, Ernst Jandl u. a. verweisen.
Von 1981 bis 1984 war er Musikreferent im Forum Stadtpark
Graz, wo er etwa 50 Veranstaltungen zeitgenössischer Musik
organisiert hat.

Ausstellungsobjekt:

Harmonikaler Tisch (Glas/Spiegel).
L. 162 cm, B. 62 cm, H. 50 cm.
Entwurf September 1983.
Ausführung durch die Fa. Preiner, Graz, Februar–Mai 1984.
Der Tisch ist nach musikalischen Intervallen proportioniert,
die in der esoterischen Lehre von den Tonzahlen des Pytha-
goras (570–497/96 v. Chr.) und seiner Schule eine
überragende Rolle gespielt haben. Diese Klasse von irratio-
nalen Intervallen, von denen die Sext als „Goldener Schnitt"
bekannt ist, habe ich am Argonautenepos des Apollonios
Rhodios (3. Jh. v. Chr.) und an den Maßverhältnissen des
alkmaionidischen Apollontempels zu Delphi (530/510
v. Chr.) und des Apollontempels zu Bassai-Phigaleia (429 v.
Chr.) nachgewiesen und in meiner Dissertation veröffentlicht. Der Tisch knüpft somit unmittelbar und wohl erstmalig
an die Ursprünge des harmonikalen Bauens an, während
bedeutende Architekten seit der Renaissance sich mit Vi-
truvs Lehrbuch „De Architectura" (1. Jh. v. Chr.) auseinan-
dergesetzt haben, in dem sich keinerlei Spuren pythagorei-
schen Geheimwissens nachweisen lassen.
Das Wesen des Tisches bestimmen vorerst zwei Faktoren:
Seine eigene stofflich-formale Gestaltung und die jeweiligen
Gegebenheiten des Raumes und des Lichts, in die er gestellt
ist: Diese nimmt er in sich auf, bestimmt und verändert sie
jedoch naturgemäß auch: Mit seinen Leerräumen öffnet er
freie Durchblicke, durch seinen Glaskörper bewirkt er farbliche Verfremdungen, mit den Spiegelflächen schafft er Ge-
genräume und Scheinstrukturen. Zu einem Teil des räumlichen Umfelds und somit einer vorübergehenden Wirklichkeit des Tisches kann der Mensch selbst werden, sobald er
sich in ihm abbildet. Aber erst im sinnhaft-schöpferischen
Betrachter/Benützer erfährt das Wesen des Tisches seine
individuelle Ausprägung und Vervollständigung.

13/25 Wolfgang Rahs, geb. 1952 in Vorau

1966–70 Fachschule für gestaltendes Metallhandwerk, Graz.
1971–72 Modellgoldschmied, Lindau/BRD.
1976–77 Emailleur und Goldschmied, Johannesburg/RSA.
1981 Gast des Crafts Board of the Australia Council; lebt in Graz.

Ausstellungen, Performances: 1978 Kunstmesse 78, Secession Wien – 1979 Zinckgasse, Wien – 1980 Email-Wanderausstellung in Pforzheim, Hanau, Wien, Graz, London / Schmuck International, Künstlerhaus Wien / WCC, Wien (Solid bar/Slide jewellery) – 1981 Adelaide, Melbourne, Brisbane, Sydney, Perth (Scythic Still life) / Ready made (Schmuggel), Atelier Mattar, Köln, Atelier Skubic, Wien / Email International, Kunstverein Coburg – 1981/82 Email-Wanderausstellung in Australien – 1982/83 Galerie beim Minoritensaal, Graz / Galerie am Graben, Wien / Galerie Mattar, Köln (Skythisches Stilleben) – 1983 IMM Sonderschau, München / Ringe, Aspects London, Spectrum/Ventil München / Mattar, Köln – 1984 Schmuck, Biennale Venedig, Ateneo San Basso / Die Schule um Schmeiser, Galerie am Graben, Wien / Neue Galerie, Graz / Eisenerz, Landesausstellung – 1985 Perfo 3, Rotterdam (Verdammte Brosche) / Gruppe 77, Graz (Die Süße des Lebens) – 1986 Burgruine St. Gallen/Stmk. (Himmelkurl) mit Emil Siemeister – 1987 Forum für Schmuck und Design, Köln (Mauspfad) / Artifest der Gruppe 77, Künstlerhaus Graz / Schmuck im Raum Symposion, Vorchdorf / Phänomen Schmuck, Francisco Carolinum, Linz / Österreichischer Schmuck, Kreditbank Europalia, Brüssel.

Ausstellungsobjekte:

„Ladenhüterland" 1988.
Wandobjekt, Glas mit Inschrift, Schuhe mit gefaßtem Glas, Anhänger mit Gefäß und Kette, Silber, Holz bemalt, Gummi, Eisen.
45 × 66 cm, H. 45 cm.

„Der Tonarm schmückt die Rille" 1988
Tischobjekt mit Glasbruch, Drehteller durch Elektromotor betrieben, diverse Holz-, Schleif- und Schwabbelscheiben, Halsschmuck als Tonarm, Kupfer, Neusilber.
58 × 79 cm, H. 100 cm.

„Patti's" 1988.
Objekt mit Glasbruch, eingeschliffene Zeichnung, beigestellt Klemmbrosche und Emailschale, Kupfer, Stahl, Neusilber, auf Kiste mit Glas, Schaumstoff, 2 Leuchter, Messing, Glas.
52 × 61 cm, H. 100 cm.

Katalog 13/25

13/26 Gustav Troger, geb. 1951 in Kohlschwarz, Weststeiermark

Absolvierte eine Portal- und Kunstschlosserlehre in Voitsberg und arbeitete anschließend bis 1979 bei der VOEST in Liezen. Als Künstler Autodidakt. Seit 1974 als Zeichner und Maler, seit 1978 als Bildhauer tätig.

Ausstellungen: 1980 Graz, Joanneum, Ecksaal – 1981 Saalfelden, Galerie Simmerl – 1982 Graz, Künstlerhaus (mit Penker, Lackner, Talker) / Schloß Partz, Kontakte / Graz, Kulturzentrum bei den Minoriten – 1983 Graz, Diözesanmuseum, „Kunst für die Kirche" / Kulturzentrum bei den Minoriten, „Meditation 83" / Linz, Neue Galerie der Stadt Linz / Graz, Neue Galerie am Landesmuseum Joanneum – 1984 Mannheim, Städtische Kunsthalle.

1980 Förderungspreis der Gesellschaft der Freunde der Neuen Galerie beim Kunstpreis des Landes Steiermark – 1982 Förderungspreis des Landes Steiermark für zeitgenössische bildende Kunst und Preis der Sparkasse Voitsberg-Köflach beim Köflacher Kunstpreis – 1983 Förderungspreis der Steiermärkischen Sparkasse – 1984 „Erz und Eisen" in Eisenerz.

Ausstellungsobjekt:
Kleines Glück.
Glas, Stahl. Siebdruck: 6 Glassiebdrucke.
24 × 24 cm, 1 Glaswürfel, offen 25× 25 × 25 cm.

498

13/27 Judith Rametzhofer-Weißensteiner, geb. 1946 in Bruck/Mur

Erste Erfolge 1974 bis 1976 in der Bauernmalerei und im Bemalen von Christbaumschmuck. Es folgt ein Studium von künstlerischer Literatur. Im autodidaktischen Verfahren ahmte sie zunächst zwei Jahre lang nur Hinterglasbilder aus Sandl in Oberösterreich nach. Nach weiteren unzähligen Proben mit Farbmischungen und Gestaltgebung findet sie über die rumänischen Hinterglasbilder mit charakteristischer Aussagekraft und Farbgebung Ende 1979 zum eigenen Stil. Angefangen hat es mit einer kleinen Eule, dem Zeichen der Klugheit, im Format 5 × 5 cm. Es folgten Ideen wie die Schneebeere, Motive der Mohnblume, der Kornblume, Katzen und Puppen. Ihre Lieblingsmotive blieben die Eule, Puppen, Katzen und die Mohnblüte sowie die erst 1984 kreierten Stiefmütterchen und Meisen. Ausstellungen bisher in Salzburg, Graz und Feldbach.

Ausstellungobjekte:
Hinterglasbilder.
a) May Fair Lady, H. 26 cm, B. 26 cm.
b) Auch Katzen können träumen, H. 20 cm, B. 27,5 cm.
c) Heimgang durchs Mohnfeld, H. 26 cm, B. 38 cm.

Katalog 13/27

499

Katalog 13/28

13/28 Robert Balluch, geb. 1943 in Wien

1958–61 Lehrzeit mit Meisterabschluß als Glasgraveur bei J & L Lobmeyr, Wien, ab 1974 Leiter der Graveurwerkstätte bei J & L Lobmeyr.

Ausstellungen: ab 1972 Teilnahme an Ausstellungen der Bundeskammer der gewerblichen Wirtschaft in Göteborg, Bonn, Tokyo, Los Angeles, São Paulo, Chicago, Triest – 1975 „Kunsthandwerk in Österreich", Künstlerhaus, Wien – 1977 Teilnahme am 1. Coburger Glaspreis, Veste Coburg, BRD – 1982 Teilnahme an der Weihnachtsausstellung der Glasgalerie Luzern / Teilnahme an der Internationalen Kunsthandwerk-Ausstellung. Museum für angewandte Kunst, Wien – 1983 „Glas verletzen, Glas veredeln" J & L Lobmeyr, Wien – 1986 Joanneum Graz, Studio-Glas.

Ausstellungsobjekte:
Vase.
Objekt „Glas und Kohle".

13/29 Harald Barnstedt, geb. 1960 in Wiener Neustadt

1966 Volksschule Baden, Gymnasium Baden, Gymnasium Oberschützen, HTLV für Graphisches Gewerbe, Wien.
1979 Wiener Kunstschule.
1979–83 Assistent bei Jack Ink.
Ab 1983 Assistententätigkeit und freies Arbeiten im Glasstudio Franzensbad, Baden, und im Glasstudio Jack Ink, Tribuswinkel.

Ausstellungen: 1983 Galerie Lobmeyr, Gruppenausstellung / TZ-Galerie Wien, Turba, Colette, Barnstedt – 1984 Beethovenhaus Baden, „Glasgruppe Österreich" / Frauenbad Baden, Gruppenausstellung des BV Schönbrunn / Kunsthof Weihergut Salzburg / „Österreichische Glaskunst der Gegenwart" / Galerie Figl, Linz / Raidel, Brunhuemer, Holländer, Barnstedt – 1985 Sonderausstellung im Glasmuseum Frauenau / 2. Coburger Glaspreis / Galerie Lobmeyr, Sherman, Brunhuemer, Barnstedt – 1986 Lebzelterhaus Vöcklabruck, Brunhuemer, Barnstedt – 1986 Joanneum Graz, Studio Glas.

Arbeiten in öffentlichen Sammlungen: Musée des beaux arts, Lausanne / Sammlung Lobmeyr, Wien / Glasmuseum Ebeltoft, Dänemark / Niederösterreichisches Landesmuseum, Wien.

Ausstellungsobjekte:
Diskus 85.
Objekt Nr. 3.

Katalog 13/29

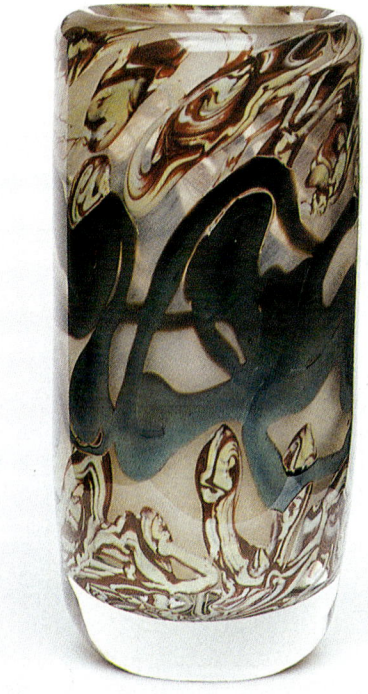

Katalog 13/30

13/30 Jindra Beranek, geb. 1927 in Blottendorf in der ČSSR

In Vaters Hüttenbetrieb in Skrdlovice erlernte er Glas machen und blasen. Nach dem Studium von Glas malen und ätzen bei Prof. Libensky leitete er die Malerwerkstätte im väterlichen Betrieb. 1957 tritt er in das Nationalunternehmen Borske sklo als Glasmachermeister ein.

1955 erfolgte eine Berufung in die Matura-Klassifikationskommission an der staatlichen Glasfachschule in Zelezny Brod sowie in die staatliche Kommission für Beurteilung der Dissertationsarbeiten an der Kunstgewerblichen Hochschule in Prag, Abteilung Professor Libensky.

1969 übersiedelte Beranek nach Österreich, wo er zunächst in der Flachglaserei Ignaz Dürr in Wien tätig ist.

1971 wird er Glasmachermeister bei Wilhelm Zimmermann, wo er die Möglichkeit hat, frei geformte und modellierte Glasobjekte herzustellen.

1973 kommt er nach Stoob, wo er auf dem Areal der Fachschule für Keramik und Ofenbau den ersten experimentellen Glasofen in Österreich im Rahmen und in Zusammenarbeit mit der Firma Lobmeyr baut und leitet.

1976 eröffnet er ein eigenes Atelier in Bad Tatzmannsdorf und 1977 eine Ausstellungs- und Verkaufsstelle in Wien.

1979 Neubau der Glashütte in der Mitterfeldstraße in Bad Tatzmannsdorf.

Ausstellungen: 1952 Glasausstellung Prag – 1956 Glasausstellung Nove Mesto und Haida – 1957 Triennale Milano, die Exponate kauft das Nationalmuseum Prag – 1962 Glaskunst Prag – 1972 Mitarbeit: Creative Austria, Los Angeles und Chikago / Rohlinge für Ausstellung Handglas, Lissabon – 1973 Eröffnungsausstellung der Abteilung Treffpunkt L bei Lobmeyr – 1974 Rand Easter Show, Johannesburg / Mitbeteiligung: First World Crafts Exhibition des World Crafts Council in Toronto / Glas und Keramik aus Stoob, Schloß Kobersdorf – 1977 Keramik aus Glas, Wien I., Bezirksmuseum – 1977 Stadtgalerie Dornbirn – 1978 Beteiligung: Altes und neues Glas und Porzellan aus Österreich von Lobmeyr / Wien in Lugano – 1979 Zürich Glaskunst – 1980 Burgenländische Kulturtage in Rust / World Crafts Council Vienna 1980 – 1981 Zeitgenössisches Glas aus Österreich, Kremsmünster – 1982 Internationales Glassymposion Frauenau/BRD, mit Sonderausstellung der Teilnehmer – 1982 Internationales Seminar für Glasgestaltung Baden bei Wien – 1983 Eröffnungsausstellung Neues Glasmuseum in Valencia, Spanien – 1983 Vortrag beim 5. internationalen Seminar in Baden, Thema „Gravieren mit biegsamer Welle" – 1984 Gemeinschaftsausstellung der Studioglasgruppe Österreich in Mattersburg, Kulturzentrum Beethovenhaus Baden – 1984 Frauenbad, Baden / Vortrag beim 6. Internationalen Symposion Baden / Galerie Schneider, Zürich – 1985 Galerie Figl, Linz / Internationales Symposion Frauenau/BRD.

Ausstellungobjekte:

„Drei Disteln", 20 × 11 cm.
„Glasrotation", 30 × 16 cm.

13/31 Martin Brunhuemer, geb. 1954 in Bad Ischl

Mittelschule u. Handelsakademie in Gmunden/Traunsee.
1973 nach Wien, Arbeit bei Film u. Theater (Bühne).
1980 Hamburg – erster Kontakt mit heißem Glas.
1983 zurück nach Wien – Arbeit als freier Glaskünstler in
den Studios Tribuswinkel (J. Ink) und Baden (Lobmeyr).

Ausstellungen: 1984 Ausstellung d. Berufsvereinigung bildender Künstler Österreichs Baden/Wien / Beethovenhaus,
Baden/Wien/ Galerie Figl, Linz (mit A. Raidel, H. Barnstedt
u. J. Holländer) / Kunsthof Weihergut, Salzburg – 1985 Internationale Handwerksmesse, München / Zweiter Coburger Glaspreis / Galerie Lobmeyr, Wien (mit H. Barnstedt u.
E. Sherman) – 1986 Glasgalerie Nordend „Flacons", München / Galerie der Stadt Vöcklabruck / Landesmuseum Joanneum, Graz / Galerie Kringel, Zürich – 1987 Wien, Palmen-
haus im Burggarten / Glas d. 20. Jahrhunderts, München.

Arbeiten in öffentl. Sammlungen u. Museen: OÖ. Landesmuseum, Linz / NÖ. Landesmuseum, Wien / Sammlung Lobmeyr, Wien / Glasmuseum Ebeltoft, Kopenhagen.

Ausstellungsobjekte:
Kopf blau-rot.
Kopf grün-gelb.

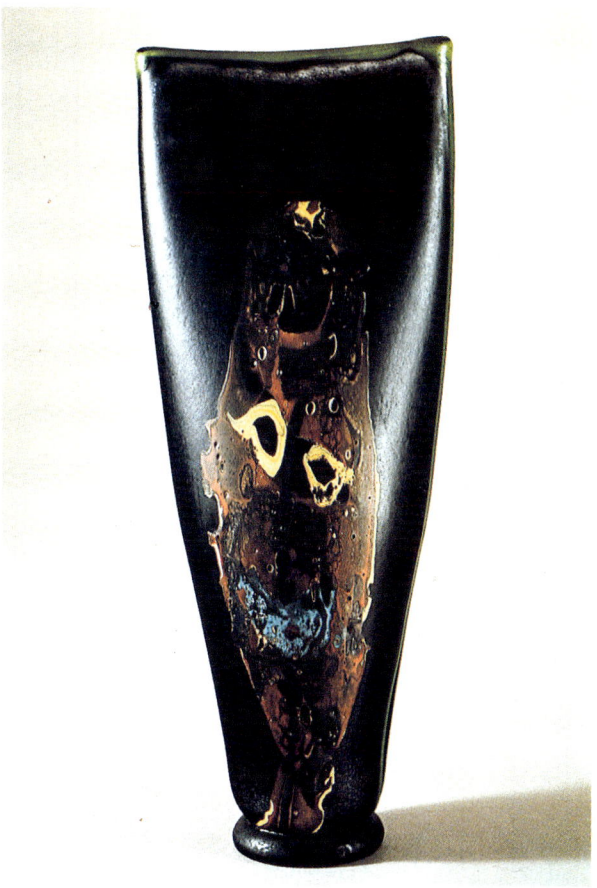

Katalog 13/31

503

Katalog 13/32

13/32 Richard Budischowsky, geb. 1957 in Bad Vöslau

Gymnasium, Lehre als Schildermaler und Siebdrucker. 3 Jahre am Stadttheater Baden als Bühnenmaler und Requisiteur. Intensive Beschäftigung mit Form und Farbe. 1980 etliche Ausstellungen von Graphiken und Aquarellen.
1981 erster Kontakt mit heißem Glas. Beginn der Arbeit mit Jack Ink. 1983 Mitglied der Glasgruppe Österreich. Bau des Glasstudios Jack Ink, 2512 Tribuswinkel, Badnerstraße 35.

Ausstellungen: Ausstellungen mit der Glasgruppe Österreich in Mattersburg und im Beethovenhaus Baden – 1984 Ausstellung im Rahmen der Kapfenberger Kulturtage, in der Sparkasse Baden mit dem Glasstudio Jack Ink, im Frauenbad Baden mit dem Berufsverband Bildender Künstler Österreichs – 1985 Bayrische Handwerksmesse München, Jugend gestaltet 85 (Katalog) / 2. Internationales Symposium Glasmuseum Frauenau, Schwennenbacher Kreis, BRD, Internationales Studioglas / Galerie Brigitte Kurzendörfer, Pilsach/BRD / 10 Jahre Glasstudio im Franzensbad, Baden bei Wien / Landesmuseum Joanneum, Graz / Studioglas aus Österr. – 1987 Glas des 20. Jh., München/BRD / Bregenzer Festspiele / Burg Perchtoldsdorf.

Arbeiten in öffentlichen Sammlungen: Glasmuseum der Stadt Frechen, BRD / Niederösterr. Landesmuseum, Wien / Landesmuseum Joanneum, Graz (Ausstellung im Rahmen des Symposiums, Katalog) / Studienaufenthalt in London, Glassblowing Workshop, Arbeit mit Peter Layton – 1986 Sozialakademie Mödling, Einzelausstellung.

Ausstellungsobjekte:
Vase „Mondaufgang", 1987.
H. 24 cm, Dm. 18 cm.
Perlmuttweiß unterfangen; Scherben, Krösel, Silberauflagen, Lippe granatrot.
Bowl „Drachenmond", 1987.
H. 18,5 cm, Dm. 20,3 cm.
Wie oben.

13/33 Olivia Charlton, geb. 1953 in Stuttgart, BRD

1972–73 Freie Kunstschule unter Gerd Neisser.
1973–78 Studium der Bildhauerei unter Prof. Sekal und Prof. Hoflehner mit Staatsexamen für das Lehrfach.
1978–79 Studium der Glasmalerei unter Prof. v. Stockhausen und Sigrid Glöggler.
1979–80 einjähriges Lehrseminar für Waldorfpädagogik in Stuttgart.
1980–81 Kunsterzieher an der Waldorfschule in Wien.
Seit 1981 freischaffende Glasmalerin in Wien.

Ausstellungen: Galerie Erdmannsdörfer, BRD / Galerie Lobmeyr, Wien / Galerie Veltheim, BRD / Galerie Herrmann, BRD / Galerie Kunst in Glas, BRD / Galerie Luzern, Schweiz / Galerie Frauenau, BRD / Galerie im Atelier, BRD / Galerie Klute, Wien / Galerie Glashaus, BRD / Galerie Joanneum, Graz.

Ausstellungsobjekte:
Glasbilder.

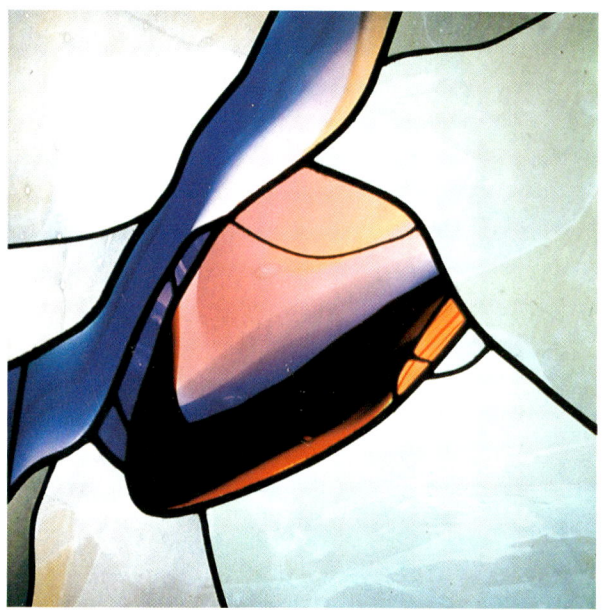

Katalog 13/33

Katalog 13/34

13/34 Jutta Cuny-Franz, geb. 1940 in Berlin, gest. am 10. März 1983

1958 Matura und französisches Baccalaureat in Wien. Literatur- und Dolmetschstudium an der Universität Genf. – 1962 Abschlußprüfung als Diplomdolmetsch an der Universität Genf. Übersiedlung nach Brüssel, wo sie als freie Dolmetscherin für internationale Organisationen arbeitet und auf ihren Berufsreisen die Welt kennenlernen und ihr Wissen ständig erweitern kann. – 1963/65 macht sie eine Weltreise. Während eines Aufenthaltes in Südamerika unterbricht sie ihre Arbeit und lebt bei Missionaren in einem indianischen Dorf am Amazonas. – 1966 heiratet Jutta Franz einen französischen Papierindustriellen und lebt in den Vogesen. –

1968/70 beginnt sie wieder zu malen, besucht die Académie Julian in Paris und vervollständigt ihre Kenntnisse bei André Jacquemin. Der Wiener Maler Gerhard Swoboda führt sie in die surrealistische Welt der Wiener Schule des Phantastischen Realismus ein. Es entstehen Bilder anthropomorpher Gebilde. – 1974 macht sie unter der Kameraführung von Karl Kofler den Film „Ins Wasser gemalt", in welchem sie Thema und Hauptdarstellerin ist. Mit dem Film erscheint ein Katalog mit Texten von Carry Hauser und Gerhard Swoboda. Nach dem frühen Tod von G. Swoboda trifft sie in Salzburg Professor Dr. Francesco Somaini, der dort die Meisterklasse für Skulptur im Rahmen der Sommerakademie leitet, deren Teilnehmerin sie ist. Sie gewinnt den Ehrenpreis der Stadt Salzburg, im Jahr darauf den Nichido-Preis in Paris. – 1976/77 ist sie Assistentin von Professor Somaini. Sie wird von ihm in jene originale Bildhauertechnik der „taille directe" eingeführt und beginnt Glas-Skulpturen zu machen, indem sie dicke Industrieglas-Platten mit dem Sandstrahl bearbeitet. – 1977/80 Es folgen ihre ersten eigenen Ausstellungen. – 1980/82 hat Jutta Cuny-Franz nun ihren festen Platz in der internationalen Glasszene. Das österreichische und das französische Fernsehen senden Dokumentationen, der französische Sender FR3 produziert einen Streifen „Le sable de Rêve". Die Museen von Epinal, St. Dié Lausanne und das Museum für Angewandte Kunst des Louvre in Paris erwerben ihre Arbeiten, ebenso die Stiftung Süssmuth in Kassel, das Museum der Porzellanmanufaktur von Sèvres und das Museum für Naturwissenschaften und angewandte Kunst in Sydney, Australien. Sie beginnt, die sie einengenden Grenzen der kleinen Formate zu überwinden, indem sie Glas-Skulpturen größerer Dimensionen schafft, die faszinieren und zugleich mystisch bleiben. Es entstehen Entwürfe zu einer großen Skulptur „La Mer", Skizzen für eine gigantische Arbeit aus Industrieglas und Beton für die Felswand „La Cluse" über der Autobahn Genf–Chamonix, die nicht mehr zur Ausführung gelangen. Doch der Entwurf zu einem großen Glasbrunnen für die Halle des Zentralverwaltungsgebäudes „Les Miroirs" von St. Gobain-Vitrage auf der Défense in Paris bringt ihr den Auftrag, mit dessen Realisierung sie sofort beginnt. – 1983 Am 10. März 1983 stirbt Jutta Karin Cuny-Franz, elf Tage nach ihrem am 28. Februar erlittenen Autounfall. Ihr Lehrer und Förderer Professor Somaini beendet 1984 den großen Brunnen für Paris in ihrem Atelier. Zur Erinnerung an die 1983 tödlich verunglückte Künstlerin Jutta Cuny-Franz stiftete ihre Mutter den Jutta-Cuny-Franz-Erinnerungspreis.

Ausstellungsobjekt:
Diagonale.

13/35 Alina Görny, geb. 1948 in Czestochowa, Polen

1968–73 Hochschule für bildende Künste in Breslau, Ausbildung als Malerin, Grafikerin und Designerin.

1973 Diplom für Glasdesign.

Seit 1973 Tätigkeit als Designerin in der Glasindustrie und in anderen Bereichen.

Seit 1976 Arbeit im Glasstudio J & L Lobmeyr, Franzensbad, in Baden bei Wien und in der Hergiswiler Glasi, Schweiz. 1977 u. 78 Sommerkurse in der Pilchuck Glass School, Stanwood, WA, USA; Zusammenarbeit mit Prof. Joel Myers, Gary Beecham, David Huchthausen und Dale Chihuly. Selbstorganisierte Seminare im Glasstudio in Baden bei Wien.

1980 Koordinatorin für die Sektion Glas beim Kongreß des World Crafts Council in Wien.

Ankäufe: Nationalmuseum Breslau / Kunstmuseum Düsseldorf / Royal Scottish Museum Edinburgh / Museum für Kunsthandwerk Frankfurt am Main / Schloß Grafenegg Niederösterreich / Glasmuseum Rheinbach / Museum de Vidrio Valencia / Niederösterreichisches Landesmuseum Wien / Museum Bellerive Zürich / Glasmuseum Frauenau / Kunstsammlungen der Veste Coburg.

Ausstellungen: 1978 Lugano, Villa Malpensata / Wien, Galerie Lobmeyr – 1979 Hamburg, Galerie der Kunsthandwerker / Heidelberg, Galerie Somers / London, World Crafts Council in Europe – 1980 Zürich, Museum Bellerive / Frankfurt am Main, Museum für Kunsthandwerk / Göttingen, Städtisches Museum / Leipzig, Museum des Kunsthandwerks / Luzern, Zentralschweizer Glaspreis / Frankfurt am Main, SM-Galerie / Kyoto, National Museum of Modern Art / Berlin, Workshop Kunst und Handwerk / Drachselsried, Galerie Herrmann – 1981 Salzburg, Kontraste 80 / München, Galerie Handwerk / Wien, Galerie Lobmeyr/ Kassel, Orangerie: Glaskunst 81 / Paris, Galerie Daniel Sarver – 1982 Frauenau, Glasmuseum / Hamburg, Galerie L / Burgdorf CH/Wien: Int. Kunsthandwerker-Ausstellung / Hannover, Galerie Neues Glas / Wanderausstellung des Wirtschaftsförderungsinstitutes in Mexiko, USA und Kanada / Wien, Galerie am Graben – 1983 Luzern, Glas Galerie / Frauenau, Glasmuseum / Linz, Galerie Figl / Schloß Zell a. d. Pram, Österreich / Horgen, Schweiz, Galerie Heidi Schneider – 1984 Baden bei Wien, Ausstellung der Berufsvereinigung bildender Künstler Österreichs / München, Galerie

Katalog 13/35

Nordend / Horgen, Schweiz, Galerie Heidi Schneider / Veltheim, Glas Galerie / Hamburg, Galerie L – 1985 Drachselsried, Galerie Herrmann / München, Galerie Nordend / Veste Coburg, 2. Coburger Glaspreis / München, Galerie Handwerk – 1986 Frankfurt am Main, La Galleria – 1987 Münchner Kunsthandwerksmesse / Bregenz Schauspielhaus, eigenes Atelier.

Ausstellungsobjekte:

a) Brosche „Himmel"; „DEM"; Glas, Silber.
b) Brosche „Rot"; Glas, Silber.
c) Glasobjekt „Die Wolke II".

Katalog 13/36

13/36 Helmut Hundstorfer, geb. 1947 in Linz

1962–66 Ausbildung als Glasmacher in der Linzer Glashütte.
1967–68 bei Prof. Riedel – Tiroler Glashütte.
1968–70 Glasmachermeister bei Mittinger/BRD.
1970–75 Werkstattleiter bei Doria/BRD.
1975–76 Glasbläser bei Siemens – technisches Glas.
1976–79 Glasmachermeister bei Zimmermann, Rohr/Oberösterreich.
Ab 1980 eigenes Glasstudio, als freischaffender Künstler tätig.

Ausstellungen und Arbeiten: 1980/82 Handwerkskunst in Glas, Salzburg, Österreich – 1980 Transparent Design, Linz, Österreich – 1981/84 Galerie Lobmeyr, Wien, Österreich – 1981 Essener Glasgalerie, Essen, BRD / Galerie Hermann, Drachselsried, BRD – 1981/82/85 Schloß Zell, Landesbildungszentrum, Zell/Pram, Österreich – 1982 Galerie 66, Eckenförde/Kiel, BRD – 1983 Museum für angewandte Kunst, Wien, Österreich / Berufsvereinigung bildender Künstler, Linz, Österreich / Stift Reichersberg, Reichersberg, Österreich / Galerie L, Hamburg, BRD / Burg Galerie, Burg auf Fehmarn, BRD – 1983/84 Kunsthof Weihergut, Salzburg, Österreich – 1983 Galerie im Institut Sacrè-Coeur, Preßbaum, Österreich – 1984 Galerie Medio, Kronsdorf, Österreich / Glas-Galerie Luzern, Schweiz / La Galeria, Frankfurt, BRD / Glas-Galerie Veltheim, Veltheim, BRD / Tabakmuseum, Wien, Österreich / Skulpturen in Glas, Lu-

zern, Schweiz / Galerie Heidi Schneider, Horgen, Schweiz / Glas Galerie Lorenz, Freiburg, BRD / Beethovenhaus, Baden bei Wien, Österreich / Glas-Galerie Nordend, München, BRD / 2. Coburger Glaspreis, Coburg, BRD / Galerie Monica Trüjen, Bremen, BRD / Galerie Hennig, Darmstadt, BRD / Galerie Kasparhauser Schloß, Pilsach, BRD / Galerie Root, Baiersbronn, BRD.

Arbeiten in öffentlichen Sammlungen: The Royal Scottish Museum, Dep. of Art, Edinburgh, GB / Glasmuseum Frauenau, BRD / Museum für angewandte Kunst, Wien, Österreich / Land Oberösterreich, Österreich / Land Salzburg, Österreich / Stadt Linz, Österreich / Stadt Salzburg, Österreich / Glasmuseum Ebeltoft, Dänemark / Kulturamt der Stadt Regensburg, BRD / Unterrichtsministerium, Wien, Österreich / Kunstmuseum Düsseldorf, BRD – 1985 Urkunde für hervorragende Leistungen Coburger Glaspreis, BRD – 1986 2 Monate Amerikaaufenthalt, Pilchuck School.

Ausstellungsobjekte:

Blüte.
H. 25 cm, Dm. 45 cm.
Zweifacher Überfang.
Blüte.
H. 22 cm, Dm. 50 cm.
Zweifacher Überfang.

13/37 Jack Ink, geb. 1944 in Canton, Ohio, USA

1976–79 „Artist in Residence" bei J & L Lobmeyr, Wien – 1983 Bau eines eigenen Glasstudios in Tribuswinkel, Badnerstraße 35.

Ausbildung: 1964–67 Pratt Institute, Brooklyn, N. Y., USA – 1967–70 Kent State University, Kent, USA – 1970–73 University of Wisconsin, USA, Assistant bei Harvey Littleton und Érich Rudans (Master of Fine Arts 1973).

Einzelausstellungen: 1975/77/78/79/82/84 J & L Lobmeyr, Wien – 1977/81/82 Galerie „SM", Frankfurt/Main – 1978 Contemporary Art Glass, Heller Gallery, New York City – 1978/80/83/84 Galerie „L.", Hamburg – 1981 Canton Art Museum, Ohio, USA – 1983 Essener Glasgalerie, Essen / Glass Art Gallery Inc., Toronto, Canada / Glasgalerie Nordend, München – 1983/86 Galerie Trüjen, Bremen – 1984 Beachwood Museum, Cleveland, USA / Maurine Littleton Gallery, Washington, DC, USA – 1985 Art Investments Inc., Akron, Ohio, USA / Galerie Kurzendörfer, Pilsach – 1985/86 Kunst im Glas, München / Lorrenz-Glas-Galerie, Freiburg – 1985/86 Glasgalerie Klute, Wien – 1986 Galerie Rob von den Doel, Den Haag, Holland / CCAA Glasgalerie Köln.

Gruppenausstellungen: 1976 „Modernes Glas aus Amerika, Europa und Japan" / Museum für Kunsthandwerk, Frankfurt / Kunstgewerbemuseum, Berlin / Museum für Kunst und Gewerbe, Hamburg / „Wien – eine Stadt stellt sich vor", Tokyo, Japan – 1977 „Coburger Glaspreis 1977", Kunstsammlung der Veste Coburg – „Fujita-Ink-Wallstab", Glasmuseum Frauenau / „Zentralschweizer Glaspreis", Luzern – 1980/86 „Kunst- und Antiquitätenmesse", Hannover, Herrenhausen / „Contemporary Glass – Europe and Japan" / National Museum of Modern Art, Kyoto, Japan / National Museum of Modern Art, Tokyo / „Concepts", Habatat Galleries, Michigan, USA – 1985 „World Glass Now 85", Japan / Sapporo, Hokkaido Museum of Modern Art / Tokyo, Daimaru Grand Hall / Shimonoseki, Shimonoseki City Art Museum / 1986 Gifu, The Museum of Fine Art / Osaka, Daimaru Museum / Atrium Gallery, „Beecham, Littleton, Ink, Vogel", Washington, DC, USA / Signature, Boston, USA / Expressions En Verre, Musée des arts décoratifs, Lausanne.

Ankäufe: Sammlung Lobmeyr, Wien / Österreichisches Museum für angewandte Kunst, Wien / Niederösterreichisches Landesmuseum, Wien / Baden Museum, Baden bei Wien / Glasmuseum Frauenau / Museum für Kunsthandwerk, Frankfurt/Main / Museum für Kunst und Gewerbe, Hamburg / Kunstsammlung der Veste Coburg, Coburg / Kunstgewerbe Museum Köln / Glasmuseum Wertheim / Kunstmuseum, Düsseldorf / Badisches Landesmuseum, Karlsruhe / Süssmuth-Stiftung, Immenhausen / Kunstgewerbe Museum Köln / Cleveland Museum of Art, Ohio, USA / National Galleries, Smithsonian Institute, Washington, DC, USA / Oshkosh Public Museum, Oshkosh, USA / Arkansas Arts Center, Little Rock, USA / Cleveland State University, Cle-

Katalog 13/37

veland, Ohio, USA / Corning Glass Museum, Corning, USA / Chryster Museum, Norfolk, Virginia, USA / University of Wisconsin-Madison, USA / University of Minnesota-St. Cloud, USA / Schule für Kunst und Handwerk, Kopenhagen / Hokkaido Museum of Modern Art, Sapporo, Japan / Museum de Sévres, Paris / Musée des arts décoratifs, Lausanne.

Ausstellungsobjekte:
„Landscape bottle". Glass-blown coloured glass.
H. 21 cm, B. 13 cm.
„Jellyfish block with seacoast".
Cast blown, engraved and cut glass.
H. 21 cm, B. 15 cm, T. 4 cm.

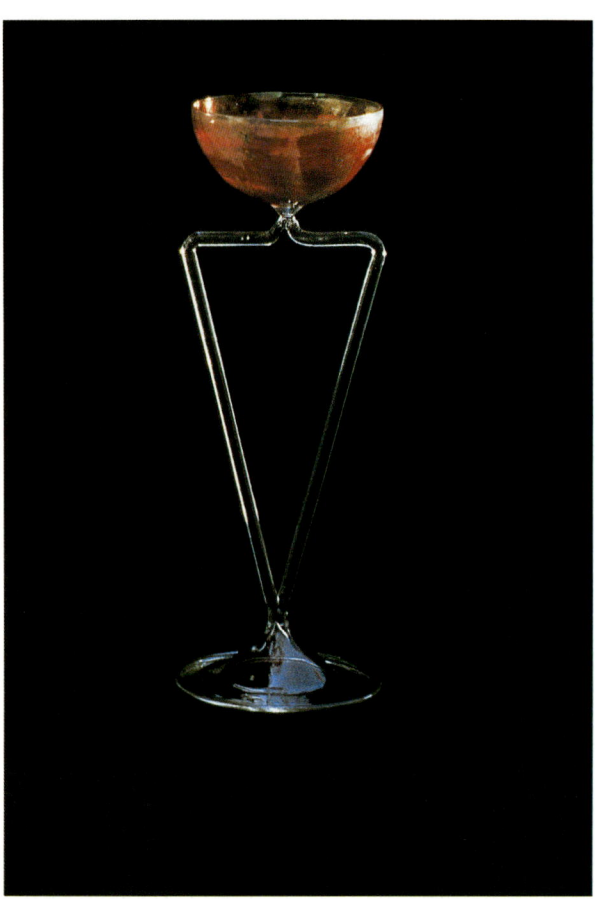

Katalog 13/38

13/38 Fritz Prehal, geb. 1960 in Radstadt

1981–84 Staatliche Glasfachschule in Hadamar, BRD, Ausbildung zum Hohlglasfeinschleifer bei Willi Pistor und J. Welzel.
1985–87 Mitarbeiter bei der Fa. Lobmeyr in Wien.

Ausstellungen: 1984 Ausstellung in der Raika Radstadt gemeinsam mit Renate Prehal – 1984 „Jugend gestaltet" in München – 1985/86 Willi Pistor und seine Schüler (Galerie SM in Frankfurt und Galerie Arti-Choque, NL) – 1986 Studioglas aus Österreich im Landesmuseum Joanneum, Graz – 1987 Arbeiten in der Galerie Hermann, BRD / Arbeiten in der Galerie B. Kurzendörfer, BRD – 1987 Internationale Glasausstellung anläßlich der Bregenzer Festspiele.

Ausstellungsobjekte:
Objekt aus optischem Glas auf Granitsockel.
30 × 24 × 6,5 cm.
Optisches Glas, geschliffen, poliert, teils mattiert.
„Vasenobjekt".
H. 21 cm, Dm. 9,5 cm.
Geschliffen, poliert, teils mattiert.

13/39 Renate Prehal, geb. 1960 in Bergneustadt, BRD

1980–83 Staatliche Glasfachschule in Hadamar, BRD, Ausbildung zur Glasinstrumentenmacherin bei Günter Kehr und J. Dolfuß.
1983–84 Mitarbeiterin bei Roderich Wohlgemuth in Bremen, BRD.

Ausstellungen: 1984 Ausstellung in der Raika Radstadt gemeinsam mit Fritz Prehal; seit 84 Mitglied bei den Kunsthandwerkern am Spittelberg in Wien, regelmäßige Ausstellungen; seit 86 Mitglied bei der Steirischen Initiative Kunsthandwerk (STIK), regelmäßige Ausstellungen – 1987 Einzelausstellung in Graz, Färberplatz, Zentrum.

Ausstellungsobjekte:
Flasche in Montagetechnik, vor der Lampe geblasen.
Fadenauflage.
H. 18 cm, Dm. 4 cm.
Objekt in Kugelform.
H. 8 cm, Dm. 7,5 cm.
Vor der Lampe geblasen.
Gruppe aus 3 Gläsern.
H. 25,5 cm, Dm. 9 cm.

Katalog 13/39

511

Katalog 13/40

13/40 Gernot Schluifer, geb. 1941 in Kitzbühel

Vater war Schuldirektor. Mit 14 Jahren Besuch der Glas-
fachschule in Kramsach. Mit 17 Jahren Arbeit bei Alois
Mirwald in Kramsach als Glaskugler. Sieben Jahre in diesem
Betrieb tätig. In der Freizeit Erlernung der Glasgravur (Kup-
fergravur) bei Hermann Schiller in der Glasfachschule
Kramsach. Mit 24 Jahren selbständig und Heirat mit Frau
Christine (1965). Drei Kinder, Bettina ist 22 Jahre alt, Clau-
dia 20 und der Sohn Florian 12 Jahre.

1968 erste Ausstellung in München, 1969 in New York, dann
weltweite Ausstellungen, unter anderem viele Museumsaus-
stellungen.

Seit 1972 Arbeit als freischaffender Künstler – Glasbild-
hauer.
Letzte große Präsentation 1985 im Museum of Fine Arts in
Anchorage, Alaska.
Letzte große Arbeit ist das Portrait von König Bhumibol von
Thailand.

Ausstellungsobjekte:
Wandbild „Kitzbühelblick gegen Süden".
H. 70 cm, B. 40 cm.
Graviert.
Glas-Stahl-Objekt „Crystal-peak".
Objekt „Geburt des Wassers".

512

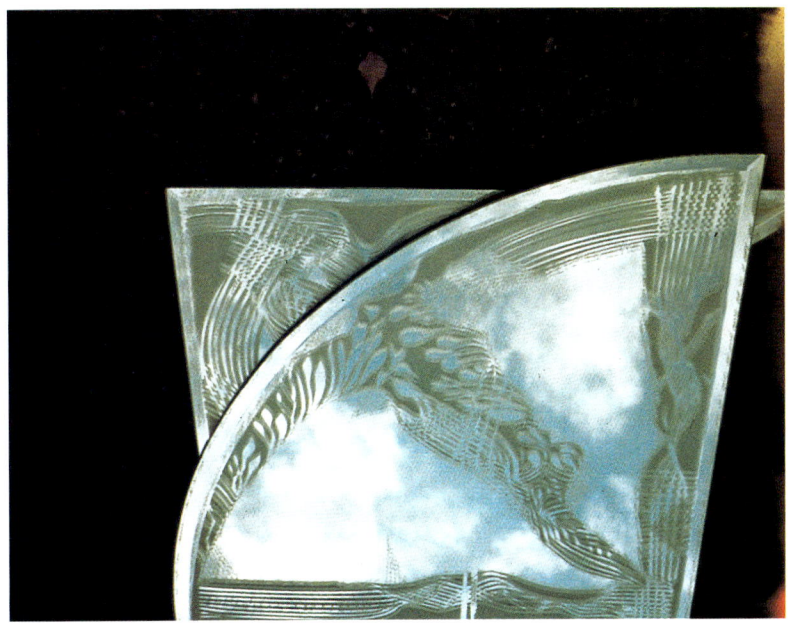

Katalog 13/41

13/41 Ingrid Swossil-Lissow, geb. 1944 in Mödling

Studierte an der Hochschule für angewandte Kunst in Wien, Schülerin von Prof. Isolde Maria Joham. Mitglied des Wiener Künstlerhauses. Kinderbuchautorin.

Ausstellungen: Organisation und Teilnahme an Gruppenausstellungen in Österreich und im Ausland. „Signatur Kirchberg I" „. . .II" und „. . .III" im Rahmen des Internationalen Wittgenstein-Symposions in Kirchberg am Wechsel, Niederösterreich.
Eigene Ausstellungen: Thonet Vienna / Lobmeyr, Wien / Künstlerhaus, Wien / Museum für angewandte Kunst in Wien / Glasmuseum Frauenau, Deutschland / Landesmuseum Joanneum, Graz / Galerie Würthle, Wien / Galerie im Stettener Schloß, Lörrach / Glasgalerie Herrmann, Bayrischer Wald / Glasgalerie Luzern, Schweiz / Galerie Schneider, Schweiz / Bremen / Hannover / Essen, Galerie in der Anna-straße, November 1985 / London / Glasmuseum Ebeltoft, Dänemark / Art Glass Gallery, Zürich.
Werke im Besitz von: Bundesministerium für Unterricht und Kunst / Niederösterreichische Landesregierung / Sammlung Herrmann, Glasgalerie, BRD / Glasmuseum Ebeltoft, Dänemark / privaten Glassammlungen in Österreich und im Ausland / Landesmuseum Joanneum, Graz / Kulturamt der Stadt Wien.
Veröffentlichungen: Kinderbücher bei Verlag Jungbrunnen, Wien, Rowohlt / Hamburg, Universität Utrecht / Holland, Diogenes Verlag / Zürich, Bohmann Verlag / Wien (1986) / Artikel in Pädagogischen Zeitschriften wie in Kunstzeitschriften, Veröffentlichungen in Anthologien.

Ausstellungsobjekte:
„Pusteblume 82", Spiegelcollage.
„Pfeil & Bogen 86".

Katalog 13/4 e

514

Dieter Cwienk

Internationaler Glasdesignwettbewerb Bärnbach '87

Die Landesausstellung „Glas und Kohle" bot den sinnvollen Anlaß, nicht nur die große Geschichte eines bedeutsamen steirischen Wirtschaftszweiges bis zur Gegenwart zu präsentieren, sondern auch die Zukunft ins Spiel zu bringen. Logische Konsequenz: der Internationale Glasdesignwettbewerb Bärnbach '87. Die Idee gärte zunächst in einigen engagierten Köpfen herum. Ich nenne den Künstler Peter Moizi, den Glaskunstzentrumsmanager Martin Hittaller, natürlich den Ausstellungsleiter Paul W. Roth. Rasch sprang der Funke in der Steiermark hin und her. Erste Brainstormings mit Werksangehörigen aus der Hütte Oberglas-Bärnbach, Vertretern des steirischen Glaskunstzentrums, Vertretern der Landesbaudirektion und der Ausstellungsorganisation ließen die Idee zur Durchführung reifen. Burghart Kaltenbeck vom Büro des Wirtschaftslandesrates, Johann Ertler vom Wirtschaftsförderungsinstitut der steirischen Handelskammer, Erich Hotter vom Landesfremdenverkehr, Gunther Hasewend von der überörtlichen Raumplanung kümmerten sich um die finanziellen Voraussetzungen, die von Landesrat Dr. Heidinger, Landesrat Dipl.-Ing. Schaller, Kurator Dipl.-Ing. Gebell, ergänzt durch Zusagen vom Werksbesitzer Dr. Grupp und Landeshauptmannstellvertreter Prof. Kurt Jungwirth geschaffen wurden.

Jörg Krasser übernahm die sorgfältige Abwicklung, und am 27. Februar 1988 präsentierte die in Bärnbach zusammengetretene Jury unter dem Vorsitz von Univ.-Prof. Dr. Sokratis Dimitriou aus 121 Einsendungen das Ergebnis.

In der Produktgruppe *Geschenkartikel* wurden zwei 2. Preise zu je S 35.000,– und ein 3. Preis zu S 25.000,– empfohlen.

Die Preisträger:
– *Friederike J. Nestler-Rebeau* (Graz)
  2. Preis für Doppelskulptur: „Glas + Kohle".
  Die Jury begrüßte die optische und materialge-

rechte Gestaltung, hob ihre Beziehung zur bildenden Kunst hervor und hält sie für vermarktbar.
– *Günther Schedler* (Wien)
  2. Preis für „Salzstreuer".
  Dieser Artikel, so die Jury, sei ausgezeichnet entwicklungsfähig als System und verschiedenen Servicen anpaßbar.
– *Barbara Reisinger* (Salzburg)
  3. Preis für „Aschenbecher".
  Die Jury attestiert diesem Entwurf einen hohen Gebrauchswert, eine formal gut ausgewogene asymmetrische Form, Materialgerechtigkeit und innovativen Charakter.

In der Produktgruppe *Beleuchtungskörper* wurden die drei vorgesehenen Preise zu gleichen Teilen, nämlich zu je S 31.800,– zur Vergabe empfohlen.

Die Preisträger:
– *Martin Taurer* (Graz) für „Rauminstallationskonzept".
  Eine einmalige künstlerische Installation, deren Adaptierung verschiedene Möglichkeiten der Anwendung offen läßt. Lineare, flächige und räumliche Lichtwirkungen werden als Ideenkonzept aufgezeigt.
– *Erik Gangrach* (Göllheim, BRD) für Set „Tischlampe und Bodenlampe".
  Es besteht aus Glaskörper, Scheibenelementen und Schirm. Eine materialgerechte, sicherlich gut vermarktbare Lösung, deren kleinere Ausführung wegen ihrer Lichtwirkung und deren Proportionskriterien vorzüglich geeignet ist.
– *Fritz Kloiber* (Bärnbach) für Stehlampe und Tischlampe „Papillon".
  Diese Lampe ist als Tisch- und Wandlampe einsetzbar. Die Jury attestiert dem Entwurf ästhetisch gefällige Formgebung, Farbe und variable Textur des Glases.

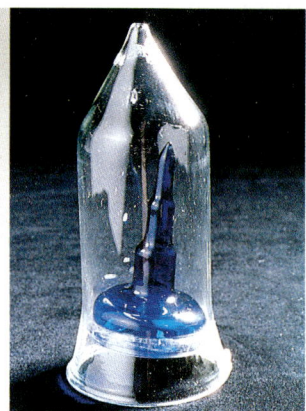

B. Reisinger   F. Nestler-Rebeau   G. Schedler

Den Anerkennungspreis in der Höhe von S 10.000,–, gestiftet von der Firma Lobmeyr, erhält ebenfalls *Martin Taurer* (Graz).

Die Jury war von den eingereichten Arbeiten nicht gerade begeistert. Besonders die Beleuchtungskörperentwürfe repräsentieren nach Meinung der Jury eher das „Problem einer Reißbrettästhetik", deren Ursachen in einer sichtlich fehlenden Grundlagenausbildung geortet wurden. Der neue Besitzer will die ausgesuchten Entwürfe realisieren. Die Jury sieht im Internationalen Glasdesignwettbewerb Bärnbach einen ersten Pilotversuch, der mit einem gezielt programmierten Glassymposium seine Fortsetzung finden wird. Es geht, wie Wirtschaftslandesrat Dr. Heidinger anläßlich der Präsentation der Ergebnisse formulierte, um die Verbindung von Tradition und Erneuerung, von Handwerk und Kunst. Kurator Gebell hält Formgebung und Design, vor allem auf dem Gebrauchsartikelsektor, für zukunftsentscheidend.

Werksbesitzer Grupp will das gestalterische Element Glas forcieren, um die oft „scheußlichen Verpackungen" des Lichts durch Qualität und Wärme zu ersetzen.

Der Internationale Glasdesignwettbewerb Bärnbach '87 war also ein erster, dringend notwendiger Schritt. Das Ziel heißt: Erneuerung durch Qualität. Sie wird mit einer guten Partnerschaft zwischen Kunst und Wirtschaft gefunden werden.

Bildnachweis

Bild- u. Tonarchiv am Landesmuseum Joanneum, Graz: 5, 25, 29, 31, 33, 36, 39, 44, 51, 53, 54, 60, 101, 128, 138, 140, 142, 145, 147, 151, 159, 183, 201, 214, 215, 216, 217, 219, 220, 223, 224, 226, 227, 235, 237, 239, 240, 241, 245, 246, 247, 248, 264, 271, 272/273, 286, 309, 338, 339, 341, 343, 345, 358, 360, 361, 368, 369, 370, 371, 372, 373, 403, 410, 415, 437, 440, 441, 442, 443, 445, 447, 449, 451, 452, 453, 454, 455, 457, 458, 460, 463, 465, 475, 477, 488, 489, 492, 493, 497, 521

Herbert Blatnik, Eibiswald: 218
Glasmuseum Bärnbach: 225, 230
Bundesdenkmalamt Wien: 114, 396
Hans Burgstaller, Fohnsdorf: 326
Montanmuseum Fohnsdorf: 253, 255
Hans-Kloepfer- und Heimatmuseum Eibiswald: 27, 171, 175, 177, 185, 229, 438, 444
Eberhard Franz, Graz: 62, 63, 65, 67, 69, 70, 71
Graz-Köflacher Eisenbahn- und Bergbauges.: 333
Steiermärkisches Landesarchiv, Graz: 49, 123, 131, 136, 195, 203, 205, 206, 207, 436
Karl Hecht, Fritzens bei Wattens: 479
Miran Mišo Hochstätter, Maribor: 130, 132, 133, 134, 404, 405, 406, 407, 408, 409, 411, 412, 413, 416, 417, 418, 419, 420 (10/139), 421, 422, 423, 424, 425, 426, 427
Erich Hudeczek, Graz: 105, 106
Institut für Mittelalterliche Realienkunde, Krems: 115, 116, 117, 118, 119, 399, 400, 401
Landesmuseum Joanneum, Graz, Abt. für Geologie und Bergbau: 258
Klaus Kada, Leibnitz: XII, XIII, XXII
Fred Kisslinger, Rattenberg: 480, 486
Stefan Karner, Graz: 79
Harald Koren, Köflach: 169, 181, 182, 213, 258
Glasgalerie Kovacek, Wien: 108, 109 (Abb. 2), 375, 384, 385, 386, 387, 390, 391
J. & L. Lobmeyr, Wien: 484, 485, 514
Pokrajinski muzej, Maribor: 414, 420 (10/110)
Gernot Matzka, Graz: 310, 315, 317, 318/319
Wolfram Orthacker, Graz: 109 (Abb. 3), 110, 111, 362, 363, 364, 365, 366, 367, 374, 377, 378, 379, 381, 383, 388, 389, 393, 395, 428, 430, 431, 432, 433, 434, 435

Österreichische Draukraftwerke AG, Voitsberg: 249, 349, 351, 353, 355
Walter Postl, Graz: 20, 21, 22, 275, 276, 277, 278, 279
Paul W. Roth, Graz: 139, 324/325
Reinhard Sachsenhofer, Leoben: 41, 42
Schott Glaswerke, Mainz (BRD): 469, 471
Stadtarchiv Graz: 190, 191, 439
D. Swarovski & Co., Wattens: 482, 483
Technische Universität, Graz (Zhuber-Okrog): 85
Alfred Weiß, Wien: 28, 30, 34, 35, 38, 229, 294/295
Zeiss-Werke, Oberkochen (BRD): 154, 157, 461, 466, 467, 473

Glaskünstler

Robert Balluch: 500, 522
Harald Barnstedt: 501
Jindra Beranek: 164, 502
Martin Brunhuemer: 503
Richard Budischowsky: 504
Olivia Charlton: 505
Jutta Cuny-Franz: 506
Alina Görny: 507
Maria Anna Hammer: 490
Helmut Hundstorfer: 163, 508
Jack Ink: 162, 509, 523
Peter Moizi: 491
Dagmar Müller: 487
Friederike Nestler-Rebeau: 516
Norbert Nestler: 494, 495
Fritz Prehal: 510
Renate Prehal: 511
John A. Preininger: 496
Judith Rametzhofer-Weißensteiner: 499
Barbara Reisinger: 516
Günther Schedler: 516
Gernot Schluifer: 512
Ursula Sticher: 490
Ingrid Swossil-Lissow: 513

AUSSTELLUNGS-
SPLITTER

Glasflasche mit Zinnmontierung, um 1740 (Katalog 9/28)

Robert Balluch, Vase (Katalog 13/28)

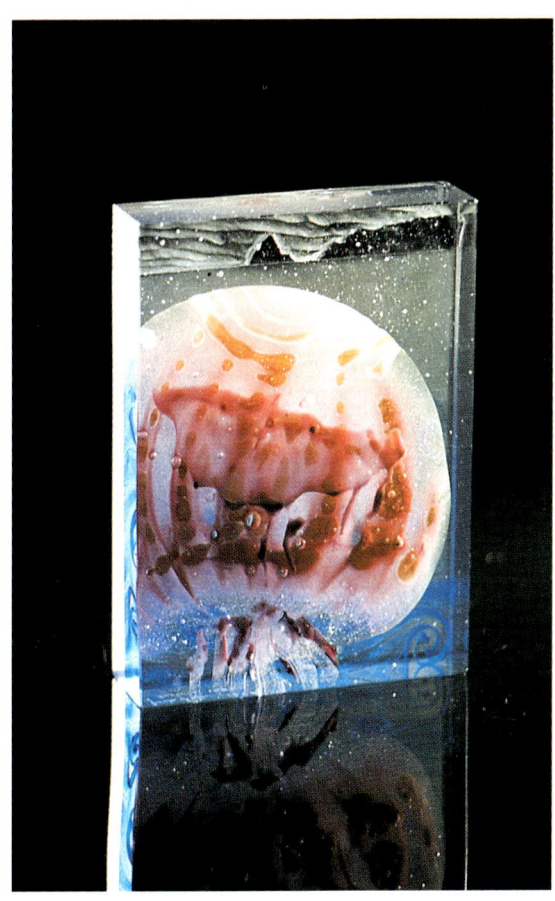

Jack Ink, „Jellyfish block with seacost" (Katalog 13/37)

Schloß Plankenwarth

Hotel-Restaurant

nur 20 Minuten von der Landesausstellung entfernt in 8113 St. Oswald bei Graz
Reservierungen Telefon 0 31 23/28 38

Ausstellung „Das römische Budapest"
Neue Ausgrabungen und Funde in Aquincum
präsentiert vom Historischen Museum Budapest
Von Mai bis Oktober täglich (außer Montag) von 10 bis 18 Uhr

GLASGALERIE
MICHAEL KOVACEK

Für Freunde edler antiker Gläser

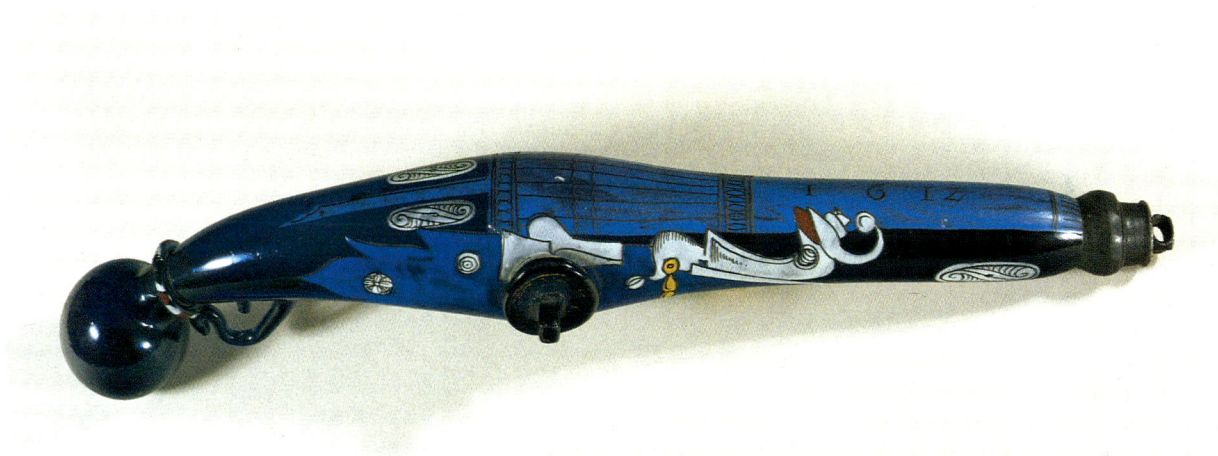

*Schnapsflasche in Form
einer Radschloßpistole,
Deutschland 1612*

*Blaues Glas mit Email-
malerei. Zinnmontierung
mit Schraubverschluß.*

Länge: 39,5 cm

GLASGALERIE MICHAEL KOVACEK
A-1010 Wien, Stallburggasse 2
(Ecke Bräunerstraße)
Austria
Tel. 0 22 2 / 512 99 54
oder 0 22 2 / 513 21 66
Allgemein beeideter,
gerichtlicher Sachverständiger

FLACHGLAS AUSTRIA

Die Erste Österreichische Maschinglasindustrie AG ist der führende österreichische Hersteller und Veredler von Glas. Mit modernsten Fertigungsanlagen werden technisch hochwertige Spezialgläser erzeugt. Für die sieben großen Produktgruppen hat die EOMAG eigene Symbole eingeführt. Diese Markenzeichen stehen für die hohe Qualität der EOMAG-Produkte.

BRANDSCHUTZGLAS

Pyrostop® besteht aus mehreren Silikatglasscheiben. Zwischen diesen Scheiben befinden sich spezielle Brandschutzschichten, die im Brandfall aufschäumen und den Übertritt von Feuer und Rauch sowie die Hitzestrahlung unterbinden.

SCHALLSCHUTZGLAS

Schalldämmung und Schallschutz sind für dieses Gerät kein Problem. Antiphon® Schallschutzisolierglas ist mit zwei unterschiedlich starken Glasscheiben aufgebaut, und der Scheibenzwischenraum ist mit einem Spezialglas gefüllt. Bei Verwendung von Gießharzscheiben werden Schalldämmwerte bis zu 55 dB erreicht.

WÄRMESCHUTZGLAS

Thermoplus® wird mit einer hauchdünnen Gold- oder Silberschicht bedampft. Diese Schicht reflektiert die Wärmestrahlung und hält sie damit im Raum. Thermoplus® hat einen k-Wert bis zu 1,3 W/m^2K.

BAUGLAS

Profilit®-Bauglas stellt für den Architekten ein universelles Gestaltungsmittel dar. Profilit® erlaubt ein breites Anwendungsspektrum wie Lichtwände und Lichtbänder, Treppenhausverglasungen, Sportstättenbau, Innenausbau – Trennwände, Sheddach und Dachverglasungen.

GUSSGLAS

Gußglas ist ein Flachglas mit strukturierter Oberfläche. Es wird für Fenster- und Türfüllungen, Ganzglastüren, Duschabtrennungen, Trennwände und Möbel verwendet. Gußglas gibt es in vielen Dessins, wahlweise in Weiß, Gelb oder Bronze, aber auch in mattierter Ausführung.

SONNENSCHUTZGLAS

Infrastop®-Sonnenschutzisolierglas ist mit einer hauchdünnen reflektierenden Edelmetallschicht versehen. Infrastop® reduziert die Sonnenhitze und spart im Winter wertvolle Heizenergie. Dieses Spezialglas gibt es in vielen Farben.

SICHERHEITSGLAS

Protexit®-Einscheiben-Sicherheitsglas zerfällt bei gewaltsamer Zerstörung in ein Netz kleiner ungefährlicher Krümel und reduziert die Verletzungsgefahr.
Weitere Spezialsicherheitsgläser sind das Allstop®-Panzerglas in fünf Widerstandsklassen und das Allstop®-Privat-Sicherheitsisolierglas. Diese Gläser können mit Alarmsystemen gekoppelt werden.

Senden Sie mir GRATIS ausführliches Informationsmaterial über

☐ WÄRMESCHUTZGLAS

☐ SICHERHEITSGLAS

☐ SONNENSCHUTZGLAS

☐ BAUGLAS

☐ SCHALLSCHUTZGLAS

☐ BRANDSCHUTZGLAS

☐ GUSSGLAS

Name _____

_____

Adresse _____

_____

Bitte einschicken an: Erste Österr. Maschinglasindustrie AG Feldstraße 12 A-2345 Brunn/Gebirge

Die

IDEE

können wir

nicht

verbessern,

aber

die

ART

Wenn's um Dorf- und Stadterneuerungs-
maßnahmen oder Althaussanierungen geht,
gibt es einen ganz bewährten und zielsicheren

Wie die WEGraz-Spezialisten ihren Grazer
WEG verstehen, zeigen sie schon am eigenen
Büro: Sie sitzen in den selbst ausgebauten Dach-
geschossen der Häuser Schönaugasse 4 und 6,
Tel. 0 316/70 25 360.

Am besten, Sie schauen sich diesen Dachboden selbst einmal an. Und erfahren es ne-
benbei ganz unverbindlich, wie man einen Alt-
bau zu einer neuen Behaglichkeit umfunktioniert.

Form und **Gestaltung**

STADTWERKE VOITSBERG

ELEKTRIZITÄTSWERK
WASSERWERK
ELEKTRO-INSTALLATIONS- UND
VERKAUFSGESCHÄFT IM RATHAUS
ELEKTROWERKSTÄTTE

Telefon 0 31 42/22 1 72

130 JAHRE JUNG

GKB GRAZ-KÖFLACHER EISENBAHN- UND BERGBAUGESELLSCHAFT
VERKEHRSDIREKTION 8010 GRAZ GRAZBACHGASSE 39 · TELEFON 0 316/76694
BERGDIREKTION 8580 KÖFLACH RATHAUSPLATZ 7 TELEFON 0 31 44/2511

Das neue Kunststoff-Gleitsichtglas. Von Zeiss.

Clarlet Gradal HS. Dünner, leichter, komfortabler.

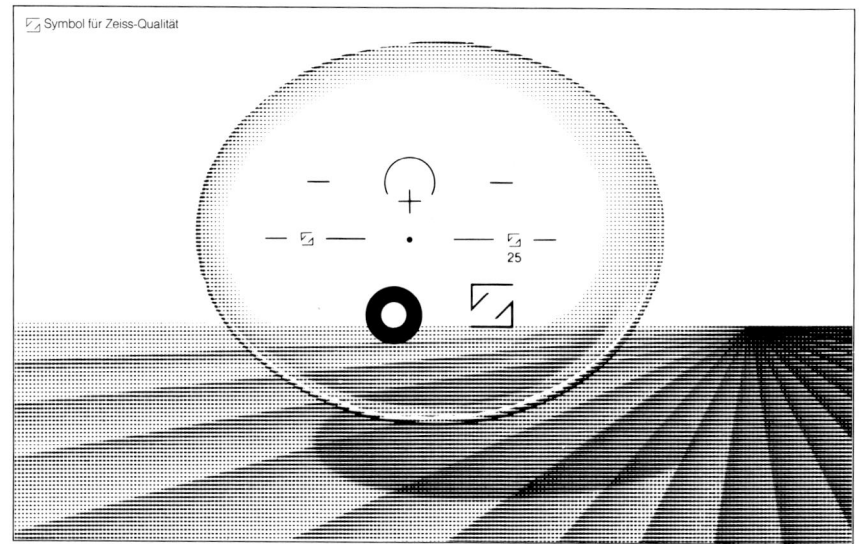

Symbol für Zeiss-Qualität

Ein neuer Meilenstein in der Zeiss
Forschung und Entwicklung:
Clarlet Gradal HS. Das neue
Kunststoff-Gleitsichtglas, das alle
Vorteile bietet. Vorteile, die überzeugen:
Die Leistung des Augenoptikers.
Die Qualität von Zeiss.

 Zeiss für meine Augen.

Traditionsbewußt und modern ...
Fortschrittlich und immer aktuell ...

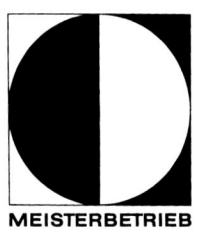

MEISTERBETRIEB

FOTO –
KOREN –
KÖFLACH

A-8580, Am Hauptplatz 27, Telefon 0 31 44 / 35 55

Seit über 80 Jahren
das Fachgeschäft der Fotografie!

CA, die **Bank** *zum* **Erfolg.**

Viel Erfolg beim Vorsorgen. *Nicht alle Kinder können reiche Eltern haben. Aber alle Eltern können jetzt für ihre Kinder ein kleines Vermögen ansparen. Mit guten Zinsen und dem guten Gefühl, für alle Fälle vorgesorgt zu haben.*

 CREDITANSTALT

Neben hochwertigem und
mundgeblasenem Glas wer-
den in der Glashütte Oberglas
von Hand und auf maschineller
Basis Glasprodukte aller Art
hergestellt:

- Beleuchtungsglas für die
  Leuchtenindustrie
- Leuchten für den Architektur-
  bereich
- Geschenkartikel und Firmen-
  präsente
- Flacons
- Wirtschaftsglas
- Sonderanfertigungen

OBERGLAS

Landesausstellung 1989

Menschen & Münzen & Märkte

Judenburg

Ehemaliges Jesuitenkloster,
Kaserngasse 22

Mai bis Oktober 1989

Hans Adam Weißenkircher, Merkur, um 1682
Planetensaal Schloß Eggenberg

Der Handel ist so alt wie die Menschheit. In der traditionsreichen Handelsstadt Judenburg wird die Geschichte des Handels als ein Spiegelbild der sich ändernden menschlichen Bedürfnisse dargestellt. Der historische Bogen spannt sich von der Antike bis zur gegenwärtigen Konsumgesellschaft. Dabei drängt sich die Frage auf: Wie werden wir morgen leben?

GLAS+ GLAS+ GLAS+ GLAS+
KOHLE KOHLE KOHLE KOHLE

GLAS+ GLAS+ GLAS+ GLAS+
KOHLE KOHLE KOHLE KOHLE

GLAS+ GLAS+ GLAS+ GLAS+
KOHLE KOHLE KOHLE KOHLE

GLAS+ GLAS+ GLAS+ GLAS+
KOHLE KOHLE KOHLE KOHLE